Liste des éléments : symboles et masses atomiques *

Élément	Symbole	Numéro atomique	Masse atomique **	Élément	Symbole	Numéro atomique	Masse atomique **
Actinium	Ac	89	[227]	Magnésium	Mg	12	24,31
Aluminium	Al	13	26,98	Manganèse	Mn	25	54,94
Américium	Am	95	[243]	Meitnerium	Mt	109	[266]
Antimoine	Sb	51	121,8	Mendélévium	Md	101	[256]
Argent	Ag	47	107,9	Mercure	Hg	80	200,6
Argon	Ar	18	39,95	Molybdène	Mo	42	95,94
Arsenic	As	33 .	74,92	Néodyme	Nd	60	144,2
Astate	At	85	[210]	Néon	Ne	10	20,18
Azote	N	7	14,01	Neptunium	Np	93	[237]
Baryum	Ba	56	137,3	Nickel	Ni	28	58,69
Berkélium	Bk	97	[247]	Niobium	Nb	41	92,91
Béryllium	Be	4	9,012	Nobélium	No	102	[253]
Bismuth	Bi	83	209,0	Or	Au	79	197,0
Bohrium	Bh	107	[262]	Osmium	Os	76	190,2
Bore	B	5	10,81	Oxygène	O	8	16,00
Brome	Br	35	79,90	Palladium	Pd	46	106,4
Cadmium	Cd	48	112,4	Phosphore	P	15	30,97
Calcium	Ca	20	40,08	Platine	Pt	78	195,1
Californium	Cf	98	[249]	Plomb	Pb	82	207,2
Carbone	C	6	12,01	Plutonium	Pu	94	[242]
Cérium	Ce	58	140,1	Polonium	Po	84	[210]
Césium	Cs	55	132,9	Potassium	K	19	39,10
Chlore	Cl	17	35,45	Praséodyme	Pr	59	140,9
Chrome	Cr	24	52,00	Prométhium	Pm	61	[147]
Cobalt	Co	27	58,93	Protactinium	Pa	91	[231]
Copernicium	Cn	112	[285]	Radium	Ra	88	[226]
Cuivre	Cu	29	63,55	Radon	Rn	86	[222]
Curium	Cm	96	[247]	Rhénium	Re	75	186,2
Darmstadtium	Ds	110	[269]	Rhodium	Rh	45	102,9
Dubnium	Db	105	[260]	Roentgenium	Rg	111	[272]
Dysprosium	Dy	66	162,5	Rubidium	Rb	37	85,47
Einsteinium	Es	99	[254]	Ruthénium	Ru	44	101,1
Erbium	Er	68	167,3	Rutherfordium	Rf	104	[257]
Étain	Sn	50	118,7	Samarium	Sm	62	150,4
Europium	Eu	63	152,0	Scandium	Sc	21	44,96
Fer	Fe	26	55,85	Seaborgium	Sg	106	[263]
Fermium	Fm	100	[253]	Sélénium	Se	34	78,96
Flérovium	Fl	114	[289]	Silicium	Si	14	28,09
Fluor	F	9	19,00	Sodium	Na	11	22,99
Francium	Fr	87	[223]	Soufre	S	16	32,07
Gadolinium	Gd	64	157,3	Strontium	Sr	38	87,62
Gallium	Ga	31	69,72	Tantale	Ta	73	180,9
Germanium	Ge	32	72,59	Technétium	Tc	43	[99]
Hafnium	Hf	72	178,5	Tellure	Te	52	127,6
Hassium	Hs	108	[265]	Terbium	Tb	65	158,9
Hélium	He	2	4,003	Thallium	Tl	81	204,4
Holmium	Ho	67	164,9	Thorium	Th	90	232,0
Hydrogène	H	1	1,008	Thulium	Tm	69	168,9
Indium	In	49	114,8	Titane	Ti	22	47,88
Iode	I	53	126,9	Tungstène	W	74	183,9
Iridium	Ir	77	192,2	Uranium	U	92	238,0
Krypton	Kr	36	83,80	Vanadium	V	23	50,94
Lanthane	La	57	138,9	Xénon	Xe	54	131,3
Lawrencium	Lr	103	[257]	Ytterbium	Yb	70	173,0
Lithium	Li	3	6,941	Yttrium	Y	39	88,91
Livermorium	Lv	116	[293]	Zinc	Zn	30	65,38
Lutécium	Lu	71	175,0	Zirconium	Zr	40	91,22

* Toutes les masses atomiques ont quatre chiffres significatifs. Ces valeurs sont celles approuvées par le comité de l'enseignement de la chimie de l'UICPA.

** Les valeurs approximatives des masses atomiques des éléments radioactifs sont données entre crochets.

Code de couleur des modèles moléculaires

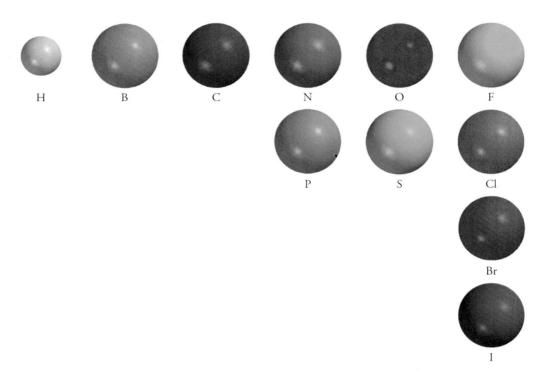

Chimie

4e édition

des solutions

Raymond Chang, Williams College
Kenneth A. Goldsby, Florida State University

Traduction et adaptation française
Azélie Arpin, Collège de Maisonneuve
Luc Papillon

Consultation
Nadya Bolduc, Cégep de Sainte-Foy
Nathalie Chamberland, Collège de Maisonneuve
Mélina Girardin, Cégep de Jonquière
Sonia Moffatt, Collège de Sherbrooke

Achetez en ligne ou en librairie
En tout temps, simple et rapide!
www.cheneliere.ca

McGraw Hill Education   CHENELIÈRE ÉDUCATION

Chimie des solutions
4e édition

Traduction et adaptation de : *General Chemistry: The Essential Concepts,
Seventh Edition* de Raymond Chang et Kenneth A. Goldsby
© 2014 The McGraw-Hill Companies, Inc. (ISBN 978-0-07-340275-8)

© 2014 **TC Média Livres Inc.**
© 2009 Chenelière Éducation inc.
© 2002 Les Éditions de la Chenelière inc.
© 1998 Chenelière/McGraw-Hill

Conception éditoriale : Sophie Gagnon
Édition : Marie Victoire Martin
Coordination : Sophie Jama
Recherche iconographique : Julie Saindon
Révision linguistique et correction d'épreuves : Nicole Blanchette
Conception graphique : Pige Communication
Conception de la couverture : Micheline Roy
Impression : TC Imprimeries Transcontinental

*Coordination éditoriale du matériel
    complémentaire Web :* Marie Victoire Martin
*Coordination du matériel
    complémentaire Web :* Sophie Jama

**Catalogage avant publication
de Bibliothèque et Archives nationales du Québec
et Bibliothèque et Archives Canada**

Chang, Raymond

    [General chemistry. Français]

    Chimie des solutions

    4e édition.

    Traduction partielle de la 7e édition de : General chemistry.
    Comprend un index.
    Pour les étudiants du niveau collégial.

    ISBN 978-2-7651-0681-4

    1. Solutions (Chimie).   2. Réactions chimiques.   3. Solutions (Chimie) – Problèmes et exercices.   i. Goldsby, Kenneth A.   ii. Arpin, Azélie, 1978-   .
iii. Papillon, Luc, 1943-   .   iv. Titre.   v. Titre : General chemistry. Français.

QD541.C4214 2014   541'.34   C2014-940526-X

5800, rue Saint-Denis, bureau 900
Montréal (Québec) H2S 3L5 Canada
Téléphone : 514 273-1066
Télécopieur : 514 276-0324 ou 1 800 814-0324
info@cheneliere.ca

ISBN 978-2-7651-0681-4

Dépôt légal : 2e trimestre 2014
Bibliothèque et Archives nationales du Québec
Bibliothèque et Archives Canada

Imprimé au Canada

2   3   4   5   6   ITIB   19   18   17   16   15

Nous reconnaissons l'aide financière du gouvernement du Canada par l'entremise du Fonds du livre du Canada (FLC) pour nos activités d'édition.

Gouvernement du Québec – Programme de crédit d'impôt pour l'édition de livres – Gestion SODEC.

La quatrième édition de *Chimie des solutions* poursuit la tradition qui consiste à présenter tous les thèmes fondamentaux nécessaires à l'acquisition d'une base solide en chimie des solutions, sans rien sacrifier de la profondeur, de la clarté ni de la rigueur.

Les notions sont toujours présentées de manière progressive et dans le but de susciter l'intérêt. Le texte, encore plus vivant qu'auparavant, invite continuellement le lecteur à vérifier sa compréhension de la matière et à réaliser sur-le-champ son apprentissage des nouvelles notions selon une méthode systématique de résolution de problèmes. Les chapitres s'enchaînent de façon logique et cohérente, ce qui n'empêche pas une certaine polyvalence.

Cette édition est caractérisée par :

- une nouvelle présentation, plus visuelle, des résumés ;
- l'ajout de rubriques « Révision des concepts » et « Questions de révision » au fil des chapitres ;
- l'ajout de problèmes plus difficiles et intégrateurs.

Pour cette nouvelle édition, Raymond Chang a fait équipe avec Kenneth A. Goldsby à titre de coauteur. Azélie Arpin s'est jointe à Luc Papillon à titre d'adaptatrice de la version française.

À propos des auteurs

Raymond Chang a obtenu un diplôme de premier cycle en chimie à l'Université de Londres, puis un doctorat en chimie à l'Université Yale. Après des recherches postdoctorales à l'Université de Washington et une année d'enseignement au Hunter College de l'Université de la Ville de New York, il a été engagé au département de chimie du Williams College, où il a enseigné de 1968 jusqu'à sa retraite.

Kenneth A. Goldsby a obtenu un baccalauréat en chimie et en mathématiques à l'Université Rice. Également titulaire d'un doctorat en chimie de l'Université de Caroline du Nord à Chapel Hill, il a par la suite effectué des recherches postdoctorales à l'Université d'État de l'Ohio. Il enseigne maintenant à l'Université d'État de Floride.

À propos des adaptateurs

Azélie Arpin est titulaire d'une maîtrise en chimie organique de l'Université McGill et enseigne au Collège de Maisonneuve depuis 2006.

Luc Papillon est titulaire d'un baccalauréat ès arts et d'une licence en enseignement de la chimie de l'Université de Montréal, et d'un certificat de perfectionnement en enseignement collégial (CPEC) de l'Université de Sherbrooke. Il a enseigné la chimie pendant dix ans au niveau secondaire à Montréal, puis au cégep de Sherbrooke de 1976 jusqu'à sa retraite.

Caractéristiques du manuel

Dans *Chimie des solutions*, les outils pédagogiques permettent au lecteur de consolider sa compréhension des notions de chimie et d'acquérir des habiletés de résolution de problèmes.

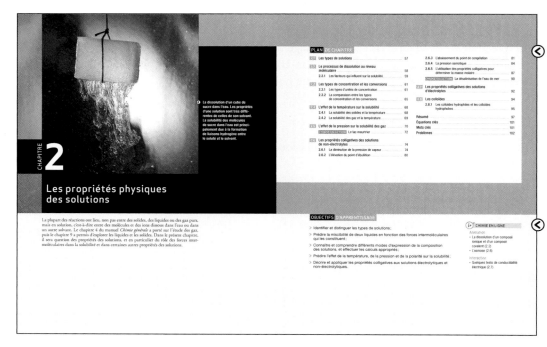

Mise en contexte

Chaque chapitre commence par un plan, qui donne une vue d'ensemble du chapitre, et les objectifs d'apprentissage, qui résument les principaux sujets abordés.

Chimie en ligne

Chimie en ligne indique les animations, les interactions et les compléments en lien avec le chapitre offerts sur la plateforme *i+* Interactif. Les animations et les interactions aident à mieux saisir des concepts abstraits en simulant des phénomènes de manière interactive, alors que les compléments permettent d'approfondir certains sujets.

Capsule d'information

De courts exposés portant sur des notions liées au chapitre mettent en évidence des faits historiques ou des applications multidisciplinaires. Le but est de susciter l'intérêt du lecteur pour la chimie tout en lui montrant qu'elle demeure avant tout une activité humaine.

Chimie en action

Dans chaque chapitre, le lecteur trouvera des encadrés qui montrent, au moyen d'exemples concrets, comment les notions théoriques abordées s'appliquent à d'autres disciplines et contribuent à l'essor de nouvelles technologies.

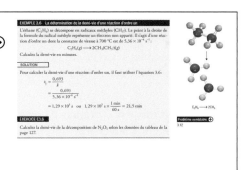

Exemples ⊙

Au fil du texte, de nombreux exemples proposent une méthode de résolution de problèmes en trois étapes : démarche, solution et vérification. Chacun se termine par un exercice dont la réponse est donnée en fin de manuel. En marge, on dirige le lecteur vers un ou des problèmes semblables.

Révision des concepts ⊙

Nouveau ! Des exercices conceptuels éclair, répartis tout au long de l'ouvrage, permettent au lecteur d'évaluer sa compréhension des concepts étudiés. Les réponses sont données à la fin du manuel.

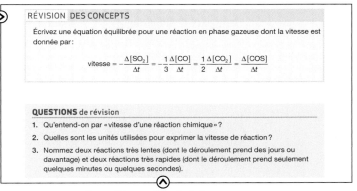

RÉVISION DES CONCEPTS

Écrivez une équation équilibrée pour une réaction en phase gazeuse dont la vitesse est donnée par :

$$\text{vitesse} = -\frac{\Delta[SO_2]}{\Delta t} = -\frac{1}{3}\frac{\Delta[CO]}{\Delta t} = \frac{1}{2}\frac{\Delta[CO_2]}{\Delta t} = \frac{\Delta[COS]}{\Delta t}$$

QUESTIONS de révision

1. Qu'entend-on par « vitesse d'une réaction chimique » ?
2. Quelles sont les unités utilisées pour exprimer la vitesse de réaction ?
3. Nommez deux réactions très lentes (dont le déroulement prend des jours ou davantage) et deux réactions très rapides (dont le déroulement prend seulement quelques minutes ou quelques secondes).

Questions de révision

Les questions de révision, qui se trouvent maintenant à la fin des sections, amènent le lecteur à vérifier ses connaissances à mesure qu'il avance dans sa lecture.

Résumé

À la fin de chaque chapitre, un résumé plus visuel fait une récapitulation rapide des principaux concepts abordés dans le chapitre.

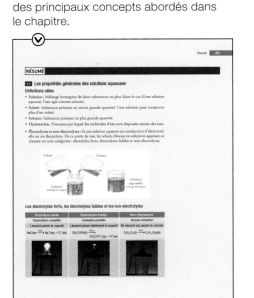

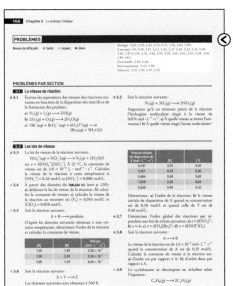

Problèmes ⊙

Les problèmes sont classés selon leur niveau de difficulté ou leur domaine d'application. Ils sont regroupés sous trois rubriques :

• les problèmes par section précisent le sujet sur lequel porte le problème et sont conçus pour évaluer les habiletés en résolution de problèmes ;
• les problèmes variés demandent au lecteur de trouver lui-même la ou les notions sous-jacentes ;
• les problèmes spéciaux exigent un esprit de synthèse et de la multidisciplinarité.

Les réponses sont données à la fin du manuel.

Remerciements de l'édition originale anglaise

Nous aimerions remercier les réviseurs et les participants aux symposiums qui suivent, leurs commentaires nous ayant grandement aidés dans la préparation de la présente édition :

Thomas Anderson, Université Francis Marion ; Bryan Breyfogle, Université d'État du Missouri ; Phillip Davis, Université du Tennessee à Martin ; Milton Johnson, Université de Floride du Sud ; Jason C. Jones, Université Francis Marion ; Myung-Hoon Kim, Georgia Perimeter College ; Lyle V. McAfee, The Citadel ; Candice McCloskey, Georgia Perimeter College ; Dennis McMinn, Université Gonzaga ; Robbie Montgomery, Université du Tennessee à Martin ; LeRoy Peterson, Jr., Université Francis Marion ; James D. Satterlee, Université d'État de Washington ; Kristofoland Varazo, Université Francis Marion ; Lisa Zuraw, The Citadel. Nos discussions avec nos collègues du Williams College et de l'Université d'État de Floride ainsi que notre correspondance avec de nombreux enseignants d'ici et d'ailleurs nous ont beaucoup apporté.

— Raymond Chang et Kenneth A. Goldsby

Remerciements de la version française

Je tiens à remercier particulièrement Étienne Lanthier, du Collège Édouard-Montpetit, Ginette Lessard, du Collège de Maisonneuve, Luc Papillon ainsi que tous les consultants et les collaborateurs qui ont lu et commenté le manuscrit :

Nadya Bolduc, Cégep de Sainte-Foy ;

Nathalie Chamberland, Collège de Maisonneuve ;

Chantal Clouette, Cégep de Saint-Jérôme ;

Mélina Girardin, Cégep de Jonquière ;

Denys Grandbois, Collège Shawinigan ;

Kathleen Hains, Cégep de Granby – Haute-Yamaska ;

Nabil Ketata, Cégep de l'Outaouais ;

Véronique Leblanc-Boily, Collège de Bois-de-Boulogne ;

André Martineau, Collège Ahuntsic ;

Sonia Moffat, Collège de Sherbrooke ;

Sébastien Osborne, La Cité collégiale ;

Isabelle Paquin, Collège Édouard-Montpetit ;

Neel Rahem, Cégep de l'Abitibi-Témiscamingue ;

Chantal Secours, Collège Montmorency ;

Véronique Turcotte, Cégep de Sainte-Foy ;

Maritza Volel, Collège Montmorency ;

Dimo Zidarov, Collège Édouard-Montpetit.

L'aide qu'ils m'ont apportée contribue à faire de cet ouvrage un manuel rigoureux et vivant.

— Azélie Arpin

Table des matières

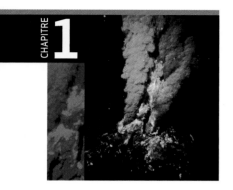
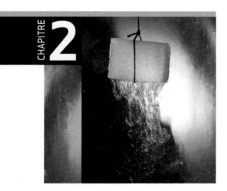

CHAPITRE **3**

La cinétique chimique

CHAPITRE 4

L'équilibre chimique

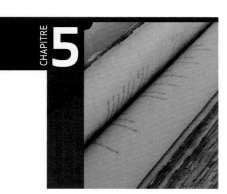

CHAPITRE 5

Les acides et les bases

L'équilibre acido-basique et l'équilibre de solubilité 294

Les réactions d'oxydoréduction et l'électrochimie 364

1

Des cheminées noires (fume-rolles) se forment lorsque de l'eau surchauffée, riche en sels minéraux, jaillit à travers la lave d'un volcan sous-marin. Le sulfure d'hydrogène (H_2S) présent convertit alors les métaux en précipités de sulfures métalliques noirs et insolubles.

Les réactions en milieu aqueux

La plupart des réactions chimiques et des processus biologiques se déroulent dans l'eau. Ce chapitre porte sur les trois principales réactions qui ont lieu dans l'eau, à savoir les réactions de précipitation, les réactions acido-basiques et les réactions d'oxydoréduction. Chacun de ces types de réactions sera étudié en détail dans les chapitres suivants.

PLAN DE CHAPITRE

OBJECTIFS D'APPRENTISSAGE

> Différencier les électrolytes et les non-électrolytes ainsi que les électrolytes forts et les électrolytes faibles ;

> Prévoir la solubilité des composés ioniques usuels dans l'eau ;

> Distinguer les acides des bases de Brønsted-Lowry ;

> Prévoir les produits d'une réaction de neutralisation ;

> Déterminer le nombre d'oxydation d'une espèce chimique ;

> Identifier l'oxydant, le réducteur, l'espèce oxydée et l'espèce réduite dans une réaction d'oxydoréduction ;

> Connaître les types de réactions d'oxydoréduction ;

> Effectuer les divers calculs en rapport avec la préparation et la dilution des solutions ainsi qu'avec la stœchiométrie des réactions en solution.

 CHIMIE EN LIGNE

Animation
- Les électrolytes forts, les électrolytes faibles et les non-électrolytes (1.1)
- L'hydratation (1.1)
- Les réactions de précipitation (1.2)
- Les réactions de neutralisation (1.3)
- Les réactions d'oxydoréduction (1.4)
- La préparation d'une solution (1.5)
- La préparation d'une solution par dilution (1.5)

Interaction
- L'écriture d'une équation ionique nette (1.2)

L'analyse chimique et la mèche de cheveux de Napoléon

Napoléon Bonaparte, mieux connu sous le nom de l'empereur Napoléon 1er, fut général des armées de la Révolution. En 1815, après sa défaite à Waterloo, il fut déporté à l'île Sainte-Hélène, une petite île de l'Atlantique, où il passa les six dernières années de sa vie. L'analyse d'une mèche de ses cheveux, effectuée dans les années 1960, révéla une forte concentration d'arsenic. Napoléon aurait-il été empoisonné par le gouverneur de Sainte-Hélène avec qui il ne s'entendait pas ou par la famille royale française, qui voulait empêcher le retour de l'ex-empereur en France ?

Napoléon 1er

L'arsenic pur n'est pas très dangereux. Le poison auquel on fait référence quand on parle d'arsenic est en fait l'oxyde d'arsenic(III), As_2O_3. Ce composé blanc, soluble dans l'eau, ne goûte rien et est difficile à détecter s'il est administré sur une longue période.

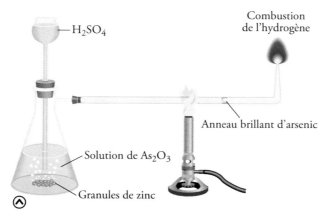

Pour effectuer le test de Marsh, de l'acide sulfurique est versé sur du zinc métallique dans une solution contenant de l'oxyde d'arsenic(III). L'hydrogène produit réagit avec As_2O_3 pour donner de l'arsine, AsH_3. Par chauffage, l'arsine se décompose en arsenic gris acier et en hydrogène.

James Marsh mit au point une méthode permettant de détecter l'arsenic. Avec la méthode de Marsh, l'hydrogène, obtenu par la réaction du zinc avec l'acide sulfurique, est mis en présence d'un échantillon du présumé poison. Si ce dernier contient de l'oxyde d'arsenic(III), il y a formation avec l'hydrogène d'un gaz toxique, l'arsine (AsH_3). Quand l'arsine est chauffée, elle se décompose en arsenic, qui se distingue par son lustre métallique (*voir la figure ci-contre*). Cette méthode de dépistage est suffisante pour dissuader qui que ce soit de recourir au As_2O_3 pour tuer quelqu'un... Toutefois, elle fut inventée trop tard en ce qui concerne Napoléon – à condition de penser, bien sûr, qu'il a effectivement été victime d'un empoisonnement.

Des doutes furent émis au sujet de cette hypothèse de l'empoisonnement au début des années 1990 quand des traces d'arsénite de cuivre, un pigment vert utilisé couramment à l'époque de Napoléon, furent découvertes dans un échantillon du papier peint de son salon. Les moisissures du papier peint auraient métabolisé l'arsenic en un composé volatil, la triméthylarsine, $(CH_3)_3As$. Une exposition prolongée à la vapeur de ce composé très toxique aurait pu ruiner la santé de Napoléon et pourrait expliquer la présence d'arsenic dans son organisme, sans que cela ait été la principale cause de sa mort. Cette théorie intéressante est étayée par le fait que les invités réguliers de Napoléon souffraient de dérèglements gastro-intestinaux et présentaient d'autres symptômes reliés à l'empoisonnement à l'arsenic ; en outre, leur santé s'améliorait quand ils passaient de longues heures à travailler dans le jardin, leur principal passe-temps sur l'île.

Nous ne saurons sans doute jamais si Napoléon a été victime d'un empoisonnement à l'arsenic, intentionnel ou accidentel, mais ce type d'enquête historique est un exemple fascinant de l'utilisation de l'analyse chimique. Celle-ci joue un rôle essentiel dans bon nombre de domaines, autant en recherche fondamentale que dans des applications pratiques comme le contrôle de la qualité des biens de consommation, les diagnostics médicaux et la médecine légale.

1.1 Les propriétés générales des solutions aqueuses

Beaucoup de réactions chimiques et presque tous les processus biologiques ont lieu en milieu aqueux. C'est pourquoi il est important de comprendre les propriétés de différentes substances en solution dans l'eau. D'abord, qu'est-ce qu'une solution ? Une **solution** est un mélange homogène de deux substances ou plus. La substance présente en moins grande quantité s'appelle **soluté**, tandis que la substance présente en plus grande quantité est le **solvant**. Une solution peut être gazeuse (comme l'air), solide (comme un alliage) ou liquide (comme l'eau de mer). Cette section n'abordera que les **solutions aqueuses**, c'est-à-dire celles dans lesquelles le solvant est l'eau. En outre, le soluté sera toujours, au départ, un solide ou un liquide.

1.1.1 Les électrolytes et les non-électrolytes

Tous les solutés dissous dans l'eau entrent dans deux catégories : les électrolytes et les non-électrolytes. Un **électrolyte** est une substance qui, une fois dissoute dans l'eau, forme une solution conductrice d'électricité ; un **non-électrolyte**, par contre, forme dans l'eau une solution qui n'est pas conductrice d'électricité. La **FIGURE 1.1** montre une méthode simple et directe pour distinguer les électrolytes des non-électrolytes. Une paire d'électrodes inertes (en cuivre ou en platine) est plongée dans un bécher rempli d'eau. Pour que l'ampoule s'allume, il faut que le courant électrique passe d'une électrode à l'autre, complétant ainsi le circuit. L'eau pure, qui ne contient que très peu d'ions, est un très mauvais conducteur ; cependant, si l'on y ajoute une petite quantité de chlorure de sodium (NaCl), l'ampoule brille aussitôt que le sel est dissous. Le NaCl solide, un composé ionique, se sépare en ions Na^+ et Cl^- en se dissolvant dans l'eau. Les ions Na^+ sont alors attirés par l'électrode négative et les ions Cl^-, par l'électrode positive. Ce mouvement,

CHIMIE EN LIGNE

Animation
- Les électrolytes forts, les électrolytes faibles et les non-électrolytes

(A)

(B)

(C)

FIGURE 1.1

Comment distinguer un électrolyte d'un non-électrolyte

(A) Une solution de non-électrolyte ne contient pas d'ions ; l'ampoule ne s'allume pas.

(B) Une solution d'électrolyte faible contient peu d'ions ; l'ampoule éclaire faiblement.

(C) Une solution d'électrolyte fort contient beaucoup d'ions ; l'ampoule éclaire fortement.

NOTE

L'eau du robinet conduit l'électricité, car elle contient des sels minéraux dissous sous forme d'ions.

équivalant au déplacement des électrons dans un fil métallique, crée un courant électrique. À cause de la conductibilité de la solution de NaCl, le chlorure de sodium est considéré comme un électrolyte. L'eau pure contient très peu d'ions; elle est donc très peu conductrice d'électricité.

En présence de la même quantité molaire de différentes substances, l'ampoule émettra une lumière d'intensité variable : il est ainsi possible de différencier les électrolytes forts et les électrolytes faibles. Les électrolytes forts, une fois dissous dans l'eau, se dissocient en ions à 100 %. (L'emploi du verbe « dissocier » signifie que le composé se fragmente en cations et en anions pour se disperser dans l'eau.) Ainsi, la dissolution du chlorure de sodium dans l'eau se représente de la façon suivante :

$$NaCl(s) \xrightarrow{\text{H}_2\text{O}} Na^+(aq) + Cl^-(aq)$$

Ce que l'équation dit, c'est que le chlorure de sodium qui entre dans la solution se dissocie entièrement en ions Na^+ et Cl^-.

Le **TABLEAU 1.1** donne des exemples d'électrolytes forts, d'électrolytes faibles et de non-électrolytes. Les composés ioniques, comme le chlorure de sodium, l'iodure de potassium (KI) et le nitrate de calcium [$Ca(NO_3)_2$], sont des électrolytes forts. Il est intéressant de noter que les liquides biologiques comme le sang et la lymphe contiennent beaucoup d'électrolytes forts et faibles. Leur présence est essentielle au bon fonctionnement de l'organisme.

TABLEAU 1.1 > Classification de solutés en solution aqueuse

Électrolyte fort	Électrolyte faible	Non-électrolyte
HCl	CH_3COOH	$(NH_2)_2CO$ (urée)
HNO_3	HF	CH_3OH (méthanol)
$HClO_4$	HNO_2	C_2H_5OH (éthanol)
H_2SO_4*	NH_3	$C_6H_{12}O_6$ (glucose)
NaOH	H_2O**	$C_{12}H_{22}O_{11}$ (saccharose)
$Ba(OH)_2$		
Composés ioniques (ou sels)		

* H_2SO_4 a deux H ionisables.
** L'eau pure est un électrolyte très faible.

H_2O

NOTE

L'eau est globalement neutre électriquement. La charge partielle δ^- du côté de l'oxygène est égale au total des deux charges partielles portées par chacun des hydrogènes.

L'eau est un solvant très efficace pour les composés ioniques. Bien que la molécule d'eau soit électriquement neutre, elle comporte une région de charge partielle négative δ^- (pôle négatif) du côté de l'atome d'oxygène, et une autre région de charge partielle positive δ^+ (pôle positif) du côté des deux atomes d'hydrogène. L'eau est donc une molécule polaire (*voir la section 8.2 de* Chimie générale), d'où son appellation de « solvant polaire ». Quand un composé ionique comme le chlorure de sodium se dissout dans l'eau, l'arrangement tridimensionnel des ions (réseau cristallin) du solide est détruit : les ions Na^+ et Cl^- sont séparés les uns des autres. Chaque ion Na^+ est alors entouré de nombreuses molécules d'eau orientant leur pôle négatif vers le cation. De même, chaque ion Cl^- est entouré de molécules d'eau qui orientent leur pôle positif vers l'anion (*voir la* **FIGURE 1.2**). On appelle

 CHIMIE EN LIGNE

Animation
• L'hydratation

hydratation le processus par lequel des molécules d'eau s'orientent autour des ions. L'hydratation permet la stabilisation des ions dans la solution et prévient la combinaison entre cations et anions.

◁ **FIGURE 1.2**

Processus d'hydratation
Hydratation des ions Na^+ et Cl^-.

Les acides et les bases sont également des électrolytes. Certains acides, dont l'acide chlorhydrique (HCl) et l'acide nitrique (HNO_3), sont des électrolytes forts. Ces acides s'ionisent complètement dans l'eau ; par exemple, quand le chlorure d'hydrogène gazeux se dissout dans l'eau, il y a formation d'ions H_3O^+ et Cl^- hydratés :

$$HCl(g) + H_2O(l) \longrightarrow H_3O^+(aq) + Cl^-(aq)$$

En d'autres termes, dans la solution, toutes les molécules de HCl se sont ionisées en ions H_3O^+ et Cl^- hydratés. Ainsi, écrire HCl(aq) signifie que, dans la solution, il n'y a que des ions $H_3O^+(aq)$ et $Cl^-(aq)$, et qu'il n'y a aucune molécule de HCl hydratée. Par contre, certains acides, dont l'acide acétique (CH_3COOH), qui se trouve dans le vinaigre, s'ionisent beaucoup moins. L'ionisation incomplète de l'acide acétique est représentée de la façon suivante :

$$CH_3COOH(aq) + H_2O(l) \rightleftharpoons CH_3COO^-(aq) + H_3O^+(aq)$$

où CH_3COO^- est appelé « ion acétate ». En écrivant la formule de l'acide acétique de la façon suivante : CH_3COOH, on indique que l'hydrogène ionisable est dans le groupe —COOH.

Dans une équation, la double flèche $\rightleftharpoons$ indique que la **réaction** est **réversible**, c'est-à-dire qu'elle peut s'effectuer dans les deux sens. Au début, un certain nombre de molécules de CH_3COOH s'ionisent pour former des ions CH_3COO^- et H_3O^+. Avec le temps, certains des ions CH_3COO^- et H_3O^+ réagissent et reforment des molécules de CH_3COOH. Finalement, la réaction atteint un stade où les molécules d'acide s'ionisent et se reforment à la même vitesse. On appelle **équilibre chimique** l'état chimique d'un système dans lequel aucune transformation nette n'est observée, bien qu'il y ait une activité continue au niveau moléculaire. Ainsi, l'acide acétique est un électrolyte faible, car son ionisation dans l'eau est incomplète. Par contre, l'acide chlorhydrique donne en solution des ions H_3O^+ et Cl^- qui n'ont pas tendance à reformer des molécules de HCl : une ionisation complète est représentée par une équation dont la flèche est simple.

CH_3COOH

Les sections 1.2 à 1.4 seront consacrées à l'étude des trois principales catégories de réactions en milieu aqueux : les réactions de précipitation, de neutralisation (acido-basiques) et d'oxydoréduction.

RÉVISION DES CONCEPTS

Les diagrammes suivants montrent trois composés, **A** AB_2, **B** AC_2 et **C** AD_2, dissous dans l'eau. Déterminez lequel de ces composés est l'électrolyte : **a)** le plus fort ; **b)** le plus faible.

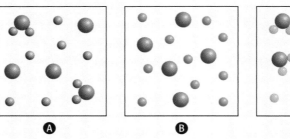

A   **B**   **C**

QUESTIONS de révision

1. Définissez les termes suivants : soluté, solvant et solution, en décrivant le processus de dissolution d'un solide ionique dans l'eau.

2. Quelle est la différence entre un électrolyte et un non-électrolyte ? entre un électrolyte fort et un électrolyte faible ?

3. Décrivez le processus d'hydratation. Certaines propriétés de l'eau lui permettent d'interagir avec des ions en solution. Lesquelles ?

4. Expliquez la différence entre les symboles suivants utilisés dans des équations chimiques : $\longrightarrow$ et $\rightleftharpoons$.

5. L'eau est un électrolyte extrêmement faible ; elle ne peut donc conduire l'électricité. Cependant, on dit souvent qu'il ne faut pas manipuler des appareils électriques avec les mains mouillées : pourquoi ?

6. LiF est un électrolyte fort. Quelles sont les espèces réellement présentes dans la solution lorsqu'on écrit LiF(aq) ? CH_3COOH est un électrolyte faible. Quelles sont les espèces réellement présentes en solution lorsqu'on écrit $CH_3COOH(aq)$?

1.2 Les réactions de précipitation

CHIMIE EN LIGNE

Animation
• Les réactions de précipitation

NOTE

Le nitrate de potassium demeure en solution (il s'ionise en ions K^+ et Cl^-).

L'étude précédente des propriétés générales des solutions aqueuses permet d'examiner plus en détail quelques réactions courantes et importantes qui ont lieu en milieu aqueux. Cette section traite des **réactions de précipitation**, caractérisées par la formation d'un produit insoluble, appelé « précipité ». On appelle **précipité** un solide insoluble qui se sépare de la solution. Habituellement, les réactions de précipitation mettent en jeu des composés ioniques et surviennent lors du mélange de deux solutions. Par exemple, quand une solution aqueuse de nitrate de plomb(II) [$Pb(NO_3)_2$] est ajoutée à une solution d'iodure de potassium (KI), il se forme un précipité jaune d'iodure de plomb(II) (PbI_2) :

$$Pb(NO_3)_2(aq) \; + \; 2KI(aq) \; \longrightarrow \; \underset{\text{précipitera}}{PbI_2(s)} \; + \; 2KNO_3(aq)$$

La **FIGURE 1.3** montre cette réaction.

La réaction précédente est une **réaction de double substitution** (ou **réaction de méta-thèse**), c'est-à-dire une réaction au cours de laquelle il y a un échange d'atomes ou de groupes d'atomes entre deux composés. (Ici, les composés s'échangent les ions NO_3^- et I^-). Les réactions de précipitation étudiées dans ce chapitre sont des exemples de réactions de double substitution.

1.2.1   La solubilité

Pour prévoir la formation d'un précipité quand deux solutions sont mélangées ou quand un composé est ajouté à une solution, il faut connaître la **solubilité** du soluté, c'est-à-dire la quantité maximale du soluté qui se dissout dans une certaine quantité de solvant à une température donnée. La plupart des composés ioniques sont des électrolytes forts, mais ils ne sont pas solubles au même degré : certains sont totalement solubles tandis que d'autres ne le sont que légèrement. Le **TABLEAU 1.2** fournit des règles qui permettent de déterminer comment un composé donné se comportera dans un milieu aqueux. La **FIGURE 1.4** montre quelques substances insolubles dans l'eau.

FIGURE 1.3 ⊗

Réaction de précipitation

Formation d'un précipité jaune de PbI_2 par l'ajout d'une solution de $Pb(NO_3)_2$ à une solution de KI.

TABLEAU 1.2 > **Règles de prévision de la solubilité des composés ioniques usuels dans l'eau à 25 °C**

Composés solubles	Exceptions
Les composés des métaux alcalins (Li^+, Na^+, K^+, Rb^+, Cs^+) et de l'ion ammonium (NH_4^+)	
Les nitrates (NO_3^-), les acétates (CH_3COO^-), les hydrogénocarbonates (HCO_3^-) et les chlorates (ClO_3^-)	
Les halogénures (Cl^-, Br^-, I^-)	Les halogénures de Ag^+, (Hg_2^{2+}) et Pb^{2+}
Les sulfates (SO_4^{2-})	Les sulfates de Ag^+, Ca^{2+}, Sr^{2+}, Ba^{2+}, (Hg_2^{2+}) et Pb^{2+}
Composés insolubles	Exceptions
Les carbonates (CO_3^{2-}), les phosphates (PO_4^{3-}), les chromates (CrO_4^{2-}) et les sulfures (S^{2-})	Les composés contenant des ions de métaux alcalins et l'ion ammonium. Les sulfures de métaux alcalins et alcalino-terreux sont solubles.
Les hydroxydes (OH^-)	Les composés contenant des ions de métaux alcalins et l'ion Ba^{2+}

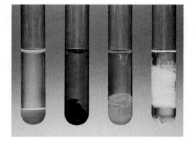

FIGURE 1.4 ⊗

Quelques précipités

De gauche à droite : CdS, PbS, $Ni(OH)_2$, $Al(OH)_3$.

EXEMPLE 1.1   La solubilité

À l'aide du **TABLEAU 1.2**, déterminez si les composés suivants sont solubles ou insolubles : **a)** sulfate d'argent (Ag_2SO_4) ; **b)** carbonate de calcium ($CaCO_3$) ; **c)** phosphate de sodium (Na_3PO_4).

DÉMARCHE

Vous devriez vous rappeler les règles utiles suivantes : tous les composés ioniques contenant des cations de métaux alcalins, l'ion ammonium et les anions nitrate, hydrogénocarbonate et chlorate sont solubles. Pour les autres composés, il faut chercher dans le **TABLEAU 1.2**.   ▶

SOLUTION

a) Selon le **TABLEAU 1.2** (*voir p. 9*), Ag_2SO_4 est insoluble.

b) Il s'agit d'un carbonate, et Ca est un métal du groupe 2A. Donc, $CaCO_3$ est insoluble.

c) Le sodium est un métal alcalin (groupe 1A), donc Na_3PO_4 est soluble.

Problèmes semblables
1.10 et 1.11

EXERCICE E1.1

Dites si ces composés ioniques sont solubles ou insolubles : **a)** CuS ; **b)** $Mg(OH)_2$; **c)** $Zn(NO_3)_2$.

1.2.2 Les équations moléculaires, les équations ioniques et les équations ioniques nettes

L'équation qui décrit la précipitation de l'iodure de plomb (PbI_2) à la page 8 est une **équation moléculaire** parce que les formules des composés en jeu représentent toutes les espèces présentes sous forme de molécules, ou d'unités formulaires dans le cas des composés ioniques. Ce type d'équation est utile parce qu'il aide à identifier la nature des réactifs (ici le nitrate de plomb(II) et l'iodure de potassium). Pour faire cette réaction en laboratoire, il faudrait utiliser l'équation moléculaire. Cependant, une telle équation ne décrit pas ce qui se passe réellement en solution.

Comme il a déjà été dit, quand les composés ioniques se dissolvent dans l'eau, ils se dissocient complètement en anions et en cations. Pour être plus près de la réalité, les équations devraient donc représenter ici les ions produits lors de la dissolution. Ainsi, si on reprend la réaction entre l'iodure de potassium et le nitrate de plomb(II), celle-ci devrait s'écrire :

$$Pb^{2+}(aq) + 2NO_3^-(aq) + 2K^+(aq) + 2I^-(aq) \longrightarrow PbI_2(s) + 2K^+(aq) + 2NO_3^-(aq)$$

Une telle équation, qui représente les composés ioniques sous forme d'ions libres, est appelée **équation ionique complète**. Pour prédire s'il pourrait y avoir formation d'un précipité, on essaie des combinaisons des anions et des cations des composés qui pourraient être obtenus ; dans ce cas-ci, les composés possibles seraient PbI_2 et KNO_3. En consultant le **TABLEAU 1.2** (*voir p. 9*), on note que PbI_2 est un composé insoluble et que KNO_3 est un composé soluble. Par conséquent, le KNO_3 dissous resterait en solution sous forme d'ions séparés et indépendants, K^+ et NO_3^-. Ces ions qui ne participent pas à la réaction sont appelés **ions spectateurs**. Étant donné que ces ions apparaissent des deux côtés de l'équation et y demeurent inchangés, on peut les éliminer de celle-ci :

NOTE
On peut employer indistinctement les appellations « équation ionique globale », « équation ionique » et « équation ionique complète ».

$$Pb^{2+}(aq) + \cancel{2NO_3^-(aq)} + \cancel{2K^+(aq)} + 2I^-(aq) \longrightarrow PbI_2(s) + \cancel{2K^+(aq)} + \cancel{2NO_3^-(aq)}$$

On obtient finalement l'**équation ionique nette**, qui est l'équation qui n'indique que les espèces participant directement à la réaction :

CHIMIE EN LIGNE

Interaction
• L'écriture d'une équation ionique nette

$$Pb^{2+}(aq) + 2I^-(aq) \longrightarrow PbI_2(s)$$

De même, quand une solution aqueuse de chlorure de baryum ($BaCl_2$) est ajoutée à une solution aqueuse de sulfate de sodium (Na_2SO_4), il se forme un précipité blanc (*voir la* **FIGURE 1.5**). Si on considère cette réaction comme une réaction de double substitution, les produits sont $BaSO_4$ et $NaCl$. Le **TABLEAU 1.2** (*voir p. 9*) indique que le $BaSO_4$ est insoluble. On peut donc écrire comme équation moléculaire :

$$BaCl_2(aq) + Na_2SO_4(aq) \longrightarrow BaSO_4(s) + 2NaCl(aq)$$

L'équation ionique de cette réaction est :

$$Ba^{2+}(aq) + 2Cl^-(aq) + 2Na^+(aq) + SO_4{}^{2-}(aq) \longrightarrow BaSO_4(s) + 2Na^+(aq) + 2Cl^-(aq)$$

L'élimination des ions spectateurs présents des deux côtés de l'équation donne l'équation ionique nette suivante :

$$Ba^{2+}(aq) + SO_4{}^{2-}(aq) \longrightarrow BaSO_4(s)$$

FIGURE 1.5 ⌃
Précipité blanc
Formation d'un précipité de $BaSO_4$.

Voici les étapes à suivre pour obtenir les équations ioniques et les équations ioniques nettes dans le cas des réactions de précipitation :

Étape 1 : écrire l'équation moléculaire équilibrée de la réaction en utilisant les bonnes formules des composés ioniques pour les réactifs et les produits. Utiliser le **TABLEAU 1.2** (*voir p. 9*) pour déterminer le produit qui est insoluble, c'est-à-dire celui qui sera le précipité.

Étape 2 : écrire l'équation ionique décrivant cette réaction. Le composé qui n'apparaît pas comme étant le précipité doit être écrit sous forme d'ions libres.

Étape 3 : repérer et éliminer les ions spectateurs présents des deux côtés de l'équation, ce qui donne l'équation ionique nette.

Étape 4 : vérifier si les charges sont conservées et si toutes les espèces d'atomes sont en nombre égal de chaque côté de l'équation ionique nette.

EXEMPLE 1.2   **La solubilité et la prévision des produits de réactions en milieu aqueux**

Prédisez quels seront les produits obtenus si l'on mélange une solution de phosphate de potassium (K_3PO_4) et une solution de nitrate de calcium [$Ca(NO_3)_2$]. Écrivez l'équation ionique nette de cette réaction.

DÉMARCHE

L'information donnée nous permet de commencer par écrire l'équation non équilibrée :

$$K_3PO_4(aq) + Ca(NO_3)_2(aq) \longrightarrow \ ?$$

Qu'arrive-t-il lorsque des composés ioniques se dissolvent dans l'eau ? Quels ions sont formés lors de la dissociation de K_3PO_4 et de $Ca(NO_3)_2$? Qu'arrive-t-il lorsque les cations rencontrent les anions ? ▶

Formation d'un précipité par réaction entre K_3PO_4 et $Ca(NO_3)_2$

Problèmes semblables

1.12 et 1.13

SOLUTION

En solution, K_3PO_4 se dissocie en ions K^+ et PO_4^{3-}, et $Ca(NO_3)_2$, en ions Ca^{2+} et NO_3^-. Selon le **TABLEAU 1.2** (*voir p. 9*), les ions Ca^{2+} et les ions phosphate PO_4^{3-} peuvent former un composé insoluble, le phosphate de calcium [$Ca_3(PO_4)_2$]. Il s'agit donc d'une réaction de précipitation. L'autre produit, le nitrate de potassium (KNO_3), est soluble et reste en solution. Suivons la procédure déjà mentionnée:

Étape 1: l'équation moléculaire est:

$$2K_3PO_4(aq) + 3Ca(NO_3)_2(aq) \longrightarrow 6KNO_3(aq) + Ca_3(PO_4)_2(s)$$

Étape 2: pour écrire l'équation ionique, les composés solubles doivent apparaître comme des ions dissociés:

$$6K^+(aq) + 2PO_4^{3-}(aq) + 3Ca^{2+}(aq) + 6NO_3^-(aq) \longrightarrow$$
$$6K^+(aq) + 6NO_3^-(aq) + Ca_3(PO_4)_2(s)$$

Étape 3: après avoir éliminé les ions spectateurs K^+ et NO_3^-, on obtient l'équation ionique nette suivante:

$$3Ca^{2+}(aq) + 2PO_4^{3-}(aq) \longrightarrow Ca_3(PO_4)_2(s)$$

Étape 4: notez que, parce que nous avons d'abord équilibré l'équation moléculaire, l'équation ionique nette se trouve elle aussi équilibrée: le nombre d'atomes est égal de chaque côté, et la somme des charges positives (+6) et négatives (−6) du côté gauche est égale à celle du côté droit.

EXERCICE E1.2

Dites quel précipité se formera au cours du mélange d'une solution de $Al(NO_3)_3$ avec une solution de $NaOH$. Donnez l'équation ionique nette de cette réaction.

RÉVISION DES CONCEPTS

Déterminez lequel des diagrammes suivants correspond au produit de la réaction qui a lieu entre $Ca(NO_3)_2(aq)$ et $Na_2CO_3(aq)$. Pour simplifier, seuls les ions Ca^{2+} (en beige) et les ions CO_3^{2-} (en bleu) sont montrés.

A   **B**   **C**

QUESTIONS de révision

7. Quelle est la différence entre une équation ionique et une équation moléculaire?

8. Quel est l'avantage d'écrire des équations ioniques nettes pour représenter les réactions de précipitation?

Une réaction de précipitation indésirable...

Le calcaire ($CaCO_3$) et la dolomite ($CaCO_3 \cdot MgCO_3$), des substances très répandues à la surface de la Terre, se retrouvent souvent dans les eaux d'approvisionnement. Selon le **TABLEAU 1.2** (*voir p. 9*), le carbonate de calcium est insoluble dans l'eau. Cependant, en présence de dioxyde de carbone dissous (provenant de l'atmosphère), la réaction suivante a lieu :

$$CaCO_3(s) + CO_2(aq) + H_2O(l) \longrightarrow Ca^{2+}(aq) + 2HCO_3^-(aq)$$

où HCO_3^- est l'ion hydrogénocarbonate.

On appelle « eau dure » une eau qui contient des ions Ca^{2+} et/ou Mg^{2+}, et « eau douce » une eau qui n'en contient presque pas. La présence de ces ions dans l'eau la rend impropre à certaines applications domestiques et industrielles.

Quand l'eau qui contient des ions Ca^{2+} et HCO_3^- est chauffée ou bouillie, la réaction en solution est inversée et il y a production d'un précipité de $CaCO_3$:

$$Ca^{2+}(aq) + 2HCO_3^-(aq) \longrightarrow CaCO_3(s) + CO_2(aq) + H_2O(l)$$

et le dioxyde de carbone s'échappe de la solution :

$$CO_2(aq) \longrightarrow CO_2(g)$$

Le carbonate de calcium solide formé de cette manière est le principal composé qui s'accumule dans les chaudières, les chauffe-eau, les tuyaux et les bouilloires. Ces dépôts épais réduisent le transfert de chaleur, diminuant ainsi l'efficacité et la durabilité des chaudières et des tuyaux, notamment. Dans les tuyaux d'eau chaude des maisons, ils peuvent restreindre et même empêcher la circulation de l'eau (*voir la figure ci-dessous*). Pour enlever ces dépôts des tuyaux, les plombiers utilisent un procédé simple qui consiste à y introduire de petites quantités d'acide chlorhydrique :

$$CaCO_3(s) + 2HCl(aq) \longrightarrow CaCl_2(aq) + H_2O(l) + CO_2(g)$$

De cette manière, $CaCO_3$ est converti en $CaCl_2$, un composé soluble dans l'eau.

Dépôts calcaires obstruant un tuyau d'eau chaude. Ces dépôts sont surtout constitués de $CaCO_3$ avec un peu de $MgCO_3$.

1.3 Les réactions acido-basiques

Il existe des acides et des bases couramment utilisés – par exemple, l'aspirine et le lait de magnésie (ou magnésie hydratée) –, mais dont le nom chimique est moins connu : l'aspirine est de l'acide acétylsalicylique et le lait de magnésie est de l'hydroxyde de magnésium. En plus de constituer les substances de base de nombreux produits médicinaux et domestiques, les acides et les bases jouent un rôle important dans certains procédés industriels et sont essentiels au bon fonctionnement des organismes vivants. Avant d'étudier les réactions acido-basiques, il faut d'abord comprendre la nature des acides et des bases.

1.3.1 Les propriétés générales des acides et des bases

Dans l'étude de la nomenclature réalisée dans *Chimie générale*, un acide est défini comme une substance qui s'ionise dans l'eau pour donner des ions H^+, et une base comme une substance qui s'ionise dans l'eau pour donner des ions OH^-. C'est le chimiste suédois Svante Arrhenius qui, à la fin du XIXe siècle, formula ces définitions dans le but de classer des substances dont les propriétés en solution aqueuse étaient bien connues.

NOTE

La véritable nature de l'ion H^+ dans l'eau est présentée à la page 15.

NOTE

La plupart des acides (hydracides et oxacides) sont solubles dans l'eau.

NOTE

Le papier tournesol devient rouge au contact d'un acide, et bleu au contact d'une base. L'extrait de tournesol, d'abord employé comme réactif, est aujourd'hui remplacé par une poudre de lichen.

FIGURE 1.6
Réaction d'un carbonate avec un acide

Un morceau de craie de tableau, formée principalement de $CaCO_3$, réagit avec de l'acide chlorhydrique.

Johannes Nicolaus Brønsted
(1879-1947)

Les acides

- Les acides ont un goût aigre, piquant ; par exemple, le vinaigre doit son goût à l'acide acétique, et les citrons et les autres agrumes doivent le leur à l'acide citrique.

- Les acides provoquent des modifications de couleur des colorants végétaux ; par exemple, ils font passer le tournesol du bleu au rouge.

- Les acides réagissent avec certains métaux, dont le zinc, le magnésium et le fer, pour produire de l'hydrogène gazeux. La réaction entre l'acide chlorhydrique et le magnésium en est un exemple :

$$2HCl(aq) + Mg(s) \longrightarrow MgCl_2(aq) + H_2(g)$$

- Les acides réagissent avec les carbonates et les hydrogénocarbonates, comme Na_2CO_3, $CaCO_3$ et $NaHCO_3$, pour produire du dioxyde de carbone gazeux (*voir la* **FIGURE 1.6**). Par exemple :

$$2HCl(aq) + CaCO_3(s) \longrightarrow CaCl_2(aq) + H_2O(l) + CO_2(aq)$$
$$HCl(aq) + NaHCO_3(s) \longrightarrow NaCl(aq) + H_2O(l) + CO_2(aq)$$

- Les solutions aqueuses acides conduisent l'électricité.

Les bases

- Les bases ont un goût amer.

- Les bases sont visqueuses au toucher ; par exemple, les savons, qui contiennent des bases, ont cette caractéristique.

- Les bases provoquent des modifications de couleur des colorants végétaux ; par exemple, elles font passer le tournesol du rouge au bleu.

- Les bases réagissent avec les acides.

- Les solutions aqueuses basiques conduisent l'électricité.

1.3.2 Les acides et les bases de Brønsted-Lowry

Les définitions des acides et des bases élaborées par Arrhenius ne s'appliquent qu'aux solutions aqueuses. En 1923, Johannes Brønsted, un chimiste danois, et Thomas M. Lowry, un chimiste anglais, proposèrent de manière indépendante des définitions élargies qui décrivaient un acide comme un donneur de protons (H^+ ou H_3O^+) et une base comme un accepteur de protons. On appelle maintenant les substances qui réagissent de cette façon des **acides de Brønsted-Lowry** et des **bases de Brønsted-Lowry**. Il est à noter que ces définitions ne nécessitent pas que les acides ou les bases soient en solution aqueuse.

Les acides de Brønsted-Lowry

L'acide chlorhydrique est un acide de Brønsted-Lowry parce qu'il donne un proton dans l'eau :

$$HCl(aq) \longrightarrow H^+(aq) + Cl^-(aq)$$

Il faut noter que l'ion H^+ est un atome d'hydrogène qui a perdu son électron; c'est donc seulement un proton à nu. La dimension d'un proton est d'environ 10^{-15} m comparativement à 10^{-10} m pour un atome ou un ion moyen. Une si petite particule chargée ne peut exister comme telle dans l'eau, à cause de sa forte attraction pour le pôle négatif (l'atome O) de H_2O. C'est pourquoi le proton existe à l'état hydraté, comme l'indique la **FIGURE 1.7**. Pour l'ionisation de l'acide chlorhydrique, il faudrait donc écrire:

$$HCl(aq) + H_2O(l) \longrightarrow H_3O^+(aq) + Cl^-(aq)$$

Le proton hydraté, H_3O^+, est appelé **ion hydronium**. Cette équation représente une réaction au cours de laquelle un acide de Brønsted-Lowry (HCl) donne un proton à une base de Brønsted-Lowry (H_2O).

Thomas Martin Lowry (1874-1936)

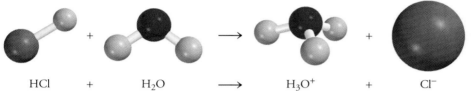

$$HCl \quad + \quad H_2O \quad \longrightarrow \quad H_3O^+ \quad + \quad Cl^-$$

Ⓢ **FIGURE 1.7**
Proton à l'état hydraté
Ionisation de HCl dans l'eau pour former l'ion hydronium et l'ion chlorure.

Des études expérimentales ont démontré que l'ion hydronium peut s'hydrater davantage en s'associant à plusieurs molécules d'eau. Toutefois, comme les propriétés acides du proton ne sont pas touchées par le degré d'hydratation, on utilise parfois encore la notation $H^+(aq)$ pour représenter le proton hydraté, même si la notation H_3O^+ est plus proche de la réalité. Ces deux notations représentent la même espèce en solution aqueuse.

L'acide chlorhydrique (HCl), l'acide nitrique (HNO_3), l'acide acétique (CH_3COOH), l'acide sulfurique (H_2SO_4) et l'acide phosphorique (H_3PO_4) figurent parmi les acides les plus couramment utilisés en laboratoire. Les trois premiers sont des monoacides. Un **monoacide** (ou **acide monoprotique**) est un acide qui ne peut libérer qu'un seul ion hydrogène par unité d'acide:

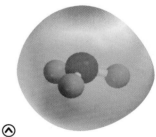
Dans ce diagramme de potentiel électrostatique de l'ion H_3O^+, représenté à l'aide des couleurs de l'arc-en-ciel, les régions les plus riches en électrons sont rouges et les plus pauvres sont bleues.

$$HCl(aq) + H_2O(l) \longrightarrow H_3O^+(aq) + Cl^-(aq)$$
$$HNO_3(aq) + H_2O(l) \longrightarrow H_3O^+(aq) + NO_3^-(aq)$$
$$CH_3COOH(aq) + H_2O(l) \rightleftharpoons CH_3COO^-(aq) + H_3O^+(aq)$$

Comme il a déjà été mentionné, la dissociation (ou l'ionisation) de l'acide acétique en milieu aqueux est incomplète (flèche double dans l'équation): il s'agit donc d'un électrolyte faible (*voir le* **TABLEAU 1.1**, *p. 6*). Par conséquent, on l'appelle aussi acide faible. Par contre, HCl et HNO_3 sont des acides forts parce qu'ils sont des électrolytes forts: en solution, ils s'ionisent complètement (flèches simples dans les équations).

L'acide sulfurique (H_2SO_4) est un **diacide** (ou **acide diprotique**), c'est-à-dire un acide pouvant céder deux ions H^+ par unité en deux étapes distinctes:

$$H_2SO_4(aq) + H_2O(l) \longrightarrow H_3O^+(aq) + HSO_4^-(aq)$$
$$HSO_4^-(aq) + H_2O(l) \rightleftharpoons H_3O^+(aq) + SO_4^{2-}(aq)$$

Une bouteille d'acide phosphorique (H_3PO_4)

TABLEAU 1.3 >
Quelques acides forts et acides faibles communs

Acides forts	
HCl	Acide chlorhydrique
HBr	Acide bromhydrique
HI	Acide iodhydrique
HNO_3	Acide nitrique
H_2SO_4	Acide sulfurique
$HClO_4$	Acide perchlorique
Acides faibles	
HF	Acide fluorhydrique
HNO_2	Acide nitreux
H_3PO_4	Acide phosphorique
CH_3COOH	Acide acétique

H_2SO_4 est un électrolyte fort et un acide fort (la première étape de l'ionisation est complète), mais HSO_4^- est un acide faible, d'où la flèche double qui indique que l'ionisation est incomplète pour la deuxième étape présentée ci-dessus.

Les **triacides** (ou **acides triprotiques**), qui libèrent trois ions H^+ par unité, sont relativement peu nombreux. Le plus connu est l'acide phosphorique, lequel s'ionise ainsi :

$$H_3PO_4(aq) + H_2O(l) \rightleftharpoons H_3O^+(aq) + H_2PO_4^-(aq)$$
$$H_2PO_4^-(aq) + H_2O(l) \rightleftharpoons H_3O^+(aq) + HPO_4^{2-}(aq)$$
$$HPO_4^{2-}(aq) + H_2O(l) \rightleftharpoons H_3O^+(aq) + PO_4^{3-}(aq)$$

Ces trois espèces (H_3PO_4, $H_2PO_4^-$ et HPO_4^{2-}) sont des acides faibles, d'où l'utilisation d'une flèche double pour chaque étape d'ionisation. Les anions tels $H_2PO_4^-$ et HPO_4^{2-} peuvent aussi être générés quand des composés ioniques tels NaH_2PO_4 et Na_2HPO_4 se dissolvent dans l'eau. Le **TABLEAU 1.3** présente quelques acides forts et acides faibles communs.

RÉVISION DES CONCEPTS

Lequel des diagrammes suivants représente le mieux un acide fort? Lequel représente le mieux un acide faible? Lequel représente le mieux un acide très faible? Le proton existe dans l'eau sous forme d'ion hydronium. Tous les acides sont monoprotiques. (Les molécules d'eau ne sont pas montrées.)

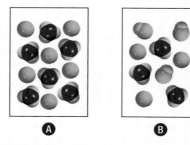

A **B** **C**

Les bases de Brønsted-Lowry

Les données du **TABLEAU 1.1** (*voir p. 6*) montrent que l'hydroxyde de sodium (NaOH) et l'hydroxyde de baryum [$Ba(OH)_2$] sont des électrolytes forts. C'est dire qu'ils sont complètement ionisés en solution :

$$NaOH(s) \xrightarrow{H_2O} Na^+(aq) + OH^-(aq)$$
$$Ba(OH)_2(s) \xrightarrow{H_2O} Ba^{2+}(aq) + 2OH^-(aq)$$

L'ion OH^- peut accepter un proton, comme le montre l'équation qui suit :

$$H_3O^+(aq) + OH^-(aq) \longrightarrow 2H_2O(l)$$

Donc, OH^- est une base de Brønsted-Lowry.

L'ammoniac (NH_3) est classé parmi les bases de Brønsted-Lowry parce qu'il peut accepter un ion H^+, comme le montrent la **FIGURE 1.8** et l'équation suivante :

$$NH_3(aq) + H_2O(l) \rightleftharpoons NH_4^+(aq) + OH^-(aq)$$

L'ammoniac est un électrolyte faible (c'est donc une base faible), car seule une fraction des molécules NH_3 dissoutes réagissent avec l'eau pour former des ions NH_4^+ et OH^-.

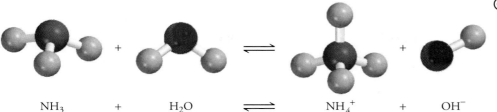

◀ **FIGURE 1.8**

Ionisation de l'ammoniac dans l'eau
Formation de l'ion ammonium et de l'ion hydroxyde.

$$NH_3 \quad + \quad H_2O \quad \rightleftharpoons \quad NH_4^+ \quad + \quad OH^-$$

La base forte la plus couramment utilisée en laboratoire est l'hydroxyde de sodium, à cause de son faible coût et de sa grande solubilité. (En fait, tous les hydroxydes de métaux alcalins sont solubles.) Quant à la base faible la plus utilisée, c'est une solution aqueuse d'ammoniac, quelquefois appelée à tort « hydroxyde d'ammonium » (il n'y a pas de preuve que le composé NH_4OH existe réellement). Tous les éléments du groupe 2A forment des hydroxydes de type $M(OH)_2$, où M est un métal alcalino-terreux. De ces hydroxydes, seul $Ba(OH)_2$ est soluble. Les hydroxydes de magnésium et de calcium, eux, sont utilisés en médecine et dans l'industrie. Les hydroxydes des autres métaux, comme $Al(OH)_3$ et $Zn(OH)_2$, sont insolubles et moins couramment utilisés.

Une bouteille d'ammoniac aqueux

EXEMPLE 1.3   La classification des acides et des bases de Brønsted-Lowry

Dites si les espèces suivantes sont des bases ou des acides de Brønsted-Lowry :
a) HBr ; **b)** NO_2^- ; **c)** HCO_3^-.

DÉMARCHE

Quelles sont les caractéristiques d'un acide de Brønsted-Lowry ? Contient-il au moins un atome de H ionisable ? Sauf dans le cas de l'ammoniac, la plupart des bases courantes sont des anions.

SOLUTION

a) On sait que HCl est un acide. Br et Cl étant tous deux des halogènes (groupe 7A), on s'attend à ce que HBr s'ionise ainsi dans l'eau :

$$HBr(aq) + H_2O(l) \longrightarrow H_3O^+(aq) + Br^-(aq)$$

HBr est donc un acide de Brønsted-Lowry.

b) En solution, l'ion nitrite peut accepter un proton pour former l'acide nitreux :

$$NO_2^-(aq) + H_3O^+(aq) \longrightarrow HNO_2(aq) + H_2O(l)$$

Cette propriété fait de NO_2^- une base de Brønsted-Lowry.

c) L'ion hydrogénocarbonate est un acide de Brønsted-Lowry parce que, en solution, il s'ionise de la façon suivante :

$$HCO_3^-(aq) + H_2O(l) \rightleftharpoons H_3O^+(aq) + CO_3^{2-}(aq)$$

C'est aussi une base de Brønsted-Lowry parce qu'il peut accepter un proton :

$$HCO_3^-(aq) + H_3O^+(aq) \rightleftharpoons H_2CO_3(aq) + H_2O(l)$$

COMMENTAIRE

On dit que l'ion HCO_3^- est un « amphotère » parce qu'il possède à la fois des propriétés acides et basiques comme dans le cas de l'eau.

▶

Problèmes semblables

1.16 et 1.17

CHIMIE EN LIGNE

Animation
• Les réactions de neutralisation

NOTE

La plupart des réactions acido-basiques sont des réactions complètes.

EXERCICE E1.3

Dites si les espèces suivantes sont des acides ou des bases de Brønsted-Lowry : **a)** SO_4^{2-}; **b)** HI; **c)** $H_2PO_4^-$.

1.3.3 Les réactions de neutralisation

Une réaction acido-basique, aussi appelée **réaction de neutralisation**, est une réaction entre un acide et une base. Les réactions acido-basiques aqueuses donnent généralement de l'eau et un **sel**, qui est un composé ionique formé d'un cation autre que H^+ et d'un anion autre que OH^- ou O^{2-}. Les réactions de neutralisation sont habituellement représentées par l'équation générale suivante :

$$\text{acide} + \text{base} \longrightarrow \text{sel} + \text{eau}$$

Par exemple, lorsqu'une solution de HCl est mélangée avec une solution de NaOH, il se produit la réaction suivante :

$$HCl(aq) + NaOH(aq) \longrightarrow NaCl(aq) + H_2O(l)$$

Cependant, comme cet acide et cette base sont tous deux des électrolytes forts, ils sont complètement ionisés en solution. L'équation ionique est :

$$H_3O^+(aq) + Cl^-(aq) + Na^+(aq) + OH^-(aq) \longrightarrow Na^+(aq) + Cl^-(aq) + 2H_2O(l)$$

L'équation ionique nette s'écrit ainsi :

$$H_3O^+(aq) + OH^-(aq) \longrightarrow 2H_2O(l)$$

Les ions Na^+ et Cl^- sont tous deux des ions spectateurs.

Si cette réaction était effectuée avec des quantités molaires égales d'acide et de base, cette réaction serait totale, c'est-à-dire qu'il n'y aurait, à la fin de la réaction, que du sel et aucune trace d'acide ou de base. C'est une caractéristique des réactions de neutralisation.

Voici maintenant la réaction entre NaOH et l'acide cyanhydrique (HCN), un acide faible :

$$HCN(aq) + NaOH(aq) \longrightarrow NaCN(aq) + H_2O(l)$$

Dans ce cas, l'équation ionique est :

$$HCN(aq) + Na^+(aq) + OH^-(aq) \longrightarrow Na^+(aq) + CN^-(aq) + H_2O(l)$$

et l'équation ionique nette est :

$$HCN(aq) + OH^-(aq) \longrightarrow CN^-(aq) + H_2O(l)$$

Les équations moléculaires suivantes représentent d'autres exemples de réactions de neutralisation :

$$HF(aq) + KOH(aq) \longrightarrow KF(aq) + H_2O(l)$$

$$H_2SO_4(aq) + 2NaOH(aq) \longrightarrow Na_2SO_4(aq) + 2H_2O(l)$$

$$Ba(OH)_2(aq) + 2HNO_3(aq) \longrightarrow Ba(NO_3)_2(aq) + 2H_2O(l)$$

> **NOTE**
>
> Pour qu'une réaction soit totale, il faut que tous les réactifs soient totalement consommés. Ces réactifs doivent nécessairement avoir réagi dans les proportions stœchiométriques indiquées par l'équation équilibrée de la réaction.

1.3.4 Les réactions de neutralisation avec formation d'un gaz

Certains sels comme les carbonates (constitués des ions CO_3^{2-}), les hydrogénocarbonates (constitués des ions HCO_3^-), les sulfites (constitués des ions SO_3^{2-}) et les sulfures (constitués des ions S^{2-}) réagissent avec les acides pour former des produits gazeux (CO_2, SO_2 et H_2S, respectivement). Voici, par exemple, l'équation moléculaire de la réaction entre le carbonate de sodium [$Na_2CO_3(s)$] et l'acide chlorhydrique [$HCl(aq)$] :

$$Na_2CO_3(aq) + 2HCl(aq) \longrightarrow 2NaCl(aq) + H_2CO_3(aq)$$

Une réaction semblable est présentée à la figure de la rubrique « Chimie en action – Une réaction de précipitation indésirable… » (*voir p. 13*).

L'acide carbonique est instable et, s'il est suffisamment concentré en solution, il se décompose ainsi :

$$H_2CO_3(aq) \longrightarrow H_2O(l) + CO_2(g)$$

QUESTIONS de révision

9. Énumérez les propriétés générales des acides et des bases.

10. Donnez les définitions des acides et des bases selon Arrhenius et selon Brønsted-Lowry.

11. Donnez un exemple de monoacide, de diacide et de triacide.

12. Qu'est-ce qui caractérise une réaction de neutralisation acido-basique ?

13. Donnez quatre exemples de sels.

14. Dites si les substances suivantes sont des acides ou des bases ; précisez si la base ou l'acide sont forts ou faibles : **a)** NH_3 ; **b)** H_3PO_4 ; **c)** LiOH ; **d)** HCOOH (acide formique) ; **e)** H_2SO_4 ; **f)** HF ; **g)** $Ba(OH)_2$.

1.4 Les réactions d'oxydoréduction

Tandis que les réactions acido-basiques mettent en jeu des transferts de protons, les **réactions d'oxydoréduction** sont des réactions qui impliquent des transferts d'électrons. Les réactions d'oxydoréduction ont une grande importance dans la vie quotidienne. Elles vont de la combustion des combustibles fossiles à l'action de l'eau de Javel. Des réactions d'oxydoréduction sont aussi à la base des procédés d'extraction de la

CHIMIE EN LIGNE

Animation
• Les réactions d'oxydoréduction

plupart des éléments, métalliques ou non, à partir de leur minerai. Souvent, on parle dans ce cas de réactions d'oxydation ou de réactions de réduction, parce qu'on met l'accent sur l'élément à extraire ; cependant, il ne faut pas oublier que ni l'oxydation ni la réduction ne peuvent avoir lieu sans la présence d'un oxydant et d'un réducteur.

Bien qu'un grand nombre de réactions d'oxydoréduction importantes aient lieu en milieu aqueux, il convient d'examiner d'abord des réactions plus simples où deux éléments se combinent pour former un composé. Voici la formation de l'oxyde de magnésium (MgO) à partir du magnésium et de l'oxygène (*voir aussi la* **FIGURE 1.9**) :

$$2Mg(s) + O_2(g) \longrightarrow 2MgO(s)$$

NOTE

Les réactions d'oxydoréduction se nomment aussi « réactions redox ».

FIGURE 1.9 ⊗

Formation d'oxyde de magnésium

Le magnésium brûle en présence d'oxygène pour former de l'oxyde de magnésium.

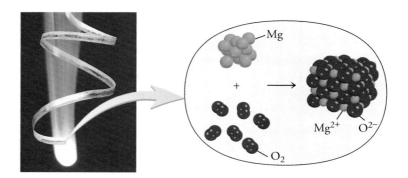

L'oxyde de magnésium (MgO) est un composé ionique formé des ions Mg^{2+} et O^{2-}. Dans cette réaction, deux atomes de Mg donnent ou transfèrent en tout quatre électrons à deux atomes de O (sous forme O_2). Bien que l'échange d'électrons ait lieu en une seule étape, il est utile de scinder ce phénomène comme s'il se produisait en deux étapes. La première consiste en la perte de quatre électrons par les deux atomes de Mg, et la seconde est l'acquisition de ces quatre électrons par une molécule de O_2 :

NOTE

Dans la demi-réaction d'oxydation, les électrons apparaissent comme un produit ; dans la demi-réaction de réduction, les électrons apparaissent comme des réactifs.

$$2Mg \longrightarrow 2Mg^{2+} + 4e^-$$
$$O_2 + 4e^- \longrightarrow 2O^{2-}$$

On appelle **demi-réaction** l'une ou l'autre des étapes de l'oxydation ou de la réduction qui indique explicitement les électrons en jeu. La somme des demi-réactions donne la réaction globale :

$$2Mg + O_2 + 4e^- \longrightarrow 2Mg^{2+} + 2O^{2-} + 4e^-$$

Simplifier l'équation en éliminant les électrons qui apparaissent des deux côtés de la flèche donne :

$$2Mg + O_2 \longrightarrow 2Mg^{2+} + 2O^{2-}$$

Finalement, les ions Mg^{2+} et O^{2-} se combinent pour former MgO :

$$2Mg^{2+} + 2O^{2-} \longrightarrow 2MgO$$

La demi-réaction qui traduit la perte d'électrons est appelée **réaction d'oxydation**. À l'origine, le terme « oxydation » était utilisé par les chimistes pour indiquer la combinaison d'un élément avec l'oxygène ; maintenant, il a une signification élargie et inclut des réactions dans lesquelles il n'y a pas d'oxygène. La demi-réaction qui traduit le gain d'électrons est dite **réaction de réduction.** Dans la formation de l'oxyde de magnésium, le magnésium est oxydé. C'est donc un **réducteur,** car il donne des électrons à l'oxygène et le réduit. De son côté, l'oxygène est réduit et agit comme un **oxydant,** car il reçoit les électrons du magnésium, oxydant ainsi ce dernier. Dans une réaction d'oxydoréduction équilibrée, le nombre d'électrons perdus par le réducteur doit être égal au nombre d'électrons reçus par l'oxydant.

NOTE

Les oxydants sont toujours réduits, et les réducteurs sont toujours oxydés.

1.4.1   Les nombres d'oxydation

Les définitions des termes « oxydation » et « réduction » qui précèdent, c'est-à-dire respectivement une perte et un gain d'électrons, s'appliquent fort bien à la formation des composés ioniques tel MgO, mais moins bien à la formation du chlorure d'hydrogène (HCl) et du dioxyde de soufre (SO_2) :

$$H_2(g) + Cl_2(g) \longrightarrow 2HCl(g)$$
$$S(s) + O_2(g) \longrightarrow SO_2(g)$$

Puisque HCl et SO_2 ne sont pas des composés ioniques, mais des composés covalents, il n'y a pas de transfert réel d'électrons durant leur formation, contrairement au cas de MgO. Néanmoins, les chimistes trouvent pratique de considérer leur formation comme des réactions d'oxydoréduction, car il a été montré expérimentalement qu'il y a transfert partiel d'électrons (de H à Cl dans HCl et de S à O dans SO_2).

Afin de tenir compte de ces transferts plus ou moins complets d'électrons, il faut donc élargir les définitions déjà données des termes « oxydation » et « réduction ». Pour ce faire, il est nécessaire de connaître la notion de nombre d'oxydation associé aux réactifs et aux produits. Le **nombre d'oxydation** (ou **degré d'oxydation** ou **état d'oxydation**) **d'un atome** représente le nombre de charges qu'aurait cet atome dans une molécule (ou dans un composé ionique) si les électrons étaient complètement transférés. Par exemple, les équations données précédemment peuvent être réécrites de la manière suivante :

$$\overset{0}{H_2}(g) + \overset{0}{Cl_2}(g) \longrightarrow 2\overset{+1\ -1}{HCl}(g)$$
$$\overset{0}{S}(s) + \overset{0}{O_2}(g) \longrightarrow \overset{+4\ -2}{SO_2}(g)$$

Les chiffres apparaissant au-dessus des éléments sont les nombres d'oxydation. Dans ces deux réactions, il n'y a de charges sur aucun des atomes des réactifs ; leur nombre d'oxydation est donc égal à zéro. Cependant, dans le cas des molécules produites, on suppose qu'il y a un transfert complet d'électron(s) et que les atomes ont perdu ou gagné des électrons. Les nombres d'oxydation reflètent le nombre d'électrons « transférés ».

Les nombres d'oxydation permettent donc de repérer facilement les éléments qui sont oxydés ou réduits. Les éléments dont le nombre d'oxydation augmente – comme dans le cas de l'hydrogène et du soufre dans les exemples précédents – sont oxydés. Le chlore et l'oxygène sont réduits, car leur nombre d'oxydation indique une diminution par rapport à leur valeur initiale. Une réaction d'oxydoréduction peut donc être considérée comme une réaction au cours de laquelle il y a variation des nombres d'oxydation.

La somme des nombres d'oxydation de H et de Cl dans HCl (+1 et −1) est zéro. De même, dans SO_2 [S (+4) et deux atomes de O ($2 \times −2$)], la somme est zéro : HCl et SO_2 sont des composés neutres, leurs charges doivent donc s'annuler.

Les règles suivantes permettent de déterminer les nombres d'oxydation.

Les règles d'attribution des nombres d'oxydation

1. Pour les éléments libres (c'est-à-dire non combinés), chaque atome a un nombre d'oxydation égal à zéro. Ainsi, tous les atomes dans H_2, Br_2, Na, Be, K, O_2 et P_4 ont le même nombre d'oxydation : zéro.

2. Pour les ions monoatomiques, le nombre d'oxydation est égal à la charge de l'ion. Ainsi, Li^+ a un nombre d'oxydation de +1 ; Ba^{2+}, de +2 ; Fe^{3+}, de +3 ; I^-, de −1 ; O^{2-}, de −2, etc. Tous les métaux alcalins ont un nombre d'oxydation de +1, et tous les métaux alcalino-terreux ont un nombre d'oxydation de +2, quel que soit le composé. L'aluminium a un nombre d'oxydation de +3 dans tous ses composés.

3. Le nombre d'oxydation de l'oxygène dans la plupart des composés (par exemple, MgO et H_2O) est de −2 ; cependant, dans le peroxyde d'hydrogène (H_2O_2) et l'ion peroxyde (O_2^{2-}), son nombre d'oxydation est de −1.

4. Le nombre d'oxydation de l'hydrogène est de +1, sauf quand il est lié à un métal dans un composé binaire. Dans ce cas (par exemple, LiH, NaH et CaH_2), son nombre d'oxydation est de −1.

5. Le fluor a un nombre d'oxydation de −1 dans tous ses composés. Les autres halogènes (Cl, Br et I) ont des nombres d'oxydation négatifs lorsqu'ils apparaissent comme ions halogénure dans leurs composés. Par contre, quand ils se combinent avec l'oxygène [dans les oxacides et les oxanions (*voir la section 2.8 de Chimie générale*), par exemple], ils ont des nombres d'oxydation positifs.

6. Dans une molécule neutre, la somme des nombres d'oxydation de tous les atomes doit être égale à zéro. Dans un ion polyatomique, la somme des nombres d'oxydation de tous les éléments de l'ion doit être égale à la charge nette de l'ion. Par exemple, dans l'ion ammonium, NH_4^+, le nombre d'oxydation de N est de −3 et celui de H est de +1 : la somme des nombres d'oxydation est $-3 + 4(+1) = +1$, ce qui correspond à la charge nette de l'ion.

7. Les nombres d'oxydation ne sont pas obligatoirement des nombres entiers. Par exemple, dans l'ion superoxyde O_2^-, l'oxygène a un nombre d'oxydation de −1/2.

EXEMPLE 1.4　La détermination des nombres d'oxydation

Déterminez les nombres d'oxydation de tous les éléments des composés et des ions suivants : **a)** Li_2O ; **b)** HNO_3 ; **c)** $Cr_2O_7^{2-}$.

DÉMARCHE

En général, il faut suivre les règles d'attribution des nombres d'oxydation énoncées précédemment. Retenons que tous les métaux alcalins ont un nombre d'oxydation de +1 et que, dans la plupart des cas, l'hydrogène et l'oxygène ont respectivement un nombre d'oxydation de +1 et de −2 dans leurs composés. ▶

SOLUTION

a) D'après la règle 2, nous savons que le lithium a un nombre d'oxydation de +1 (Li^+) et que l'oxygène a un nombre d'oxydation de −2 (O^{2-}).

b) C'est la formule de l'acide nitrique, lequel libère un ion H^+ et un ion NO_3^- en solution. D'après la règle 4, nous savons que H a un nombre d'oxydation de +1; l'autre groupe (l'ion nitrate) doit donc avoir une charge nette de −1. Puisque le nombre d'oxydation de l'oxygène est −2, en donnant x à celui de l'azote, on peut écrire:

$$[N^{(x)}O_3^{(2-)}]^-$$

d'où:

$$x + 3(-2) = -1$$

où:

$$x = +5$$

c) D'après la règle 6, nous savons que la somme des nombres d'oxydation dans $Cr_2O_7^{2-}$ doit être −2. Nous savons aussi que le nombre d'oxydation de O est −2.

Il ne nous reste qu'à déterminer le nombre d'oxydation de Cr, que nous appellerons y. L'ion dichromate s'écrit:

$$[Cr_2^{(y)}O_7^{(2-)}]^{2-}$$

d'où:

$$2(y) + 7(-2) = -2$$

ou:

$$y = +6$$

VÉRIFICATION

Dans chaque cas, la somme algébrique des nombres d'oxydation de tous les atomes est-elle égale à la charge nette de l'espèce?

EXERCICE E1.4

Déterminez les nombres d'oxydation de tous les éléments dans le composé et l'ion suivants: **a)** PF_3; **b)** MnO_4^-.

Problèmes semblables ⊕

1.22 et 1.23

La **FIGURE 1.10** (*voir p. 24*) montre les nombres d'oxydation connus des éléments les plus familiers, disposés selon leurs positions dans le tableau périodique. Cette disposition met en évidence les caractéristiques suivantes des nombres d'oxydation:

- Les éléments métalliques ont seulement des nombres d'oxydation positifs, tandis que les éléments non métalliques peuvent avoir des nombres d'oxydation négatifs ou positifs.
- Les éléments représentatifs (c'est-à-dire des groupes 1A à 7A) ne peuvent avoir un nombre d'oxydation supérieur au numéro de leur groupe dans le tableau périodique. Par exemple, les halogènes font partie du groupe 7A, donc le nombre d'oxydation le plus élevé qu'ils peuvent atteindre est +7.
- Les métaux de transition (groupes 1B, 3B−8B) ont habituellement plusieurs nombres d'oxydation possibles (*voir les* **FIGURES 1.10** et **1.11**, *p. 24*).

1 1A																	18 8A
H +1 −1	2 2A											13 3A	14 4A	15 5A	16 6A	17 7A	**He**
Li +1	**Be** +2											**B** +3	**C** +4 +2 −4	**N** +5 +4 +3 +2 +1 −3	**O** +2 −½ −1 −2	**F** −1	**Ne**
Na +1	**Mg** +2	3 3B	4 4B	5 5B	6 6B	7 7B	8	9 — 8B —	10	11 1B	12 2B	**Al** +3	**Si** +4 −4	**P** +5 +3 −3	**S** +6 +4 +2 −2	**Cl** +7 +5 +4 +3 +1 −1	**Ar**
K +1	**Ca** +2	**Sc** +3	**Ti** +4 +3 +2	**V** +5 +4 +3 +2	**Cr** +6 +5 +4 +3 +2	**Mn** +7 +6 +4 +3 +2	**Fe** +3 +2	**Co** +3 +2	**Ni** +2	**Cu** +2 +1	**Zn** +2	**Ga** +3	**Ge** +4 −4	**As** +5 +3 −3	**Se** +6 +4 −2	**Br** +5 +3 +1 −1	**Kr** +4 +2
Rb +1	**Sr** +2	**Y** +3	**Zr** +4	**Nb** +5 +4	**Mo** +6 +4 +3	**Tc** +7 +6 +4	**Ru** +8 +6 +4 +3	**Rh** +4 +3 +2	**Pd** +4 +2	**Ag** +1	**Cd** +2	**In** +3	**Sn** +4 +2	**Sb** +5 +3 −3	**Te** +6 +4 −2	**I** +7 +5 +1 −1	**Xe** +6 +4 +2
Cs +1	**Ba** +2	**La** +3	**Hf** +4	**Ta** +5	**W** +6 +4	**Re** +7 +6 +4	**Os** +8 +4	**Ir** +4 +3	**Pt** +4 +2	**Au** +3 +1	**Hg** +2 +1	**Tl** +3 +1	**Pb** +4 +2	**Bi** +5 +3	**Po** +2	**At** −1	**Rn**

FIGURE 1.10

Nombres d'oxydation possibles des éléments dans leurs composés

Les nombres d'oxydation les plus courants sont en rouge.

FIGURE 1.11

Nombres d'oxydation possibles du vanadium

De gauche à droite : couleurs des solutions aqueuses de composés contenant du vanadium dans quatre états d'oxydation différents (+5, +4, +3 et +2).

1.4.2 Quelques réactions d'oxydoréduction courantes

Les réactions d'oxydoréduction courantes sont des réactions de combinaison, de décomposition ou de déplacement.

Les réactions de combinaison

Une **réaction de combinaison** (ou **de synthèse**) est une réaction au cours de laquelle deux ou plusieurs substances se combinent pour former un seul produit. Par exemple :

$$\overset{0}{S}(s) + \overset{0}{O_2}(g) \longrightarrow \overset{+4 \ -2}{SO_2}(g)$$

$$3\overset{0}{Mg}(s) + \overset{0}{N_2}(g) \longrightarrow \overset{+2 \ -3}{Mg_3N_2}(s)$$

La combustion du soufre dans l'air produit du dioxyde de soufre.

Les réactions de décomposition

Une **réaction de décomposition** est l'inverse d'une réaction de combinaison : il s'agit d'une réaction au cours de laquelle un composé se brise en deux ou plusieurs fragments.

En voici quelques exemples :

$$\overset{+2 \;\; -2}{2HgO(s)} \longrightarrow \overset{0}{2Hg(l)} + \overset{0}{O_2(g)}$$

$$\overset{+5\;-2}{2KClO_3(s)} \longrightarrow \overset{-1}{2KCl(s)} + \overset{0}{3O_2(g)}$$

$$\overset{+1\;-1}{2NaH(s)} \longrightarrow \overset{0}{2Na(s)} + \overset{0}{H_2(g)}$$

Par chauffage, HgO se décompose en Hg et O_2.

Les nombres d'oxydation ne sont indiqués que dans le cas des éléments qui sont oxydés ou réduits (dont les nombres d'oxydation varient).

Il est aussi possible de retrouver des ions spectateurs dans des réactions d'oxydoréduction. Par exemple, dans la deuxième réaction ci-dessus, l'ion K^+ est un ion spectateur puisqu'il ne change pas de nombre d'oxydation.

Les réactions de combustion

Une **réaction de combustion** est une réaction au cours de laquelle une substance réagit avec de l'oxygène en produisant habituellement de la chaleur et de la lumière sous la forme d'une flamme. Toutes les réactions de combustion sont des réactions d'oxydoréduction. Les réactions déjà mentionnées du magnésium et du soufre avec l'oxygène sont des réactions de combustion.

En voici un autre exemple, la combustion du propane (C_3H_8), un constituant du gaz naturel utilisé pour la cuisson et le chauffage :

$$C_3H_8(g) + 5O_2(g) \longrightarrow 3CO_2(g) + 4H_2O(l)$$

Les réactions de déplacement

Une **réaction de déplacement** a lieu lorsqu'un ion (ou un atome) dans un composé est remplacé par un autre élément. La plupart des réactions de déplacement se classent dans l'une de ces trois sous-catégories : déplacement d'hydrogène, déplacement d'un métal ou déplacement d'un halogène.

Les réactions de déplacement d'hydrogène

Les éléments des métaux les plus réactifs, à savoir tous les métaux alcalins et quelques métaux alcalino-terreux (Ca, Sr et Ba), peuvent déplacer l'hydrogène de l'eau froide (*voir la* **FIGURE 1.12**) :

$$\overset{0}{2Na(s)} + \overset{+1}{2H_2O(l)} \longrightarrow \overset{+1\;\;+1}{2NaOH(aq)} + \overset{0}{H_2(g)}$$

$$\overset{0}{Ca(s)} + \overset{+1}{2H_2O(l)} \longrightarrow \overset{+2\;\;+1}{Ca(OH)_2(s)} + \overset{0}{H_2(g)}$$

FIGURE 1.12

Réactions du sodium et du calcium avec l'eau

Réaction du sodium (Na), en haut, et du calcium (Ca), en bas, avec de l'eau froide. La réaction est plus vigoureuse dans le cas de Na que dans celui de Ca.

Plusieurs métaux, y compris ceux qui ne réagissent pas avec l'eau, sont capables de déplacer l'hydrogène des acides. Par exemple, le zinc (Zn) et le magnésium (Mg) ne réagissent pas avec l'eau froide, mais ils réagissent ainsi avec l'acide chlorhydrique :

$$\overset{0}{\text{Zn}}(s) + 2\overset{+1}{\text{H}}\text{Cl}(aq) \longrightarrow \overset{+2}{\text{Zn}}\text{Cl}_2(aq) + \overset{0}{\text{H}_2}(g)$$

$$\overset{0}{\text{Mg}}(s) + 2\overset{+1}{\text{H}}\text{Cl}(aq) \longrightarrow \overset{+2}{\text{Mg}}\text{Cl}_2(aq) + \overset{0}{\text{H}_2}(g)$$

La **FIGURE 1.13** montre les réactions entre l'acide chlorhydrique (HCl) et le fer (Fe), le zinc (Zn) et le magnésium (Mg). La préparation de l'hydrogène gazeux en laboratoire se fait à l'aide de ces réactions.

FIGURE 1.13 ⊘

Réactions de métaux avec l'acide chlorhydrique
🅐 Réaction du fer (Fe).
🅑 Réaction du zinc (Zn).
🅒 Réaction du magnésium (Mg).
Il y a formation d'hydrogène gazeux (H_2) et des chlorures correspondants ($FeCl_2$, $ZnCl_2$, $MgCl_2$). La vitesse de formation du dihydrogène traduit la réactivité des métaux ; elle est plus lente pour le fer, le métal le moins réactif, et plus rapide pour le magnésium, le métal le plus réactif.

🅐   🅑   🅒

Les réactions de déplacement d'un métal

Un métal dans un composé peut se faire déplacer par un autre métal à l'état élémentaire. Par exemple, si l'on met en contact du zinc métallique avec une solution de sulfate de cuivre ($CuSO_4$), le Zn déplace les ions Cu^{2+} de la solution (*voir la* **FIGURE 1.14A**) :

$$\overset{0}{\text{Zn}}(s) + \overset{+2}{\text{Cu}}\text{SO}_4(aq) \longrightarrow \overset{+2}{\text{Zn}}\text{SO}_4(aq) + \overset{0}{\text{Cu}}(s)$$

L'ion SO_4^{2-} étant un ion spectateur, l'équation ionique nette est :

$$\overset{0}{\text{Zn}}(s) + \overset{+2}{\text{Cu}^{2+}}(aq) \longrightarrow \overset{+2}{\text{Zn}^{2+}}(aq) + \overset{0}{\text{Cu}}(s)$$

De manière similaire, le cuivre métallique déplace les ions argent d'une solution contenant du nitrate d'argent ($AgNO_3$) (*voir la* **FIGURE 1.14B**) :

$$\overset{0}{\text{Cu}}(s) + 2\overset{+1}{\text{Ag}}\text{NO}_3(aq) \longrightarrow \overset{+2}{\text{Cu}}(\text{NO}_3)_2(aq) + 2\overset{0}{\text{Ag}}(s)$$

L'ion NO_3^- est un ion spectateur et l'équation ionique nette est :

$$\overset{0}{\text{Cu}}(s) + 2\overset{+1}{\text{Ag}^+}(aq) \longrightarrow \overset{+2}{\text{Cu}^{2+}}(aq) + 2\overset{0}{\text{Ag}}(s)$$

Le renversement des rôles des métaux ne provoquerait aucune réaction. En d'autres termes, le cuivre ne remplacerait pas les ions zinc du sulfate de zinc, et l'argent ne remplacerait pas les ions cuivre du nitrate de cuivre(II).

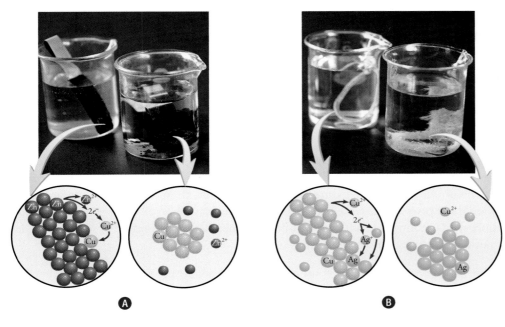

A   **B**

  FIGURE 1.14

Réactions de déplacement en solution

A Un morceau de zinc est plongé dans une solution aqueuse de $CuSO_4$. Les ions Cu^{2+} sont transformés en atomes de Cu. Les atomes de Zn se dissolvent en étant transformés en ions Zn^{2+}.

B Lorsqu'un morceau de cuivre est plongé dans une solution aqueuse de $AgNO_3$, les atomes de Cu sont transformés en ions Cu^{2+} aqueux, et des ions Ag^+ aqueux sont transformés en Ag métallique solide.

Une manière facile de prédire si une réaction de substitution comportant un métal ou de l'hydrogène se produira est de consulter une **série d'activité** (ou **série électrochimique**), comme celle de la **FIGURE 1.15**. Une série d'activité est une liste ordonnée facile à consulter qui permet de prévoir ce qui se produira durant des réactions de substitution semblables à celles qui figurent ci-dessus.

Pouvoir réducteur croissant

$Li \rightarrow Li^+ + e^-$	
$K \rightarrow K^+ + e^-$	
$Ba \rightarrow Ba^{2+} + 2e^-$	Réaction avec l'eau froide, dégagement de H_2
$Ca \rightarrow Ca^{2+} + 2e^-$	
$Na \rightarrow Na^+ + e^-$	
$Mg \rightarrow Mg^{2+} + 2e^-$	
$Al \rightarrow Al^{3+} + 3e^-$	
$Zn \rightarrow Zn^{2+} + 2e^-$	Réaction avec la vapeur d'eau, dégagement de H_2
$Cr \rightarrow Cr^{3+} + 3e^-$	
$Fe \rightarrow Fe^{2+} + 2e^-$	
$Cd \rightarrow Cd^{2+} + 2e^-$	
$Co \rightarrow Co^{2+} + 2e^-$	
$Ni \rightarrow Ni^{2+} + 2e^-$	Réaction avec des acides, dégagement de H_2
$Sn \rightarrow Sn^{2+} + 2e^-$	
$Pb \rightarrow Pb^{2+} + 2e^-$	
$H_2 \rightarrow 2H^+ + 2e^-$	
$Cu \rightarrow Cu^{2+} + 2e^-$	
$Ag \rightarrow Ag^+ + e^-$	Aucune réaction avec l'eau ou les acides, aucun dégagement de H_2
$Hg \rightarrow Hg^{2+} + 2e^-$	
$Pt \rightarrow Pt^{2+} + 2e^-$	
$Au \rightarrow Au^{3+} + 3e^-$	

FIGURE 1.15

Série d'activité des métaux

Les métaux sont disposés selon leur pouvoir de déplacer l'hydrogène d'un acide ou de l'eau sous forme d'un dégagement d'hydrogène gazeux. Le lithium (Li) est le métal le plus réactif, et l'or (Au) est le moins réactif.

Selon cette série d'activité, tout métal situé au-dessus de l'hydrogène remplacera l'hydrogène de l'eau ou d'un acide, mais les métaux situés sous l'hydrogène dans la liste ne réagiront ni avec l'eau ni avec un acide. En fait, tout métal figurant dans cette série d'activité réagira avec tout composé formé d'un élément situé sous lui. Par exemple, le zinc est au-dessus du cuivre ; alors, le zinc remplacera les ions cuivre du sulfate de cuivre(II).

Les réactions de déplacement d'un halogène

Voici une autre série d'activité qui résume cette fois le comportement des halogènes au cours de réactions de déplacement d'halogènes :

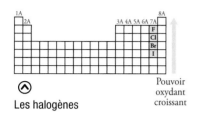

Les halogènes

Pouvoir oxydant croissant

$$F_2 > Cl_2 > Br_2 > I_2$$

Quand on se déplace de haut en bas dans le groupe 7A, il apparaît que le pouvoir oxydant de ces éléments diminue du fluor à l'iode. Le difluor (F_2) peut donc remplacer les ions chlorure, bromure et iodure en solution. En fait, il est si réactif qu'il réagit aussi avec l'eau ; ces réactions avec le difluor ne peuvent donc pas avoir lieu en solution aqueuse. Par contre, le dichlore (Cl_2) peut déplacer les ions bromure et iodure dans les solutions aqueuses selon les équations suivantes :

$$\overset{0}{Cl_2}(g) + 2\overset{-1}{KBr}(aq) \longrightarrow 2\overset{-1}{KCl}(aq) + \overset{0}{Br_2}(l)$$
$$\overset{0}{Cl_2}(g) + 2\overset{-1}{NaI}(aq) \longrightarrow 2\overset{-1}{NaCl}(aq) + \overset{0}{I_2}(s)$$

Les équations ioniques sont :

$$\overset{0}{Cl_2}(g) + 2\overset{-1}{Br^-}(aq) \longrightarrow 2\overset{-1}{Cl^-}(aq) + \overset{0}{Br_2}(l)$$
$$\overset{0}{Cl_2}(g) + 2\overset{-1}{I^-}(aq) \longrightarrow 2\overset{-1}{Cl^-}(aq) + \overset{0}{I_2}(s)$$

À son tour, le dibrome (Br_2) peut déplacer l'ion iodure en solution :

$$\overset{0}{Br_2}(l) + 2\overset{-1}{I^-}(aq) \longrightarrow 2\overset{-1}{Br^-}(aq) + \overset{0}{I_2}(s)$$

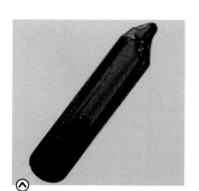

Le dibrome, un liquide fumant rougeâtre, est préparé industriellement par réaction du dichlore avec de l'eau de mer, une importante source d'ions bromure.

Si l'on renverse le rôle des halogènes dans ces réactions, il n'y aura pas de réaction. Ainsi, le dibrome ne peut pas déplacer les ions chlorure, et le diiode ne peut pas déplacer les ions bromure ni les ions chlorure.

EXEMPLE 1.5   Les réactions d'oxydoréduction

Classifiez les réactions d'oxydoréduction suivantes et indiquez les changements dans les nombres d'oxydation de chacun des éléments.

a) $2N_2O(g) \longrightarrow 2N_2(g) + O_2(g)$

b) $6Li(s) + N_2(g) \longrightarrow 2Li_3N(s)$

c) $Ni(s) + Pb(NO_3)_2(aq) \longrightarrow Pb(s) + Ni(NO_3)_2(aq)$

▶

DÉMARCHE

Révisez les définitions des types de réactions.

SOLUTION

a) Il s'agit d'une réaction de décomposition puisqu'un réactif se brise en deux produits différents. Le nombre d'oxydation de N passe de +1 à 0, alors que celui de O passe de −2 à 0.

b) Il s'agit d'une réaction de combinaison (deux réactifs se combinent pour former un seul produit). Le nombre d'oxydation du Li passe de 0 à +1, alors que le nombre d'oxydation de N passe de 0 à −3.

c) Il s'agit d'une réaction de déplacement d'un métal. Le métal Ni déplace l'ion Pb^{2+}. Le nombre d'oxydation de Ni augmente de 0 à +2, alors que celui de Pb diminue de +2 à 0.

EXERCICE E1.5

Indiquez le type de chaque réaction.

a) $Fe + H_2SO_4 \longrightarrow FeSO_4 + H_2$

b) $S + 3F_2 \longrightarrow SF_6$

c) $2Ag + PtCl_2 \longrightarrow 2AgCl + Pt$

Problème semblable ⊕
1.55 e) et f)

RÉVISION DES CONCEPTS

Laquelle des réactions suivantes n'est pas une réaction d'oxydoréduction?

a) $2Mg(s) + O_2(g) \longrightarrow 2MgO(s)$

b) $H_2(g) + Cl_2(g) \longrightarrow 2HCl(g)$

c) $NH_3(g) + HCl(g) \longrightarrow NH_4Cl(s)$

d) $2Na(s) + S(s) \longrightarrow Na_2S(s)$

QUESTIONS de révision

15. Définissez les termes suivants: demi-réaction, réaction d'oxydation, réaction de réduction, réducteur, oxydant, réaction d'oxydoréduction.

16. Définissez l'expression «nombre d'oxydation». Expliquez pourquoi un nombre d'oxydation n'a de signification physique que pour les composés ioniques.

17. Sans regarder la **FIGURE 1.10** (*voir p. 24*), donnez: **a)** les nombres d'oxydation des métaux alcalins et alcalino-terreux dans leurs composés; **b)** les nombres d'oxydation les plus élevés que peuvent avoir les éléments des groupes 3A à 7A.

18. Une réaction d'oxydation peut-elle avoir lieu sans qu'il y ait de réduction? Expliquez votre réponse.

1.5 La concentration des solutions et la dilution

Avant d'étudier la stœchiométrie des réactions en milieu aqueux à la section 1.6, il convient de savoir comment exprimer la composition des solutions par des unités de concentration et comment préparer les quantités nécessaires de réactifs.

1.5.1 La concentration des solutions

La **concentration d'une solution** est une grandeur indiquant la quantité de soluté présente dans une quantité de solution donnée. (Ici, il est tenu pour acquis que le soluté est un liquide ou un solide et que le solvant est un liquide.) L'une des unités les plus utilisées pour exprimer la concentration en chimie est la **concentration molaire volumique (*C*)**, aussi appelée «molarité». La concentration molaire volumique est le nombre de moles de soluté contenu par unité de volume de solution en litres ; elle est déterminée par l'équation suivante :

$$\text{concentration molaire volumique} = C = \frac{\text{moles de soluté}}{\text{volume de solution (L)}} \tag{1.1}$$

ou algébriquement :

$$C = \frac{n}{V} \tag{1.2}$$

Puisqu'il s'agit d'un rapport, cette définition n'oblige pas à travailler avec exactement un litre de solution. Il importe de ne pas oublier de convertir en litres le volume de la solution s'il est exprimé dans une autre unité (le plus souvent en millilitres). Ainsi, une solution de 500 mL contenant 0,730 mol de $C_6H_{12}O_6$ a une concentration de 1,46 mol/L :

$$C = \frac{0{,}730 \text{ mol}}{0{,}500 \text{ L}} = 1{,}46 \text{ mol/L}$$

L'unité de la concentration molaire volumique est la mole par litre (mol/L) : un volume de 500 mL de solution contenant 0,730 mol de $C_6H_{12}O_6$ équivaut donc à 1,46 mol/L. La concentration, comme la masse volumique, est une grandeur intensive, c'est-à-dire que sa valeur ne dépend pas de la quantité de solution présente.

1.5.2 La préparation d'une solution

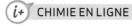

Pour préparer une solution d'une concentration molaire volumique donnée, il faut peser le soluté de façon exacte et le transférer dans un ballon volumétrique à l'aide d'un entonnoir (*voir la* **FIGURE 1.16**). Puis, il faut verser de l'eau dans le ballon (jusqu'à environ la moitié de sa capacité) et agiter soigneusement pour dissoudre le solide. Après dissolution complète du solide, il faut ajouter lentement de l'eau pour amener le volume au trait de jauge. Connaissant le volume de la solution (qui est le volume du ballon) et la quantité (en moles) de composé dissous, on peut calculer la concentration molaire de la solution à l'aide de l'équation 1.1. Dans cette méthode de préparation d'une solution, il n'est pas nécessaire de connaître le volume exact d'eau qu'il a fallu ajouter étant donné que le volume final de la solution est connu : c'est le volume indiqué sur le ballon volumétrique.

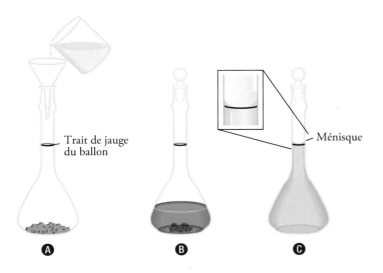

⟨ **FIGURE 1.16**

Méthode de préparation d'une solution de concentration molaire donnée

A On place une quantité connue d'un soluté solide dans un ballon volumétrique, puis on y ajoute de l'eau à l'aide d'un entonnoir.

B On agite lentement le ballon pour dissoudre le solide.

C Après dissolution complète du solide, on ajoute de l'eau jusqu'au trait de jauge. Connaissant le volume de la solution et la quantité de soluté dissous, on peut calculer la concentration molaire volumique de la solution.

Trait de jauge du ballon

Ménisque

A   **B**   **C**

Une solution de $K_2Cr_2O_7$

EXEMPLE 1.6   La préparation d'une solution de concentration molaire volumique donnée

Combien de grammes de dichromate de potassium ($K_2Cr_2O_7$) sont nécessaires pour préparer une solution de 250 mL ayant une concentration molaire volumique de 2,16 mol/L ?

DÉMARCHE

Combien de moles de $K_2Cr_2O_7$ y a-t-il dans 1 L (ou 1000 mL) d'une solution à 2,16 mol/L de $K_2Cr_2O_7$? Combien y en a-t-il dans 250 mL de cette solution ? Comment faut-il procéder pour convertir les moles en grammes ?

SOLUTION

La première étape consiste à déterminer le nombre de moles de $K_2Cr_2O_7$ contenues dans 250 mL ou 0,250 L de solution à 2,16 mol/L :

$$\text{moles de } K_2Cr_2O_7 = 0,250 \text{ L soln} \times \frac{2,16 \text{ mol}}{1 \text{ L soln}} = 0,540 \text{ mol } K_2Cr_2O_7$$

La masse molaire de $K_2Cr_2O_7$ est de 294,2 g/mol, alors :

$$\text{grammes de } K_2Cr_2O_7 \text{ nécessaires} = \frac{(0,540 \text{ mol } K_2Cr_2O_7) \times (294,2 \text{ g } K_2Cr_2O_7)}{1 \text{ mol } K_2Cr_2O_7}$$

$$= 159 \text{ g } K_2Cr_2O_7$$

VÉRIFICATION

On peut faire l'approximation suivante : la masse devrait être donnée par [C (mol/L) $\times$ vol (L) $\times$ $\mathcal{M}$ (g/mol)] ou [2 mol/L $\times$ 0,250 L $\times$ 300 g/mol] = 150 g. La réponse est plausible.

EXERCICE E1.6

Quelle est la concentration molaire volumique d'une solution aqueuse contenant 1,77 g d'éthanol (C_2H_5OH) dans un volume de 85,0 mL ?

Problèmes semblables ⊕

1.34 et 1.35

EXEMPLE 1.7 Le calcul d'une masse de soluté à prélever d'une solution

Lors d'un test clinique en biochimie, une biochimiste doit ajouter 3,81 g de glucose ($C_6H_{12}O_6$) à un mélange réactionnel. Calculez le volume qu'elle devra prélever, en millilitres, à partir d'une solution de glucose à 2,53 mol/L.

DÉMARCHE

Il faut d'abord déterminer le nombre de moles contenues dans 3,81 g de glucose, puis utiliser l'équation 1.2 (*voir p. 30*) pour calculer le volume.

SOLUTION

Convertissons la masse du glucose en moles :

$$3,81 \text{ g } C_6H_{12}O_6 \times \frac{1 \text{ mol } C_6H_{12}O_6}{180,2 \text{ g } C_6H_{12}O_6} = 2,11 \times 10^{-2} \text{ mol } C_6H_{12}O_6$$

Calculons ensuite le volume de solution qui contiendrait $2,11 \times 10^{-2}$ mol du soluté. En isolant V dans l'équation 1.2, on obtient :

$$V = \frac{n}{C}$$

$$= \frac{2,11 \times 10^{-2} \text{ mol } C_6H_{12}O_6}{2,53 \text{ mol } C_6H_{12}O_6/\text{L soln}} \times \frac{1000 \text{ mL soln}}{1 \text{ L soln}}$$

$$= 8,36 \text{ mL solution}$$

VÉRIFICATION

Si un litre de cette solution contient 2,53 mol de $C_6H_{12}O_6$, le nombre de moles contenues dans 8,36 mL ou $8,36 \times 10^{-3}$ L est donc 2,53 mol/L $\times$ ($8,36 \times 10^{-3}$ L) ou $2,12 \times 10^{-2}$ mol. La petite différence est due à la manière différente d'arrondir les nombres.

 **Problème semblable**

1.39

EXERCICE E1.7

Calculez le volume, en millilitres, d'une solution de NaOH 0,315 mol/L qui contiendrait 6,22 g de NaOH.

QUESTIONS de révision

19. Définissez l'expression « concentration molaire volumique ».

20. Décrivez les étapes de la préparation d'une solution de concentration molaire donnée dans un ballon volumétrique.

1.5.3 La dilution des solutions

CHIMIE EN LIGNE

Animation
• La préparation d'une solution par dilution

Pour des raisons de commodité de transport et d'entreposage, les solutions sont habituellement disponibles sous forme très concentrée. Bien souvent, il faudra les diluer avant de les utiliser en laboratoire. Le procédé consistant à diminuer la concentration d'une solution s'appelle **dilution**.

Supposons que l'on doive préparer exactement 1 L de solution de $KMnO_4$ 0,400 mol/L à partir d'une solution de $KMnO_4$ 1,00 mol/L. Pour ce faire, on a besoin de 0,400 mol de KMnO$_4$. Puisqu'il y a 1,00 mol de KMnO$_4$ dans 1 L de solution 1,00 mol/L, il y aura 0,400 mol de KMnO$_4$ dans 0,400 × 1000 mL, ou 400 mL de la même solution :

$$\frac{1,00 \text{ mol}}{1000 \text{ mL soln}} = \frac{0,400 \text{ mol}}{400 \text{ mL soln}}$$

Ainsi, on peut prélever 400 mL de la solution KMnO$_4$ 1,00 mol/L et la diluer à 1000 mL en y ajoutant de l'eau (dans un ballon volumétrique de 1 L). Cette méthode donne donc 1 L de la solution voulue de KMnO$_4$ 0,400 mol/L.

Deux solutions de KMnO$_4$ de concentrations différentes

En effectuant une dilution, il faut se rappeler que l'ajout de solvant à une quantité donnée de la solution concentrée (appelée aussi « solution mère » ou « solution stock ») en diminue la concentration sans modifier le nombre de moles de soluté (*voir la* **FIGURE 1.17**) ; c'est dire que :

moles de soluté avant dilution = moles de soluté après dilution

Puisque la concentration molaire est définie par le nombre de moles de soluté dans un litre de solution, on peut dire que le nombre de moles de soluté est donné par :

$$\underbrace{\frac{\text{moles de soluté}}{\text{volume de solution (L)}}}_{C} \times \underbrace{\text{volume de solution (L)}}_{V} = \text{moles de soluté}$$

ou :

$$CV = \text{moles de soluté}$$

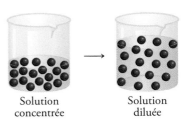

Solution concentrée → Solution diluée

FIGURE 1.17

Dilution d'une solution

La dilution d'une solution ne change pas le nombre total de moles de soluté présentes. Ici, le nombre total de particules demeure 18.

Parce que tout le soluté vient de la solution initiale, on peut dire que :

$$\underbrace{C_{\text{initiale}}V_{\text{initial}}}_{\substack{\text{moles de soluté} \\ \text{avant la dilution}}} = \underbrace{C_{\text{finale}}V_{\text{final}}}_{\substack{\text{moles de soluté} \\ \text{après la dilution}}} \qquad (1.3)$$

où C_{initiale} et C_{finale} sont les concentrations molaires initiale et finale de la solution et V_{initial} et V_{final} sont les volumes initial et final de la solution, respectivement. Bien sûr, les unités de V_{initial} et V_{final} doivent être les mêmes (millilitres ou litres). Afin de vérifier si les résultats sont plausibles, on doit s'assurer que $C_{\text{initiale}} > C_{\text{finale}}$ et que $V_{\text{final}} > V_{\text{initial}}$.

EXEMPLE 1.8   La préparation d'une solution par dilution

Décrivez la préparation de $5,00 \times 10^2$ mL d'une solution de H$_2$SO$_4$ à 1,75 mol/L à partir d'une solution de H$_2$SO$_4$ à 8,61 mol/L.

DÉMARCHE

Étant donné que la valeur de la concentration désirée est inférieure à celle de la concentration initiale, il s'agit d'une dilution. Rappelez-vous que lors d'une dilution, la concentration diminue, mais le nombre de moles de soluté demeure le même. ▶

SOLUTION

Cette présentation des données nous aidera à faire les calculs :

$$C_{\text{initiale}} = 8,61 \text{ mol/L} \qquad C_{\text{finale}} = 1,75 \text{ mol/L}$$

$$V_{\text{initial}} = ? \qquad\qquad V_{\text{final}} = 5,00 \times 10^2 \text{ mL}$$

En utilisant l'équation 1.3 (*voir p. 33*), nous avons :

$$(8,61 \text{ mol/L})(V_{\text{initial}}) = (1,75 \text{ mol/L})(5,00 \times 10^2 \text{ mL})$$

$$V_{\text{initial}} = \frac{(1,75 \text{ mol/L})(5,00 \times 10^2 \text{ mL})}{8,61 \text{ mol/L}}$$

$$= 102 \text{ mL}$$

Ainsi, nous devons diluer 102 mL de la solution de H_2SO_4 à 8,61 mol/L avec de l'eau jusqu'au trait de jauge dans un ballon de 500 mL pour obtenir la concentration voulue.

VÉRIFICATION

Comme prévu, on obtient un volume final supérieur au volume initial.

⊕ **Problèmes semblables**

1.43 et 1.44

EXERCICE E1.8

Décrivez la préparation de $2,00 \times 10^2$ mL d'une solution de NaOH à 0,866 mol/L à partir d'une solution à 5,07 mol/L.

RÉVISION DES CONCEPTS

Une solution de NaCl de concentration égale à 0,6 mol/L est diluée de façon à ce que son volume soit triplé. Déterminez la concentration finale de la solution.

QUESTIONS de révision

21. Énumérez les étapes de base de la dilution d'une solution de concentration connue.

22. Donnez l'équation qui permet de calculer la concentration d'une solution diluée.

1.6 La stœchiométrie en chimie des solutions

Au chapitre 3 de Chimie générale il a été question des calculs stœchiométriques que l'on effectue à l'aide de la méthode des moles. Cette méthode considère les coefficients d'une équation équilibrée comme des relations entre moles de réactifs et moles de produits. Pour travailler avec des solutions de concentration molaire connue, il convient d'utiliser la relation CV = moles de soluté. Voici à présent deux applications courantes de la stœchiométrie en chimie des solutions : l'analyse gravimétrique et le titrage.

1.6.1 L'analyse gravimétrique

L'**analyse gravimétrique** est une méthode analytique basée sur des mesures de masses et utilisée pour déterminer la nature ou la quantité d'une substance. La formation d'un précipité, sa séparation, puis sa pesée une fois qu'il a été purifié et séché constituent un bon exemple de ce type d'analyse. Généralement, on applique cette méthode aux composés ioniques. Ainsi, un échantillon d'une substance inconnue est dissous dans de l'eau où il réagit avec une autre substance pour former un précipité. Ce dernier est filtré, séché et pesé. Si l'on connaît la masse et la formule chimique du précipité formé, il est possible de calculer la masse d'un constituant chimique particulier (l'anion ou le cation) de l'échantillon initial; ensuite, en ayant la masse du constituant (que l'on a calculée) et la masse initiale de l'échantillon (que l'on a mesurée), on peut déterminer le pourcentage massique du constituant dans le composé original.

Voici un exemple de réaction souvent utilisée en gravimétrie:

$$AgNO_3(aq) + NaCl(aq) \longrightarrow NaNO_3(aq) + AgCl(s)$$

ou, exprimée sous forme d'équation ionique nette:

$$Ag^+(aq) + Cl^-(aq) \longrightarrow AgCl(s)$$

Le précipité est le chlorure d'argent (*voir le* **TABLEAU 1.2**, *p. 9*). Par exemple, voici comment on détermine expérimentalement le pourcentage massique de Cl dans NaCl. D'abord, il faut peser de façon exacte un échantillon de NaCl et le dissoudre dans de l'eau. Ensuite, on ajoute assez de solution de $AgNO_3$ dans la solution de NaCl pour provoquer la précipitation, sous forme de AgCl, de tous les ions Cl^- présents dans la solution. Dans cette expérience, NaCl est le réactif limitant, et $AgNO_3$ est le réactif en excès. Le précipité de AgCl est alors séparé de la solution par filtration, séché, puis pesé. D'après la masse obtenue, on peut calculer la masse de Cl (en utilisant le pourcentage massique de Cl dans AgCl). Puisque la quantité de Cl dans l'échantillon original de NaCl était la même que dans le précipité, il est possible de calculer le pourcentage massique de Cl dans NaCl. La **FIGURE 1.18** illustre le déroulement de cette analyse.

NOTE

En général, l'analyse gravimétrique ne permet pas d'établir l'identité de l'inconnu, le métal du chlorure métallique dans cet exemple, mais elle permet de réduire les possibilités.

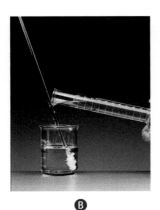

Ⓐ   Ⓑ   Ⓒ

FIGURE 1.18

Étapes de base de l'analyse gravimétrique

Ⓐ Solution contenant une quantité connue de NaCl dans un bécher.

Ⓑ Précipitation de AgCl causée par l'ajout d'une solution de $AgNO_3$ venant d'un cylindre gradué.

Ⓒ La solution contenant le précipité de AgCl est filtrée à travers un creuset fritté prépesé, qui permet le passage du liquide, mais qui retient le précipité. Le creuset est ensuite retiré, séché dans un four et pesé de nouveau.

Étant donné que la masse d'un échantillon peut se mesurer de façon précise, l'analyse gravimétrique est une technique très précise. Cependant, cette technique ne peut s'appliquer qu'aux réactions complètes ou aux réactions dont le pourcentage de rendement avoisine les 100 %. C'est dire que, si AgCl avait été légèrement soluble plutôt qu'insoluble, il n'aurait pas été possible d'extraire tous les ions Cl^- de la solution de NaCl. Le résultat du calcul effectué aurait donc été erroné.

EXEMPLE 1.9 La détermination du pourcentage massique par analyse gravimétrique

Un échantillon de 0,5662 g d'un composé ionique formé d'ions chlorure et d'un métal inconnu est dissous dans de l'eau et mis en présence de $AgNO_3$ en excès. Si la masse du précipité de AgCl formée est de 1,0882 g, quel était le pourcentage massique de Cl dans le composé initial?

DÉMARCHE

On demande de calculer le pourcentage massique du chlore dans l'échantillon du chlorure métallique, soit:

$$\% \text{ Cl} = \frac{\text{masse de chlore}}{0,5662 \text{ g d'échantillon}} \times 100\%$$

La seule source de chlorure provient du composé ionique de départ. Éventuellement, ces ions chlorure seront tous contenus dans le précipité formé, le AgCl. Pourrait-on calculer la masse des ions Cl^- à partir du calcul de la composition centésimale massique du chlore dans AgCl?

SOLUTION

Les masses molaires de Cl et de AgCl sont respectivement 35,45 g/mol et 143,4 g/mol. Le pourcentage massique du chlore dans le AgCl est:

$$\% \text{ Cl} = \frac{35,45 \text{ g Cl}}{143,4 \text{ g AgCl}} \times 100\%$$

$$= 24,72\%$$

Calculons maintenant la masse de Cl dans 1,0882 g AgCl. Pour ce faire, on ramène à l'unité le pourcentage 24,72%, soit 0,2472, et l'on écrit:

$$\text{masse de Cl} = 0,2472 \times 1,0882 \text{ g}$$

$$= 0,2690 \text{ g}$$

Parce que ce chlorure provient exclusivement du composé ionique inconnu, on peut écrire:

$$\% \text{ Cl} = \frac{0,2690 \text{ g}}{0,5662 \text{ g}} \times 100\%$$

$$= 47,51\%$$

⊕ **Problème semblable**

1.48

EXERCICE E1.9

Un échantillon de 0,3220 g d'un composé ionique contenant des ions bromure (Br^-) est dissous dans de l'eau et mis en présence de $AgNO_3$ en excès. Si la masse du précipité de AgBr formée est de 0,6964 g, quel est le pourcentage massique de Br dans le composé initial?

QUESTIONS de révision

23. Définissez l'expression «analyse gravimétrique». Décrivez les étapes de base d'une analyse gravimétrique. Comment une telle méthode aide-t-elle à déterminer la nature d'un composé ou la pureté d'un composé dont la formule est connue?

24. Pourquoi doit-on utiliser de l'eau distillée pour l'analyse gravimétrique des chlorures?

1.6.2 Les titrages acido-basiques

C'est par **titrage** que les études quantitatives des réactions de neutralisation acido-basiques sont le plus facilement effectuées. Dans cette opération, une solution d'une concentration précise, appelée **solution de titrage** (ou **solution standard**), est graduellement ajoutée à une solution de concentration inconnue, jusqu'à ce que la réaction chimique entre les deux solutions soit complétée. Si l'on connaît les volumes utilisés de la solution de titrage et de la solution inconnue, ainsi que la concentration de la solution de titrage, on peut calculer la concentration de la solution inconnue. Il s'agit donc d'une sorte d'analyse ou de dosage appelée ici « titrage acido-basique ».

L'hydroxyde de sodium (NaOH) est une base couramment utilisée en laboratoire. Cependant, on ne peut se fier à son degré de pureté, ce qui implique qu'il faut en premier lieu la titrer (l'étalonner) avant de s'en servir comme solution de titrage. Il faut d'abord doser la solution basique d'hydroxyde de sodium à l'aide d'un acide d'une grande pureté appelé « standard primaire ». Pour faire ce titrage préalable (étalonnage), on choisit souvent d'utiliser, comme standard primaire, un monoacide appelé « hydrogénophtalate de potassium » (abrégé en KHP), dont la formule moléculaire est $KHC_8H_4O_4$. Il s'agit d'un solide blanc soluble vendu à l'état très pur. La réaction entre le KHP et l'hydroxyde de sodium est :

$$KHC_8H_4O_4(aq) + NaOH(aq) \longrightarrow KNaC_8H_4O_4(aq) + H_2O(l)$$

L'équation ionique nette est :

$$HC_8H_4O_4^-(aq) + OH^-(aq) \longrightarrow C_8H_4O_4^{2-}(aq) + H_2O(l)$$

La **FIGURE 1.19** illustre le montage que nécessite un titrage acido-basique. D'abord, une quantité connue de KHP est transférée dans un erlenmeyer, et de l'eau distillée y est ajoutée pour former une solution. Puis, une solution de NaOH y est soigneusement ajoutée à l'aide d'une burette jusqu'au **point d'équivalence**, c'est-à-dire le moment où l'acide a complètement réagi avec la base ou, autrement dit, le moment où il a été complètement neutralisé. Ce point est habituellement signalé par un changement soudain de couleur de l'indicateur préalablement ajouté à la solution acide dans ce cas-ci. Dans un titrage acido-basique, l'**indicateur** est une substance qui présente des couleurs différentes dans un milieu acide et dans un milieu basique. Un des indicateurs couramment

⊗
Hydrogénophtalate de potassium

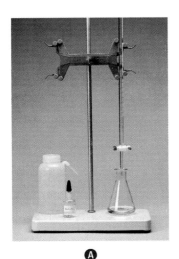
Ⓐ

Ⓑ

⊙ **FIGURE 1.19**

Montage pour effectuer un titrage acido-basique

Ⓐ Une solution de NaOH contenue dans une burette est ajoutée à une solution de KHP contenue dans un erlenmeyer.

Ⓑ La solution devient rose-rouge quand le point d'équivalence est atteint. La couleur sur la photo a été intensifiée pour mieux voir le changement de couleur.

utilisés est la phénolphtaléine, incolore en milieu acide ou neutre et rose-rouge en milieu basique. Au point d'équivalence, tout le KHP est neutralisé par le NaOH, et la solution reste incolore. Cependant, l'ajout d'une autre goutte de la solution de NaOH contenue dans la burette ferait immédiatement tourner la solution au rose parce que cette dernière serait devenue basique. À l'aide de la masse (ainsi que du nombre de moles) de KHP qui a réagi, il est possible de calculer la concentration de la solution de NaOH.

EXEMPLE 1.10   L'étalonnage (titrage) de NaOH par un standard primaire

Lors de l'étalonnage d'une solution de NaOH, un étudiant observe qu'il faut 23,48 mL de NaOH pour neutraliser 0,5468 g de KHP. Quelle est la concentration molaire volumique de la solution de NaOH? La formule chimique du KHP est $KHC_8H_4O_4$.

DÉMARCHE

On demande de déterminer la concentration molaire volumique. Rappelons cette définition:

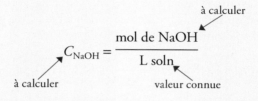

$$C_{NaOH} = \frac{\text{mol de NaOH}}{\text{L soln}}$$

Le volume de la solution de NaOH étant connu, il reste à calculer le nombre de moles de NaOH pour trouver la concentration molaire volumique. D'après l'équation précédente, on observe que 1 mol de KHP neutralise 1 mol de NaOH au cours de la réaction entre KHP et NaOH. Combien de moles de KHP y a-t-il dans 0,5468 g de KHP?

SOLUTION

Calculons d'abord le nombre de moles de KHP qui a réagi:

$$\text{moles de KHP} = 0{,}5468 \text{ g KHP} \times \frac{1 \text{ mol KHP}}{204{,}2 \text{ g KHP}}$$

$$= 2{,}678 \times 10^{-3} \text{ mol KHP}$$

Comme 1 mol KHP ≃ 1 mol NaOH, il doit y avoir $2{,}678 \times 10^{-3}$ mol de NaOH dans 23,48 mL de solution. On calcule finalement le nombre de moles de NaOH par litre de solution ainsi:

$$\frac{\text{concentration molaire}}{\text{volumique de NaOH}} = \frac{2{,}678 \times 10^{-3} \text{ mol NaOH}}{23{,}48 \text{ mL soln}} \times \frac{1000 \text{ mL soln}}{1 \text{ L soln}}$$

$$= 0{,}1141 \text{ mol NaOH/1 L soln} = 0{,}1141 \text{ mol/L}$$

⊕ **Problèmes semblables**

1.51 et 1.52

EXERCICE E1.10

Combien de grammes de KHP faudrait-il pour neutraliser 18,64 mL d'une solution de NaOH 0,1004 mol/L?

Parmi toutes les réactions de neutralisation connues, celle entre le NaOH et le KHP est l'une des plus simples qui soient. Si, au lieu du KHP, on avait choisi un diacide comme H_2SO_4, la réaction aurait été la suivante :

$$2NaOH(aq) + H_2SO_4(aq) \longrightarrow Na_2SO_4(aq) + 2H_2O(l)$$

Puisque 2 mol NaOH $\triangleq$ 1 mol H_2SO_4, la quantité de solution de NaOH nécessaire pour réagir complètement avec la solution de H_2SO_4 serait deux fois plus élevée que la quantité de solution de KHP à la même concentration. Par contre, il faudrait le double de la quantité de HCl pour neutraliser une solution de $Ba(OH)_2$ comparativement à une solution de NaOH ayant la même concentration et le même volume parce que 1 mol de $Ba(OH)_2$ donne 2 mol d'ions OH^- :

$$2HCl(aq) + Ba(OH)_2(aq) \longrightarrow BaCl_2(aq) + 2H_2O(l)$$

Dans les calculs de titrage, il faut toujours avoir à l'esprit que, peu importe l'acide et la base qui réagissent ensemble, le nombre total de moles d'ions H^+ qui ont réagi une fois le point d'équivalence atteint doit être égal au nombre de moles d'ions OH^- qui ont réagi.

EXEMPLE 1.11   Le titrage acido-basique

Combien de millilitres d'une solution de NaOH à 0,610 mol/L sont nécessaires pour neutraliser complètement 20,0 mL d'une solution de H_2SO_4 à 0,245 mol/L ?

DÉMARCHE

On demande de calculer le volume de NaOH. En isolant le volume dans l'équation 1.1 (*voir p. 30*) donnant la définition de la concentration molaire volumique, on a :

à calculer

$$\text{volume de soln (L)} = \frac{\text{mol de NaOH}}{C\ (\text{mol/L})}$$

à calculer   valeur connue

Selon l'équation précédente de la réaction de neutralisation, nous savons que 1 mol de H_2SO_4 neutralise 2 mol de NaOH. Combien de moles de H_2SO_4 y a-t-il dans 20,0 mL d'une solution de H_2SO_4 0,245 mol/L ? Combien de moles de NaOH cette quantité de H_2SO_4 neutraliserait-elle ?

SOLUTION

Il faut d'abord calculer le nombre de moles contenues dans 20,0 mL de la solution de H_2SO_4 :

$$\text{moles de } H_2SO_4 = \frac{0{,}245 \text{ mol } H_2SO_4}{1000 \text{ mL soln}} \times 20{,}0 \text{ mL soln}$$

$$= 4{,}90 \times 10^{-3} \text{ mol } H_2SO_4$$

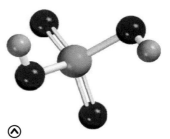

H_2SO_4 a deux hydrogènes ionisables pouvant ainsi céder deux protons.

▶

D'après les valeurs des coefficients stœchiométriques, nous savons que 1 mol H_2SO_4 $\backsimeq$ 2 mol NaOH. Ainsi, le nombre de moles ayant réagi doit être $2(4,90 \times 10^{-3})$ mol, ou $9,80 \times 10^{-3}$ mol. D'après la définition de la concentration molaire (équation 1.1), nous avons :

$$\text{volume de soln (L)} = \frac{\text{moles de soluté}}{C \text{ (mol/L)}}$$

ou :

$$\text{volume de NaOH} = \frac{9,80 \times 10^{-3} \text{ mol NaOH}}{0,610 \text{ mol/L soln}}$$

$$= 0,0161 \text{ L ou } 16,1 \text{ mL}$$

 **Problèmes semblables**
1.53 et 1.54

EXERCICE E1.11

Combien de millilitres d'une solution de H_2SO_4 1,28 mol/L sont nécessaires pour neutraliser 60,2 mL d'une solution de KOH 0,427 mol/L?

RÉVISION DES CONCEPTS

Une solution de NaOH est mélangée à une solution d'acide telle que celle présentée en **A**. Associez les diagrammes **B**, **C** et **D** aux acides suivants : HCl, H_2SO_4, H_3PO_4. (Les sphères bleues représentent les ions OH^-, les sphères rouges, les molécules acides et les sphères vertes, les anions des acides.) Assurez-vous que toutes les réactions sont complètes.

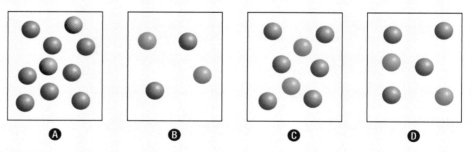

QUESTIONS de révision

25. Définissez les termes suivants : titrage acido-basique, solution standard et point d'équivalence.

26. Décrivez les principales étapes d'un titrage acido-basique. Pourquoi cette technique a-t-elle une grande valeur pratique? Comment fonctionne un indicateur acido-basique?

RÉSUMÉ

1.1 Les propriétés générales des solutions aqueuses

Définitions utiles

- **Solution**: Mélange homogène de deux substances ou plus (dans le cas d'une solution aqueuse, l'eau agit comme solvant).

- **Soluté**: Substance présente en moins grande quantité. Une solution peut comporter plus d'un soluté.

- **Solvant**: Substance présente en plus grande quantité.

- **Hydratation**: Processus par lequel des molécules d'eau sont disposées autour des ions.

- **Électrolytes et non-électrolytes**: Si une solution aqueuse est conductrice d'électricité, elle est un électrolyte. De ce point de vue, les solutés dissous en solutions aqueuses se classent en trois catégories: électolyles forts, électrolytes faibles et non-électrolytes.

Les électrolytes forts, les électrolytes faibles et les non-électrolytes

Électrolytes forts	Électrolytes faibles	Non-électrolytes
Dissociation complète	Ionisation partielle	Aucune ionisation
Laissent passer le courant	Laissent passer faiblement le courant	Ne laissent pas passer le courant
$NaCl(s) \xrightarrow{H_2O} Na^+(aq) + Cl^-(aq)$	$CH_3COOH(l) \xrightarrow{H_2O} CH_3COO^-(aq) + H^+(aq)$	$C_6H_{12}O_6(s) \xrightarrow{H_2O} C_6H_{12}O_6(aq)$

Les types de réactions en milieu aqueux

	Réactions de précipitation (double substitution ou métathèse)	Réactions acido-basiques (neutralisation)	Réactions d'oxydoréduction
Définition	Réactions impliquant la formation d'un produit insoluble (précipité)	Réactions entre un acide et une base	Réactions impliquant un transfert d'électrons
Espèces en jeu	Sels : composés constitués de cations et d'anions	Acides : donneurs de protons $HX(aq) + H_2O(l) \longrightarrow H_3O^+(aq) + X^-(aq)$ Bases : accepteurs de protons $B(aq) + H_2O(l) \longrightarrow HB^+(aq) + OH^-(aq)$	Réducteurs : donnent des électrons $X \longrightarrow X^+ + 1e^-$ Oxydants : acceptent des électrons $Y + 1e^- \longrightarrow Y^-$
Équation générale	$AB(aq) + XY(aq) \longrightarrow AY(s) + XB(aq)$	acide + base $\longrightarrow$ sel + eau	oxydant + réducteur $\longrightarrow$ produit
Outils indispensables	Règles de solubilité		Règles d'attribution des états d'oxydation

1.2 Les réactions de précipitation

Les règles de solubilité (utiles pour prédire une réaction de précipitation)

Composés solubles	Composés insolubles
Les composés contenant • des alcalins • l'ion ammonium (NH_4^+) • des nitrates (NO_3^-), hydrogénocarbonates (HCO_3^-) et chlorates (ClO_3^-) • des halogénures (sauf avec Ag^+, Hg_2^{2+} et Pb^{2+}) • des sulfates (sauf avec Ag^+, Ca^{2+}, Sr^{2+}, Ba^{2+}, Hg_2^{2+} et Pb^{2+})	Les composés contenant • des carbonates (CO_3^{2-}), phosphates (PO_4^{3-}), chromates (CrO_4^{2-}) et sulfures (S^{2-}) (sauf ceux qui contiennent des ions de métaux alcalins et l'ion ammonium) • des hydroxydes (sauf ceux qui contiennent des ions de métaux alcalins ou l'ion Ba^{2+})

Les équations moléculaires, les équations ioniques et les équations ioniques nettes

Il existe trois manières de représenter une réaction de précipitation :

Type d'équation	Étapes d'équilibrage	Réaction étudiée*
Équation moléculaire	**Étape 1** On écrit les formules des composés sous forme de molécules ou d'unités complètes.	$2K_3PO_4(aq) + 3Ca(NO_3)_2(aq) \longrightarrow$ $6KNO_3(aq) + Ca_3(PO_4)_2(s)$
Équation ionique	**Étape 2** On écrit les composés ioniques sous forme d'ions aqueux.	$6K^+(aq) + 2PO_4^{3-}(aq) + 3Ca^{2+}(aq) + 6NO_3^-(aq) \longrightarrow$ $6K^+(aq) + 6NO_3^-(aq) + Ca_3(PO_4)_2(s)$
Équation ionique nette	**Étape 3** On écrit seulement les ions qui participent directement à la réaction.	$3Ca^{2+}(aq) + 2PO_4^{3-}(aq) \longrightarrow Ca_3(PO_4)_2(s)$
	Étape 4 On vérifie si les charges et toutes les espèces d'atomes sont égales de chaque côté de l'équation nette.	Ca : $3 \longrightarrow 3$ P : $2 \longrightarrow 2$ O : $8 \longrightarrow 8$ $[3(+2) + 2(-3)] = 0 \longrightarrow 0$

* Mélange d'une solution aqueuse de phosphate de potassium avec une solution aqueuse de nitrate de calcium. On prédit la formation de $Ca_3(PO_4)_2(s)$. On peut aussi considérer cette réaction de précipitation comme une réaction de double substitution (ou de métathèse).

1.3 Les réactions acido-basiques

Définitions des acides et des bases

	Arrhenius	Brønsted-Lowry
Acide	Substance qui s'ionise dans l'eau en donnant des ions $H_3O^+(aq)$	Substance cédant des protons H^+
Base	Substance qui s'ionise dans l'eau en donnant des ions $OH^-(aq)$	Substance acceptant des protons H^+

La réaction entre un acide et une base est appelée neutralisation. En général, on a :

$$acide + base \longrightarrow sel + eau$$

Le sel obtenu est un composé ionique contenant un cation autre que H^+ et un anion autre que OH^- ou O^{2-}.

1.4 Les réactions d'oxydoréduction

Les réactions d'oxydoréduction sont des réactions durant lesquelles il y a transfert d'électrons. La demi-réaction de réduction et la demi-réaction d'oxydation se produisent simultanément.

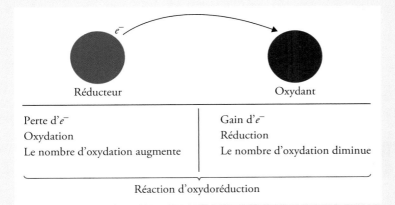

Les règles d'attribution des états d'oxydation

Les nombres d'oxydation permettent de suivre la distribution des charges et sont attribués à tous les atomes d'un composé ou d'un ion selon certaines règles (*voir p. 22*). On peut définir l'oxydation comme une augmentation du nombre d'oxydation, et la réduction comme une diminution du nombre d'oxydation.

Les types de réactions d'oxydoréduction

Catégorie	Caractéristique	Exemple
Combinaison (ou synthèse)	Deux ou plusieurs substances se combinent pour former un seul produit.	$2H_2(g) + O_2(g) \longrightarrow 2H_2O(l)$
Décomposition	Un composé se fragmente en deux produits ou plus.	$KClO_3(s) \longrightarrow 2KCl(s) + 3O_2(g)$
Combustion	Une substance réagit avec de l'oxygène en produisant habituellement une flamme et de la chaleur.	$2CH_3OH(g) + 3O_2(g) \longrightarrow 2CO_2(g) + 4H_2O(g)$
Déplacement	Un ion (ou un atome) dans un composé est remplacé par un ion (ou un atome) d'un autre élément... ... d'hydrogène, ... d'un métal, ... d'un halogène.	$Zn(s) + 2HCl(aq) \longrightarrow ZnCl_2(aq) + H_2(g)$ $Zn(s) + CuSO_4(aq) \longrightarrow ZnSO_4(aq) + Cu(s)$ $Cl_2(g) + 2NaI(aq) \longrightarrow 2NaCl(aq) + I_2(s)$

Une série d'activité permet de prédire certaines réactions de déplacement du type oxydo-réduction dans le cas des métaux (*voir la* **FIGURE 1.15**, *p. 27*) et des non-métaux. Par exemple, on peut prédire que les deux dernières réactions du tableau précédent se produisent favorablement vers la droite, mais pas dans le sens inverse si l'on tentait de le faire avec des réactifs. La consultation de la série d'activité des métaux indique que le zinc est un meilleur réducteur que le cuivre. Dans le cas des halogènes, on note que le chlore est un oxydant plus fort que l'iode. Ces notions de prédiction de réactions seront plus approfondies au chapitre 7.

1.5 La concentration des solutions et la dilution

La concentration d'une solution

La concentration d'une solution est la quantité de soluté présente dans une certaine quantité de solution. La concentration molaire volumique exprime la concentration en nombre de moles de soluté contenues dans 1 L de solution.

La dilution des solutions

L'ajout d'un solvant à une solution, un procédé appelé dilution, diminue la concentration de la solution sans changer le nombre total de moles de soluté présent dans la solution.

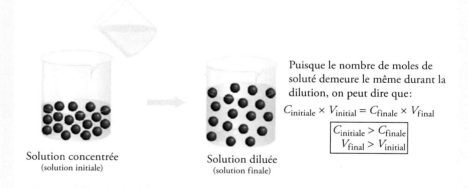

Puisque le nombre de moles de soluté demeure le même durant la dilution, on peut dire que:

$$C_{initiale} \times V_{initial} = C_{finale} \times V_{final}$$

$$\boxed{\begin{array}{l} C_{initiale} > C_{finale} \\ V_{final} > V_{initial} \end{array}}$$

Solution concentrée
(solution initiale)

Solution diluée
(solution finale)

1.6 La stœchiométrie en chimie des solutions

L'analyse gravimétrique

- Technique d'analyse basée sur les mesures de masses.
- Permet de déterminer la nature d'un composé ou la concentration d'une solution.
- S'effectue la plupart du temps à l'aide de réactions de précipitation.

Précipitation → Filtration → Pesée

Les titrages acido-basiques

Le titrage acido-basique est une autre technique d'analyse au cours de laquelle une solution de concentration connue (une base, par exemple) est graduellement ajoutée à une solution de concentration inconnue (un acide) pour en déterminer la concentration. Dans un titrage, le point d'équivalence correspond au moment où la réaction est terminée, c'est-à-dire le moment où l'acide et la base ont complètement réagi.

ÉQUATIONS CLÉS

• $C = \dfrac{n}{V}$ 　　　　　　　　Pour calculer la concentration molaire volumique 　　　(1.2)

• $C_{initiale}V_{initial} = C_{finale}V_{final}$ 　　　　Pour les calculs de dilution 　　　(1.3)

MOTS CLÉS

Acide de Brønsted-Lowry, p. 14
Analyse gravimétrique, p. 34
Base de Brønsted-Lowry, p. 14
Concentration d'une solution, p. 30
Concentration molaire volumique (C), p. 30
Demi-réaction, p. 20
Diacide (acide diprotique), p. 15
Dilution, p. 32
Électrolyte, p. 5
Équation ionique complète, p. 10
Équation ionique nette, p. 10
Équation moléculaire, p. 10
Équilibre chimique, p. 7
Hydratation, p. 7
Indicateur, p. 37
Ion hydronium, p. 15

Ion spectateur, p. 10
Monoacide (acide monoprotique), p. 15
Nombre (degré ou état) d'oxydation d'un atome, p. 21
Non-électrolyte, p. 5
Oxydant, p. 21
Point d'équivalence, p. 37
Précipité, p. 8
Réaction d'oxydation, p. 20
Réaction d'oxydoréduction, p. 19
Réaction de combinaison (de synthèse), p. 24
Réaction de combustion, p. 25
Réaction de décomposition, p. 25
Réaction de déplacement, p. 25
Réaction de double substitution (de métathèse), p. 9

Réaction de neutralisation, p. 18
Réaction de précipitation, p. 8
Réaction de réduction, p. 21
Réaction réversible, p. 7
Réducteur, p. 21
Sel, p. 18
Série d'activité (électrochimique), p. 27
Solubilité, p. 9
Soluté, p. 5
Solution, p. 5
Solution aqueuse, p. 5
Solution de titrage (standard), p. 37
Solvant, p. 5
Titrage, p. 37
Triacide (acide triprotique), p. 16

PROBLÈMES

Niveau de difficulté : ★ facile ; ★ moyen ; ★ élevé

Biologie : 1.72, 1.78 ;
Concepts : 1.1, 1.2, 1.5, 1.7 à 1.9, 1.56 à 1.58, 1.63, 1.70, 1.81, 1.84 ;
Descriptifs : 1.3, 1.4, 1.13 à 1.19, 1.27 à 1.32, 1.60, 1.61, 1.75, 1.77, 1.78 ;
Environnement : 1.50, 1.59 ;
Industrie : 1.59, 1.60, 1.68, 1.76, 1.79, 1.82.

PROBLÈMES PAR SECTION

1.1 Les propriétés des solutions aqueuses

★ **1.1** Les diagrammes suivants illustrent chacun une solution aqueuse qui a été préparée avec un composé différent. Identifiez chacun de ces composés comme étant soit un non-électrolyte, soit un électrolyte faible, soit un électrolyte fort.

★ **1.2** Parmi les diagrammes suivants, lequel représente le mieux l'hydratation du NaCl dissous dans l'eau ? L'ion Cl^- est plus volumineux que l'ion Na^+.

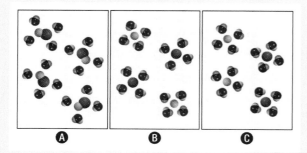

★ **1.3** Dites si chaque substance est un électrolyte fort, un électrolyte faible ou un non-électrolyte : **a)** H_2O ; **b)** KCl ; **c)** HNO_3 ; **d)** CH_3COOH ; **e)** $C_{12}H_{22}O_{11}$.

★ **1.4** Dites si chaque substance est un électrolyte fort, un électrolyte faible ou un non-électrolyte : **a)** $Ba(NO_3)_2$; **b)** Ne ; **c)** NH_3 ; **d)** NaOH.

★ **1.5** Le passage de l'électricité dans une solution d'électrolyte est-il causé par le mouvement :

a) des électrons seulement ;

b) des cations seulement ;

c) des anions seulement ;

d) des cations et des anions ?

★ **1.6** Dites lesquels des systèmes suivants sont conducteurs d'électricité et expliquez pourquoi :

a) NaCl solide ;

b) NaCl fondu ;

c) solution aqueuse de NaCl.

★ **1.7** Expliquez pourquoi une solution de HCl dans du benzène ne conduit pas l'électricité alors qu'une solution aqueuse de HCl est conductrice. (**Indice :** La formule moléculaire du benzène est C_6H_6.)

1.2 Les réactions de précipitation

★ **1.8** Une solution de $AgNO_3(aq)$ est ajoutée à une solution de NaCl(*aq*). Parmi les diagrammes suivants, lequel représente le mieux ce mélange ? Ag^+ = gris ; Cl^- = orange ; Na^+ = vert ; NO_3^- = mauve (les molécules d'eau ne sont pas montrées).

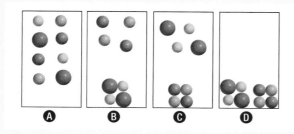

★ **1.9** On mélange deux solutions aqueuses de KOH et de $MgCl_2$. Parmi les diagrammes suivants, lequel représente le mieux ce mélange ? K^+ = mauve ; OH^- = rouge ; Mg^{2+} = bleu ; Cl^- = orange (les molécules d'eau ne sont pas montrées).

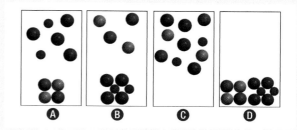

★1.10 Dites si les composés suivants sont solubles ou insolubles dans l'eau: **a)** $Ca_3(PO_4)_2$; **b)** $Mn(OH)_2$; **c)** $AgClO_3$; **d)** K_2S.

★1.11 Dites si les composés suivants sont solubles ou insolubles dans l'eau: **a)** $CaCO_3$; **b)** $ZnSO_4$; **c)** $Hg(NO_3)_2$; **d)** $AgSO_4$; **e)** NH_4ClO_4.

★1.12 Donnez les équations ioniques et ioniques nettes des réactions suivantes:

a) $2AgNO_3(aq) + Na_2SO_4(aq) \longrightarrow$

b) $BaCl_2(aq) + ZnSO_4(aq) \longrightarrow$

c) $(NH_4)_2CO_3 + CaCl_2(aq) \longrightarrow$

★1.13 Donnez les équations ioniques et ioniques nettes des réactions suivantes:

a) $Na_2S(aq) + ZnCl_2(aq) \longrightarrow$

b) $2K_3PO_4(aq) + 3Sr(NO_3)_2(aq) \longrightarrow$

c) $Mg(NO_3)_2(aq) + 2NaOH(aq) \longrightarrow$

★1.14 Parmi les cas suivants, indiquez celui où il y a formation d'un précipité: **a)** une solution de $NaNO_3$ dans une solution de $CuSO_4$; **b)** une solution de $BaCl_2$ dans une solution de K_2SO_4. Donnez l'équation ionique nette de cette réaction.

★1.15 D'après les règles de solubilité données dans ce chapitre, suggérez une méthode qui permettrait de séparer: **a)** K^+ de Ag^+; **b)** Ba^{2+} de Pb^{2+}; **c)** NH_4^+ de Ca^{2+}; **d)** Ba^{2+} de Cu^{2+}. Tous les cations sont en solution aqueuse, et l'anion commun est l'ion nitrate.

1.3 **Les réactions acido-basiques**

★1.16 Dites si chacune des espèces suivantes est une base ou un acide de Brønsted-Lowry ou les deux: **a)** HI; **b)** CH_3COO^-; **c)** $H_2PO_4^-$; **d)** HSO_4^-.

★1.17 Dites si chacune des espèces suivantes est une base ou un acide de Brønsted-Lowry ou les deux: **a)** PO_4^{3-}; **b)** ClO_2^-; **c)** NH_4^+; **d)** HCO_3^-.

★1.18 Complétez et équilibrez les équations suivantes, et donnez les équations ioniques et ioniques nettes correspondantes (s'il y a lieu):

a) $HBr(aq) + NH_3(aq) \longrightarrow$
(HBr est un acide fort)

b) $Ba(OH)_2(aq) + H_3PO_4(aq) \longrightarrow$

c) $HClO_4(aq) + Mg(OH)_2(s) \longrightarrow$

★1.19 Complétez et équilibrez les équations suivantes, et donnez les équations ioniques et ioniques nettes correspondantes (s'il y a lieu):

a) $CH_3COOH(aq) + KOH(aq) \longrightarrow$

b) $H_2CO_3(aq) + NaOH(aq) \longrightarrow$

c) $HNO_3(aq) + Ba(OH)_2(aq) \longrightarrow$

1.4 **Les réactions d'oxydoréduction**

★1.20 Classez les espèces suivantes par ordre croissant du nombre d'oxydation du soufre: **a)** H_2S; **b)** S_8; **c)** H_2SO_4; **d)** S^{2-}; **e)** HS^-; **f)** SO_2; **g)** SO_3.

★1.21 Donnez le nombre d'oxydation du phosphore dans chacun des composés suivants: **a)** HPO_3; **b)** H_3PO_2; **c)** H_3PO_3; **d)** H_3PO_4; **e)** $H_4P_2O_7$; **f)** $H_5P_3O_{10}$.

★1.22 Donnez, dans chaque cas, le nombre d'oxydation de l'atome souligné: **a)** $\underline{Cl}F$; **b)** $\underline{I}F_7$; **c)** $\underline{C}H_4$; **d)** $\underline{C}_2H_2$; **e)** $\underline{C}_2H_4$; **f)** $K_2\underline{Cr}O_4$; **g)** $K_2\underline{Cr}_2O_7$; **h)** $K\underline{Mn}O_4$; **i)** $NaH\underline{C}O_3$; **j)** $\underline{Li}_2$; **k)** $Na\underline{I}O_3$; **l)** $\underline{K}O_2$; **m)** $\underline{P}F_6^-$; **n)** $K\underline{Au}Cl_4$.

★1.23 Donnez, dans les molécules ou ions suivants, le nombre d'oxydation de l'atome souligné: **a)** $\underline{Cs}_2O$; **b)** $Ca\underline{I}_2$; **c)** $\underline{Al}_2O_3$; **d)** $H_3\underline{As}O_3$; **e)** $\underline{Ti}O_2$; **f)** $\underline{Mo}O_4^{2-}$; **g)** $\underline{Pt}Cl_4^{2-}$; **h)** $\underline{Pt}Cl_6^{2-}$; **i)** $\underline{Sn}F_2$; **j)** $\underline{Cl}F_3$; **k)** $\underline{Sb}F_6^-$.

★1.24 Donnez le nombre d'oxydation de chacune des substances suivantes: H_2, Se_8, P_4, O, U, As_4.

★1.25 Donnez, dans chaque cas, le nombre d'oxydation de l'atome souligné: **a)** $Mg_3\underline{N}_2$; **b)** $Cs\underline{O}_2$; **c)** $Ca\underline{C}_2$; **d)** $\underline{C}O_3^{2-}$; **e)** $\underline{C}_2O_4^{2-}$; **f)** $Zn\underline{O}_2^{2-}$; **g)** $Na\underline{B}H_4$; **h)** $\underline{W}O_4^{2-}$.

★1.26 Lesquelles des réactions suivantes sont des réactions d'oxydoréduction?

a) $CO_2 \longrightarrow CO_3^{2-}$

b) $VO_3 \longrightarrow VO_2$

c) $SO_3 \longrightarrow SO_4^{2-}$

d) $NO_2^- \longrightarrow NO_3^-$

e) $Cr^{3+} \longrightarrow CrO_4^{2-}$

★1.27 Décomposez chacune des réactions d'oxydoréduction complètes suivantes en demi-réactions, puis déterminez l'oxydant et le réducteur.

a) $2Sr + O_2 \longrightarrow 2SrO$

b) $2Li + H_2 \longrightarrow 2LiH$

c) $2Cs + Br_2 \longrightarrow 2CsBr$

d) $3Mg + N_2 \longrightarrow Mg_3N_2$

★**1.28** Décomposez chacune des réactions d'oxydoréduction complètes suivantes en demi-réactions, puis déterminez l'oxydant et le réducteur.

a) $4Fe + 3O_2 \longrightarrow 2Fe_2O_3$

b) $Cl_2 + 2NaBr \longrightarrow 2NaCl + Br_2$

c) $Si + 2F_2 \longrightarrow SiF_4$

d) $H_2 + Cl_2 \longrightarrow 2HCl$

★**1.29** L'acide nitrique est un oxydant fort. Dites laquelle des espèces suivantes est la moins susceptible d'être produite quand l'acide nitrique réagit avec un réducteur fort tel le zinc: N_2O, NO, NO_2, N_2O_4, N_2O_5, NH_4^+. Expliquez votre choix.

★**1.30** D'après le concept de nombre d'oxydation, l'un des oxydes suivants ne réagirait pas avec l'oxygène moléculaire: NO, N_2O, SO_2, SO_3, P_4O_6. Lequel? Pourquoi?

★**1.31** À l'aide de la série d'activité, prédisez le résultat des réactions représentées par les équations suivantes, puis équilibrez les équations:

a) $Cu(s) + HCl(aq) \longrightarrow$

b) $I_2(s) + NaBr(aq) \longrightarrow$

c) $Mg(s) + CuSO_4(aq) \longrightarrow$

d) $Cl_2(g) + KBr(aq) \longrightarrow$

★**1.32** Lesquels des métaux suivants peuvent réagir avec l'eau?

a) Au;

b) Li;

c) Hg;

d) Ca;

e) Pt.

1.5 **La concentration des solutions et la dilution**

La concentration des solutions

★**1.33** Calculez la masse en grammes de NaOH requise pour préparer $5,00 \times 10^2$ mL d'une solution à une concentration de 2,80 mol/L.

★**1.34** On dissout 5,25 g de NaOH dans suffisamment d'eau pour former exactement 1 L de solution. Quelle est la concentration molaire de cette solution?

★**1.35** Combien de moles de $MgCl_2$ sont contenues dans 60,0 mL d'une solution de $MgCl_2$ à 0,100 mol/L?

★**1.36** Combien de grammes de KOH contiennent 35,0 mL d'une solution à 5,50 mol/L?

★**1.37** Calculez la concentration molaire de chacune des solutions aqueuses suivantes:

a) 29,0 g d'éthanol (C_2H_5OH) dans 545 mL de solution;

b) 15,4 g de saccharose ($C_{12}H_{22}O_{11}$) dans 74,0 mL de solution;

c) 9,00 g de chlorure de sodium (NaCl) dans 86,4 mL de solution.

★**1.38** Calculez la concentration molaire de chacune des solutions suivantes:

a) 6,57 g de méthanol (CH_3OH) dans $1,50 \times 10^2$ mL de solution aqueuse;

b) 10,4 g de chlorure de calcium ($CaCl_2$) dans $2,20 \times 10^2$ mL de solution aqueuse;

c) 7,82 g de naphtalène ($C_{10}H_8$) dans 85,2 mL de solution de benzène.

★**1.39** Dans chacun des cas suivants, calculez le volume (en millilitres) qu'il faut prélever pour obtenir la masse de soluté indiquée:

a) 2,14 g de chlorure de sodium dans une solution à 0,270 mol/L;

b) 4,30 g d'éthanol dans une solution à 1,50 mol/L;

c) 0,85 g d'acide acétique (CH_3COOH) dans une solution à 0,30 mol/L.

★**1.40** Calculez, pour chacun des solutés suivants, le nombre de grammes nécessaire pour former $2,50 \times 10^2$ mL d'une solution à 0,100 mol/L:

a) iodure de césium (CsI);

b) acide sulfurique (H_2SO_4);

c) carbonate de sodium (Na_2CO_3);

d) dichromate de potassium ($K_2Cr_2O_7$);

e) permanganate de potassium ($KMnO_4$).

La dilution des solutions

★1.41 Décrivez la préparation de 1,00 L d'une solution de HCl à 0,646 mol/L à partir d'une solution de HCl à 2,00 mol/L.

★1.42 On verse 25,0 mL d'une solution de KNO_3 à 0,866 mol/L dans un ballon volumétrique de 500 mL, puis on y ajoute suffisamment d'eau pour que le volume soit de 500 mL exactement. Quelle est la concentration de la solution finale?

★1.43 Comment prépareriez-vous 60,0 mL d'une solution de HNO_3 à 0,200 mol/L à partir d'une solution de HNO_3 à 4,00 mol/L?

★1.44 Vous voulez diluer 505 mL d'une solution de HCl à 0,125 mol/L à exactement 0,100 mol/L. Quelle quantité d'eau devez-vous ajouter?

★1.45 On mélange 35,2 mL d'une solution de $KMnO_4$ à 1,66 mol/L avec 16,7 mL d'une solution de $KMnO_4$ à 0,892 mol/L. Calculez la concentration de la solution finale.

★1.46 On mélange 46,2 mL d'une solution de nitrate de calcium $[Ca(NO_3)_2]$ à 0,568 mol/L avec 80,5 mL d'une solution de nitrate de calcium à 1,396 mol/L. Calculez la concentration de la solution finale.

1.6 La stœchiométrie en chimie des solutions

L'analyse gravimétrique

★1.47 On ajoute 30,0 mL d'une solution de $CaCl_2$ 0,150 mol/L à 15,0 mL d'une solution de $AgNO_3$ 0,100 mol/L. Quelle est la masse en grammes du précipité de AgCl formé?

★1.48 Un échantillon de 0,6760 g d'un composé inconnu contenant des ions baryum (Ba^{2+}) est dissous dans de l'eau; on ajoute ensuite du Na_2SO_4 en excès. Si la masse du précipité de $BaSO_4$ formé est de 0,4105 g, quel est le pourcentage massique de Ba dans le composé inconnu?

★1.49 Combien de grammes de NaCl sont nécessaires pour précipiter tous les ions Ag^+ contenus dans $2,50 \times 10^2$ mL d'une solution de $AgNO_3$ à 0,0113 mol/L? Donnez l'équation ionique nette de cette réaction.

★1.50 La concentration des ions Cu^{2+} dans l'eau (qui contient aussi des ions sulfate) rejetée par une usine est déterminée par l'ajout d'une solution en excès de sulfure de sodium (Na_2S) à 0,800 L de cette eau. L'équation moléculaire est

$Na_2S(aq) + CuSO_4(aq) \longrightarrow Na_2SO_4(aq) + CuS(s)$

Donnez l'équation ionique nette et calculez la concentration molaire de Cu^{2+} dans l'échantillon d'eau si 0,0177 g de CuS solide est formé.

Les titrages acido-basiques

★1.51 Lors de l'étalonnage d'une solution de KOH, il a fallu 18,68 mL de cette solution pour neutraliser 0,4218 g de KHP. Quelle est la concentration molaire volumique de cette solution de KOH?

★1.52 Il a fallu 17,4 mL d'une solution de HCl 0,312 mol/L pour neutraliser 25,00 mL d'une solution de NaOH. Calculez la concentration molaire volumique du NaOH.

★1.53 Calculez le volume en millilitres d'une solution de NaOH à 1,420 mol/L nécessaire pour le titrage de chacune des solutions suivantes:

a) 25,00 mL d'une solution de HCl à 2,430 mol/L;

b) 25,00 mL d'une solution de H_2SO_4 à 4,500 mol/L;

c) 25,00 mL d'une solution de H_3PO_4 à 1,500 mol/L.

★1.54 Quel volume de solution de HCl à 0,500 mol/L est nécessaire pour neutraliser complètement chacune des solutions suivantes?

a) 10,0 mL d'une solution de NaOH à 0,300 mol/L;

b) 10,0 mL d'une solution de $Ba(OH)_2$ à 0,200 mol/L.

PROBLÈMES VARIÉS

★**1.55** Classez les réactions suivantes selon les types de réactions abordés dans ce chapitre (réactions de précipitation, réactions acido-basiques, réactions d'oxydoréduction):

a) $Cl_2 + 2OH^- \longrightarrow Cl^- + ClO^- + H_2O$

b) $Ca^{2+} + CO_3^{2-} \longrightarrow CaCO_3$

c) $NH_3 + H^+ \longrightarrow NH_4^+$

d) $2CCl_4 + CrO_4^{2-} \longrightarrow 2COCl_2 + CrO_2Cl_2 + 2Cl^-$

e) $Ca + F_2 \longrightarrow CaF_2$

f) $2Li + H_2 \longrightarrow 2LiH$

g) $Ba(NO_3)_2 + Na_2SO_4 \longrightarrow 2NaNO_3 + BaSO_4$

h) $CuO + H_2 \longrightarrow Cu + H_2O$

i) $Zn + 2HCl \longrightarrow ZnCl_2 + H_2$

j) $2FeCl_2 + Cl_2 \longrightarrow 2FeCl_3$

★**1.56** En utilisant le dispositif illustré à la **FIGURE 1.1** (*voir p. 5*), un élève remarque que l'ampoule brille vivement quand les électrodes sont plongées dans une solution d'acide sulfurique. Cependant, après l'ajout d'une certaine quantité d'une solution d'hydroxyde de baryum [$Ba(OH)_2$], l'intensité de la lumière diminue graduellement; pourtant, $Ba(OH)_2$ est un électrolyte fort. Expliquez ce phénomène.

★**1.57** Quelqu'un vous donne un liquide incolore. Décrivez trois analyses chimiques qui vous permettraient de prouver que ce liquide est de l'eau.

★**1.58** On vous donne deux solutions incolores, l'une qui contient du NaCl et l'autre, du saccharose ($C_{12}H_{22}O_{11}$). Proposez un test chimique et un test physique qui permettraient de distinguer ces deux solutions.

★**1.59** Le chlore (Cl_2) est utilisé pour rendre l'eau potable. Cependant, en trop grande quantité, il est dangereux pour les humains. L'excès de chlore est alors souvent éliminé par traitement au dioxyde de soufre (SO_2). Équilibrez l'équation suivante qui représente cette réaction:

$$Cl_2 + SO_2 + H_2O \longrightarrow Cl^- + SO_4^{2-} + H_3O^+$$

★**1.60** Avant que l'aluminium soit obtenu par réduction électrolytique de son minerai (Al_2O_3), on l'obtenait par réduction chimique. Quel métal utiliseriez-vous pour réduire Al^{3+} en Al?

★**1.61** L'oxygène (O_2) et le dioxyde de carbone (CO_2) sont des gaz incolores et inodores. Décrivez brièvement deux tests qui vous permettraient de distinguer ces deux gaz.

★**1.62** En vous servant des nombres d'oxydation, expliquez pourquoi le monoxyde de carbone (CO) est inflammable, alors que le dioxyde de carbone (CO_2) ne l'est pas.

★**1.63** Laquelle des solutions aqueuses suivantes serait, selon vous, la meilleure conductrice d'électricité à 25 °C? Expliquez votre réponse.

a) NaCl à 0,20 mol/L;

b) CH_3COOH à 0,60 mol/L;

c) HCl à 0,25 mol/L;

d) $Mg(NO_3)_2$ à 0,20 mol/L.

★**1.64** On ajoute à 4,47 g de magnésium un échantillon de $5,00 \times 10^2$ mL d'une solution de HCl à 2,00 mol/L. Calculez la concentration de la solution acide après que tout le métal a réagi. Supposez que le volume est resté le même.

★**1.65** Quel volume (en litres) d'une solution de $CuSO_4$ à 0,156 mol/L faudrait-il ajouter pour faire réagir 7,89 g de zinc?

★**1.66** Le carbonate de sodium (Na_2CO_3), que l'on peut obtenir à l'état très pur, peut être utilisé comme standard primaire pour titrer des solutions acides. Quelle serait la concentration molaire d'une solution aqueuse de HCl s'il faut 28,3 mL de cette solution pour réagir complètement avec 0,256 g de Na_2CO_3?

★**1.67** On a dissous un échantillon de 3,664 g d'un monoacide dans de l'eau. Il a fallu 20,27 mL d'une solution de NaOH à 0,1578 mol/L pour neutraliser cette solution. Calculez la masse molaire de l'acide.

★**1.68** L'acide acétique (CH_3COOH) est un important ingrédient du vinaigre. Un échantillon de 50,0 mL d'un vinaigre commercial est titré à l'aide d'une solution de NaOH à 1,00 mol/L. Quelle est la concentration (en moles par litre) de l'acide acétique dans le vinaigre si 5,75 mL de NaOH ont été nécessaires pour le titrage?

★**1.69** La masse molaire d'un carbonate métallique MCO_3 peut être déterminée en faisant réagir tous les ions carbonate avec un excès de HCl, puis en titrant l'acide restant avec une solution de NaOH de concentration connue.

a) Écrivez les équations chimiques pour ces réactions.

b) Sachant que 20,00 mL d'une solution d'acide chlorhydrique de concentration égale à 0,0800 mol/L ont été ajoutés à 0,1022 g d'un échantillon de carbonate métallique et que l'excès de HCl a nécessité 5,64 mL d'une solution de NaOH de concentration égale à 0,1000 mol/L pour être neutralisée, déterminez la masse molaire du carbonate et identifiez M.

★**1.70** Le schéma suivant représente deux solutions aqueuses contenant différents ions. Le volume de chaque solution est de 200 mL.

a) Calculez la masse de précipité formé une fois que les deux solutions auront été mélangées.

b) Déterminez les concentrations (en moles par litre) des ions dans la solution finale. Considérez que chaque sphère vaut 0,100 mol et que les volumes s'additionnent.

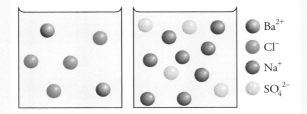

★**1.71** Calculez la masse de précipité formée quand 2,27 L d'une solution de $Ba(OH)_2$ à 0,0820 mol/L sont mélangés avec 3,06 L d'une solution de Na_2SO_4 à 0,0664 mol/L.

★**1.72** La magnésie hydratée (aussi appelée « lait de magnésie ») est une suspension aqueuse d'hydroxyde de magnésium [$Mg(OH)_2$] utilisée contre l'acidité gastrique. Calculez le volume d'une solution de HCl à 0,035 mol/L (la concentration moyenne d'acide chez un sujet souffrant de malaises gastriques) nécessaire pour réagir avec deux cuillerées de magnésie hydratée [approximativement 10,0 mL à 0,080 g $Mg(OH)_2$/mL].

★**1.73** Un échantillon de 1,00 g d'un métal X (on sait qu'il forme des ions X^{2+}) a été ajouté à 0,100 L de H_2SO_4 0,500 mol/L. Une fois que le métal a complètement réagi, l'acide versé en excès nécessite 0,0334 L de NaOH 0,500 mol/L pour être neutralisé. Calculez la masse molaire du métal et déterminez cet élément.

★**1.74** On mélange 60,0 mL d'une solution de glucose ($C_6H_{12}O_6$) 0,513 mol/L à 120,0 mL d'une autre solution de glucose 2,33 mol/L. Quelle est la concentration finale de la nouvelle solution? (On suppose que les volumes sont additifs, c'est-à-dire que, durant la formation de la nouvelle solution, il n'y a ni contraction ni expansion de volume.)

★**1.75** Les substances suivantes sont des produits couramment utilisés à la maison:

a) sel de table (NaCl);

b) sucre de table (saccharose);

c) vinaigre (contient de l'acide acétique);

d) bicarbonate de soude ($NaHCO_3$);

e) soda à laver ($Na_2CO_3 \cdot 10H_2O$);

f) acide borique (H_3BO_3, utilisé comme rince-oeil);

g) sel d'Epsom ($MgSO_4 \cdot 7H_2O$);

h) hydroxyde de sodium (utilisé pour déboucher les drains);

i) ammoniac;

j) lait de magnésie [$Mg(OH)_2$];

k) carbonate de calcium.

En vous basant sur les connaissances acquises au cours de l'étude de ce chapitre, décrivez des tests appropriés permettant d'identifier chacun de ces composés.

★**1.76** L'acide phosphorique, H_3PO_4, est un important produit industriel utilisé dans les fertilisants, dans les détersifs et dans l'industrie alimentaire. Il est produit selon deux méthodes différentes. Dans la méthode dite « du four électrique », le phosphore élémentaire, P_4, est brûlé dans l'air pour former du P_4O_{10}, lequel réagit avec de l'eau pour donner du H_3PO_4. Dans le procédé dit « humide », la roche minérale de phosphate, $Ca_5(PO_4)_3F$, réagit avec de l'acide sulfurique pour donner du H_3PO_4 (ainsi que HF et $CaSO_4$). Écrivez les équations décrivant ces deux procédés. Indiquez pour chacune s'il s'agit d'une réaction de précipitation, d'une réaction acido-basique ou d'une réaction d'oxydoréduction.

★**1.77** Donnez une explication pour chacun des phénomènes chimiques suivants:

a) Lorsque du calcium métallique est ajouté à une solution d'acide sulfurique, il y a dégagement d'hydrogène. Après quelques minutes, la réaction ralentit continuellement jusqu'à s'arrêter, même si aucun des réactifs n'est épuisé.

b) L'aluminium est placé au-dessus de l'hydrogène dans la série d'activité et, pourtant, ce métal ne réagit ni dans la vapeur d'eau ni au contact de l'acide chlorhydrique.

c) Le sodium et le potassium sont placés au-dessus du cuivre dans la série d'activité. Expliquez pourquoi les ions Cu^{2+}, au contact d'une solution de $CuSO_4$, ne sont pas convertis en cuivre métallique lors de l'addition de ces métaux.

d) Un métal M réagit lentement au contact de la vapeur d'eau. Il n'y a pas de changement visible s'il est mis en présence d'une solution de sulfate de fer(II) vert pâle. Où faudrait-il placer M dans la série d'activité?

★**1.78** Les métaux jouent souvent un rôle important dans de nombreuses réactions d'oxydoréduction se déroulant dans les organismes vivants. Au cours de ces réactions, il y a variation du nombre d'oxydation de ces métaux. Parmi la liste des métaux suivants, lesquels sont les plus susceptibles de prendre part à de telles réactions: Na, K, Mg, Ca, Mn, Fe, Co, Cu, Zn? Expliquez vos choix.

★**1.79** Les hydracides halogénés (HF, HCl, HBr, HI) sont des composés très réactifs utilisés autant dans les laboratoires que dans l'industrie. **a)** La préparation en laboratoire de HF et de HCl se fait par réaction de CaF_2 et NaCl avec de l'acide sulfurique concentré. Écrivez les équations de ces réactions. (**Indice:** Il ne s'agit pas de réactions d'oxydoréduction ici.) **b)** Pourquoi HBr et HI ne peuvent-ils pas être préparés de manière similaire, c'est-à-dire par réaction de NaBr et de NaI avec de l'acide sulfurique concentré? (**Indice:** H_2SO_4 est un meilleur agent oxydant que Br_2 et I_2.) **c)** On peut préparer HBr par réaction du tribromure de phosphore (PBr_3) avec de l'eau. Écrivez l'équation de cette réaction.

★**1.80** Lors de votre séance de laboratoire, vous échappez de l'acide sulfurique concentré sur le plancher. Est-il préférable de verser une solution d'hydroxyde de sodium concentré ou d'utiliser du bicarbonate de sodium (solide) pour neutraliser l'acide sulfurique?

★**1.81** Le schéma suivant représente deux solutions aqueuses contenant différents ions. Le volume de chaque solution est de 600 mL. **a)** Écrivez l'équation ionique nette pour la réaction lorsque les solutions sont mélangées. **b)** Déterminez la masse de précipité formé et la concentration des ions en solution. Considérez que chaque sphère vaut 0,0500 mol et que les volumes s'additionnent.

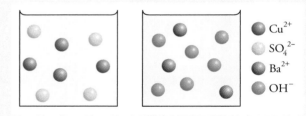

PROBLÈMES SPÉCIAUX

1.82 Le magnésium, un métal de grande valeur, est utilisé dans les structures métalliques légères, les alliages, les piles et les synthèses chimiques. Bien qu'il soit présent en grande quantité dans l'écorce terrestre, il est parfois plus économique de l'extraire de l'eau de mer. Le magnésium est, après le sodium, le cation le plus abondant dans la mer: environ 1,3 g de magnésium par kilogramme d'eau de mer.

Le procédé d'extraction du magnésium de l'eau de mer fait appel aux trois types de réactions décrits dans ce chapitre, à savoir les réactions de précipitation, les réactions acido-basiques et les réactions d'oxydoréduction.

La première étape de l'extraction du magnésium consiste à chauffer à haute température du calcaire ($CaCO_3$) pour produire de la chaux vive ou oxyde de calcium (CaO):

$$CaCO_3(s) \longrightarrow CaO(s) + CO_2(g)$$

Quand l'oxyde de calcium est mis en présence d'eau de mer, il y a production d'hydroxyde de calcium [$Ca(OH)_2$], qui est légèrement soluble et qui s'ionise pour donner des ions Ca^{2+} et OH:

$$CaO(s) + H_2O(l) \longrightarrow Ca^{2+}(aq) + 2OH^-(aq)$$

Les ions hydroxyde en excès provoquent la précipitation d'hydroxyde de magnésium, une substance moins soluble:

$$Mg^{2+}(aq) + 2OH^-(aq) \longrightarrow Mg(OH)_2(s)$$

L'hydroxyde de magnésium solide est filtré, puis on le fait réagir avec de l'acide chlorhydrique pour former du chlorure de magnésium ($MgCl_2$):

$$Mg(OH)_2(s) + 2HCl(aq) \longrightarrow MgCl_2(aq) + 2H_2O(l)$$

Après évaporation de l'eau, le chlorure de magnésium solide est fondu dans des bacs en acier. Le chlorure de magnésium fondu contient des ions mobiles Mg^{2+} et Cl^-. On utilise alors un procédé appelé «électrolyse»: un courant électrique passe dans le bac pour réduire les ions Mg^{2+} et oxyder les ions Cl^-. Les demi-réactions représentant cette électrolyse de sel fondu sont:

$$Mg^{2+} + 2e^- \longrightarrow Mg \quad \text{et} \quad 2Cl^- \longrightarrow Cl_2 + 2e^-$$

La réaction globale est $MgCl_2(l) \longrightarrow Mg(s) + Cl_2(g)$. Voilà comment on obtient le magnésium. Le chlore gazeux obtenu peut être converti en acide chlorhydrique et recyclé dans le procédé.

a) Déterminez les différents types de réactions (précipitation, acido-basique ou oxydoréduction) utilisés dans ce procédé.

b) Pourquoi n'ajoute-t-on pas simplement de l'hydroxyde de sodium à la place de l'oxyde de calcium pour faire précipiter l'hydroxyde de magnésium?

c) On utilise parfois de la dolomite (un mélange de $CaCO_3$ et de $MgCO_3$) à la place de la pierre à chaux ($CaCO_3$) pour provoquer la précipitation de l'hydroxyde de magnésium. Quel est l'avantage d'utiliser la dolomite?

d) Quels sont les avantages de l'extraction du magnésium de l'eau de mer par rapport à son extraction dans une mine (croûte terrestre)?

Après le traitement de l'eau de mer, le précipité d'hydroxyde de magnésium se dépose dans ces immenses cuves.

1.83 Alors qu'un échantillon de 5,012 g d'un hydrate de chlorure de fer a été séché dans un four, la masse du composé anhydre était égale à 3,195 g. Le composé a ensuite été dissous dans l'eau, puis mis en présence d'un excès de $AgNO_3$. Un précipité de 7,225 g de AgCl s'est formé. Déterminez la formule chimique du composé de départ.

1.84 Les réactions acido-basiques et les réactions de précipitation étudiées au cours de ce chapitre impliquent toutes des espèces ioniques; c'est pourquoi

ces réactions peuvent être suivies dans leur déroulement par des mesures de conductibilité électrique (mesurée par la conductance, soit l'inverse mathématique de la résistance) en solution aqueuse. Associez chacune des réactions suivantes à l'un des diagrammes. (**Note:** Un même diagramme pourrait illustrer plus d'une réaction. L'échelle de conductance indiquée ici est arbitraire.)

1) Une solution de KOH 1,0 mol/L est ajoutée à 1,0 L d'une solution de CH_3COOH 1,0 mol/L.

2) Une solution de NaOH 1,0 mol/L est ajoutée à 1,0 L d'une solution de HCl 1,0 mol/L.

3) Une solution de $BaCl_2$ 1,0 mol/L est ajoutée à 1,0 L d'une solution de K_2SO_4 1,0 mol/L.

4) Une solution de NaCl 1,0 mol/L est ajoutée à 1,0 L d'une solution de $AgNO_3$ 1,0 mol/L.

5) Une solution de CH_3COOH 1,0 mol/L est ajoutée à 1,0 L d'une solution de NH_3 1,0 mol/L.

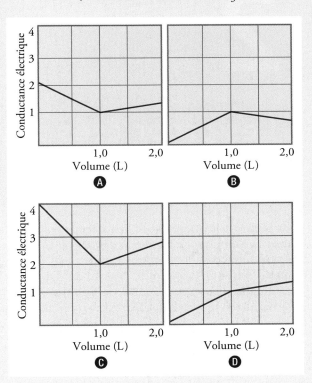

La dissolution d'un cube de sucre dans l'eau. Les propriétés d'une solution sont très différentes de celles de son solvant. La solubilité des molécules de sucre dans l'eau est principalement due à la formation de liaisons hydrogène entre le soluté et le solvant.

2

Les propriétés physiques des solutions

La plupart des réactions ont lieu, non pas entre des solides, des liquides ou des gaz purs, mais en solution, c'est-à-dire entre des molécules et des ions dissous dans l'eau ou dans un autre solvant. Le chapitre 4 du manuel *Chimie générale* a porté sur l'étude des gaz, puis le chapitre 9 a permis d'explorer les liquides et les solides. Dans le présent chapitre, il sera question des propriétés des solutions, et en particulier du rôle des forces intermoléculaires dans la solubilité et dans certaines autres propriétés des solutions.

OBJECTIFS D'APPRENTISSAGE

> Identifier et distinguer les types de solutions ;

> Prédire la miscibilité de deux liquides en fonction des forces intermoléculaires qui les constituent ;

> Connaître et comprendre différents modes d'expression de la composition des solutions, et effectuer les calculs appropriés ;

> Prédire l'effet de la température, de la pression et de la polarité sur la solubilité ;

> Décrire et appliquer les propriétés colligatives aux solutions électrolytiques et non-électrolytiques.

 CHIMIE EN LIGNE

Animation
- La dissolution d'un composé ionique et d'un composé covalent (2.2)
- L'osmose (2.6)

Interaction
- Quelques tests de conductibilité électrique (2.7)

Svante Arrhenius, un pionnier de la chimie des solutions

Arrhenius fut un enfant précoce ; il apprit à lire par lui-même.

Quand Svante August Arrhenius (1859-1927) soutint en mai 1884 sa thèse de doctorat à l'Université d'Uppsala (en Suède), il obtint la plus basse note possible. Cette évaluation ne lui permit pas d'obtenir un poste d'enseignant et il en fut très déçu. Or, c'est ce même travail de recherche qui lui valut quelques années plus tard, en 1903, de remporter le prix Nobel de chimie.

Dans sa thèse, Arrhenius proposait une théorie ionique pour expliquer les propriétés des solutions d'électrolytes. Il fut le premier à suggérer que la conductibilité électrique de solutions d'acides, de bases ou de sels serait due au fait que ces solutés existeraient partiellement ou complètement sous forme d'ions porteurs de charges négatives et positives dans l'eau, plutôt que sous la forme de molécules neutres. Cette hypothèse est maintenant un fait bien reconnu, mais à l'époque d'Arrhenius, certains chimistes et physiciens trouvèrent ridicule l'idée de charges électriques séparées dans les solutions. Le concept de dissociation électrolytique s'accordait facilement avec la découverte, faite au début du XXe siècle, des électrons et de leur rôle dans la liaison chimique.

En plus de sa théorie sur les électrolytes, Arrhenius apporta une contribution importante à la chimie. Deux de ses apports les plus connus sont l'équation qui décrit l'effet de la température sur la vitesse des réactions et son concept de l'énergie d'activation, à savoir qu'il ne suffit pas que surviennent des collisions entre les molécules pour qu'elles réagissent, encore faut-il qu'elles possèdent une énergie minimale appelée « énergie d'activation » (*voir le chapitre 3*).

Arrhenius s'intéressa à d'autres domaines que la chimie, comme la géologie et la climatologie. Voulant comprendre les dernières glaciations, il fut le premier scientifique à s'intéresser aux changements climatiques. À l'époque, on croyait que la Terre se refroidissait, mais Arrhenius prétendait plutôt le contraire. En 1896, il a remarqué que le dioxyde de carbone avait une grande capacité d'absorption de la chaleur, propriété communément appelée aujourd'hui « effet de serre ». Il disait que la combustion des carburants fossiles, après l'arrivée de l'ère industrielle, ferait doubler la concentration du dioxyde de carbone en 3000 ans. On sait aujourd'hui que c'est 30 fois plus rapide, soit en 100 ans. Ses conclusions s'appuyaient sur des mesures et des calculs complexes. En se basant sur l'effet de serre causé par le dioxyde de carbone, Arrhenius a pu relier les glaciations à une température inférieure de 5 °C à la température moyenne à son époque, et les grands réchauffements à une température de 8 °C supérieure à cette même moyenne.

Vers la fin de sa vie, Arrhenius se fit vulgarisateur et écrivit sur les applications de la chimie en astronomie, en biologie et en géologie. Il avança l'idée de la panspermie, une théorie selon laquelle la vie n'aurait pas commencé sur Terre, mais serait venue d'autres planètes.

2.1 Les types de solutions

Une solution est un mélange homogène de deux substances ou plus (*voir la section 1.1, p. 5*). Comme cette définition ne pose aucune restriction sur la nature des substances en jeu, on distingue six types de solutions caractérisés par les états originaux (solide, liquide ou gazeux) des substances qui les composent. Le **TABLEAU 2.1** donne des exemples de chacun.

TABLEAU 2.1 > Types de solutions

Soluté	Solvant	État de la solution résultante	Exemples
Gaz	Gaz	Gazeux	Air
Gaz	Liquide	Liquide	Boisson gazeuse (CO_2 dans l'eau)
Gaz	Solide	Solide	H_2 gazeux dans du palladium
Liquide	Liquide	Liquide	Éthanol dans l'eau
Solide	Liquide	Liquide	NaCl dans l'eau
Solide	Solide	Solide	Laiton (Cu/Zn), soudure (Sn/Pb)

La présente étude des solutions portera en particulier sur celles qui mettent en jeu au moins un liquide : les solutions gaz-liquide, liquide-liquide ou solide-liquide. L'eau sera le liquide le plus utilisé comme solvant. Les chimistes classent aussi les solutions selon leur capacité à dissoudre une quantité plus ou moins grande de soluté. Une solution qui contient la quantité maximale de soluté dans une quantité donnée d'un solvant à une température donnée est appelée **solution saturée**. Avant que le point de saturation soit atteint, on parle de **solution insaturée**, c'est-à-dire qui contient moins de soluté qu'elle pourrait en dissoudre. Enfin, une **solution sursaturée** contient plus de soluté qu'une solution saturée. Ce dernier type de solution est instable. En effet, avec le temps, une certaine quantité de soluté se sépare de la solution sursaturée pour former des cristaux. Ce processus s'appelle **cristallisation**. Bien que la précipitation et la cristallisation décrivent toutes deux la séparation d'une substance solide d'une solution sursaturée, les solides obtenus dans chaque cas n'ont pas la même apparence. Normalement, un précipité est constitué de petites particules de formes mal définies, tandis qu'un cristal peut être gros et de forme définie (*voir la* **FIGURE 2.1**).

NOTE

On peut facilement obtenir une solution sursaturée en dissolvant à chaud un soluté comme du sucre dans de l'eau, puis en refroidissant suffisamment la solution pour qu'elle devienne sursaturée pendant un certain temps, avant de produire des cristaux. Dans le cas du sucre, c'est ainsi que l'on fabrique les bonbons.

FIGURE 2.1 ⊗

Cristallisation

Dans une solution d'acétate de sodium sursaturée (à gauche), il se forme rapidement des cristaux d'acétate de sodium après ensemencement par l'addition d'un petit cristal.

2.2 Le processus de dissolution au niveau moléculaire

Dans les liquides et les solides, les molécules sont maintenues ensemble par les attractions intermoléculaires. Ces forces jouent également un rôle primordial dans la formation des solutions. Quand une substance (le soluté) se dissout dans une autre substance (le solvant), ses particules se dispersent et occupent des positions qui sont normalement occupées par les molécules du solvant. La facilité avec laquelle ce phénomène se produit dépend de l'importance relative de trois types d'interactions, à savoir :

- l'interaction solvant-solvant ;
- l'interaction soluté-soluté ;
- l'interaction solvant-soluté.

Pour simplifier, on peut imaginer que le processus de dissolution se déroule en trois étapes distinctes (*voir la* **FIGURE 2.2**). La première étape est la séparation (l'éloignement les unes des autres) des molécules du solvant ; la deuxième, la séparation des molécules du soluté (les étapes 1 et 2 se déroulent simultanément). Ces étapes nécessitent un apport d'énergie, car il faut rompre les forces attractives intermoléculaires ; elles sont donc endothermiques. À la troisième étape, les molécules du solvant et du soluté se mélangent. Ce processus peut être endothermique ou exothermique.

NOTE

Cette équation est une application de la loi de Hess.

L'enthalpie de dissolution est donnée par :

$$\Delta H_{\text{dis}} = \Delta H_1 + \Delta H_2 + \Delta H_3 \qquad (2.1)$$

FIGURE 2.2

Illustration du processus de dissolution au niveau moléculaire

D'abord, les molécules du solvant et du soluté se séparent (étapes 1 et 2). Puis les molécules du solvant et du soluté se mélangent (étape 3).

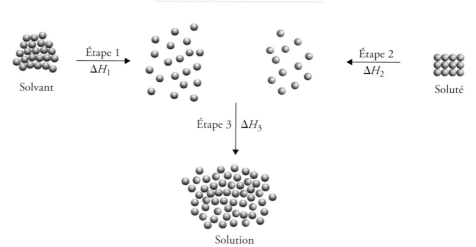

Solvant — Étape 1 ΔH_1 → ← Étape 2 ΔH_2 — **Soluté**

Étape 3 ΔH_3

Solution

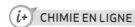 **CHIMIE EN LIGNE**

Animation

- La dissolution d'un composé ionique et d'un composé covalent

Si l'attraction soluté-solvant est plus grande que la somme des attractions solvant-solvant et soluté-soluté, c'est un facteur favorable pour la dissolution, et le processus est exothermique ($\Delta H_{\text{dis}} < 0$). Par contre, si l'attraction soluté-solvant est plus faible que la somme des attractions solvant-solvant et soluté-soluté, le processus de dissolution est endothermique ($\Delta H_{\text{dis}} > 0$).

On peut alors se demander comment un soluté peut se dissoudre dans un solvant si les forces attractives qui s'exercent entre les molécules de ce soluté sont plus importantes que celles qui unissent les molécules du soluté à celles du solvant. Le processus de dissolution, comme tout processus physique ou chimique, dépend de deux facteurs.

Le premier est l'énergie, qui détermine si le processus est exothermique ou endothermique ; le second est la tendance à l'accroissement du désordre, inhérente à tout phénomène naturel. Comme le brassage des cartes à jouer augmente le désordre parmi les cartes, la formation d'une solution augmente le désordre parmi les molécules du soluté et du solvant.

À leur état pur, le solvant et le soluté ont un caractère ordonné assez marqué, qui dépend de la disposition tridimensionnelle plus ou moins ordonnée de leurs atomes, de leurs molécules ou de leurs ions. Cet ordre est détruit en grande partie quand le soluté se dissout dans le solvant (*voir la* **FIGURE 2.2**). C'est pourquoi le processus de dissolution est toujours accompagné d'une augmentation du désordre. C'est cette augmentation du désordre qui favorise la solubilité d'une substance, même si le processus de dissolution est endothermique.

2.2.1 Les facteurs qui influent sur la solubilité

Au chapitre 1, la **solubilité** est définie comme la quantité maximale d'un soluté que l'on peut dissoudre dans une certaine quantité de solvant à une température donnée. Le proverbe « Qui se ressemble s'assemble » peut aider à prédire la solubilité d'une substance dans un solvant. Deux substances qui ont des forces intermoléculaires de type et de grandeur similaires sont susceptibles d'être solubles l'une dans l'autre. Par exemple, le tétrachlorure de carbone (CCl_4) et le benzène (C_6H_6) sont tous deux des liquides non polaires. Les seules attractions intermoléculaires qui y sont présentes sont donc des forces de dispersion, ou forces de London (*voir le chapitre 9 de* Chimie générale *ou l'annexe 1, p. 439*). Quand on mélange ces deux liquides, ils se dissolvent facilement l'un dans l'autre, parce que la force de l'attraction qui s'exerce entre les molécules de CCl_4 et de C_6H_6 est du même ordre de grandeur que celle qui existe entre les molécules de CCl_4 et entre les molécules de C_6H_6.

Deux liquides qui sont complètement solubles l'un dans l'autre dans toutes les proportions sont dits **miscibles**. Les alcools – le méthanol, l'éthanol et l'éthane-1,2-diol, par exemple – et l'eau sont miscibles à cause de la capacité des alcools à former des liaisons hydrogène avec l'eau :

CH₃OH

C₂H₅OH

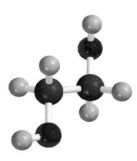

CH₂(OH)CH₂(OH)

```
        H                    H   H                      H   H
        |                    |   |                       |   |
  H — C — O — H        H — C — C — O — H         H — O — C — C — O — H
        |                    |   |                       |   |
        H                    H   H                       H   H
     méthanol              éthanol                   éthane-1,2-diol
                                                    (éthylène glycol)
```

Les règles données au **TABLEAU 1.2** (*voir p. 9*) permettent de prédire la solubilité d'un composé ionique dans l'eau. Quand le chlorure de sodium, par exemple, se dissout dans l'eau, ses ions sont stabilisés dans la solution par hydratation, un phénomène exothermique qui met en jeu des interactions ion-dipôle. En général, on peut prédire que les composés ioniques devraient être plus solubles dans des solvants polaires (comme l'eau et l'ammoniac liquide) que dans des solvants non polaires (comme le benzène et le tétrachlorure de carbone). Ces derniers ne peuvent solvater efficacement les ions Na^+ et Cl^- parce qu'ils n'ont pas de dipôles (*voir la* **FIGURE 2.3**). La **solvatation** est le processus par lequel un ion ou une molécule en solution est entouré de molécules de solvant disposées d'une manière spécifique. Quand le solvant est l'eau, la solvatation s'appelle **hydratation**.

FIGURE 2.3 ⊗

Solvatation des ions Na^+ dans différents solvants

La solvatation des ions Na^+ et Cl^- dans un solvant polaire comme l'eau est facile dans la mesure où les ions ont une affinité pour le solvant polaire.

C'est l'interaction ion-dipôle induit, beaucoup plus faible que l'interaction ion-dipôle, qui prédomine dans les interactions entre les ions et les composés non polaires. Par conséquent, les composés ioniques sont habituellement très peu solubles dans les solvants non polaires.

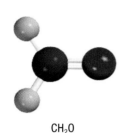

CH_2O

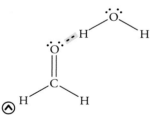

Liaison hydrogène (en jaune) entre le formaldéhyde et l'eau

⊕ **Problème semblable**

2.3

EXEMPLE 2.1 La prédiction de la solubilité basée sur les forces intermoléculaires dans le solvant et dans le soluté

Prédisez les solubilités relatives dans les cas suivants : **a)** Br_2 dans le benzène (C_6H_6, $\mu = 0$ D) et dans l'eau ($\mu = 1,87$ D) ; **b)** KCl dans le tétrachlorure de carbone (CCl_4, $\mu = 0$ D) et dans l'ammoniac liquide (NH_3, $\mu = 1,46$ D) ; **c)** formaldéhyde (CH_2O) dans le disulfure de carbone (CS_2, $\mu = 0$) et dans l'eau.

DÉMARCHE

Pour vous aider à prédire la solubilité, rappelez-vous le proverbe « Qui se ressemble s'assemble ». Un soluté non polaire peut se dissoudre dans un solvant non polaire ; les composés ioniques vont généralement se dissoudre dans des solvants polaires à cause de l'interaction ion-dipôle favorable ; les solutés qui peuvent faire des liaisons hydrogène avec un solvant seront très solubles dans ce solvant.

SOLUTION

a) La molécule de Br_2 est non polaire ; elle devrait alors être plus soluble dans C_6H_6, qui est aussi non polaire, que dans l'eau. Les seules forces intermoléculaires qui s'exercent entre les molécules de Br_2 et de C_6H_6 sont des forces de dispersion.

b) Le composé KCl est ionique. Pour qu'il se dissolve, ses ions K^+ et Cl^- doivent être stabilisés par des interactions ion-dipôle. Puisque le tétrachlorure de carbone n'a pas de moment dipolaire, le chlorure de potassium devrait être plus soluble dans l'ammoniac liquide, dont les molécules ont un moment dipolaire élevé.

c) D'après leur structure, CH_2O est une molécule polaire et CS_2 (molécule linéaire) est une molécule non polaire :

$$H \searrow C = O \qquad S = C = S$$
$$\mu > 0 \qquad \mu = 0$$

Les forces exercées entre ces molécules sont des forces de dipôle-dipôle induit et des forces de dispersion. Par contre, du fait que le formaldéhyde peut former des liaisons hydrogène avec l'eau, il devrait être plus soluble dans ce solvant.

EXERCICE E2.1

L'iode (I_2) est-il plus soluble dans l'eau ou dans le disulfure de carbone (CS_2) ?

RÉVISION DES CONCEPTS

Déterminez, parmi les composés suivants, ceux qui devraient être plus solubles dans le benzène que dans l'eau : C_4H_{10}, HBr, KNO_3, P_4.

1. Décrivez brièvement le processus de dissolution au niveau moléculaire. Prenez la dissolution d'un solide dans un liquide comme exemple.

2. Qu'est-ce que la solvatation ? Quels sont les facteurs qui influencent le phénomène de solvatation ? Donnez deux exemples de solvatation, dont l'un met en jeu l'interaction ion-dipôle et l'autre, les forces de dispersion.

3. Comme vous le savez, certains processus de dissolution sont endothermiques et d'autres, exothermiques. Expliquez cette différence au niveau moléculaire.

4. Décrivez les facteurs qui influencent la solubilité d'un solide dans un liquide. Que signifie l'affirmation « Deux liquides sont miscibles » ?

2.3 Les types de concentration et les conversions

L'étude quantitative d'une solution demande que l'on connaisse sa concentration, c'est-à-dire la quantité de soluté dissous dans une quantité donnée de solution (*voir la section 1.5, p. 30*). Les chimistes utilisent différents modes d'expression de la concentration, chacun ayant ses avantages et ses inconvénients. Le pourcentage massique, la fraction molaire, la concentration molaire volumique et la molalité sont des types d'expression assez courants de la composition quantitative des solutions, certaines étant plus adaptées au travail en laboratoire et d'autres aux domaines industriel, médical ou alimentaire. L'essentiel est de comprendre que toutes ces manières d'exprimer la concentration ne sont que des rapports (quotients de deux grandeurs). Certaines grandeurs de concentration ont des unités alors que d'autres n'en ont pas.

2.3.1 Les types d'unités de concentration

La fraction molaire

La **fraction molaire** (X) a déjà été définie dans la section 4.6 du manuel *Chimie générale* comme une grandeur sans dimension qui exprime le rapport entre le nombre de moles d'un constituant donné d'un mélange et le nombre total de moles (n_T) présentes dans ce mélange. Elle est toujours inférieure à 1, sauf quand il y a un seul constituant. La fraction molaire d'un constituant d'une solution, par exemple le constituant A, s'écrit X_A et se définit ainsi :

$$X_A = \frac{n_A}{n_T} \qquad (2.2)$$

La fraction molaire n'a pas d'unités, car il s'agit d'un rapport entre deux quantités ayant les mêmes unités.

Le pourcentage massique, le pourcentage volumique et le pourcentage masse/volume

Le **pourcentage massique (% *m/m*)** est défini comme étant le rapport entre la masse d'un soluté et celle de la solution, multiplié par 100 % :

$$\begin{aligned} \% \ m/m &= \frac{m_{soluté}}{m_{soluté} + m_{solvant}} \times 100\,\% \\ &= \frac{m_{soluté}}{m_{solution}} \times 100\,\% \end{aligned} \qquad (2.3)$$

Le taux de gras dans le lait est habituellement exprimé en pourcentage massique [% (*m/m*)].

Aucune unité n'accompagne le pourcentage massique puisque c'est un rapport entre deux quantités ayant les mêmes unités.

EXEMPLE 2.2 Le calcul du pourcentage massique d'une solution

On dissout 0,892 g de chlorure de potassium (KCl) dans 54,6 g d'eau. Quel est le pourcentage massique de KCl dans cette solution?

DÉMARCHE

Ici, le KCl est le soluté et l'eau est le solvant. La masse de la solution pourra donc être déterminée en additionnant la masse d'eau et la masse de KCl. On connaît la masse du soluté dissous dans une certaine quantité de solvant, ce qui permet de calculer le pourcentage massique de KCl à l'aide de l'équation 2.3.

SOLUTION

$$\% \ m/m = \frac{m_{\text{soluté}}}{m_{\text{soluté}} + m_{\text{solvant}}} \times 100\%$$

$$= \frac{0{,}892 \text{ g}}{0{,}892 \text{ g} + 54{,}6 \text{ g}} \times 100\%$$

$$= 1{,}61\%$$

⊕ Problème semblable
2.5

EXERCICE E2.2

On dissout 6,44 g de naphtalène ($C_{10}H_8$) dans 80,1 g de benzène (C_6H_6). Calculez le pourcentage massique du naphtalène dans cette solution.

De la même façon que le pourcentage massique représente le rapport entre la masse d'un soluté et la masse de la solution, le **pourcentage volumique (% *V/V*)** représente le rapport entre le volume d'un soluté et le volume de la solution (exprimés dans les mêmes unités), multiplié par 100 % :

$$\% \ V/V = \frac{V_{\text{soluté}}}{V_{\text{soluté}} + V_{\text{solvant}}} \times 100\%$$

$$= \frac{V_{\text{soluté}}}{V_{\text{solution}}} \times 100\% \tag{2.4}$$

Sur les bouteilles de bière, la concentration d'alcool est exprimée en pourcentage volumique [% (*V/V*)].

Le **pourcentage masse/volume (% *m/V*)** représente quant à lui le rapport entre la masse d'un soluté et le volume d'une solution, multiplié par 100 % :

$$\% \ m/V = \frac{m_{\text{soluté}}}{V_{\text{soluté}} + V_{\text{solvant}}} \times 100\%$$

$$= \frac{m_{\text{soluté}}}{V_{\text{solution}}} \times 100\% \tag{2.5}$$

La concentration molaire volumique

À la section 1.5 (*voir p. 30*), il a été dit que la concentration molaire volumique (*C*) désigne le nombre de moles de soluté par unité de volume de solution en litres :

$$C = \frac{n_{\text{soluté}}}{V_{\text{solution}}} \tag{2.6}$$

Ainsi, la concentration molaire volumique s'exprime en moles par litre (mol/L). Parfois, on écrit encore comme autrefois *M* pour (mol/L).

La molalité

La **molalité** (*b*) est le nombre de moles de soluté dissous par unité de masse de solvant en kilogrammes :

$$\text{molalité} = b = \frac{n_{\text{soluté}}}{m_{\text{solvant}}\,(\text{kg})} \tag{2.7}$$

Les unités sont ici des moles par kilogramme. Par exemple, pour préparer une solution aqueuse de sulfate de sodium (Na_2SO_4) 1 *molale*, il faut dissoudre 1 mol (142,0 g) de cette substance dans 1000 g (1 kg) d'eau. Selon la nature de l'interaction soluté-solvant, le volume final de la solution sera soit supérieur, soit inférieur à 1000 mL. Il est également possible, bien que peu probable, que le volume de la solution finale soit de 1000 mL. On remplace parfois les unités « mol/kg » par le symbole choisi pour la grandeur, soit *b* comme la variable ou l'unité de concentration.

Les rapports masse/volume sont utilisés dans le domaine médical, notamment dans la composition des sirops, ce qui facilite le calcul de la posologie en fonction du poids du patient.

EXEMPLE 2.3   Le calcul de la molalité d'une solution

Calculez la molalité d'une solution formée de 24,4 g d'acide sulfurique (H_2SO_4) dans 198 g d'eau. La masse molaire de l'acide sulfurique est de 98,09 g/mol.

DÉMARCHE

Pour calculer la molalité d'une solution, on doit connaître le nombre de moles de soluté et la masse de solvant en kilogrammes.

SOLUTION

La définition de la molalité (*b*) est :

$$b = \frac{n_{\text{soluté}}}{m_{\text{solvant}}\,(\text{kg})}$$

Trouvons d'abord le nombre de moles d'acide sulfurique dans 24,4 g de cet acide en utilisant la masse molaire comme facteur de conversion :

$$\text{moles de } H_2SO_4 = 24,4\ \text{g } H_2SO_4 \times \frac{1\ \text{mol } H_2SO_4}{98,09\ \text{g } H_2SO_4}$$

$$= 0,249\ \text{mol } H_2SO_4$$

▶

NOTE

Contrairement à la concentration molaire, la molalité ne change pas avec la température.

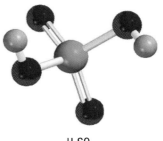

H_2SO_4

La masse d'eau est de 198 g ou 0,198 kg. La molalité est donc:

$$b = \frac{0,249 \text{ mol H}_2\text{SO}_4}{0,198 \text{ kg H}_2\text{O}}$$

$$= 1,26 \text{ mol/kg}$$

Problème semblable

2.7

EXERCICE E2.3

Quelle est la molalité d'une solution formée de 7,78 g d'urée [$(NH_2)_2CO$] dans 203 g d'eau?

D'autres modes d'expression de la concentration

Il existe d'autres façons d'exprimer la composition quantitative d'une solution. Lorsque les solutions sont très diluées, il arrive qu'on utilise la notation ppm. Une **partie par million** (ou **ppm**) correspond au nombre de parties de soluté par million de parties de solution (10^6). Par exemple, un ppm correspond à 1 mg/kg (10^{-3} g/10^3 g) $= 10^{-6} = 1/10^6$. Il s'agit d'une grandeur sans dimension (sans unité).

On utilise aussi les «parties par milliard» (ppb) et les «parties par billion» (ppt) qui correspondent respectivement à une partie de soluté par milliard (10^9) ou billion (10^{12}) de parties de solution.

TABLEAU 2.2 > Différents modes d'expression de la concentration

Grandeur	Numérateur (soluté)	Dénominateur (solution)	Unité	Symbole
Concentration molaire volumique* (ou molarité**)	Nombre de moles du constituant i	Volume de solution	mol/L ou M	C
Molalité	Nombre de moles du constituant i	Masse de solvant	mol/kg	b
Fraction molaire	Nombre de moles du constituant i	Nombre de moles total	–	x_i
Pourcentage massique	Masse	Masse	–	% m/m ou % p/p
Pourcentage volumique	Volume	Volume	–	% V/V
Pourcentage masse/volume	Masse	Volume	–	% m/V
Parties par million	Nombre de parties***	10^6 parties	–	ppm
Parties par milliard	Nombre de parties	10^9 parties	–	ppb
Parties par billion	Nombre de parties	10^{12} parties	–	ppt

*   Mode le plus utilisé. Lorsqu'il n'y a pas de confusion possible, il suffit de dire ou d'écrire «concentration».

**   Selon les recommandations de l'Union internationale de chimie pure et appliquée (UICPA, 2008) portant sur la terminologie chimique des termes liés à la solubilité (<www.iupac.org/publications/pac/2008/pdf/8002x0233.pdf>), le terme «molarité» vaut pour la littérature scientifique ancienne et doit être connu.

*** On utilise généralement la masse pour les solutions liquides et le volume ou le nombre de molécules pour les solutions gazeuses.

Le **TABLEAU 2.2** résume les différents modes d'expression de la composition quantitative des solutions les plus utilisées en chimie ainsi que dans les manuels *Chimie générale* et *Chimie des solutions*. Pour faciliter la compréhension et les conversions, et permettre de bien saisir les différences entre les divers modes, ce sont le numérateur et le dénominateur propres à chaque mode d'expression de la concentration qui sont présentés ici plutôt que les définitions écrites complètes. Évidemment, lorsqu'il s'agit d'un rapport comportant les mêmes unités au numérateur et au dénominateur, des masses par exemple, il n'est pas nécessaire de les préciser (grammes, kilogrammes, etc.), à condition qu'elles soient de même nature. Ces rapports dans les mêmes unités font que ces concentrations n'ont pas d'unité. Pour les pourcentages, il ne faut pas oublier que le rapport doit être multiplié par 100 et que la valeur s'accompagne du signe %.

2.3.2 La comparaison entre les types de concentration et les conversions

Pourquoi choisir un mode d'expression de la concentration plutôt qu'un autre ? Les raisons sont multiples, à la fois d'ordre pratique et théorique. Par exemple, pour effectuer certains calculs ou pour décrire certaines lois physiques ou chimiques, il est plus simple et naturel d'utiliser une concentration exprimée en certaines unités, disons les moles par litre (mol/L), plutôt qu'en d'autres. Par contre, dans des situations pratiques liées notamment aux domaines médical et commercial, il peut suffire d'utiliser le pourcentage volumique (% V/V), ce qui facilite la préparation de la solution et évite l'usage d'une balance. Enfin, on privilégie des unités comme les parties par million (ppm) lorsque le soluté est très dilué, ce qui est souvent le cas dans les analyses des polluants de l'air et de l'eau, ou lorsqu'il s'agit de décrire des seuils de toxicité ou des normes de concentration jugées acceptables pour certains polluants.

Le choix d'un type de concentration dépend de ce que l'on veut mesurer. La concentration molaire volumique a un avantage : il est généralement plus facile de mesurer le volume d'une solution à l'aide de ballons volumétriques précis que de peser le solvant (*voir la section 1.5, p. 30*). C'est pourquoi on préfère souvent la concentration molaire volumique à la molalité. Par ailleurs, contrairement à la concentration molaire volumique, **la molalité n'est pas influencée par la température**, puisqu'elle utilise la masse plutôt que le volume et que la masse ne varie pas selon la température. Par exemple, une solution peut voir sa concentration de 1,0 mol/L à 25 °C passer à 0,97 mol/L à 45 °C à cause de l'augmentation du volume. Cet effet peut influencer de manière conséquente la précision des résultats d'une expérience.

Tout comme la molalité, le pourcentage massique est indépendant de la température. De plus, puisqu'il s'agit d'un rapport de masses, on n'a pas besoin de connaître la masse molaire du soluté pour calculer le pourcentage massique.

On désire parfois convertir une valeur de concentration indiquée pour une solution dans des unités données sous forme d'autres unités. Par exemple, une même solution peut servir dans diverses expériences qui nécessitent des unités différentes de concentration pour effectuer des calculs. Rappelons-nous qu'il s'agit toujours ici de convertir un rapport en un autre tout en respectant les définitions déjà données des différents types de concentration. Les trois exemples qui suivent expliquent comment procéder pour faire ces conversions.

EXEMPLE 2.4   La conversion de la molalité en concentration molaire volumique

Calculez la concentration molaire volumique d'une solution de glucose ($C_6H_{12}O_6$) à 0,396 mol/kg. La masse molaire du glucose est de 180,2 g/mol, et la masse volumique de la solution est de 1,16 g/mL. ▶

DÉMARCHE

Dans un problème comme celui-ci, il faut convertir la masse de la solution en volume. On utilise la masse molaire du glucose et la masse volumique de la solution comme facteurs de conversion. Il restera ensuite à diviser le nombre de moles par le volume pour obtenir la concentration molaire volumique.

SOLUTION

Puisqu'une solution de glucose à 0,396 mol/kg contient 0,396 mol de glucose dans 1 kg d'eau, la masse totale de la solution pour 1 kg d'eau est :

$$\left(0{,}396 \text{ mol } C_6H_{12}O_6 \times \frac{180{,}2 \text{ g}}{1 \text{ mol } C_6H_{12}O_6}\right) + 1000 \text{ g } H_2O = 1071 \text{ g de solution}$$

À partir de la masse volumique connue de la solution (1,16 g/mL), nous pouvons calculer sa concentration molaire de la manière suivante :

$$C = \frac{0{,}396 \text{ mol } C_6H_{12}O_6}{1071 \text{ g soln}} \times \frac{1{,}16 \text{ g soln}}{1 \text{ mL soln}} \times \frac{1000 \text{ mL soln}}{1 \text{ L soln}}$$

$$= \frac{0{,}429 \text{ mol } C_6H_{12}O_6}{1 \text{ L soln}}$$

$$= 0{,}429 \text{ mol/L}$$

NOTE

Lorsqu'il s'agit de solutions diluées (< 0,2 mol/L), les valeurs de la concentration molaire volumique et de la molalité sont très rapprochées l'une de l'autre.

⊕ **Problème semblable**

2.13

EXERCICE E2.4

Calculez la concentration molaire volumique d'une solution de saccharose ($C_{12}H_{22}O_{11}$) à 1,74 mol/kg, dont la masse volumique est de 1,12 g/mL.

EXEMPLE 2.5   La conversion de la concentration molaire volumique en molalité

La masse volumique d'une solution aqueuse de méthanol (CH_3OH) à 2,45 mol/L est de 0,976 g/mL. Quelle est la molalité de la solution ? La masse molaire du méthanol est de 32,04 g/mol.

CH_3OH

DÉMARCHE

Pour calculer la molalité, b, nous devons connaître le nombre de moles de méthanol et la masse de solvant en kilogrammes. En supposant 1 L de solution, le nombre de moles de méthanol est de 2,45 mol :

$$b = \frac{n_{\text{soluté}}}{m_{\text{solvant}} \text{(kg)}}$$

connu

à calculer

à déterminer

SOLUTION

La première étape consiste à déterminer la masse d'eau dans 1 L de solution en utilisant la masse volumique comme facteur de conversion. La masse totale de 1 L d'une solution de méthanol à 2,45 mol/L est :

$$1 \text{ L soln} \times \frac{1000 \text{ mL soln}}{1 \text{ L soln}} \times \frac{0{,}976 \text{ g}}{1 \text{ mL soln}} = 976 \text{ g}$$

▶

Puisque 1 L de la solution contient 2,45 mol de méthanol, la quantité d'eau (solvant) par litre de solution est :

masse de H_2O = masse de solution − masse de soluté

$$= 976 \text{ g soln} - \left(2,45 \text{ mol CH}_3\text{OH} \times \frac{32,04 \text{ g CH}_3\text{OH}}{1 \text{ mol CH}_3\text{OH}} \right)$$

$$= 898 \text{ g H}_2\text{O}$$

La molalité de la solution se calcule après la conversion de 898 g en kilogrammes (0,898 kg) :

$$b = \left(\frac{2,45 \text{ mol CH}_3\text{OH}}{0,898 \text{ kg H}_2\text{O}} \right)$$

$$= 2,73 \text{ mol/kg}$$

EXERCICE E2.5

Calculez la molalité d'une solution d'éthanol (C_2H_5OH) 5,86 mol/L, dont la masse volumique est de 0,927 g/mL.

Problèmes semblables ⊕
2.8 et 2.9

EXEMPLE 2.6   La conversion du pourcentage massique en molalité

Calculez la molalité d'une solution aqueuse d'acide phosphorique (H_3PO_4) à 35,4 % (pourcentage massique). La masse molaire de l'acide phosphorique est de 97,99 g/mol.

DÉMARCHE

Pour résoudre ce type de problème, il est pratique de supposer au départ un échantillon de 100,0 g de solution. La masse d'acide phosphorique équivaut à 35,4 % de celle de la solution ; elle est donc de 35,4 g. Alors, la masse de l'eau pourra être calculée. Il restera à trouver le nombre de moles d'acide phosphorique pour ensuite le diviser par la masse d'eau en kilogrammes.

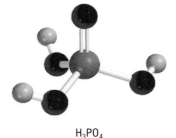

H_3PO_4

SOLUTION

masse de l'eau : 100,0 g de solution − 35,4 g d'acide = 64,6 g

Calculons le nombre de grammes d'acide phosphorique :

$$\text{moles de } H_3PO_4 = 35,4 \text{ g } H_3PO_4 \times \frac{1 \text{ mol } H_3PO_4}{97,99 \text{ g } H_3PO_4}$$

$$= 0,361 \text{ mol } H_3PO_4$$

La masse de l'eau est de 64,6 g ou 0,0646 kg. La molalité se calcule ainsi :

$$b = \frac{0,361 \text{ mol } H_3PO_4}{0,0646 \text{ kg } H_2O}$$

$$= 5,59 \text{ mol/kg}$$

EXERCICE E2.6

Calculez la molalité d'une solution aqueuse de chlorure de sodium (NaCl) à 44,6 % (pourcentage massique).

Problème semblable ⊕
2.14

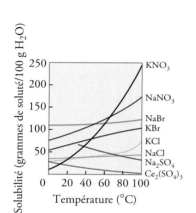

FIGURE 2.4

Variation de la solubilité de quelques composés ioniques dans l'eau en fonction de la température

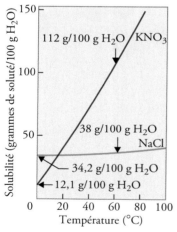

FIGURE 2.5 ⌃

Solubilités de KNO₃ et de NaCl à 0 °C et à 60 °C

La grande différence d'écart de solubilité avec la température pour ces deux composés permet de les séparer facilement à partir d'une solution par cristallisation fractionnée.

RÉVISION DES CONCEPTS

Une solution est préparée à 20 °C et sa composition est exprimée dans trois unités différentes : pourcentage massique, molalité et concentration molaire volumique. La solution est par la suite chauffée à 75 °C. Qu'advient-il des valeurs des concentrations précédentes ?

QUESTIONS de révision

5. Définissez les types de concentration suivants et donnez les unités qui leur sont associées : pourcentage massique, concentration molaire volumique, molalité. Indiquez leurs avantages et leurs inconvénients.

6. Décrivez les étapes qui permettent de convertir chacun des types de concentration énumérés à la question précédente en un autre type.

2.4 L'effet de la température sur la solubilité

La solubilité est la quantité maximale de soluté pouvant être dissous dans une quantité donnée de solvant à une température donnée. La température influence la solubilité de la plupart des substances. La présente section étudie cette influence sur les solides et les gaz.

2.4.1 La solubilité des solides et la température

La **FIGURE 2.4** montre la variation de la solubilité de certains composés ioniques dans l'eau en fonction de la température. Dans la plupart des cas, la solubilité d'une substance solide augmente avec la température. Cependant, il n'y a pas de corrélation claire entre le signe de ΔH_{dis} et cette variation. Par exemple, le processus de dissolution de $CaCl_2$ est exothermique, tandis que celui de NH_4NO_3 est endothermique. Cependant, la solubilité de ces deux composés augmente avec la température. C'est pourquoi il vaut mieux déterminer expérimentalement l'effet de la température sur la solubilité.

La cristallisation fractionnée

Comme le montre la **FIGURE 2.5**, les variations de la solubilité avec la température peuvent être considérables. La solubilité de KNO_3, par exemple, s'accroît rapidement avec la température, alors que celle de $NaCl$ varie très peu. Ces grandes différences de solubilité sont mises à profit pour obtenir des substances pures à partir de mélanges. La **cristallisation fractionnée** est une technique de séparation basée sur les différences de solubilité qui permet de séparer les constituants d'un mélange en des substances pures.

Soit un échantillon impur de KNO_3 pesant 90 g et contaminé avec 10 g de NaCl. Afin de le purifier, on dissout le mélange dans 100 mL d'eau à 60 °C et on le refroidit lentement à 0 °C. À cette température, les solubilités respectives de KNO_3 et de NaCl sont de 12,1 g/100 mL d'eau et de 34,2 g/100 mL d'eau. Donc, (90 – 12) g ou 78 g de KNO_3 vont s'extraire de la solution en cristallisant, mais tout le NaCl restera dissous (*voir la* **FIGURE 2.5**). De cette manière, on peut obtenir à l'état pur environ 90 % de la quantité de KNO_3 initialement présente dans le mélange. Les cristaux de KNO_3 peuvent ensuite être séparés de la solution par filtration.

La plupart des produits chimiques (solides organiques et inorganiques) utilisés dans les laboratoires ont été purifiés par cristallisation fractionnée. En général, cette technique fonctionne bien à deux conditions. Premièrement, le composé à purifier doit avoir une courbe de solubilité prononcée (pente abrupte), c'est-à-dire qu'il doit être beaucoup plus soluble à chaud qu'à froid, sinon une trop grande quantité de solide reste en solution au cours du refroidissement. Deuxièmement, la quantité d'impuretés doit être relativement minime, sinon une partie de ces impuretés cristallisera elle aussi et contaminera le composé désiré. Néanmoins, il est toujours possible d'augmenter le degré de pureté en procédant à plusieurs cristallisations fractionnées successives.

2.4.2 La solubilité des gaz et la température

Habituellement, la solubilité des gaz dans l'eau diminue quand la température augmente (*voir la* **FIGURE 2.6**). Ceci s'explique par le fait qu'une augmentation de température entraîne l'évaporation des molécules de gaz de la solution. En effet, quand on chauffe de l'eau dans un bécher, on peut voir des bulles d'air se former sur les parois en verre avant que l'eau bouille. À mesure que la température augmente, les molécules d'air dissoutes commencent à s'échapper de la solution bien avant que l'eau se mette à bouillir.

La solubilité réduite de l'oxygène moléculaire dans l'eau chaude est directement liée à un phénomène appelé **pollution thermique**, qui est le réchauffement de l'environnement (en particulier des cours d'eau) à des températures trop élevées, nuisibles pour la faune. On estime que, chaque année, aux États-Unis, plus de 378 000 milliards de litres d'eau sont utilisés comme réfrigérant industriel, la plus grande partie pour produire de l'électricité dans des centrales thermiques (combustion) et nucléaires. Cette eau réchauffée est renvoyée dans les rivières et les lacs d'où elle provient. Cela entraîne une pollution thermique dont les effets sur la vie aquatique inquiètent de plus en plus les écologistes. Les poissons, comme tous les autres animaux à sang froid, ont beaucoup plus de difficulté que les humains à s'adapter aux fluctuations rapides de température. Une augmentation de température accélère leur métabolisme, dont la vitesse double à chaque hausse de 10 °C. Cette accélération du métabolisme augmente le besoin en oxygène des poissons alors que l'apport d'oxygène diminue à cause de sa plus faible solubilité dans l'eau chaude. On cherche donc actuellement des façons efficaces et inoffensives pour l'environnement de refroidir les centrales thermiques électriques et nucléaires.

Par ailleurs, la connaissance de la solubilité des gaz en fonction de la température peut améliorer la performance des amateurs de pêche. Lorsqu'il fait chaud, les pêcheurs d'expérience choisissent habituellement un endroit profond dans une rivière ou un lac pour jeter leur ligne. En profondeur, l'eau plus froide contient plus d'oxygène, ce qui augmente les chances d'y trouver des poissons.

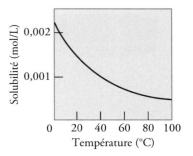

FIGURE 2.6 ⊙

Diminution de la solubilité de O_2 gazeux dans l'eau avec l'augmentation de la température

⊙

L'agitation d'une bouteille de boisson gazeuse avant son ouverture augmente l'échappement du CO_2.

RÉVISION **DES CONCEPTS**

Utilisez la figure 2.4 pour classer les sels de potassium en ordre croissant de solubilité à 40 °C.

QUESTION de révision

7. Comment la température influence-t-elle la solubilité dans l'eau de la plupart des composés ioniques?

2.5 L'effet de la pression sur la solubilité des gaz

En pratique, la pression extérieure n'influence pas la solubilité des liquides ni celle des solides, mais elle influence grandement celle des gaz. Le rapport quantitatif entre la solubilité des gaz et la pression s'exprime par la **loi de Henry** : la solubilité d'un gaz dans un liquide est directement proportionnelle à la pression qu'exerce le gaz sur la solution :

$$C \propto P$$

$$C = kP \qquad (2.8)$$

> **NOTE**
> Chaque gaz a une valeur de k caractéristique à une température donnée.

Ici, la solubilité C est la concentration molaire (en moles par litre) du gaz dissous ; P est la pression (en kilopascals) du gaz au-dessus de la solution ; k (en moles par litre par kilopascal) est une constante spécifique du gaz qui dépend seulement de la température.

A

La théorie cinétique fournit une explication qualitative à la loi de Henry. La quantité de gaz qui se dissout dans un solvant dépend de la fréquence des collisions entre les molécules du gaz et la surface du liquide, collisions qui permettent au liquide de piéger les molécules gazeuses. Soit un gaz et une solution en équilibre dynamique (*voir la* **FIGURE 2.7A**). À chaque instant, le nombre de molécules gazeuses qui entrent dans la solution est égal au nombre de molécules dissoutes qui en sortent. Si l'on augmente la pression partielle du gaz, il y a plus de molécules qui se dissolvent dans le liquide parce qu'il y en a plus qui heurtent sa surface. Ce processus continue jusqu'à ce que le nombre de molécules qui sortent de la solution par seconde redevienne égal au nombre de molécules qui y entrent (*voir la* **FIGURE 2.7B**). Toutefois, à cause de l'augmentation de la concentration des molécules dans le gaz et la solution, le nombre de molécules est plus élevé en **B** qu'en **A**, où la pression partielle est plus basse.

B

FIGURE 2.7 ⊘

Interprétation de la loi de Henry au niveau moléculaire

Quand la pression partielle du gaz au-dessus de la solution augmente de **A** à **B**, la concentration du gaz dissous augmente également selon l'équation 2.8.

EXEMPLE 2.7 L'application de la loi de Henry

La solubilité de l'azote gazeux pur à 25 °C et à 101,3 kPa est de $6{,}8 \times 10^{-4}$ mol/L. Quelle est la concentration molaire d'azote dissous dans l'eau dans les conditions atmosphériques ? La pression partielle de l'azote dans l'atmosphère est de 79,0 kPa.

DÉMARCHE

La donnée de la solubilité permet de connaître la valeur de k pour ce gaz selon la loi de Henry. Ensuite, on pourra l'utiliser pour calculer la concentration.

SOLUTION

D'abord, il faut déterminer la constante k de l'équation 2.8 :

$$C = kP$$
$$6{,}8 \times 10^{-4} \text{ mol/L} = k(101{,}3 \text{ kPa})$$
$$k = 6{,}7 \times 10^{-6} \text{ mol} \cdot \text{L}^{-1} \cdot \text{kPa}^{-1}$$

Ainsi, la concentration de l'azote gazeux dans l'eau est :

$$C = (6{,}7 \times 10^{-6} \text{ mol} \cdot \text{L}^{-1} \cdot \text{kPa}^{-1})(79{,}0 \text{ kPa})$$
$$= 5{,}3 \times 10^{-4} \text{ mol/L}$$

La diminution de la solubilité de $6{,}8 \times 10^{-4}$ mol/L à $5{,}3 \times 10^{-4}$ mol/L dépend de la diminution de la pression de 101,3 kPa à 79,0 kPa.

▶

EXERCICE E2.7

Calculez la concentration molaire d'oxygène dans l'eau à 25 °C pour une pression partielle de 22 kPa. La constante de Henry pour l'oxygène est de $3,5 \times 10^{-6}$ mol $\cdot$ L^{-1} $\cdot$ kPa^{-1}.

Problème semblable ⊕

2.21

La plupart des gaz obéissent à la loi de Henry, mais il y a des exceptions importantes. Par exemple, si le gaz dissous réagit avec l'eau, sa solubilité peut être plus élevée. Ainsi, la solubilité de l'ammoniac dépasse les prévisions à cause de la réaction suivante (*voir la* **FIGURE 2.8**) :

$$NH_3 + H_2O \rightleftharpoons NH_4^+ + OH^-$$

Le dioxyde de carbone réagit également avec l'eau :

$$CO_2 + H_2O \rightleftharpoons H_2CO_3$$

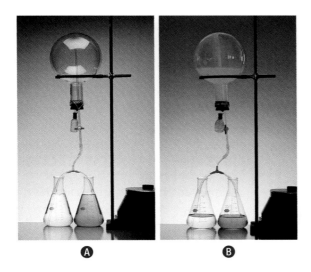

Ⓐ   Ⓑ

ⓦ **FIGURE 2.8**

Fontaine d'ammoniac

Ⓐ Le ballon renversé est rempli d'ammoniac gazeux.

Ⓑ Quand on y introduit une faible quantité d'eau en pressant la petite bouteille en polyéthylène, la majeure partie de l'ammoniac se dissout dans l'eau, créant ainsi un vide partiel. La pression atmosphérique pousse alors dans le ballon les liquides contenus dans les deux erlenmeyers. Le mélange de ces deux liquides provoque une réaction chimique accompagnée d'une émission de lumière bleue.

Un autre exemple intéressant est la dissolution de l'oxygène moléculaire dans le sang. En général, l'oxygène gazeux est assez peu soluble dans l'eau (*voir la réponse de l'exercice E2.7 à la fin de l'*EXEMPLE 2.7 *ci-dessus*), mais sa solubilité dans le sang s'accroît considérablement grâce à la présence d'une forte concentration de molécules d'hémoglobine (Hb). Chaque molécule d'hémoglobine peut fixer jusqu'à quatre molécules d'oxygène, lesquelles peuvent ensuite être transportées vers les tissus pour servir au métabolisme :

$$Hb + 4O_2 \rightleftharpoons Hb(O_2)_4$$

C'est ce qui explique la grande solubilité de l'oxygène dans le sang.

La rubrique « Chimie en action – Le lac meurtrier » (*voir p. 72*) montre la façon dont la loi de Henry s'applique dans la nature et comment elle peut aider à comprendre certaines catastrophes naturelles.

CHIMIE EN ACTION

Le lac meurtrier

Le lac Nyos, qui se trouve au Cameroun, sur la côte ouest-africaine, occupe le cratère d'un ancien volcan. Le 21 août 1986, une catastrophe s'est produite sans aucun avertissement. Le lac a subitement éjecté dans l'atmosphère une gigantesque bulle de dioxyde de carbone (CO_2). La masse volumique de ce gaz étant bien plus grande que celle de l'air ambiant, il prend la place de l'air et devient, par le fait même, asphyxiant. Sitôt relâché, le gaz s'est engouffré dans la vallée de la rivière avoisinante, asphyxiant sur son passage 1746 personnes durant leur sommeil.

Comment expliquer cette tragédie? Dans le cas d'un lac situé dans un pays au climat tempéré, l'eau est brassée grâce au phénomène cyclique des saisons. Par contre, dans un climat chaud comme celui du lac Nyos, l'eau est stratifiée en plusieurs couches qui ne se mélangent pas en temps normal. Une zone frontière sépare les eaux douces de surface de celles plus creuses et plus denses qui constituent une solution de minéraux et de gaz dissous, dont le CO_2. Ce gaz émane en permanence du magma sous-jacent à plus de 80 km de profondeur et s'infiltre à travers le sol fracturé vers le fond du lac, dont la profondeur est de 210 mètres. Étant donné la forte pression au fond du lac, pression qui dépend de la hauteur de la colonne d'eau, le CO_2 peut s'y accumuler (en accord avec la loi de Henry, la pression du gaz au fond peut augmenter tant qu'elle ne devient pas égale à la pression exercée par la colonne d'eau).

La véritable cause de ce dégazage subit n'est pas vraiment connue. Plusieurs études et analyses des eaux en profondeur ont permis d'écarter les hypothèses d'une éruption volcanique ou d'un tremblement de terre. En fait, il est probable que la pression partielle de CO_2 (P_{CO_2}) des eaux profondes du lac ait été presque à saturation et que tout

Au lac Nyos, dix jours après le désastre, l'eau est encore très brunâtre.

facteur physique habituel pouvant perturber un lac en faisant remonter de l'eau verticalement ait suffi pour causer une sursaturation locale (par exemple, durant la mousson, de forts vents accompagnés de refroidissements auraient pu contribuer à perturber davantage l'équilibre fragile du lac) et amorcer le dégazage. Lorsque les eaux du fond ont remonté à une certaine hauteur, la pression de la colonne d'eau (qui servait en quelque sorte de bouchon) est devenue insuffisante pour empêcher la formation de bulles de gaz à partir de la solution de gaz carbonique. Il s'en est suivi une série d'événements, telle une réaction en chaîne, qui ont fait remonter encore plus d'eau saturée en gaz. Ce phénomène ressemble au pétillement subit observé lorsqu'on débouche une bouteille de boisson gazeuse. Ensuite, parce que le CO_2 est un gaz plus dense que l'air, le nuage de CO_2 s'est déplacé en restant à proximité du sol et a littéralement fait suffoquer un village entier situé plus bas à une distance supérieure à 9 km du lac. Plus de 100 millions de mètres cubes de gaz se sont subitement dégazés. Le niveau du lac a baissé de 1 m durant ce dégazage partiel.

RÉVISION DES CONCEPTS

Déterminez, parmi les gaz suivants, celui qui possède la plus grande constante de la loi de Henry (k dans l'équation 2.8) dans l'eau à 25 °C: CH_4, Ne, HCl, H_2.

Actuellement, après plus de 25 ans, la concentration de CO_2 au fond du lac s'accumule toujours et constitue de nouveau une grave menace. Le danger est augmenté par le fait que le col du volcan, qui agit comme un barrage, est affaibli et pourrait céder, ce qui provoquerait non seulement une redoutable inondation, mais un autre bouillonnement subit de gaz carbonique. En effet, encore selon la loi de Henry, la diminution du niveau d'eau du lac ferait diminuer la pression au fond et provoquerait le dégazage.

Peut-on prévenir une telle catastrophe? En 1995, des essais de dégazage à petite échelle ont été tentés par pompage des eaux en profondeur pour essayer de faire sortir le CO_2 dissous. Au début, cette approche a suscité une controverse : la perturbation des couches d'eau profondes par le pompage risquerait de causer une nouvelle catastrophe. Toutefois, il semble que le pompage diminue les risques. En outre, comme un surplus d'eau s'écoule toujours à cause de l'accumulation des pluies, les mesures tendent à démontrer qu'en moins de deux ans, toute la colonne d'eau du lac jusqu'à 45 m de profondeur est complètement renouvelée. Non seulement l'eau pompée à 200 m de profondeur et rejetée en surface ne peut pas caler au point de perturber les couches profondes, mais mieux encore, elle finit par s'écouler complètement en dehors du lac. L'installation permanente de quelques tuyaux de pompage pourrait donc parvenir à contrôler la concentration du gaz carbonique dans le fond du lac et contribuer ainsi à sa stabilité. Trois tuyaux ont été installés depuis (*voir la photo ci-contre*).

En outre, pour protéger la population, on a installé des systèmes d'analyse et de télésurveillance qui peuvent déclencher différents niveaux d'alarme. Ces équipements peuvent détecter tout changement de la température et de la salinité des eaux ainsi que de la concentration en gaz carbonique des eaux de surface. La stabilité de la stratification des couches d'eau est également surveillée. Périodiquement, des analyses chimiques sont effectuées pour détecter tout changement durant le dégazage. Enfin, des détecteurs aériens de gaz carbonique analysent l'air ambiant en continu et peuvent déclencher des alarmes dans le but de prévenir à temps les populations qui vivent plus bas dans les vallées. Ce lac est une véritable bombe à retardement naturelle sous haute surveillance!

Ces dernières années, on entend beaucoup parler du dioxyde de carbone comme gaz à effet de serre (GES). Le lac Nyos constitue donc une importante source naturelle d'émission d'un GES. Certains proposent d'essayer de capter ce gaz et de le transporter pour l'injecter dans des sites géologiques appropriés. Ce projet aiderait à démontrer la faisabilité de techniques de captage et de séquestration des émissions de dioxyde de carbone pour l'exploitation de ressources énergétiques et pour toute production industrielle.

Le dégazage se fait par pompage dans une couche d'eau profonde saturée en gaz carbonique. Le jet a une hauteur de 50 mètres et est constitué de 90 % de gaz carbonique (CO_2) et de 10 % d'eau.

QUESTIONS de révision

8. Donnez les facteurs qui influencent la solubilité d'un gaz dans un liquide. Dites pourquoi la solubilité d'un gaz diminue habituellement quand la température augmente.

9. Qu'est-ce que la pollution thermique? Pourquoi est-elle nuisible à la vie aquatique?

10. Qu'est-ce que la loi de Henry? Définissez chacun des termes de l'équation qui la représente et donnez les unités qui leur sont associées. Expliquez cette loi à l'aide de la théorie cinétique des gaz.

11. Donnez deux exceptions à la loi de Henry.

2.6 Les propriétés colligatives des solutions de non-électrolytes

Plusieurs propriétés importantes des solutions dépendent du nombre de particules de soluté présentes, et non de leur nature. Ces propriétés sont appelées **propriétés colligatives** parce qu'elles dépendent toutes du nombre de particules de soluté présentes, que celles-ci soient des atomes, des ions ou des molécules. Ces propriétés sont la diminution de la pression de vapeur, l'élévation du point d'ébullition, l'abaissement du point de congélation et la pression osmotique. Pour les besoins de cet exposé sur les propriétés colligatives des solutions de non-électrolytes, il est important de se rappeler que l'on parle de solutions relativement diluées, c'est-à-dire dont les concentrations sont ≤ 0,2 mol/L. Dans les cas où les solutions sont plus concentrées, les résultats calculés ne sont pas tout à fait exacts, à moins de tenir compte des interactions entre les particules de soluté.

2.6.1 La diminution de la pression de vapeur

NOTE

La pression de vapeur à l'équilibre d'un liquide pur est la pression de la vapeur au-dessus de ce liquide, mesurée lorsqu'il y a équilibre entre la condensation et l'évaporation. Pour revoir la notion d'équilibre de pression de vapeur dans le cas de liquides purs, voir la section 9.6 de *Chimie générale*.

Si un soluté est **non volatil**, c'est-à-dire s'il n'a pas de pression de vapeur mesurable, la pression de vapeur de sa solution est toujours inférieure à celle du solvant pur. Ainsi, la relation entre la pression de vapeur de la solution et celle du solvant dépend de la concentration de soluté dans la solution. Cette relation est donnée par la **loi de Raoult** (nommée ainsi en l'honneur du chimiste français François Raoult), qui dit que la pression de vapeur partielle exercée par la vapeur du solvant au-dessus d'une solution, P_1, est donnée par la pression de vapeur du solvant pur, P_1°, multipliée par la fraction molaire du solvant dans la solution, χ_1 :

$$P_1 = \chi_1 P_1^\circ \qquad (2.9)$$

Dans une solution ne contenant qu'un seul soluté, $\chi_1 = 1 - \chi_2$, où χ_2 est la fraction molaire du soluté. On peut alors réécrire l'équation 2.9 de la manière suivante :

$$P_1 = (1 - \chi_2)P_1^\circ$$

$$P_1^\circ - P_1 = \Delta P = \chi_2 P_1^\circ \qquad (2.10)$$

L'addition d'une petite quantité de soluté non volatil à un solvant entraîne donc une diminution de la pression de vapeur du solvant ΔP, laquelle est directement proportionnelle à la concentration (exprimée en fraction molaire) du soluté présent.

$C_6H_{12}O_6$

EXEMPLE 2.8   **Le calcul de la pression de vapeur et de l'abaissement de la pression de vapeur d'une solution de glucose**

Calculez la pression de vapeur d'une solution contenant 9,00 g de glucose ($C_6H_{12}O_6$) (masse molaire = 180,2 g/mol) dans 250 mL d'eau à 30 °C. Quel est l'abaissement de la pression de vapeur ? La pression de vapeur de l'eau pure à 30 °C est de 31,82 mm Hg. Supposons 1,00 g/mL comme valeur de la masse volumique de l'eau.

DÉMARCHE

La loi de Raoult permet de calculer la pression de vapeur de cette solution. Ensuite, en soustrayant la pression de départ du solvant pur de celle de la solution, on obtiendra la valeur de l'abaissement de la pression causé par la présence de ce soluté non volatil. ▶

La pression P_1 est :

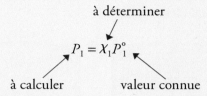

Calculons d'abord le nombre de moles de glucose et d'eau contenues dans la solution :

$$n_1(\text{eau}) = 250 \text{ ml} \times \frac{1,00 \text{ g}}{1 \text{ mL}} \times \frac{1 \text{ mol}}{18,02 \text{ g}} = 13,9 \text{ mol}$$

$$n_2(\text{glucose}) = 9,00 \text{ g} \times \frac{1 \text{ mol}}{180,2 \text{ g}} = 0,0500 \text{ mol}$$

La fraction molaire de l'eau, X_1, est donnée par :

$$X_1 = \frac{n_1}{n_1 + n_2}$$

$$= \frac{13,9 \text{ mol}}{13,9 \text{ mol} + 0,0500 \text{ mol}} = 0,996$$

La pression de vapeur de la solution de glucose est :

$$P_1 = 0,996 \times 31,82 \text{ mm Hg}$$
$$= 31,7 \text{ mm Hg}$$

Finalement, l'abaissement de la pression de vapeur est :

$$(31,82 - 31,7) \text{ mm Hg} = 0,1 \text{ mm Hg}$$

On peut également calculer l'abaissement de la pression de vapeur en utilisant l'équation 2.10. Étant donné que la fraction molaire du glucose est $(1 - 0,996)$, ou $0,004\,00$, l'abaissement de la pression de vapeur est $(0,004\,00)(31,82 \text{ mm Hg})$ ou $0,1$ mm Hg (avec le même nombre de chiffres significatifs).

EXERCICE E2.8

Calculez la pression de vapeur d'une solution contenant 82,4 g d'urée $[(NH_2)_2CO]$ (masse molaire $= 60,06$ g/mol) dans 212 mL d'eau à 35 °C. Quel est l'abaissement de la pression de vapeur ? La pression de la vapeur d'eau à 35 °C est de 42,18 mm Hg.

Problèmes semblables ⊕
2.23 et 2.24

Pourquoi la pression de vapeur d'une solution constituée d'un soluté non volatil est-elle inférieure à celle de son solvant pur ? Voici une première explication qui relève de la thermodynamique. L'une des grandes tendances qui favorisent les processus physiques et chimiques est l'augmentation du désordre (*voir la section 2.2, p. 58*) : plus le désordre créé est grand, plus le processus est favorisé. L'évaporation augmente le désordre d'un système parce que les molécules en phase vapeur ne sont pas aussi proches et ont une plus grande liberté de mouvement : il y a donc moins d'ordre qu'en phase liquide. Alors, puisqu'il y a plus de désordre dans une solution que dans un solvant pur, la différence de désordre entre une solution et sa vapeur est moins grande que celle qui existe entre un solvant pur et sa vapeur. C'est pourquoi les molécules de solvant ont moins tendance à s'échapper de la solution qu'à s'échapper du solvant pur pour entrer en phase vapeur ; la pression de vapeur d'une solution est donc inférieure à celle de son solvant. Voici une deuxième explication, cette fois au niveau microscopique. À la surface d'une solution, des molécules du soluté non volatil ont pris la place de molécules du solvant volatil, ce qui réduit la fréquence de passage du solvant vers la phase gazeuse, d'où une diminution de la pression de vapeur (*voir la* **FIGURE 2.9**).

FIGURE 2.9 ⊘

Abaissement de la pression de vapeur en présence d'un soluté non volatil

Ⓐ Liquide pur.

Ⓑ Solution (présence d'un soluté non volatil).

L'ajout de molécules d'un soluté non volatil réduit la fréquence d'évaporation des molécules de solvant, abaissant ainsi la pression de vapeur (tendance à s'évaporer).

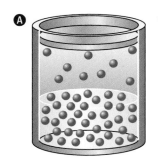
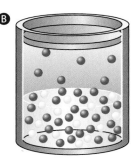

La pression de vapeur d'une solution formée de deux liquides

Dans le cas d'une solution composée de deux liquides **volatils**, c'est-à-dire qui ont une pression de vapeur mesurable, la pression de vapeur de la solution (ou pression totale) peut être déterminée par la somme des pressions partielles de chacune d'entre elles. La loi de Raoult s'applique également dans ce cas :

$$P_A = \chi_A P_A^\circ$$
$$P_B = \chi_B P_B^\circ$$

où P_A et P_B sont les pressions partielles des constituants A et B de la solution ; P_A° et P_B°, les pressions de vapeur des substances pures ; et χ_A et χ_B, leurs fractions molaires. La pression totale est donnée par la loi des pressions partielles de Dalton (*voir l'équation 4.12 de* Chimie générale) :

$$P_T = P_A + P_B$$

Il est possible d'appliquer ces notions au cas de solutions de deux composés volatils, par exemple des mélanges de benzène et de toluène. Ces deux composés ont des structures similaires et, ainsi, des forces intermoléculaires similaires :

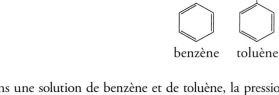

benzène   toluène

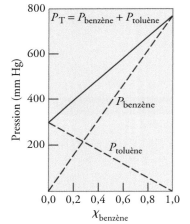

FIGURE 2.10 ⌃

Variation des pressions partielles du benzène et du toluène en fonction de leur fraction molaire dans une solution de benzène-toluène

Cette solution est dite idéale parce que les pressions de vapeur obéissent à la loi de Raoult.

Dans une solution de benzène et de toluène, la pression de vapeur de chaque constituant obéit à la loi de Raoult. La **FIGURE 2.10** montre comment la pression de vapeur totale (P_T) d'une solution benzène-toluène dépend de la composition de la solution. La composition de la solution n'a besoin d'être exprimée qu'en fonction de l'un des constituants. Pour toute valeur de $\chi_{benzène}$, la fraction molaire du toluène, $\chi_{toluène}$, est donnée par $1 - \chi_{benzène}$. La solution benzène-toluène est l'un des rares exemples de **solution idéale**, soit une solution qui obéit à la loi de Raoult. L'une des caractéristiques d'une solution idéale est que son enthalpie de dissolution, ΔH_{dis}, est toujours égale à zéro, car les molécules étant très semblables, les interactions solvant-solvant sont presque identiques aux interactions soluté-solvant.

Bien que les pressions de vapeur du toluène et du benzène soient semblables, elles ne sont pas identiques. Celui des deux constituants de la solution qui a la pression de vapeur la plus élevée, ici le benzène, a une plus forte tendance à s'évaporer (il est le plus volatil). Cela signifie donc qu'une fois l'équilibre atteint, la vapeur au-dessus de la solution devrait normalement être plus riche en benzène (constituant le plus volatil). La composition de la vapeur en équilibre au-dessus de la solution dépend donc de la pression de vapeur des deux constituants et de leur proportion dans le mélange liquide (fraction molaire).

NOTE

Une solution idéale est l'analogue d'un gaz parfait, c'est-à-dire que chaque constituant de la solution se comporte comme s'il était seul, sans aucune influence sur les autres.

On peut obtenir la composition de la vapeur du constituant A en équilibre au-dessus de la solution en combinant la loi de Raoult et la loi de Dalton :

$$y_A = \frac{n_{A(vapeur)}}{n_{T(vapeur)}} = \frac{P_A}{P_T} = \frac{X_A P_A^\circ}{P_T} \qquad (2.11)$$

où y_A représente la fraction molaire du constituant A dans la vapeur.

EXEMPLE 2.9   Le calcul de la fraction molaire dans la vapeur

Déterminez la fraction molaire du méthanol dans la vapeur en équilibre d'une solution idéale contenant 0,100 mol de méthanol et 0,300 mol d'éthanol à 50 °C. Les pressions de vapeur du méthanol et de l'éthanol à cette température sont respectivement de 391 mm Hg et de 202 mm Hg.

DÉMARCHE

Il faut dans un premier temps déterminer la fraction molaire de chacun des constituants dans le liquide, puis utiliser la loi de Raoult pour calculer la pression totale. L'équation 2.11 permet ensuite de déterminer la fraction molaire de chacun des constituants dans la vapeur.

SOLUTION

Soit le méthanol, le constituant A. Déterminons la fraction molaire du méthanol dans le liquide (X_A) :

$$X_A = \frac{n_A}{n_T} = \frac{0,100 \text{ mol}}{0,100 \text{ mol} + 0,300 \text{ mol}} = 0,250$$

Déterminons la pression totale du mélange à l'équilibre avec la loi de Raoult et la loi de Dalton :

$$P_T = P_A + P_B$$
$$P_A = X_A P_A^\circ \quad \text{et} \quad P_B = X_B P_B^\circ$$

On peut réarranger les équations précédentes de la façon suivante :

$$P_T = X_A P_A^\circ + X_B P_B^\circ$$
$$= 0,250(391 \text{ mm Hg}) + (1 - 0,250)(202 \text{ mm Hg})$$
$$= 249 \text{ mm Hg}$$

La fraction molaire du méthanol dans la vapeur peut donc se calculer avec l'équation 2.11 :

$$y_A = \frac{X_A P_A^\circ}{P_T} = \frac{0,250(391 \text{ mm Hg})}{249 \text{ mm Hg}} = 0,393$$

▶

> **VÉRIFICATION**
>
> La fraction molaire dans la vapeur du constituant le plus volatil (le méthanol) est supérieure à sa fraction molaire dans le liquide.

⊕ **Problème semblable**

2.26

EXERCICE E2.9

Déterminez la composition de la vapeur en équilibre au-dessus d'une solution contenant 0,261 mol de benzène et 0,655 mol de toluène à 80 °C. À cette température, les pressions de vapeur du benzène et du toluène sont respectivement de 760 mm Hg et de 291 mm Hg.

Les solutions non idéales

La plupart des solutions dévient plus ou moins de ce comportement idéal. Voici deux cas faisant intervenir deux substances volatiles A et B.

Cas 1 Si les forces intermoléculaires entre les molécules de A et de B sont plus faibles que celles entre les molécules de A et que celles entre les molécules de B, ces molécules auront une plus grande tendance à quitter la solution que dans le cas d'une solution idéale. Par conséquent, la pression de vapeur de la solution sera plus grande que la somme des pressions de vapeur, comme le prédit la loi de Raoult pour la même concentration. Ce comportement correspond à une déviation positive (*voir la* **FIGURE 2.11A**). Dans ce cas, la chaleur de dissolution a une valeur positive, c'est-à-dire que la formation du mélange est un phénomène endothermique.

Cas 2 Si l'attirance entre les molécules de A et de B est plus grande que celle qui existe entre elles quand elles sont toutes de la même sorte, la pression de vapeur sera inférieure à la somme des pressions de vapeur, comme le prédit la loi de Raoult. Il s'agit cette fois d'une déviation négative (*voir la* **FIGURE 2.11B**). Dans ce cas, la chaleur de dissolution a une valeur négative, c'est-à-dire que la formation du mélange est un phénomène exothermique.

FIGURE 2.11 ⊗

Solutions non idéales

Ⓐ Si la pression totale P_T est plus grande que celle prédite par la loi de Raoult (ligne noire pleine), on dit qu'il y a une déviation positive.

Ⓑ Si P_T est plus petite que la pression totale prédite par la loi de Raoult (ligne noire pleine), on dit qu'il y a une déviation négative.

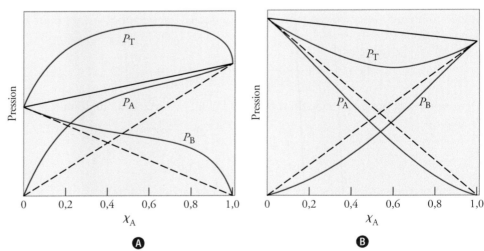

La distillation fractionnée

La pression de vapeur des solutions est à la base de la **distillation fractionnée**, une technique de séparation des constituants liquides d'une solution fondée sur les différences de point d'ébullition. Il s'agit en fait d'une méthode semblable à la cristallisation fractionnée. Par exemple, on doit séparer les constituants d'un système à deux constituants, disons une solution benzène-toluène. Le benzène et le toluène sont tous deux assez volatils, mais leurs points d'ébullition sont bien différents (respectivement de 80,1 °C et de 110,6 °C). Au point d'ébullition d'une telle solution, la vapeur formée est enrichie du constituant le plus volatil, le benzène. Si cette vapeur est condensée dans un contenant séparé, puis que le liquide obtenu est porté de nouveau à ébullition, on obtient une concentration encore plus forte de benzène dans la phase vapeur. En répétant plusieurs fois ce procédé, il est possible de séparer complètement le benzène du toluène.

En pratique, on utilise un montage comme celui de la **FIGURE 2.12** pour séparer des liquides volatils. Le ballon contenant la solution benzène-toluène est surmonté d'une longue colonne remplie de petites billes de verre. Lorsque la solution bout, la vapeur a tendance à se condenser sur les billes dans la partie inférieure de la colonne, et le liquide reflue vers le ballon de distillation. Au fur et à mesure que le temps s'écoule, les billes s'échauffent, ce qui permet à la vapeur de monter lentement plus haut. Le matériel de remplissage de la colonne fait ensuite subir un grand nombre d'étapes de vaporisation-condensation. À chacune de ces étapes, la vapeur contient une plus grande concentration du constituant le plus volatil, celui qui a le plus bas point d'ébullition (dans ce cas-ci, le benzène). La vapeur qui atteint le haut de la colonne est du benzène presque pur, lequel peut être condensé et recueilli.

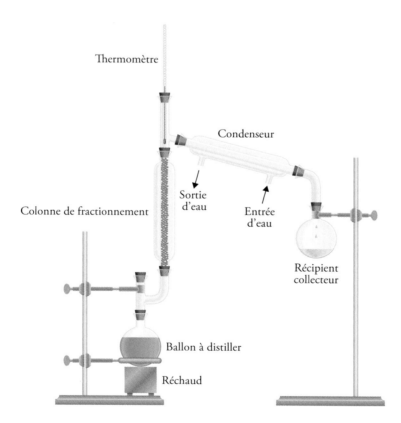

FIGURE 2.12

Appareil à distillation fractionnée fonctionnant sur une petite échelle

La colonne de fractionnement est remplie de petites billes de verre. Plus la colonne est longue, meilleure est la séparation des liquides volatils.

La distillation fractionnée est une technique très utilisée dans l'industrie et les laboratoires. Les différents produits du pétrole, notamment, sont obtenus à partir du pétrole brut par distillation fractionnée à grande échelle (*voir la* **FIGURE 2.13**, *p. 80*).

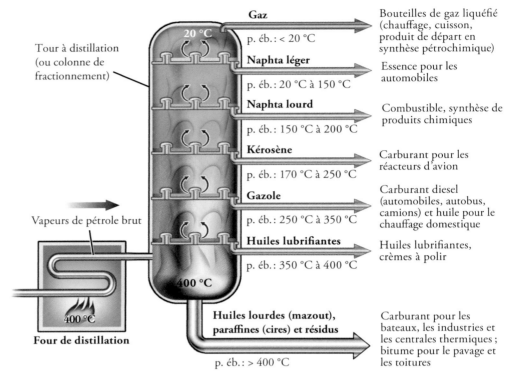

Gaz
p. éb.: < 20 °C

Bouteilles de gaz liquéfié (chauffage, cuisson, produit de départ en synthèse pétrochimique)

Tour à distillation (ou colonne de fractionnement)

20 °C

Naphta léger
p. éb.: 20 °C à 150 °C

Essence pour les automobiles

Naphta lourd
p. éb.: 150 °C à 200 °C

Combustible, synthèse de produits chimiques

Kérosène
p. éb.: 170 °C à 250 °C

Carburant pour les réacteurs d'avion

Gazole
p. éb.: 250 °C à 350 °C

Carburant diesel (automobiles, autobus, camions) et huile pour le chauffage domestique

Vapeurs de pétrole brut

Huiles lubrifiantes
p. éb.: 350 °C à 400 °C

Huiles lubrifiantes, crèmes à polir

400 °C

400 °C
Four de distillation

Huiles lourdes (mazout), paraffines (cires) et résidus
p. éb.: > 400 °C

Carburant pour les bateaux, les industries et les centrales thermiques; bitume pour le pavage et les toitures

FIGURE 2.13 ⊼

Colonne de distillation fractionnée permettant de séparer les constituants du pétrole brut

En montant, la vapeur se condense et les constituants du pétrole brut sont séparés en fonction de leurs températures d'ébullition.

2.6.2 L'élévation du point d'ébullition

Puisque la présence d'un soluté non volatil abaisse la pression de vapeur d'une solution, elle peut aussi influencer son point d'ébullition. Le point d'ébullition d'une solution est la température à laquelle sa pression de vapeur est égale à la pression atmosphérique (*voir la section 9.6 de* Chimie générale). La **FIGURE 2.14** montre la différence, dans un diagramme de phases, entre la courbe de l'eau et celle d'une solution aqueuse. Puisque, à toute température, la pression de vapeur de la solution est toujours inférieure à celle du solvant pur, la courbe de la pression de vapeur de la solution se situe sous celle du solvant. Ainsi, la courbe de la solution (en pointillé) croise la ligne horizontale qui indique $P = 101,3$ kPa à une température supérieure au point d'ébullition normal du solvant pur. Cette analyse graphique révèle que le point d'ébullition de la solution est supérieur à celui de l'eau. L'**élévation du point d'ébullition** ($\Delta T_{\text{éb}}$), soit la différence entre le point d'ébullition d'une solution ($T_{\text{éb}}$) et le point d'ébullition du solvant ($T^{\circ}_{\text{éb}}$) pur, est **donnée par**:

$$\Delta T_{\text{éb}} = T_{\text{éb}} - T^{\circ}_{\text{éb}}$$

Puisque $\Delta T_{\text{éb}}$ est directement proportionnelle à la diminution de la pression de vapeur, elle est aussi directement proportionnelle à la concentration (molalité) de la solution:

$$\Delta T_{\text{éb}} \propto b$$

$$\Delta T_{\text{éb}} = K_{\text{éb}} \cdot b \qquad (2.12)$$

où b est la molalité de la solution, et $K_{éb}$, la constante ébullioscopique molale. $K_{éb}$ est exprimée en °C · kg/mol.

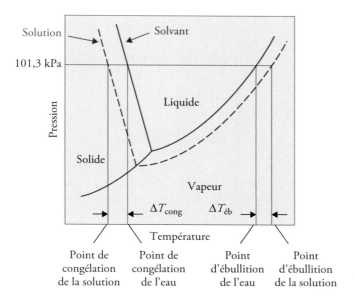

⊘ FIGURE 2.14

Diagramme de phases illustrant l'élévation du point d'ébullition et l'abaissement du point de congélation des solutions aqueuses

La courbe pointillée correspond à la solution et la courbe pleine, au solvant pur. Comme on peut le voir, le point d'ébullition de la solution est plus élevé que celui de l'eau, et le point de congélation de la solution est plus bas que celui de l'eau.

Il est important de comprendre le choix de l'unité de concentration ici. Puisque le système (la solution) n'a pas une température constante, il n'est pas possible d'utiliser la concentration molaire volumique, car celle-ci change avec la température.

Le **TABLEAU 2.3** donne la valeur de $K_{éb}$ pour plusieurs solvants courants. En utilisant cette constante pour l'eau et l'équation 2.12, on constate que, si la molalité d'une solution aqueuse est de 1,00 mol/kg, son point d'ébullition sera de 100,512 °C.

TABLEAU 2.3 > Constantes ébullioscopiques et cryoscopiques molales de quelques liquides courants

Solvant	Formule moléculaire	Point de congélation normal (°C)*	K_{cong} (°C · kg/mol)	Point d'ébullition normal (°C)*	$K_{éb}$ (°C · kg/mol)
Eau	H_2O	0**	1,86	100**	0,512
Benzène	C_6H_6	5,5	5,12	80,1	2,53
Éthanol	CH_3CH_2OH	−117,3	1,99	78,4	1,22
Acide acétique	CH_3COOH	16,6	3,90	117,9	2,93
Cyclohexane	C_6H_{12}	6,6	20,0	80,7	2,79

* À 101,3 kPa   ** Valeurs exactes

2.6.3 L'abaissement du point de congélation

Il est fort possible de ne jamais avoir conscience du phénomène d'élévation du point d'ébullition, mais n'importe quel bon observateur vivant dans un climat froid reconnaît le phénomène d'abaissement du point de congélation. La glace sur les routes et les trottoirs fond lorsqu'on répand du sel dessus. Elle fond parce que la présence de sel abaisse le point de congélation de l'eau.

La **FIGURE 2.14** montre que l'abaissement de la pression de vapeur de la solution déplace la courbe solide-liquide vers la gauche. Par conséquent, cette ligne croise la ligne horizontale qui indique $P = 101,3$ kPa à une température inférieure à celle du point de congélation de l'eau. **L'abaissement du point de congélation** (ΔT_{cong}), soit la différence

Pour dégivrer les avions, on utilise un mélange d'eau et d'éthylène glycol. Le procédé fait appel à l'abaissement du point de congélation des solutions.

entre le point de congélation du solvant pur ($T°_{\text{cong}}$) et le point de congélation de la solution (T_{cong}), est donné par :

$$\Delta T_{\text{cong}} = T°_{\text{cong}} - T_{\text{cong}}$$

ΔT_{cong} est directement proportionnelle à la concentration de la solution :

$$\Delta T_{\text{cong}} \propto b$$

$$\Delta T_{\text{cong}} = K_{\text{cong}} \cdot b \qquad\qquad (2.13)$$

où b est la molalité du soluté, et K_{cong} est la constante d'abaissement du point de congélation aussi appelée « constante cryoscopique molale » (*voir le* **TABLEAU 2.3**, *p. 81*). Comme $K_{\text{éb}}$, K_{cong} est exprimée en degrés Celsius-kilogrammes par mole (°C · kg/mol).

Cette diminution du point de fusion peut s'expliquer sommairement par le fait que la présence du soluté dans le solvant augmente le désordre et rend plus difficile le passage à l'état plus ordonné du solide (solvant pur). De plus, du point de vue microscopique, si le solvant formait un solide (cristallisation du solvant pur), rien n'empêcherait sa fusion, alors que les molécules de soluté nuiraient à sa cristallisation. Il faut donc refroidir davantage pour réduire la liberté de mouvement du solvant cristallisé. Ainsi, il est possible d'expliquer pourquoi le sel fait fondre la glace en hiver.

Pour pouvoir observer une élévation du point d'ébullition, le soluté doit être non volatil, ce qui n'est pas nécessaire dans le cas de l'abaissement du point de fusion. Par exemple, on a parfois utilisé le méthanol (CH_3OH), un liquide nettement volatil qui bout à 65 °C, comme antigel dans les radiateurs d'automobiles.

> **NOTE**
>
> La mesure de l'abaissement du point de congélation, aussi appelée « cryoscopie », peut servir de méthode pour la détermination des masses molaires ainsi que de méthode de mesure du degré de pureté d'une substance (*voir les problèmes à la fin du chapitre*). Plus la valeur de la constante cryoscopique du solvant utilisé est grande, plus la méthode est sensible.

En hiver, dans les pays froids, on doit mettre de l'antigel dans les radiateurs d'automobiles.

EXEMPLE 2.10   Le calcul de l'abaissement du point de congélation

On utilise couramment l'éthylène glycol (EG), $CH_2(OH)CH_2(OH)$, comme antigel dans les automobiles. C'est un composé hydrosoluble relativement non volatil (point d'ébullition : 197 °C). Calculez le point de congélation d'une solution contenant 651 g de cette substance dans 2505 g d'eau. La masse molaire de l'éthylène glycol est de 62,07 g/mol. Garderiez-vous cette substance dans le radiateur de votre automobile en été ?

DÉMARCHE

L'abaissement du point de congélation de la solution se calcule ainsi :

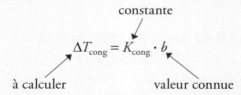

constante

$$\Delta T_{\text{cong}} = K_{\text{cong}} \cdot b$$

à calculer   valeur connue

Les données nous permettent de déterminer la molalité, et le **TABLEAU 2.3** (*voir p. 81*) nous donne la constante K_{cong} de l'eau.

SOLUTION

Pour trouver la molalité de la solution, il faut connaître le nombre de moles d'éthylène glycol (EG) et la masse du solvant en kilogrammes. ▶

On trouve le nombre de moles et on le divise par 2,505 kg pour obtenir la molalité :

$$651\,g\,\cancel{EG} \times \frac{1\,mol\,EG}{62,07\,g\,\cancel{EG}} = 10,5\,mol\,EG$$

$$\text{molalité} = b = \frac{n_{\text{soluté}}}{m_{\text{solvant}}\,(\text{kg})}$$

$$= \frac{10,5\,mol\,EG}{2,505\,kg\,H_2O} = 4,19\,mol\,EG/kg\,H_2O$$

$$= 4,19\,mol/kg$$

Selon l'équation 2.13 et le **TABLEAU 2.3**, on peut écrire :

$$\Delta T_{\text{cong}} = \Delta K_{\text{cong}} \cdot b$$
$$= (1,86\,°C \cdot kg/mol)(4,19\,mol/kg)$$
$$= 7,79\,°C$$

Puisque l'eau pure gèle à 0 °C, la solution gèlera à −7,79 °C.

Nous pouvons calculer l'élévation du point d'ébullition d'une manière analogue :

$$\Delta T_{\text{éb}} = K_{\text{éb}} \cdot b$$
$$= (0,512\,°C \cdot kg/mol)(4,19\,mol/kg)$$
$$= 2,15\,°C$$

Puisque la solution bouillira à (100,0 + 2,15) °C, ou 102,15 °C, il serait préférable de laisser cet antigel dans le radiateur de l'automobile pour prévenir l'ébullition de la solution.

EXERCICE E2.10

Calculez les points d'ébullition et de congélation d'une solution formée de 478 g d'éthylène glycol dans 3202 g d'eau.

> **NOTE**
>
> La concentration de la solution étant ici bien supérieure à 0,2 mol/L, il faudrait tenir compte des interactions entre les particules de soluté dans les calculs afin d'avoir un résultat exact. En réalité, les écarts obtenus seraient inférieurs à ceux calculés ici (abaissement moindre de la température de congélation et augmentation moindre de la température d'ébullition). Il faut donc garder en tête que dans les exemples et exercices qui suivent, ainsi que dans les problèmes de fin de chapitre, les valeurs calculées sont approximatives et ne reflètent pas la réalité lorsque la concentration des solutions est supérieure ou égale à 0,2 mol/L.

Problèmes semblables ⊕

2.32 et 2.35

RÉVISION DES CONCEPTS

Tracez grossièrement un diagramme de phases comme celui de la **FIGURE 2.14** (*voir p. 81*) pour une solution non aqueuse, comme du naphtalène dissous dans le benzène. L'abaissement du point de congélation et l'élévation du point d'ébullition auraient-ils lieu ?

QUESTIONS de révision

12. Énoncez la loi de Raoult. Définissez chaque terme de l'équation qui la représente avec ses unités. Qu'est-ce qu'une solution idéale ?

13. Définissez les expressions «élévation du point d'ébullition» et «abaissement du point de congélation». Écrivez les équations qui décrivent ces deux phénomènes. Définissez tous les termes et donnez les unités qui les accompagnent.

14. Expliquez la relation entre la pression de vapeur et l'élévation du point d'ébullition d'une solution.

15. Nommez les propriétés colligatives. Quelle est la signification du mot «colligative» dans ce contexte ?

16. Utilisez un diagramme de phases pour démontrer la différence des points de congélation et d'ébullition entre une solution aqueuse d'urée et l'eau pure.

2.6.4 La pression osmotique

Nombre de réactions chimiques et biologiques dépendent du passage sélectif, à travers une membrane poreuse, des molécules du solvant d'une solution diluée vers une solution plus concentrée. La **FIGURE 2.15** illustre ce phénomène. Dans le compartiment de gauche, il y a du solvant pur et dans celui de droite, une solution. Ces deux compartiments sont séparés par une **membrane semi-perméable**, qui permet le passage des molécules du solvant, mais pas celui des molécules du soluté. Au début, les niveaux de liquide dans les deux tubes sont égaux (*voir la* **FIGURE 2.15A**). Après un certain temps, les variations de volume dans chaque compartiment se traduisent par une variation du niveau dans les deux tubes ; le liquide baisse à gauche et monte à droite jusqu'à ce que l'équilibre soit atteint. On appelle **osmose** le mouvement net des molécules d'un solvant pur ou des molécules de solvant d'une solution diluée, à travers une membrane semi-perméable, vers une solution plus concentrée. La **pression osmotique** (π) d'une solution est la pression nécessaire pour arrêter l'osmose. Comme le montre la **FIGURE 2.15B**, cette pression est égale à la différence de niveau entre les deux compartiments.

(i+) **CHIMIE EN LIGNE**

Animation
• L'osmose

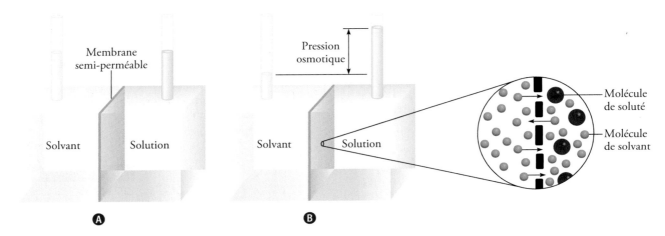

Membrane semi-perméable

Pression osmotique

Solvant Solution

Solvant Solution

Molécule de soluté

Molécule de solvant

A   **B**

FIGURE 2.15 (∧)

Pression osmotique

A Au début, les niveaux du solvant pur (à gauche) et de la solution (à droite) sont égaux.

B Durant l'osmose, le niveau de la solution monte à cause du mouvement net du solvant de gauche à droite. À l'équilibre, la pression osmotique est égale à la pression hydrostatique exercée par la colonne de liquide contenue dans le tube de droite.

Qu'est-ce qui pousse l'eau à se déplacer spontanément de gauche à droite dans ce cas-ci ? Une comparaison de la pression de vapeur de l'eau pure à celle de l'eau d'une solution (*voir la* **FIGURE 2.16**) permet d'observer un transfert net d'eau du bécher de gauche vers celui de droite parce que la pression de vapeur de l'eau pure est supérieure à celle de la solution. Avec le temps, le transfert se fait complètement. C'est une force semblable qui pousse l'eau vers la solution concentrée durant l'osmose.

Même si l'osmose est un phénomène courant et bien connu, on en sait relativement peu sur la manière dont la membrane semi-perméable stoppe certaines molécules pour en laisser passer d'autres. Dans certains cas, ce n'est qu'une question de taille : les pores de la membrane peuvent être assez petits pour ne laisser passer que les molécules du solvant. Dans d'autres cas, c'est un mécanisme différent qui expliquerait cette sélectivité : par exemple, la plus grande « solubilité » du solvant dans la membrane.

La pression osmotique d'une solution est donnée par :

$$\pi = CRT \qquad (2.14)$$

où C est la concentration molaire volumique, R, la constante des gaz ($8{,}3145$ kPa $\cdot$ L $\cdot$ mol^{-1} $\cdot$ K^{-1}), et T, la température en kelvins. On exprime cette pression en kilopascals. Étant donné que la mesure de la pression osmotique est prise à température constante, les unités de concentration utilisées sont celles de la concentration molaire volumique, plus commodes que celles de la molalité.

Comme l'élévation du point d'ébullition et l'abaissement du point de fusion, la pression osmotique est directement proportionnelle à la concentration d'une solution. Ceci est prévisible, étant donné que toutes les propriétés colligatives ne dépendent que du nombre de particules de soluté présentes dans la solution. Si deux solutions ont la même concentration et, ainsi, la même pression osmotique, elles sont dites « isotoniques ». Par contre, si leurs pressions osmotiques sont inégales, la solution dont la concentration est plus élevée est dite « hypertonique » tandis que la plus diluée est dite « hypotonique » (*voir la* **FIGURE 2.17**).

Le phénomène de pression osmotique intervient dans de nombreuses applications intéressantes. Par exemple, pour étudier le contenu des globules rouges, séparé du milieu ambiant par une membrane semi-perméable, les biochimistes utilisent une technique appelée hémolyse. Ils placent les cellules dans une solution hypotonique. Puisque les solutés sont moins concentrés à l'extérieur qu'à l'intérieur du globule, l'eau entre dans celui-ci (*voir la* **FIGURE 2.17B**). Les cellules gonflent puis éclatent, libérant ainsi l'hémoglobine et d'autres molécules.

NOTE

Cette relation peut s'écrire $\pi V = nRT$ et prendre ainsi la forme de la loi des gaz parfaits (où $\pi = P$ et $C = n/V$).

Transfert net du solvant

FIGURE 2.16

Comparaison entre l'osmose et la pression de vapeur

Ⓐ Des pressions de vapeur inégales dans le contenant provoquent un transfert net de l'eau du bécher de gauche (qui contient de l'eau pure) au bécher de droite (qui contient une solution).

Ⓑ À l'équilibre, toute l'eau du bécher de gauche a été transférée dans le bécher de droite. Ce phénomène est analogue à celui de l'osmose illustrée à la **FIGURE 2.15**.

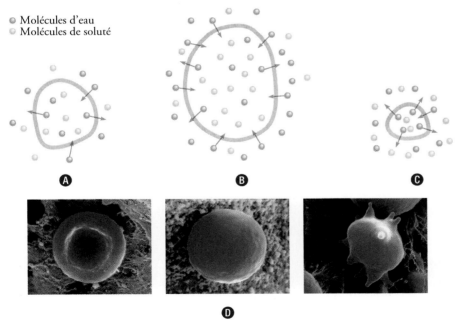

◉ Molécules d'eau
◉ Molécules de soluté

FIGURE 2.17

L'osmose et les cellules

Une cellule :
Ⓐ dans une solution isotonique ;
Ⓑ dans une solution hypotonique ;
Ⓒ dans une solution hypertonique.
La cellule ne change pas en **Ⓐ** ; elle gonfle en **Ⓑ** et elle rétrécit en **Ⓒ**.
Ⓓ Un globule rouge dans une solution : isotonique (gauche), hypotonique (centre) et hypertonique (droite).

Séquoias de Californie

La conservation des confitures et des gelées met aussi en jeu la pression osmotique. Il faut vraiment une grande quantité de sucre dans le processus de conservation, car le sucre aide à éliminer les bactéries qui peuvent causer le botulisme. Comme le montre la **FIGURE 2.17C** (*voir p. 85*), quand une cellule bactérienne se trouve dans une solution hypertonique (à concentration élevée) de sucre, l'eau qui est à l'intérieur de la cellule a tendance à en sortir par osmose pour rejoindre la solution concentrée. Ce phénomène donne des cellules dites « crénelées », des cellules déshydratées qui, finalement, meurent. L'acidité naturelle des fruits contribue également à l'inhibition de la croissance bactérienne.

La pression osmotique constitue également le principal mécanisme de transport de l'eau dans les plantes. Puisque les feuilles perdent constamment de l'eau dans l'air par un processus appelé « transpiration », la concentration de soluté dans leur liquide augmente. L'eau est alors poussée par pression osmotique à travers le tronc et les branches jusque dans les feuilles. Pour faire monter l'eau à la cime des séquoias, qui peuvent atteindre 120 m de hauteur, la pression doit être de 1000 à 1500 kPa. (La capillarité, abordée à la section 9.3 de *Chimie générale*, n'est responsable de la montée de l'eau que sur une hauteur de quelques centimètres.)

EXEMPLE 2.11   La détermination de la concentration d'une solution à partir de la mesure de la pression osmotique

La pression osmotique moyenne de l'eau de mer, mesurée à l'aide d'un appareil semblable à celui de la **FIGURE 2.15** (*voir p. 84*), est de $3,04 \times 10^3$ kPa à 25 °C. Calculez la concentration molaire volumique d'une solution aqueuse de saccharose ($C_{12}H_{22}O_{11}$), qui est isotonique avec l'eau de mer.

DÉMARCHE

Si l'on dit que la solution de saccharose est isotonique avec l'eau de mer, que pouvons-nous conclure quant aux pressions osmotiques de ces deux solutions ?

SOLUTION

Une solution de saccharose isotonique avec l'eau de mer doit avoir la même pression osmotique que celle de l'eau de mer, soit $3,04 \times 10^3$ kPa. D'après l'équation 2.14 :

$$\pi = CRT$$

$$C = \frac{\pi}{RT} = \frac{3,04 \times 10^3 \text{ kPa}}{(8,314 \text{ kPa} \cdot \text{L} \cdot \text{mol}^{-1} \cdot \text{K}^{-1}) \times 298 \text{ K}}$$

$$= 1,23 \text{ mol/L}$$

⊕ **Problème semblable**

2.39

EXERCICE E2.11

Quelle est la pression osmotique (en kilopascals) d'une solution d'urée [$(NH_2)_2CO$] dont la concentration est égale à 0,884 mol/L à 16 °C ?

RÉVISION DES CONCEPTS

Que veut-on dire lorsqu'on dit que la pression osmotique d'un échantillon d'eau de mer est égale à $2,53 \times 10^3$ kPa à une certaine température ?

2.6.5 L'utilisation des propriétés colligatives pour déterminer la masse molaire

Pour déterminer la masse molaire d'un soluté, il est en théorie possible d'utiliser l'une ou l'autre des propriétés colligatives des solutions de non-électrolytes. En pratique, cependant, seuls l'abaissement du point de congélation et la pression osmotique sont utilisés, car ce sont les propriétés les plus sensibles, c'est-à-dire qui présentent les plus grandes variations, d'où une plus grande précision.

Il faut procéder de la manière suivante : à partir de la mesure d'abaissement du point de congélation ou de la mesure de la pression osmotique, il est possible de calculer la molalité ou la concentration molaire volumique de la solution. Connaissant la masse du soluté, on peut déterminer sa masse molaire.

EXEMPLE 2.12   La détermination de la masse molaire à partir de l'abaissement du point de congélation

On dissout 7,85 g d'un composé, dont la formule empirique est C_5H_4, dans 301 g de benzène. Le point de congélation de la solution est de 1,05 °C inférieur à celui du benzène pur. Déterminez la masse molaire et la formule moléculaire de ce composé.

DÉMARCHE

Il faudra procéder en trois étapes. Premièrement, calculons la molalité de la solution à partir de la diminution du point de congélation. Ensuite, avec cette valeur de la molalité, déterminons le nombre de moles dans 7,85 g du composé, d'où la masse molaire. Finalement, comparons la masse molaire expérimentale à la masse molaire empirique afin de déterminer la formule moléculaire.

SOLUTION

Voici la séquence des étapes de conversion qui permet de déterminer la masse molaire du composé :

$$\text{abaissement du point de congélation} \longrightarrow \text{molalité} \longrightarrow \text{nombre de moles} \longrightarrow \text{masse molaire}$$

Selon l'équation 2.13 et le **TABLEAU 2.3** (*voir p. 81*) :

$$\text{molalité} = \frac{\Delta T_{cong}}{K_{cong}} = \frac{1,05\ ^\circ\text{C}}{5,12\ ^\circ\text{C} \cdot \text{kg/mol}} = 0,205\ \text{mol/kg}$$

Comme il y a 0,205 mol de soluté dans 1 kg de solvant, le nombre de moles de soluté dans 301 g (ou 0,301 kg) de solvant est :

$$0,301\ \text{kg} \times \frac{0,205\ \text{mol}}{1\ \text{kg}} = 0,0617\ \text{mol}$$

Puis, la masse molaire du soluté est :

$$\text{masse molaire} = \frac{\text{grammes de composé}}{\text{moles de composé}}$$

$$= \frac{7,85\ \text{g}}{0,0617\ \text{mol}} = 127\ \text{g/mol}$$

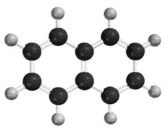

$C_{10}H_8$

On peut maintenant déterminer le rapport :

$$\frac{\text{masse molaire}}{\text{masse molaire empirique}} = \frac{127 \text{ g/mol}}{64 \text{ g/mol}} \approx 2$$

La formule moléculaire est donc $(C_5H_4)_2$ ou $C_{10}H_8$ (naphtalène).

⊕ **Problème semblable**

2.33

EXERCICE E2.12

Le point de congélation d'une solution formée de 0,85 g d'un composé organique nommé « mésitol », dans 100,0 g de benzène, est de 5,16 °C. Déterminez la molalité de la solution et la masse molaire du mésitol.

EXEMPLE 2.13 La détermination de la masse molaire à partir de la pression osmotique

On dissout 35,0 g d'hémoglobine (Hb) dans assez d'eau pour obtenir 1 L de solution. Si la pression osmotique de la solution est de 10,0 mm Hg à 25 °C, calculez la masse molaire de l'hémoglobine.

DÉMARCHE

Les étapes de calcul sont semblables à celles de l'**EXEMPLE 2.12** (*voir p. 87*). À partir de la pression osmotique de la solution, nous calculons la concentration molaire volumique de la solution. Ensuite, à partir de cette concentration, nous déterminons le nombre de moles dans 35,0 g de Hb et, de là, sa masse molaire. Quelles devraient être les unités de π et de la température ?

SOLUTION

Voici la séquence des étapes de conversion qui permet de déterminer la masse molaire de l'hémoglobine :

pression osmotique $\longrightarrow$ concentration molaire volumique $\longrightarrow$ nombre de moles $\longrightarrow$ masse molaire

D'abord, il faut calculer la concentration molaire volumique à l'aide de l'équation 2.14 :

$$\pi = CRT$$

$$C = \frac{\pi}{RT}$$

$$= \frac{10{,}0 \text{ mm Hg} \times \dfrac{101{,}325 \text{ kPa}}{760 \text{ mm Hg}}}{(8{,}314 \text{ kPa} \cdot \text{L} \cdot \text{mol}^{-1} \cdot \text{K}^{-1}) \times 298 \text{ K}}$$

$$= 5{,}38 \times 10^{-4} \text{ mol/L}$$

Comme la solution a un volume de 1 L, elle doit donc contenir $5{,}38 \times 10^{-4}$ mol de Hb. On utilise cette quantité pour calculer la masse molaire :

$$\text{moles de Hb} = \frac{\text{masse de Hb}}{\text{masse molaire de Hb}}$$

$$\text{masse molaire de Hb} = \frac{\text{masse de Hb}}{\text{moles de Hb}}$$

$$= \frac{35{,}0 \text{ g}}{5{,}38 \times 10^{-4} \text{ mol}}$$

$$= 6{,}51 \times 10^4 \text{ g/mol}$$

▶

Problèmes semblables ⊕

2.40 et 2.41

EXERCICE E2.13

À 21 °C, une solution de benzène contenant 2,47 g d'un polymère organique dans un volume final de 202 mL a une pression osmotique de 8,63 mm Hg. Calculez la masse molaire du polymère.

Une pression de 10,0 mm Hg, comme dans l'**EXEMPLE 2.13**, peut se mesurer facilement et précisément. C'est pourquoi les données de pression osmotique sont très utiles dans le calcul de la masse molaire de grosses molécules, comme les protéines. Pour illustrer en quoi la technique de détermination de la masse molaire par pression osmotique est plus sensible que celle par l'abaissement du point de congélation, il faut estimer la variation du point de congélation de la même solution d'hémoglobine. Si une solution aqueuse est bien diluée, il est possible de considérer que sa concentration molaire volumique est presque égale à sa molalité. (La concentration molaire volumique serait pratiquement égale à la molalité si la masse volumique de la solution était de 1 g/mL.) Alors, selon l'équation 2.13 :

$$\Delta T_{cong} = (1,86\ °C \cdot kg/mol)(5,38 \times 10^{-4}\ mol/kg)$$
$$= 1,00 \times 10^{-3}\ °C$$

Une diminution du point de congélation de un millième de degré est une variation de température trop petite pour être mesurée avec précision. C'est pourquoi la mesure de l'abaissement du point de congélation n'est utilisée que pour déterminer la masse molaire de molécules petites et très solubles, c'est-à-dire les composés dont la masse molaire est d'au plus 500 g/mol, car l'abaissement de leur point de congélation est, dans ce cas, beaucoup plus grand, donc plus facilement mesurable avec précision.

QUESTIONS de révision

17. Définissez les termes suivants : osmose, membrane semi-perméable.

18. Écrivez l'équation qui met en rapport la pression osmotique et la concentration d'une solution. Définissez tous les termes et précisez les unités.

19. Expliquez pourquoi on utilise la molalité pour calculer l'élévation du point d'ébullition et l'abaissement du point de congélation, ainsi que la concentration molaire volumique pour calculer la pression osmotique.

20. Expliquez pourquoi il est essentiel que les solutions utilisées dans les injections intraveineuses soient isotoniques, c'est-à-dire qu'elles exercent approximativement la même pression osmotique que celle du sang.

La désalinisation de l'eau de mer

Depuis des siècles, les scientifiques ont cherché des moyens pour retirer le sel de l'eau de mer, un processus appelé «désalinisation», afin d'augmenter les provisions d'eau douce. L'océan est un énorme réservoir de solution aqueuse extrêmement complexe. Il contient plus de $1,5 \times 10^{21}$ L d'eau de mer, dont 3,5 % (pourcentage massique) est constitué de matière dissoute. Le tableau ci-dessous donne les concentrations de sept substances qui, ensemble, représentent 99 % des constituants dissous dans l'eau de mer. À l'ère où des astronautes ont marché sur la Lune et où des avancées spectaculaires ont eu lieu en sciences et en médecine, la désalinisation peut sembler être un objectif plutôt simple. Cependant, cette technologie est très coûteuse. Dans notre société technologique, c'est un paradoxe intéressant de constater qu'accomplir quelque chose d'apparement aussi aisé que la désalinisation à un coût socialement acceptable est souvent aussi difficile que de produire ou d'effectuer quelque chose de très complexe, comme envoyer un astronaute sur la Lune.

Composition de l'eau de mer

Ions	Grammes par kilogramme d'eau de mer
Chlorure (Cl^-)	19,35
Sodium (Na^+)	10,76
Sulfate (SO_4^{2-})	2,71
Magnésium (Mg^{2+})	1,29
Calcium (Ca^{2+})	0,41
Potassium (K^+)	0,39
Hydrogénocarbonate (HCO_3^-)	0,14

La distillation

La distillation est la plus vieille méthode de désalinisation. À l'échelle mondiale, plus de 90 % des systèmes de désalinisation l'utilisent, traitant ainsi environ 500 millions de gallons d'eau salée par jour. Le procédé consiste à vaporiser l'eau de mer, puis à condenser la vapeur d'eau pure. La plupart des systèmes de distillation ont recours à la chaleur comme source d'énergie. Pour réduire le coût énergétique de la distillation, on a tenté d'utiliser l'énergie solaire. Cette approche est intéressante parce que le rayonnement du soleil est normalement plus intense dans les

régions arides, là où le besoin d'eau est aussi plus grand. Cependant, malgré d'intenses recherches et efforts de développement, plusieurs problèmes techniques persistent, et les «distillateurs solaires» ne fonctionnent pas encore à grande échelle.

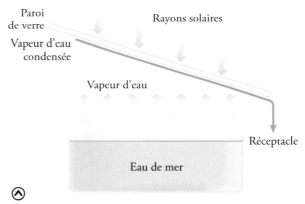

Désalinisation de l'eau de mer à l'aide de l'énergie solaire

La congélation

À l'étude depuis un certain temps, la désalinisation par congélation n'est pas encore réalisable sur le plan commercial. Cette méthode se base sur le fait que, quand une solution aqueuse (dans ce cas, l'eau de mer) gèle, le solide qui se sépare de la solution est de l'eau presque pure. Les cristaux de glace provenant de l'eau de mer gelée et acheminés aux usines de désalinisation peuvent alors être rincés et fondus pour fournir de l'eau potable. Le principal avantage de la congélation est sa faible consommation en énergie comparativement au coût plus élevé du procédé de distillation. La chaleur de vaporisation de l'eau est de 40,79 kJ/mol tandis que celle de la fusion est seulement de 6,01 kJ/mol. Certains scientifiques ont même suggéré qu'une solution partielle au manque d'eau en Californie consisterait à remorquer des icebergs depuis l'Arctique jusqu'à la côte ouest américaine. Le principal inconvénient de la congélation est associé à la lente croissance des cristaux de glace et au lavage des dépôts de sel sur les cristaux.

L'osmose inverse

La distillation et la congélation impliquent un changement de phase qui requiert beaucoup d'énergie. Par ailleurs, la désalinisation par osmose inverse n'utilise pas de changement de phase et est plus intéressante d'un point de vue économique. L'osmose inverse a recours à une haute pression pour forcer le passage de l'eau d'une solution plus concentrée vers une solution moins concentrée en traversant une membrane semi-perméable. La pression osmotique de l'eau de mer est d'environ 3000 kPa (c'est la pression qui doit être appliquée à la solution saline pour empêcher l'eau de s'écouler de la gauche vers la droite dans le schéma ci-après).

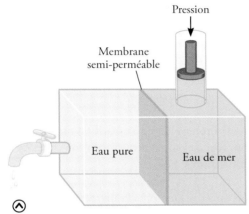

L'osmose inverse. En exerçant une pression suffisante du côté du compartiment contenant la solution, on peut forcer un écoulement d'eau pure vers le compartiment de gauche. La membrane semi-perméable laisse passer les molécules d'eau, mais pas les ions.

Si la pression exercée sur la solution saline est supérieure à 3000 kPa, le flot osmotique est alors renversé, l'eau fraîche étant forcée de passer à travers la membrane vers le compartiment du côté gauche. La désalinisation par osmose inverse est un procédé beaucoup plus économique que la distillation et elle évite les difficultés techniques associées à la congélation. Le développement récent de membranes à la fois très résistantes à la haute pression et très minces (pour une vitesse accrue du procédé) a rendu possible la construction d'usines de désalinisation par osmose inverse en Afrique du Sud ainsi qu'en Australie. Celle d'Adélaïde (près de Melbourne, en Australie) produit 100 milliards de litres d'eau par an. L'eau est transportée par pipeline et devient une richesse inestimable, surtout en cas de sécheresse. Il demeure que la meilleure solution, à la fois économique et

Salle de filtration par osmose inverse de l'eau d'érable. L'eau d'érable est préconcentrée en sucre en étant forcée par une puissante pompe à travers le gros cylindre à l'intérieur duquel se trouve la membrane semi-perméable.

écologique, consiste encore à s'approvisionner à partir de sources d'eau naturelles tout en évitant le gaspillage. Au Canada, cette technique est de plus en plus utilisée dans les systèmes domestiques de purification d'eau. Enfin, au Québec, plusieurs acériculteurs utilisent l'osmose inverse pour augmenter la teneur en sucre de l'eau d'érable. Avec ce procédé de préconcentration, les producteurs consomment beaucoup moins de combustibles au cours du bouillage, tout en réduisant les émissions de dioxyde de carbone (GES).

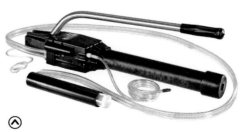

Petit appareil manuel à osmose inverse permettant d'obtenir de l'eau douce potable à partir de l'eau de mer

2.7 Les propriétés colligatives des solutions d'électrolytes

Les propriétés colligatives des solutions d'électrolytes demandent une approche légèrement différente de celle utilisée jusqu'ici pour les solutions de non-électrolytes. Voici pourquoi : les électrolytes se dissocient en ions dans les solutions ; une unité d'un composé qui est un électrolyte donne donc deux particules ou plus une fois dissoute. (Il faut se rappeler que c'est le nombre total de particules de soluté qui détermine les propriétés colligatives d'une solution.) Par exemple, chaque unité de NaCl se dissocie en deux ions : Na^+ et Cl^-. Ainsi, les propriétés colligatives d'une solution de NaCl à 0,1 mol/kg devraient être deux fois plus marquées que celles d'une solution contenant un non-électrolyte, comme le saccharose ($C_{12}H_{22}O_{11}$), à 0,1 mol/kg. De même, on s'attend à ce qu'une solution de $CaCl_2$ à 0,1 mol/kg abaisse le point de congélation trois fois plus qu'une solution de saccharose de même molalité, car :

$$CaCl_2 \longrightarrow Ca^{2+} + 2Cl^-$$

1 particule   1 particule   2 particules

3 particules

Pour tenir compte de cet effet, on utilise le **facteur de Van't Hoff (i)** ou **facteur effectif**, qui constitue le rapport entre le nombre réel de particules en solution après la dissociation et le nombre d'unités initialement dissoutes.

$$i = \frac{\text{nombre réel de particules en solution après la dissociation}}{\text{nombre de particules initialement dissoutes}} \tag{2.15}$$

Ainsi, i devrait être égal à 1 pour tous les non-électrolytes. Pour les électrolytes forts comme NaCl et KNO_3, i devrait être égal à 2 ; pour les électrolytes forts comme Na_2SO_4 et $CaCl_2$, i devrait être égal à 3. Par conséquent, il faut modifier ainsi les équations décrivant les propriétés colligatives :

$$\Delta P = i\chi_2 P_1^\circ \tag{2.16}$$

$$\Delta T_{\text{éb}} = iK_{\text{éb}} \cdot b \tag{2.17}$$

$$\Delta T_{\text{cong}} = iK_{\text{cong}} \cdot b \tag{2.18}$$

$$\pi = iCRT \tag{2.19}$$

En réalité, les propriétés colligatives des solutions d'électrolytes sont habituellement moins marquées que celles que l'on a prédites parce que, à des concentrations élevées, des forces électrostatiques entrent en jeu, attirant les cations et les anions les uns vers les autres. Un cation et un anion maintenus ensemble par des forces électrostatiques forment ce qu'on appelle une **paire d'ions**. La formation des paires d'ions réduit la concentration effective des particules en solution, d'où un effet moindre sur les propriétés colligatives (*voir la* **FIGURE 2.18**). Le **TABLEAU 2.4** compare les valeurs de i mesurées expérimentalement et celles calculées en supposant une dissociation complète. Comme on peut le voir, elles sont proches les unes des autres, mais pas égales, ce qui indique l'importance de la formation de paires d'ions dans ces solutions.

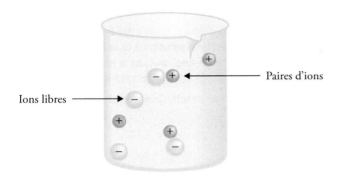

Ions libres

Paires d'ions

FIGURE 2.18

Formation de paires d'ions

Ions libres et paires d'ions en solution. Une paire d'ions n'a pas de charge nette ; elle ne peut donc conduire l'électricité dans la solution.

EXEMPLE 2.14   La détermination du facteur de Van't Hoff à partir de mesures de propriétés colligatives

La pression osmotique d'une solution d'iodure de potassium (KI) à 0,010 mol/L est de 47,1 kPa à 25 °C. Calculez le facteur de Van't Hoff pour KI à cette concentration.

DÉMARCHE

Notons que KI est un électrolyte fort. On s'attend donc à une dissociation complète en solution, ce qui donnerait la pression osmotique suivante :

$$\pi = iCRT$$

$$= 2(0,010 \text{ mol/L})(8,314 \text{ kPa} \cdot \text{L} \cdot \text{mol}^{-1} \cdot \text{K}^{-1})(298 \text{ K}) \text{ ou } 49,6 \text{ kPa}$$

Puisque la pression osmotique observée est seulement de 47,1 kPa, une certaine proportion des ions doit avoir formé des paires d'ions, ce qui réduit le nombre de particules de soluté (K^+ et I^-) en solution.

SOLUTION

Selon l'équation 2.19, nous avons :

$$i = \frac{\pi}{CRT}$$

$$= \frac{47,1 \text{ kPa}}{(0,010 \text{ mol/L})(8,314 \text{ kPa} \cdot \text{L} \cdot \text{mol}^{-1} \cdot \text{K}^{-1}) \times 298 \text{ K}}$$

$$= 1,90$$

COMMENTAIRE

On peut ainsi affirmer que cet électrolyte est dissocié à 95 % [(1,90/2) × 100 %].

EXERCICE E2.14

La diminution du point de congélation d'une solution de $MgSO_4$ 0,100 mol/kg est de 0,225 °C. Calculez le facteur de Van't Hoff pour $MgSO_4$ à cette concentration.

TABLEAU 2.4 >
Valeur du facteur de Van't Hoff pour des solutions d'électrolytes 0,0500 mol/L à 25 °C

Électrolyte	i (mesuré)	i (calculé)
Saccharose*	1,0	1,0
HCl	1,9	2,0
NaCl	1,9	2,0
$MgSO_4$	1,3	2,0
$MgCl_2$	2,7	3,0
$FeCl_3$	3,4	4,0

* Le saccharose n'est pas un électrolyte. Il n'est présent que pour faciliter la comparaison.

Problème semblable ⊕
2.51

RÉVISION DES CONCEPTS

Indiquez, pour chacune des paires suivantes, le composé qui a la plus grande tendance à former des paires d'ions dans l'eau : **a)** NaCl ou Na_2SO_4 ; **b)** $MgCl_2$ ou $MgSO_4$; **c)** LiBr ou KBr.

QUESTIONS de révision

21. Expliquez pourquoi les propriétés colligatives sont plus complexes dans le cas des solutions d'électrolytes que dans celui des solutions de non-électrolytes.

22. Définissez l'expression «paire d'ions». Quel effet a la formation de paires d'ions sur les propriétés colligatives d'une solution? Quelle influence a sur la formation de paires d'ions: **a)** la charge des ions; **b)** la taille des ions; **c)** la nature du solvant (polaire ou non polaire); **d)** la concentration?

23. Dites ce qu'est le facteur de Van't Hoff. Quel renseignement cette grandeur donne-t-elle?

2.8 Les colloïdes

NOTE

Une solution vraie est une solution dans laquelle on ne distingue qu'une seule phase.

Jusqu'à maintenant, seuls les véritables mélanges homogènes, aussi appelés «solutions vraies», ont été étudiés. Qu'arrive-t-il si on ajoute de fines particules de sable dans un bécher contenant de l'eau et qu'on agite le tout durant quelques instants? Les particules sont d'abord en suspension dans l'eau, puis elles finissent par se déposer au fond. C'est un exemple d'un mélange hétérogène. Entre ces deux extrêmes, il existe un état intermédiaire appelé «suspension colloïdale» ou simplement «colloïde». Un **colloïde** est une dispersion des particules d'une substance (phase dispersée) dans un milieu de dispersion (phase dispersante) constitué d'une autre substance. Les particules colloïdales sont beaucoup plus grosses que les particules (molécules ou ions) de soluté normal; leur taille varie de 1×10^3 pm à 1×10^6 pm (1 pm $= 1 \times 10^{-12}$ m). De plus, une solution colloïdale n'a pas l'homogénéité d'une solution ordinaire. La phase dispersée et le milieu de dispersion peuvent être des gaz, des liquides, des solides ou des combinaisons de différentes phases, comme le montre le **TABLEAU 2.5**.

TABLEAU 2.5 > Types de colloïdes

Milieu de dispersion	Phase dispersée	Nom	Exemples
Gaz	Liquide	Aérosol	Brouillard, bombe aérosol
Gaz	Solide	Aérosol	Fumée
Liquide	Gaz	Mousse	Crème fouettée
Liquide	Liquide	Émulsion	Mayonnaise, lait
Liquide	Solide	Sol	Lait de magnésie
Solide	Gaz	Mousse	Mousse de polystyrène
Solide	Liquide	Gel	Gelée, beurre
Solide	Solide	Sol solide	Certains alliages (acier), pierres précieuses (verre contenant du métal dispersé)

FIGURE 2.19 ⊗

Effet Tyndall

À gauche, un rayon laser traverse l'eau sans aucune déviation, ce qui fait qu'il ne peut pas être vu de côté. Ensuite, à droite, le même rayon pénètre dans un colloïde constitué d'une goutte de lait dispersée dans de l'eau et est partiellement dévié à la suite des nombreuses réflexions sur les protéines du lait, ce qui rend le rayon visible de côté. En fait, un verre de lait est blanc parce que la lumière visible qui y pénètre de partout est réfléchie dans toutes les directions, ce qui rend la substance translucide.

Certains colloïdes sont très familiers. Un aérosol est constitué de gouttelettes ou de fines particules d'un solide qui sont dispersées dans un gaz. Le brouillard et la fumée en sont des exemples. On prépare la mayonnaise en fragmentant de l'huile en gouttelettes dans de l'eau; c'est un exemple d'émulsion, laquelle est constituée de gouttelettes liquides dispersées dans un autre liquide. Le lait de magnésie est un exemple d'un sol, une suspension de particules solides dans un liquide.

On peut distinguer une solution d'un colloïde grâce à l'effet Tyndall. Lorsqu'un faisceau de lumière passe à travers un colloïde, la lumière est diffusée par les particules de la phase dispersée (*voir la* **FIGURE 2.19**). Cette diffusion n'a pas lieu avec les solutions parce que les particules de soluté sont trop petites pour interagir avec la lumière visible. Une autre démonstration de l'effet Tyndall est la diffusion (ou dispersion) des rayons solaires par la poussière ou la fumée dans l'air (*voir la* **FIGURE 2.20**).

2.8.1 Les colloïdes hydrophiles et les colloïdes hydrophobes

Les colloïdes les plus importants sont sans doute ceux dont l'eau est le milieu de dispersion. Les colloïdes aqueux se divisent en deux catégories : les colloïdes **hydrophiles** (qui ont une affinité pour l'eau) et les colloïdes **hydrophobes** (qui n'ont pas d'affinité pour l'eau). Les colloïdes hydrophiles sont des solutions contenant de très grosses molécules comme des protéines. En phase aqueuse, une protéine comme l'hémoglobine se replie de manière à ce que les portions hydrophiles, celles qui interagissent favorablement avec les molécules d'eau par des forces ion-dipôle ou par formation de liaison hydrogène, se présentent du côté de la surface externe (*voir la* **FIGURE 2.21**).

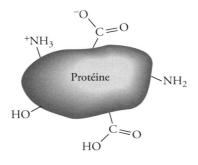

FIGURE 2.20 ⊙

Effet Tyndall

La lumière solaire devient diffuse lorsqu'il y a présence de particules de poussière dans l'air.

FIGURE 2.21 ⊙

Protéine hydrophile

Les groupements hydrophiles à la surface des grosses molécules, telle une protéine, contribuent à les stabiliser dans l'eau. Tous ces groupements peuvent former des liaisons hydrogène avec l'eau.

Normalement, un colloïde hydrophobe n'est pas stable dans l'eau, et les particules vont s'agglutiner comme le font des gouttelettes d'huile pour ensuite émerger et former une couche d'huile à la surface de l'eau. Il est toutefois possible de les stabiliser par adsorption d'ions à leur surface (*voir la* **FIGURE 2.22**). (L'adsorption a trait à l'adhérence à la surface. Elle diffère de l'absorption qui, elle, suppose une pénétration vers l'intérieur comme dans une éponge.) Ces ions adsorbés peuvent interagir avec l'eau, stabilisant ainsi le colloïde. En même temps, la répulsion électrostatique entre les particules les empêche de s'agglutiner. Le limon des fleuves et des rivières est constitué de fines particules de sol stabilisées de cette manière. Cependant, une fois déversées dans l'eau salée de la mer, les particules sont neutralisées par ce milieu salin très concentré en ions, ce qui provoque la floculation des particules et leur dépôt à l'embouchure des cours d'eau. Ces dépôts finissent par constituer des obstacles qui divisent l'embouchure de certains fleuves en plusieurs bras ramifiés appelés « deltas ».

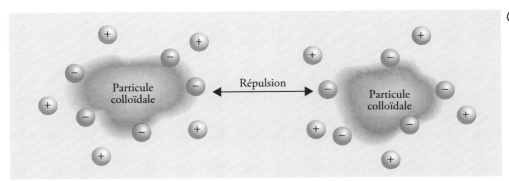

⊙ **FIGURE 2.22**

Schéma montrant la stabilisation d'un colloïde hydrophobe

Il y a adsorption d'ions négatifs à la surface, et la répulsion entre les charges semblables empêche l'agglutination des particules.

Une autre façon de stabiliser les colloïdes hydrophobes est de les mettre en présence d'autres groupements hydrophiles à leur surface. Voici le cas du stéarate de sodium, une molécule de savon dont la structure se résume en deux parties : une tête polaire et un corps en forme de longue queue non polaire (*voir la* **FIGURE 2.23**). L'action nettoyante du savon réside dans cette double nature de la queue hydrophobe et de la tête hydrophile. La queue hydrocarbonée se dissout facilement dans les corps huileux, lesquels sont non polaires, alors que le groupement ionique —COO⁻ de la tête reste en dehors de la surface huileuse. Lorsqu'un assez grand nombre de molécules de savon entourent une gouttelette d'huile ou un dépôt graisseux (*voir la* **FIGURE 2.24**), ceux-ci sont entraînés dans l'eau. Le système devient alors complètement stable parce que la portion extérieure est maintenant fortement hydrophile. C'est ce qui explique l'action nettoyante des savons.

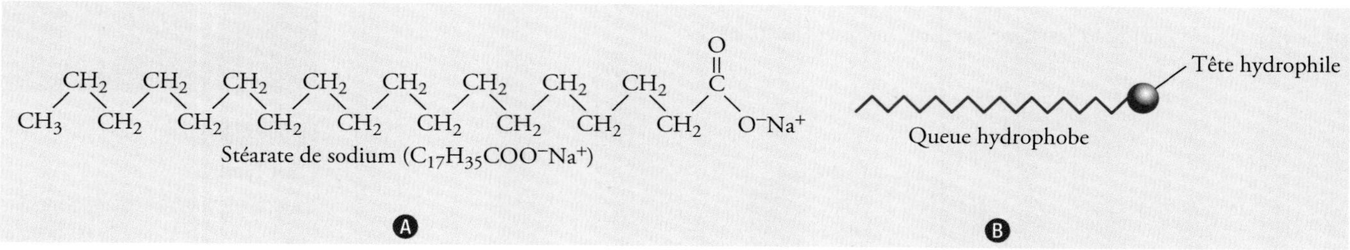

Stéarate de sodium (C$_{17}$H$_{35}$COO⁻Na⁺)

Tête hydrophile

Queue hydrophobe

A   **B**

FIGURE 2.23 ⌃

Structure d'un savon

A Une molécule de stéarate de sodium.

B Une représentation simplifiée d'une molécule ayant une tête hydrophile et une queue hydrophobe.

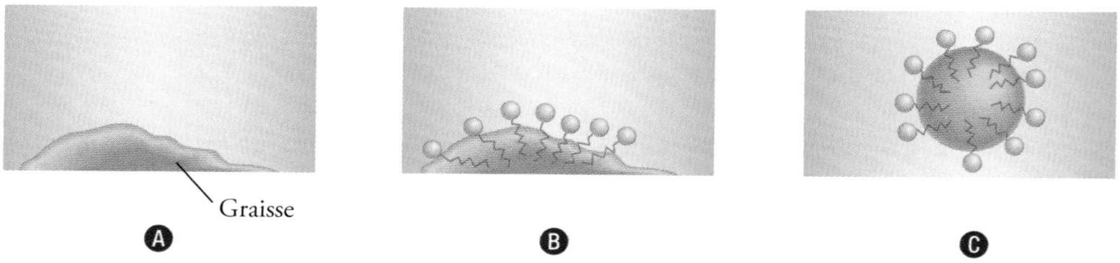

Graisse

A   **B**   **C**

FIGURE 2.24 ⌃

Action nettoyante d'un savon

A La graisse (une substance huileuse) n'est pas soluble dans l'eau.

B Lorsque du savon est ajouté à l'eau, les molécules de savon plongent leur queue non polaire dans la graisse en y laissant pendre leur tête polaire à la surface.

C Finalement, la graisse est éliminée et devient soluble dans l'eau par la formation d'une émulsion, car les têtes polaires font des liaisons hydrogène avec l'eau. Chaque gouttelette est maintenant revêtue de plusieurs têtes polaires formant un revêtement hydrophile.

RÉSUMÉ

2.1 Les types de solutions

Les solutions sont des mélanges homogènes de deux substances ou plus, solides, liquides ou gazeuses.

Solution saturée	Solution qui contient la quantité maximale de soluté dans une quantité donnée de solvant à une température donnée
Solution insaturée	Solution qui contient moins de soluté qu'elle pourrait en dissoudre
Solution sursaturée	Solution qui contient plus de soluté qu'une solution saturée

2.2 Le processus de dissolution au niveau moléculaire

La facilité avec laquelle un soluté se dissout dans un solvant dépend des forces intermo-léculaires. Deux substances ayant des forces intermoléculaires de même type et de gran-deur similaire sont habituellement solubles l'une dans l'autre. Le processus de dissolution est provoqué par les tendances de tout système à atteindre le minimum d'énergie et le maximum de désordre : c'est ce qui se produit quand un soluté et un solvant se mélangent.

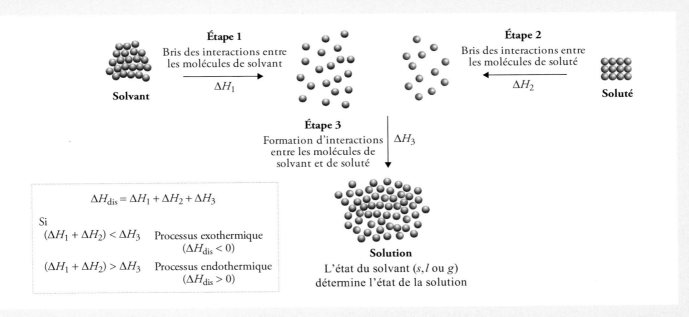

Étape 1
Bris des interactions entre les molécules de solvant
ΔH_1

Solvant

Étape 2
Bris des interactions entre les molécules de soluté
ΔH_2

Soluté

Étape 3
Formation d'interactions entre les molécules de solvant et de soluté
ΔH_3

$$\Delta H_{dis} = \Delta H_1 + \Delta H_2 + \Delta H_3$$

Si
$(\Delta H_1 + \Delta H_2) < \Delta H_3$ Processus exothermique
$(\Delta H_{dis} < 0)$

$(\Delta H_1 + \Delta H_2) > \Delta H_3$ Processus endothermique
$(\Delta H_{dis} > 0)$

Solution
L'état du solvant (s, l ou g) détermine l'état de la solution

Si deux substances sont solubles l'une dans l'autre dans toutes les proportions possibles, on dit qu'elles sont miscibles.

La solvation (ou hydratation dans le cas où le solvant est l'eau) contribue à stabiliser le soluté. Ainsi, la capacité de l'eau à faire des interactions ion-dipôle avec des ions explique le fait qu'un grand nombre de solides ioniques sont solubles dans l'eau.

2.3 Les types de concentration et les conversions

Concentration molaire volumique	$C = \dfrac{n_{\text{soluté}}}{V_{\text{solution}}}$	**Molalité**	$b = \dfrac{n_{\text{soluté}}}{m_{\text{solvant}}\,(\text{kg})}$
Fraction molaire	$\chi_A = \dfrac{n_A}{n_T}$	**Parties par million**	$\text{ppm} = \dfrac{\text{parties de soluté}}{10^6 \text{ parties de solution}}$
Pourcentage massique	$\% \; m/m = \dfrac{m_{\text{soluté}}}{m_{\text{solution}}} \times 100\,\%$	**Parties par milliard**	$\text{ppb} = \dfrac{\text{parties de soluté}}{10^9 \text{ parties de solution}}$
Pourcentage volumique	$\% \; V/V = \dfrac{V_{\text{soluté}}}{V_{\text{solution}}} \times 100\,\%$	**Parties par billion**	$\text{ppt} = \dfrac{\text{parties de soluté}}{10^{12} \text{ parties de solution}}$
Pourcentage masse/volume	$\% \; m/V = \dfrac{m_{\text{soluté}}}{V_{\text{solution}}} \times 100\,\%$		

2.4 L'effet de la température sur la solubilité

Habituellement, une hausse de la température fait augmenter la solubilité des solides et des liquides, mais fait diminuer la solubilité des gaz.

La cristallisation fractionnée

La cristallisation fractionnée est une technique de séparation basée sur les différences de solubilité; elle permet de séparer les constituants d'un mélange en des substances pures. Le composé à purifier doit être beaucoup plus soluble à chaud qu'à froid, et la quantité d'impuretés doit être relativement petite. On peut augmenter le degré de pureté en faisant plusieurs cristallisations fractionnées successives.

2.5 L'effet de la pression sur la solubilité des gaz

Selon la loi de Henry, la solubilité d'un gaz dans un liquide est directement proportionnelle à la pression partielle qu'exerce ce gaz au-dessus de la solution :

$$C = kP$$

2.6 Les propriétés colligatives des solutions de non-électrolytes

Propriétés qui dépendent du nombre de particules de soluté en solution et non de leur nature.

La diminution de la pression de vapeur

L'ajout d'un soluté non volatil diminue la pression de vapeur au-dessus du liquide.

- Tout système tend vers un maximum de désordre. La différence de désordre entre une solution et sa vapeur est moins grande que celle qui existe entre un solvant pur et sa vapeur. Les molécules de solvant ont moins tendance à s'échapper de la solution.

- À la surface de la solution, des molécules du soluté non volatil ont pris la place de molécules du solvant volatil, ce qui réduit la fréquence de passage du solvant vers la phase gazeuse.

Solvant pur   Solution
(soluté non volatil)

La loi de Raoult

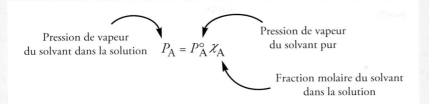

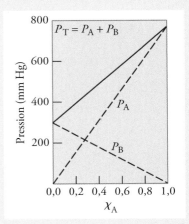

Lorsqu'une solution est formée de deux liquides volatils, la pression totale correspond à la somme des pressions partielles et la loi de Raoult s'applique :

$$P_T = P_A + P_B$$

Une solution idéale obéit à la loi de Raoult. En pratique, cependant, puisque la plupart des solutions ne présentent pas un comportement idéal, on observe des déviations.

L'élévation du point d'ébullition

L'ajout d'un soluté non volatil augmente la température d'ébullition d'une solution.

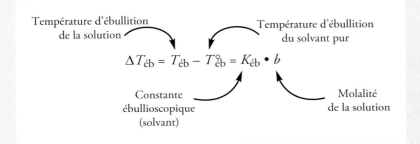

L'abaissement du point de congélation

L'ajout d'un soluté diminue la température de congélation d'une solution.

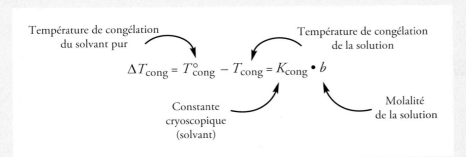

La pression osmotique

La pression osmotique résulte de la pression nette exercée par une différence de concentration d'un soluté de part et d'autre d'une membrane semi-perméable. L'osmose est le passage sélectif de l'eau à travers une membrane semi-perméable. Elle permet de rétablir les pressions dans les compartiments. La pression osmotique (π) est la pression nécessaire pour arrêter l'osmose.

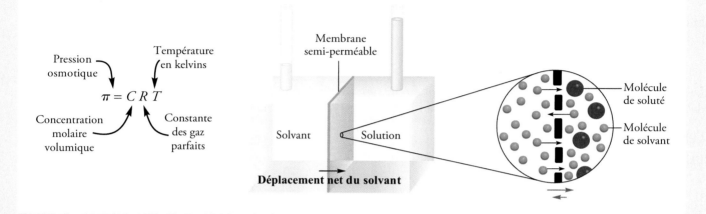

2.7 Les propriétés colligatives des solutions d'électrolytes

Le facteur de Van't Hoff tient compte de l'augmentation du nombre de particules en solution après la dissociation d'un composé ionique :

$$i = \frac{\text{nombre réel de particules en solution après la dissociation}}{\text{nombre de particules initialement dissoutes}}$$

Il est placé devant les concentrations (C ou b) dans les équations précédentes :

$$\Delta P = i\chi_2 P_1^\circ \qquad \Delta T_{\text{éb}} = iK_{\text{éb}} \cdot b \qquad \Delta T_{\text{cong}} = iK_{\text{cong}} \cdot b \qquad \pi = iCRT$$

2.8 Les colloïdes

Un colloïde est une dispersion de particules (leur taille se situant entre 1×10^3 pm et 1×10^6 pm) d'une substance dans une autre substance. Il se distingue facilement d'une solution vraie par l'effet Tyndall, lequel correspond à une dispersion de la lumière par les particules colloïdales. Le **TABLEAU 2.4** (*voir p. 93*) donne différents types de colloïdes, comme les aérosols, dont la fumée et le brouillard sont des exemples.

Les colloïdes hydrophiles et les colloïdes hydrophobes

Les colloïdes aqueux sont classés en deux catégories : les colloïdes hydrophiles et les colloïdes hydrophobes. Dans le cas de grosses molécules solubles dans l'eau, les groupements non polaires vont se replier à l'intérieur, et les parties polaires vont se déployer pour interagir avec les dipôles de l'eau. La présence de certains sels en solution (ions) a pour effet de rendre les colloïdes plus stables en s'adsorbant à leur surface, ce qui les empêche de s'agglutiner.

ÉQUATIONS CLÉS

- $\chi_A = \dfrac{n_A}{n_T}$ Pour calculer la fraction molaire du constituant A (2.2)

- $\% \ m/m = \dfrac{m_{soluté}}{m_{solution}} \times 100\,\%$ Pour calculer le pourcentage massique (2.3)

- $\% \ V/V = \dfrac{V_{soluté}}{V_{solution}} \times 100\,\%$ Pour calculer le pourcentage volumique (2.4)

- $\% \ m/V = \dfrac{m_{soluté}}{V_{solution}} \times 100\,\%$ Pour calculer le pourcentage masse/volume (2.5)

- $C = \dfrac{n_{soluté}}{V_{solution}}$ Pour calculer la concentration molaire d'une solution (2.6)

- $b = \dfrac{n_{soluté}}{m_{solvant}\,(kg)}$ Pour calculer la molalité d'une solution (2.7)

- $C = kP$ Loi de Henry, pour calculer la solubilité des gaz (2.8)

- $P_1 = \chi_1 P_1^o$ Loi de Raoult, relie la pression de vapeur d'un liquide à sa pression de vapeur dans une solution (2.9)

- $\Delta P = \chi_2 P_1^o$ Abaissement de la pression de vapeur en fonction de la concentration (en fraction molaire) du soluté (2.10)

- $y_A = \dfrac{n_{A(vapeur)}}{n_{T(vapeur)}} = \dfrac{P_A}{P_T} = \dfrac{\chi_A P_A^o}{P_T}$ Pour calculer la composition de la vapeur en équilibre au-dessus d'une solution consituée de deux liquides volatils (2.11)

- $\Delta T_{éb} = K_{éb} \cdot b$ Pour l'élévation du point d'ébullition (2.12)

- $\Delta T_{cong} = K_{cong} \cdot b$ Pour l'abaissement du point de congélation (2.13)

- $\pi = CRT$ Pour calculer la pression osmotique d'une solution (2.14)

- $i = \dfrac{\text{nombre réel de particules en solution après la dissociation}}{\text{nombre d'unités initialement dissoutes}}$

  Pour calculer le facteur de Van't Hoff (solution électrolyte) (2.15)

MOTS CLÉS

PROBLÈMES

Niveau de difficulté : ★ facile ; ★ moyen ; ★ élevé

Biologie : 2.18, 2.20, 2.22, 2.32, 2.33, 2.50, 2.54, 2.63, 2.65, 2.76 ;
Concepts : 2.1 à 2.4, 2.19, 2.20, 2.43 à 2.46, 2.49, 2.53, 2.57, 2.61 à
2.63, 2.66, 2.71, 2.73, 2.76 ;
Descriptifs : 2.17, 2.75 ;
Organique : 2.1, 2.2, 2.4, 2.6 a), 2.7, 2.11, 2.14, 2.23 à 2.42, 2.44, 2.53
à 2.55, 2.60, 2.62, 2.65 à 2.67, 2.69, 2.70, 2.72, 2.73, 2.76.

PROBLÈMES PAR SECTION

2.2 Le processus de dissolution au niveau moléculaire

★**2.1** Pourquoi $C_{10}H_8$ (naphtalène) est-il plus soluble que CsF dans le benzène (C_6H_6) ?

★**2.2** Dites pourquoi l'éthanol (C_2H_5OH) n'est pas soluble dans le cyclohexane (C_6H_{12}).

★**2.3** Classez les substances suivantes par ordre croissant de leur solubilité dans l'eau : O_2, LiCl, Br_2, méthanol (CH_3OH).

★**2.4** Expliquez la variation de la solubilité des alcools suivants dans l'eau :

Composé	Solubilité dans l'eau (g/100 g, 20 °C)
CH_3OH	∞
CH_3CH_2OH	∞
$CH_3CH_2CH_2OH$	∞
$CH_3CH_2CH_2CH_2OH$	9
$CH_3CH_2CH_2CH_2CH_2OH$	2,7

Note : Le symbole ∞ signifie que l'eau et l'alcool sont miscibles.

2.3 Les types de concentration et les conversions

★**2.5** Calculez le pourcentage massique du soluté dans chacune des solutions suivantes : a) 5,50 g de NaBr dans 78,2 g de solution ; b) 31,0 g de KCl dans 152 g d'eau ; c) 4,5 g de toluène dans 29 g de benzène.

★**2.6** Calculez la quantité d'eau (en grammes) qu'il faut ajouter : a) à 5,00 g d'urée [$(NH_2)_2CO$] pour préparer une solution dont le pourcentage massique est de 16,2 % ; b) à 26,2 g de $MgCl_2$ pour préparer une solution dont le pourcentage massique est de 1,5 %.

★**2.7** Calculez la molalité de chacune des solutions suivantes : a) 14,3 g de saccharose ($C_{12}H_{22}O_{11}$) dans 676 g d'eau ; b) 7,20 mol d'éthylène glycol ($C_2H_6O_2$) dans 3546 g d'eau.

★**2.8** Calculez la molalité de chacune des solutions aqueuses suivantes : a) une solution de NaCl à 2,50 mol/L (masse volumique de la solution : 1,08 g/mL) ; b) une solution de KBr dont le pourcentage massique est de 48,2 %.

★**2.9** Calculez la molalité de chacune des solutions aqueuses suivantes : a) une solution de saccharose ($C_{12}H_{22}O_{11}$) à 1,22 mol/L (masse volumique de la solution : 1,12 g/mL) ; b) une solution de NaOH à 0,87 mol/L (masse volumique de la solution : 1,04 g/mL) ; c) une solution de $NaHCO_3$ à 5,24 mol/L (masse volumique de la solution : 1,19 g/mL).

★**2.10** Dans les solutions diluées où la masse volumique de la solution est pratiquement égale à celle du solvant pur, la concentration molaire volumique de la solution est égale à la molalité. Démontrez que cette affirmation est vraie à l'aide d'une solution aqueuse d'urée [$(NH_2)_2CO$] à 0,010 mol/L.

★**2.11** La teneur en alcool d'un spiritueux est habituellement exprimée en degrés, ce qui correspond au double du pourcentage par volume (pourcentage volumique) d'éthanol (C_2H_5OH) présent. Calculez la quantité, en grammes, d'alcool présent dans 1,00 L de gin dont la teneur en alcool est de 75 degrés. La masse volumique de l'éthanol est de 0,798 g/mL.

★**2.12** L'acide sulfurique (H_2SO_4) concentré que l'on utilise en laboratoire a un pourcentage massique de 98,0 %. La masse volumique de la solution est de 1,83 g/mL. Calculez : a) la molalité de la solution ; b) la concentration molaire volumique de la solution.

★**2.13** Calculez la concentration molaire volumique et la molalité d'une solution de 30,0 g de NH_3 dans 70,0 g d'eau. La masse volumique de la solution est de 0,982 g/mL.

★**2.14** La masse volumique d'une solution aqueuse d'éthanol (C_2H_5OH) est de 0,984 g/mL ; son pourcentage massique est de 10,0 %. a) Calculez la molalité de cette solution. b) Calculez sa concentration molaire volumique. c) Quel volume de cette solution contiendrait 0,125 mol d'éthanol ?

2.4 L'effet de la température sur la solubilité

★**2.15** Un échantillon de 3,20 g d'un sel se dissout dans 9,10 g d'eau pour former une solution saturée à 25 °C. Quelle est la solubilité (g de sel/100 g de H_2O) de ce sel?

★**2.16** À 75 °C, la solubilité de KNO_3 est de 155 g par 100 g d'eau; à 25 °C, elle est de 38,0 g. Quelle masse (en grammes) de KNO_3 cristallisera si exactement 100 g de solution saturée à 75 °C sont refroidis à 25 °C?

2.5 L'effet de la pression sur la solubilité des gaz

★**2.17** Un étudiant observe deux béchers d'eau; l'un est chauffé à 30 °C, l'autre à 100 °C. Dans les deux cas, il y a formation de bulles dans l'eau. Ces bulles ont-elles la même origine? Expliquez votre réponse.

★**2.18** Une personne achète un poisson rouge dans une boutique d'animaux. De retour à la maison, elle place le poisson dans un bocal rempli d'eau qu'elle a rapidement refroidie après l'avoir fait bouillir pour la stériliser. Quelques minutes plus tard, le poisson meurt. Expliquez pourquoi le poisson est mort.

★**2.19** L'eau contenue dans un bécher est d'abord saturée d'air dissous. Expliquez ce qui arrive quand on y fait barboter assez longtemps de l'hélium à 101,3 kPa.

★**2.20** Un mineur qui travaille à 260 m sous le niveau de la mer ouvre une bouteille de boisson gazeuse pendant son repas. À sa grande surprise, la boisson n'est pas pétillante du tout. Peu après, l'homme monte à la surface en ascenseur. Durant la montée, il ne peut s'arrêter de faire des rots. Pourquoi?

★**2.21** La solubilité de CO_2 dans l'eau à 25 °C et à 101,3 kPa est de 0,034 mol/L. Quelle est sa solubilité dans les conditions atmosphériques? (La fraction molaire de CO_2 dans l'air est de 0,000 399.) Supposez que CO_2 obéit à la loi de Henry et que la pression totale est égale à 101,3 kPa.

★**2.22** La solubilité de N_2 dans le sang à 37 °C et à une pression partielle de 81 kPa est de $5,6 \times 10^{-4}$ mol/L. Un plongeur sous-marin respire de l'air comprimé dans lequel la pression partielle de N_2 est de 405 kPa. En considérant que le volume total de sang dans le corps humain est de 5,0 L, calculez la quantité de N_2 gazeux libéré (en litres) quand le plongeur remonte à la surface, où la pression partielle de N_2 est de 81 kPa. (La pression totale est alors égale à 101,3 kPa.)

2.6 Les propriétés colligatives des solutions de non-électrolytes

★**2.23** On prépare une solution en dissolvant 396 g de saccharose ($C_{12}H_{22}O_{11}$) dans 624 g d'eau. Quelle est la pression de vapeur de cette solution à 30 °C? (La pression de vapeur de l'eau est de 31,8 mm Hg à 30 °C.)

★**2.24** Combien de grammes de saccharose ($C_{12}H_{22}O_{11}$) doit-on ajouter à 552 g d'eau pour obtenir une solution dont la pression de vapeur est de 2,0 mm Hg inférieure à celle de l'eau pure à 20 °C? (La pression de vapeur de l'eau à 20 °C est de 17,5 mm Hg.)

★**2.25** La pression de vapeur du benzène (C_6H_6) à 26,1 °C est de 100,0 mm Hg. Calculez la pression de vapeur d'une solution contenant 24,6 g de camphre ($C_{10}H_{16}O$) dissous dans 98,5 g de benzène. (Le camphre est un solide peu volatil.)

★**2.26** Les pressions de vapeur de l'éthanol (C_2H_5OH) et du propan-1-ol (C_3H_7OH) à 35 °C sont respectivement de 100 mm Hg et de 37,6 mm Hg. En supposant un comportement idéal, calculez les pressions partielles qu'exercent l'éthanol et le propan-1-ol à 35 °C au-dessus d'une solution d'éthanol dans du propan-1-ol, dans laquelle la fraction molaire de l'éthanol est de 0,300.

★**2.27** On considère une solution idéale constituée de 20,0 g de méthanol (CH_3OH) et de 50,0 g d'éthanol (C_2H_5OH) à 40 °C, en équilibre avec sa vapeur. Calculez: **a)** les fractions molaires des deux constituants dans le liquide; **b)** les pressions partielles du méthanol et de l'éthanol dans la vapeur; **c)** la pression totale de la vapeur à l'équilibre; **d)** les fractions molaires des deux constituants dans la vapeur. (Les pressions de vapeur du méthanol et de l'éthanol à 40 °C sont de 31,9 kPa et 15,9 kPa respectivement.)

★**2.28** On considère une solution idéale constituée de benzène (C_6H_6) et de toluène ($C_6H_5CH_3$) en équilibre avec sa vapeur à 90 °C. Sachant que les pressions partielles du benzène et du toluène dans la vapeur sont respectivement de 408 mm Hg et de 244 mm Hg, calculez les fractions molaires de chacun des constituants dans le liquide et dans la vapeur. Les pressions de vapeur à l'équilibre du benzène et du toluène à cette température sont de 1020 mm Hg et de 406 mm Hg respectivement.

★**2.29** La pression de vapeur de l'éthanol (C_2H_5OH) à 20 °C est de 44 mm Hg et celle du méthanol (CH_3OH) à la même température est de 94 mm Hg. On mélange 30,0 g de méthanol à 45 g d'éthanol (on suppose que la solution est idéale). Calculez: **a)** la pression de vapeur du méthanol et de l'éthanol au-dessus de cette solution à 20 °C; **b)** les fractions molaires du méthanol et de l'éthanol dans la vapeur au-dessus de cette solution à 20 °C.

★**2.30** Combien de grammes d'urée [$(NH_2)_2CO$] doit-on ajouter à 450 g d'eau pour obtenir une solution dont la pression de vapeur est de 2,50 mm Hg inférieure à celle de l'eau pure à 30 °C? (La pression de vapeur de l'eau à 30 °C est de 31,8 mm Hg.)

★**2.31** Quels sont les points d'ébullition et de congélation d'une solution de naphtalène de molalité 2,47 mol/kg dans du benzène? (Les points d'ébullition et de congélation du benzène sont respectivement de 80,1 °C et de 5,5 °C.)

★**2.32** Une solution aqueuse contient de la glycine (NH_2CH_2COOH), un acide aminé. En supposant que l'acide ne s'ionise pas, calculez la molalité de la solution si elle gèle à −1,1 °C.

★**2.33** Les phéromones sont des composés sécrétés par les femelles de nombreuses espèces d'insectes pour attirer les mâles. L'un de ces composés est formé de 80,78 % de C, de 13,56 % de H et de 5,66 % de O. Une solution de 1,00 g de cette phéromone dans 8,50 g de benzène gèle à 3,37 °C. Donnez la formule moléculaire et la masse molaire du composé. (Le point de congélation normal du benzène pur est de 5,50 °C.)

★**2.34** L'analyse élémentaire d'un solide organique extrait de la gomme arabique révèle qu'il contient 40,0 % de C, 6,7 % de H et 53,3 % de O. La dissolution de 0,650 g de ce solide dans 27,8 g de diphényle, un solvant, cause un abaissement du point de congélation de 1,56 °C. Calculez la masse molaire et déterminez la formule moléculaire du solide. (Pour le diphényle, K_{cong} est de 8,00 °C·kg/mol.)

★**2.35** Calculez le nombre de litres d'éthylène glycol [$CH_2(OH)CH_2(OH)$] que vous devez ajouter au radiateur de votre automobile qui contient 6,50 L d'eau si la température descend jusqu'à −20 °C en hiver. Calculez aussi le point d'ébullition de ce mélange. La masse volumique de l'éthylène glycol est de 1,11 g/mL et on peut considérer que celle de l'eau est égale à 1,00 g/mL.

★**2.36** On prépare une solution en condensant 4,00 L d'un gaz, mesuré à 27 °C et à une pression de 748 mm Hg, dans 58,0 g de benzène. Calculez le point de congélation de cette solution.

★**2.37** On sait que la masse molaire de l'acide benzoïque (C_6H_5COOH) déterminée par la mesure de l'abaissement du point de congélation du benzène est équivalente à deux fois celle prédite d'après la formule moléculaire $C_7H_6O_2$. Expliquez cette apparente anomalie.

★**2.38** On observe qu'une solution formée de 2,50 g d'un composé, dont la formule empirique est C_6H_5P, dans 25,0 g de benzène gèle à 4,3 °C. Calculez la masse molaire du soluté et déterminez sa formule moléculaire.

★**2.39** Quelle est la pression osmotique (en kilopascals) d'une solution aqueuse d'urée à 1,36 mol/L à 22,0 °C?

★**2.40** Un volume de 170,0 mL d'une solution aqueuse contenant 0,8330 g d'une protéine de structure inconnue a une pression osmotique de 5,20 mm Hg à 25 °C. Déterminez la masse molaire de cette protéine.

★**2.41** On dissout 7,480 g d'un composé organique dans assez d'eau pour obtenir 300,0 mL de solution. La pression osmotique de cette solution est de 145 kPa à 27 °C. L'analyse du composé révèle qu'il contient 41,8 % de C, 4,7 % de H, 37,3 % de O et 16,3 % de N. Déterminez la formule moléculaire de ce composé organique.

★**2.42** Une solution formée de 6,85 g d'un glucide dans 100,0 g d'eau a une masse volumique de 1,024 g/mL et une pression osmotique de 467 kPa à 20,0 °C. Calculez la masse molaire de ce glucide.

2.7 **Les propriétés colligatives des solutions d'électrolytes**

★**2.43** Soit une solution de $CaCl_2$ à 0,35 mol/kg et une solution d'urée à 0,90 mol/kg. Laquelle de ces deux solutions aqueuses: **a)** a le point d'ébullition le plus élevé; **b)** a le point de congélation le plus élevé; **c)** a la pression de vapeur la plus basse? Justifiez votre choix.

★**2.44** Soit deux solutions aqueuses, l'une de saccharose ($C_{12}H_{22}O_{11}$) et l'autre, d'acide nitrique (HNO_3); toutes deux gèlent à −1,5 °C. Quelles autres propriétés ces solutions ont-elles en commun?

★**2.45** Classez les solutions suivantes par ordre décroissant de leur point de congélation: **a)** Na_3PO_4 à 0,10 mol/kg; **b)** NaCl à 0,35 mol/kg; **c)** $MgCl_2$ à 0,20 mol/kg; **d)** $C_6H_{12}O_6$ à 0,15 mol/kg; **e)** CH_3COOH à 0,15 mol/kg.

★**2.46** Classez les solutions aqueuses suivantes par ordre décroissant de leur point de congélation et justifiez votre réponse: HCl à 0,50 mol/kg; glucose à 0,50 mol/kg; acide acétique à 0,50 mol/kg.

★**2.47** Calculez les points de congélation et d'ébullition normaux des solutions suivantes: **a)** 21,2 g de NaCl dans 135 mL d'eau; **b)** 15,4 g d'urée dans 66,7 mL d'eau.

★**2.48** À 25 °C, la pression de vapeur de l'eau pure est de 23,76 mm Hg, et celle de l'eau de mer est de 22,98 mm Hg. En supposant que l'eau de mer ne contient que du NaCl, évaluez sa molalité.

★**2.49** En hiver, on utilise du NaCl et du $CaCl_2$ pour faire fondre la glace sur les routes. Quels avantages ces substances ont-elles par rapport au saccharose ($C_6H_{12}O_6$) ou à l'urée [$CO(NH_2)_2$] pour abaisser le point de congélation de l'eau?

★**2.50** Une solution de NaCl dont le pourcentage massique est de 0,86 % est appelée «sérum physiologique» parce que sa pression osmotique est égale à celle de la solution contenue dans les cellules sanguines. Calculez la pression osmotique de cette solution à la température normale du corps (37 °C). La masse volumique de la solution saline est de 1,005 g/mL.

★**2.51** À 25 °C, les pressions osmotiques de solutions de $CaCl_2$ et d'urée, toutes deux à 0,010 mol/L, sont respectivement de 61,3 kPa et de 24,8 kPa. Calculez le facteur de Van't Hoff pour la solution de $CaCl_2$.

★**2.52** Calculez la pression osmotique d'une solution de $MgSO_4$ à 0,0500 mol/L et à 22 °C. (**Indice:** Consultez le **TABLEAU 2.4**, p. 93.)

PROBLÈMES VARIÉS

★**2.53** L'eau et le méthanol sont deux liquides miscibles entre eux, mais non miscibles avec l'octane (C_8H_{18}). Lequel des diagrammes suivants illustre correctement le mélange de volumes égaux de ces trois liquides à 20 °C? On peut, dans ce cas-ci, faire l'approximation que les volumes s'additionnent (les masses volumiques des liquides à cette température sont de 0,792 g/mL pour le méthanol, de 0,703 g/mL pour l'octane et de 0,998 g/mL pour l'eau).

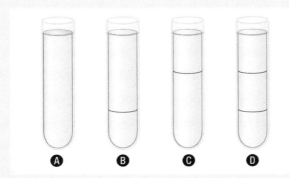

★**2.54** Le lysozyme est une enzyme qui détruit la paroi (membrane semi-perméable) des bactéries. Un échantillon de lysozyme extrait du blanc d'œuf de poule a une masse molaire de 13 930 g/mol. On dissout 0,100 g de cette enzyme dans 150 g d'eau à 25 °C. Calculez la diminution de la pression de vapeur, l'abaissement du point de congélation, l'élévation du point d'ébullition et la pression osmotique de cette solution. (La pression de vapeur de l'eau à 25 °C est de 23,76 mm Hg et on peut supposer que sa masse volumique est égale à 1,00 g/mL.)

★**2.55** À une certaine température, une solution idéale constituée de benzène (C_6H_6) et de toluène ($C_6H_5CH_3$) est en équilibre avec sa vapeur. Calculez la valeur de la pression de vapeur du benzène à cette température, sachant que la fraction molaire du benzène dans la vapeur est égale à 0,835, que la pression totale de la vapeur en équilibre avec le liquide est égale à 101,3 kPa et que la tension de vapeur du toluène à cette température est égale à 50,1 kPa.

★**2.56** À une certaine température, les pressions osmotiques de deux solutions, A et B, sont respectivement de 243 kPa et 466 kPa. Quelle est la pression osmotique d'une solution formée du mélange de volumes égaux de A et de B à cette même température?

★**2.57** Pourquoi un concombre placé dans la saumure (eau salée) se ratatine-t-il?

★**2.58** À 25 °C, les pressions de vapeur de deux liquides, A et B, sont respectivement de 76 mm Hg et de 132 mm Hg. Quelle est la pression de vapeur totale de la solution idéale formée: **a)** de 1,00 mol de A et de 1,00 mol de B; **b)** de 2,00 mol de A et de 5,00 mol de B?

★**2.59** Calculez le facteur de Van't Hoff pour Na_3PO_4 dans une solution aqueuse à 0,40 mol/kg dont le point d'ébullition est de 100,78 °C.

★**2.60** À 35 °C, 262 mL d'une solution contenant 1,22 g d'un sucre a une pression osmotique de 30,3 mm Hg. Quelle est la masse molaire de ce sucre?

★**2.61** Examinez les trois manomètres au mercure suivants. Dans l'un d'entre eux, on a placé 1 mL d'eau sur la colonne de mercure; dans un autre, 1 mL d'une solution d'urée à 1 mol/kg; finalement, dans le dernier, 1 mL d'une solution de NaCl à 1 mol/kg. Associez ces solutions aux lettres X, Y et Z de l'illustration ci-dessous.

★**2.62** On demande à une chimiste de la police judiciaire d'analyser une poudre blanche. Elle dissout 0,50 g de la substance dans 8,0 g de benzène. La solution gèle à 3,9 °C. La chimiste peut-elle conclure que le composé est de la cocaïne ($C_{17}H_{21}NO_4$)? Quelle supposition fait-on dans cette analyse?

★**2.63** Les médicaments dits «à action prolongée» ont l'avantage de se libérer dans l'organisme à une vitesse constante. Leur concentration à tout moment n'est donc pas trop élevée pour causer des effets indésirables ni trop basse pour être inefficace. Un comprimé de ce type de médicament est illustré ci-dessous. Expliquez son fonctionnement.

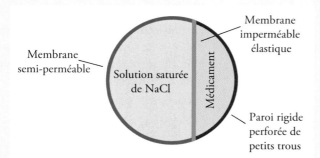

Membrane impérméable élastique

Membrane semi-perméable

Solution saturée de NaCl

Médicament

Paroi rigide perforée de petits trous

★**2.64** L'acide chlorhydrique concentré commercial a un pourcentage massique de 37,7 %. Quelle est sa concentration molaire volumique? (La masse volumique de la solution est de 1,19 g/mL.)

★**2.65** Une protéine a été isolée sous forme d'un sel de formule $Na_{20}P$ (ce qui signifie qu'il y a 20 ions Na^+ associés à chaque molécule de protéine P^{20-}). La pression osmotique de 10,00 mL d'une solution contenant 0,225 g de cette protéine est de 26,0 kPa à 25,0 °C. Calculez la masse molaire de la protéine.

★**2.66** On prépare deux solutions différentes avec un composé organique non volatil Z. La solution A contient 5,00 g de Z dissous dans 100 g d'eau, et la solution B contient 2,31 g de Z dissous dans 100 g de benzène. La solution A a une pression de vapeur de 754,5 mm Hg au point d'ébullition normal de l'eau, et la solution B a la même pression de vapeur au point d'ébullition normal du benzène. Calculez la masse molaire de Z à partir des données dans le cas des deux solutions A et B. Expliquez les différences obtenues.

★**2.67** Deux béchers, l'un contenant 50 mL d'une solution aqueuse 1,0 mol/L en glucose et l'autre contenant 50 mL d'une solution aqueuse 2,0 mol/L en glucose, sont placés dans un contenant hermétique à la température de la pièce, comme montré à la **FIGURE 2.16** (*voir p. 85*). Quels seront les volumes de solution dans chacun des béchers une fois l'équilibre atteint?

★**2.68** Calculez la concentration molaire volumique, la molalité et la fraction molaire de NH_3 pour une solution contenant 30,0 g de NH_3 dans 70,0 g d'eau. La masse volumique de la solution est de 0,982 g/mL.

★**2.69** On dissout un échantillon pesant 1,32 g constitué d'un mélange de cyclohexène (C_6H_{12}) et de naphtalène ($C_{10}H_8$) dans 18,9 g de benzène (C_6H_6). La solution gèle à 2,2 °C. Calculez les proportions du mélange en pourcentage massique. (*Voir le* **TABLEAU 2.3** *pour les constantes, p. 81.*)

★**2.70** Un mélange d'éthanol et de propan-1-ol a un comportement idéal à 36 °C, et il est à l'équilibre avec sa vapeur. Sachant que la fraction molaire de l'éthanol dans la solution est de 0,62, calculez sa fraction molaire dans la phase vapeur à cette température. (Les pressions de vapeur de l'éthanol pur et du propan-1-ol pur à 36 °C sont respectivement de 108 mm Hg et de 40,0 mm Hg.)

★**2.71** Dans le cas des solutions idéales, les volumes sont additifs. Cela signifie que, si l'on prépare une solution avec 5 mL de A et 5 mL de B, le volume de la solution obtenue est de 10 mL. Donnez une explication au niveau moléculaire de l'observation suivante: lorsque 500 mL d'éthanol, C_2H_5OH, sont mélangés à 500 mL d'eau, le volume final est inférieur à 1000 mL.

★**2.72** L'acide acétique est un acide faible qui s'ionise en solution selon l'équation suivante:

$$CH_3COOH(aq) \rightleftharpoons CH_3COO^-(aq) + H^+(aq)$$

Une solution à 0,106 mol/kg de CH_3COOH gèle à −0,203 °C. Quel est le pourcentage d'ionisation de cet acide, c'est-à-dire le pourcentage des molécules qui se sont ionisées ?

★ **2.73** L'acide acétique est une molécule polaire qui peut former des liaisons hydrogène avec des molécules d'eau. Elle est donc très soluble dans l'eau. Elle est aussi soluble dans le benzène, C_6H_6, un solvant non polaire qui n'a pas la possibilité de faire des ponts hydrogène. Une solution contenant 3,8 g de CH_3COOH dans 80,0 g de C_6H_6 a un point de congélation de 3,5 °C. Calculez la masse molaire du soluté, puis émettez une hypothèse quant à sa structure.

★ **2.74** Une solution contient deux liquides volatils A et B. Remplissez le tableau suivant dans lequel le symbole $\longleftrightarrow$ indique des forces d'attraction intermoléculaires.

(**Note :** Une déviation négative signifie que la pression de vapeur de la solution est inférieure à celle prédite selon la loi de Raoult. La proposition inverse est vraie pour une déviation positive.)

Forces d'attraction	Déviation à la loi de Raoult	ΔH_{dis}
A $\longleftrightarrow$ A, B $\longleftrightarrow$ B > A $\longleftrightarrow$ B		
	Négative	
		0

PROBLÈMES SPÉCIAUX

2.75 La désalinisation permet de retirer les sels de l'eau de mer. Rappelons (*voir la rubrique « Chimie en action – La désalinisation de l'eau de mer »*, p. 90) qu'il existe trois procédés principaux : la distillation, la congélation et l'osmose inverse. **a)** En vous inspirant de la **FIGURE 2.15** (*voir p. 84*), dessinez un schéma montrant comment produire l'osmose inverse. **b)** Quels sont les avantages et les inconvénients de l'osmose inverse si l'on compare ce procédé à ceux de la congélation et de la distillation ? **c)** Calculez la pression minimale (en kilopascals) qui devrait être appliquée à l'eau de mer à 25 °C pour pouvoir amorcer une désalinisation par osmose inverse. (Considérez que l'eau de mer est une solution de 0,70 mol/L en NaCl.)

2.76 Dans l'océan Antarctique, des poissons survivent en nageant dans de l'eau à environ −2,0 °C. **a)** Pour empêcher leur sang de geler, quelle doit être la concentration des solutés (en molalité) dans le sang ? Cette concentration est-elle plausible sur le plan physiologique ? **b)** Des scientifiques ont trouvé une sorte de protéine spéciale dans le sang de ces poissons qui, même présente en faible concentration ($\leq 0,001$ mol/kg), a la propriété d'empêcher le sang de geler. Donnez une explication de cet effet protecteur.

2.77 Des liquides A (masse molaire de 100 g/mol) et B (masse molaire de 110 g/mol) forment une solution idéale. À 55 °C, le liquide A a une pression de vapeur égale à 95 mm Hg et le liquide B a une pression de vapeur égale à 42 mm Hg. Une solution est préparée en mélangeant des masses égales de A et de B. **a)** Calculez la fraction molaire de chacun des constituants dans la solution. **b)** Calculez la pression partielle de A et de B au-dessus de la solution à 55 °C.

c) En supposant qu'une partie de la vapeur décrite en b) soit condensée en liquide dans un contenant séparé, calculez la fraction molaire de chacun des constituants dans le liquide et leur pression de vapeur respective au-dessus de ce liquide à 55 °C.

2.78 Un mélange de deux liquides A et B se comporte de façon idéale. À 84 °C, la pression de vapeur totale d'une solution contenant 1,2 mol de A et 2,3 mol de B est égale à 331 mm Hg. Après l'addition d'une mole supplémentaire de B à la solution, la pression totale augmente à 347 mm Hg. Déterminez les pressions de vapeur des liquides purs à 84 °C.

2.79 À 298 K, la pression osmotique d'une solution aqueuse de glucose ($C_6H_{12}O_6$) est égale à $1,06 \times 10^3$ kPa. Déterminez la température de congélation de la solution, sachant que la masse volumique de la solution est égale à 1,16 g/mL.

2.80 Le diagramme ci-dessous présente les courbes de tension de vapeur du benzène pur et d'une solution d'un soluté non volatil dans le benzène. Estimez la molalité de la solution de benzène.

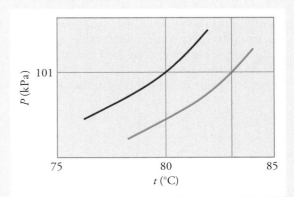

La vitesse des réactions chimiques varie considérablement d'une réaction à une autre. Par exemple, la conversion du graphite en diamant dans la croûte terrestre peut prendre des millions d'années, alors que des réactions explosives telles que celles de la dynamite ou du TNT surviennent en moins d'une fraction de seconde.

CHAPITRE

3

La cinétique chimique

Certaines définitions de base de la chimie ont été vues en détail dans *Chimie générale*, à savoir les propriétés des gaz, des liquides et des solides, les propriétés moléculaires et certains types de réactions. Les propriétés des solutions ont été examinées dans le chapitre 3 de *Chimie générale*. Le présent chapitre et les suivants vont traiter des relations et des lois qui gouvernent les réactions chimiques.

Est-il possible de prédire si une réaction chimique va se produire ou non et de quelle manière? Une fois amorcée, à quelle vitesse la réaction chimique se déroule-t-elle? Et, enfin, jusqu'où va-t-elle aller avant de s'arrêter? Les lois de la thermodynamique aident à répondre à la première de ces trois questions et elles seront abordées au chapitre 7. La cinétique chimique, dont il est question dans le présent chapitre, donne des réponses à la deuxième question relative aux vitesses des réactions chimiques. Dans les chapitres 4, 5 et 6, l'étude de l'équilibre chimique permettra de répondre à la troisième question.

OBJECTIFS D'APPRENTISSAGE

> Déterminer l'expression de la vitesse d'une réaction chimique ;

> Calculer la vitesse d'une réaction chimique ;

> Déterminer la loi de vitesse, la constante de vitesse et l'ordre d'une réaction chimique à l'aide de données expérimentales ;

> Calculer les concentrations des réactifs et des produits à partir de la loi de vitesse d'une réaction ;

> Prédire l'influence de différents facteurs sur la vitesse d'une réaction ;

> Appliquer l'équation d'Arrhenius ;

> Proposer des mécanismes réactionnels pour des réactions chimiques simples ;

> Différencier les types de catalyseurs et expliquer leur rôle dans une réaction chimique.

 CHIMIE EN LIGNE

Animation
- L'énergie d'activation (3.4)
- L'orientation des collisions (3.4)
- La catalyse (3.6)

Interaction
- Les lois de vitesse (3.2)
- Les mécanismes et les vitesses de réaction (3.5)

11-*cis* rétinal

Lumière

Tout-*trans* rétinal

Conversion du 11-*cis* rétinal en son isomère tout-*trans* sous l'effet de la lumière visible. Les sphères noires représentent les atomes de C, les sphères grises, les atomes de H et les sphères rouges, les atomes de O. Certains atomes de H ont été omis pour plus de clarté. Il convient de noter le changement de la position relative des deux atomes d'hydrogène appartenant chacun à des atomes de carbone adjacents.

La vision grâce à une réaction chimique très rapide

Depuis quelques années, des appareils électroniques et des lasers de plus en plus sophistiqués ont permis aux chimistes d'étudier des réactions extrêmement rapides, de l'ordre des picosecondes (10^{-12} s), et même des femtosecondes (10^{-15} s). La première étape de la vision est l'un des nombreux processus chimiques et biologiques qui se produisent à une telle vitesse.

Au fond de l'œil se trouvent plusieurs couches de cellules photosensibles, soit les bâtonnets et les cônes rétiniens. Ces cellules contiennent une substance appelée « rétinal », associée à des protéines appelées « opsines ». Ces associations ou complexes rétinal-opsine se nomment « rhodopsine » (responsable de la perception en noir et blanc) et « iodopsine » (responsable de la perception des couleurs).

En 1938, le scientifique allemand Selig Hecht découvrit qu'un seul photon suffisait pour exciter un bâtonnet. Vingt ans plus tard, le biochimiste américain George Wald démontra que la première étape de l'excitation optique est un processus d'isomérisation (*voir l'illustration ci-contre*).

Le rétinal est un composé complexe ayant un certain nombre d'isomères géométriques, mais seuls ses isomères tout-*trans* et 11-*cis* participent à la vision. Dans la rhodopsine, l'absorption d'un photon convertit (isomérise) le rétinal de configuration 11-*cis* en configuration tout-*trans* en quelques picosecondes. Ce changement géométrique modifie donc la structure tridimensionnelle du rétinal et déclenche le processus de vision par lequel une impulsion électrique est transmise au nerf optique et finalement au cerveau. C'est cette étape finale qui permet de « voir ».

Le rétinal provient de la transformation biochimique du rétinol, aussi appelé « vitamine A ». Cette vitamine essentielle est issue de l'alimentation, principalement de sources animales comme les foies et les produits laitiers. Certains fruits et légumes contiennent du bêta-carotène, un précurseur de la vitamine A. Le corps est capable de transformer le bêta-carotène en vitamine A.

Prétendre que manger des carottes est bon pour la vue est toutefois excessif. Si les carottes sont une bonne source de bêta-carotène qui contribue donc au maintien de la vision, elles ne sont pas les seuls végétaux alimentaires à posséder ces qualités. Il ne faut donc pas s'attendre à corriger un handicap visuel en mangeant beaucoup de carottes. Une carence en vitamine A est par contre susceptible d'affecter la vision nocturne. Ce symptôme est cependant assez rare, car le foie contient normalement de fortes réserves de vitamine A et il en régularise la concentration dans le sang.

3.1 La vitesse de réaction

La branche de la chimie qui s'intéresse à la vitesse à laquelle s'effectuent les réactions chimiques s'appelle **cinétique chimique**. Le terme «cinétique» signifie «mouvement ou changement»; au chapitre 4 de *Chimie générale*, l'énergie cinétique a été définie comme l'énergie associée au mouvement d'un objet. Cependant, ici, le terme «cinétique» a plutôt le sens de **vitesse de réaction**, c'est-à-dire la variation de la concentration d'un réactif ou d'un produit dans le temps. Les unités de la vitesse sont en $\dfrac{\text{mol/L}}{\text{s}}$ ou $\text{mol} \cdot \text{L}^{-1} \cdot \text{s}^{-1}$.

Il y a plusieurs raisons d'étudier les vitesses de réaction. D'abord, par curiosité, pour chercher à savoir pourquoi les réactions ont des vitesses si différentes. Certains phénomènes, comme les premières étapes de la vision et de la photosynthèse, se déroulent très rapidement, en l'espace de 10^{-6} à 10^{-12} s. Par contre, d'autres phénomènes, comme le durcissement du ciment et la conversion du graphite en diamant, peuvent nécessiter des années et même des millions d'années pour se produire. De plus, du point de vue pratique, l'étude des vitesses de réaction s'avère très utile dans plusieurs domaines: la conception et la synthèse de médicaments, le contrôle de la pollution et la préparation des aliments, entre autres. Pour les chimistes qui travaillent en milieu industriel, il est souvent beaucoup plus avantageux de parvenir à faire augmenter la vitesse d'une réaction plutôt que de chercher à en maximiser le rendement.

N'importe quelle réaction peut être représentée par l'équation générale suivante:

réactifs $\longrightarrow$ produits

Cette équation indique que, au cours de la réaction, des molécules de réactifs sont utilisées et des molécules de produits sont formées. Il est donc possible de suivre le déroulement d'une réaction en mesurant soit la diminution de la concentration des réactifs, soit l'augmentation de la concentration des produits.

La **FIGURE 3.1** illustre le déroulement d'une réaction simple durant laquelle des molécules de A sont transformées en molécules de B:

A $\longrightarrow$ B

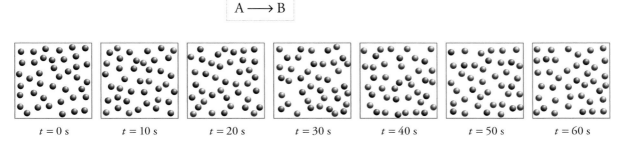

| $t = 0$ s | $t = 10$ s | $t = 20$ s | $t = 30$ s | $t = 40$ s | $t = 50$ s | $t = 60$ s |

FIGURE 3.1 ⊙

Déroulement d'une réaction

Le déroulement de la réaction A $\longrightarrow$ B est observé toutes les 10 s, sur une période de 60 s. Au départ, seules les molécules de A (sphères noires) sont présentes. Avec le temps, il y a formation de molécules de B (sphères rouges).

La diminution du nombre de molécules de A et l'augmentation du nombre de molécules de B par unité de temps sont illustrées à la **FIGURE 3.2** (*voir p. 112*). En général, il est plus commode d'exprimer cette vitesse en fonction de la variation de la concentration par unité de temps. On peut alors exprimer la vitesse de la réaction précédente de la façon suivante :

$$\text{vitesse} = -\frac{\Delta[A]}{\Delta t} \quad \text{ou} \quad \text{vitesse} = \frac{\Delta[B]}{\Delta t}$$

où $\Delta[A]$ et $\Delta[B]$ sont les variations des concentrations (en moles par litre) dans un intervalle de temps donné (Δt). Puisque la concentration de A diminue avec le temps, la valeur de $\Delta[A]$ est négative. Comme la vitesse d'une réaction est une grandeur positive, il faut donc attribuer un signe négatif à l'expression pour que la vitesse soit positive. Par contre, pour la vitesse de formation des produits, l'expression ne nécessite pas de signe négatif, car la valeur de $\Delta[B]$ est positive (la concentration de B augmente avec le temps). Ces vitesses sont des **vitesses moyennes** parce qu'elles sont des moyennes obtenues à partir de données prises durant un certain intervalle de temps Δt.

FIGURE 3.2

Vitesse de réaction

La vitesse de la réaction A ⟶ B est représentée par la diminution du nombre de molécules de A et par l'augmentation du nombre de molécules de B en fonction du temps.

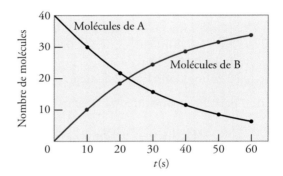

Afin de déterminer expérimentalement la vitesse d'une réaction, il faut mesurer la concentration d'un réactif (ou d'un produit) en fonction du temps. Dans le cas de réactions en solution, la concentration d'une espèce peut facilement se mesurer à l'aide de méthodes spectroscopiques. En outre, s'il y a variation de la concentration d'ions, les variations de concentration peuvent être mesurées dans une cellule à conductance permettant d'évaluer la concentration d'un électrolyte par des mesures de courant. Quant aux réactions mettant en jeu des gaz, il est facile de les suivre par des mesures de pression. Voici deux réactions particulières, chacune nécessitant une méthode différente de mesure de vitesse.

3.1.1 La détermination expérimentale de la vitesse d'une réaction
La réaction entre le brome moléculaire et l'acide formique

En solution aqueuse, le brome moléculaire réagit ainsi avec l'acide formique, HCOOH :

$$Br_2(aq) + HCOOH(aq) \longrightarrow 2Br^-(aq) + 2H^+(aq) + CO_2(g)$$

Le brome moléculaire est brun rouge ; toutes les autres espèces participant à la réaction sont incolores. À mesure que la réaction se déroule, la concentration de Br_2 diminue régulièrement, et la couleur s'estompe (*voir la* **FIGURE 3.3**). Donc, la variation de la concentration (observable par la variation de l'intensité de la couleur) dans le temps peut être suivie avec un spectrophotomètre, lequel enregistre la quantité de lumière visible absorbée par le brome (*voir la* **FIGURE 3.4**).

FIGURE 3.3 ⊙

Suivi d'une réaction par un changement de couleur

La diminution de la concentration du brome en fonction du temps s'observe par une perte progressive de la couleur (de gauche à droite).

On peut mesurer le changement (diminution) de la concentration de brome en mesurant la concentration à un moment initial donné, puis effectuer une autre mesure de concentration, appelée « concentration finale », à un moment ultérieur.

Ces mesures permettent de déterminer la vitesse moyenne de la réaction durant cet intervalle de temps :

$$\text{vitesse moyenne} = -\frac{\Delta[Br_2]}{\Delta t}$$
$$= -\frac{[Br_2]_{\text{finale}} - [Br_2]_{\text{initiale}}}{t_{\text{final}} - t_{\text{initial}}}$$

Les deux premières lignes de données du **TABLEAU 3.1** permettent de calculer la vitesse moyenne durant les 50 premières secondes ainsi :

$$\text{vitesse moyenne} = -\frac{(0,0101 \text{ mol/L} - 0,0120 \text{ mol/L})}{50,0 \text{ s}} = 3,80 \times 10^{-5} \frac{\text{mol/L}}{\text{s}}$$

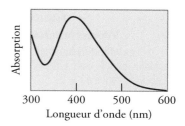

FIGURE 3.4

Courbe d'absorption du brome en fonction des longueurs d'onde

L'absorption maximale de la lumière visible par le brome a lieu à 393 nm. En cours de réaction, l'absorption, qui est proportionnelle à $[Br_2]$, décroît avec le temps, ce qui indique une diminution de la concentration de brome.

TABLEAU 3.1 > Vitesses de réaction entre le brome moléculaire et l'acide formique à 25 °C

Temps (s)	$[Br_2]$	Vitesse $\left(\dfrac{\text{mol/L}}{\text{s}}\right)$	$k = \dfrac{\text{vitesse}}{[Br_2]}$ (s^{-1})
0,0	0,0120	$4,20 \times 10^{-5}$	$3,50 \times 10^{-3}$
50,0	0,0101	$3,52 \times 10^{-5}$	$3,49 \times 10^{-3}$
100,0	0,008 46	$2,96 \times 10^{-5}$	$3,50 \times 10^{-3}$
150,0	0,007 10	$2,49 \times 10^{-5}$	$3,51 \times 10^{-3}$
200,0	0,005 96	$2,09 \times 10^{-5}$	$3,51 \times 10^{-3}$
250,0	0,005 00	$1,75 \times 10^{-5}$	$3,50 \times 10^{-3}$
300,0	0,004 20	$1,48 \times 10^{-5}$	$3,52 \times 10^{-3}$
350,0	0,003 53	$1,23 \times 10^{-5}$	$3,48 \times 10^{-3}$
400,0	0,002 96	$1,04 \times 10^{-5}$	$3,51 \times 10^{-3}$

Par contre, si l'on choisit les 100 premières secondes comme intervalle de temps, selon la troisième ligne de données, la vitesse moyenne est :

$$\text{vitesse moyenne} = -\frac{(0,008\ 46 \text{ mol/L} - 0,0120 \text{ mol/L})}{100,0 \text{ s}} = 3,54 \times 10^{-5} \frac{\text{mol/L}}{\text{s}}$$

Ces calculs démontrent que la vitesse moyenne de la réaction dépend de l'intervalle de temps choisi.

En calculant la vitesse moyenne sur des périodes de temps de plus en plus courtes, on peut obtenir la vitesse à un moment donné ; c'est la **vitesse instantanée** de la réaction. La **FIGURE 3.5** (*voir p. 114*) montre la variation de $[Br_2]$ en fonction du temps, d'après les données du **TABLEAU 3.1**. Graphiquement, la vitesse instantanée, par exemple 100 s après le début de la réaction, est donnée par la pente de la tangente à la courbe à cet instant. La vitesse instantanée à tout autre moment se détermine de manière semblable. Il est à noter que la vitesse instantanée déterminée de cette manière aura toujours la même valeur pour les mêmes concentrations de réactifs, pourvu que la température soit maintenue constante. Il n'est pas nécessaire de se demander quel intervalle de temps choisir. À moins d'avis contraire, il sera dorénavant entendu que, lorsqu'il est question de vitesse, il s'agit de vitesse instantanée.

FIGURE 3.5 ⊘

Vitesses instantanées

Les vitesses instantanées de la réaction entre le brome moléculaire et l'acide formique à $t = 100$ s, 200 s et 300 s sont données par les pentes des tangentes (les droites qui touchent la courbe) à ces temps.

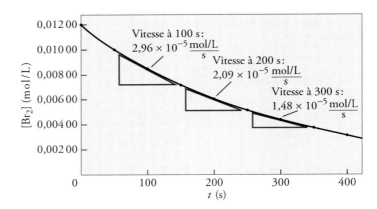

La vitesse de la réaction entre le brome et l'acide formique dépend aussi de la concentration de ce dernier. Cependant, avec l'ajout d'un grand excès d'acide formique au mélange réactionnel, il est certain que la concentration de l'acide formique demeurera presque constante tout au long de la réaction. Dans ces conditions, un changement de la quantité d'acide formique n'aura pas d'effet sur la vitesse mesurée.

L'effet de la concentration du brome sur la vitesse de réaction se déduit des données du **TABLEAU 3.1** (*voir p. 113*). Voici ce que l'on observe si l'on compare les concentrations de brome et les vitesses de réaction à $t = 50$ s et $t = 250$ s. À $t = 50$, la concentration de brome est de 0,0101 mol/L, et la vitesse de réaction est de $3,52 \times 10^{-5}$ mol $\cdot$ L$^{-1} \cdot$ s^{-1}. À $t = 250$ s, la concentration du brome est de 0,005 00 mol/L, et la vitesse de réaction est de $1,75 \times 10^{-5}$ mol $\cdot$ L$^{-1} \cdot$ s^{-1}. La concentration à $t = 50$ s est le double de la concentration à $t = 250$ s (0,0101 mol/L *versus* 0,005 00 mol/L), et la vitesse de réaction à $t = 50$ s est le double de celle à $t = 250$ s ($3,52 \times 10^{-5}$ mol $\cdot$ L$^{-1} \cdot$ s^{-1} *versus* $1,75 \times 10^{-5}$ mol $\cdot$ L$^{-1} \cdot$ s^{-1}). Ainsi, si la concentration du brome est doublée, la vitesse de réaction double elle aussi. La vitesse est donc directement proportionnelle à la concentration de Br$_2$:

$$\text{vitesse} \propto [Br_2]$$
$$\text{vitesse} = k[Br_2]$$

Le terme k s'appelle **constante de vitesse**, une constante de proportionnalité entre la vitesse de réaction et les concentrations des réactifs. Cette relation de proportionnalité directe entre la concentration du Br$_2$ et la vitesse devient encore plus évidente avec la mise en graphe des données.

La **FIGURE 3.6** montre la variation de la vitesse en fonction de la concentration de Br$_2$. Le fait que ce graphe est une droite indique que la vitesse est directement proportionnelle à la concentration de brome. Plus la concentration est élevée, plus la vitesse est grande. L'équation précédente devient :

$$k = \frac{\text{vitesse}}{[Br_2]}$$

Puisque la vitesse de réaction comporte les unités mol $\cdot$ L$^{-1} \cdot$ s^{-1} et [Br$_2$], les unités mol/L, les dimensions de k sont de 1/s ou s^{-1} dans ce cas-ci. Il est important de noter que k ne subit pas l'influence de la concentration de Br$_2$. Certes, la vitesse est plus grande à forte concentration et plus petite à faible concentration, mais le rapport vitesse/[Br$_2$] est constant pourvu que la température ne change pas.

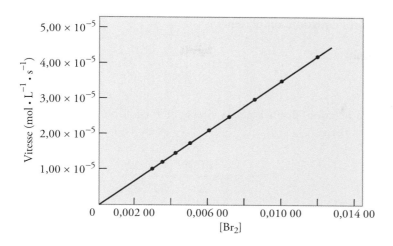

FIGURE 3.6

Graphe de la vitesse en fonction de la concentration du brome moléculaire pour la réaction entre le brome et l'acide formique

La relation linéaire obtenue indique une proportionnalité directe entre la vitesse et la concentration du brome moléculaire. La pente de la droite est égale à *k*.

Il est possible de calculer la constante de vitesse pour cette réaction à l'aide des données du **TABLEAU 3.1** (*voir p. 113*). En prenant les données pour *t* = 50 s, on a :

$$k = \frac{\text{vitesse}}{[Br_2]}$$
$$= \frac{3,52 \times 10^{-5}\,\text{mol} \cdot \text{L}^{-1} \cdot \text{s}^{-1}}{0,0101\,\text{mol/L}} = 3,49 \times 10^{-3}\,\text{s}^{-1}$$

Ici, les données peuvent être utilisées à tout moment pour le calcul de *k*. Les petites variations de *k* qui apparaissent dans le tableau sont attribuables aux incertitudes des valeurs expérimentales. La valeur la plus représentative serait celle de la pente moyenne obtenue à l'aide de calculs statistiques.

La décomposition du peroxyde d'hydrogène

Si l'un des réactifs ou des produits est un gaz, on peut mesurer les variations de la pression à l'aide d'un manomètre pour déterminer la vitesse de la réaction. L'exemple de la décomposition du peroxyde d'hydrogène illustre cette méthode :

$$2H_2O_2(l) \longrightarrow 2H_2O(l) + O_2(g)$$

Dans ce cas, la vitesse de la décomposition est facile à déterminer : il suffit de mesurer la vitesse de formation de l'oxygène à l'aide d'un manomètre (*voir la* **FIGURE 3.7**). On peut alors facilement convertir la pression de l'oxygène en concentration grâce à l'équation des gaz parfaits (*voir l'équation 4.8 de* Chimie générale) :

$$PV = nRT$$

ou :

$$P = \frac{n}{V}RT = [O_2]RT$$

où *n/V* = *C* = [O$_2$], la concentration molaire de l'oxygène gazeux.

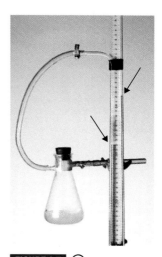

FIGURE 3.7

Mesure de la vitesse

La vitesse de décomposition du peroxyde d'hydrogène peut se mesurer à l'aide d'un manomètre, qui indique l'augmentation de la pression de l'oxygène dans le temps. Les flèches indiquent les niveaux de mercure dans le tube en U.

En réarrangeant l'équation, on obtient :

$$[O_2] = \frac{1}{RT}\,P$$

La vitesse de la réaction, donnée par la vitesse de formation de l'oxygène, peut maintenant s'exprimer ainsi :

$$\text{vitesse} = \frac{\Delta[O_2]}{\Delta t} = \frac{1}{RT}\frac{\Delta P}{\Delta t}$$

La **FIGURE 3.8** montre l'accroissement de la pression d'oxygène avec le temps ainsi que la détermination de la vitesse instantanée à 400 min. Afin d'exprimer la vitesse dans les unités habituelles $(\text{mol} \cdot \text{L}^{-1} \cdot \text{s}^{-1})$, il faut convertir les mm de Hg/min en kPa/s, puis multiplier la pente de la tangente $(\Delta P/\Delta t)$ par $1/RT$, comme indiqué dans l'équation précédente.

FIGURE 3.8 ⊘

Vitesse instantanée pour la décomposition du peroxyde d'hydrogène

Pour la décomposition du peroxyde d'hydrogène à 400 min, la vitesse instantanée est donnée par la pente de la tangente à cet instant, multipliée par 1/*RT*.

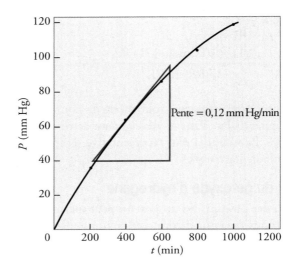

3.1.2 Les vitesses de réaction et la stœchiométrie

Comme il a été vu pour des réactions avec des stœchiométries simples du type $A \longrightarrow B$, la vitesse peut s'exprimer soit par la diminution de la concentration du réactif dans le temps, $-\Delta[A]/\Delta t$, soit par l'accroissement de la concentration du produit dans le temps, $\Delta[B]/\Delta t$. Dans le cas de réactions plus complexes, il faut faire attention en écrivant les équations de vitesse. Soit la réaction suivante :

$$2A \longrightarrow B$$

Deux moles de A disparaissent pour chaque mole de B formée ; c'est dire que A disparaît deux fois plus vite que B apparaît. La vitesse s'exprime donc de l'une des deux façons suivantes :

$$\text{vitesse} = -\frac{1}{2}\frac{\Delta[A]}{\Delta t} \;\text{ou vitesse} = \frac{\Delta[B]}{\Delta t}$$

En général, pour la réaction:

$$a\text{A} + b\text{B} \longrightarrow c\text{C} + d\text{D}$$

la vitesse est donnée par:

$$\text{vitesse} = -\frac{1}{a}\frac{\Delta[\text{A}]}{\Delta t} = -\frac{1}{b}\frac{\Delta[\text{B}]}{\Delta t} = \frac{1}{c}\frac{\Delta[\text{C}]}{\Delta t} = \frac{1}{d}\frac{\Delta[\text{D}]}{\Delta t}$$

La vitesse d'une réaction ne dépend donc pas du réactif ou du produit utilisé pour l'exprimer; elle est la variation de la concentration d'une espèce donnée divisée par son coefficient stœchiométrique dans l'équation équilibrée.

EXEMPLE 3.1   L'écriture des expressions de la vitesse

Pour chacune des réactions suivantes, écrivez l'expression de la vitesse en fonction de la disparition des réactifs et de l'apparition des produits:

a) $\text{I}^-(aq) + \text{OCl}^-(aq) \longrightarrow \text{Cl}^-(aq) + \text{OI}^-(aq)$

b) $3\text{O}_2(g) \longrightarrow 2\text{O}_3(g)$

c) $4\text{NH}_3(g) + 5\text{O}_2(g) \longrightarrow 4\text{NO}(g) + 6\text{H}_2\text{O}(g)$

DÉMARCHE

Pour exprimer la vitesse de réaction par le changement de la concentration d'un réactif ou d'un produit dans le temps, il faut indiquer le bon signe (négatif ou positif) et utiliser l'inverse mathématique de son coefficient stœchiométrique.

SOLUTION

a) Puisque chaque coefficient stœchiométrique est égal à 1:

$$\text{vitesse} = -\frac{\Delta[\text{I}^-]}{\Delta t} = -\frac{\Delta[\text{OCl}^-]}{\Delta t} = \frac{\Delta[\text{Cl}^-]}{\Delta t} = \frac{\Delta[\text{OI}^-]}{\Delta t}$$

b) Ici, les coefficients sont 3 et 2, alors:

$$\text{vitesse} = -\frac{1}{3}\frac{\Delta[\text{O}_2]}{\Delta t} = \frac{1}{2}\frac{\Delta[\text{O}_3]}{\Delta t}$$

c) Pour cette réaction:

$$\text{vitesse} = -\frac{1}{4}\frac{\Delta[\text{NH}_3]}{\Delta t} = -\frac{1}{5}\frac{\Delta[\text{O}_2]}{\Delta t} = \frac{1}{4}\frac{\Delta[\text{NO}]}{\Delta t} = \frac{1}{6}\frac{\Delta[\text{H}_2\text{O}]}{\Delta t}$$

EXERCICE E3.1

Problème semblable ⊕

3.1

Écrivez l'expression de la vitesse de réaction en fonction des réactifs et des produits pour:

$$\text{CH}_4(g) + 2\text{O}_2(g) \longrightarrow \text{CO}_2(g) + 2\text{H}_2\text{O}(g)$$

EXEMPLE 3.2 Les calculs de vitesses à partir des expressions de la vitesse

Soit la réaction :

$$4NO_2(g) + O_2(g) \longrightarrow 2N_2O_5(g)$$

Supposons que, à un moment donné durant cette réaction, le dioxygène réagit à une vitesse de 0,024 mol · L^{-1} · s^{-1}. **a)** À quelle vitesse le N_2O_5 se forme-t-il ? **b)** Quelle est la vitesse de réaction du NO_2 ?

DÉMARCHE

Pour calculer la vitesse de formation de N_2O_5 et celle de la disparition de NO_2, il faut exprimer la vitesse de réaction en tenant compte des coefficients stœchiométriques, comme dans l'**EXEMPLE 3.1** (*voir p. 117*) :

$$\text{vitesse} = -\frac{1}{4}\frac{\Delta[NO_2]}{\Delta t} = -\frac{\Delta[O_2]}{\Delta t} = \frac{1}{2}\frac{\Delta[N_2O_5]}{\Delta t}$$

On sait que :

$$\frac{\Delta[O_2]}{\Delta t} = -0,024\,\frac{\text{mol/L}}{\text{s}}$$

où le signe « – » indique que la concentration de O_2 diminue dans le temps.

SOLUTION

a) De l'expression précédente de la vitesse, on a :

$$-\frac{\Delta[O_2]}{\Delta t} = \frac{1}{2}\frac{\Delta[N_2O_5]}{\Delta t}$$

Alors :

$$\frac{\Delta[N_2O_5]}{\Delta t} = -2\left(-0,024\,\frac{\text{mol/L}}{\text{s}}\right) = 0,048\,\frac{\text{mol/L}}{\text{s}}$$

b) Ici nous avons :

$$-\frac{1}{4}\frac{\Delta[NO_2]}{\Delta t} = -\frac{\Delta[O_2]}{\Delta t}$$

d'où :

$$\frac{\Delta[NO_2]}{\Delta t} = 4\left(-0,024\,\frac{\text{mol/L}}{\text{s}}\right) = -0,096\,\frac{\text{mol/L}}{\text{s}}$$

⊕ **Problème semblable**

3.2

EXERCICE E3.2

Soit la réaction :

$$4PH_3(g) \longrightarrow P_4(g) + 6H_2(g)$$

Supposons qu'à un moment donné durant la réaction, il y a formation de dihydrogène à une vitesse de 0,078 mol · L^{-1} · s^{-1}. **a)** À quelle vitesse P_4 est-il formé ? **b)** Quelle est la vitesse de transformation de PH_3 ?

QUESTIONS de révision

1. Qu'entend-on par « vitesse d'une réaction chimique » ?

2. Quelles sont les unités utilisées pour exprimer la vitesse de réaction ?

3. Nommez deux réactions très lentes (dont le déroulement prend des jours ou davantage) et deux réactions très rapides (dont le déroulement prend seulement quelques minutes ou quelques secondes).

3.2 Les lois de vitesse

L'étude de méthodes expérimentales de détermination de vitesses de réaction a permis de voir que la vitesse d'une réaction est proportionnelle à la concentration des réactifs et que la constante de proportionnalité k s'appelle « constante de vitesse ». La **loi de vitesse** est l'expression qui relie la vitesse d'une réaction à la constante de vitesse et aux concentrations des réactifs. Pour la réaction générale suivante :

$$a\text{A} + b\text{B} \longrightarrow c\text{C} + d\text{D}$$

la loi de vitesse prend la forme :

$$v = k[\text{A}]^x[\text{B}]^y \tag{3.1}$$

Si l'on connaît les valeurs de k, de x et de y ainsi que les concentrations de A et de B, il est possible d'utiliser la loi de vitesse pour calculer la vitesse de la réaction. Comme celle de k, les valeurs de x et de y doivent être déterminées expérimentalement. Il est à noter qu'en général les valeurs de x et de y ne sont pas égales aux valeurs des coefficients stœchiométriques a et b.

Les exposants x et y indiquent respectivement les relations entre les concentrations des réactifs A et B et la vitesse de réaction. Additionnés ensemble, ils donnent l'**ordre global** (ou **total**) **de réaction**, défini comme la somme des exposants de toutes les concentrations en jeu dans l'expression de la loi de vitesse. Dans le cas de l'équation 3.1, l'ordre global de la réaction est donné par $x + y$. On peut dire également que cette réaction est du x-ième ordre par rapport à A, du y-ième ordre par rapport à B et du $(x + y)$-ième ordre global. L'**ordre de réaction** (ou **ordre partiel de réaction**) est alors l'exposant de la concentration de l'un des réactifs dans la loi de vitesse. Si un seul réactif est impliqué dans l'expression de la loi de vitesse, l'ordre global est alors égal à l'ordre de réaction.

L'exemple de la réaction entre le fluor et le dioxyde de chlore illustre la façon de déterminer la loi de vitesse d'une réaction :

$$\text{F}_2(g) + 2\text{ClO}_2(g) \longrightarrow 2\text{FClO}_2(g)$$

CHIMIE EN LIGNE

Interaction
• Les lois de vitesse

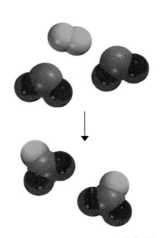

$\text{F}_2(g) + 2\text{ClO}_2(g) \longrightarrow 2\text{FClO}_2(g)$

Une façon d'étudier l'effet de la concentration des réactifs sur la vitesse d'une réaction est de déterminer la relation entre la vitesse initiale et les concentrations initiales. En général, il est préférable de mesurer les vitesses initiales car, à mesure que la réaction se déroule, les concentrations des réactifs diminuent : il devient alors difficile de mesurer les variations précisément. De plus, il est possible que la réaction inverse :

$$\text{produits} \longrightarrow \text{réactifs}$$

se produise, ce qui peut fausser la mesure de la vitesse, car la vitesse dépendrait aussi de la concentration du produit. Ces deux complications n'existent pratiquement pas au début de la réaction.

Le **TABLEAU 3.2** montre trois mesures de vitesses initiales dans le cas de la réaction :

$$F_2(g) + 2ClO_2(g) \longrightarrow 2FClO_2(g)$$

TABLEAU 3.2 > **Quelques mesures de vitesses de la réaction entre F_2 et ClO_2**

Expérience	$[F_2]$	$[ClO_2]$	Vitesse initiale $\left(\dfrac{mol/L}{s}\right)$
1	0,10	0,010	$1,2 \times 10^{-3}$
2	0,10	0,040	$4,8 \times 10^{-3}$
3	0,20	0,010	$2,4 \times 10^{-3}$

La comparaison des données 1 et 3 permet de constater que doubler $[F_2]$ pendant que $[ClO_2]$ reste constante fait doubler la vitesse. Puisque la concentration de ClO_2 reste constante durant ces deux expériences, le changement de vitesse ne peut être causé que par le changement de la concentration de F_2. La vitesse est donc directement proportionnelle à $[F_2]$. Pourtant, la comparaison des données 1 et 2 montre que quadrupler $[ClO_2]$ en gardant $[F_2]$ constante fait quadrupler la vitesse également. Donc, la vitesse est aussi directement proportionnelle à $[ClO_2]$. Ces observations peuvent être résumées par la loi de vitesse :

$$v = k[F_2][ClO_2]$$

Parce que $[F_2]$ et $[ClO_2]$ sont toutes deux élevées à la puissance un, la réaction est d'ordre un par rapport à F_2, d'ordre un par rapport à ClO_2 et d'ordre global deux. Il est à noter que $[ClO_2]$ est élevée à la puissance un alors que son coefficient stœchiométrique dans l'équation globale est égal à deux. L'égalité de l'ordre de réaction (un) et du coefficient de l'équation globale (un) pour F_2 est une simple coïncidence dans ce cas.

Les concentrations des réactifs et la vitesse initiale permettent aussi de calculer la constante de vitesse. Avec les données de la première expérience du **TABLEAU 3.2**, on peut écrire :

$$
\begin{aligned}
k &= \frac{\text{vitesse}}{[F_2][ClO_2]} \\[2mm]
&= \frac{1,2 \times 10^{-3}\,mol \cdot L^{-1} \cdot s^{-1}}{(0,10\ mol/L)(0,010\ mol/L)} \\[2mm]
&= \frac{1,2}{(mol/L)(s)} = 1,2\ L \cdot mol^{-1} \cdot s^{-1}
\end{aligned}
$$

L'ordre de la réaction permet de comprendre comment la réaction dépend des concentrations des réactifs. Si, pour la réaction générale $a\text{A} + b\text{B} \longrightarrow c\text{C} + d\text{D}$, on a $x = 1$ et $y = 2$, la loi de vitesse pour cette réaction (selon l'équation 3.1) est :

$$\text{vitesse} = k[\text{A}][\text{B}]^2$$

La réaction est d'ordre un par rapport à A, d'ordre deux par rapport à B et d'ordre global $(1 + 2)$ ou trois. En revanche, soit initialement $[\text{A}] = 1,0$ mol/L et $[\text{B}] = 1,0$ mol/L. La loi de vitesse dit que si la concentration de A double (de 1,0 mol/L à 2,0 mol/L) avec $[\text{B}]$ qui reste constante, la vitesse de la réaction double également :

$$
\begin{aligned}
\text{pour } [\text{A}] = 1,0 \text{ mol/L} \quad v_1 &= k(1,0 \text{ mol/L})(1,0 \text{ mol/L})^2 \\
&= k \cdot 1,0 \ (\text{mol/L})^3 \\
\text{pour } [\text{A}] = 2,0 \text{ mol/L} \quad v_2 &= k \cdot (2,0 \text{ mol/L})(1,0 \text{ mol/L})^2 \\
&= k \cdot 2,0 \ (\text{mol/L})^3 \\
\text{et} \qquad \frac{v_2}{v_1} &= \frac{k \cdot 2,0 \ (\text{mol/L})^3}{k \cdot 1,0 \ (\text{mol/L})^3} = 2,0
\end{aligned}
$$

Donc :

$$v_2 = 2v_1$$

Par ailleurs, si la concentration de B double (de 1 mol/L à 2 mol/L) et que $[\text{A}]$ reste constante, la vitesse augmentera d'un facteur 4 à cause de l'exposant 2 :

$$
\begin{aligned}
\text{pour } [\text{B}] = 1,0 \text{ mol/L} \quad v_1 &= k(1,0 \text{ mol/L})(1,0 \text{ mol/L})^2 \\
&= k \cdot 1,0 \ (\text{mol/L})^3 \\
\text{pour } [\text{B}] = 2,0 \text{ mol/L} \quad v_2 &= k(1,0 \text{ mol/L})(2,0 \text{ mol/L})^2 \\
&= k \cdot 4,0 \ (\text{mol/L})^3
\end{aligned}
$$

Donc :

$$v_2 = 4v_1$$

Si, pour une réaction donnée, $x = 0$ et $y = 1$, la loi de vitesse devient :

$$
\begin{aligned}
v &= k[\text{A}]^0[\text{B}] \\
&= k[\text{B}]
\end{aligned}
$$

NOTE

Un ordre de réaction de zéro ne signifie pas que la vitesse de la réaction est nulle. Il est également possible d'obtenir un ordre fractionnaire.

La réaction est d'ordre zéro par rapport à A, d'ordre un par rapport à B et d'ordre global un. Donc, la vitesse de cette réaction est indépendante de la concentration de A.

3.2.1 La détermination expérimentale des lois de vitesse

Si une réaction ne met en jeu qu'un seul réactif, il est facile de déduire la loi de vitesse en mesurant la vitesse initiale de la réaction en fonction de la concentration du réactif. Par exemple, si la vitesse double quand la concentration du réactif double, la réaction est d'ordre un par rapport au réactif; si la vitesse quadruple quand la concentration double, la réaction est d'ordre deux par rapport au réactif.

Dans le cas d'une réaction qui met en jeu plus d'un réactif, il est possible de déduire la loi de vitesse en déterminant l'effet sur la vitesse de la concentration de chaque réactif. On garde constantes les concentrations de tous les réactifs sauf un; on observe alors la vitesse de la réaction en fonction de la variation de la concentration du réactif isolé. Tout changement de vitesse ne peut être causé que par des changements dus à cette substance, et cela permet d'établir l'ordre de la réaction par rapport à ce réactif particulier. La même méthode est appliquée avec le réactif suivant, et ainsi de suite. Cette méthode est appelée « méthode d'isolation ».

> **NOTE**
>
> La méthode générale expliquée ici est la même que celle déjà utilisée dans le cas de l'exemple particulier décrit au **TABLEAU 3.2** (*voir p. 120*).

EXEMPLE 3.3   La détermination de la loi de vitesse et le calcul de la constante de vitesse d'une réaction

La réaction de l'oxyde nitrique avec l'hydrogène à 1280 °C est:

$$2NO(g) + 2H_2(g) \longrightarrow N_2(g) + 2H_2O(g)$$

D'après les données suivantes, déterminez: **a)** la loi de vitesse de cette réaction; **b)** la constante de vitesse; **c)** la vitesse de réaction quand $[NO] = 12,0 \times 10^{-3}$ mol/L et $[H_2] = 6,0 \times 10^{-3}$ mol/L.

Expérience	$[NO]_{initiale}$	$[H_2]_{initiale}$	Vitesse initiale (mol $\cdot$ L^{-1} $\cdot$ s^{-1})
1	$5,0 \times 10^{-3}$	$2,0 \times 10^{-3}$	$1,3 \times 10^{-5}$
2	$10,0 \times 10^{-3}$	$2,0 \times 10^{-3}$	$5,0 \times 10^{-5}$
3	$10,0 \times 10^{-3}$	$4,0 \times 10^{-3}$	$10,0 \times 10^{-5}$

DÉMARCHE

On nous demande de déterminer la loi de vitesse de réaction et la constante de vitesse à partir de données expérimentales de concentrations initiales et de vitesses initiales. Supposons que la loi de vitesse a la forme suivante:

$$v = k[NO]^x[H_2]^y$$

Comment faut-il utiliser ces données pour déterminer les valeurs de x et de y? Une fois ces valeurs connues, il sera possible de calculer k avec l'une ou l'autre des données de concentrations et de la vitesse correspondante. Finalement, cette loi de vitesse maintenant connue nous permettra de calculer la vitesse pour n'importe lesquelles des concentrations de NO et de H_2.

SOLUTION

a) Les expériences 1 et 2 indiquent que, si l'on double la concentration de NO et que celle de H_2 reste constante, la vitesse quadruple. Écrivons le rapport des vitesses selon ces deux expériences:

$$\frac{v_2}{v_1} = \frac{5,0 \times 10^{-5}\,\text{mol} \cdot \text{L}^{-1} \cdot \text{s}^{-1}}{1,3 \times 10^{-5}\,\text{mol} \cdot \text{L}^{-1} \cdot \text{s}^{-1}} \approx 4 = \frac{k(10,0 \times 10^{-3}\,\text{mol/L})^x(2,0 \times 10^{-3}\,\text{mol/L})^y}{k(5,0 \times 10^{-3}\,\text{mol/L})^x(2,0 \times 10^{-3}\,\text{mol/L})^y}$$

▶

ou, après simplification :

$$4 = \frac{(10,0 \times 10^{-3}\,\text{mol/L})^x}{(5,0 \times 10^{-3}\,\text{mol/L})^x} = 2^x$$

donc $x = 2$, c'est-à-dire que la réaction est d'ordre deux au regard de NO. Par contre, les données expérimentales 2 et 3 indiquent que le fait de doubler la concentration de H_2 fait doubler la vitesse. Ici, le rapport des vitesses est :

$$\frac{v_3}{v_2} = \frac{10,0 \times 10^{-5}\,\text{mol}\cdot\text{L}^{-1}\cdot\text{s}^{-1}}{5,0 \times 10^{-5}\,\text{mol}\cdot\text{L}^{-1}\cdot\text{s}^{-1}} = 2 = \frac{k(10,0 \times 10^{-3}\,\text{mol/L})^x(4,0 \times 10^{-3}\,\text{mol/L})^y}{k(10,0 \times 10^{-3}\,\text{mol/L})^x(2,0 \times 10^{-3}\,\text{mol/L})^y}$$

ou, après simplification :

$$2 = \frac{(4,0 \times 10^{-3}\,\text{mol/L})^y}{(2,0 \times 10^{-3}\,\text{mol/L})^y} = 2^y$$

donc $y = 1$, c'est-à-dire que la réaction est d'ordre un au regard de H_2. On peut finalement conclure que :

$$\text{vitesse} = k[\text{NO}]^2[H_2]$$

et que cette réaction est d'ordre $(1 + 2)$, donc d'ordre global trois.

b) La constante de vitesse k peut être calculée en utilisant l'une ou l'autre des lignes de données. Réécrivons d'abord la loi de vitesse en isolant k :

$$k = \frac{\text{vitesse}}{[\text{NO}]^2[H_2]}$$

Selon les données de la ligne 2 :

$$k = \frac{5,0 \times 10^{-5}\,\text{mol}\cdot\text{L}^{-1}\cdot\text{s}^{-1}}{(10,0 \times 10^{-3}\,\text{mol/L})^2(2,0 \times 10^{-3}\,\text{mol/L})}$$

$$= 2,5 \times 10^2\,\text{L}^2\cdot\text{mol}^{-2}\cdot\text{s}^{-1}$$

c) D'après la valeur de k et des concentrations de NO et de H_2, on peut écrire :

$$\text{vitesse} = (2,5 \times 10^2\,\text{L}^2\cdot\text{mol}^{-2}\cdot\text{s}^{-1})(12,0 \times 10^{-3}\,\text{mol/L})^2(6,0 \times 10^{-3}\,\text{mol/L})$$

$$= 2,2 \times 10^{-4}\,\text{mol}\cdot\text{L}^{-1}\cdot\text{s}^{-1}$$

NOTE

La réaction est d'ordre un au regard de H_2, alors que le coefficient stœchiométrique pour H_2 dans l'équation balancée est 2. Il n'y a pas de relation entre l'ordre d'une réaction et le coefficient stœchiométrique d'un réactif dans l'équation globale équilibrée. En général, l'ordre d'une réaction se détermine expérimentalement ; on ne peut le déduire à partir de l'équation globale équilibrée.

EXERCICE E3.3

La réaction de l'ion persulfate ($S_2O_8^{2-}$) avec l'ion iodure (I^-) est :

$$S_2O_8^{2-}(aq) + 3I^-(aq) \longrightarrow 2SO_4^{2-}(aq) + I_3^-(aq)$$

À partir des données suivantes, recueillies à une température donnée, déterminez la loi de vitesse et calculez la constante de vitesse.

Problème semblable ⊕
3.5

Expérience	$[S_2O_8^{2-}]$	$[I^-]$	Vitesse initiale ($\text{mol}\cdot\text{L}^{-1}\cdot\text{s}^{-1}$)
1	0,080	0,034	$2,2 \times 10^{-4}$
2	0,080	0,017	$1,1 \times 10^{-4}$
3	0,16	0,017	$2,2 \times 10^{-4}$

RÉVISION DES CONCEPTS

Les vitesses relatives de la réaction 2A + B ⟶ produits, montrée dans les schémas **Ⓐ**, **Ⓑ** et **Ⓒ**, sont 1:2:4. Les sphères rouges représentent les molécules de A et les sphères vertes représentent les molécules de B. Déterminez la loi de vitesse de cette réaction.

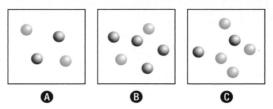

Ⓐ   Ⓑ   Ⓒ

QUESTIONS de révision

4. Quels sont les avantages de mesurer la vitesse au début d'une réaction ?

5. Qu'entend-on par « loi de vitesse d'une réaction » ?

6. Expliquez ce qu'est l'ordre d'une réaction.

7. Quelles sont les unités associées aux constantes de vitesse des réactions d'ordre un et d'ordre deux ?

8. Écrivez une équation qui relie la concentration d'un réactif A à $t = 0$ et celle à $t = t$ pour une réaction d'ordre un. Définissez tous les termes et donnez-en les unités.

9. Soit la réaction d'ordre zéro suivante : A ⟶ produit. **a)** Écrivez la loi de vitesse de la réaction. **b)** Quelles sont les unités qui accompagnent la constante de vitesse ? **c)** Faites un graphique de la vitesse de réaction en fonction de [A].

10. La constante de vitesse d'une réaction d'ordre un est de 66 s^{-1}. Quelle est la constante de vitesse en unités comportant des minutes ?

11. Parmi les facteurs suivants, lesquels affectent la constante de vitesse d'une réaction ? **a)** les concentrations des réactifs ; **b)** la nature des réactifs ; **c)** la température.

3.3 La relation entre les concentrations des réactifs et le temps : les lois de vitesse intégrées

Les lois de vitesse permettent de calculer la vitesse d'une réaction à partir de la constante de vitesse et des concentrations des réactifs. Elles peuvent également se convertir en équations qui permettent de déterminer les concentrations des réactifs à n'importe quel moment de la réaction. Dans l'exposé suivant, les équations de vitesse concernent seulement des réactions mettant en cause un seul réactif. Voici d'abord l'une des lois de vitesse parmi les plus simples, soit celle qui s'applique aux réactions d'ordre global un.

3.3.1 Les réactions d'ordre un

Une **réaction d'ordre un** est une réaction dont la vitesse dépend de la concentration du réactif élevée à la puissance un. Dans une réaction d'ordre un du type :

$$A \longrightarrow produits$$

la vitesse est :

$$v = -\frac{\Delta[A]}{\Delta t}$$

NOTE

Pour une réaction d'ordre un, doubler la concentration des réactifs fait doubler la vitesse de la réaction.

D'après la loi de vitesse, on sait également que :

$$v = k[A]$$

Donc :

$$-\frac{\Delta[A]}{\Delta t} = k[A] \qquad (3.2)$$

En isolant k, il est possible de déterminer les unités de la constante de vitesse (k) d'ordre un :

$$k = -\frac{\Delta[A]}{[A]}\frac{1}{\Delta t}$$

Puisque les unités de $\Delta[A]$ et de $[A]$ sont les moles par litre et que celle de Δt est la seconde, on écrit, pour unités de k :

$$\frac{\text{mol/L}}{\text{mol/L}}\frac{1}{\text{s}} = \text{s}^{-1}$$

(On ne tient pas compte du signe négatif quand on détermine les unités.) À l'aide du calcul intégral, il est possible de démontrer, à partir de l'équation 3.2, que :

$$\ln \frac{[A]_0}{[A]_t} = kt \qquad (3.3)$$

NOTE

Sous sa forme différentielle, l'équation 3.2 devient :

$$-\frac{d[A]}{dt} = k[A]$$

Un tableau synthèse montrant le lien entre le calcul intégral et les équations de vitesse intégrée sera présenté à la page 136.

où ln est le logarithme naturel et où $[A]_0$ et $[A]_t$ sont les concentrations de A respectivement aux temps $t = 0$ et $t = t$. Il faut noter que $t = 0$ ne correspond pas nécessairement au début de l'expérience ; il peut correspondre à tout temps de départ choisi pour mesurer la variation de la concentration de A. Cette équation 3.3 est la **loi de vitesse intégrée** pour une réaction d'ordre un, soit une équation obtenue à partir de la loi de vitesse, qui relie la concentration d'un réactif ou d'un produit au temps de réaction. L'équation 3.3 peut être reformulée ainsi :

$$\ln [A]_0 - \ln [A]_t = kt$$

ou :

$$\ln [A]_t = -kt + \ln [A]_0 \qquad (3.4)$$

NOTE

Il est très important de bien faire la distinction entre une loi de vitesse et une loi de vitesse intégrée. Il convient de remarquer que la vitesse v n'apparaît pas dans la relation de la loi de vitesse intégrée. Par contre, c'est la même constante de vitesse, k, qui apparaît dans la formulation de ces deux lois.

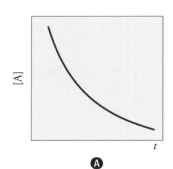

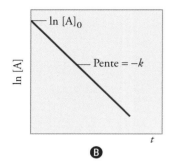

FIGURE 3.9

Caractéristiques d'une réaction d'ordre un

Ⓐ Diminution de la concentration du réactif en fonction du temps.

Ⓑ Tracé de la droite permettant d'obtenir la constante de vitesse. La pente de la droite est égale à −k.

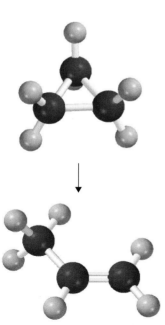

L'équation 3.4 a la forme de l'équation $y = mx + b$, où m est la pente de la droite qui représente l'équation :

$$\ln [A]_t = (-k)(t) + \ln [A]_0$$
$$y = mx + b$$

La **FIGURE 3.9** illustre les caractéristiques d'une réaction d'ordre un. La concentration de A décroît avec le temps (*voir la* **FIGURE 3.9A**). La courbe de ln [A] en fonction de t (ou de y en fonction de x) donne une ligne droite de pente −k (ou m) et l'ordonnée à l'origine est égale à ln [A]$_0$ (*voir la* **FIGURE 3.9B**). Cela permet de calculer la constante de vitesse (k).

Toutes les désintégrations nucléaires (*voir la rubrique « Chimie en action – L'évaluation de l'âge du suaire de Turin », p. 137*), la décomposition de l'éthane en groupements méthyles hautement réactifs ($C_2H_6 \longrightarrow 2CH_3\cdot$) et la décomposition de N_2O_5 selon :

$$2N_2O_5 \longrightarrow 4NO_2(g) + O_2(g)$$

sont quelques-uns des nombreux cas de réactions d'ordre un.

EXEMPLE 3.4   Les calculs des concentrations ou des temps de réaction pour une réaction d'ordre un

La conversion du cyclopropane en propène en phase gazeuse est une réaction d'ordre un dont la constante de vitesse vaut $6,7 \times 10^{-4}\ s^{-1}$ à 500 °C :

$$\begin{array}{c} CH_2 \\ \diagup \quad \diagdown \\ CH_2\!-\!CH_2 \end{array} \longrightarrow CH_3\!-\!CH\!=\!CH_2$$

Cyclopropane   Propène

a) Si la concentration initiale du cyclopropane était de 0,25 mol/L, quelle est la concentration après 8,8 min ? **b)** Combien faudra-t-il de minutes pour que la concentration du cyclopropane diminue de 0,25 mol/L à 0,15 mol/L ? **c)** En combien de minutes 74 % de la quantité initiale sera-t-elle convertie ?

DÉMARCHE

La relation entre les concentrations du réactif et le temps est donnée par l'équation 3.3 ou par l'équation 3.4. En a), on nous donne [A]$_0$ = 0,25 mol/L et on nous demande la valeur de [A] après 8,8 min. En b), il faut calculer le temps nécessaire pour que la concentration du cyclopropane diminue de 0,25 mol/L à 0,15 mol/L. En c), on ne donne pas de valeurs de concentrations. Cependant, si initialement on a 100 % du composé et que 74 % a réagi, il doit donc en rester (100 % − 74 %), ou 26 %. Ainsi, le rapport des pourcentages sera égal au rapport des concentrations réelles, soit [A]$_t$/[A]$_0$ = 26 %/100 %, ou 0,26/1,00.

SOLUTION

a) En appliquant l'équation 3.4, on note que k est donné en secondes à la puissance moins un (s^{-1}) ; il faudra donc convertir 8,8 min en secondes :

$$8,8\ min \times \frac{60\ s}{1\ min} = 528\ s$$

▶

On écrit :

$$\ln [A]_t = -kt + \ln [A]_0$$
$$= -(6,7 \times 10^{-4} \text{ s}^{-1})(528 \text{ s}) + \ln (0,25)$$
$$= -1,74$$
$$[A]_t = e^{-1,74} = 0,18 \text{ mol/L}$$

Notez que, dans le terme $\ln [A]_0$, $[A]_0$ est exprimé comme une quantité sans unité (0,25) parce qu'il est impossible de prendre le logarithme d'unités.

b) D'après l'équation 3.3 :

$$\ln \frac{0,25}{0,15} = (6,7 \times 10^{-4} \text{ s}^{-1})t$$

$$t = 7,6 \times 10^2 \text{ s ou } 7,6 \times 10^2 \text{ s} \times \frac{1 \text{ min}}{60 \text{ s}} = 13 \text{ min}$$

c) D'après l'équation 3.3 :

$$\ln \frac{1,00}{0,26} = (6,7 \times 10^{-4} \text{ s}^{-1})t$$

$$t = 2,0 \times 10^3 \text{ s ou } 2,0 \times 10^3 \text{ s} \times \frac{1 \text{ min}}{60 \text{ s}} = 33 \text{ min}$$

EXERCICE E3.4

Problèmes semblables ⊕

3.12 et 3.13

La réaction $2A \longrightarrow B$ est d'ordre un en A, et sa constante de vitesse est de $2,8 \times 10^{-2} \text{ s}^{-1}$ à 80 °C. Combien de temps (en secondes) faudra-t-il pour que A diminue de 0,88 mol/L à 0,14 mol/L ?

La détermination graphique de l'ordre de réaction et de la constante de vitesse

Voici maintenant comment déterminer graphiquement l'ordre de réaction ainsi que la constante de vitesse k au cours de la décomposition du pentoxyde d'azote dans le tétrachlorure de carbone (CCl_4) à 45 °C. Le tétrachlorure sert ici de solvant :

$$2N_2O_5 \longrightarrow 4NO_2(g) + O_2(g)$$

Le tableau suivant indique la variation de la concentration de N_2O_5 avec le temps ainsi que les valeurs correspondantes de $\ln [N_2O_5]$.

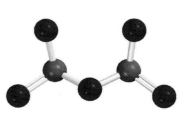

N_2O_5

t (s)	$[N_2O_5]$	$\ln [N_2O_5]$
0	0,91	−0,094
300	0,75	−0,29
600	0,64	−0,45
1200	0,44	−0,82
3000	0,16	−1,83

Avec l'application de l'équation 3.4, la mise en graphe de $\ln [N_2O_5]$ en fonction de t donne le tracé montré à la **FIGURE 3.10** (*voir p. 128*).

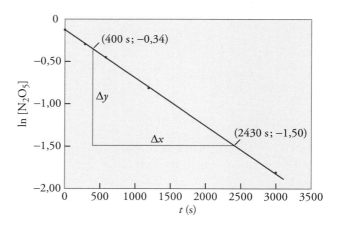

FIGURE 3.10 ⊘

Graphe de ln [N₂O₅] en fonction de *t*

FIGURE 3.10 ⊘

Graphe de ln [N₂O₅] en fonction de *t*

La constante de vitesse se calcule à l'aide de la pente de la droite.

N₂O₅ se décompose pour former NO₂, un gaz brunâtre.

Le fait que les points expérimentaux forment une droite indique qu'il s'agit d'une réaction d'ordre un. Il reste à déterminer la valeur de la constante de vitesse à partir de la pente. Cela demande de soustraire les valeurs des coordonnées x et y de deux points éloignés sur la droite :

$$
\begin{aligned}
\text{pente } (m) &= \frac{\Delta y}{\Delta t} \\
&= \frac{-1,50 - (-0,34)}{(2430 - 400)\,\text{s}} \\
&= -5,7 \times 10^{-4}\,\text{s}^{-1}
\end{aligned}
$$

Parce que $m = -k$, on obtient $k = 5,7 \times 10^{-4}\ \text{s}^{-1}$.

Dans le cas des réactions en phase gazeuse, on peut remplacer les concentrations dans l'équation 3.3 par les pressions du réactif gazeux. Soit la réaction d'ordre un suivante :

$$\text{A}(g) \longrightarrow \text{produits}$$

En utilisant l'équation des gaz parfaits, on écrit :

$$PV = n_\text{A}RT$$

d'où :

$$\frac{n_\text{A}}{V} = [\text{A}] = \frac{P}{RT}$$

Si, dans l'équation 3.3, [A] est remplacé par sa valeur (P/RT), on a :

$$\ln \frac{[\text{A}]_0}{[\text{A}]_t} = \ln \frac{P_0/RT}{P_t/RT} = \ln \frac{P_0}{P_t} = kt$$

L'équation équivalente à l'équation 3.4 devient :

$$\ln P_t = -kt + \ln P_0 \tag{3.5}$$

EXEMPLE 3.5   La détermination de l'ordre d'une réaction à partir de mesures de pression

On détermine la vitesse de décomposition de l'azométhane ($C_2H_6N_2$) en mesurant sa pression partielle en fonction du temps :

$$CH_3—N≡N—CH_3(g) \longrightarrow N_2(g) + C_2H_6(g)$$

Voici les données recueillies à 300 °C.

Temps (s)	Pression partielle de l'azométhane (mm Hg)
0	284
100	220
150	193
200	170
250	150
300	132

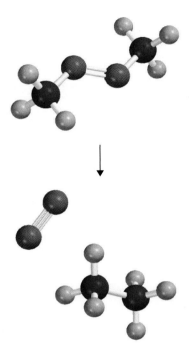

Ces valeurs correspondent-elles à une cinétique d'ordre un ? Si oui, déterminez la constante de vitesse.

DÉMARCHE

Afin de déterminer s'il s'agit d'une cinétique d'ordre un, utilisons la formule intégrée de la loi de vitesse d'ordre un, laquelle est une relation linéaire selon l'équation 3.4 :

$$\ln [A]_t = -kt + \ln [A]_0$$

S'il s'avère que cette réaction est d'ordre un, la mise en graphe de $\ln [A]_t$ en fonction de t (y en fonction de x) donnera alors une droite, et la pente de cette droite sera égale à $-k$. Notons qu'à tout moment la pression partielle de l'azométhane est directement proportionnelle à sa concentration (en moles par litre). Donc, nous pouvons écrire l'équation 3.4 en fonction des pressions partielles :

$$\ln P_t = -kt + \ln P_0$$

où P_0 et P_t sont les pressions partielles de l'azométhane aux temps $t = 0$ et $t = t$.

SOLUTION

Construisons d'abord un tableau de t en fonction de $\ln P_t$.

Temps (s)	ln P_t
0	5,649
100	5,394
150	5,263
200	5,136
250	5,011
300	4,883

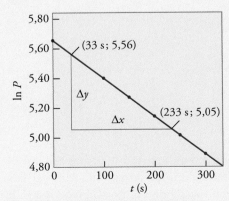

Graphe de ln P en fonction du temps pour la décomposition de l'azométhane

Le graphe, basé sur les données qui précèdent, indique que la variation de ln P_t en fonction de t donne une droite, donc que la réaction est vraiment d'ordre un. La pente de la droite est :

$$\text{pente} = \frac{5,05 - 5,56}{(233 - 33)\,\text{s}} = -2,55 \times 10^{-3}\,\text{s}^{-1}$$

Selon l'équation 3.4, la pente est égale à $-k$, donc $k = 2,55 \times 10^{-3}\,\text{s}^{-1}$.

⊕ **Problèmes semblables**

3.9 et 3.10

EXERCICE E3.5

L'iodure d'éthyle (C_2H_5I) en phase gazeuse se décompose selon l'équation suivante :

$$C_2H_5I(g) \longrightarrow C_2H_4(g) + HI(g)$$

Déterminez l'ordre de la réaction et la constante de vitesse d'après les données du tableau suivant.

Temps (min)	[C₂H₅I]
0	0,36
15	0,30
30	0,25
48	0,19
75	0,13

La demi-vie

La **demi-vie** ($t_{\frac{1}{2}}$) d'une réaction est le temps requis pour que la concentration initiale d'un réactif diminue de moitié. L'expression de $t_{\frac{1}{2}}$ pour une réaction d'ordre un s'obtient de la manière suivante. Selon l'équation 3.3 :

$$t = \frac{1}{k}\ln\frac{[A]_0}{[A]_t}$$

Selon la définition de la demi-vie, quand $t = t_{\frac{1}{2}}$, $[A]_t = [A]_0/2$, donc :

$$t_{\frac{1}{2}} = \frac{1}{k}\ln\frac{[A]_0}{[A]_0/2}$$

ou :

$$t_{\frac{1}{2}} = \frac{1}{k}\ln 2 = \frac{0,693}{k} \tag{3.6}$$

L'équation 3.6 indique que la demi-vie d'une réaction d'ordre un est indépendante de la concentration initiale du réactif. Ainsi, il faut le même temps à la concentration du réactif pour passer de 1,0 mol/L à 0,50 mol/L qu'il lui en faut pour passer de 0,10 mol/L à 0,050 mol/L (*voir la* **FIGURE 3.11**). Il est possible de recourir à la mesure de la demi-vie pour déterminer la constante de vitesse d'une réaction d'ordre un.

La connaissance de la valeur de la demi-vie d'une réaction donnée est utile pour avoir une estimation de l'ordre de grandeur de la constante de vitesse ; plus la demi-vie est petite, plus k est grande. Soit par exemple deux isotopes radioactifs utilisés en médecine nucléaire : ^{24}Na ($t_{\frac{1}{2}} = 14,7$ heures) et ^{60}Co ($t_{\frac{1}{2}} = 5,3$ ans). Il est évident que l'isotope ^{24}Na se désintègre plus vite étant donné sa plus petite demi-vie. Avec 1 g de chacun de ces isotopes au départ, presque tout le ^{24}Na aurait disparu au bout d'une semaine alors que l'échantillon de ^{60}Co serait demeuré presque intact.

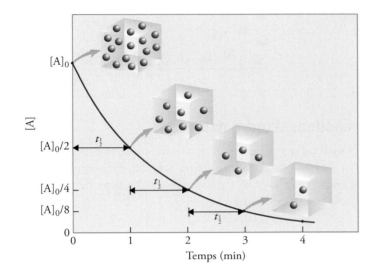

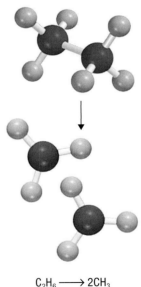

◁ **FIGURE 3.11**

Graphique de [A] en fonction du temps pour une réaction d'ordre un du type A ⟶ produits

La demi-vie de la réaction est de 1 min. Après chaque demi-vie, la concentration est réduite de moitié.

EXEMPLE 3.6   La détermination de la demi-vie d'une réaction d'ordre un

L'éthane (C_2H_6) se décompose en radicaux méthyles ($CH_3\cdot$). Le point à la droite de la formule du radical méthyle représente un électron non apparié. Il s'agit d'une réaction d'ordre un dont la constante de vitesse à 700 °C est de $5,36 \times 10^{-4}\ s^{-1}$:

$$C_2H_6(g) \longrightarrow 2CH_3(CH_3\cdot)(g)$$

Calculez la demi-vie en minutes.

SOLUTION

Pour calculer la demi-vie d'une réaction d'ordre un, il faut utiliser l'équation 3.6 :

$$t_{\frac{1}{2}} = \frac{0,693}{k}$$

$$= \frac{0,693}{5,36 \times 10^{-4}\ s^{-1}}$$

$$= 1,29 \times 10^3\ s \quad \text{ou} \quad 1,29 \times 10^3\ s \times \frac{1\ min}{60\ s} = 21,5\ min$$

$$C_2H_6 \longrightarrow 2CH_3$$

Problème semblable ⊕

3.12

EXERCICE E3.6

Calculez la demi-vie de la décomposition de N_2O_5 selon les données du tableau de la page 127.

RÉVISION **DES CONCEPTS**

Sachant que la réaction A ⟶ B est d'ordre un, déterminez : **a)** le temps de demi-vie et la constante de vitesse de la réaction ; **b)** le nombre de molécules de A et de B présentes aux temps $t = 20$ s et $t = 30$ s. Les molécules de A sont représentées par des sphères bleues et les molécules de B, par des sphères orange.

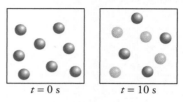

$t = 0$ s $t = 10$ s

3.3.2 Les réactions d'ordre deux

Une **réaction d'ordre deux** est une réaction dont la vitesse dépend soit de la concentration d'un réactif élevée à la puissance deux, soit des concentrations de deux réactifs différents, chacune étant élevée à la puissance un. Le type de réaction le plus simple implique une seule espèce de réactif :

$$A \longrightarrow \text{produits}$$

où :

$$\text{vitesse} = -\frac{\Delta[A]}{\Delta t}$$

D'après la loi de vitesse :

$$\text{vitesse} = k[A]^2$$

Comme précédemment, il est possible de déterminer les unités de k ainsi :

$$k = \frac{\text{vitesse}}{[A]^2} = \frac{\text{mol} \cdot \text{L}^{-1} \cdot \text{s}^{-1}}{(\text{mol/L})^2} = \text{L} \cdot \text{mol}^{-1} \cdot \text{s}^{-1}$$

Voici un autre type de réaction d'ordre deux :

$$A + B \longrightarrow \text{produits}$$

Dans ce cas, la loi de vitesse est :

$$\text{vitesse} = k[A][B]$$

La réaction est d'ordre un pour A et aussi d'ordre un pour B, donc d'ordre global deux.

En faisant encore appel au calcul intégral, on obtient la loi de vitesse intégrée suivante dans le cas des réactions d'ordre deux du type «A $\longrightarrow$ produits» :

$$\frac{1}{[A]_t} = k\,t + \frac{1}{[A]_0} \qquad (3.7)$$

$$y = mx + b$$

Cette équation 3.7 est elle aussi de la forme linéaire $y = mx + b$. Comme le démontre la **FIGURE 3.12**, la mise en graphe de $1/[A]_t$ en fonction de t donne une droite de pente k avec son ordonnée à l'origine $y = 1/[A]_0$. (L'équation de vitesse intégrée pour une réaction d'ordre deux du type «A + B $\longrightarrow$ produits» est plus complexe et ne sera pas abordée dans ce manuel.)

Il est possible de déduire l'équation pour la demi-vie d'une réaction d'ordre deux en donnant à [A] la valeur $[A]_t = [A]_0/2$ dans l'équation 3.7 :

$$\frac{1}{[A]_0/2} = kt_{\frac{1}{2}} + \frac{1}{[A]_0}$$

En résolvant l'équation pour déterminer $t_{\frac{1}{2}}$, on obtient

$$t_{\frac{1}{2}} = \frac{1}{k[A]_0} \qquad (3.8)$$

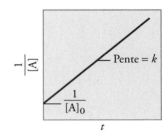

FIGURE 3.12

Graphe de 1/[A] en fonction de t pour une réaction d'ordre deux
La pente de la droite est égale à k.

Il convient de remarquer que la demi-vie d'une réaction d'ordre deux est inversement proportionnelle à la concentration initiale du réactif. Ce résultat a du sens puisque la demi-vie devrait être plus courte au début de la réaction lorsqu'il y a un plus grand nombre de molécules du réactif pouvant entrer en collision. **La mesure des demi-vies à des concentrations initiales variées permet de déterminer si une réaction est d'ordre un ou deux**.

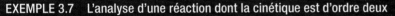

EXEMPLE 3.7   L'analyse d'une réaction dont la cinétique est d'ordre deux

Les atomes d'iode se combinent pour former de l'iode moléculaire en phase gazeuse selon la réaction :

$$I(g) + I(g) \longrightarrow I_2(g)$$

ou :

$$2I(g) \longrightarrow I_2(g)$$

Cette réaction a une cinétique d'ordre deux, et sa constante de vitesse à 23 °C vaut $7{,}0 \times 10^9 \text{ L} \cdot \text{mol}^{-1} \cdot \text{s}^{-1}$, ce qui est une grande valeur de k.

Calculez : **a)** la concentration de I après 2,0 min en supposant que la concentration initiale est de 0,086 mol/L ; **b)** la demi-vie de la réaction si la concentration initiale de I est de 0,60 mol/L et si elle est de 0,42 mol/L.

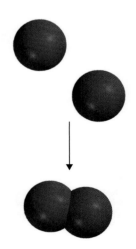

DÉMARCHE

a) La relation entre la concentration d'une espèce et le temps est donnée par la relation de vitesse intégrée. Puisqu'il s'agit d'une réaction d'ordre deux, il faut utiliser l'équation 3.7.

b) On demande de calculer la demi-vie. La demi-vie pour une réaction d'ordre deux est donnée par l'équation 3.8.

SOLUTION

a) Pour calculer la concentration d'une espèce à un moment donné pour une réaction d'ordre deux, on doit connaître la concentration initiale et la constante de vitesse. D'après l'équation 3.7 :

$$\frac{1}{[A]_t} = kt + \frac{1}{[A]_0}$$

$$\frac{1}{[A]_t} = (7,0 \times 10^9 \ L \cdot mol^{-1} \cdot s^{-1})\left(\frac{2,0 \ min \times 60 \ s}{1 \ min}\right) + \frac{1}{0,086 \ mol/L}$$

où $[A]_t$ est la concentration à $t = 2,0$ min. En résolvant l'équation, on obtient :

$$[A]_t = 1,2 \times 10^{-12} \ mol/L$$

Cette concentration est tellement petite qu'elle n'est presque pas détectable. La valeur très élevée de la constante de vitesse fait en sorte que presque tous les atomes de I se sont combinés après seulement deux minutes de réaction.

b) Nous utilisons l'équation 3.8 dans ce cas.

Pour $[I]_0 = 0,60$ mol/L :

$$t_{\frac{1}{2}} = \frac{1}{k[A]_0}$$

$$= \frac{1}{(7,0 \times 10^9 \ L \cdot mol^{-1} \cdot s^{-1})(0,60 \ mol/L)} = 2,4 \times 10^{-10} \ s$$

Pour $[I]_0 = 0,42$ mol/L :

$$t_{\frac{1}{2}} = \frac{1}{(7,0 \times 10^9 \ L \cdot mol^{-1} \cdot s^{-1})(0,42 \ mol/L)} = 3,4 \times 10^{-10} \ s$$

VÉRIFICATION

Ces résultats confirment que la demi-vie d'une réaction d'ordre deux, contrairement à celle d'une réaction d'ordre un, n'est pas constante, mais dépend de la concentration initiale du ou des réactifs.

⊕ **Problèmes semblables**

3.13 et 3.14

EXERCICE E3.7

La réaction $2A \longrightarrow B$ est une réaction d'ordre deux avec une constante de vitesse de $51 \ L \cdot mol^{-1} \cdot min^{-1}$ à 24 °C. **a)** Si $[A] = 0,0092$ mol/L au départ, combien de temps faudra-t-il pour avoir $[A]_t = 3,7 \times 10^{-3}$ mol/L ? **b)** Calculez la demi-vie de cette réaction.

3.3.3 Les réactions d'ordre zéro

Les réactions d'ordre un et deux sont les plus courantes, et les réactions d'ordre zéro sont rares. Pour une réaction d'ordre zéro :

$$A \longrightarrow \text{produits}$$

la loi de vitesse est :

$$\begin{aligned} \text{vitesse} &= k[A]^0 \\ &= k \end{aligned}$$

NOTE
N'importe quel nombre élevé à la puissance zéro donne 1.

Une **réaction d'ordre zéro** est donc une réaction dont la vitesse est constante, c'est-à-dire indépendante de la concentration du réactif. L'expression de sa loi de vitesse intégrée est :

$$[A]_t = -kt + [A]_0 \tag{3.9}$$

L'équation 3.9 est d'une forme linéaire et, comme le montre la **FIGURE 3.13**, le remplacement de $[A]_t$ par $[A]_0/2$ dans la relation précédente permet d'obtenir le temps de demi-vie :

$$t_{\frac{1}{2}} = \frac{[A]_0}{2k} \tag{3.10}$$

Parmi les réactions d'ordre zéro connues, un grand nombre se déroulent sur des surfaces métalliques. C'est le cas, par exemple, de la décomposition de l'oxyde nitreux (N_2O) en azote et en oxygène en présence de platine :

$$2N_2O(g) \xrightarrow{\text{Pt}} N_2(g) + O_2(g)$$

Quand tous les sites sont occupés sur le platine, la vitesse reste constante, peu importe la quantité de N_2O en phase gazeuse. Comme le décrit la section 3.6 (*voir p. 156*), d'autres réactions d'ordre zéro procèdent par catalyse enzymatique.

Les réactions d'ordre trois et celles d'un ordre encore plus grand sont plutôt complexes. Pour cette raison, elles ne feront pas l'objet d'une étude détaillée dans ce manuel. L'expression de vitesse intégrée des réactions faisant intervenir plus de un réactif ne sera pas abordée non plus. Cependant, il faut rappeler qu'il est possible de trouver les lois de vitesse (donc l'ordre et k) de ces réactions à l'aide de la méthode expérimentale appelée « méthode d'isolation » décrite précédemment (*voir p. 122*).

Le **TABLEAU 3.3** (*voir p. 136*) résume les cinétiques d'ordres zéro, un et deux pour une réaction du type « A $\longrightarrow$ produits », tout en faisant le lien avec le calcul différentiel et le calcul intégral.

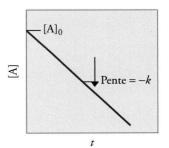

FIGURE 3.13 Ⓐ

Graphique de [A] en fonction de *t* pour une réaction d'ordre zéro
La pente de la droite est égale à −*k*.

TABLEAU 3.3 > Résumé des cinétiques des réactions d'ordres zéro, un et deux pour une réaction du type « A $\longrightarrow$ produits »

	Ordre		
	0	**1**	**2**
Loi de vitesse différentielle	$\dfrac{-d[A]}{dt} = k$	$\dfrac{-d[A]}{dt} = k[A]$	$\dfrac{-d[A]}{dt} = k[A]^2$
Séparation des variables	$-d[A] = kdt$	$\dfrac{-d[A]}{[A]} = kdt$	$\dfrac{-d[A]}{[A]^2} = kdt$
Intégration	$\displaystyle\int_{[A]_0}^{[A]_t} -d[A] = k\int_{t_0}^{t} dt$ $-[A]_t + [A]_0 = kt$	$\displaystyle\int_{[A]_0}^{[A]_t} \dfrac{-d[A]}{[A]^2} = k\int_{t_0}^{t} dt$ $-\ln[A]_t + \ln[A]_0 = kt$	$\displaystyle\int_{[A]_0}^{[A]_t} \dfrac{-d[A]}{[A]^2} = k\int_{t_0}^{t} dt$ $\dfrac{1}{[A]} - \dfrac{1}{[A]_0} = kt$
Loi de vitesse intégrée sous la forme linéaire $y = mx + b$	$[A]_t = -kt + [A]_0$	$\ln[A]_t = -kt + \ln[A]_0$	$\dfrac{1}{[A]_t} = kt + \dfrac{1}{[A]_0}$
Sous forme de graphe	$[A] \propto t$	$\ln[A] \propto t$	$\dfrac{1}{[A]} \propto t$
Droite obtenue			
Constante de vitesse k	pente $= -k$	pente $= -k$	pente $= k$
Concentration initiale	ordonnée à l'origine $= [A]_0$	ordonnée à l'origine $= \ln[A]_0$	ordonnée à l'origine $= 1/[A]_0$
Temps de demi-vie, $t_{\frac{1}{2}}$	$\dfrac{[A]_0}{2k}$	$\dfrac{0{,}693}{k}$	$\dfrac{1}{k[A]_0}$
Unités de k	$mol \cdot L^{-1} \cdot s^{-1}$	s^{-1}	$L \cdot mol^{-1} \cdot s^{-1}$

La rubrique « Chimie en action – L'évaluation de l'âge du suaire de Turin » décrit l'application de la cinétique chimique pour estimer l'âge de certains objets.

QUESTIONS de révision

12. Écrivez une équation reliant la concentration d'un réactif A au temps $t = 0$ à la concentration au temps $t = t$ pour une réaction d'ordre un. Définissez tous les termes et mentionnez les unités. Faites la même chose pour une réaction d'ordre deux.

13. Définissez la demi-vie d'une réaction. Écrivez l'équation qui relie la demi-vie d'une réaction d'ordre un à la constante de vitesse.

14. Écrivez les équations reliant la demi-vie d'une réaction d'ordre deux à la constante de vitesse. Quelle différence y a-t-il avec l'équation de la demi-vie pour une réaction d'ordre un ?

15. Soit une réaction d'ordre un. Combien de temps faudra-t-il pour que la concentration du réactif soit au huitième de sa valeur initiale ? Exprimez votre réponse en termes de la demi-vie ($t_{\frac{1}{2}}$) et en termes de la constante de vitesse k.

L'évaluation de l'âge du suaire de Turin

Comment les scientifiques déterminent-ils l'âge des arte-facts découverts au cours de fouilles archéologiques ? Si quelqu'un tentait de vendre un manuscrit censé dater de 1000 ans av. J.-C., comment pourrait-on s'assurer de son authenticité ? Une momie trouvée dans une pyramide égyptienne est-elle vraiment âgée de 3000 ans ? Le suaire de Turin est-il vraiment le linceul dans lequel a été enseveli le corps de Jésus ? La cinétique chimique et la data-tion au carbone permettent habituellement de répondre à ce genre de questions.

L'atmosphère terrestre est constamment bombardée de rayons cosmiques dont le pouvoir pénétrant est extrême-ment élevé. Ces rayons sont constitués d'électrons, de neu-trons et de noyaux atomiques. La capture des neutrons par l'azote atmosphérique (isotope ^{14}N) pour produire l'iso-tope ^{14}C radioactif et de l'hydrogène constitue une réaction importante entre ces rayons et l'atmosphère. Ces atomes de carbone instables forment du $^{14}CO_2$, qui se mélange avec le dioxyde de carbone ($^{12}CO_2$) ordinaire. L'isotope ^{14}C se désintègre par émission de particules β (électrons). La vitesse de cette désintégration (nombre d'électrons émis par seconde) obéit à une cinétique d'ordre un. Dans l'étude de la désintégration radioactive, la loi de vitesse s'exprime habituellement de la façon suivante :

$$v = kN$$

où k est la constante de vitesse d'ordre un et N, le nombre de noyaux de ^{14}C présents. La demi-vie de cette désinté-gration ($t_{\frac{1}{2}}$) étant de $5,73 \times 10^3$ ans, il est possible d'écrire, d'après l'équation 3.6 :

$$k = \frac{0,693}{t_{\frac{1}{2}}} = \frac{0,693}{5,73 \times 10^3 \text{ années}} = 1,21 \times 10^{-4} \text{ années}^{-1}$$

L'isotope ^{14}C entre dans la biosphère au moment où le dioxyde de carbone est utilisé par les plantes. Les animaux l'ingèrent en mangeant les plantes, et ils l'expirent avec le CO_2. Finalement, le ^{14}C participe à de nombreuses étapes du cycle du carbone. La perte de ^{14}C par désintégration radioactive est constamment compensée par la production

Le suaire de Turin. Durant des générations, une controverse a subsisté quant à savoir si un morceau de tissu imprégné de l'image d'un homme était le linceul dans lequel Jésus aurait été enseveli. L'âge de ce linceul a été déterminé par la méthode de datation au radiocarbone.

de nouveaux isotopes dans l'atmosphère. Grâce à ce pro-cessus de remplacement, il s'établit un équilibre dyna-mique qui fait que le rapport entre le ^{14}C et le ^{12}C reste constant dans les êtres vivants. Cependant, lorsqu'une plante ou un animal meurt, le ^{14}C qu'il contient n'est plus remplacé ; ce rapport décroît alors avec la désintégration du ^{14}C. Ce changement se produit quand les atomes de car-bone sont emprisonnés dans le charbon, le pétrole, le bois enfoui sous la terre et, bien sûr, dans les momies égyp-tiennes. Après un certain nombre d'années, il y a propor-tionnellement moins de noyaux de ^{14}C dans une momie, par exemple, que dans une personne vivante.

En 1955, Willard F. Libby* suggéra que ce phénomène pourrait être utilisé pour estimer le temps écoulé depuis que le ^{14}C d'un spécimen particulier a commencé à se désintégrer sans être remplacé. Selon l'équation 3.3, il est possible d'écrire :

$$\ln \frac{N_0}{N} = kt$$

où N_0 et N sont les nombres respectifs de noyaux de ^{14}C présents à $t = 0$ et $t = t$. Puisque la vitesse de désintégration est directement proportionnelle au nombre de noyaux de ^{14}C présents, l'équation qui précède devient :

$$t = \frac{1}{k} \ln \frac{N_0}{N}$$

$$= \frac{1}{1,21 \times 10^{-4} \text{ année}^{-1}} \ln \frac{v_d \text{**} \text{ à } t = 0}{v_d \text{ à } t = t}$$

$$= \frac{1}{1,21 \times 10^{-4} \text{ année}^{-1}} \ln \frac{v_d \text{ de l'échantillon récent}}{v_d \text{ du vieil échantillon}}$$

Connaissant k et les vitesses de désintégration dans un échantillon récent et dans l'échantillon à dater, il est possible de calculer t, qui est l'âge du vieil échantillon. Cette technique ingénieuse est basée sur une idée remarquablement simple. Son succès dépend de l'exactitude avec laquelle la vitesse de désintégration peut être mesurée. Dans un échantillon récent, le rapport $^{14}C/^{12}C$ est d'environ $1/10^{12}$; l'appareil qui mesure la désintégration radioactive doit donc être très sensible. Il est beaucoup plus difficile d'être précis dans le cas d'échantillons âgés, car ceux-ci contiennent de moins en moins de noyaux de ^{14}C. Néanmoins, la datation au carbone est devenue un outil extrêmement valable pour estimer l'âge des artefacts archéologiques, des peintures et d'autres objets âgés de 1000 à 50 000 ans.

Pour évaluer l'âge du suaire de Turin, on a eu recours à cette technique de datation au carbone. En 1988, trois laboratoires, européens et américains, ont analysé des échantillons de moins de 50 mg du suaire. Leurs résultats, obtenus de manière indépendante, concordaient : le suaire remonte au XIIIe ou au XIVe siècle (entre 1260 et 1390 apr. J.-C.). Donc, le suaire de Turin ne peut pas être le linceul du Christ.

---

* Willard Frank Libby (1908-1980) est un chimiste américain qui a reçu le prix Nobel de chimie en 1960 pour ses travaux sur la datation au carbone.

** v_d = vitesse de désintégration

---

i+ CHIMIE EN LIGNE

Animation
• L'énergie d'activation

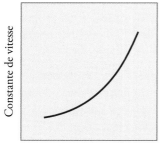

FIGURE 3.14 ⊙

Variation de la constante de vitesse en fonction de la température

Les constantes de vitesse de la plupart des réactions augmentent avec la température.

3.4 L'énergie d'activation et l'effet de la température sur la constante de vitesse

Les sections 3.2 et 3.3 étaient surtout consacrées à l'influence de la concentration sur la vitesse de réaction. Dans cette section, le modèle utilisé, appelé « théorie des collisions », est basé en grande partie sur la théorie cinétique déjà étudiée au chapitre 4 de *Chimie générale*. Ce modèle va permettre d'expliquer à la fois l'influence de la concentration sur la vitesse et l'influence d'un autre facteur très important passé sous silence jusqu'ici, à savoir celle de la température. En fait, une température minimale fait toute la différence dans le démarrage d'une réaction.

À quelques exceptions près, les vitesses de réaction augmentent avec la température. Par exemple, il faut beaucoup moins de temps pour faire cuire un œuf dur dans de l'eau bouillante à 100 °C (environ 10 min) que dans de l'eau à 80 °C (environ 30 min). Inversement, la congélation des aliments permet de ralentir la dégradation bactérienne ; elle est donc un moyen efficace de conservation de la nourriture. La **FIGURE 3.14** illustre un exemple type de relation entre la constante de vitesse d'une réaction et la température. Pour expliquer cette variation, il faut d'abord se demander comment s'amorcent les réactions.

3.4.1 La théorie des collisions en cinétique chimique

La théorie cinétique des gaz (*voir le chapitre 4 de* Chimie générale) dit que les molécules gazeuses se heurtent fréquemment entre elles. Il est donc logique de concevoir (et c'est généralement vrai) que les réactions chimiques sont le résultat des collisions entre les molécules. D'après la théorie des collisions en cinétique chimique, on s'attend donc à ce que la vitesse d'une réaction soit directement proportionnelle au nombre de collisions intermoléculaires par seconde ou, autrement dit, à la fréquence des collisions intermoléculaires :

$$v \propto \frac{\text{nombre de collisions}}{s}$$

Cette relation simple explique pourquoi la vitesse de réaction dépend de la concentration.

Soit une réaction entre des molécules de A et des molécules de B formant un produit donné. Chaque molécule de ce produit est formée par la combinaison directe d'une molécule de A et d'une molécule de B. Si l'on double la concentration de A, le nombre de collisions A-B doublera également, car dans un volume donné, il y aura deux fois plus de molécules de A susceptibles de heurter les molécules de B (*voir la* **FIGURE 3.15**). Par conséquent, la vitesse de réaction doublera. De même, si l'on double la concentration de B, la vitesse doublera. Dans ce cas-ci, la loi de vitesse peut s'exprimer ainsi :

$$v = k[\text{A}][\text{B}]$$

La réaction est d'ordre un en A et en B, donc d'un ordre global deux, et l'on dit qu'elle obéit à une cinétique d'ordre deux.

Présentée de cette façon, la théorie des collisions est attrayante, mais la relation entre la vitesse et les collisions moléculaires est plus compliquée qu'il n'y paraît. La théorie des collisions implique qu'une réaction se produit toujours quand les molécules de A et de B entrent en collision. Cependant, toutes les collisions ne sont pas efficaces. Les calculs basés sur la théorie cinétique moléculaire indiquent que, à pression et à température habituelles (par exemple, 101,325 kPa et 298 K), en phase gazeuse, il y a environ 1×10^{27} collisions binaires (entre deux molécules) par seconde dans un volume de 1 mL. Dans les liquides, les collisions sont encore plus fréquentes. S'il y avait formation de produit à chacune de ces collisions, la plupart des réactions se produiraient de façon presque instantanée. Or, en pratique, on constate que les vitesses des réactions varient grandement. Cela signifie donc que, dans de nombreux cas, le nombre total de collisions ne garantit pas à lui seul la réalisation d'une réaction.

Toute molécule en mouvement possède une énergie cinétique ; plus elle se déplace rapidement, plus son énergie cinétique est élevée. Quand les molécules se heurtent, une partie de leur énergie cinétique est convertie en énergie vibratoire, une sorte d'énergie potentielle. Si leurs énergies cinétiques initiales sont élevées, les chocs seront efficaces, c'est-à-dire que les molécules en collision vibreront si fort que certaines de leurs liaisons chimiques seront rompues. Cette rupture est la première étape vers la formation du produit. Si, par contre, leurs énergies cinétiques initiales sont faibles, les molécules « rebondiront » probablement l'une sur l'autre et resteront intactes. Il faut donc une énergie de collision minimale pour qu'une réaction se produise. Ainsi, ce n'est pas tant le nombre de collisions qui compte, mais plutôt le nombre de collisions efficaces.

On pose comme principe que, pour qu'il y ait réaction, l'énergie cinétique totale des molécules en collision doit être égale ou supérieure à l'**énergie d'activation** (E_a), qui est l'énergie minimale requise pour déclencher une réaction chimique. Sans cette énergie, les molécules restent intactes, et la collision est inefficace. L'espèce instable temporairement formée à la suite de la collision des molécules des réactifs, juste avant que ne se forme le produit, est le **complexe activé**.

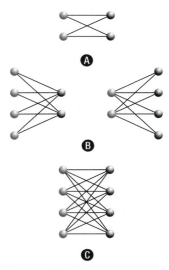

FIGURE 3.15

Relation entre le nombre de collisions et la concentration

On ne considère ici que les collisions A-B, qui peuvent mener à la formation de produits.

Ⓐ Il y a quatre collisions possibles si l'on a deux molécules A et deux molécules B.

Ⓑ Si l'on double le nombre d'une des molécules, on augmente à huit le nombre de collisions possibles.

Ⓒ Si l'on double le nombre des molécules A et B, on augmente à 16 le nombre de collisions possibles.

La **FIGURE 3.16** montre deux courbes différentes du profil énergétique (variation de l'énergie potentielle en fonction du déroulement de la réaction) pour la réaction :

$$A + B \longrightarrow AB^{\ddagger} \longrightarrow C + D$$

Si les produits sont plus stables que les réactifs, la réaction sera accompagnée d'une libération de chaleur ; elle est exothermique (*voir la* **FIGURE 3.16A**). Par contre, si les produits sont moins stables que les réactifs, il y aura absorption de chaleur : c'est une réaction endothermique (*voir la* **FIGURE 3.16B**). Qualitativement, ces courbes montrent les variations de l'énergie potentielle à mesure que les réactifs sont convertis en produits.

FIGURE 3.16 ⊘

Courbes du profil énergétique d'une réaction Ⓐ exothermique et Ⓑ endothermique

Ces courbes montrent les variations de l'énergie potentielle à mesure que les réactifs A et B sont convertis en produits C et D. Le complexe activé AB‡ est une espèce très instable dont l'énergie potentielle est élevée. L'énergie d'activation est indiquée pour la réaction directe des profils. Les produits C et D sont plus stables que les réactifs en Ⓐ et moins stables qu'eux en Ⓑ.

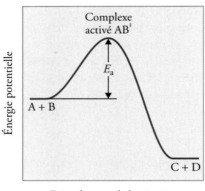

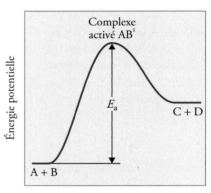

On peut imaginer l'énergie d'activation comme une barrière qui empêche les molécules ayant une plus faible énergie cinétique de réagir. À cause du nombre très élevé de molécules dans un mélange réactionnel ordinaire, les vitesses ainsi que les énergies cinétiques des molécules varient largement. Normalement, seule une petite fraction des molécules en collision (les plus rapides) ont une énergie cinétique assez élevée – plus élevée que l'énergie d'activation – pour participer à la réaction. Cela explique l'augmentation de la vitesse de réaction (ou de la constante de vitesse) avec la température : les vitesses des molécules obéissent à la relation de Maxwell, illustrée à la **FIGURE 3.17**, figure déjà vue au chapitre 4 de *Chimie générale*. Il est intéressant de comparer la distribution des vitesses à deux températures différentes. Puisque, à de hautes températures, les molécules ayant une énergie élevée sont plus nombreuses, la proportion des chocs efficaces est plus grande, et la formation du produit est alors plus rapide.

FIGURE 3.17 ⊘

Courbes de Maxwell de distribution des vitesses des particules d'un gaz Ⓐ à température T_1 et Ⓑ à une température plus élevée, T_2

Les surfaces ombrées représentent le nombre de molécules qui se déplacent à des vitesses égales ou supérieures à une certaine vitesse v_1. Cette vitesse v_1 est en fait un seuil ou une barrière qui correspond à la barrière de l'énergie d'activation sur l'axe des *y* de la **FIGURE 3.16**.

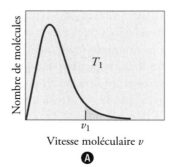

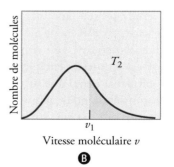

La capture du CO_2: un poumon artificiel pour les sables bitumineux!

Dans la plupart des pays, la production de l'énergie s'effectue dans des centrales thermiques fonctionnant aux carburants fossiles (charbon, pétrole et gaz). À elles seules, ces machines stationnaires produisent presque 50 % des émissions de gaz carbonique, le plus important gaz à effet de serre (GES). Puisqu'il semble que ces carburants fossiles seront encore utilisés pendant des décennies, il serait intéressant, pour réduire les émissions de CO_2, d'extraire le gaz carbonique des cheminées industrielles. Le CO_2 ainsi capté pourrait ensuite être recyclé comme matière première dans d'autres industries ou isolé de l'atmosphère par couplage du procédé de captage à un second procédé, soit la séquestration, (principalement par enfouissement géologique).

Les technologies de captage et de stockage du carbone (CSC) constituent un défi complexe qui doit tenir compte à la fois de l'environnement, de l'économie et de la recherche en chimie fondamentale, en génie chimique et en génie mécanique. Plusieurs technologies sont actuellement en phase d'essai ou de démonstration pour y parvenir. À titre d'exemple, CO_2 Solutions inc., une entreprise québécoise basée à Québec, a récemment breveté un procédé de captage du CO_2. Cette entreprise fondée en 1997 est une pionnière dans ce domaine. Sa technologie repose sur l'emploi de l'anhydrase carbonique (AC), une enzyme (catalyseur biologique). Cette enzyme est bien connue pour sa capacité à capter très rapidement et très efficacement le gaz carbonique dans le sang veineux pour ensuite le rejeter aussi facilement dans les poumons. L'idée de base semble donc simple et géniale, mais sa mise en œuvre dans un procédé industriel entraîne plusieurs embûches.

Voici en quoi consiste un système de captage chimique. Il s'agit d'un procédé en continu qui comporte une cheminée modifiée de manière à en faire une colonne dans laquelle circule une solution capable d'extraire le CO_2 normalement émis. Cette solution chargée de CO_2 est ensuite pompée dans une autre colonne voisine où les conditions de chauffage permettent de relâcher le CO_2 et de le recueillir. La solution régénérée est enfin pompée dans la cheminée et le cycle recommence.

Il faut prendre plusieurs facteurs en considération dans la mise en œuvre d'un tel projet. Le procédé doit être efficace et le moins coûteux possible. Aussi faut-il considérer la nature des réactifs de la solution d'extraction, comprendre la cinétique des réactions et connaître les conditions de température qui assureront une bonne régénération du solvant. L'ensemble nécessite beaucoup

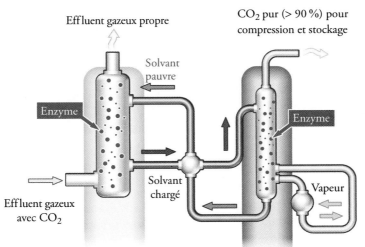

À gauche, les molécules de la solution de captage (en bleu) entrent par le haut de la cheminée modifiée et réagissent en totalité avec les molécules de CO_2 qui proviennent de la base de la cheminée de la centrale thermique. Cette solution, une fois chargée en CO_2 (en rouge), est pompée vers le haut de la colonne voisine où la réaction est facilement inversée en présence de chaleur. Le CO_2 est donc relâché puis capté et compressé à la sortie de cette colonne. Le solvant retourne ensuite dans la cheminée. Au centre, entre les deux colonnes, figure un échangeur de chaleur où les solutions ne sont pas en contact.

de recherches passant par des simulations par ordinateur et de nombreux essais en laboratoire, dans de petits réacteurs, avant de s'engager dans les étapes du déploiement, c'est-à-dire à des échelles de plus en plus grandes. Heureusement on ne part pas de zéro, car les chercheurs des industries du pétrole et des mines ont déjà mis au point des procédés similaires de captage du CO_2 et du H_2S destinés à purifier le gaz naturel.

La méthode consiste à faire réagir le gaz carbonique avec une amine en solution (*voir le tableau 7.2, p. 338, Chimie générale*). Idéalement, cette réaction de captage devrait être à la fois rapide et complète, et elle devrait pouvoir être inversée à une température peu élevée pour relâcher le CO_2. La relation de vitesse obtenue est d'ordre global deux et peut s'écrire $v = k[\text{Amine}][CO_2]$ (la concentration de l'eau étant pratiquement constante, elle se trouve intégrée dans la valeur de k). On ne tiendra pas compte d'autres réactions secondaires qui se déroulent en milieu basique avec le CO_2.

Après plusieurs essais de mesure de vitesse à différentes concentrations initiales $[\text{Amine}]_0$, on peut trouver la constante de vitesse k ainsi : sachant que $v = k[\text{Amine}]_0[CO_2]$, en combinant les facteurs constants, il est possible d'écrire $v = k'[CO_2]$, ce qui revient à dire qu'en injectant dans le réacteur des concentrations initiales de CO_2 connues, il est possible de suivre la vitesse initiale de la réaction en mesurant la pression résiduelle de CO_2 à l'aide d'un capteur de pression, sans avoir besoin d'analyser la solution par prélèvements.

Si, au moment des essais, une amine de captage entraîne une réaction à la fois plus rapide et complète qu'une autre amine, le volume ainsi que la concentration de la solution d'amine seront moindres et la cheminée pourra être moins haute, ce qui constituera un avantage économique. Mais il faudra aussi que la réaction de relâchement du CO_2 (réaction inverse) dans la colonne juxtaposée puisse se produire à une température qui ne soit pas trop élevée, sinon une trop forte proportion de l'énergie produite par la centrale sera perdue durant cette étape. L'amine tertiaire *N*-méthyldiéthanolamine (MDEA) réagit lentement comparativement à d'autres, mais son relâchement nécessite moins d'énergie.

$$\underset{CH_3}{\overset{\ddot{}}{N}} \diagdown \begin{matrix} CH_2CH_2OH \\ CH_2CH_2OH \end{matrix}$$

MDEA

Il serait alors possible d'utiliser un catalyseur, dont la fonction est d'augmenter la vitesse d'une réaction à une température donnée, et ce, tant pour la réaction directe que pour la réaction inverse. De cette manière, la solution de captage pourrait fixer plus rapidement le CO_2 dans la cheminée pour ensuite le relâcher tout aussi efficacement dans la colonne avoisinante, le tout en économisant de l'énergie pour le chauffage et en réduisant considérablement la hauteur des cheminées.

Le catalyseur idéal semble justement être l'anhydrase carbonique (AC) mentionnée précédemment. Toutefois, les conditions industrielles, comme les hautes températures et les fortes concentrations de substances corrosives dans les cheminées, sont très différentes de celles qui existent dans le corps humain. CO_2 Solutions inc. a donc dû faire des recherches pour obtenir une anhydrase carbonique modifiée chimiquement de manière à en optimiser la la stabilité et le rendement dans ce dur environnement industriel.

Sylvie Fradette dans son laboratoire. Cette ingénieure spécialisée en application de biocatalyseurs dans de nouveaux procédés a grandement contribué à la recherche et au développement du procédé de captage du gaz carbonique de CO_2 Solutions inc. Docteure en génie chimique, elle est vice-présidente, Recherche et développement, chez CO_2 Solutions inc.

Un autre objectif semble être atteint puisque cette enzyme pourrait être disponible en grande quantité et à faible coût. Cette technologie est donc prometteuse et particulièrement bien adaptée à l'exploitation des sables bitumineux, et elle pourrait permettre de réduire l'empreinte écologique reliée à ces procédés.

Que faire du gaz carbonique une fois capté ? Le rejeter dans l'eau des océans ne serait pas une bonne idée, car les rejets atmosphériques liés à l'activité humaine ont déjà commencé à perturber l'équilibre acido-basique naturel des océans. L'eau salée de la mer est normalement légèrement basique alors que le gaz carbonique se dissout dans l'eau en formant une solution acide (*voir les chapitres 5 et 6*). Il existe toutefois quelques pistes de solutions en vue d'utiliser ou de stocker définitivement le CO_2. Par exemple, en Australie, des chercheurs ont mis au point un procédé de minéralisation du CO_2 qui en fait une roche carbonatée pouvant servir comme matériau de construction. Au

Québec, les alumineries produisent un déchet nommé «alumine alcaline» qu'elles doivent traiter et que, par réaction avec le CO_2, il est possible de transformer en engrais destiné à la vente. Aux États-Unis, il serait intéressant de pomper en circuit fermé les saumures enfouies à quelques kilomètres sous terre pour y réinjecter du CO_2 et retourner la saumure à son lieu d'origine.

D'après de récentes observations, ces réactions qui nécessitent des millénaires pour se produire dans les cycles géologiques pourraient se réaliser en seulement quelques décennies, voire moins.

3.4.2 L'équation d'Arrhenius

La relation exprimant la façon dont la constante de vitesse dépend de la température, connue sous le nom d'**équation d'Arrhenius**, s'exprime à l'aide de l'équation suivante :

$$k = Ae^{-E_a/RT} \tag{3.11}$$

où E_a est l'énergie d'activation de la réaction (en kilojoules par mole) ; R, la constante des gaz parfaits ($8{,}314 \ J \cdot K^{-1} \cdot mol^{-1}$) ; T, la température absolue ; et e, la base du logarithme naturel (*voir l'annexe 2, p. 439*). La grandeur A, appelée «facteur de fréquence», représente la fréquence des collisions. On peut la considérer comme constante dans un système réactionnel donné pour un grand écart de températures. L'équation 3.11 indique que la constante de vitesse est directement proportionnelle à A et, par conséquent, à la fréquence des collisions. De plus, à cause du signe négatif associé à l'exposant E_a/RT, la constante de vitesse diminue à mesure que l'énergie d'activation augmente, et elle s'accroît quand la température augmente. Cette équation peut s'exprimer sous une forme plus pratique avec le logarithme naturel de chaque membre :

$$\ln k = \ln Ae^{-E_a/RT}$$
$$\ln k = \ln A - \frac{E_a}{RT} \tag{3.12}$$

L'équation 3.12 a la forme d'une équation linéaire :

$$\ln k = \left(\frac{-E_a}{R}\right)\left(\frac{1}{T}\right) + \ln A \tag{3.13}$$
$$ \updownarrow \updownarrow \updownarrow \updownarrow$$
$$ y = m x + b$$

Donc, la mise en graphe de $\ln k$ en fonction de $1/T$ donne une droite dont la pente, m, est égale à $-E_a/R$ et dont l'ordonnée à l'origine, b, est $\ln A$.

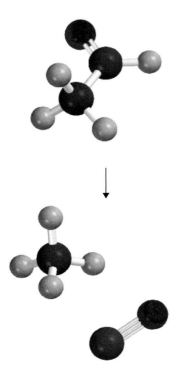

EXEMPLE 3.8 L'application de l'équation d'Arrhenius pour calculer une énergie d'activation

Les constantes de vitesse de la décomposition de l'acétaldéhyde (CH_3CHO) :

$$CH_3CHO(g) \longrightarrow CH_4(g) + CO(g)$$

ont été mesurées à cinq températures différentes. Elles sont données ci-dessous. Faites la mise en graphe de $\ln k$ en fonction de $1/T$ et déterminez l'énergie d'activation (en kilojoules par mole) de cette réaction. Notez que la réaction est d'ordre « 3/2 » par rapport à CH_3CHO, donc les unités de k sont $L^{\frac{1}{2}} \cdot mol^{-\frac{1}{2}} \cdot s^{-1}$.

k ($L^{\frac{1}{2}} \cdot mol^{-\frac{1}{2}} \cdot s^{-1}$)	T (K)
0,011	700
0,035	730
0,105	760
0,343	790
0,789	810

DÉMARCHE

Considérons l'équation d'Arrhenius comme l'équation d'une droite :

$$\ln k = \left(\frac{-E_a}{R}\right)\left(\frac{1}{T}\right) + \ln A$$

La mise en graphe de $\ln k$ en fonction de $1/T$ donnera une droite dont la pente sera égale à $-E_a/R$. L'énergie d'activation sera ensuite calculée à partir de la valeur de la pente.

SOLUTION

Il faut tracer le graphique de $\ln k$ en fonction de $1/T$. Selon les données fournies, nous obtenons le tableau suivant.

$\ln k$	$1/T$ (K^{-1})
−4,51	$1,43 \times 10^{-3}$
−3,35	$1,37 \times 10^{-3}$
−2,254	$1,32 \times 10^{-3}$
−1,070	$1,27 \times 10^{-3}$
−0,237	$1,23 \times 10^{-3}$

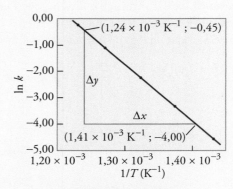

Tracé de $\ln k$ en fonction de $1/T$

On obtient le graphique qui précède. La pente de la droite se calcule à l'aide de deux paires de coordonnées éloignées :

$$\text{pente} = \frac{-4{,}00 - (-0{,}45)}{(1{,}41 - 1{,}24) \times 10^{-3}\ \text{K}^{-1}} = -2{,}09 \times 10^4\ \text{K}$$

À partir de l'équation 3.13, on trouve :

$$\begin{array}{ccccccc} \ln k & = & \left(\dfrac{-E_a}{R}\right) & \left(\dfrac{1}{T}\right) & + & \ln A \\ \updownarrow & & \updownarrow & \updownarrow & & \updownarrow \\ y & = & m & x & + & b \end{array}$$

$$\text{pente} = \frac{-E_a}{R} = -2{,}09 \times 10^4\ \text{K}$$

$$\begin{aligned} E_a &= (8{,}314\ \text{J} \cdot \text{K}^{-1} \cdot \text{mol}^{-1})(2{,}09 \times 10^4\ \text{K}) \\ &= 1{,}74 \times 10^5\ \text{J/mol} \\ &= 1{,}74 \times 10^2\ \text{kJ/mol} \end{aligned}$$

NOTE
Les unités de R et de E_a doivent être compatibles.

Même si les unités de la constante de vitesse sont $\text{L}^{\frac{1}{2}} \cdot \text{mol}^{-\frac{1}{2}} \cdot \text{s}^{-1}$, il est important de noter que ln k n'a pas d'unité (on ne peut prendre le logarithme d'une unité).

EXERCICE E3.8

Problème semblable 3.15

On a déterminé la constante de vitesse d'ordre deux de la décomposition de l'oxyde de diazote (N_2O) en molécules d'azote et en atomes d'oxygène à différentes températures.

k (L · mol^{-1} · s^{-1})	t (°C)
$1{,}87 \times 10^{-3}$	600
0,0113	650
0,0569	700
0,244	750

Déterminez l'énergie d'activation de la réaction à l'aide d'un graphique.

On peut aussi utiliser une forme modifiée de l'équation d'Arrhenius, sans avoir recours au graphique, en reliant deux constantes de vitesse k_1 et k_2 à deux températures T_1 et T_2 pour calculer l'énergie d'activation ou, si l'on connaît celle-ci, pour déterminer la constante de vitesse à une autre température. Afin d'obtenir une telle équation, on applique d'abord l'équation 3.12 à chacun de ces deux points de la droite théorique :

$$\ln k_1 = \ln A - \frac{E_a}{RT_1} \quad \text{et} \quad \ln k_2 = \ln A - \frac{E_a}{RT_2}$$

On soustrait $\ln k_2$ de $\ln k_1$:

$$\ln k_1 - \ln k_2 = \frac{E_a}{R}\left(\frac{1}{T_2} - \frac{1}{T_1}\right)$$

$$\ln \frac{k_1}{k_2} = \frac{E_a}{R}\left(\frac{1}{T_2} - \frac{1}{T_1}\right)$$

$$\ln \frac{k_1}{k_2} = \frac{E_a}{R}\left(\frac{T_1 - T_2}{T_1 T_2}\right) \tag{3.14}$$

Comme les concentrations ne varient pas ici, le rapport des vitesses est le même que celui des constantes de vitesse : $\ln k_1/k_2 = \ln v_1/v_2$. Cette équation peut donc aussi servir à calculer une vitesse à une certaine température à partir de la vitesse connue à une autre température.

EXEMPLE 3.9 L'application de la forme linéaire de l'équation d'Arrhenius selon l'équation 3.14

La constante de vitesse d'une réaction d'ordre un est de $3{,}46 \times 10^{-2}$ s^{-1} à 298 K. Quelle est la constante de vitesse à 350 K si l'énergie d'activation de cette réaction est de 50,2 kJ/mol ?

DÉMARCHE

Une forme modifiée de l'équation d'Arrhenius relie deux constantes de vitesse à deux températures différentes (*voir l'équation 3.14*). Il faut avoir des unités compatibles pour R et E_a.

SOLUTION

Les données sont :

$$k_1 = 3{,}46 \times 10^{-2} \text{ s}^{-1} \qquad k_2 = ?$$
$$T_1 = 298 \text{ K} \qquad T_2 = 350 \text{ K}$$

Si nous les appliquons à l'équation 3.14, nous obtenons :

$$\ln \frac{3{,}46 \times 10^{-2} \text{ s}^{-1}}{k_2} = \frac{50{,}2 \times 10^3 \text{ J/mol}}{8{,}314 \text{ J/K}\cdot\text{mol}}\left[\frac{298 \text{ K} - 350 \text{ K}}{(298 \text{ K})(350 \text{ K})}\right]$$

$$\ln \frac{3{,}46 \times 10^{-2} \text{ s}^{-1}}{k_2} = -3{,}01$$

$$\frac{3{,}46 \times 10^{-2} \text{ s}^{-1}}{k_2} = e^{-3{,}01} = 0{,}0493$$

$$k_2 = 0{,}702 \text{ s}^{-1}$$

▶

Problème semblable ⊕

3.18

VÉRIFICATION

La constante de vitesse devrait être plus élevée à une température supérieure. La réponse est donc plausible.

EXERCICE E3.9

La constante de vitesse de la réaction (d'ordre un) du chlorure de méthyle (CH_3Cl) avec l'eau pour former du méthanol (CH_3OH) et de l'acide chlorhydrique (HCl) est de $3,32 \times 10^{-10}$ s^{-1} à 25 °C. Calculez la constante de vitesse à 40 °C si l'énergie d'activation est de 116 kJ/mol.

Dans le cas des réactions simples (par exemple, les réactions entre atomes), le facteur de fréquence A de l'équation d'Arrhenius et la fréquence des collisions entre les espèces en réaction peuvent être considérés comme équivalents. Cependant, dans le cas des réactions complexes, il faut également tenir compte du «facteur d'orientation», c'est-à-dire de l'orientation relative des molécules entre elles (angles de collision). La réaction entre l'atome de potassium (K) et l'iodure de méthyle (CH_3I) qui a pour produits l'iodure de potassium (KI) et un radical méthyle ($CH_3\cdot$) illustre bien ce facteur:

$$K + CH_3I \longrightarrow KI + CH_3\cdot$$

Cette réaction est possible seulement quand l'atome de K heurte de front l'atome de I de CH_3I (*voir la* **FIGURE 3.18**). Autrement, il n'y a formation que de peu de produits, ou pas du tout. Seul un exposé plus approfondi des notions de cinétique chimique permettrait de mieux comprendre la nature du facteur d'orientation.

CHIMIE EN LIGNE

Animation
• L'orientation des collisions

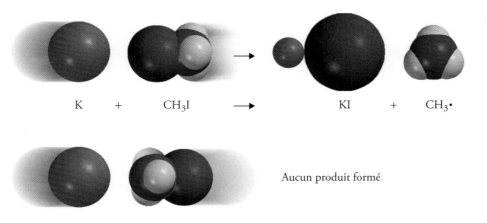

$$K \quad + \quad CH_3I \quad \longrightarrow \quad KI \quad + \quad CH_3\cdot$$

Aucun produit formé

⊘ **FIGURE 3.18**

Orientation relative de molécules en collision

La réaction est possible seulement quand l'atome de K heurte directement l'atome de I.

RÉVISION DES CONCEPTS

a) Que pouvez-vous déduire à propos de la valeur (petite ou grande) de l'énergie d'activation d'une réaction si sa constante de vitesse change considérablement, même avec une petite modification de température? **b)** Si une réaction chimique se produit chaque fois que deux molécules entrent en collision, que pouvez-vous déduire du facteur d'orientation et de l'énergie d'activation de la réaction?

QUESTIONS de révision

16. Définissez l'expression « énergie d'activation ». Quel rôle joue l'énergie d'activation en cinétique chimique ?

17. Écrivez l'équation d'Arrhenius et définissez tous ses termes.

18. Utilisez l'équation d'Arrhenius pour démontrer que la constante de vitesse d'une réaction : **a)** diminue quand l'énergie d'activation augmente ; **b)** augmente quand la température augmente.

19. Comme on le sait, le méthane brûle facilement en présence d'oxygène ; cette réaction est très exothermique. Cependant, on peut garder un mélange de méthane et d'oxygène gazeux indéfiniment sans changement apparent. Comment cela est-il possible ?

20. Faites un graphique de l'énergie potentielle en fonction du déroulement de la réaction pour chacune des réactions suivantes :
    a) $S(s) + O_2(g) \longrightarrow SO_2(g)$ $\quad \Delta H° = -296,06$ kJ
    b) $Cl_2(g) \longrightarrow Cl(g) + Cl(g)$ $\quad \Delta H° = 242,7$ kJ

21. Durant de nombreuses années, on a étudié la réaction suivante : $H + H_2 \longrightarrow H_2 + H$. Faites un profil énergétique de cette réaction (variation de l'énergie potentielle en fonction du déroulement).

3.5 Les mécanismes réactionnels et les lois de vitesse

(i+) CHIMIE EN LIGNE

Interaction
• Les mécanismes et les vitesses de réaction

Comme il a déjà été mentionné, une équation globale équilibrée n'en dit pas beaucoup sur la manière dont une réaction se produit vraiment. Dans de nombreux cas, elle représente plutôt la somme d'une série de réactions simples, souvent appelées **réactions** (ou **étapes**) **élémentaires**, car celles-ci représentent le déroulement de la réaction globale au niveau moléculaire. La séquence des réactions élémentaires qui conduit à la formation des produits à partir des réactifs est appelée **mécanisme réactionnel**. Soit, comme exemple de mécanisme réactionnel, la réaction entre l'oxyde d'azote et l'oxygène :

$$2NO(g) + O_2(g) \longrightarrow 2NO_2(g)$$

Le produit ne résulte pas directement de la collision entre une molécule de NO et une molécule de O_2 dans la mesure où la présence de N_2O_2 est détectée pendant la réaction. Si, par exemple, la réaction se produit plutôt en deux étapes comportant chacune une réaction élémentaire :

$$2NO(g) \longrightarrow N_2O_2(g)$$

$$N_2O_2(g) + O_2(g) \longrightarrow 2NO_2(g)$$

Dans la première réaction, deux molécules de NO se heurtent pour former une molécule de N_2O_2. Ce phénomène est suivi de la réaction de N_2O_2 avec O_2 qui forme deux molécules de NO_2. L'équation chimique nette, qui représente la réaction globale, est donnée par la somme des réactions élémentaires :

1re étape :	$NO + NO \longrightarrow \cancel{N_2O_2}$
2e étape :	$\cancel{N_2O_2} + O_2 \longrightarrow 2NO_2$
Réaction globale :	$2NO + O_2 \longrightarrow 2NO_2$

NOTE
La somme des réactions élémentaires doit être égale à la réaction globale.

Un **intermédiaire**, comme le N_2O_2, est une espèce qui apparaît dans le mécanisme réactionnel (dans les réactions élémentaires), mais non dans la réaction globale équilibrée. Il faut se rappeler qu'un intermédiaire est toujours formé dans l'une des premières réactions élémentaires et utilisé dans une réaction élémentaire ultérieure.

Le nombre de molécules de réactifs réagissant dans une réaction élémentaire correspond à la **molécularité** de celle-ci. Chacune des réactions élémentaires illustrées précédemment est une **réaction bimoléculaire**, car elle met en jeu deux molécules. Il existe aussi des **réactions unimoléculaires**, qui mettent en jeu une seule molécule dans le mécanisme ; la conversion du cyclopropane en propène, examinée à l'**EXEMPLE 3.4** (*voir p. 126*), en est un bon exemple. On connaît toutefois très peu de **réactions trimoléculaires**, qui mettent en jeu trois molécules au cours d'une même étape élémentaire. C'est parce que, dans une réaction trimoléculaire, le produit est le résultat de la rencontre simultanée de trois molécules, un phénomène beaucoup moins probable qu'une collision bimoléculaire.

3.5.1 Les lois de vitesse et les étapes élémentaires

La connaissance des réactions élémentaires permet de déduire la loi de vitesse d'une réaction globale. Soit la réaction unimoléculaire suivante :

$$A \longrightarrow produits$$

Puisque cette réaction se produit ainsi au niveau moléculaire (cette seule étape correspond à la réaction globale), plus le nombre de molécules de A est élevé, plus la vitesse de formation des produits est élevée. On obtient donc la loi de vitesse directement à partir de la réaction élémentaire :

$$v = k[A]$$

Dans le cas d'une réaction bimoléculaire mettant en jeu les molécules de A et de B :

$$A + B \longrightarrow produits$$

la vitesse de formation du produit dépend de la fréquence des collisions entre A et B qui, à son tour, dépend des concentrations de A et de B. Dans ce cas, on peut écrire la loi de vitesse de la façon suivante :

$$v = k[A][B]$$

De même, dans le cas d'une réaction bimoléculaire du type :

$$A + A \longrightarrow produits \quad ou \quad 2A \longrightarrow produits$$

l'équation de vitesse devient :

$$v = k[A]^2$$

Les exemples donnés précédemment montrent que l'ordre d'une réaction par rapport à chaque réactif en jeu dans une réaction élémentaire est égal au coefficient stœchiométrique du réactif. Cependant, si l'on a seulement l'équation globale, on ne peut pas déterminer si la réaction se produit comme indiquée ou par une série de réactions élémentaires ; cette information est obtenue en laboratoire.

Si une réaction a plus d'une étape élémentaire, la loi de vitesse de la réaction globale correspond à la loi de vitesse de l'**étape limitante** (ou **étape déterminante**), c'est-à-dire l'étape qui est la plus lente parmi toutes les étapes menant à la formation des produits.

Une analogie peut être faite entre une étape limitante et le trafic sur une route étroite. Comme tout dépassement est impossible, la vitesse de l'ensemble des voitures est limitée (déterminée) par celle de la voiture la plus lente.

L'étude expérimentale d'un mécanisme réactionnel commence par la collecte de données (mesures des vitesses). Ensuite, l'analyse des données conduit à déterminer la constante de vitesse et l'ordre de la réaction, ce qui permet d'écrire la loi de vitesse. Finalement, on suggère un mécanisme réactionnel plausible comportant des réactions élémentaires (*voir la* **FIGURE 3.19**). Les réactions élémentaires doivent obéir à deux règles :

• La somme des équations des réactions élémentaires doit correspondre à l'équation équilibrée de la réaction globale.

• La loi de vitesse de l'étape limitante doit être la même que celle qui a été trouvée expérimentalement.

Il ne faut pas oublier que, pour chaque schéma de réaction proposé, il faut pouvoir détecter la présence de tout intermédiaire formé dans une ou plusieurs réactions élémentaires.

FIGURE 3.19 ⊘

Étapes de l'étude d'un mécanisme réactionnel

❶ Mesure de la vitesse de la réaction ⟶ ❷ Formulation de la loi de vitesse ⟶ ❸ Élaboration d'un mécanisme réactionnel plausible

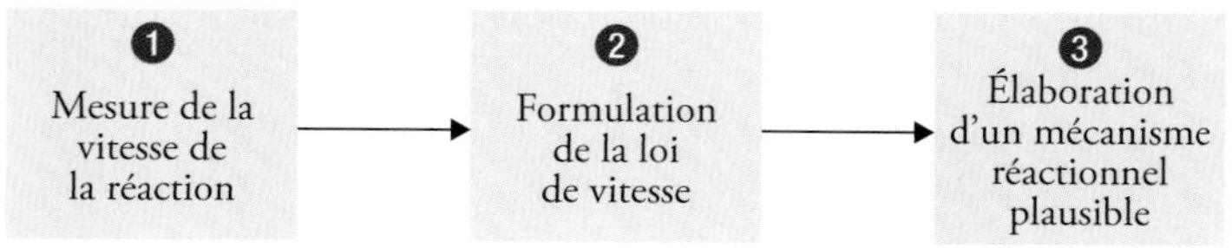

Pour comprendre la façon d'élucider un mécanisme réactionnel à partir d'expériences, voici deux exemples, soit la décomposition du peroxyde d'hydrogène et la formation d'iodure d'hydrogène à partir de l'hydrogène et de l'iode moléculaire.

3.5.2 L'élucidation d'un mécanisme réactionnel

La décomposition du peroxyde d'hydrogène

La décomposition du peroxyde d'hydrogène est facilitée par la présence d'ions iodure (*voir la* **FIGURE 3.20**). La réaction globale est la suivante :

$$2H_2O_2(aq) \longrightarrow 2H_2O(l) + O_2(g)$$

Expérimentalement, on trouve la loi de vitesse suivante :

$$v = k[H_2O_2][I^-]$$

La réaction est d'ordre un par rapport à H_2O_2 et d'ordre un par rapport à I^- ; l'ordre global est donc de deux.

Cette décomposition ne se produit pas en une seule réaction élémentaire qui correspondrait à l'équation globale équilibrée. Si c'était le cas, la réaction serait d'ordre deux en H_2O_2 (il faut noter le coefficient 2 dans l'équation). De plus, l'ion I^-, qui n'est même pas dans l'équation globale, est présent dans l'expression de la loi de vitesse. Quelle en est l'explication ?

On peut expliquer la loi de vitesse observée en considérant que la réaction se produit en deux réactions élémentaires distinctes, chacune d'elles étant bimoléculaire :

Réaction 1 :	$H_2O_2 + I^- \xrightarrow{k_1} H_2O + IO^-$
Réaction 2 :	$H_2O_2 + IO^- \xrightarrow{k_2} H_2O + O_2 + I^-$
Réaction globale :	$2H_2O_2 \longrightarrow 2H_2O + O_2$

Si l'on suppose par la suite que la réaction 1 est cinétiquement limitante (la plus lente), c'est donc cette étape qui déterminera la vitesse de la réaction :

$$v = k_1[H_2O_2][I^-]$$

Cette relation correspond bien à la loi de vitesse déjà trouvée expérimentalement. Il convient de noter que l'ion IO^- est un intermédiaire, car il n'apparaît pas dans l'équation globale équilibrée. Bien que l'ion I^- n'apparaisse pas non plus dans cette dernière, il est différent de IO^-, car il est présent au début et à la fin de la réaction. Il sert à accélérer la réaction ; c'est donc un catalyseur. Les catalyseurs sont abordés dans la prochaine section. Finalement, il faut noter que la somme des réactions 1 et 2 donne bien l'équation globale équilibrée indiquée ci-dessus, ce qui satisfait à la deuxième règle.

La **FIGURE 3.21** décrit le profil énergétique (ou profil de l'énergie potentielle) pour une telle réaction. La première étape (ici, l'étape déterminante) a une énergie d'activation plus élevée que celle de la deuxième étape. L'espèce intermédiaire, bien qu'elle soit assez stable pour pouvoir être observée, réagit rapidement pour former les produits.

La réaction de la formation d'iodure d'hydrogène

Un grand nombre de réactions ont un mécanisme commun constitué de deux étapes élémentaires, la première étant beaucoup plus rapide que la deuxième autant dans le sens direct que dans le sens inverse. Parmi ces réactions, voici l'exemple de la réaction

FIGURE 3.20

Décomposition du peroxyde d'hydrogène catalysée par l'ion iodure

Quelques gouttes de savon liquide ont été ajoutées pour mieux mettre en évidence la formation de l'oxygène. Certains des ions iodure sont oxydés en molécules d'iode, qui réagissent ensuite avec les ions iodure pour former les ions triiodure (I_3^-) de couleur brune.

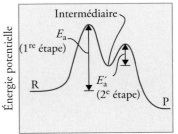

FIGURE 3.21

Courbe de profil énergétique

Cette réaction a lieu en deux étapes dont la première est déterminante. R et P représentent respectivement les réactifs et les produits.

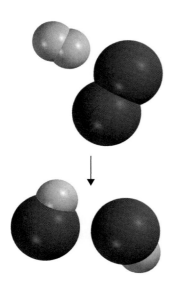

qui se produit entre l'hydrogène moléculaire et l'iode moléculaire pour former de l'iodure d'hydrogène :

$$H_2(g) + I_2(g) \longrightarrow 2HI(g)$$

La loi de vitesse trouvée expérimentalement est :

$$\text{vitesse} = k[H_2][I_2]$$

Durant plusieurs années, les chimistes ont pensé que cette réaction se produisait exactement comme le décrit l'équation mentionnée. On la considérait donc comme une réaction bimoléculaire impliquant une molécule d'hydrogène et une molécule d'iode. Cependant, dans les années 1960, des chimistes ont prouvé que le véritable mécanisme n'est pas aussi simple. Ils ont proposé le mécanisme en deux étapes suivant :

Réaction 1 : $\qquad\qquad I_2 \underset{k_{-1}}{\overset{k_1}{\rightleftharpoons}} 2I \qquad$ étape rapide

Réaction 2 : $\qquad\qquad H_2 + 2I \overset{k_2}{\longrightarrow} 2HI \qquad$ étape lente

où k_1, k_{-1} et k_2 sont les constantes de vitesse pour les étapes des réactions. Les atomes de I servent d'intermédiaire dans cette réaction.

Au début, quand la réaction commence, il y a très peu d'atomes de I présents. Mais à mesure que I_2 se dissocie, la concentration de I_2 diminue alors que celle de I s'accroît. Par conséquent, la vitesse directe de la première étape (v_1) diminue, et celle de la réaction inverse (v_{-1}) s'accroît. Il arrive un moment où les deux vitesses deviennent égales ; c'est l'atteinte d'un état d'équilibre chimique. Étant donné que les réactions de la première étape sont beaucoup plus rapides que celle de la deuxième étape, l'équilibre est atteint bien avant qu'il n'y ait eu réaction significative avec l'hydrogène, et cette situation persiste durant toute la durée de la réaction.

NOTE

L'équilibre chimique fera l'objet du chapitre 4.

Dans les conditions à l'équilibre de la première étape, il est possible d'écrire les deux lois de vitesse suivantes, une pour la réaction directe et l'autre pour la réaction inverse :

$$v_1 = k_1[I_2] \text{ et } v_{-1} = k_{-1}[I]^2$$

et, comme à l'équilibre $v_1 = v_{-1}$, on peut écrire aussi :

$$k_1[I_2] = k_{-1}[I]^2$$

ce qui donne, quand on isole $[I]^2$:

$$[I]^2 = \frac{k_1}{k_{-1}}[I_2]$$

Cette dernière relation permettra de substituer $[I]^2$ dans la loi de vitesse de la deuxième étape, l'étape la plus lente. Voici maintenant la relation de vitesse de cette deuxième étape :

$$\text{vitesse} = k_2[H_2][I]^2$$

La concentration de I, [I], n'apparaît pas dans la relation de vitesse de la réaction globale. Il faudra donc substituer sa valeur dans la relation de vitesse de la deuxième étape par celle déjà trouvée en fonction de $[I_2]$ à la première étape. Après cette substitution et après avoir regroupé les constantes, on obtient:

$$\text{vitesse} = \frac{k_1 k_2}{k_{-1}} [H_2][I_2]$$
$$= k[H_2][I_2]$$

où $k = k_1 k_2 / k_{-1}$. Ainsi, ce mécanisme en deux étapes donne aussi la bonne loi de vitesse pour cette réaction. Cette concordance et le fait que les atomes de I jouant le rôle d'intermédiaire ont pu être détectés incitent à croire avec encore plus de conviction qu'il s'agit bien du véritable mécanisme réactionnel.

Il faut remarquer enfin que toutes les réactions ont toujours au moins une étape qui est lente. Il existe également des réactions avec deux étapes lentes ou plus, toutes presque aussi lentes les unes que les autres. L'analyse cinétique de telles réactions est plus complexe et ne sera pas abordée ici.

L'exemple suivant traite de l'étude d'un mécanisme réactionnel peu complexe.

EXEMPLE 3.10   L'étude des mécanismes réactionnels

On croit que la décomposition en phase gazeuse de l'oxyde de diazote (N_2O) se produit suivant deux réactions élémentaires:

Réaction 1: $\qquad N_2O \xrightarrow{k_1} N_2 + O$

Réaction 2: $\qquad N_2O + O \xrightarrow{k_2} N_2 + O_2$

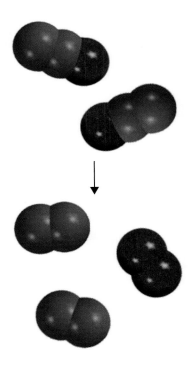

Expérimentalement, on trouve la loi de vitesse suivante: $v = k[N_2O]$. **a)** Écrivez l'équation de la réaction globale. **b)** Quelles sont les espèces intermédiaires? **c)** Que peut-on dire à propos des vitesses relatives des réactions 1 et 2?

DÉMARCHE

a) La somme des étapes élémentaires donne la réaction globale. **b)** Quelles sont les caractéristiques d'un intermédiaire? Apparaît-il dans l'équation globale? **c)** Comment trouve-t-on l'étape déterminante? En quoi la connaissance de l'étape déterminante nous aide-t-elle à écrire la loi de vitesse d'une réaction?

SOLUTION

a) L'addition des réactions 1 et 2 donne la réaction globale suivante:

$$2N_2O \longrightarrow 2N_2 + O_2$$

b) Puisque l'atome de O est produit dans la première réaction élémentaire et qu'il n'apparaît pas dans l'équation globale équilibrée, il s'agit d'un intermédiaire.

c) En supposant que la réaction 1 est l'étape déterminante (ou cinétiquement limitante), c'est-à-dire si $k_2 \gg k_1$, la vitesse de la réaction globale est:

$$v = k_1[N_2O]$$

et $k = k_1$.

VÉRIFICATION

La première étape doit être l'étape déterminante puisque la loi de vitesse de cette étape correspond à la loi de vitesse trouvée expérimentalement, soit vitesse $= k[N_2O]$. ▶

⊕ **Problème semblable**

3.21

EXERCICE E3.10

On croit que la formation de NO et de CO_2 à partir de NO_2 et de CO se produit en deux étapes :

Réaction 1 : $NO_2 + NO_2 \longrightarrow NO + NO_3$

Réaction 2 : $NO_3 + CO \longrightarrow NO_2 + CO_2$

La loi de vitesse déterminée expérimentalement est la suivante : $v = k[NO_2]^2$. **a)** Écrivez l'équation de la réaction globale. **b)** Indiquez l'intermédiaire. **c)** Que peut-on dire à propos des vitesses relatives des réactions 1 et 2 ?

3.5.3 Les preuves expérimentales des mécanismes réactionnels

Comment avoir la certitude qu'un mécanisme proposé est bien le bon ? Dans le cas de la décomposition du peroxyde d'hydrogène, on peut essayer de détecter la présence des ions IO^- à l'aide de preuves basées sur des méthodes spectroscopiques. La détection de ces ions corrobore le mécanisme proposé. De même, pour la réaction de la formation de l'iodure d'hydrogène, la détection d'iode à l'état d'atomes de I confirmera l'hypothèse d'un mécanisme en deux étapes. Par exemple, I_2 se dissocie en atomes lorsqu'il est exposé à la lumière du domaine visible. On peut alors prédire que la vitesse de formation de HI à partir de H_2 et de I_2 augmente si l'on intensifie la lumière, car une plus grande exposition à la lumière accroît la concentration des atomes de I. C'est justement ce qui est observé.

Supposons qu'un chimiste désire savoir laquelle des liaisons C—O est brisée au cours de la réaction entre l'acétate de méthyle et l'eau pour pouvoir mieux comprendre le mécanisme de la réaction suivante :

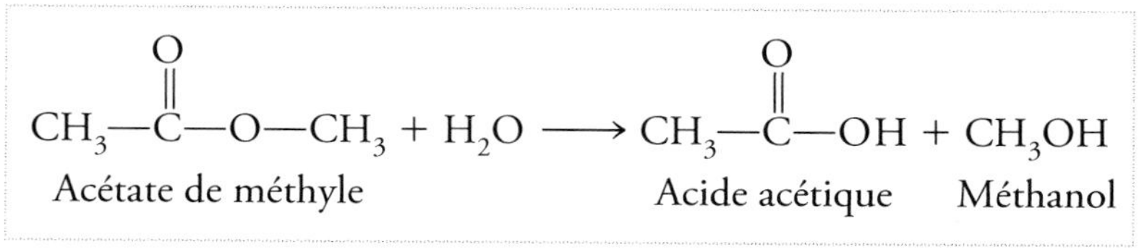

$$CH_3-\overset{\overset{\displaystyle O}{\|}}{C}-O-CH_3 + H_2O \longrightarrow CH_3-\overset{\overset{\displaystyle O}{\|}}{C}-OH + CH_3OH$$

Acétate de méthyle   Acide acétique   Méthanol

Il y a deux possibilités :

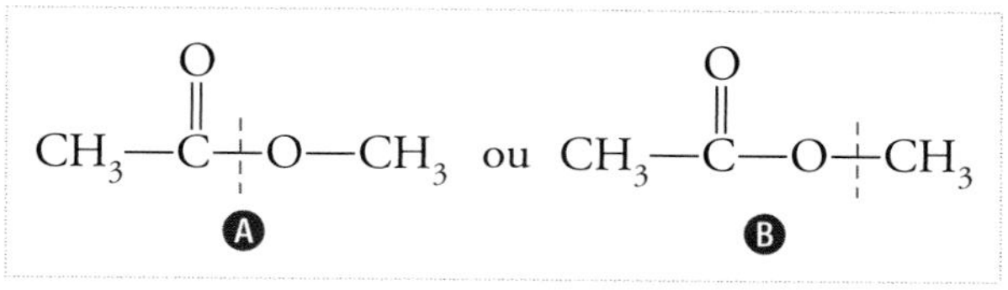

$$CH_3-\overset{\overset{\displaystyle O}{\|}}{C}\vdots O-CH_3 \quad \text{ou} \quad CH_3-\overset{\overset{\displaystyle O}{\|}}{C}-O\vdots CH_3$$

                   Ⓐ   **Ⓑ**

Afin de pouvoir choisir entre les scénarios **Ⓐ** et **Ⓑ**, le chimiste utilise de l'eau constituée de l'isotope oxygène 18 au lieu de l'eau ordinaire (celle-ci contenant de l'oxygène 16). En présence de cette eau à oxygène 18, il observe que c'est seulement l'acide acétique formé qui contient de l'oxygène 18 :

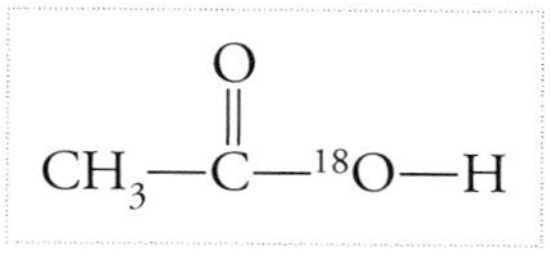

$$CH_3-\overset{\overset{\displaystyle O}{\|}}{C}-{}^{18}O-H$$

Par conséquent, la réaction a dû se produire selon le scénario **A**, parce que le produit formé selon le scénario **B** aurait conservé ses deux atomes d'oxygène.

Voici comme dernier exemple le cas de la photosynthèse, le processus au cours duquel les plantes vertes produisent du glucose à partir du dioxyde de carbone et de l'eau :

$$6CO_2 + 6H_2O \longrightarrow C_6H_{12}O_6 + 6O_2$$

Les chercheurs se sont rapidement posé une question en étudiant cette réaction : est-ce que l'oxygène moléculaire produit provient de l'eau, du dioxyde de carbone ou de ces deux substances ? En utilisant de l'eau constituée d'oxygène 18, il a été démontré que l'oxygène gazeux dégagé provient de l'eau et non pas du dioxyde de carbone, car l'oxygène produit ne contient que des atomes d'oxygène 18. Cette observation est en accord avec le mécanisme proposé selon lequel les molécules d'eau sont fragmentées par la lumière :

$$2H_2O + h\nu \longrightarrow O_2 + 4H^+ + 4e^-$$

où $h\nu$ représente l'énergie d'un photon. Les protons et les électrons sont ensuite utilisés comme source d'énergie pour rendre possibles certaines réactions nécessaires à la croissance et à la santé des plantes. Sans cet apport extérieur, toutes ces réactions de biosynthèse ne seraient pas favorables sur le plan énergétique.

Ces exemples montrent qu'il faut faire preuve d'inventivité pour arriver à élucider un mécanisme réactionnel. Cependant, dans le cas de réactions complexes, il peut s'avérer presque impossible de prouver l'unicité d'un mécanisme, c'est-à-dire qu'une telle réaction procède seulement d'une certaine manière, ce qui supposerait une preuve expérimentale qui éliminerait toutes les autres possibilités. Il arrive toutefois que l'un des mécanismes prédomine.

QUESTIONS de révision

22. Qu'entend-on par « mécanisme réactionnel » ?

23. Qu'est-ce qu'une réaction élémentaire ?

24. Dites ce qu'est la molécularité d'une réaction.

25. Les réactions peuvent être unimoléculaires, bimoléculaires, etc. Pourquoi n'y a-t-il pas de réaction « zéromoléculaire » ?

26. Pourquoi les réactions trimoléculaires sont-elles rares ?

27. Qu'est-ce qu'une réaction cinétiquement limitante ? Donnez un exemple tiré de la vie courante pour illustrer cette définition.

28. L'équation de la combustion de l'éthane (C_2H_6) est la suivante :
$$2C_2H_6 + 7O_2 \longrightarrow 4CO_2 + 6H_2O$$
Dites pourquoi il est à peu près impossible que cette équation représente aussi la réaction élémentaire.

29. Lesquelles des espèces suivantes ne peuvent être isolées durant une réaction : le complexe activé, le produit, l'intermédiaire ?

3.6 La catalyse

NOTE

Pour poursuivre l'analogie avec le trafic sur une route, il est possible de comparer la présence du catalyseur au creusage d'un tunnel à travers une montagne pour raccorder deux villages qui étaient autrefois reliés seulement par une route montagneuse sinueuse et peu praticable.

Dans la décomposition du peroxyde d'hydrogène, la vitesse de réaction dépend de la concentration des ions iodure, même si ceux-ci n'apparaissent pas dans l'équation globale. L'ion I^- agit donc comme un catalyseur dans cette réaction. Un **catalyseur** est une substance qui augmente la vitesse d'une réaction chimique sans y être consommée. Le catalyseur peut réagir pour former un intermédiaire, mais il se retrouve toujours intact à la fin de la réaction.

Pour préparer de l'oxygène moléculaire en laboratoire, on chauffe du chlorate de potassium; la réaction est la suivante :

$$2KClO_3(s) \longrightarrow 2KCl(s) + 3O_2(g)$$

Cependant, sans catalyseur, cette décomposition thermique est très lente. On peut en augmenter considérablement la vitesse en y ajoutant une petite quantité de dioxyde de manganèse (MnO_2), une poudre noire qui agit comme catalyseur. On peut recouvrer tout le MnO_2 à la fin de la réaction, tout comme les ions I^- après la décomposition de H_2O_2.

Un catalyseur accélère une réaction en la faisant procéder par un mécanisme réactionnel différent, c'est-à-dire par un ensemble de réactions élémentaires dont les cinétiques sont plus favorables que celles qui existent en son absence. D'après l'équation 3.11, on sait que la constante de vitesse k – et par conséquent la vitesse – d'une réaction dépend du facteur de fréquence A et de l'énergie d'activation E_a; plus A est élevé ou plus E_a est basse, plus la vitesse est élevée. Dans de nombreux cas, c'est en abaissant l'énergie d'activation de la réaction qu'un catalyseur augmente la vitesse.

Soit la réaction suivante qui a une certaine constante de vitesse k et une certaine énergie d'activation E_a :

$$A + B \xrightarrow{k} C + D$$

En présence d'un catalyseur, la constante de vitesse est k_c (appelée « constante de vitesse catalytique ») :

$$A + B \xrightarrow{k_c} C + D$$

Selon la définition d'un catalyseur :

$$vitesse_{catalysée} > vitesse_{non\ catalysée}$$

La **FIGURE 3.22** montre les courbes d'énergie potentielle des deux réactions. Il convient de noter que les énergies totales des réactifs (A et B) et des produits (C et D) ne sont pas influencées par le catalyseur; la seule différence entre les deux réactions réside dans l'abaissement de l'énergie d'activation, de E_a à E'_a. Puisqu'il abaisse du même coup l'énergie d'activation de la réaction inverse, le catalyseur augmente donc également la vitesse de la réaction inverse.

Il existe trois principaux types de catalyses, selon la nature du catalyseur : la catalyse hétérogène, la catalyse homogène et la catalyse enzymatique.

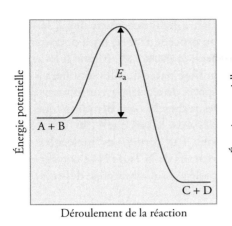 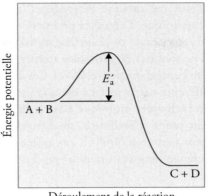

Déroulement de la réaction

A   **B**

FIGURE 3.22

Comparaison des énergies d'activation d'une réaction non catalysée et de la même réaction catalysée

Le catalyseur abaisse l'énergie d'activation sans modifier les énergies des réactifs et des produits.
Bien que les réactifs et les produits soient les mêmes dans les deux cas, les mécanismes réactionnels et les lois de vitesse sont différents en **A** et en **B**, d'où l'utilisation de deux profils énergétiques distincts pour illustrer le déroulement de la réaction.

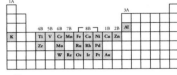

Métaux et composés métalliques les plus fréquemment utilisés comme catalyseurs en milieu hétérogène. Les catalyseurs sont très souvent des métaux de transition ou des composés de ces éléments.

3.6.1 La catalyse hétérogène

Dans la catalyse hétérogène, les réactifs et le catalyseur sont dans des phases différentes. Habituellement, le catalyseur est un solide, et les réactifs sont des gaz ou des liquides. La catalyse hétérogène est de loin le type de catalyse le plus important en chimie industrielle. Voici trois exemples de catalyse hétérogène, des catalyses qui permettent de produire annuellement des milliers de tonnes de produits chimiques à l'échelle industrielle.

La synthèse de l'ammoniac selon le procédé Haber

L'ammoniac a une importance économique et industrielle très grande. Il est surtout utilisé pour la production d'engrais et la fabrication d'explosifs, tout en ayant de multiples autres usages. Au début du XXe siècle, plusieurs chimistes ont tenté de synthétiser l'ammoniac à partir de l'azote et de l'hydrogène. Les réserves d'azote de l'air sont presque inépuisables, et l'hydrogène gazeux peut être produit facilement par le passage de vapeur d'eau sur du charbon chaud :

$$H_2O(g) + C(s) \longrightarrow CO(g) + H_2(g)$$

L'hydrogène est aussi un sous-produit de l'industrie pétrolière (raffinage).

La formation de NH_3 à partir de N_2 et de H_2 est exothermique :

$$N_2(g) + 3H_2(g) \longrightarrow 2NH_3(g) \quad \Delta H° = -92,6 \text{ kJ}$$

Mais la vitesse de réaction est très lente à la température de la pièce. Pour être utile à l'échelle industrielle, une réaction doit avoir à la fois une assez grande vitesse et un bon rendement. Une élévation de la température augmente la vitesse de la production de NH_3, mais elle favorise en même temps la décomposition des molécules de NH_3 en N_2 et en H_2, ce qui diminue le rendement.

En 1905, après avoir fait des essais avec des centaines de composés à différentes températures et pressions, Fritz Haber a découvert qu'un mélange de fer contenant un faible pourcentage d'oxydes de potassium et d'aluminium pouvait servir de catalyseur pour la réaction entre l'hydrogène et l'azote afin de produire de l'ammoniac à une température autour de 500 °C. Cette méthode se nomme aujourd'hui le « procédé Haber ».

NOTE

Le procédé Haber sera vu plus en détail au chapitre suivant, qui porte sur l'équilibre chimique.

Au cours d'une catalyse hétérogène, la réaction a habituellement lieu à la surface du solide catalytique. Durant la première étape du procédé Haber, il y a dissociation de N_2 et de H_2 au contact de la surface métallique (*voir la* **FIGURE 3.23**). Même si les espèces dissociées ne sont pas de véritables atomes à l'état libre parce qu'elles sont liées à la surface, elles sont cependant très réactives. Les deux espèces de réactifs se comportent de manière fort différente sur la surface du catalyseur. Des recherches ont démontré que H_2 se dissocie en hydrogène atomique à des températures aussi basses que $-196\ °C$ (ce qui correspond au point d'ébullition de l'azote liquide). Par contre, les molécules d'azote se dissocient à environ 500 °C. Les atomes très réactifs de N et de H se combinent rapidement à haute température pour produire les molécules d'ammoniac désirées:

$$N + 3H \longrightarrow NH_3$$

FIGURE 3.23 ⊗

Action catalytique au cours de la synthèse de l'ammoniac

D'abord, les molécules de H_2 et de N_2 adhèrent à la surface. Cette interaction affaiblit les liens covalents et cause la dissociation des molécules. Les atomes très réactifs migrent sur la surface et peuvent ainsi se combiner par la suite en formant des molécules de NH_3, lesquelles quittent ensuite la surface.

La production industrielle d'acide nitrique selon le procédé Ostwald

L'acide nitrique est l'un des plus importants acides inorganiques. Il est utilisé dans la production d'engrais, de colorants, de médicaments et d'explosifs. Pour produire de l'acide nitrique, l'industrie recourt surtout au «procédé Ostwald». Ce procédé consiste à chauffer, à environ 800 °C, de l'ammoniac et de l'oxygène moléculaire en présence d'un catalyseur, du platine-rhodium (Pt/Rh) (*voir la* **FIGURE 3.24**):

$$4NH_3(g) + 5O_2(g) \xrightarrow{Pt/Rh} 4NO(g) + 6H_2O(g)$$

L'oxyde d'azote formé s'oxyde facilement (sans catalyse) en dioxyde d'azote:

$$2NO(g) + O_2(g) \longrightarrow 2NO_2(g)$$

Dissous dans l'eau, NO_2 forme de l'acide nitreux et de l'acide nitrique:

$$2NO_2(g) + H_2O(l) \longrightarrow HNO_2(aq) + HNO_3(aq)$$

Sous l'effet de la chaleur, l'acide nitreux est converti en acide nitrique:

$$3HNO_2(aq) \longrightarrow HNO_3(aq) + H_2O(l) + 2NO(g)$$

Le NO formé est récupéré et réutilisé pour produire du NO_2 dans la deuxième étape.

FIGURE 3.24 ⊗

Catalyseur platine-rhodium utilisé dans le procédé Ostwald

Les convertisseurs catalytiques

À haute température, dans un moteur d'automobile en marche, l'azote et l'oxygène gazeux réagissent pour former de l'oxyde d'azote:

$$N_2(g) + O_2(g) \rightleftharpoons 2NO(g)$$

Libéré dans l'atmosphère, NO se combine rapidement à O_2 pour former NO_2. Le dioxyde d'azote et d'autres gaz émis par les automobiles, comme l'oxyde de carbone (CO) et les différents hydrocarbures non consumés, font que les gaz d'échappement sont une source importante de pollution atmosphérique.

C'est pourquoi toutes les voitures sont maintenant obligatoirement équipées d'un convertisseur catalytique (*voir la* **FIGURE 3.25**), qui a deux fonctions : il oxyde le CO et les hydrocarbures non consumés en CO_2 et en H_2O ; il réduit NO et NO_2 en N_2 et en O_2.

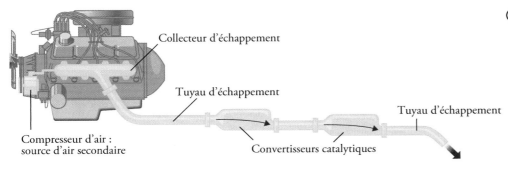

⊙ **FIGURE 3.25**

Convertisseur catalytique à deux étapes utilisé dans les automobiles

Pour ce faire, les gaz d'échappement chauds, dans lesquels de l'air a été injecté, passent dans la première chambre du convertisseur où la combustion complète des hydrocarbures est accélérée et où l'émission de CO est diminuée. (La **FIGURE 3.26** montre une section longitudinale d'un convertisseur catalytique, contenant du Pt ou du Pd ou un oxyde d'un métal de transition, comme CuO ou Cr_2O_3.) Cependant, puisque les températures élevées augmentent la production de NO, il faut une seconde chambre contenant un catalyseur différent (un métal de transition ou un oxyde de métal de transition comme CuO ou Cr_2O_3) et fonctionnant à des températures plus basses pour dissocier NO en N_2 et en O_2 avant que ces substances soient libérées dans l'environnement.

FIGURE 3.26 ⊙

Écorché d'un convertisseur catalytique

Les granules contiennent du platine, du palladium et du rhodium, qui catalysent la combustion du CO et des hydrocarbures.

3.6.2 La catalyse homogène

Dans la catalyse homogène, les réactifs et le catalyseur sont dans la même phase, habituellement liquide. En solution liquide, les acides et les bases représentent les plus importants types de catalyseurs. Par exemple, la réaction de l'acétate d'éthyle avec l'eau qui forme de l'acide acétique et de l'éthanol se produit normalement trop lentement pour qu'on puisse en mesurer la vitesse :

$$CH_3\!-\!\overset{\displaystyle O}{\overset{\|}{C}}\!-\!O\!-\!C_2H_5 + H_2O \longrightarrow CH_3\!-\!\overset{\displaystyle O}{\overset{\|}{C}}\!-\!OH + C_2H_5OH$$
Acétate d'éthyle   Acide acétique   Éthanol

En l'absence d'un catalyseur, la loi de vitesse est donnée par :

$$v = k[CH_3COOC_2H_5]$$

Cependant, cette réaction peut être catalysée par un acide. En présence d'acide chlorhydrique, la loi de vitesse est :

$$v = k_c[CH_3COOC_2H_5][H_3O^+]$$

NOTE

L'appellation «chambres de plomb» vient du fait que l'acide sulfurique est produit dans des tours recouvertes de plomb métallique qui a tôt fait de réagir en surface avec l'acide sulfurique, formant ainsi un revêtement protecteur de sulfate de plomb.

On note que, puisque $k_c > k$, la vitesse est déterminée seulement par l'étape catalysée de la réaction.

La catalyse homogène peut aussi avoir lieu dans la phase gazeuse. Un exemple bien connu de réaction catalysée en phase gazeuse est la production d'acide sulfurique par le « procédé des chambres de plomb », qui a été durant plusieurs années la plus importante méthode de préparation industrielle de l'acide sulfurique. En débutant avec le soufre, on s'attendrait à ce que la production d'acide sulfurique se fasse selon les étapes suivantes :

$$S(s) + O_2(g) \longrightarrow SO_2(g)$$
$$2SO_2(g) + O_2(g) \longrightarrow 2SO_3(g)$$
$$H_2O(l) + SO_3(g) \longrightarrow H_2SO_4(aq)$$

En réalité, le dioxyde de soufre n'est pas converti directement en trioxyde de soufre, mais il est converti plus efficacement en présence de dioxyde d'azote agissant ici comme catalyseur :

Réaction 1 :	$2SO_2(g) + 2NO_2(g) \longrightarrow 2SO_3(g) + 2NO(g)$
Réaction 2 :	$2NO(g) + O_2(g) \longrightarrow 2NO_2(g)$
Réaction globale :	$2SO_2(g) + O_2(g) \longrightarrow 2SO_3(g)$

Il n'y a aucune perte nette de NO_2 au cours de cette réaction globale, le NO_2 agissant comme un catalyseur.

Ces dernières années, les chimistes ont fait beaucoup d'efforts dans le but de créer une classe de composés métalliques pouvant servir de catalyseurs en milieu homogène. Ces composés sont solubles dans une grande variété de solvants organiques et peuvent donc être utilisés dans le même solvant que celui qui est requis pour dissoudre les réactifs. Plusieurs réactions catalysées par ces composés métalliques sont des réactions organiques. Par exemple, le composé rouge violacé de rhodium, $[(C_6H_5)_3P]_3RhCl$, catalyse la conversion des liaisons doubles carbone-carbone en liaison simple carbone-carbone ainsi :

NOTE

Cette réaction est importante dans l'industrie alimentaire. Elle permet de convertir des «graisses insaturées» (des composés contenant plusieurs liaisons C=C) en «graisses saturées» (des composés contenant peu ou pas de liaisons C=C).

La catalyse homogène comporte plusieurs avantages par rapport à la catalyse hétérogène. D'une part, les réactions peuvent souvent avoir lieu dans les conditions atmosphériques, ce qui réduit les coûts de production et diminue la décomposition des produits à température élevée. D'autre part, les catalyseurs homogènes peuvent être conçus spécifiquement pour tel type de réactions tout en coûtant moins cher que les métaux précieux (comme l'or et le platine) utilisés en catalyse hétérogène.

3.6.3 La catalyse enzymatique

Voici un dernier exemple de catalyse homogène, mais cette fois chez les êtres vivants. De tous les processus complexes en jeu dans les systèmes vivants, aucun n'est plus frappant ni plus essentiel que la catalyse enzymatique. Il s'agit d'une catalyse effectuée par des **enzymes**, des catalyseurs biologiques. Ce qui est remarquable dans ce cas, c'est que non seulement les enzymes accélèrent les réactions biochimiques de facteurs de l'ordre de 10^6

à 10^{12}, mais elles sont également très spécifiques. En effet, une enzyme n'agit que sur certaines molécules, appelées «substrats» (c'est-à-dire réactifs), tout en laissant le reste du système intact. On estime qu'une cellule vivante moyenne contient environ 3000 enzymes différentes, et que chacune catalyse une réaction spécifique qui convertit un substrat en produits appropriés. La catalyse enzymatique est homogène, car les substrats, les enzymes et les produits sont tous en solution aqueuse.

Une enzyme est une grosse protéine qui contient un ou plusieurs «sites actifs» où ont lieu les interactions avec les substrats. Ces sites sont compatibles, du point de vue structural, avec des molécules spécifiques, à la manière d'une serrure et de sa clé (*voir la* **FIGURE 3.27**). Cependant, une molécule d'enzyme (ou au moins son site actif) a une structure relativement flexible et peut modifier sa forme pour réagir avec plus de un substrat. La **FIGURE 3.28** montre un modèle moléculaire d'une enzyme en action.

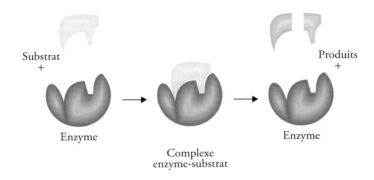

Substrat
+

Produits
+

Enzyme

Enzyme

Complexe
enzyme-substrat

FIGURE 3.27

Analogie entre la spécificité d'une serrure pour une clé et celle d'une enzyme pour son substrat

Le traitement mathématique de la cinétique enzymatique est très complexe, même quand on connaît les principales étapes d'une telle réaction. En voici un schéma simplifié:

$$E + S \xrightleftharpoons[k_{-1}]{k_1} ES$$
$$ES \xrightarrow{k_2} E + P$$

où E, S et P représentent l'enzyme, le substrat et le produit; ES est l'intermédiaire enzyme-substrat.

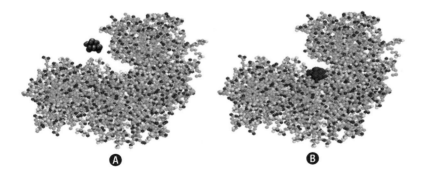

Ⓐ   Ⓑ

FIGURE 3.28

Fixation d'un substrat sur une enzyme

Ⓐ Le substrat, une molécule de glucose, s'approche de l'enzyme hexokinase.

Ⓑ La molécule de glucose est liée au site actif et va subir une modification chimique pour donner un produit.

La **FIGURE 3.29** (*voir p. 162*) montre les courbes d'énergie potentielle de la réaction. On suppose souvent que la formation de ES et sa dissociation en enzyme et en substrat se produisent rapidement et que la réaction cinétiquement limitante est celle de la formation du produit. En général, la vitesse d'une telle réaction est donnée par l'équation suivante :

$$v = \frac{\Delta[P]}{\Delta t} = k[ES]$$

FIGURE 3.29 ⊗

Comparaison entre ⒶⒶ une réaction non catalysée et ⒷⒷ la même réaction catalysée par une enzyme

D'après la courbe en ⒷⒷ, la réaction catalysée se produirait en deux étapes, et c'est la seconde (ES ⟶ E + P) qui serait cinétiquement limitante.

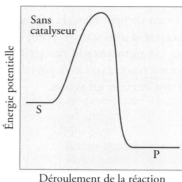

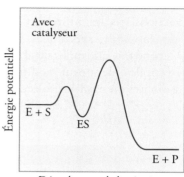

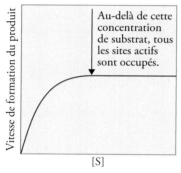

FIGURE 3.30 ⊗

Variation de la vitesse de formation du produit en fonction de la concentration de substrat dans une réaction catalysée par une enzyme

La première portion de cette courbe est formée d'un segment d'une droite oblique qui correspond à une cinétique d'ordre un où $v = k[S]$. La dernière section, une droite horizontale, correspond à une cinétique d'ordre zéro où $v = k_1$.

La concentration de l'intermédiaire ES est elle-même proportionnelle à la quantité de substrat présent ; la mise en graphe de la vitesse en fonction de la concentration de substrat donne habituellement une courbe comme celle de la **FIGURE 3.30**. Au début, la vitesse augmente rapidement avec la concentration du substrat et la réaction est d'ordre un ($v = k[S]$). Cependant, au-delà d'une certaine concentration, tous les sites actifs sont occupés, et la réaction devient d'ordre zéro par rapport au substrat ($v = k_1$).

Autrement dit, la vitesse reste la même malgré l'augmentation de la concentration du substrat. À ce point et au-delà, la vitesse de formation du produit ne dépend plus que de la vitesse de rupture de l'intermédiaire ES, et non du nombre de molécules de substrat présentes.

RÉVISION DES CONCEPTS

Quelle affirmation portant sur la catalyse est fausse ? **a)** L'énergie d'activation d'une réaction catalysée est inférieure. **b)** Le $\Delta H°$ d'une réaction catalysée est inférieur. **c)** Une réaction catalysée se déroule par un mécanisme réactionnel différent.

QUESTIONS de révision

30. Comment un catalyseur augmente-t-il la vitesse d'une réaction ?

31. Quelles sont les caractéristiques d'un catalyseur ?

32. Une certaine réaction se produit lentement à la température ambiante. Est-il possible que cette réaction se produise plus vite sans changement de température ?

33. Faites la distinction entre catalyse homogène et catalyse hétérogène. Décrivez quelques procédés industriels importants qui utilisent la catalyse hétérogène.

34. Les réactions catalysées par des enzymes sont-elles des exemples de catalyse homogène ou hétérogène ?

35. Les concentrations des enzymes dans les cellules sont habituellement assez faibles. Quelle est l'importance biologique de ce fait ?

RÉSUMÉ

3.1 La vitesse de réaction

La cinétique chimique est le domaine de la chimie qui s'intéresse à la vitesse des réactions chimiques et aux mécanismes réactionnels.

L'expression de la vitesse selon la stœchiométrie

Pour la réaction générale suivante :

$$a\text{A} + b\text{B} \longrightarrow c\text{C} + d\text{D}$$

Alors :

$$v = -\frac{1}{a}\frac{\Delta[\text{A}]}{\Delta t} = -\frac{1}{b}\frac{\Delta[\text{B}]}{\Delta t} = \frac{1}{c}\frac{\Delta[\text{C}]}{\Delta t} = \frac{1}{d}\frac{\Delta[\text{D}]}{\Delta t}$$

Soit la réaction :

$$\text{A} \longrightarrow \text{B}$$

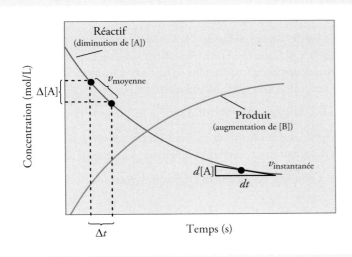

où :

$$v_{\text{moyenne}} = \text{vitesse déterminée sur un intervalle de temps donné}$$

$$v = \frac{-\Delta[\text{A}]}{\Delta t} = \frac{\Delta[\text{B}]}{\Delta t}$$

$$v_{\text{instantanée}} = \text{vitesse à un instant précis}$$

3.2 Les lois de vitesse

Une loi de vitesse est une expression qui relie la vitesse d'une réaction à sa constante de vitesse k et aux concentrations des réactifs élevées aux puissances appropriées.

L'expression de la loi de vitesse

Soit $a\text{A} + b\text{B} \longrightarrow c\text{C} + d\text{D}$.

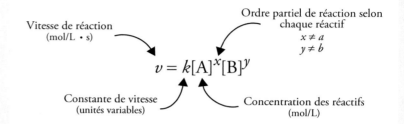

L'ordre global de la réaction correspond à la somme des ordres partiels.

3.3 La relation entre les concentrations des réactifs et le temps : les lois de vitesses intégrées

On ne peut déterminer ni la loi de vitesse ni l'ordre de la réaction à partir de la stœchiométrie d'une réaction globale ; il faut le faire expérimentalement par la méthode d'isolation, c'est-à-dire en mesurant l'effet sur la vitesse initiale d'un seul réactif à la fois tout en gardant constantes les concentrations des autres réactifs.

Pour une réaction d'ordre zéro, la vitesse de réaction est égale à la constante de vitesse.

La demi-vie d'une réaction (le temps requis pour que la concentration d'un réactif diminue de moitié) peut servir à déterminer la constante de vitesse d'une réaction d'ordre un.

Le tableau suivant fournit un résumé des données cinétiques pour les réactions du type « A $\longrightarrow$ produits ».

Ordre	Équation de vitesse différentielle ou loi de vitesse (relie la vitesse à la concentration)	Équation de vitesse intégrée* (relie la concentration au temps de réaction)	Graphique	Temps de demi-vie (temps nécessaire pour que la concentration initiale diminue de moitié)
0	$v = k$ Unité de la constante : mol/L · s	$[A]_t = -kt + [A]_0$	[A] en fonction de t	$\dfrac{[A]_0}{2k}$
1	$v = k[A]$ Unité de la constante : s^{-1}	$\ln [A]_t = -kt + \ln [A]_0$ ou $\ln\left(\dfrac{[A]_t}{[A]_0}\right) = -kt$	ln [A] en fonction de t	$\dfrac{0{,}693}{k}$
2	$v = k[A]^2$ Unité de la constante : L/mol · s	$\dfrac{1}{[A]_t} = kt + \dfrac{1}{[A]_0}$	$\dfrac{1}{[A]}$ en fonction de t	$\dfrac{1}{k[A]_0}$

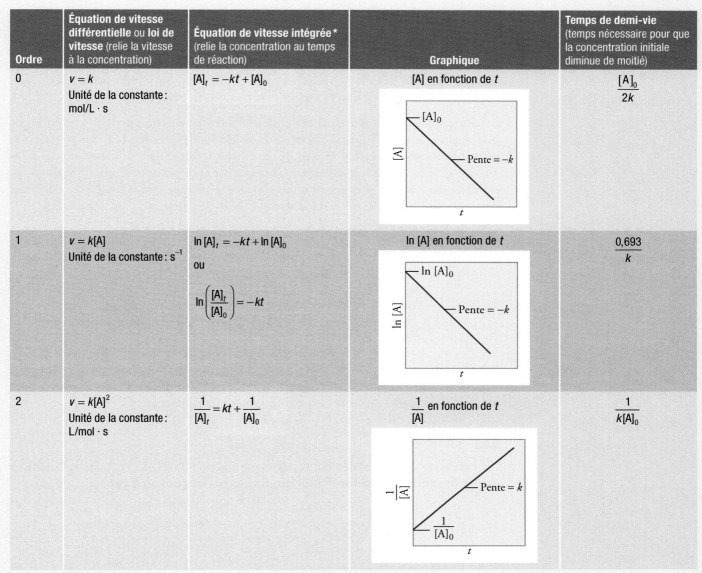

* Permet de déterminer la concentration après un certain temps si on connaît la concentration initiale.

3.4 L'énergie d'activation et l'effet de la température sur la constante de vitesse

La théorie des collisions

Selon la théorie des collisions, une réaction se produit quand les molécules se heurtent avec suffisamment d'énergie (énergie d'activation) pour rompre les liaisons et faire démarrer la réaction. Le complexe activé obtenu en cours de réaction est une espèce instable qui correspond à un maximum d'énergie potentielle.

L'équation d'Arrhenius

L'équation d'Arrhenius permet de déterminer l'influence de la température sur la constante de vitesse d'une réaction :

$$k = Ae^{-E_a/RT}$$

Sous sa forme linéaire, la pente de la droite obtenue permet de déterminer l'énergie d'activation à une température donnée.

3.5 Les mécanismes réactionnels et les lois de vitesse

L'équation globale équilibrée d'une réaction peut souvent être considérée comme la somme d'une série de réactions simples dites « élémentaires » et constituant chacune une étape de réaction. La série complète des réactions élémentaires conduisant à la formation des produits en autant d'étapes constitue le mécanisme réactionnel.

Les espèces qui apparaissent dans le mécanisme réactionnel, mais pas dans la réaction globale, sont des intermédiaires. Le nombre de molécules intervenant dans une réaction élémentaire correspond à la molécularité de cette étape. Ordinairement, la molécularité d'une réaction élémentaire est unimoléculaire, bimoléculaire ou trimoléculaire. La réaction élémentaire (ou étape) la plus lente d'un mécanisme se nomme « étape limitante » ou « étape déterminante ». C'est elle qui sert à déterminer la loi de vitesse de la réaction étudiée.

Voici les étapes de l'étude d'un mécanisme réactionnel :

Afin de valider un mécanisme réactionnel, il faut prouver que la somme des étapes élémentaires correspond bien à l'équation globale et que la loi de vitesse du mécanisme proposé est la même que celle déterminée expérimentalement.

3.6 La catalyse

Un catalyseur est une espèce qui accélère une réaction chimique en la faisant procéder par un mécanisme réactionnel différent. Il n'est pas consommé durant la réaction.

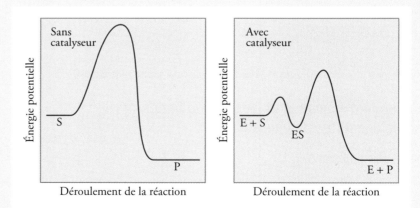

Les types de catalyse

Catalyse hétérogène	Catalyse homogène	Catalyse enzymatique
Catalyseur et réactifs dans des phases différentes	Catalyseur et réactifs dans la même phase	Catalyse effectuée par des enzymes

ÉQUATIONS CLÉS

- vitesse $= k[A]^x[B]^y$ Loi de vitesse. La somme $(x + y)$ donne l'ordre global de la réaction   (3.1)

- $\ln \dfrac{[A]_0}{[A]_t} = kt$ Relation entre la concentration et le temps pour une réaction d'ordre un   (3.3)

- $\ln [A]_t = -kt + \ln [A]_0$ Loi de vitesse intégrée pour une réaction d'ordre un   (3.4)
Équation linéaire pour déterminer graphiquement la valeur de k
d'une réaction d'ordre un

- $t_{\frac{1}{2}} = \dfrac{0{,}693}{k}$ Permet de calculer la demi-vie d'une réaction d'ordre un   (3.6)

- $\dfrac{1}{[A]_t} = kt + \dfrac{1}{[A]_0}$ Loi de vitesse intégrée pour une réaction d'ordre deux   (3.7)
Relation entre le temps et la concentration pour une réaction d'ordre deux

- $t_{\frac{1}{2}} = \dfrac{1}{k[A]_0}$ Permet de calculer la demi-vie d'une réaction d'ordre deux   (3.8)

- $[A]_t = -kt + [A]_0$ Loi de vitesse intégrée pour une réaction d'ordre zéro   (3.9)
Relation entre le temps et la concentration pour une réaction d'ordre zéro

- $t_{\frac{1}{2}} = \dfrac{[A]_0}{2k}$ Permet de calculer la demi-vie d'une réaction d'ordre zéro   (3.10)

- $k = Ae^{-E_a/RT}$ Équation d'Arrhenius exprimant la relation entre l'énergie d'activation,   (3.11)
la température et la constante de vitesse

- $\ln k = \dfrac{-E_a}{RT} + \ln A$ Équation d'Arrhenius sous sa forme linéaire   (3.13)
Permet de déterminer graphiquement l'énergie d'activation d'une réaction

- $\ln \dfrac{k_1}{k_2} = \dfrac{E_a}{R}\left(\dfrac{T_1 - T_2}{T_1 T_2} \right)$ Relation entre les constantes de vitesse à deux températures différentes   (3.14)
Forme linéaire de l'équation d'Arrhenius appliquée à deux
points (deux valeurs correspondantes de k et de T)

MOTS CLÉS

Catalyseur, p. 156
Cinétique chimique, p. 111
Complexe activé, p. 139
Constante de vitesse, p. 114
Demi-vie, p. 130
Énergie d'activation (E_a), p. 139
Enzyme, p. 160
Équation d'Arrhenius, p. 143
Étape limitante (ou déterminante), p. 150

Intermédiaire, p. 149
Loi de vitesse, p. 119
Loi de vitesse intégrée, p. 125
Mécanisme réactionnel, p. 148
Molécularité, p. 149
Ordre de réaction (ou ordre partiel de
  réaction), p. 119
Ordre global (ou total) de réaction, p. 119
Réaction bimoléculaire, p. 149

Réaction d'ordre deux, p. 132
Réaction d'ordre un, p. 124
Réaction d'ordre zéro, p. 135
Réaction (ou étape) élémentaire, p. 148
Réaction trimoléculaire, p. 149
Réaction unimoléculaire, p. 149
Vitesse de réaction, p. 111
Vitesse instantanée, p. 113
Vitesse moyenne, p. 112

PROBLÈMES

Niveau de difficulté : ★ facile ; ★ moyen ; ★ élevé

Biologie : 3.20, 3.25, 3.26, 3.72, 3.75, 3.76, 3.83, 3.85 ;
Concepts : 3.9, 3.10, 3.15, 3.22, 3.23, 3.27, 3.28, 3.32, 3.33, 3.38,
3.43, 3.47 à 3.50, 3.52, 3.54, 3.56, 3.59, 3.60, 3.63, 3.66, 3.68, 3.69,
3.80 3.83 ;
Descriptifs : 3.29, 3.34 ;
Environnement : 3.23, 3.58 ;
Industrie : 3.31, 3.45, 3.65, 3.74.

PROBLÈMES PAR SECTION

3.1 La vitesse de réaction

★**3.1** Écrivez les expressions des vitesses des réactions suivantes en fonction de la disparition des réactifs et de la formation des produits :

a) $H_2(g) + I_2(g) \longrightarrow 2HI(g)$

b) $2H_2(g) + O_2(g) \longrightarrow 2H_2O(g)$

c) $5Br^-(aq) + BrO_3^-(aq) + 6H_3O^+(aq) \longrightarrow$
$3Br_2(aq) + 9H_2O(l)$

★**3.2** Soit la réaction suivante :

$$N_2(g) + 3H_2(g) \longrightarrow 2NH_3(g)$$

Supposons qu'à un moment précis de la réaction l'hydrogène moléculaire réagit à la vitesse de $0,074 \; mol \cdot L^{-1} \cdot s^{-1}$. a) À quelle vitesse se forme l'ammoniac ? b) À quelle vitesse réagit l'azote moléculaire ?

3.2 Les lois de vitesse

★**3.3** La loi de vitesse de la réaction suivante :

$$NH_4^+(aq) + NO_2^-(aq) \longrightarrow N_2(g) + 2H_2O(l)$$

est $v = k[NH_4^+][NO_2^-]$. À 25 °C, la constante de vitesse est de $3,0 \times 10^{-4} \; L \cdot mol^{-1} \cdot s^{-1}$. Calculez la vitesse de la réaction à cette température si $[NH_4^+] = 0,26 \; mol/L$ et $[NO_2^-] = 0,080 \; mol/L$.

★**3.4** À partir des données du **TABLEAU 3.2** (*voir p. 120*) :
a) déduisez la loi de vitesse de la réaction ; b) calculez la constante de vitesse ; c) calculez la vitesse de la réaction au moment où $[F_2] = 0,010 \; mol/L$ et $[ClO_2] = 0,020 \; mol/L$.

★**3.5** Soit la réaction suivante :

$$A + B \longrightarrow \text{produits}$$

D'après les données suivantes obtenues à une certaine température, déterminez l'ordre de la réaction et calculez la constante de vitesse.

[A]	[B]	Vitesse (mol · L⁻¹ · s⁻¹)
1,50	1,50	$3,20 \times 10^{-1}$
1,50	2,50	$3,20 \times 10^{-1}$
3,00	1,50	$6,40 \times 10^{-1}$

★**3.6** Soit la réaction suivante :

$$X + Y \longrightarrow Z$$

Les données suivantes sont obtenues à 360 K.

Vitesse initiale de disparition de X (mol · L⁻¹ · s⁻¹)	[X]	[Y]
0,147	0,10	0,50
0,127	0,20	0,30
4,064	0,40	0,60
1,016	0,20	0,60
0,508	0,40	0,30

Déterminez : a) l'ordre de la réaction ; b) la vitesse initiale de disparition de X quand sa concentration est de 0,30 mol/L et quand celle de Y est de 0,40 mol/L.

★**3.7** Déterminez l'ordre global des réactions qui répondent aux lois de vitesse suivantes : a) $v = k[NO_2]^2$; b) $v = k$; c) $v = k[H_2][Br_2]^{\frac{1}{2}}$; d) $v = k[NO]^2[O_2]$.

★**3.8** Soit la réaction suivante :

$$A \longrightarrow B$$

La vitesse de la réaction est de $1,6 \times 10^{-2} \; mol \cdot L^{-1} \cdot s^{-1}$ quand la concentration de A est de 0,35 mol/L. Calculez la constante de vitesse si la réaction est : a) d'ordre un par rapport à A ; b) d'ordre deux par rapport à A.

★**3.9** Le cyclobutane se décompose en éthylène selon l'équation :

$$C_4H_8(g) \longrightarrow 2C_2H_4(g)$$

Déterminez l'ordre de la réaction et la constante de vitesse d'après les mesures de pression suivantes à 430 °C et à volume constant.

Temps (s)	$P_{C_4H_8}$ (mm Hg)
0	400
2 000	316
4 000	248
6 000	196
8 000	155
10 000	122

★**3.10** On a étudié la réaction suivante en phase gazeuse à 290 °C en observant les changements de pression en fonction du temps à volume constant:

$$ClCO_2CCl_3(g) \longrightarrow 2COCl_2(g)$$

Déterminez l'ordre de cette réaction et sa constante de vitesse à l'aide des données suivantes.

Temps (s)	P_{totale} (mm Hg)
0	15,76
181	18,88
513	22,79
1164	27,08

3.3 **La relation entre les concentrations des réactifs et le temps : les lois de vitesse intégrées**

★**3.11** Quelle est la demi-vie d'un composé si 75 % d'un échantillon de ce composé se décompose en 60 min? Supposez qu'il s'agit d'une cinétique d'ordre un.

★**3.12** La décomposition thermique de la phosphine (PH_3) en phosphore et en hydrogène moléculaire est une réaction d'ordre un :

$$4PH_3(g) \longrightarrow P_4(g) + 6H_2(g)$$

La demi-vie de la réaction est de 35,0 s à 680 °C. Calculez: **a)** la constante de vitesse de la réaction; **b)** le temps nécessaire pour que 95 % de la phosphine se décompose.

★**3.13** La constante de vitesse pour la réaction d'ordre deux suivante vaut 0,80 L · mol^{-1} · s^{-1} à 10 °C:

$$2NOBr(g) \longrightarrow 2NO(g) + Br_2(g)$$

a) Si la concentration initiale de NOBr est de 0,086 mol/L, quelle sera la concentration de ce réactif après 22 s? **b)** Calculez les demi-vies si $[NOBr]_0 = 0,072$ mol/L et $[NOBr]_0 = 0,054$ mol/L.

★**3.14** La constante de vitesse pour la réaction suivante d'ordre deux vaut 0,54 L · mol^{-1} · s^{-1} à 300 °C.

$$2NO_2(g) \longrightarrow 2NO(g) + O_2(g)$$

Combien faudra-t-il de temps (en secondes) pour que la concentration de NO_2 change de 0,62 mol/L à 0,28 mol/L?

3.4 **L'énergie d'activation et l'effet de la température sur la constante de vitesse**

★**3.15** Le tableau ci-dessous donne la variation de la constante de vitesse en fonction de la température pour la réaction d'ordre un suivante :

$$2N_2O_5(g) \longrightarrow 2N_2O_4(g) + O_2(g)$$

Déterminez l'énergie d'activation de cette réaction à l'aide d'un graphique.

T (K)	k (s^{-1})
273	$7,87 \times 10^3$
298	$3,46 \times 10^5$
318	$4,98 \times 10^6$
338	$4,87 \times 10^7$

★**3.16** Soit la réaction suivante :

$$CO(g) + Cl_2(g) \longrightarrow COCl_2(g)$$

Pour les mêmes concentrations, cette réaction est $1,50 \times 10^3$ fois plus rapide à 250 °C qu'à 150 °C.

Calculez son énergie d'activation. Considérez que le facteur de fréquence (A) est constant.

★**3.17** Soit la réaction suivante :

$$NO(g) + O_3(g) \longrightarrow NO_2(g) + O_2(g)$$

Si le facteur de fréquence (A) vaut $8,7 \times 10^{12}$ s^{-1} et que l'énergie d'activation vaut 63 kJ/mol, quelle est la constante de vitesse de cette réaction à 75 °C?

★**3.18** La constante de vitesse d'une réaction d'ordre un est de $4,60 \times 10^{-4}$ s^{-1} à 350 °C. Si l'énergie d'activation est de 104 kJ/mol, calculez la température à laquelle sa constante de vitesse est de $8,80 \times 10^{-4}$ s^{-1}.

★**3.19** Les constantes de vitesse de certaines réactions doublent chaque fois que la température augmente de 10 degrés. **a)** Si une réaction est observée à 295 K puis à 305 K, quelle doit être son énergie d'activation pour que sa constante de vitesse double entre les deux observations? **b)** Est-ce que la vitesse doublera aussi pour la même augmentation de température?

★**3.20** Trois criquets stridulent $2,0 \times 10^2$ fois par minute à 27 °C et seulement 39,6 fois par minute à 5 °C.

Selon ces données, calculez «l'énergie d'activation» de ce processus. (**Indice**: Le rapport des vitesses est égal aux rapports des constantes de vitesse.)

3.5 Les mécanismes réactionnels et les lois de vitesse

★**3.21** Soit la réaction suivante:

$$2NO(g) + Cl_2(g) \longrightarrow 2NOCl(g)$$

La loi de vitesse de cette réaction est $v = k[NO][Cl_2]$. **a)** Quel est l'ordre de cette réaction? **b)** Pour cette réaction, on a proposé un mécanisme mettant en jeu les réactions élémentaires suivantes:

$$NO(g) + Cl_2(g) \longrightarrow NOCl_2(g)$$
$$NOCl_2(g) + NO(g) \longrightarrow 2NOCl(g)$$

Si ce mécanisme est adéquat, qu'est-ce que cela implique à propos des vitesses relatives de ces deux réactions élémentaires? Quelle est l'étape limitante?

★**3.22** Dans le cas de la réaction $X_2 + Y + Z \longrightarrow XY + XZ$, on constate ce qui suit: si l'on double la concentration de X_2, la vitesse de la réaction double; si l'on triple la concentration de Y, la vitesse triple; si l'on double la concentration de Z, il n'y a aucun changement de vitesse. **a)** Quelle est la loi de vitesse de cette réaction? **b)** Pourquoi une modification de la concentration de Z n'a-t-elle aucun effet sur la vitesse? **c)** Suggérez un mécanisme en deux étapes pour cette réaction qui soit en accord avec la loi de vitesse.

★**3.23** La loi de vitesse pour la décomposition de l'ozone en oxygène moléculaire selon l'équation:

$$2O_3(g) \longrightarrow 3O_2(g)$$

est:

$$\text{vitesse} = \frac{k[O_3]^2}{[O_2]}$$

Voici le mécanisme proposé pour cette réaction:

$$O_3 \underset{k_{-1}}{\overset{k_1}{\rightleftharpoons}} O + O_2$$

$$O + O_3 \overset{k_2}{\longrightarrow} 2O_2$$

Déduisez la loi de vitesse à partir de ces étapes élémentaires. Expliquez clairement sur quelles suppositions vous vous basez. Expliquez pourquoi la vitesse de cette réaction diminue lorsque la concentration d'oxygène augmente.

★**3.24** La loi de vitesse pour la réaction:

$$2H_2(g) + 2NO(g) \longrightarrow N_2(g) + 2H_2O(g)$$

est:

$$\text{vitesse} = k[H_2][NO]^2$$

Lequel des mécanismes réactionnels suivants faut-il éliminer d'après l'expression de la relation de vitesse observée?

Mécanisme I

$H_2 + NO \longrightarrow H_2O + N$	(lente)
$N + NO \longrightarrow N_2 + O$	(rapide)
$O + H_2 \longrightarrow H_2O$	(rapide)

Mécanisme II

$H_2 + 2NO \longrightarrow N_2O + H_2O$	(lente)
$N_2O + H_2 \longrightarrow N_2 + H_2O$	(rapide)

Mécanisme III

$2NO \rightleftharpoons N_2O_2$	(équilibre rapide)
$N_2O_2 + H_2 \longrightarrow N_2O + H_2O$	(lente)
$N_2O + H_2 \longrightarrow N_2 + H_2O$	(rapide)

3.6 La catalyse

★**3.25** La plupart des réactions, dont les réactions catalysées par des enzymes, se produisent plus rapidement à des températures élevées. Cependant, pour une enzyme donnée, la vitesse de réaction tombe rapidement à une certaine température. Expliquez ce phénomène.

★**3.26** Soit le mécanisme suivant pour cette réaction enzymatique:

$$E + S \underset{k_{-1}}{\overset{k_1}{\rightleftharpoons}} ES \quad \text{(équilibre rapidement atteint)}$$

$$ES \overset{k_2}{\longrightarrow} E + P \quad \text{(lente)}$$

Écrivez l'expression de la loi de vitesse pour cette réaction en fonction des concentrations de E et de S. (**Indice**: Pour substituer [ES], tenez compte du fait que, à l'équilibre, la vitesse de la réaction directe est égale à celle de la réaction inverse.)

PROBLÈMES VARIÉS

★**3.27** Suggérez des moyens expérimentaux permettant d'observer la vitesse des réactions suivantes :

a) $CaCO_3(s) \longrightarrow CaO(s) + CO_2(g)$

b) $Cl_2(g) + 2Br^-(aq) \longrightarrow Br_2(aq) + 2Cl^-(aq)$

c) $C_2H_6(g) \longrightarrow C_2H_4(g) + H_2(g)$

★**3.28** Les schémas suivants représentent la progression de la réaction $A \longrightarrow B$. Les sphères rouges représentent les molécules de A et les sphères vertes, les molécules de B. Calculez la constante de vitesse de la réaction.

| $t = 0$ s | $t = 20$ s | $t = 40$ s |

★**3.29** Nommez quatre facteurs qui influencent la vitesse d'une réaction.

★**3.30** « La constante de vitesse de la réaction :
$$NO_2(g) + CO(g) \longrightarrow NO(g) + CO_2(g)$$
est de $1,64 \times 10^{-6}$ L · mol^{-1} · s^{-1} ». Que manque-t-il à cette affirmation ?

★**3.31** Dans un procédé industriel utilisant la catalyse hétérogène, le volume du catalyseur (une sphère) est de $10,0$ cm^3. Calculez la surface de ce catalyseur. Si la sphère se sépare en huit sphères de $1,25$ cm^3 chacune, quelle est la surface totale des sphères ? Sous laquelle de ces deux formes (la sphère ou les petites sphères) le catalyseur est-il le plus efficace ? Pourquoi ? (La surface d'une sphère est donnée par $4\pi r^2$, où r est le rayon de la sphère.)

★**3.32** Quand le phosphate de méthyle est chauffé en solution acide, il réagit ainsi avec l'eau :
$$CH_3OPO_3H_2 + H_2O \longrightarrow CH_3OH + H_3PO_4$$
Si cette réaction se produit dans de l'eau enrichie de ^{18}O, on retrouve l'isotope ^{18}O dans l'acide phosphorique, mais non dans le méthanol. Qu'est-ce que cela indique sur le mécanisme de la réaction ?

★**3.33** La vitesse de la réaction suivante :
$$CH_3COOC_2H_5(aq) + H_2O(l) \longrightarrow$$
$$CH_3COOH(aq) + C_2H_5OH(aq)$$
présente des caractéristiques d'ordre un (c'est-à-dire que $v = k[CH_3COOC_2H_5]$) même s'il s'agit d'une réaction d'ordre deux (ordre un en $CH_3COOC_2H_5$ et ordre un en H_2O). Dites pourquoi.

★**3.34** Pourquoi la plupart des métaux utilisés comme catalyseurs sont-ils des métaux de transition ?

★**3.35** La bromation de l'acétone est catalysée par un acide :
$$CH_3COCH_3 + Br_2 \xrightarrow[\text{catalyseur}]{H_3O^+}$$
$$CH_3COCH_2Br + H_3O^+ + Br^-$$

Le tableau suivant donne la vitesse de disparition du brome à différentes concentrations d'acétone, de brome et d'ions H_3O^+, mesurée à une certaine température.

Exp.	[CH₃COCH₃]	[Br₂]	[H₃O⁺]	Vitesse de disparition de Br₂ (mol · L⁻¹ · s⁻¹)
❶	0,30	0,050	0,050	$5,7 \times 10^{-5}$
❷	0,30	0,100	0,050	$5,7 \times 10^{-5}$
❸	0,30	0,050	0,10	$1,2 \times 10^{-4}$
❹	0,40	0,050	0,20	$3,1 \times 10^{-4}$
❺	0,40	0,050	0,050	$7,6 \times 10^{-5}$

a) Quelle est la loi de vitesse de cette réaction ?

b) Déterminez la constante de vitesse.

★**3.36** La réaction $2A + 3B \longrightarrow C$ est d'ordre un en A et en B. Si les concentrations initiales sont $[A] = 1,6 \times 10^{-2}$ mol/L et $[B] = 2,4 \times 10^{-3}$ mol/L, la vitesse est de $4,1 \times 10^{-4}$ mol · L^{-1} · s^{-1}. Calculez la constante de vitesse de cette réaction.

★**3.37** La décomposition de N_2O en N_2 et en O_2 est une réaction d'ordre un. À 730 °C, la demi-vie de cette réaction est de $3,58 \times 10^3$ min. Si la pression initiale de N_2O est de 213 kPa à 730 °C, calculez la pression gazeuse totale après une demi-vie. Supposez que le volume reste constant.

★**3.38** La réaction suivante :
$$S_2O_8^{2-} + 2I^- \longrightarrow 2SO_4^{2-} + I_2$$
se produit lentement en solution aqueuse, mais très rapidement en présence d'un catalyseur, les ions Fe^{3+}. Sachant que l'ion Fe^{3+} peut oxyder I^- et que l'ion Fe^{2+} peut réduire $S_2O_8^{2-}$, écrivez un mécanisme plausible en deux étapes (deux réactions élémentaires) pour cette réaction. Dites pourquoi la réaction non catalysée est lente.

★**3.39** Quelles sont les unités associées à la constante de vitesse dans le cas d'une réaction d'ordre trois ?

★**3.40** Soit la réaction d'ordre zéro suivante: A ⟶ B. Tracez les graphiques suivants: **a)** la vitesse de réaction en fonction de [A]; **b)** [A] en fonction de t.

★**3.41** Un flacon contient un mélange des substances A et B. Ces deux substances se décomposent selon une cinétique d'ordre un. Les demi-vies sont de 50,0 min pour A et de 18,0 min pour B. Si, au départ, les concentrations de A et de B sont égales, combien de temps faudra-t-il pour que la concentration de A soit quatre fois supérieure à celle de B?

★**3.42** En vous référant à l'**EXEMPLE 3.5** (*voir p. 129*), dites comment vous mesureriez de façon expérimentale la pression partielle de l'azométhane en fonction du temps.

★**3.43** Soit la réaction suivante: $2NO_2(g) \longrightarrow N_2O_4(g)$. La loi de vitesse de cette réaction est $v = k[NO_2]^2$. Lesquelles des conditions suivantes changeront la valeur de k? **a)** La pression de NO_2 double. **b)** La réaction se produit dans un solvant organique. **c)** Le volume du contenant double. **d)** La température diminue. **e)** Un catalyseur est ajouté dans le contenant.

★**3.44** La réaction de G_2 avec E_2 pour former 2EG est exothermique; la réaction de G_2 avec X_2 pour former 2XG est endothermique. L'énergie d'activation de la réaction exothermique est supérieure à celle de la réaction endothermique. Tracez les profils énergétiques (courbes des variations des énergies potentielles en fonction du déroulement) de ces deux réactions sur le même graphique.

★**3.45** Les travailleurs de l'industrie nucléaire disent habituellement que la radioactivité d'un échantillon est relativement peu dangereuse après 10 demi-vies. Calculez la fraction résiduelle d'un échantillon radioactif après cette période. (**Indice:** La désintégration radioactive obéit à une cinétique d'ordre un.)

★**3.46** Décrivez brièvement l'effet d'un catalyseur sur les facteurs suivants: **a)** l'énergie d'activation; **b)** le mécanisme de réaction; **c)** l'enthalpie d'une réaction; **d)** la vitesse de la réaction directe; **e)** la vitesse de la réaction inverse.

★**3.47** On ajoute 6 g de Zn granuleux à une solution de HCl à 2 mol/L dans un bécher à la température ambiante. Il y a production d'hydrogène gazeux. Pour chacune des modifications suivantes (le volume d'acide reste constant), dites si la vitesse de formation de l'hydrogène gazeux augmente, diminue ou reste inchangée: **a)** on utilise 6 g de Zn poudreux; **b)** on utilise 4 g de Zn granuleux; **c)** on utilise de l'acide acétique 2 mol/L au lieu de HCl 2 mol/L; **d)** la température augmente à 40 °C.

★**3.48** Les données du tableau suivant ont été recueillies au cours d'une réaction entre l'hydrogène et l'oxyde d'azote, à 700 °C:

$$2H_2(g) + 2NO(g) \longrightarrow 2H_2O(g) + N_2(g)$$

Expérience	[H₂]	[NO]	Vitesse initiale (mol · L⁻¹ · s⁻¹)
❶	0,010	0,025	$2,4 \times 10^{-6}$
❷	0,0050	0,025	$1,2 \times 10^{-6}$
❸	0,010	0,0125	$0,60 \times 10^{-6}$

a) Déterminez l'ordre de la réaction. **b)** Calculez la constante de vitesse. **c)** Suggérez un mécanisme plausible en accord avec la loi de vitesse. (**Indice:** Supposez que l'atome d'oxygène est l'intermédiaire.)

★**3.49** Les deux graphiques suivants représentent les courbes de la variation de la concentration d'un réactif en fonction du temps pour deux réactions d'ordre un à la même température. Déterminez, pour chacune des paires de courbes, la réaction qui a la constante de vitesse la plus élevée.

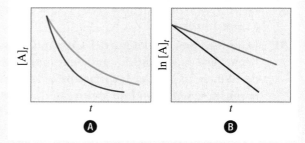

★**3.50** **a)** Le diagramme ❶ présente la courbe de ln k en fonction de $1/T$ pour deux réactions d'ordre un. Déterminez la réaction qui possède l'énergie d'activation la plus élevée. **b)** Le diagramme ❷ présente deux courbes d'une réaction d'ordre un à deux températures différentes. Déterminez la courbe qui correspond à la température la plus élevée.

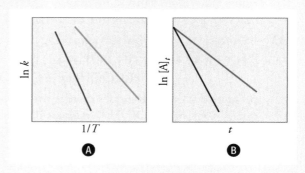

★**3.51** Une réaction donnée d'ordre un est réalisée à 35,5 % en 4,90 min à 25 °C. Quelle est sa constante de vitesse?

★**3.52** On a observé la décomposition du pentoxyde de diazote dans du tétrachlorure de carbone (CCl_4) à une certaine température:

$$2N_2O_5 \longrightarrow 4NO_2 + O_2$$

$[N_2O_5]$	Vitesse initiale ($mol \cdot L^{-1} \cdot s^{-1}$)
0,92	$0,95 \times 10^{-5}$
1,23	$1,20 \times 10^{-5}$
1,79	$1,93 \times 10^{-5}$
2,00	$2,10 \times 10^{-5}$
2,21	$2,26 \times 10^{-5}$

Déterminez, à l'aide d'un graphique, la loi de vitesse de cette réaction et calculez sa constante de vitesse.

★**3.53** La décomposition thermique de N_2O_5 est d'ordre un. À 45 °C, une mise en graphe de $\ln [N_2O_5]$ en fonction de t donne une droite de pente $-6,18 \times 10^{-4}$ min^{-1}. Quelle est la demi-vie de cette réaction?

★**3.54** Quand un mélange de méthane et de brome est exposé à la lumière, la réaction suivante se produit lentement:

$$CH_4(g) + Br_2(g) \longrightarrow CH_3Br(g) + HBr(g)$$

Suggérez un mécanisme possible pour cette réaction. (**Indice**: La vapeur de brome est rouge foncé; le méthane est incolore.)

★**3.55** Soit la réaction élémentaire suivante:

$$X + 2Y \longrightarrow XY_2$$

a) Écrivez la loi de vitesse de cette réaction.

b) Si la vitesse initiale de formation de XY_2 est de $3,8 \times 10^{-3}$ $mol \cdot L^{-1} \cdot s^{-1}$ et si les concentrations initiales de X et de Y sont respectivement de 0,26 mol/L et de 0,88 mol/L, quelle est la constante de vitesse de cette réaction?

★**3.56** Soit la réaction suivante:

$$C_2H_5I(aq) + 2H_2O(l) \longrightarrow$$
$$C_2H_5OH(aq) + H_3O^+(aq) + I^-(aq)$$

Comment expliquer que l'on puisse suivre le déroulement de la réaction en mesurant la conductivité de la solution?

★**3.57** Un composé X subit deux réactions d'ordre un simultanées: $X \longrightarrow Y$ (constante de vitesse: k_1) et $X \longrightarrow Z$ (constante de vitesse: k_2). Le rapport k_1/k_2 est de 8,0 à 40 °C. Quel est ce rapport à 300 °C?

Supposez que le facteur de fréquence des deux réactions est le même.

★**3.58** Depuis quelques années, on a réglementé l'usage des chlorofluorocarbures (CFC) afin d'éviter que la couche d'ozone ne se détériore davantage. Une molécule de CFC, comme $CFCl_3$, est d'abord décomposée par les rayons ultraviolets (UV):

$$CFCl_3 \xrightarrow{UV} CFCl_2 + Cl\cdot$$

Le radical chlore réagit ensuite avec l'ozone:

$$Cl\cdot + O_3 \longrightarrow ClO\cdot + O_2$$
$$ClO\cdot + O \longrightarrow Cl\cdot + O_2$$

a) Écrivez l'équation globale de ces deux dernières réactions. **b)** Quels sont les rôles de Cl et de ClO? **c)** Pourquoi le radical fluoré n'est-il pas important dans ce mécanisme? **d)** Une suggestion pour réduire la concentration de radicaux chlore est d'ajouter des hydrocarbures, comme l'éthane (C_2H_6), à la stratosphère. Expliquez le bien-fondé de cette suggestion.

★**3.59** Si une automobile est munie d'un convertisseur catalytique, c'est durant les 10 premières minutes après le démarrage qu'elle est le plus polluante. Pourquoi?

★**3.60** Une substance A est consécutivement convertie en B puis en C selon le schéma suivant:

$$A \longrightarrow B \longrightarrow C$$

En supposant que ces deux étapes sont d'ordre un, montrez, sur un même graphe, comment varient [A], [B] et [C] avec le temps.

★**3.61** Le mécanisme suivant a été proposé pour la réaction décrite au problème 3.35:

Démontrez que la loi déduite à partir de ce mécanisme est cohérente avec la loi trouvée en a) du problème 3.35.

★**3.62** Le strontium 90 est un isotope radioactif. C'est l'un des produits majoritaires de l'explosion d'une bombe atomique. Son temps de demi-vie est de 28,1 ans.

Calculez: **a)** la constante de vitesse de cette désintégration nucléaire, sachant que la réaction est d'ordre un; **b)** la fraction de ^{90}Sr qui reste après un temps égal à 10 demi-vies; **c)** le nombre d'années nécessaires pour que 99,0 % du strontium se soit désintégré.

★**3.63** La loi de vitesse pour la réaction suivante:

$$CO(g) + NO_2(g) \longrightarrow CO_2(g) + NO(g)$$

est $v = k[NO_2]^2$.

Suggérez un mécanisme plausible pour cette réaction, sachant que l'espèce instable NO_3 est un intermédiaire.

★**3.64** Les diagrammes suivants représentent la réaction $A + B \longrightarrow C$ se déroulant à des concentrations initiales de A et de B différentes. Déterminez la loi de vitesse de la réaction, sachant que les sphères rouges représentent les molécules de A, les sphères vertes, les molécules de B et les sphères bleues, les molécules de C.

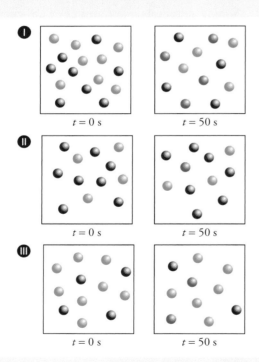

★**3.65** Le plutonium 239 est radioactif ($t_{\frac{1}{2}} = 2,44 \times 10^5$ ans). On l'utilise dans la fabrication des réacteurs nucléaires et des bombes atomiques. S'il y a $5,0 \times 10^2$ g de cet isotope dans une petite bombe atomique, combien de temps faudra-t-il pour que le plutonium diminue par désintégration jusqu'à ce qu'il en reste $1,0 \times 10^2$ g, une quantité trop petite pour pouvoir exploser? (**Indice:** Les désintégrations radioactives se font selon une cinétique d'ordre un.)

★**3.66** Plusieurs réactions qui se font par catalyses hétérogènes sont d'ordre zéro (vitesse = k). La décomposition de la phosphine (PH_3) sur du tungstène (W) en est un exemple:

$$4PH_3(g) \longrightarrow P_4(g) + 6H_2(g)$$

On observe que cette réaction est indépendante de $[PH_3]$ pourvu que la pression de la phosphine soit suffisamment élevée ($\geq$ 101,3 kPa). Expliquez le phénomène.

★**3.67** Le thallium(I) est oxydé par le cérium(IV) selon:

$$Tl^+ + 2Ce^{4+} \longrightarrow Tl^{3+} + 2Ce^{3+}$$

Les étapes élémentaires, en présence de Mn(II), sont les suivantes:

$$Ce^{4+} + Mn^{2+} \longrightarrow Ce^{3+} + Mn^{3+}$$
$$Ce^{4+} + Mn^{3+} \longrightarrow Ce^{3+} + Mn^{4+}$$
$$Tl^+ + Mn^{4+} \longrightarrow Tl^{3+} + Mn^{2+}$$

a) Identifiez le catalyseur, les intermédiaires et l'étape déterminante à partir de la loi de vitesse $v = k[Ce^{4+}][Mn^{2+}]$. **b)** Expliquez pourquoi la réaction est lente en l'absence du catalyseur. **c)** Quel est le type de catalyse dans ce cas (homogène ou hétérogène)?

★**3.68** Pour les réactions en phase gazeuse, on peut remplacer les valeurs de concentration dans l'équation 3.3 par les valeurs de pression. **a)** Dérivez l'équation $\ln \dfrac{P_0}{P_t} = kt$, où P_t et P_0 sont les valeurs de pressions aux temps $t = t$ et $t = 0$ respectivement. **b)** Considérez la décomposition de l'azométhane:

$$CH_3\!-\!N\!=\!N\!-\!CH_3(g) \longrightarrow N_2(g) + C_2H_6(g)$$

Les valeurs de pressions mesurées à 300 °C sont données dans le tableau suivant.

Temps (s)	$P_{\text{azométhane}}$ (mm Hg)
0	284
100	220
150	193
200	170
250	150
300	132

Ces valeurs obéissent-elles à une cinétique d'ordre un? Si oui, déterminez graphiquement la constante de vitesse. **c)** Déterminez la constante de vitesse à partir du temps de demi-vie.

3.69 La réaction en phase gazeuse suivante a été étudiée à 290 °C par l'observation du changement de pression en fonction du temps dans un réacteur à volume constant:

$$ClCO_2CCl_3(g) \longrightarrow 2COCl_2(g)$$

Déterminez l'ordre de la réaction et la constante de vitesse à partir des données du tableau suivant.

Temps (s)	P_{totale} (mm Hg)
0	15,76
181	18,88
513	22,79
1164	27,08

★**3.70** Voici trois profils de variation de l'énergie potentielle en fonction du temps pour trois réactions (de gauche à droite). **a)** Classez ces réactions par ordre croissant de vitesse. **b)** Calculez le ΔH pour chacune des réactions et dites si elles sont exothermiques ou endothermiques. On suppose que ces réactions ont le même facteur de fréquence des collisions.

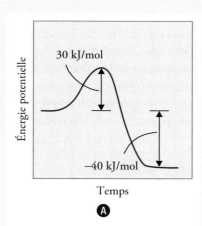

Ⓐ

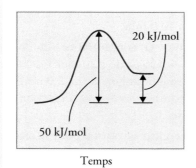

Ⓑ

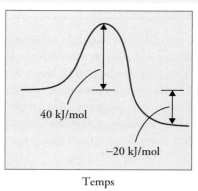

Ⓒ

★**3.71** Soit le profil énergétique de la réaction A ⟶ D ci-dessous. **a)** En combien d'étapes cette réaction a-t-elle lieu? **b)** Combien d'intermédiaires sont formés en cours de réaction? **c)** Quelle est l'étape déterminante? **d)** La réaction globale est-elle endothermique ou exothermique?

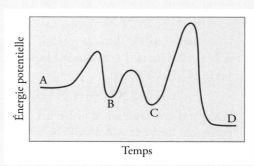

★**3.72** L'énergie d'activation de la réaction de décomposition du peroxyde d'hydrogène suivante:

$$2H_2O_2(aq) \longrightarrow 2H_2O(l) + O_2(g)$$

est de 42 kJ/mol, alors qu'elle est de 7,0 kJ/mol lorsque la réaction est catalysée par une enzyme appelée « catalase ». Calculez à quelle température la réaction se ferait aussi rapidement en absence de la catalase qu'en présence de la catalase à 20 °C. On suppose que le facteur de fréquence des collisions est le même dans les deux cas.

3.73 L'hydrogène et le chlorure d'iode réagissent selon l'équation suivante:

$$H_2(g) + 2ICl(g) \longrightarrow 2HCl(g) + I_2(g)$$

L'équation de vitesse pour la réaction est égale à $v = k[H_2][ICl]$. Suggérez un mécanisme réactionnel plausible pour la réaction.

PROBLÈMES SPÉCIAUX

3.74 Le polyéthylène sert à la fabrication de tuyaux, de bouteilles, d'isolants électriques, de jouets et d'enveloppes pour le courrier. Il s'agit d'un polymère, une molécule de masse molaire très grande qui est synthétisée en joignant des molécules d'éthylène (l'unité de base se nomme «monomère»). La première étape se nomme «initiation».

$$R_2 \xrightarrow{k_i} 2R\cdot \quad \text{initiation}$$

L'espèce R· (appelée «radical») réagit avec une molécule d'éthylène (M) pour donner un autre radical:

$$R\cdot + M \longrightarrow M_1\cdot$$

La réaction de $M_1\cdot$ avec un autre monomère mène à la croissance ou à la propagation de la chaîne polymérique:

$$M_1\cdot + M \xrightarrow{k_p} M_2\cdot \quad \text{propagation}$$

Cette étape peut être répétée avec des centaines d'unités monomériques. La propagation se termine lorsque deux radicaux se combinent:

$$M'\cdot + M''\cdot \xrightarrow{k_t} M' - M'' \quad \text{terminaison}$$

L'initiateur utilisé dans la première étape pour la polymérisation de l'éthylène est le peroxyde de benzoyle [$(C_6H_5COO)_2$]:

$$(C_6H_5COO)_2 \longrightarrow 2C_6H_5COO\cdot$$

Il s'agit d'une réaction d'ordre un. La demi-vie du peroxyde de benzoyle à 100 °C est de 19,8 min. **a)** Calculez la constante de vitesse (min^{-1}) de cette réaction. **b)** Si la demi-vie du peroxyde de benzoyle est de 7,30 h ou 438 min à 70 °C, quelle est l'énergie d'activation (en kilojoules par mole) pour la décomposition du peroxyde de benzoyle? **c)** Écrivez les lois de vitesse pour toutes les étapes élémentaires déjà mentionnées de la polymérisation et identifiez le réactif, le ou les produits et les intermédiaires. **d)** Quelles conditions favoriseraient la croissance de longues molécules de polyéthylène à masses molaires élevées?

3.75 L'éthanol est une substance toxique qui peut, lorsqu'elle est consommée à forte dose, causer des troubles respiratoires et cardiaques par interférence avec les neurotransmetteurs du système nerveux. Dans le corps humain, l'éthanol est métabolisé en acétaldéhyde par l'enzyme de la déshydrogénase de l'alcool. L'acétaldéhyde donne des maux de tête. **a)** Expliquez, en vous basant sur vos connaissances concernant la cinétique enzymatique, pourquoi une très forte quantité d'alcool prise trop rapidement

peut s'avérer fatale. **b)** Le méthanol est un alcool encore plus toxique que l'éthanol. Il est aussi métabolisé par la déshydrogénase de l'alcool, et le produit de la réaction est cette fois le formaldéhyde, pouvant causer la cécité et la mort. L'antidote utilisé contre l'empoisonnement au méthanol est l'éthanol. Expliquez comment fonctionne ce traitement.

3.76 Pour rendre possible le métabolisme dans notre corps, l'oxygène est capté par l'hémoglobine (Hb) et forme de l'oxyhémoglobine (HbO_2) selon l'équation simplifiée:

$$Hb(aq) + O_2(aq) \xrightarrow{k} HbO_2(aq)$$

laquelle est une réaction d'ordre deux dont la constante de vitesse est de $2,1 \times 10^6$ L·mol^{-1}·s^{-1} à 37 °C. (La réaction est d'ordre un par rapport à Hb et aussi d'ordre un par rapport à O_2.) Pour un adulte de taille moyenne, les concentrations de Hb et de O_2 dans le sang et dans les poumons sont respectivement de $8,0 \times 10^{-6}$ mol/L et $1,5 \times 10^{-6}$ mol/L. **a)** Calculez la vitesse de formation de HbO_2·. **b)** Calculez la vitesse de consommation de O_2·. **c)** La vitesse de formation de HbO_2 augmente à $1,4 \times 10^{-4}$ mol·L^{-1}·s^{-1} durant l'exercice afin de répondre au fonctionnement accéléré du métabolisme. En supposant que la concentration de Hb demeure constante, quelle doit être la concentration d'oxygène nécessaire au maintien de cette vitesse de formation de HbO_2?

3.77 La constante de vitesse pour la réaction:

$$H_2(g) + I_2(g) \longrightarrow 2HI(g)$$

est égale à $2,42 \times 10^{-2}$ L·mol^{-1}·s^{-1} à 400 °C. Un échantillon équimolaire de H_2 et de I_2 est initialement placé dans le réacteur à 400 °C et la pression totale est de 1658 mm Hg. Déterminez: **a)** la vitesse initiale de formation de HI (en mol/L·min); **b)** la vitesse de formation de HI et la concentration de HI après 10,0 min.

3.78 Lorsque la concentration de A dans la réaction A $\longrightarrow$ B passe de 1,20 mol/L à 0,60 mol/L, le temps de demi-vie augmente de 2,0 min à 4,0 min à 25 °C. Déterminez l'ordre de la réaction et la constante de vitesse.

3.79 L'énergie d'activation pour la réaction:

$$N_2O(g) \longrightarrow N_2(g) + O(g)$$

est de $2,4 \times 10^2$ kJ/mol à 600 K. Calculez le pourcentage d'augmentation de la vitesse lorsque la température est de 606 K. Expliquez votre résultat.

3.80 L'ammoniac se décompose à la surface du tungstène métallique à une haute température selon :

$$2NH_3 \xrightarrow{W} N_2 + 3H_2$$

À partir du graphique suivant montrant la variation de la vitesse en fonction de la pression du NH_3, décrivez le mécanisme de cette réaction.

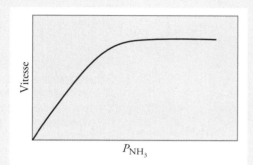

3.81 La vitesse d'une réaction a été mesurée par l'absorption de la lumière par les réactifs et les produits à trois longueurs d'onde différentes (λ_1, λ_2 et λ_3) en fonction du temps (*voir le diagramme ci-dessous*). On suppose que chacune des substances absorbe la lumière à une seule longueur d'onde, différente d'une substance à l'autre. Parmi les mécanismes suivants, lequel correspond le mieux aux données expérimentales ?

a) $A \longrightarrow B, A \longrightarrow C$

b) $A \longrightarrow B + C$

c) $A \longrightarrow B, B \longrightarrow C + D$

d) $A \longrightarrow B, B \longrightarrow C$

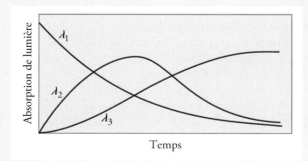

3.82 Un mélange de gaz contenant des fragments de CH_3, des molécules de C_2H_6 et un gaz noble (He) est préparé à 600 K. La pression totale du mélange est alors de 549 kPa. La réaction élémentaire :

$$CH_3 + C_2H_6 \longrightarrow CH_4 + C_2H_5$$

a une constante de vitesse de $3,0 \times 10^4$ $L \cdot mol^{-1} \cdot s^{-1}$. Sachant que les fractions molaires de CH_3 et de C_2H_6 dans le mélange sont respectivement égales à 0,000 93 et 0,000 77, déterminez la vitesse initiale de la réaction à cette température.

3.83 Afin de prévenir les dommages au cerveau, une intervention médicale drastique consiste à diminuer la température corporelle d'un patient souffrant d'un arrêt cardiaque. Sur quel principe ce traitement est-il basé ?

3.84 L'énergie d'activation (E_a) de la réaction :

$$2N_2O(g) \longrightarrow 2N_2(g) + O_2(g) \quad \Delta H = -164 \text{ kJ/mol}$$

est égale à 240 kJ/mol. Déterminez l'énergie d'activation de la réaction inverse.

3.85 Le graphique suivant présente une courbe typique de la variation de la vitesse d'une réaction catalysée enzymatiquement en fonction de la température. À quelle zone de température correspond la vitesse maximale d'une telle réaction dans le corps humain ?

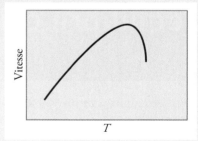

On trouve les stalactites (qui croissent vers le bas) et les stalagmites (qui croissent vers le haut) dans les grottes. Constituées de carbonate de calcium, elles illustrent bien la réversibilité des réactions chimiques.

CHAPITRE

4

L'équilibre chimique

Plusieurs réactions sont réversibles. Une réaction qui «semble» achevée pourrait avoir seulement atteint un état d'équilibre. L'équilibre est un état tel qu'aucun changement n'est observable dans le temps. Lorsqu'une réaction chimique atteint l'état d'équilibre, les concentrations des réactifs et des produits demeurent constantes au fil du temps et nul changement n'est visible. Cependant, il en est autrement à l'échelle moléculaire: les molécules de réactifs continuent de se transformer en molécules de produits, tandis que les molécules de produits se transforment pour donner des molécules de réactifs. Ce processus dynamique est le sujet du présent chapitre. Y seront étudiés les différents types d'équilibres, la signification de la constante d'équilibre et sa relation avec la constante de vitesse, ainsi que les facteurs susceptibles de perturber un système à l'équilibre.

OBJECTIFS D'APPRENTISSAGE

> Résoudre des problèmes relatifs aux équilibres chimiques;

> Prédire le sens de l'évolution d'une réaction chimique;

> Interpréter l'effet de différents facteurs sur l'équilibre chimique.

 CHIMIE EN LIGNE

Animation
• Le principe de Le Chatelier (4.5)

Interaction
• L'équilibre chimique (l'équilibre NO_2–N_2O_4) (4.1)
• La détermination d'une
constante d'équilibre (4.4)
• La détermination
des concentrations
à l'équilibre (4.4)

Fritz Haber, ou l'histoire d'un homme, d'une découverte et de son application

Au début du XXᵉ siècle, certains pays connurent une pénurie de composés azotés utilisés comme engrais et comme explosifs. Les chimistes de l'époque cherchèrent donc à convertir de l'azote atmosphérique en composés utilisables (un procédé appelé « fixation de l'azote »), comme l'ammoniac. En 1912, le chimiste allemand Fritz Haber, ce scientifique qui a donné son nom au cycle de Born-Haber (*voir la section 7.9 de* Chimie générale), développa un procédé pour synthétiser l'ammoniac directement à partir de l'azote et de l'hydrogène :

$$N_2(g) + 3H_2(g) \rightleftharpoons 2NH_3(g)$$

On appelle parfois ce procédé le « procédé Haber-Bosch » pour souligner le fait que c'est Karl Bosch, un ingénieur, qui conçut l'équipement permettant de produire industriellement de l'ammoniac. Le succès de Haber reposait sur sa connaissance des facteurs qui influent sur les systèmes gazeux à l'équilibre et le choix de catalyseurs appropriés. Son travail aurait prolongé la Première Guerre mondiale de quelques années, du fait qu'il permit à l'Allemagne de continuer à fabriquer des explosifs, même si le blocus naval des Alliés avait interrompu son approvisionnement en nitrate de sodium en provenance du Chili.

De nos jours, ce serait plus de 40 % de la population mondiale qui serait nourrie grâce à ce procédé à la base de la fabrication de plusieurs variétés d'engrais, principalement l'urée. La production mondiale d'ammoniac dépasse actuellement les 150 millions de tonnes métriques et s'accroît continuellement (*voir le graphique ci-dessous*). La Chine en est le plus gros producteur avec plus de 44 millions de tonnes annuellement. Malheureusement, cette dépendance aux engrais cause plusieurs problèmes, comme l'eutrophisation des lacs. De plus, ce procédé est très énergivore, et l'hydrogène nécessaire provient du gaz naturel, une grande source de gaz à effet de serre (GES). On pense qu'un jour l'hydrogène pourrait être produit par électrolyse de l'eau.

Haber était une autorité reconnue en matière de relations entre la recherche scientifique et l'industrie.

La contribution de Haber à la science ne se limite pas à la synthèse de l'ammoniac. Haber réalisa aussi d'importants travaux en électrochimie et en chimie de la combustion. Sa contribution au développement de l'utilisation du chlore comme gaz toxique sur les champs de bataille a grandement terni sa réputation. La décision de lui attribuer le prix Nobel de chimie en 1918 souleva la controverse et fut vertement critiquée, événement rare dans le domaine des sciences physiques.

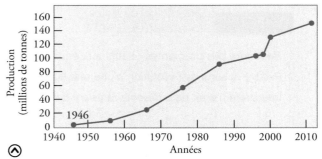

La croissance annuelle de la production d'ammoniac reflète les besoins croissants en fertilisants pour continuer à nourrir la population mondiale.

En 1933, quand les nazis prirent le pouvoir, Haber fut expulsé d'Allemagne parce qu'il était juif. Il mourut en Suisse d'une crise cardiaque l'année suivante. Aujourd'hui, plusieurs historiens des sciences considèrent que la principale innovation du XXᵉ siècle n'est pas l'ordinateur, mais plutôt le procédé Haber.

4.1 Le concept d'équilibre

Peu de réactions chimiques se produisent dans un seul sens. La plupart sont, jusqu'à un certain point, «réversibles» (*voir p. 7*). Au début d'une réaction réversible, il y a formation de produits; cependant, aussitôt que des molécules des produits apparaissent, la réaction inverse (c'est-à-dire la formation de molécules de réactifs à partir des molécules de produits) s'amorce. Quand les vitesses des réactions directe et inverse sont égales et que les concentrations des réactifs et des produits ne changent plus dans le temps, l'**équilibre chimique** est atteint.

L'équilibre chimique est un processus «dynamique». Il est comparable au va-et-vient des skieurs dans une station de ski achalandée, si le nombre de skieurs qui remontent la pente est égal au nombre de ceux qui la descendent (et ce, à la même vitesse). Ainsi, malgré ce transfert continuel et constant de skieurs, le nombre de personnes au sommet et celui en bas de la pente ne changent pas.

Quand on parle d'équilibre chimique, on parle d'au moins deux substances différentes: un réactif et un produit; l'**équilibre physique**, de son côté, n'implique qu'une seule substance, dans deux phases différentes: il s'agit d'une transformation physique. L'évaporation de l'eau dans un contenant fermé à une température donnée est un exemple d'équilibre physique. Dans ce cas, le nombre de molécules de H_2O qui quittent la phase liquide est égal au nombre de molécules qui y retournent et la vitesse d'évaporation est égale à la vitesse de condensation:

$$H_2O(l) \rightleftharpoons H_2O(g)$$

Même si l'équilibre physique fournit des renseignements utiles, dont la pression de vapeur à l'équilibre (*voir la section 9.6 de* Chimie générale), c'est l'équilibre chimique, par exemple le cas de l'équilibre entre le dioxyde d'azote (NO_2) et le tétraoxyde de diazote (N_2O_4), qui intéresse le plus les chimistes. Le déroulement de la réaction est facile à suivre:

$$N_2O_4(g) \rightleftharpoons 2NO_2(g)$$

incolore   brun

parce que N_2O_4 est un gaz incolore, tandis que NO_2 est un gaz brun foncé (que l'on peut voir, à l'occasion, quand l'air est pollué). Injecter une quantité précise de N_2O_4 dans un ballon dans lequel le vide a été créé fait immédiatement apparaître une couleur brune qui indique la formation de molécules de NO_2. La couleur devient plus foncée à mesure que les molécules de N_2O_4 se dissocient. Une fois l'équilibre atteint, la couleur ne change plus (*voir la* **FIGURE 4.1**, *p. 182*). Le même état d'équilibre serait atteint si on avait au départ du NO_2 pur; certaines molécules de NO_2 se combineraient pour former du N_2O_4, ce qui ferait pâlir la couleur brune. Enfin, l'équilibre pourrait encore être atteint à partir d'un mélange de NO_2 et de N_2O_4. L'évolution du mélange jusqu'à une nouvelle coloration stable prouverait l'atteinte d'un équilibre. Ces expériences démontrent que cette réaction est bien une réaction réversible. Dans chacun des cas, un changement initial de couleur est observé, causé soit par la formation de NO_2 (la couleur s'accentue), soit par la disparition de NO_2 (la couleur pâlit); à l'état final, la couleur ne change plus. Ce qu'il faut bien comprendre ici, c'est que, à l'équilibre, les conversions de N_2O_4 en NO_2 et celles de NO_2 en N_2O_4 ont encore lieu. Plus aucun changement de couleur n'est observé parce que les deux conversions inverses s'effectuent à la même vitesse. La **FIGURE 4.2** (*voir p. 182*) résume les trois situations précédentes. Selon la

i+ **CHIMIE EN LIGNE**

Interaction
• L'équilibre chimique (l'équilibre NO_2–N_2O_4)

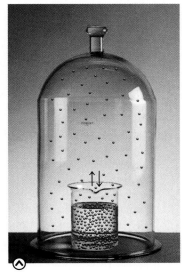

Simulation d'un équilibre entre de l'eau liquide et sa vapeur à la température de la pièce

NOTE

La double flèche indique une réaction réversible (*voir le chapitre 1*).

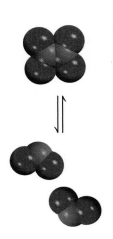

température et les quantités initiales de NO_2 et de N_2O_4 utilisées, les concentrations de NO_2 et de N_2O_4 à l'équilibre diffèrent d'un système à l'autre.

FIGURE 4.1 ⊘

Évolution d'une réaction en milieu gazeux dans un ballon

Les petits cercles blancs et bruns représentent respectivement des molécules incolores de N_2O_4 et des molécules brunes de NO_2 examinées dans une portion de volume du ballon. La coloration du mélange gazeux dépend de la concentration de NO_2.

Ⓐ Au début, à $t = 0$, il y a seulement du N_2O_4 et absence de coloration.

Ⓑ Après une heure, il y a formation d'une certaine quantité de NO_2 et on observe une faible coloration.

Ⓒ et Ⓓ Les concentrations ne varient plus et la coloration est constante ; l'équilibre a été atteint au moins après 10 heures.

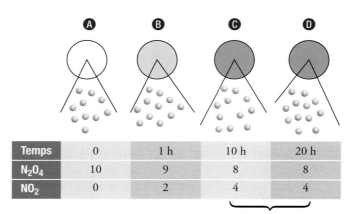

Temps	0	1 h	10 h	20 h
N_2O_4	10	9	8	8
NO_2	0	2	4	4

Concentrations constantes et coloration rougeâtre constante. L'équilibre est atteint.

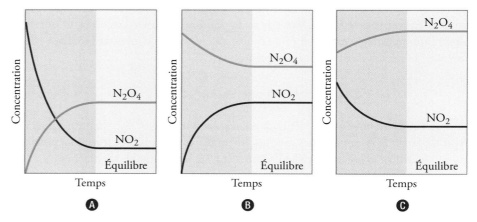

FIGURE 4.2 ⊘

Variations des concentrations de NO_2 et de N_2O_4 en fonction du temps

Ⓐ Initialement, seul NO_2 est présent.

Ⓑ Initialement, seul N_2O_4 est présent.

Ⓒ Initialement, il y a un mélange de NO_2 et de N_2O_4.

Dans chacun des cas, un état d'équilibre est atteint au-delà du trait vertical.

4.1.1 La constante d'équilibre

Le **TABLEAU 4.1** montre quelques données expérimentales concernant cette réaction à 25 °C. Les concentrations des gaz, exprimées en moles par litre, sont calculées à partir du nombre de moles de gaz présentes au début de la réaction et à l'équilibre, et du volume du ballon en litres. L'analyse des données à l'équilibre révèle que, même si le rapport $[NO_2]/[N_2O_4]$ donne des valeurs disparates, le rapport $[NO_2]^2/[N_2O_4]$, par contre, produit une valeur presque constante dont la moyenne est $4{,}63 \times 10^{-3}$. Cette valeur moyenne est appelée « constante d'équilibre » (K) pour cette réaction à 25 °C. L'expression mathématique de la constante d'équilibre pour le système NO_2–N_2O_4 est :

$$K = \frac{[NO_2]^2}{[N_2O_4]} = 4{,}63 \times 10^{-3} \qquad (4.1)$$

Il est à noter que l'exposant 2 de [NO$_2$] dans cette équation correspond au coefficient stœchiométrique de NO$_2$ dans l'équation de la réaction réversible.

TABLEAU 4.1 > **Le système NO$_2$–N$_2$O$_4$ à 25 °C, données expérimentales et calculs**

Concentrations initiales (mol/L)		Concentrations à l'équilibre (mol/L)		Rapport des concentrations à l'équilibre	
[NO$_2$]	[N$_2$O$_4$]	[NO$_2$]	[N$_2$O$_4$]	$\dfrac{[NO_2]}{[N_2O_4]}$	$\dfrac{[NO_2]^2}{[N_2O_4]}$
0,000	0,670	0,0547	0,643	0,0851	$4,65 \times 10^{-3}$
0,0500	0,446	0,0457	0,448	0,102	$4,66 \times 10^{-3}$
0,0300	0,500	0,0475	0,491	0,0967	$4,60 \times 10^{-3}$
0,0400	0,600	0,0523	0,594	0,0880	$4,60 \times 10^{-3}$
0,200	0,000	0,0204	0,0898	0,227	$4,63 \times 10^{-3}$

Ce résultat de l'obtention d'un rapport constant entre les réactifs et les produits à l'équilibre peut être généralisé en considérant la réaction réversible suivante :

$$a\text{A} + b\text{B} \rightleftharpoons c\text{C} + d\text{D}$$

où a, b, c et d sont les coefficients stœchiométriques des espèces A, B, C et D. La **constante d'équilibre** (K), ce rapport constant entre les concentrations à l'équilibre des produits et des réactifs, chacune des concentrations étant élevée à la puissance égale à son coefficient stœchiométrique, s'écrit :

$$K = \frac{[\text{C}]^c [\text{D}]^d}{[\text{A}]^a [\text{B}]^b} \tag{4.2}$$

L'équation 4.2 implique donc que la composition de tout mélange réactionnel à l'équilibre pour une réaction réversible à une température donnée peut s'exprimer à l'aide d'un rapport constant entre la concentration des réactifs et des produits, ce rapport étant la constante d'équilibre (K).

Le numérateur de K est le résultat de la multiplication des concentrations à l'équilibre des produits, chacune des concentrations étant élevée à une puissance égale au coefficient stœchiométrique du produit dans l'équation équilibrée ; on obtient le dénominateur de la même manière, mais avec les valeurs des réactifs. Les termes « réactifs » et « produits », définis à la section 3.4 de *Chimie générale*, peuvent porter à confusion dans le présent contexte d'une réaction réversible, car toute substance utilisée comme réactif pour la réaction directe est également un produit pour la réaction inverse. Pour éviter toute confusion, il suffit de convenir que les substances inscrites à droite de la double flèche sont ici les produits et celles qui sont inscrites à gauche, les réactifs. C'est seulement après avoir étudié un grand nombre de réactions semblables à NO$_2$–N$_2$O$_4$ que les scientifiques sont parvenus à formuler la loi qui a permis de déduire la constante d'équilibre. La constante d'équilibre peut aussi être reliée à l'étude de la cinétique et des mécanismes réactionnels (*voir le chapitre 3*), ce qui sera fait à la section 4.3.

Finalement, si la constante d'équilibre est beaucoup plus grande que 1 ($K \gg 1$), la réaction aura tendance à procéder de manière à favoriser les produits à l'équilibre. Inversement, si la constante d'équilibre est beaucoup plus petite que 1 ($K \ll 1$), la réaction procédera vers la gauche et favorisera les réactifs à l'équilibre (*voir la* **FIGURE 4.3**).

NOTE

Ce sont les concentrations à l'équilibre qui apparaissent dans cette équation.

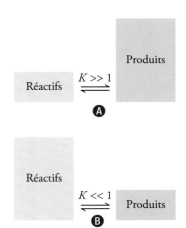

FIGURE 4.3

Signification de la valeur de K

A À l'équilibre, il y a plus de produits que de réactifs : on dit que l'équilibre est déplacé vers la droite.

B Dans le cas contraire, où il y a plus de réactifs que de produits à l'équilibre, on dit que l'équilibre est déplacé vers la gauche.

QUESTIONS de révision

1. Définissez le terme « équilibre ». Pourquoi dit-on qu'un équilibre est un processus dynamique ?

2. Quelle est la différence entre un équilibre physique et un équilibre chimique ? Donnez deux exemples de chacun.

3. Expliquez brièvement l'importance de l'équilibre dans l'étude des réactions chimiques.

4. Soit la réaction $3A \rightleftharpoons B$ à l'équilibre. Dites comment les concentrations de A et de B se modifieront avec le temps dans les situations suivantes : **a)** initialement, seul A est présent ; **b)** initialement, seul B est présent ; **c)** initialement, A et B sont présents (la concentration de A est supérieure).

4.2 Les différentes manières d'exprimer les constantes d'équilibre

Pour qu'elles soient pratiques, il faut exprimer les constantes d'équilibre en utilisant les concentrations des réactifs et des produits selon l'équation 4.2. Puisqu'il existe différents types d'unités pour exprimer la concentration et que les espèces en jeu ne sont pas toujours dans la même phase, il peut y avoir plus d'une façon d'exprimer la constante d'équilibre pour une même réaction. Voici pour commencer les réactions dont les produits et les réactifs sont tous dans la même phase.

4.2.1 L'équilibre homogène

L'expression **équilibre homogène** s'applique aux réactions dans lesquelles toutes les espèces en jeu sont dans la même phase. Un exemple d'équilibre homogène en phase gazeuse est la dissociation de N_2O_4. La constante d'équilibre, selon l'équation 4.2, est :

$$K_c = \frac{[NO_2]^2}{[N_2O_4]}$$

L'indice c, dans K_c, indique que la concentration des espèces en jeu est exprimée en moles par litre. Les concentrations dans les réactions en phase gazeuse peuvent également être exprimées à l'aide des pressions partielles. D'après l'équation $P = (n/V)RT$ (*voir la section 4.4 de* Chimie générale), on sait que, à température constante, la pression P d'un gaz est directement proportionnelle à sa concentration en moles par litre, car (n/V) a pour unités les moles par litre. Ainsi, dans le cas de l'équilibre :

$$N_2O_4(g) \rightleftharpoons 2NO_2(g)$$

il est possible d'écrire :

$$K_P = \frac{(P_{NO_2})^2}{P_{N_2O_4}} \tag{4.3}$$

où P_{NO_2} et $P_{N_2O_4}$ sont respectivement les pressions partielles à l'équilibre (en kilopascals) de NO_2 et de N_2O_4. L'indice P, dans K_P, indique que les concentrations à l'équilibre sont exprimées en fonction de la pression.

En général, K_c n'est pas égale à K_P, car la pression partielle des réactifs et des produits n'est pas égale à leurs concentrations molaires. Il est toutefois possible de déduire une relation simple entre K_P et K_c. Soit l'équilibre suivant en phase gazeuse :

$$a\text{A}(g) \rightleftharpoons b\text{B}(g)$$

où a et b sont des coefficients stœchiométriques. La constante d'équilibre K_c est :

$$K_c = \frac{[\text{B}]^b}{[\text{A}]^a}$$

et l'expression de K_P est :

$$K_P = \frac{(P_\text{B})^b}{(P_\text{A})^a}$$

où P_A et P_B sont les pressions partielles de A et de B. En supposant que les gaz se comportent de façon idéale, on a :

$$P_\text{A}V = n_\text{A}RT$$
$$P_\text{A} = \frac{n_\text{A}RT}{V}$$

où V est le volume du contenant en litres. Il en est de même pour le gaz B :

$$P_\text{B}V = n_\text{B}RT$$
$$P_\text{B} = \frac{n_\text{B}RT}{V}$$

En remplaçant ces relations dans l'expression de K_P, on obtient :

$$K_P = \frac{\left(\dfrac{n_\text{B}RT}{V}\right)^b}{\left(\dfrac{n_\text{A}RT}{V}\right)^a} = \frac{\left(\dfrac{n_\text{B}}{V}\right)^b}{\left(\dfrac{n_\text{A}}{V}\right)^a}(RT)^{b-a}$$

Ensuite, comme les unités de n_A/V et de n_B/V sont des moles par litre, on peut les remplacer par [A] et [B], de sorte que :

$$K_P = \frac{[\text{B}]^b}{[\text{A}]^a}(RT)^{\Delta n}$$

d'où :

$$K_P = K_c(RT)^{\Delta n} \tag{4.4}$$

où :

$$\Delta n = b - a$$
$$= \text{moles de produits à l'état gazeux} - \text{moles de réactifs à l'état gazeux}$$

Puisque la pression est habituellement donnée en kilopascals, la constante des gaz (R) est donnée par $8{,}314 \ kPa \cdot L \cdot mol^{-1} \cdot K^{-1}$; la relation entre K_P et K_c peut alors s'exprimer de la manière suivante :

$$K_P = K_c(8{,}314T)^{\Delta n} \tag{4.5}$$

En général, K_P n'est pas égale à K_c, sauf dans le cas particulier où $\Delta n = 0$. Dans ce cas, l'équation 4.4 peut s'écrire de la manière suivante :

$$K_P = K_c(RT)^0$$
$$= K_c$$

Voici, comme autre exemple d'équilibre homogène, l'ionisation de l'acide acétique (CH_3COOH) dans l'eau :

$$CH_3COOH(aq) + H_2O(l) \rightleftharpoons CH_3COO^-(aq) + H_3O^+(aq)$$

La constante d'équilibre est :

$$K_c' = \frac{[CH_3COO^-][H_3O^+]}{[CH_3COOH][H_2O]}$$

Ici, le symbole « prime » de K_c' est utilisé pour distinguer cette forme de la forme finale de la constante d'équilibre donnée ci-après. Cependant, dans 1 L ou 1000 g d'eau, il y a 55,5 mol d'eau, car 1000 g/18,02 g/mol = 55,5 mol. La concentration de l'eau, ou [H_2O], est donc de 55,5 mol/L. Comparée à celles des autres espèces en solution (habituellement de 1 mol/L ou moins), c'est une très forte concentration ; il est donc possible d'admettre qu'elle ne change pas de manière appréciable durant une réaction. [H_2O] peut donc être considérée comme une constante, et la constante d'équilibre s'écrira de la manière suivante :

$$K_c = \frac{[CH_3COO^-][H_3O^+]}{[CH_3COOH]}$$

où :

$$K_c = K_c'[H_2O]$$

4.2.2 La constante d'équilibre et les unités

Il convient de noter qu'en général on n'indique pas les unités de la constante d'équilibre ; K n'a pas d'unité, car dans la véritable expression thermodynamique, K est définie en termes d'activités plutôt qu'en concentrations molaires. Pour un système idéal, l'activité d'une substance est un rapport entre sa concentration (ou sa pression partielle) et une valeur standard qui est de 1 mol/L (ou 101,325 kPa). Quand on considère l'activité plutôt que les concentrations, les unités s'éliminent et, par conséquent, K n'a pas d'unité. Par ailleurs, les valeurs numériques de la concentration ou de la pression demeurent ; c'est pourquoi il faut les exprimer dans les bonnes unités. Cette pratique de ne pas tenir compte des unités sera également utilisée dans le cas des équilibres acido-basiques et des équilibres de solubilité qui seront étudiés aux chapitres 5 et 6.

NOTE

Dans le cas d'un système non idéal, les activités ne sont pas exactement égales aux valeurs numériques des concentrations. Dans quelques cas, elles peuvent même être fort différentes. À moins d'avis contraire, les systèmes étudiés ici sont considérés comme des systèmes idéaux.

EXEMPLE 4.1 L'expression de K_c et de K_P

Écrivez l'expression de K_c et de K_P, le cas échéant, pour les réactions réversibles suivantes à l'équilibre :

a) $HF(aq) + H_2O(l) \rightleftharpoons H_3O^+(aq) + F^-(aq)$

b) $2NO(g) + O_2(g) \rightleftharpoons 2NO_2(g)$

c) $CH_3COOH(aq) + C_2H_5OH(aq) \rightleftharpoons CH_3COOC_2H_5(aq) + H_2O(l)$

DÉMARCHE

Il faut penser que l'expression de K_P s'applique seulement dans le cas de systèmes gazeux et que la concentration du solvant (habituellement l'eau) n'apparaît pas dans l'expression de la constante d'équilibre.

SOLUTION

a) Étant donné qu'il n'y a pas de substances à l'état gazeux ici, K_P ne s'applique pas, et on a seulement K_c :

$$K_c = \frac{[H_3O^+][F^-]}{[HF]}$$

Puisque la quantité d'eau consommée au cours de l'ionisation est négligeable comparativement à la quantité d'eau présente comme solvant, on peut l'omettre dans l'expression de K_c.

b) $$K_c = \frac{[NO_2]^2}{[NO]^2[O_2]} \quad \text{et} \quad K_P = \frac{(P_{NO_2})^2}{(P_{NO})^2 P_{O_2}}$$

c) La constante d'équilibre K_c est donnée par :

$$K_c = \frac{[CH_3COOC_2H_5]}{[CH_3COOH][C_2H_5OH]}$$

Puisque la quantité d'eau produite dans la réaction est négligeable par rapport à la quantité d'eau utilisée comme solvant, l'eau n'apv paraît pas dans l'expression de K_c.

EXERCICE E4.1

Exprimez K_c et K_P pour la réaction suivante :

$$2N_2O_5(g) \rightleftharpoons 4NO_2(g) + O_2(g)$$

Problèmes semblables ⊕

4.1 et 4.2

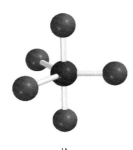

$PCl_5 \rightleftharpoons PCl_3 + Cl_2$

EXEMPLE 4.2 Le calcul de la pression partielle à l'équilibre

La constante d'équilibre K_P pour la réaction :

$$PCl_5(g) \rightleftharpoons PCl_3(g) + Cl_2(g)$$

est de 106 à 250 °C. Si les pressions partielles à l'équilibre de PCl_5 et de PCl_3 sont respectivement de 88,7 kPa et de 46,9 kPa, quelle est la pression partielle à l'équilibre de Cl_2 à 250 °C ?

DÉMARCHE

Les concentrations étant exprimées en termes de pressions en kilopascals, la constante d'équilibre sera K_P. Ensuite, connaissant la valeur de K_P et celle des pressions à l'équilibre de PCl_3 et de PCl_5, on peut résoudre l'équation pour P_{Cl_2}.

SOLUTION

D'abord, il faut exprimer K_P à l'aide des pressions partielles des espèces en jeu :

$$K_P = \frac{P_{PCl_3} P_{Cl_2}}{P_{PCl_5}}$$

Connaissant les pressions partielles, nous écrivons :

$$106 = \frac{(46,9)(P_{Cl_2})}{(88,7)}$$

ou :

$$P_{Cl_2} = \frac{(106)(88,7)}{(46,9)} = 200 \text{ kPa}$$

Notez que P_{Cl_2} comporte l'unité « kPa », comme les pressions partielles fournies dans l'énoncé.

⊕ Problème semblable

4.10

EXERCICE E4.2

La constante d'équilibre K_P pour la réaction :

$$2NO_2(g) \rightleftharpoons 2NO(g) + O_2(g)$$

vaut $1,60 \times 10^4$ à 1000 K. Calculez P_{O_2} si $P_{NO_2} = 405$ kPa et $P_{NO} = 274$ kPa.

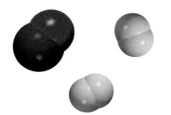

$CO + 2H_2 \rightleftharpoons CH_3OH$

EXEMPLE 4.3 La conversion de K_P en K_c

Le méthanol est produit industriellement selon la réaction suivante :

$$CO(g) + 2H_2(g) \rightleftharpoons CH_3OH(g)$$

K_c vaut 10,5 à 220 °C. Calculez K_P pour cette réaction à la même température.

DÉMARCHE

La relation entre K_P et K_c est donnée par l'équation 4.4. Quelle est ici la valeur de la différence entre le nombre de moles de gaz des réactifs et des produits ? Rappelez-vous que :

Δn = nombre de moles de produits gazeux − nombre de moles de réactifs gazeux

Quelles devraient être les unités de la température ?

▶

SOLUTION

Selon l'équation 4.4, nous écrivons :

$$K_P = K_c(RT)^{\Delta n}$$

Puisque $T = 273 + 220 = 493$ K et $\Delta n = 1 - 3 = -2$, nous avons :

$$K_P = (10,5)(8,314 \times 493)^{-2}$$
$$= 6,25 \times 10^{-7}$$

COMMENTAIRE

Cet exemple démontre que la constante d'équilibre peut avoir des valeurs très différentes pour une même réaction selon que les concentrations sont exprimées en moles par litre ou en kilopascals. De plus, la constante K_P calculée avec des pressions en atmosphères n'a pas la même valeur que celle calculée avec des pressions en kilopascals. Rappelons enfin que, dans tous les cas, la constante d'équilibre n'a pas d'unité.

EXERCICE E4.3

Si, pour la réaction :

$$N_2(g) + 3H_2(g) \rightleftharpoons 2NH_3(g)$$

K_P vaut $4,2 \times 10^{-8}$ à 375 °C, quelle est la valeur de K_c à cette température ?

> **NOTE**
>
> Il peut sembler étrange à première vue de dire qu'une concentration (mol/L) puisse être rapportée en pression (kPa). Il faut rappeler que $PV = nRT$ peut s'écrire sous la forme $P = (n/V)RT$. Le terme n/V étant la concentration molaire volumique, et R et T étant ici des constantes, la pression (P) est donc directement proportionnelle à la concentration du gaz.

Problèmes semblables ⊕
4.8 et 4.12

4.2.3 L'équilibre hétérogène

Une réaction réversible mettant en jeu des réactifs et des produits qui sont dans des phases différentes conduit à un **équilibre hétérogène**. Par exemple, si on chauffe du carbonate de calcium dans un contenant fermé, le système atteint l'équilibre suivant :

$$CaCO_3(s) \rightleftharpoons CaO(s) + CO_2(g)$$

Les deux solides et le gaz constituent trois phases distinctes. À l'équilibre, la constante d'équilibre pourrait s'exprimer de la manière suivante :

$$K'_c = \frac{[CaO][CO_2]}{[CaCO_3]} \tag{4.6}$$

La calcite est constituée de carbonate de calcium, comme le sont la craie et le marbre.

Cependant, la « concentration » d'un solide, tout comme sa masse volumique, est une propriété intensive ; elle ne dépend donc pas de la quantité de substance présente. Le rapport quantité (en moles) sur volume (en litres) demeure constant pour un solide : la « concentration » demeure constante. C'est pourquoi $[CaCO_3]$ et $[CaO]$ sont des constantes et font partie intégrante de la constante d'équilibre. Il faut alors simplifier l'expression de la constante d'équilibre donnée plus haut de la manière suivante :

$$K_c = [CO_2] \quad \text{où} \quad K_c = K'_c\frac{[CaCO_3]}{[CaO]} \tag{4.7}$$

Cette « nouvelle » constante d'équilibre K_c est exprimée de manière plus commode en fonction d'une seule concentration, celle de CO_2. Il ne faut pas oublier que la valeur de

K_c ne dépend pas des quantités de $CaCO_3$ ou de CaO présentes, pourvu que ces deux substances soient présentes à l'équilibre (*voir la* **FIGURE 4.4**).

FIGURE 4.4

Pression de CO_2 à l'équilibre

Peu importe les quantités de $CaCO_3$ (représentées par la couleur orange) et de CaO (couleur verte) présentes, à une température donnée, la pression de CO_2 à l'équilibre est la même en **A** et en **B**.

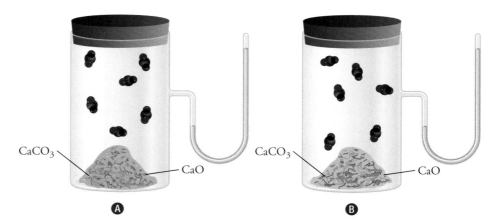

On peut obtenir plus facilement cette expression simplifiée, $K_c = [CO_2]$, en remplaçant directement les concentrations par les activités. En thermodynamique, l'activité d'un solide pur vaut 1. Ainsi, les termes des concentrations pour le $CaCO_3$ et le CaO valent tous les deux l'unité, et il est possible d'écrire directement à partir de l'équation de la réaction $K_c = [CO_2]$. Il en est de même pour les liquides purs: l'activité vaut aussi 1. Ainsi, si un réactif ou un produit est un liquide, on peut l'omettre dans l'expression de la constante d'équilibre.

Par ailleurs, d'après la définition de K_P déjà donnée au début de cette section, la constante d'équilibre de cette réaction peut aussi être représentée de la manière suivante:

$$K_P = P_{CO_2} \tag{4.8}$$

Dans ce cas, la constante d'équilibre est numériquement égale à la pression de CO_2 gazeux, une grandeur beaucoup plus facilement mesurable que celle de la concentration dans le cas d'un gaz.

EXEMPLE 4.4   Le calcul de K_P et de K_c dans le cas d'un équilibre hétérogène

Soit l'équilibre hétérogène suivant:

$$CaCO_3(s) \rightleftharpoons CaO(s) + CO_2(g)$$

À 800 °C, la pression de CO_2 est de 23,9 kPa. Pour la réaction à cette température, calculez: **a)** K_P; **b)** K_c.

DÉMARCHE

Rappelons-nous que les solides à l'état pur n'apparaissent pas dans l'expression de la constante d'équilibre. La relation entre K_c et K_P est donnée par l'équation 4.5.

SOLUTION

a) Selon l'équation 4.8, nous écrivons:

$$K_P = P_{CO_2}$$
$$= 23,9$$

▶

b) Selon l'équation 4.5, nous savons que :

$$K_P = K_c(8,314T)^{\Delta n}$$

$T = 800 + 273 = 1073$ K et $\Delta n = 1$; nous substituons donc ces valeurs dans l'équation et nous obtenons :

$$23,9 = K_c(8,314 \times 1073)$$

$$K_c = 2,68 \times 10^{-3}$$

Comme $K_c = [CO_2]$, on peut aussi déduire que $[CO_2] = 2,68 \times 10^{-3}$ mol/L.

EXERCICE E4.4

Soit l'équilibre suivant à 295 K :

$$NH_4HS(s) \rightleftharpoons NH_3(g) + H_2S(g)$$

Les gaz ont la même pression partielle : 26,85 kPa. Calculez K_P et K_c pour cette réaction.

Problème semblable ⊕

4.13

RÉVISION DES CONCEPTS

Pour laquelle des réactions suivantes K_c est-elle égale à K_P ?

a) $4NH_3(g) + 5O_2(g) \rightleftharpoons 4NO(g) + 6H_2O(g)$

b) $2H_2O_2(aq) \rightleftharpoons 2H_2O(l) + O_2(g)$

c) $PCl_3(g) + 3NH_3(g) \rightleftharpoons 3HCl(g) + P(NH_2)_3(g)$

4.2.4 Les équilibres multiples

Les réactions envisagées jusqu'ici étaient toutes assez simples. Dans des réactions qui se déroulent en deux étapes ou plus, les produits de la première étape font partie des réactifs de la deuxième :

$$A + B \rightleftharpoons C + D$$
$$C + D \rightleftharpoons E + F$$

À l'équilibre, le système peut être décrit à l'aide de deux constantes d'équilibre qui s'appliquent simultanément :

$$K_c' = \frac{[C][D]}{[A][B]}$$

et $\quad K_c'' = \frac{[E][F]}{[C][D]}$

Considérant que chacune des étapes est à l'équilibre, le système peut aussi être décrit au moyen d'une réaction globale à l'équilibre en faisant la somme des deux réactions :

$$A + B \rightleftharpoons C + D \quad K_c'$$
$$C + D \rightleftharpoons E + F \quad K_c''$$

Réaction globale : $A + B \rightleftharpoons E + F \quad K_c$

La constante d'équilibre K_c pour la réaction globale est :

$$K_c = \frac{[\text{E}][\text{F}]}{[\text{A}][\text{B}]}$$

On obtient la même expression si l'on fait le produit des expressions de K_c' et K_c''. Cette relation se nomme la « loi des équilibres multiples » :

$$K_c' \, K_c'' = \frac{[\text{C}][\text{D}]}{[\text{A}][\text{B}]} \times \frac{[\text{E}][\text{F}]}{[\text{C}][\text{D}]} = \frac{[\text{E}][\text{F}]}{[\text{A}][\text{B}]}$$

Par conséquent :

$$K_c = K_c' \, K_c'' \tag{4.9}$$

Cela conduit à une conclusion importante concernant la **loi des équilibres multiples** : si une réaction peut être exprimée comme étant la somme de plusieurs réactions, la constante d'équilibre de la réaction globale est égale au produit des constantes d'équilibre de chacune des réactions individuelles.

Parmi les nombreux exemples d'équilibres multiples figure l'ionisation des acides diprotiques en solution aqueuse. Les constantes d'équilibre suivantes ont été déterminées pour l'acide carbonique, H_2CO_3, à 25 °C :

$$H_2CO_3(aq) + H_2O(l) \rightleftharpoons H_3O^+(aq) + HCO_3^-(aq)$$
$$K_c' = \frac{[H_3O^+][HCO_3^-]}{[H_2CO_3]} = 4,2 \times 10^{-7}$$

$$HCO_3^-(aq) + H_2O(l) \rightleftharpoons H_3O^+(aq) + CO_3^{2-}(aq)$$
$$K_c'' = \frac{[H_3O^+][CO_3^{2-}]}{[HCO_3^-]} = 4,8 \times 10^{-11}$$

La réaction globale est la somme de ces deux réactions :

$$H_2CO_3(aq) + 2H_2O(l) \rightleftharpoons 2H_3O^+(aq) + CO_3^{2-}(aq)$$

et la constante d'équilibre correspondante s'écrit ainsi :

$$K_c = \frac{[H_3O^+]^2[CO_3^{2-}]}{[H_2CO_3]}$$

NOTE

Il faut rappeler que $[H_2O]$ n'apparaît pas dans l'expression des constantes en milieu aqueux.

D'après l'équation 4.9 :

$$
\begin{aligned}
K_c &= K_c' \, K_c'' \\
&= \frac{[H_3O^+][CO_3^-]}{[H_2CO_3]} \times \frac{[H_3O^+][CO_3^{2-}]}{[HCO_3^-]} = \frac{[H_3O^+][CO_3^{2-}]}{[H_2CO_3^-]} \\
&= (4,2 \times 10^{-7})(4,8 \times 10^{-11}) \qquad = 2,0 \times 10^{-17}
\end{aligned}
$$

4.2.5 L'expression de K et l'équation décrivant l'équilibre

Avant de terminer cette section, il faut prendre en note les deux règles importantes suivantes concernant l'écriture des constantes d'équilibre :

- Si l'on change le sens de l'équation d'une réaction réversible, la constante d'équilibre est alors la réciproque de la constante d'équilibre originale. Par exemple, si l'on écrit l'équilibre de NO_2–N_2O_4 à 25 °C de la manière suivante :

$$N_2O_4(g) \rightleftharpoons 2NO_2(g)$$

la constante d'équilibre est celle de la réaction envisagée comme évoluant de la gauche vers la droite et, à 25 °C, elle s'exprime ainsi :

$$K_c = \frac{[NO_2]^2}{[N_2O_4]} = 4{,}63 \times 10^{-3}$$

Cependant, il est aussi possible de considérer la réaction inverse et d'écrire :

$$2NO_2(g) \rightleftharpoons N_2O_4(g)$$

et la constante d'équilibre est alors :

$$K_c' = \frac{[N_2O_4]}{[NO_2]^2} = \frac{1}{K_c} = \frac{1}{4{,}63 \times 10^{-3}} = 216$$

Ainsi :

$$K_c = 1/K_c' \qquad (4.10)$$

K_c et K_c' sont deux constantes d'équilibre valables. Cependant, dire que la constante d'équilibre pour le système NO_2–N_2O_4 vaut $4{,}63 \times 10^{-3}$ ou 216 n'a aucun sens si l'équation de la réaction qui lui est associée n'est pas mentionnée en même temps.

- La valeur de K dépend de la manière dont l'équation est équilibrée. Voici deux manières différentes de décrire un même équilibre :

$$\tfrac{1}{2}N_2O_4(g) \rightleftharpoons NO_2(g) \qquad K_c' = \frac{[NO_2]}{[N_2O_4]^{1/2}}$$

$$N_2O_4(g) \rightleftharpoons 2NO_2(g) \qquad K_c = \frac{[NO_2]^2}{[N_2O_4]}$$

À l'examen des exposants, on s'aperçoit que $K_c' = \sqrt{K_c}$. Selon le **TABLEAU 4.1** (*voir p. 183*), $K_c = 4{,}63 \times 10^{-3}$; alors, $K_c' = 0{,}0680$.

L'exemple NO_2–N_2O_4 illustre une fois encore la nécessité d'écrire l'équation chimique explicitement associée à la valeur d'une constante d'équilibre.

NOTE

La réciproque de x est l'inverse de x, soit $1/x$.

NOTE

Cette relation inverse entre K_c et K_c' indique que toute réaction favorisée, facile, dans un sens (K_c grande), est défavorisée, difficile, dans le sens inverse (K_c petite), et vice versa.

NOTE

En général, on essaie d'écrire une équation le plus simplement possible, c'est-à-dire avec les entiers les plus petits.

RÉVISION DES CONCEPTS

À partir de l'expression de la constante d'équilibre suivante, écrivez une équation chimique balancée pour la réaction dans laquelle les réactifs et les produits sont en phase gazeuse. Est-ce que $K_c = K_P$ pour cette réaction ?

$$K_c = \frac{[NH_3]^2[H_2O]^4}{[NO_2]^2[H_2]^7}$$

QUESTIONS de révision

5. Définissez les expressions « équilibre homogène » et « équilibre hétérogène ». Donnez un exemple de chacun.

6. Que représentent les symboles K_c et K_P ?

7. Écrivez l'équation reliant K_c et K_P, et définissez tous les termes.

8. Quelle est la règle qui sert à écrire la constante d'équilibre d'une réaction globale obtenue à partir des constantes d'équilibre de chacune des étapes ?

9. Donnez un exemple de réaction avec des équilibres multiples.

4.3 La relation entre la cinétique chimique et l'équilibre chimique

NOTE

Voir la section 3.5 (*p. 148*) pour une révision des mécanismes réactionnels.

La constante K, déjà définie par l'équation 4.2, est une constante à une température donnée, peu importe les valeurs des concentrations à l'équilibre des espèces chimiques individuelles (*voir le* TABLEAU 4.1, *p. 183*). Trouver pourquoi il en est ainsi du point de vue de la cinétique des réactions permet de mieux comprendre le phénomène de l'équilibre.

Soit une réaction réversible qui se produit en une seule étape selon un mécanisme décrit par une seule et même réaction élémentaire, autant pour la réaction directe que pour la réaction inverse :

$$A + 2B \underset{k_i}{\overset{k_d}{\rightleftharpoons}} AB_2$$

La vitesse de la réaction directe, v_d, est donnée par :

$$v_d = k_d\,[A][B]^2$$

et la vitesse de la réaction inverse, v_i, est donnée par :

$$v_i = k_i\,[AB_2]$$

où k_d est la constante de vitesse pour la réaction directe (envisagée vers la droite), et k_i est la constante de vitesse pour la réaction inverse. À l'équilibre, lorsqu'il n'y a plus de changement, les deux vitesses doivent être égales :

$$v_d = v_i$$

ou

$$k_d[A][B]^2 = k_i[AB_2]$$

$$\frac{k_d}{k_i} = K_c = \frac{[AB_2]}{[A][B]^2}$$

Il s'agit de la forme de la constante d'équilibre définie précédemment. Ainsi, K_c est toujours une constante, peu importe les concentrations des espèces. En effet, elle est toujours égale à k_d/k_i, le quotient de deux valeurs qui sont elles-mêmes des constantes à une température donnée. Du fait que les constantes de vitesse dépendent de la température (*voir l'équation 3.11, p. 143*), il s'ensuit que la constante d'équilibre doit changer elle aussi avec la température.

La même conclusion s'applique à une réaction à plusieurs étapes. La réaction précédente peut se dérouler en deux étapes selon le mécanisme suivant :

$$\text{Étape 1 :} \qquad 2B \underset{k'_i}{\overset{k'_d}{\rightleftharpoons}} B_2$$

$$\text{Étape 2 :} \qquad A + B_2 \underset{k''_i}{\overset{k''_d}{\rightleftharpoons}} AB_2$$

$$\text{Réaction globale :} \qquad A + 2B \rightleftharpoons AB_2$$

Il s'agit d'un exemple d'équilibres multiples, comme dans la section 4.2. Les expressions pour les constantes d'équilibre sont :

$$K' = \frac{k'_d}{k'_i} = \frac{[B_2]}{[B]^2} \qquad (4.11)$$

$$K'' = \frac{k''_d}{k''_i} = \frac{[AB_2]}{[A][B_2]} \qquad (4.12)$$

En multipliant l'équation 4.11 par l'équation 4.12, on obtient :

$$K'K'' = \frac{[B_2][AB_2]}{[B]^2[A][B_2]} = \frac{[AB_2]}{[A][B]^2}$$

Pour la réaction globale, il est possible d'écrire :

$$K_c = \frac{[AB_2]}{[A][B]^2} = K'K''$$

Du fait que K' et K'' sont toutes les deux des constantes, K_c est aussi une constante. Il est donc possible de conclure que, pour la réaction générale :

$$aA + bB \rightleftharpoons cC + dD$$

peu importe que la réaction se déroule en une ou plusieurs étapes, l'expression de la constante d'équilibre s'écrit selon l'équation 4.2 :

$$K = \frac{[C]^c[D]^d}{[A]^a[B]^b}$$

En résumé, du point de vue de la cinétique, la constante d'équilibre d'une réaction peut s'exprimer comme un rapport entre les constantes de vitesse des réactions directe et inverse. Cette section a établi pourquoi la constante d'équilibre est une constante à une température donnée et pourquoi sa valeur change avec la température.

RÉVISION DES CONCEPTS

Considérez l'équilibre X $\rightleftharpoons$ Y, où la constante de vitesse de la réaction directe est supérieure à la constante de vitesse de la réaction inverse. Laquelle des affirmations suivantes à propos de la constante d'équilibre est vraie? a) $K_c > 1$; b) $K_c < 1$; c) $K_c = 1$.

QUESTIONS de révision

10. À l'aide des notions de constantes de vitesse, expliquez pourquoi les constantes d'équilibre dépendent de la température.

11. Expliquez pourquoi certaines réactions, dont les constantes d'équilibre sont pourtant très grandes, sont très lentes (s'effectuent sur plusieurs années), comme dans le cas de la formation de la rouille (Fe_2O_3).

4.4 La signification de la constante d'équilibre

NOTE

L'expression de la constante d'équilibre d'une réaction se déduit directement de l'équation globale, alors que la loi de la vitesse globale (*voir le chapitre 3*) ne peut pas être déduite de l'équation globale.

La constante d'équilibre pour une réaction donnée peut être calculée à partir des concentrations à l'équilibre. Ainsi, si la valeur de la constante d'équilibre est connue, il est possible d'utiliser l'équation 4.2 pour calculer les concentrations inconnues des réactifs et des produits à l'équilibre. En général, la constante d'équilibre permet de prédire dans quel sens aura lieu une réaction pour atteindre l'équilibre, et elle permet aussi de calculer la concentration des réactifs et des produits, une fois l'équilibre atteint. Ce sont ces aspects de la constante d'équilibre que cette section aborde.

4.4.1 La prévision du sens de l'évolution (ou de l'absence d'évolution) d'une réaction

La constante d'équilibre K_c pour la réaction:

$$H_2(g) + I_2(g) \rightleftharpoons 2HI(g)$$

vaut 54,3 à 430 °C. Par exemple, 0,243 mol de H_2, 0,146 mol de I_2 et 1,98 mol de HI sont placées dans un contenant de 1 L à 430 °C. Comment le système évoluera-t-il? La réaction qui aura lieu formera-t-elle plus de H_2 et de I_2 ou plus de HI? En remplaçant les concentrations initiales par leurs valeurs dans l'expression de la constante d'équilibre, on obtient:

$$\frac{[HI]_0^2}{[H_2]_0[I_2]_0} = \frac{(1,98)^2}{(0,243)(0,146)} = 111$$

où l'indice 0 indique qu'il s'agit des concentrations initiales. Puisque le quotient $[HI]_0^2/[H_2]_0[I_2]_0$ est supérieur à K_c, ce système n'est pas à l'équilibre. Par conséquent, une certaine quantité de HI se transformera en H_2 et en I_2. La valeur du numérateur diminuera et celle du dénominateur augmentera, réduisant ainsi la valeur du quotient. Alors, la réaction nette se produira vers la gauche pour atteindre l'équilibre. Cette prévision ne permet toutefois pas de savoir vraiment si ce changement sera observé, car la vitesse de cette réaction pourrait être très lente. Il ne s'agit donc que d'une prévision de tendance.

Le **quotient réactionnel (Q_c)** est le nom de la grandeur obtenue quand on utilise les concentrations initiales dans l'expression de la constante d'équilibre. Pour déterminer le sens de l'évolution de la réaction nette, il faut comparer les valeurs de Q_c et de K_c. Le **TABLEAU 4.2** résume les cas possibles.

TABLEAU 4.2 > Comparaison entre Q_c et K_c

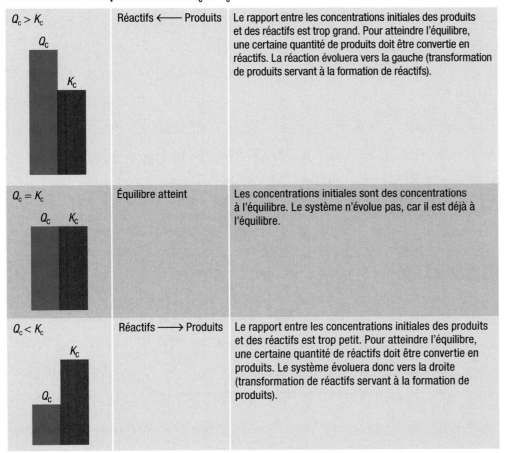

$Q_c > K_c$	Réactifs ⟵ Produits	Le rapport entre les concentrations initiales des produits et des réactifs est trop grand. Pour atteindre l'équilibre, une certaine quantité de produits doit être convertie en réactifs. La réaction évoluera vers la gauche (transformation de produits servant à la formation de réactifs).
$Q_c = K_c$	Équilibre atteint	Les concentrations initiales sont des concentrations à l'équilibre. Le système n'évolue pas, car il est déjà à l'équilibre.
$Q_c < K_c$	Réactifs ⟶ Produits	Le rapport entre les concentrations initiales des produits et des réactifs est trop petit. Pour atteindre l'équilibre, une certaine quantité de réactifs doit être convertie en produits. Le système évoluera donc vers la droite (transformation de réactifs servant à la formation de produits).

NOTE

Dans le cas où la constante utilisée est K_P, ce test est fait avec Q_P. Donc, d'une manière générale, il faut comparer Q à K.

EXEMPLE 4.5 L'utilisation du quotient réactionnel (Q_c) pour prédire le sens de l'évolution d'une réaction

Au début d'une réaction donnée, il y a 0,249 mol de N_2, $3,21 \times 10^{-2}$ mol de H_2 et $6,42 \times 10^{-4}$ mol de NH_3 dans un contenant de 3,50 L, à 375 °C. Si la constante d'équilibre K_c pour la réaction :

$$N_2(g) + 3H_2(g) \rightleftharpoons 2NH_3(g)$$

vaut 1,2 à cette température, dites si ce système est à l'équilibre. Sinon, dites dans quel sens la réaction aura tendance à évoluer. ▶

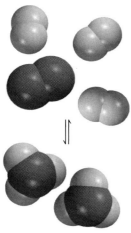

$N_2 + 3H_2 \rightleftharpoons 2NH_3$

Problèmes semblables

4.26 et 4.27

DÉMARCHE

On connaît les quantités initiales de gaz (en moles) dans le contenant d'un volume connu (en litres), ce qui permet de calculer les concentrations initiales pour ensuite pouvoir calculer le quotient réactionnel (Q_c). Comment la comparaison de Q_c avec K_c vous permettra-t-elle de prédire le sens de l'évolution de la réaction?

SOLUTION

Les concentrations initiales des espèces en jeu sont:

$$[N_2]_0 = \frac{0,249\,\text{mol}}{3,50\,\text{L}} = 0,0711\,\text{mol/L}$$

$$[H_2]_0 = \frac{3,21 \times 10^{-2}\,\text{mol}}{3,50\,\text{L}} = 9,17 \times 10^{-3}\,\text{mol/L}$$

$$[NH_3]_0 = \frac{6,42 \times 10^{-4}\,\text{mol}}{3,50\,\text{L}} = 1,83 \times 10^{-4}\,\text{mol/L}$$

Ensuite, nous écrivons:

$$Q_c = \frac{[NH_3]_0^2}{[N_2]_0[H_2]_0^3} = \frac{(1,83 \times 10^{-4})^2}{(0,0711)(9,17 \times 10^{-3})^3} = 0,611$$

Finalement, comparons Q_c avec K_c:

On constate que Q_c est inférieur à K_c (0,611 < 1,2). Le système n'est donc pas à l'équilibre, ce qui se traduira par une augmentation de la concentration de NH_3 et une diminution des concentrations de N_2 et de H_2. Autrement dit, la réaction nette évoluera vers la droite jusqu'à ce que l'équilibre soit atteint de sorte que Q_c devienne égal à K_c.

EXERCICE E4.5

La constante d'équilibre (K_c) pour la réaction:

$$2NO(g) + Cl_2(g) \rightleftharpoons 2NOCl(g)$$

vaut $6,5 \times 10^4$ à 35 °C. Supposons que l'on mélange $2,0 \times 10^{-2}$ mol de NO, $8,3 \times 10^{-3}$ mol de Cl_2 et 6,8 mol de NOCl dans un ballon de 2,0 L. Dans quel sens évoluera la réaction pour atteindre l'équilibre?

RÉVISION DES CONCEPTS

La constante d'équilibre (K_c) pour la réaction $A_2 + B_2 \rightleftharpoons 2AB$ vaut 3 à une certaine température. Lequel des diagrammes suivants correspond à la réaction à l'équilibre? Dans les cas des mélanges qui ne sont pas à l'équilibre, déterminez si la réaction s'effectuera vers la droite ou vers la gauche pour atteindre l'équilibre.

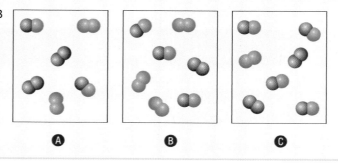

4.4.2 Le calcul des concentrations à l'équilibre

Quand la constante d'équilibre pour une réaction donnée est connue, il est possible de calculer les concentrations dans le mélange à l'équilibre à partir des concentrations initiales. Selon les données initiales, ce calcul peut nécessiter une ou plusieurs étapes. Le plus souvent, seules les concentrations initiales des réactifs sont connues. Voici, par exemple, un système qui comprend une paire d'isomères géométriques dans un solvant organique (*voir la* **FIGURE 4.5**), dont la constante d'équilibre (K_c) vaut 24,0 à 200 °C :

$$\textit{cis}\text{-stilbène} \rightleftharpoons \textit{trans}\text{-stilbène}$$

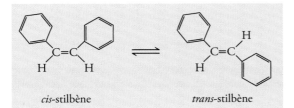

CHIMIE EN LIGNE

Interaction
- La détermination d'une constante d'équilibre
- La détermination des concentrations à l'équilibre

cis-stilbène   *trans*-stilbène

Si au début, seul le *cis*-stilbène est présent et sa concentration est de 0,850 mol/L, comment calculer les concentrations de *cis*-stilbène et de *trans*-stilbène à l'équilibre ? Selon la stœchiométrie de la réaction, pour chaque mole de *cis*-stilbène convertie, il y a une mole de *trans*-stilbène formée.

FIGURE 4.5

Structures du *cis*-stilbène et du *trans*-stilbène

Dans le *cis*-stilbène, les anneaux de benzène sont tous deux d'un même côté de la liaison C=C alors que dans le *trans*-stilbène, les anneaux de benzène (et les atomes de H) sont de chaque côté de la liaison C=C. Il s'agit donc de deux composés différents qui ont des points de fusion et des moments dipolaires distincts.

Soit x la concentration à l'équilibre du *trans*-stilbène, en moles par litre ; la concentration à l'équilibre de *cis*-stilbène est alors de $(0,850 - x)$ mol/L. La compilation de toutes ces données sous forme de tableau est fort utile pour aider à résoudre ce genre de problèmes :

	cis-stilbène $\rightleftharpoons$ *trans*-stilbène	
Concentration initiale (mol/L) :	0,850	0
Variation (mol/L) :	$-x$	$+x$
Concentration à l'équilibre (mol/L) :	$(0,850 - x)$	x

Une variation positive (+) représente une augmentation, et une variation négative (−) représente une diminution de concentration. Il faut ensuite écrire l'expression de la constante d'équilibre en fonction des concentrations à l'équilibre :

NOTE

Dans tous les problèmes d'équilibre, il est très important de bien faire la distinction entre les concentrations initiales et les concentrations à l'équilibre.

$$K_c = \frac{[\textit{trans}\text{-stilbène}]}{[\textit{cis}\text{-stilbène}]}$$

$$24,0 = \frac{x}{0,850 - x}$$

$$x = 0,816 \text{ mol/L}$$

Une fois cette équation du premier degré résolue, il est possible de calculer les concentrations à l'équilibre (troisième ligne du tableau) du *cis*-stilbène et du *trans*-stilbène de la manière suivante :

$$[\textit{cis}\text{-stilbène}] = (0,850 - 0,816) \text{ mol/L} = 0,034 \text{ mol/L}$$

$$[\textit{trans}\text{-stilbène}] = 0,816 \text{ mol/L}$$

Voici en résumé les étapes de cette méthode de résolution de problèmes concernant les calculs des concentrations à l'équilibre :

Étape 1 : commencer par écrire l'équation de la réaction et prédire correctement son sens, ce qui nécessite parfois un calcul à l'aide du quotient réactionnel (Q_c).

Étape 2 : exprimer les concentrations à l'équilibre de toutes les espèces à l'aide des concentrations initiales et d'une seule inconnue (x), qui représente une modification de la concentration de l'une des espèces.

Étape 3 : exprimer la constante d'équilibre en fonction des concentrations à l'équilibre. La valeur de la constante d'équilibre étant connue, isoler x.

Étape 4 : après avoir déterminé la valeur de x, calculer les concentrations à l'équilibre de toutes les espèces.

EXEMPLE 4.6 Le calcul des concentrations à l'équilibre

On mélange 0,500 mol de H_2 et 0,500 mol de I_2 dans un ballon en acier inoxydable de 1,00 L, à 430 °C. La constante d'équilibre K_c pour la réaction $H_2(g) + I_2(g) \rightleftharpoons 2HI(g)$ vaut 54,3. Calculez les concentrations de H_2, de I_2 et de HI à cette température une fois l'équilibre atteint.

DÉMARCHE

On connaît le nombre de moles de gaz dans un volume connu (en litres), ce qui permet de calculer les concentrations initiales. Étant donné qu'il y a absence de HI initialement, on peut immédiatement conclure que le système n'est pas à l'équilibre sans avoir à calculer le quotient réactionnel (Q_c). Il y aura donc un certain nombre de moles de H_2 qui réagiront avec un nombre égal de moles de I_2 (pourquoi ce nombre est-il égal ?) pour former du HI jusqu'à l'atteinte de l'équilibre.

SOLUTION

Étape 1 : selon la stœchiométrie de la réaction, 1 mol de H_2 réagit avec 1 mol de I_2 pour former 2 mol de HI. Soit x la diminution de la concentration (mol/L) de H_2 ou de I_2 nécessaire pour atteindre l'équilibre ; la concentration de HI à l'équilibre doit donc être de $2x$. Les variations des concentrations peuvent être résumées dans un tableau de la manière suivante :

	H_2	$+$	I_2	$\rightleftharpoons$	$2HI$
Concentration initiale (mol/L) :	0,500		0,500		0
Variation (mol/L) :	$-x$		$-x$		$+2x$
Concentration à l'équilibre (mol/L) :	$(0,500 - x)$		$(0,500 - x)$		$2x$

Étape 2 : la constante d'équilibre est donnée par :

$$K_c = \frac{[HI]^2}{[H_2][I_2]}$$

Par substitution, en utilisant les données de la troisième ligne du tableau, nous obtenons :

$$54,3 = \frac{(2x)^2}{(0,500 - x)(0,500 - x)} = \frac{(2x)^2}{(0,500 - x)^2}$$

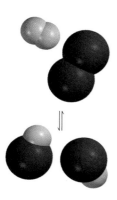

$H_2 + I_2 \rightleftharpoons 2HI$

NOTE

Il est toujours préférable de poser la variable x pour un réactif ayant un coefficient stœchiométrique égal à 1 afin d'éviter des calculs avec des fractions.

Dans ce cas-ci, l'équation est en x^2 (ou du second degré), mais elle se résout facilement, car il s'agit d'un carré parfait. En extrayant la racine carrée des deux membres de l'équation, nous avons:

$$7,37 = \frac{2x}{0,500 - x}$$

$$x = 0,393 \text{ mol/L}$$

Étape 3: les concentrations à l'équilibre sont:

$$[H_2] = (0,500 - 0,393) \text{ mol/L} = 0,107 \text{ mol/L}$$

$$[I_2] = (0,500 - 0,393) \text{ mol/L} = 0,107 \text{ mol/L}$$

$$[HI] = 2 \times 0,393 \text{ mol/L} = 0,786 \text{ mol/L}$$

VÉRIFICATION

On peut vérifier ces réponses en calculant K_c à partir des valeurs des concentrations trouvées. Rappelez-vous que la constante K_c est une constante pour une réaction donnée à une certaine température.

EXERCICE E4.6

Soit la réaction de l'**EXEMPLE 4.6**. Si, initialement, on a seulement du HI à 0,040 mol/L, quelles sont les concentrations de HI, de H_2 et de I_2 à l'équilibre?

Problème semblable ⊕
4.35

EXEMPLE 4.7　Le calcul des concentrations à l'équilibre

À 430 °C, la constante d'équilibre K_c pour la réaction $H_2(g) + I_2(g) \rightleftharpoons 2HI(g)$ vaut 54,3. En supposant que les concentrations initiales de H_2, de I_2 et de HI sont respectivement de 0,006 23 mol/L, de 0,004 14 mol/L et de 0,0224 mol/L, calculez les concentrations de ces espèces à l'équilibre.

DÉMARCHE

Les concentrations initiales servent à calculer le quotient réactionnel (Q_c) afin de vérifier si le système est à l'équilibre et, s'il ne l'est pas, à prédire dans quel sens il se déplacera pour l'atteindre. Cette comparaison nous permet aussi de prédire s'il y aura une diminution de H_2 et de I_2 ou plutôt de HI à l'atteinte de cet équilibre.

SOLUTION

Calculons d'abord le quotient réactionnel (Q_c) donné par:

$$Q_c = \frac{[HI]_0^2}{[H_2]_0[I_2]_0} = \frac{(0,0224)^2}{(0,006\,23)(0,004\,14)} = 19,5$$

Du fait que Q_c (19,5) est plus petit que K_c (54,3), la réaction nette évoluera de la gauche vers la droite jusqu'à ce que $Q_c = K_c$ (*voir le* **TABLEAU 4.2**, *p. 197*). Il y aura donc une diminution de H_2 et de I_2 et une augmentation de HI.

Étape 1: soit x la diminution de la concentration (en moles par litre) de H_2 et de I_2 à l'équilibre. Selon la stœchiométrie de la réaction, l'augmentation de la concentration de HI doit être de $2x$. Nous écrivons alors: ▶

$$\text{H}_2 \quad + \quad \text{I}_2 \quad \rightleftharpoons \quad 2\text{HI}$$

Concentration initiale (mol/L) :   0,006 23   0,004 14   0,0224
Variation (mol/L) : $-x$ $-x$ $+2x$

Concentration à l'équilibre (mol/L) : $(0,006\,23 - x)$ $(0,004\,14 - x)$ $(0,0224 + 2x)$

Étape 2 : la constante d'équilibre est :

$$K_c = \frac{[\text{HI}]^2}{[\text{H}_2][\text{I}_2]}$$

Par substitution, nous obtenons :

$$54,3 = \frac{(0,0224 + 2x)^2}{(0,006\,23 - x)(0,004\,14 - x)}$$

Nous ne pouvons ici résoudre cette équation du second degré simplement en extrayant les racines carrées, comme nous l'avons fait précédemment, car cette fois les concentrations de départ de H_2 et de I_2 sont inégales. Il faut plutôt procéder par multiplications :

$$54,3(2,58 \times 10^{-5} - 0,0104x + x^2) = 5,02 \times 10^{-4} + 0,0896x + 4x^2$$

En réarrangeant les termes, nous obtenons :

$$50,3x^2 - 0,654x + 8,98 \times 10^{-4} = 0$$

C'est une équation quadratique (ou du second degré) de la forme $ax^2 + bx + c = 0$. La solution d'une telle équation (*voir l'annexe 2, p. 439*) est :

$$x = \frac{-b \pm \sqrt{b^2 - 4ac}}{2a}$$

Ici, $a = 50,3$; $b = -0,654$; et $c = 8,98 \times 10^{-4}$. Alors :

$$x = \frac{0,654 \pm \sqrt{(-0,654)^2 - 4(50,3)(8,9 \times 10^{-4})}}{2 \times 50,3}$$

$$x = 0,0114 \text{ mol/L} \quad \text{ou} \quad x = 0,001\,56 \text{ mol/L}$$

La première solution est physiquement impossible, car les quantités de H_2 et de I_2 qui auraient réagi seraient supérieures aux quantités initiales. La seconde solution est donc la bonne. Notez que, lorsqu'on résout une équation quadratique de ce genre, il y a toujours une seule des deux solutions mathématiques qui est physiquement une bonne réponse. Ce choix est facile à faire si l'on prouve logiquement laquelle des deux solutions a du sens, c'est-à-dire celle qui est compatible avec les données du problème.

Étape 3 : les concentrations à l'équilibre sont :

$$[\text{H}_2] = (0,006\,23 - 0,001\,56) \text{ mol/L} = 0,004\,67 \text{ mol/L}$$

$$[\text{I}_2] = (0,004\,14 - 0,001\,56) \text{ mol/L} = 0,002\,58 \text{ mol/L}$$

$$[\text{HI}] = (0,0224) + (2 \times 0,001\,56) \text{ mol/L} = 0,0255 \text{ mol/L}$$

VÉRIFICATION

On peut vérifier ces réponses en les utilisant dans l'expression de la constante d'équilibre et calculer K_c. Si nous arrivons à la même valeur ou presque, cela signifie que nos calculs sont corrects. Ici, on obtient 54,0 alors que la valeur utilisée était de 54,3. Nos réponses étaient donc correctes. En effet, la valeur de K_c calculée, soit 54,0, n'a que le dernier chiffre significatif (incertain) qui diffère de 54,3.   ▶

EXERCICE E4.7

Problème semblable ⊕
4.76

À 1280 °C, la constante d'équilibre (K_c) pour la réaction :

$$Br_2(g) \rightleftharpoons 2Br(g)$$

vaut $1,1 \times 10^{-3}$. Si les concentrations initiales sont $[Br_2] = 6,3 \times 10^{-2}$ mol/L et $[Br] = 1,2 \times 10^{-2}$ mol/L, calculez les concentrations de ces espèces à l'équilibre.

QUESTIONS de révision

12. Dites ce qu'est le quotient réactionnel. En quoi est-il différent de la constante d'équilibre et à quoi sert-il?

13. Donnez les grandes étapes du calcul des concentrations à l'équilibre des espèces en jeu dans une réaction.

4.5 Les facteurs qui influencent l'équilibre chimique

L'équilibre chimique est un équilibre entre une réaction directe et la réaction inverse correspondante. Dans la plupart des cas, cet équilibre est assez précaire. Toute modification des conditions dans lesquelles une expérience a lieu peut influencer l'équilibre et déplacer la position d'équilibre de sorte qu'il y aura formation d'une plus ou moins grande quantité d'un produit désiré. Dire que la position d'équilibre se déplace vers la droite, par exemple, signifie que la réaction nette se produit de la gauche vers la droite de l'équation qui la représente. Les différentes conditions expérimentales pouvant influencer l'équilibre sont la concentration, la pression, le volume et la température. Comment chacune de ces variables influence-t-elle un système à l'équilibre et quel est l'effet d'un catalyseur sur l'équilibre? La présente section répond à ces questions.

4.5.1 Le principe de Le Chatelier

Il existe une règle générale qui permet de prédire dans quel sens un système à l'équilibre a tendance à évoluer quand une modification de la concentration, de la pression, du volume ou de la température se produit. Cette règle, appelée **principe de Le Chatelier**, dit que si une contrainte (un facteur extérieur) agit sur un système à l'équilibre, le système réagit de manière à s'opposer partiellement à cette contrainte. Le terme « contrainte » signifie ici une modification de la concentration, de la pression, du volume ou de la température qui perturbe l'état d'équilibre du système. Ce principe permet de prédire les effets de telles modifications.

4.5.2 Les modifications de la concentration

L'exemple suivant servira à montrer la façon dont des changements de concentration peuvent influer sur la position d'équilibre d'un système.

Le thiocyanate de fer(III) [$Fe(SCN)_3$] se dissout facilement dans l'eau pour donner une solution rouge. La couleur rouge est due à la présence d'ions $FeSCN^{2+}$ hydratés. L'équilibre entre les ions non dissociés $FeSCN^{2+}$ et les ions Fe^{3+} et SCN^- est représenté par :

$FeSCN^{2+}(aq)$	$\rightleftharpoons$	$Fe^{3+}(aq)$	$+$	$SCN^-(aq)$
Rouge		Jaune pâle		Incolore

Henry Le Chatelier (1850-1936), chimiste et industriel français

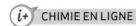

i+ **CHIMIE EN LIGNE**

Animation
• Le principe de Le Chatelier

L'acide oxalique est souvent utilisé pour retirer les traces de rouille dans les baignoires.

Qu'arrive-t-il si du thiocyanate de sodium (NaSCN) est ajouté à cette solution ? Dans ce cas, la contrainte qui vient agir sur le système à l'équilibre est une augmentation de la concentration de SCN⁻ (provenant de la dissociation de NaSCN). Pour s'opposer à cette contrainte, des ions Fe^{3+} réagissent avec des ions SCN⁻ ajoutés ; le système évolue de droite à gauche pour atteindre un nouvel équilibre :

$$FeSCN^{2+}(aq) \longleftarrow Fe^{3+}(aq) + SCN^-(aq)$$

Par conséquent, la coloration rouge de la solution s'intensifie (*voir la* **FIGURE 4.6**).

De même, si du nitrate de fer(III) [Fe(NO₃)₃] est ajouté à la solution originale, la coloration rouge s'intensifie également, car les ions Fe^{3+} [de Fe(NO₃)₃] ajoutés déplacent l'équilibre vers la gauche. Les ions Na⁺ et NO₃⁻ sont des ions spectateurs incolores. À présent, si de l'acide oxalique (H₂C₂O₄) est ajouté à la solution originale, l'acide oxalique s'ionise dans l'eau pour former des ions oxalate (C₂O₄²⁻), qui se lient fortement aux ions Fe^{3+}. La formation de l'ion jaune stable Fe(C₂O₄)₃³⁻ réduit le nombre d'ions Fe^{3+} de la solution. Par conséquent, il y a dissociation d'ions $FeSCN^{2+}$; l'équilibre se déplace donc vers la droite :

$$FeSCN^{2+}(aq) \longrightarrow Fe^{3+}(aq) + SCN^-(aq)$$

La solution rouge devient alors jaune à cause de la formation d'ions Fe(C₂O₄)₃³⁻ (et de la diminution de la quantité d'ions $FeSCN^{2+}$).

FIGURE 4.6

Effet de la concentration sur la position d'équilibre

Ⓐ Une solution aqueuse de Fe(SCN)₃ : sa couleur est due à la présence du $FeSCN^{2+}$ rouge et du Fe^{3+} jaune.

Ⓑ Après addition de NaSCN à la solution A, l'équilibre se déplace vers la gauche.

Ⓒ Après addition de Fe(NO₃)₃ à la solution A, l'équilibre se déplace vers la gauche.

Ⓓ Après addition de H₂C₂O₄ à la solution A, l'équilibre se déplace vers la droite. La couleur jaune est due à la présence des ions Fe(C₂O₄)₃³⁻.

Cette expérience démontre que, à l'équilibre, tous les réactifs et tous les produits sont présents dans le système. De plus, une augmentation des concentrations des produits (Fe^{3+} ou SCN⁻) déplace l'équilibre vers la gauche, alors qu'une diminution de la concentration du produit Fe^{3+} déplace l'équilibre vers la droite. Ces résultats sont en accord avec le principe de Le Chatelier et s'expliquent facilement à l'aide des notions de cinétique (*voir la section 4.3, p. 194*). En effet, lors de l'augmentation de la concentration d'un réactif, par exemple, les vitesses des réactions directe et inverse ne sont plus égales comme c'était le cas à l'équilibre. La vitesse de la réaction directe est plus grande, ce qui permet une plus grande formation de produits. Toutefois, cet effet correspond aussi à une augmentation progressive de la concentration des produits qui, à son tour, fait augmenter la vitesse de la réaction inverse. Il arrive un moment où les vitesses redeviennent égales, ce qui correspond à l'atteinte d'un nouvel état d'équilibre qui est finalement plus positionné en faveur des produits.

EXEMPLE 4.8   L'effet d'une modification de la concentration sur la position d'équilibre

À 720 °C, la constante d'équilibre K_c pour la réaction :

$$N_2(g) + 3H_2(g) \rightleftharpoons 2NH_3(g)$$

vaut $2,37 \times 10^{-3}$. Dans une expérience donnée, les concentrations à l'équilibre sont $[N_2] = 0,683$ mol/L, $[H_2] = 8,80$ mol/L et $[NH_3] = 1,05$ mol/L. On ajoute une certaine quantité de NH_3 au mélange pour que sa concentration augmente à 3,65 mol/L. **a)** À l'aide du principe de Le Chatelier, prédisez dans quel sens la réaction nette évoluera pour atteindre un nouvel équilibre. **b)** Confirmez votre prédiction en calculant le quotient réactionnel Q_c et en le comparant avec K_c.

DÉMARCHE

a) Quelle est la contrainte exercée sur le système ? Comment le système répond-il à cette contrainte ?

b) Dès l'addition d'un peu de NH_3, le système n'est plus à l'équilibre. Comment faut-il calculer le quotient réactionnel Q_c de la réaction dans cette situation ? Comment la comparaison entre Q_c et K_c nous indiquera-t-elle le sens du déplacement net de la réaction jusqu'à l'obtention d'un nouvel état d'équilibre ?

SOLUTION

a) La contrainte externe qui vient agir sur le système est l'addition de NH_3. Pour minimiser cette contrainte, des molécules de NH_3 réagissent pour produire des molécules de N_2 et de H_2 jusqu'à ce qu'un nouvel équilibre soit atteint. La réaction nette se produit alors de droite à gauche :

$$N_2(g) + 3H_2(g) \longleftarrow 2NH_3(g)$$

b) Dès que l'on y ajoute du NH_3, le système n'est plus à l'équilibre. Le quotient réactionnel est donné par :

$$Q_c = \frac{[NH_3]_0^2}{[N_2]_0 [H_2]_0^3} = \frac{(3,65)^2}{(0,683)(8,80)^3} = 2,86 \times 10^{-2}$$

Puisque cette valeur est supérieure à $2,37 \times 10^{-3}$, la réaction nette se produit de droite à gauche, jusqu'à ce que Q_c soit égal à K_c.

Le graphique ci-contre illustre qualitativement les modifications de concentrations des espèces en jeu.

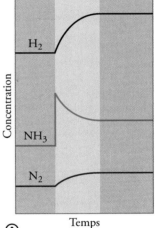

Variations des concentrations de H_2, de N_2 et de NH_3 après addition de NH_3 au système à l'équilibre

Problème semblable ⊕
4.34

EXERCICE E4.8

À 430 °C, la constante d'équilibre (K_P) de la réaction :

$$2NO(g) + O_2(g) \rightleftharpoons 2NO_2(g)$$

vaut $1,5 \times 10^3$. Dans une expérience donnée, les pressions initiales de NO, de O_2 et de NO_2 sont respectivement de $2,1 \times 10^{-1}$ kPa, de 1,1 kPa et de 14 kPa. Calculez Q_P et prédisez dans quel sens aura lieu la réaction nette pour atteindre l'équilibre à la même température.

4.5.3 Les modifications de la pression et du volume

Dans les phases condensées (comme en solution aqueuse), les modifications de la pression n'influencent ordinairement pas la concentration des espèces, car les liquides et les solides sont pratiquement incompressibles. Par contre, elles influencent grandement la concentration des gaz, ce qui peut modifier un état d'équilibre. Voici de nouveau l'équation des gaz parfaits vue dans *Chimie générale* :

$$PV = nRT$$

$$P = \left(\frac{n}{V} \right) RT$$

P et V sont inversement proportionnels : plus la pression est grande, plus le volume est petit, et vice versa. En outre, le terme (n/V) équivaut à la concentration du gaz en moles par litre et il est directement proportionnel à la pression.

Voici trois cas : l'augmentation de la pression causée par un changement de volume, l'augmentation de la pression causée par l'addition d'un gaz inerte à volume constant et l'effet de l'addition d'un gaz inerte à pression constante.

L'effet de l'augmentation de la pression causée par une diminution de volume

Soit le système suivant à l'équilibre :

$$N_2O_4(g) \rightleftharpoons 2NO_2(g) \quad K_c = \frac{[NO_2]^2}{[N_2O_4]}$$

NOTE

Le sens du déplacement de l'équilibre peut également être prédit à l'aide du principe de Le Chatelier.

dans un cylindre muni d'un piston mobile. Qu'arrive-t-il si, à température constante, on augmente la pression des gaz en appuyant sur le piston ? Puisque le volume diminue, les concentrations (n/V) de NO_2 et de N_2O_4 augmentent. Étant donné que, dans l'expression de la constante d'équilibre, la concentration de NO_2 est au carré, la valeur du numérateur augmentera plus rapidement que celle du dénominateur. Le système n'est alors plus à l'équilibre. Il faut écrire :

$$Q_c = \frac{[NO_2]_0^2}{[N_2O_4]_0}$$

Ainsi $Q_c > K_c$, et la réaction nette se produira vers la gauche jusqu'à ce que $Q_c = K_c$ (*voir la* **FIGURE 4.7**). Inversement, une diminution de pression (donc une augmentation de volume) se soldera par $Q_c < K_c$; la réaction nette se produira alors vers la droite, jusqu'à ce que $Q_c = K_c$.

FIGURE 4.7 ⊘

Illustration qualitative d'un accroissement de la pression sur le système $N_2O_4(g) \rightleftharpoons 2NO_2(g)$ à l'équilibre

En général, une augmentation de pression (donc une diminution de volume) favorise le déplacement de l'équilibre dans le sens de la réaction nette qui contribue à faire diminuer le nombre total de moles de gaz (dans le cas présent, la réaction inverse) ; une diminution de pression (donc une augmentation de volume) favorise le déplacement dans le sens de la réaction nette qui contribue à faire augmenter le nombre total de moles de gaz (ici, la réaction directe). Pour ce qui est des réactions où il n'y a aucun changement dans le nombre de moles de gaz, qu'elles procèdent dans un sens ou dans l'autre, une modification de la pression (ou du volume) n'a aucun effet sur la position d'équilibre.

L'augmentation de la pression à volume constant par l'addition d'un gaz inerte

Il est possible de changer la pression d'un système sans en changer le volume. Soit le système NO_2–N_2O_4 placé dans un contenant en acier inoxydable fermé dont le volume est constant. La pression totale augmente lors de l'ajout d'un gaz rare (de l'hélium, par exemple). L'ajout d'hélium au mélange à l'équilibre, dans un volume constant, augmente la pression totale des gaz et diminue les fractions molaires de NO_2 et de N_2O_4; cependant, la pression partielle de chaque gaz, qui est le produit de la fraction molaire par la pression totale (*voir la section 4.6 de* Chimie générale), ne change pas, et Q_P est encore égal à K_P. L'état d'équilibre n'est donc pas modifié dans un tel cas.

L'effet de l'addition d'un gaz inerte à pression constante (augmentation de volume)

Par contre, l'ajout d'un gaz non réactif dans un système à pression constante entraîne une augmentation de volume et une modification des pressions partielles. Q n'est plus égal à K. Il pourrait y avoir modification de l'état d'équilibre si le total du nombre de moles des produits gazeux n'est pas le même que celui des réactifs (si Δn est différent de zéro). L'équilibre se déplacera alors de manière à favoriser la production d'un plus grand nombre de molécules. En fait, ce dernier cas revient à dire que le gaz inerte n'a pas d'effet chimique comme tel, mais que son effet revient au même que celui d'un changement de volume. Cela correspond ici à un changement des concentrations, comme il a été vu au paragraphe précédent.

EXEMPLE 4.9 Les effets de la modification de la pression et du volume sur la position d'équilibre

Soit les systèmes suivants à l'équilibre:

a) $2PbS(s) + 3O_2(g) \rightleftharpoons 2PbO(s) + 2SO_2(g)$

b) $PCl_5(g) \rightleftharpoons PCl_3(g) + Cl_2(g)$

c) $H_2(g) + CO_2(g) \rightleftharpoons H_2O(g) + CO(g)$

Dans chaque cas, prédisez le sens de la réaction nette qui suivrait une augmentation de la pression (une diminution du volume) du système à température constante.

DÉMARCHE

Un changement de pression modifie seulement le volume d'un gaz, mais pas celui d'un solide parce que les solides (et les liquides) sont beaucoup moins compressibles. La contrainte ici est l'augmentation de la pression. Selon le principe de Le Chatelier, le système va réagir de manière à s'opposer partiellement à cette contrainte. En d'autres mots, le système se comportera de façon à faire diminuer la pression, ce qui correspond à favoriser un déplacement vers le côté de l'équation qui comporte le moins de moles de gaz. Rappelez-vous que la pression est directement proportionnelle aux moles de gaz: $PV = nRT$, donc $P \propto n$.

SOLUTION

a) On ne tient compte que des molécules de gaz. Dans l'équation équilibrée, il y a trois moles de réactifs gazeux pour deux moles de produits gazeux. Alors, une augmentation de pression provoquera une réaction nette vers les produits (vers la droite). ▶

NOTE
Puisque le principe de Le Chatelier ne fait que résumer le comportement des systèmes à l'équilibre, il est incorrect de dire qu'un changement de la position d'équilibre a lieu «à cause» du principe de Le Chatelier. (*Voir aussi p. 209.*)

b) Il y a deux moles de produits pour une mole de réactifs ; alors, la réaction nette se produira vers les réactifs (vers la gauche).

c) Le nombre de moles des produits gazeux est égal à celui des réactifs ; une modification de la pression n'a donc aucun effet sur l'équilibre.

⊕ Problème semblable

4.39

EXERCICE E4.9

Soit la réaction :

$$2NOCl(g) \rightleftharpoons 2NO(g) + Cl_2(g)$$

Prédisez dans quel sens aura lieu la réaction nette causée par une diminution de la pression (une augmentation de volume) du système à température constante.

RÉVISION DES CONCEPTS

Le diagramme suivant montre la réaction en phase gazeuse $2A \rightleftharpoons A_2$ à l'équilibre. Si la pression diminue par l'augmentation du volume à température constante, déterminez comment les concentrations de A et de A_2 varieront lors de l'établissement d'un nouvel équilibre.

4.5.4 Les modifications de la température

Bien qu'une modification de la concentration, de la pression ou du volume puisse faire changer la position d'équilibre, elle n'influence pas la valeur de la constante d'équilibre. Seule une modification de la température peut la faire varier.

La formation de NO_2 à partir de N_2O_4 est une réaction endothermique :

$$N_2O_4(g) \longrightarrow 2NO_2(g) \qquad \Delta H° = 58{,}0 \text{ kJ}$$

et la réaction inverse est exothermique :

$$2NO_2(g) \longrightarrow N_2O_4(g) \qquad \Delta H° = -58{,}0 \text{ kJ}$$

À l'équilibre, le bilan d'échange de chaleur est nul puisqu'il n'y a pas de réaction nette. Soit le système à l'équilibre :

$$N_2O_4(g) \rightleftharpoons 2NO_2(g)$$

Qu'arrive-t-il en cas de réchauffement à volume constant ? Puisque c'est la réaction endothermique qui absorbe la chaleur de l'extérieur, le réchauffement favorise la réaction endothermique, soit la dissociation des molécules de N_2O_4 en NO_2. Par conséquent, la constante d'équilibre donnée par :

$$K_c = \frac{[NO_2]^2}{[N_2O_4]}$$

augmente avec la température (*voir la* **FIGURE 4.8**).

Ⓐ Ⓑ

Effet de la température sur l'équilibre NO$_2$–N$_2$O$_4$

Ⓐ Deux ballons contenant un mélange de NO$_2$ et de N$_2$O$_4$ gazeux à l'équilibre.

Ⓑ Lorsque l'un des ballons est immergé dans l'eau glacée (à gauche), la couleur devient plus pâle, indiquant la formation de N$_2$O$_4$ gazeux incolore. Lorsque l'autre ballon est immergé dans l'eau chaude, la couleur s'intensifie, indiquant la formation de NO$_2$.

Soit l'exemple de l'équilibre entre les ions suivants:

$$CoCl_4^{2-} \ + \ 6H_2O \ \rightleftharpoons \ Co(H_2O)_6^{2+} \ + \ 4Cl^-$$

Bleu   Rose

La réaction vers la droite, c'est-à-dire la formation de Co(H$_2$O)$_6^{2+}$, est exothermique. Sous l'effet de la chaleur, l'équilibre se déplace vers la gauche, et la solution devient bleue. Un refroidissement favorise une réaction exothermique [la formation de Co(H$_2$O)$_6^{2+}$]; la solution devient alors rose (*voir la* **FIGURE 4.9**).

Ces observations peuvent se résumer par l'affirmation suivante: **une augmentation de température favorise une réaction endothermique, et une diminution de température favorise une réaction exothermique.** Cette affirmation est en accord avec le principe de Le Chatelier. Il convient de rappeler que le principe de Le Chatelier n'est qu'une interprétation qualitative de relations quantitatives, dans ce cas-ci une relation entre $\Delta H°$, T et K. Cette relation est d'une forme à la fois analogue à l'équation de Clausius Clapeyron (*voir le chapitre 9 de* Chimie générale) et à l'équation d'Arrhenius (*voir p. 143*) et se nomme l'**équation** ou la **loi de Van't Hoff**, laquelle décrit la dépendance de la constante d'équilibre en fonction de la température Kelvin, ainsi:

$$\ln K = \frac{-\Delta H°}{RT} + C \qquad (4.13)$$

Ⓐ Ⓑ

FIGURE 4.9 Ⓐ

Effet de la température sur l'équilibre CoCl$_4^{2-}$–Co(H$_2$O)$_6^{2+}$

Ⓐ Le chauffage favorise la formation d'ions CoCl$_4^{2-}$, d'où la couleur bleue.

Ⓑ Le refroidissement favorise la formation d'ions Co(H$_2$O)$_6^{2+}$, d'où la couleur rouge.

Cette relation correspond à l'équation d'une droite de ln K en fonction de $1/T$ dont la pente m est égale à $-\Delta H°/R$ (*voir la* **FIGURE 4.10**, *p. 210*). En appliquant successivement cette relation à deux valeurs correspondantes de K et de T, on obtient:

$$\ln \frac{K_2}{K_1} = \frac{-\Delta H°}{R}\left(\frac{1}{T_2} - \frac{1}{T_1}\right) \qquad (4.14)$$

Cette dernière relation permet de calculer, avec une précision de l'ordre de 1%, la valeur d'une constante d'équilibre à une température donnée à partir de sa valeur à une autre température. Ainsi, selon la valeur et le signe du $\Delta H°$ et selon que la nouvelle température est plus grande ou plus petite que celle de départ, le rapport des constantes donnera une valeur supérieure ou inférieure à 1. Le principe de Le Chatelier se retrouve ici puisque, par exemple, lorsque la nouvelle valeur de K est plus grande que celle de départ, on doit conclure que le nouvel état d'équilibre favorise les produits.

FIGURE 4.10

Représentation graphique de la loi de Van't Hoff

Ⓐ Dans le cas d'une réaction endothermique, la pente est négative.

Ⓑ Dans le cas d'une réaction exothermique, la pente est positive.

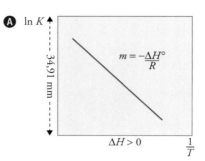

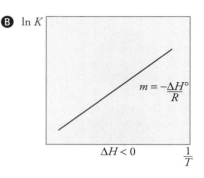

EXEMPLE 4.10 Les effets de la température sur la position d'équilibre

Soit le système suivant à l'équilibre :

$$N_2(g) + 3H_2(g) \rightleftharpoons 2NH_3(g) \qquad \Delta H° = -92,6 \text{ kJ}$$

a) À l'aide de l'équation 4.14, démontrez quel devrait être l'effet d'une diminution de la température sur ce système initialement à l'équilibre.

b) Confirmez votre réponse obtenue en a) à l'aide du principe de Le Chatelier.

c) Si K_c à 720 °C vaut $2,37 \times 10^{-3}$, quelle sera sa nouvelle valeur à 700 °C ?

DÉMARCHE

a) Il faudra analyser si le rapport des constantes est inférieur ou supérieur à 1. De quoi ce rapport dépend-il dans l'équation 4.14 ?

b) Quelle est la contrainte ici ? Dans quel sens se fera la réaction pour s'y opposer partiellement ?

c) On connaît K_1, T_1 et T_2. On demande de calculer K_2. Il faudra donc résoudre l'équation 4.14 en fonction de K_2.

SOLUTION

a) Soit T_1 la température initiale, et K_1 la constante d'équilibre initiale. Comme la température diminue, on a $T_2 < T_1$, et, dans l'équation 4.14, le terme $1/T_2 - 1/T_1 > 0$ ainsi que $-\Delta H°/R = +92,6 \text{ kJ}/R > 0$. La multiplication de ces deux termes plus grands que zéro donne donc une valeur plus grande que zéro qui est égale au logarithme du rapport des constantes. Donc, $\ln K_2/K_1 > 0$, ce qui veut aussi nécessairement dire que $K_2/K_1 > 1$. La valeur de la nouvelle constante est plus grande que celle de départ, ce qui nous permet de conclure que le nouvel équilibre favorisera les produits.

b) Puisque la réaction directe est exothermique, on peut considérer la chaleur produite comme un produit de la réaction et réécrire l'équation ainsi :

$$N_2(g) + 3H_2(g) \rightleftharpoons 2NH_3(g) + 92,6 \text{ kJ}$$

La diminution de la température correspond au fait d'enlever de la chaleur produite par le système et, d'après le principe de Le Chatelier, le système s'opposera à cette contrainte en favorisant le sens de la réaction qui s'oppose à cette contrainte. Le contraire de perdre de la chaleur est d'en produire, ce qui correspond à faire évoluer la réaction vers la droite. ▶

c) Écrivons d'abord toutes les valeurs connues dans la relation :

$$\ln \frac{K_2}{K_1} = \frac{-\Delta H°}{R}\left(\frac{1}{T_2} - \frac{1}{T_1}\right)$$

$$\ln \frac{K_2}{K_1} = \frac{-(-92\,600\ \text{J/mol})}{8,314\ \text{J/(K}\cdot\text{mol})}\left(\frac{1}{973\,\text{K}} - \frac{1}{993\,\text{K}}\right) = 2,31 \times 10^{-1}$$

$$\frac{K_2}{K_1} = e^{2,31 \times 10^{-1}} = 1,3$$

et $\quad K_2 = 1,3K_1 = (1,3)(2,37 \times 10^{-3}) = 3,08 \times 10^{-3}$

EXERCICE E4.10

On observe que la constante d'équilibre d'une certaine réaction double si l'on augmente la température de 25 °C à 35 °C. Quelle est la valeur du $\Delta H°$ de cette réaction ?

Une explication de l'effet de la température du point de vue de la cinétique

La section 3.4 (*voir p. 138*) a permis de voir que les constantes de vitesse augmentent avec la température. Dans un système à l'équilibre, une augmentation de la température fera varier les vitesses directe et inverse (qui étaient égales), mais pas de la même valeur. Les deux valeurs de *k* dépendent de la fraction des molécules qui ont l'énergie nécessaire pour franchir la barrière d'activation, et comme cette barrière est toujours plus haute du côté qui correspond au sens de la réaction endothermique, c'est là que l'élévation de la température a l'effet le plus marqué sur la vitesse (*voir la* **FIGURE 4.11**).

Donc, si un système à l'équilibre est chauffé, la réaction dans le sens endothermique va connaître temporairement une plus grande augmentation de la vitesse que celle dans le sens contraire, qui est exothermique. Il y aura augmentation progressive de produits et diminution de réactifs dans le sens favorisé par l'augmentation de la température, ce qui aura pour effet, à la longue, de rétablir l'égalité des vitesses, donc d'atteindre un nouvel état d'équilibre.

Problème semblable ⊕
4.47

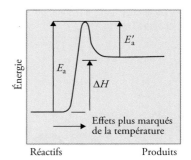

FIGURE 4.11 ⌃

Effet de la température

Dans le cas de cette réaction endothermique, l'effet d'une augmentation de la température sera plus marqué dans le sens direct que dans le sens inverse, étant donné que la barrière de l'énergie d'activation est beaucoup plus élevée ($E_a > E_a'$) lorsqu'elle évolue dans le sens direct.

NOTE

Pour avoir des unités compatibles, il faut convertir les kilojoules (kJ) en joules (J) et les degrés Celsius (°C) en kelvins (K).

RÉVISION DES CONCEPTS

Les diagrammes suivants représentent la réaction $X_2 + Y_2 \rightleftharpoons 2XY$ à l'équilibre, à deux températures différentes (où $T_2 > T_1$). Dites si la réaction est endothermique ou exothermique.

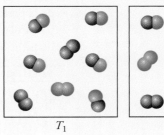

4.5.5 Le rôle d'un catalyseur

Un catalyseur augmente la vitesse d'une réaction (*voir la section 3.6, p. 156*). Dans une réaction réversible, un catalyseur influence de la même manière la vitesse des réactions directe et inverse, car la barrière de l'énergie d'activation est changée de la même valeur dans les deux sens. **Ainsi, la présence d'un catalyseur ne change pas la constante d'équilibre, pas plus qu'elle ne modifie la position d'équilibre d'un système.** L'ajout d'un catalyseur à un mélange réactionnel qui n'est pas à l'équilibre augmente la vitesse des réactions directe et inverse de sorte que l'équilibre est atteint plus rapidement. Autrement dit, cet équilibre serait atteint sans catalyseur, mais cela prendrait beaucoup plus de temps.

4.5.6 Résumé des effets des facteurs d'influence

NOTE

Ce résumé de fin de section sera plus détaillé dans le résumé du chapitre (*voir p. 216*).

Pour résumer, quatre facteurs sont susceptibles d'influencer l'équilibre d'un système. Il est important de se rappeler qu'un seul de ces facteurs, la température, peut faire changer la valeur de la constante d'équilibre. Les modifications de la concentration, de la pression et du volume peuvent faire changer les concentrations des espèces en jeu à l'équilibre, mais elles ne peuvent faire changer la constante d'équilibre tant que la température demeure la même.

Un catalyseur peut aider à atteindre plus rapidement l'état d'équilibre, mais il n'a aucun effet sur la constante d'équilibre ni sur les concentrations à l'équilibre des espèces en jeu.

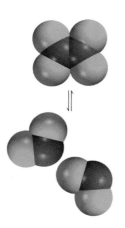

$N_2F_4(g) \rightleftharpoons 2NF_2(g)$

EXEMPLE 4.11   Exemple synthèse. Les effets des facteurs qui peuvent influencer la position d'équilibre ou la constante d'équilibre

Soit un système à l'équilibre représenté par la réaction suivante :

$$N_2F_4(g) \rightleftharpoons 2NF_2(g) \qquad \Delta H° = 38,5 \text{ kJ}$$

Prédisez les effets des changements suivants sur l'équilibre : **a)** le mélange réactionnel est chauffé à volume constant ; **b)** du N_2F_4 gazeux est retiré du mélange à température et à volume constants ; **c)** la pression appliquée sur le mélange est abaissée à température constante ; **d)** on ajoute un catalyseur au mélange réactionnel ; **e)** un gaz rare, comme l'hélium, est ajouté au mélange réactionnel à température et à volume constants.

DÉMARCHE

a) Qu'est-ce que le signe du $\Delta H°$ indique quant à l'échange de chaleur (endothermique ou exothermique) ? **b)** Est-ce que le retrait d'une partie du N_2F_4 cause une augmentation ou une diminution du Q_c de la réaction ? **c)** Comment la diminution de la pression change-t-elle le volume du système ? **d)** Quel est le rôle d'un catalyseur ? Comment influence-t-il un système qui n'est pas à l'équilibre et un système qui est à l'équilibre ? **e)** L'effet est-il le même selon que le système est déjà à l'équilibre ou non ?

SOLUTION

a) La chaleur ajoutée au système constitue ici la contrainte. La réaction étudiée $N_2F_4(g) \rightleftharpoons 2NF_2(g)$ est endothermique ($\Delta H° > 0$) ; il y a donc absorption de chaleur à partir du milieu ambiant. On peut concevoir la chaleur comme un réactif :

$$N_2F_4(g) + \text{chaleur} \rightleftharpoons 2NF_2(g)$$

Le système va s'opposer à la contrainte en absorbant une partie de la chaleur ajoutée et en favorisant la réaction de décomposition (déplacement vers la droite). ▶

COMMENTAIRE

La constante d'équilibre :

$$K_c = \frac{[NF_2]^2}{[N_2F_4]}$$

augmentera donc avec la température, car la concentration de NF_2 s'est accrue, et celle de N_2F_4 a diminué. Rappelons que la constante d'équilibre change avec la température.

b) La contrainte ici est le retrait de N_2F_4 gazeux. Pour s'y opposer, le système va réagir de manière à remplacer une partie du N_2F_4 retiré en favorisant la réaction vers la gauche jusqu'à l'obtention d'un nouvel état d'équilibre (du NF_2 se recombinera pour former du N_2F_4). La constante d'équilibre K_c reste la même dans ce cas, car la température est constante. On pourrait être porté à penser que K_c change parce que du NF_2 se combine pour donner du N_2F_4. Cependant, il ne faut pas oublier que du N_2F_4 a été enlevé et que le système s'ajuste en ne remplaçant qu'une partie du N_2F_4 enlevé. Une fois le nouvel état d'équilibre atteint, la quantité résultante finale du N_2F_4 est inférieure à la quantité initiale. En fait, les deux substances sont en quantités inférieures par rapport à celles du début. L'expression de la constante d'équilibre sera donc constituée d'un numérateur plus petit compensé par un dénominateur plus petit, ce qui donne la même valeur à la constante d'équilibre.

c) La contrainte est la diminution de la pression (accompagnée d'une augmentation du volume des gaz), ce qui favorise la formation d'un plus grand nombre de molécules de gaz. La réaction directe sera donc favorisée, et il y aura alors formation de NF_2 gazeux. La constante d'équilibre reste la même, car la température ne varie pas.

d) La fonction d'un catalyseur est d'augmenter la vitesse de réaction. Si l'on ajoute un catalyseur à un mélange réactionnel qui n'est pas à l'équilibre, l'équilibre sera atteint plus rapidement en présence du catalyseur. Si le système est déjà à l'équilibre, la présence d'un catalyseur ne modifiera aucune des concentrations de NF_2 et de N_2F_4 ni la constante d'équilibre.

e) L'ajout, à volume constant, d'hélium dans un mélange ne modifie pas son équilibre (*voir p. 207*).

EXERCICE E4.11

Problèmes semblables ⊕
4.40 et 4.41

Soit l'équilibre : $3O_2(g) \rightleftharpoons 2O_3(g)$ $\Delta H° = 284$ kJ

Quel effet sur le système aurait : **a)** une augmentation de la pression par diminution du volume ; **b)** une augmentation de la pression par addition de O_2 ; **c)** une diminution de la température ; **d)** l'ajout d'un catalyseur ?

QUESTIONS de révision

14. Énoncez le principe de Le Chatelier. Comment ce principe peut-il être mis à profit pour obtenir le maximum de rendement d'une réaction ?

15. À l'aide du principe de Le Chatelier, dites pourquoi la pression de vapeur à l'équilibre d'un liquide augmente avec la température.

16. Nommez quatre facteurs susceptibles d'influencer la position d'équilibre. Lequel d'entre eux peut faire changer la valeur de la constante d'équilibre ?

17. Que signifie l'expression «position d'équilibre» ? La position d'équilibre est-elle influencée par l'ajout d'un catalyseur ?

CHIMIE EN ACTION

Le procédé Haber

La connaissance des facteurs qui influent sur l'équilibre chimique est d'une grande importance pratique dans les procédés industriels comme la synthèse de l'ammoniac. Le procédé Haber est une réaction qui nécessite un catalyseur (*voir p. 157*). Toutefois, d'autres facteurs peuvent faire déplacer l'équilibre de manière à favoriser un bon rendement, c'est-à-dire le déplacement de la réaction en faveur de l'ammoniac.

Imaginez que vous êtes un chimiste reconnu au début du xxe siècle et qu'on vous demande de concevoir un procédé efficace qui permettra de synthétiser de l'ammoniac à partir de l'hydrogène et de l'azote. Votre objectif principal est d'obtenir un rendement élevé du produit à un coût moindre. Vous commencez par examiner soigneusement l'équation équilibrée de la production d'ammoniac :

$$N_2(g) + 3H_2(g) \rightleftharpoons 2NH_3(g) \qquad \Delta H° = -92,6 \text{ kJ}$$

Deux idées vous viennent alors en tête. Premièrement, puisque 1 mol de N_2 réagit avec 3 mol de H_2 pour produire 2 mol de NH_3, il est possible d'obtenir un rendement supérieur de NH_3 à l'équilibre si la réaction est effectuée à des pressions élevées. C'est en effet le cas, comme le montre le graphique de la variation du pourcentage de moles de NH_3 en fonction de la pression totale du système (*voir la figure ci-dessous*).

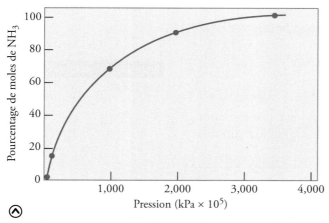

Ce graphique montre la variation du pourcentage de moles de NH_3 en fonction de la pression totale des gaz à 425 °C.

Deuxièmement, la nature exothermique de la réaction directe indique que la constante d'équilibre diminuera à mesure que la température augmentera (*voir le tableau ci-après*).

T (°C)	K_c
25	$6,0 \times 10^5$
200	0,65
300	0,011
400	$6,2 \times 10^{-4}$
500	$7,4 \times 10^{-5}$

Alors, pour obtenir un rendement maximal de NH_3, il faut effectuer cette réaction à la température la plus basse possible. Le graphique suivant montre que le rendement de l'ammoniac augmente quand la température diminue. Une basse température (par exemple 220 K, soit −53 °C) est également souhaitable pour une autre raison : comme le point d'ébullition de l'ammoniac est −33,5 °C, l'ammoniac se condensera à mesure qu'il se formera, devenant ainsi plus facile à extraire du système (H_2 et N_2 étant toujours gazeux à cette température). Par conséquent, la réaction évoluera de gauche à droite, comme on le désire.

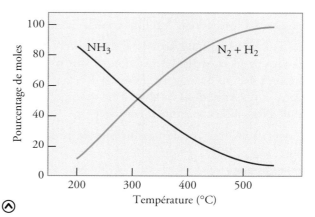

Ce graphique montre la variation de la composition (en pourcentage de moles) de NH_3 et de $H_2 + N_2$ à l'équilibre (pour un mélange de départ donné) en fonction de la température.

Telles sont vos conclusions, du moins sur papier. Comparons vos recommandations aux conditions industrielles. Habituellement, la pression employée se situe entre $5,0 \times 10^4$ kPa et 10×10^4 kPa ; il était donc justifié de recommander une forte pression. De plus, en industrie, la réaction n'atteint jamais l'équilibre, car le NH_3 est continuellement retiré du mélange. Ce concept est aussi en accord avec ce que vous aviez pensé. La seule différence est que l'opération se fait en général à environ 500 °C :

à cette température, l'opération est pourtant coûteuse, et le rendement de NH_3 est bas. Le fait que la vitesse de production de NH_3 augmente avec la température justifie ce choix. Du point de vue commercial, une production rapide de NH_3 est préférable, même si cela signifie un rendement plus bas et des coûts d'exploitation plus élevés. Cependant, augmenter uniquement la température ne suffit pas, il faut utiliser le bon catalyseur pour accélérer le processus. La figure ci-contre illustre le procédé industriel de synthèse de NH_3 à partir de N_2 et de H_2, appelé « procédé Haber ».

La chaleur produite par la réaction chauffe les gaz d'entrée dans ⊘ le procédé Haber de la synthèse de l'ammoniac.

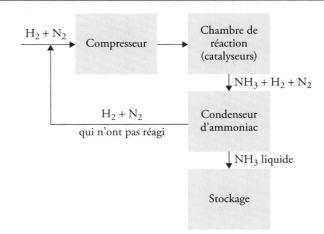

La vie en altitude et la production d'hémoglobine

La physiologie de l'être humain subit l'influence des conditions environnementales. Ce fait peut être illustré par les effets d'un changement rapide d'altitude. Par exemple, escalader une montagne de 3000 m en deux jours peut occasionner le mal de l'altitude. Cela signifie avoir des maux de tête, des nausées, ressentir une fatigue inhabituelle et d'autres symptômes incommodants. Ces malaises sont tous des symptômes d'hypoxie, soit une distribution insuffisante d'oxygène à l'intérieur des tissus. Dans les cas les plus graves, la victime peut tomber dans le coma et mourir si elle n'est pas soignée rapidement. Toutefois, une personne qui vit en altitude durant des semaines et des mois voit ces symptômes disparaître graduellement et s'acclimate à la faible teneur en oxygène de l'atmosphère ; elle peut alors fonctionner normalement.

L'équation simplifiée qui suit représente la combinaison de l'oxygène et de la molécule d'hémoglobine (Hb), qui transporte l'oxygène dans le sang :

$$Hb(aq) + O_2(g) \rightleftharpoons HbO_2(aq)$$

où HbO_2 est l'oxyhémoglobine qui transporte l'oxygène vers les tissus. La constante d'équilibre est :

$$K_c = \frac{[HbO_2]}{[Hb][O_2]}$$

À 3000 m d'altitude, la pression partielle de l'oxygène n'est que de 14 kPa ; au niveau de la mer, elle est de 20 kPa. Selon le principe de Le Chatelier, une diminution de la concentration d'oxygène force la réaction à évoluer vers la gauche. Ce déplacement diminue la quantité d'oxyhémoglobine, d'où l'hypoxie. Avec le temps, l'organisme peut pallier cette carence en fabriquant plus de molécules d'hémoglobine. L'équilibre se déplacera alors vers la droite, favorisant la formation d'oxyhémoglobine. L'augmentation de production d'hémoglobine est lente à se manifester ; elle peut prendre de deux à trois semaines. La compensation complète peut exiger plusieurs années. Des études ont révélé que le taux d'hémoglobine sanguin des gens qui vivent en altitude peut être de 50 % supérieur à celui des gens qui vivent au niveau de la mer.

Les alpinistes doivent s'entraîner pendant des semaines, voire des mois, avant de tenter l'ascension de sommets comme celui du mont Everest.

RÉSUMÉ

4.1 Le concept d'équilibre

L'équilibre chimique

Processus dynamique où deux réactions inverses se déroulent à la même vitesse sans qu'il y ait modifications dans les propriétés observables du système. Les concentrations des réactifs et des produits demeurent alors constantes dans le temps.

L'expression générale de la constante d'équilibre

Pour la réaction chimique générale suivante :

$$a\text{A} + b\text{B} \rightleftharpoons c\text{C} + d\text{D}$$

la relation entre les concentrations des réactifs et des produits à l'équilibre (en moles par litre) est exprimée par la constante d'équilibre :

$$K = \frac{[\text{C}]^c [\text{D}]^d}{[\text{A}]^a [\text{B}]^b}$$

4.2 Les différentes manières d'exprimer la constante d'équilibre

$$a\text{A} + b\text{B} \rightleftharpoons c\text{C} + d\text{D}$$

Expression générale de la constante en fonction de la concentration	Expression générale de la constante en fonction de la pression
$K_c = \dfrac{[\text{C}]^c \cdot [\text{D}]^d}{[\text{A}]^a \cdot [\text{B}]^b}$	$K_P = \dfrac{P_\text{C}^c \cdot P_\text{D}^d}{P_\text{A}^a \cdot P_\text{B}^b}$

- K_c et K_P sont des grandeurs sans unités.
- Les solvants et les solides n'entrent pas dans l'expression de K.
- On utilise toujours la réaction directe pour déterminer l'expression de K.

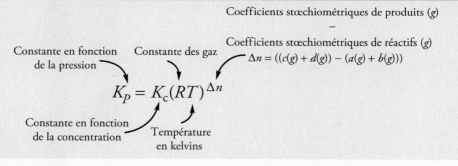

Coefficients stœchiométriques de produits (g)
−
Coefficients stœchiométriques de réactifs (g)

Constante en fonction de la pression　　Constante des gaz　　$\Delta n = ((c(g) + d(g)) - (a(g) + b(g)))$

$$K_P = K_c(RT)^{\Delta n}$$

Constante en fonction de la concentration　　Température en kelvins

L'équilibre homogène et l'équilibre hétérogène

Lorsque tous les réactifs et les produits d'un système à l'équilibre sont dans la même phase, l'équilibre est homogène. Si, par contre, les réactifs et les produits ne sont pas tous dans la même phase, l'équilibre est hétérogène. Les concentrations des solides purs, des liquides purs et des solvants sont constantes et n'apparaissent pas dans l'expression de la constante d'équilibre pour une réaction.

Les équilibres multiples

Si une réaction peut être considérée comme la somme de plusieurs réactions, la constante d'équilibre de la réaction globale est égale au produit des constantes de chacune des réactions individuelles.

L'expression de *K* et l'équation décrivant l'équilibre

La valeur de *K* pour une réaction donnée est associée à l'écriture de l'équation équilibrée qu'elle représente. Par exemple, si l'on double les coefficients stœchiométriques de l'équation équilibrée, la constante de départ devra être élevée au carré. De plus, la constante d'équilibre de la réaction inverse est la réciproque de celle de la réaction directe correspondante.

4.3 La relation entre la cinétique chimique et l'équilibre chimique

Étant donné qu'à l'équilibre, la vitesse de la réaction directe et celle de la réaction inverse sont égales, on a démontré que la constante d'équilibre (*K*) est précisément le rapport entre ces constantes de vitesse (k_d / k_i).

4.4 La signification de la constante d'équilibre

La prévision du sens de l'évolution d'une réaction

	Cas possibles		
Initialement	Il y a présence de réactifs et absence de produits	Il y a absence de réactifs et présence de produits	Il y a présence de réactifs et présence de produits
Déplacement de l'équilibre	Vers la droite	Vers la gauche	On ne peut le prédire ; on doit calculer le **quotient réactionnel** (*Q*) et le comparer à K_c
Au final	Il y aura perte de réactifs et augmentation de la concentration des produits	Il y aura augmentation de la concentration des réactifs et perte de produits	

Le quotient réactionnel *Q*

Se calcule avec les concentrations initiales dans l'expression de *K* :

$$Q = \frac{[C]_0^c \cdot [D]_0^d}{[A]_0^a \cdot [B]_0^b}$$

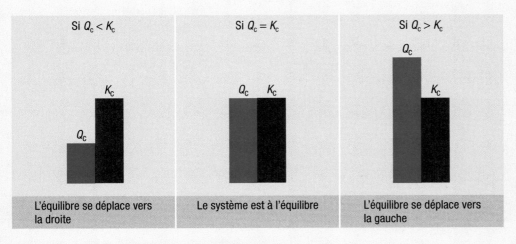

Si $Q_c < K_c$ — L'équilibre se déplace vers la droite

Si $Q_c = K_c$ — Le système est à l'équilibre

Si $Q_c > K_c$ — L'équilibre se déplace vers la gauche

Le calcul des concentrations à l'équilibre

En général, on utilise un tableau réactionnel comme celui présenté à la page suivante.

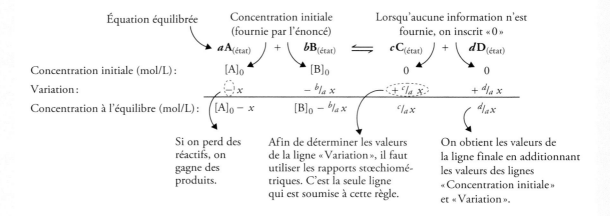

Pour trouver la valeur de x, on doit utiliser l'expression de la constante d'équilibre.

$$K_c = \frac{[C]^c \cdot [D]^d}{[A]^a \cdot [B]^b} = \frac{[{}^c/_a\, x]^c \cdot [{}^d/_a\, x]^d}{[[A]_0 - x]^a \cdot [[B]_0 - {}^b/_a\, x]^b}$$

4.5 Les facteurs qui influencent l'équilibre chimique

Selon le principe de Le Chatelier, lorsqu'on modifie les conditions d'un système à l'équilibre, celui-ci réagit de façon à s'opposer partiellement aux changements qu'on lui impose, jusqu'à ce qu'un nouvel état d'équilibre soit atteint.

Facteurs influençant l'équilibre	Raisonnement	Sens de déplacement de l'équilibre
Augmentation de la concentration des réactifs	Le système tendra à diminuer ce surplus en favorisant la transformation des réactifs en produits	Réactifs $\longrightarrow$ Produits
Augmentation de la concentration des produits	Le système tendra à diminuer ce surplus en favorisant la transformation des produits en réactifs	Réactifs $\longleftarrow$ Produits
Diminution de la concentration des réactifs	Le système tendra à combler ce déficit en favorisant la transformation des produits en réactifs	Réactifs $\longleftarrow$ Produits
Diminution de la concentration des produits	Le système tendra à combler ce déficit en favorisant la transformation des réactifs en produits	Réactifs $\longrightarrow$ Produits
Augmentation de la température	Le système réagit de manière à absorber une partie de l'énergie fournie par l'augmentation de la température	Favorise la réaction endothermique Réactifs + Énergie $\longrightarrow$ Produits Réactifs $\longleftarrow$ Produits + Énergie
Diminution de la température	Le système réagit de manière à dégager de l'énergie pour contrer la perte d'énergie subie en raison de la diminution de la température	Favorise la réaction exothermique Réactifs + Énergie $\longleftarrow$ Produits Réactifs $\longrightarrow$ Produits + Énergie
Diminution de la pression ou Augmentation du volume	Le système réagit de manière à occuper plus de volume. L'équilibre se déplacera du côté où il y a le plus de molécules gazeuses	Un sens ou l'autre selon l'équation
Augmentation de la pression ou Diminution du volume	Le système réagit de manière à occuper moins de volume. L'équilibre se déplacera du côté où il y a le moins de molécules gazeuses	Un sens ou l'autre selon l'équation
Diminution du volume par ajout d'un gaz inerte à volume constant	La pression du système augmente ; la fraction molaire de chaque gaz diminue, mais les pressions partielles ne changent pas	L'équilibre n'est pas perturbé
Ajout d'un catalyseur ou d'un inhibiteur	Les vitesses des réactions directe et inverse seront perturbées simultanément de la même façon	L'équilibre n'est pas perturbé

L'effet de la variation de la température sur la constante d'équilibre

La loi de Van't Hoff décrit l'influence de la température sur la constante K.
Elle permet de calculer la valeur de K à différentes températures :

$$\ln \frac{K_2}{K_1} = \frac{-\Delta H^\circ}{R}\left(\frac{1}{T_2} - \frac{1}{T_1}\right)$$

ÉQUATIONS CLÉS

- $K = \dfrac{[C]^c[D]^d}{[A]^a[B]^b}$ Expression générale de la constante d'équilibre   (4.2)

- $K_P = K_c(RT)^{\Delta n}$ Relation entre K_p et K_c (4.4)

- $K_c = K_c' K_c''$ Pour calculer la constante d'équilibre d'une réaction en plusieurs étapes (loi des équilibres multiples)   (4.9)

- $K_c = 1/K_c'$ Relation entre la constante de vitesse d'une réaction directe et inverse   (4.10)

- $\ln \dfrac{K_2}{K_1} = \dfrac{-\Delta H^\circ}{R}\left(\dfrac{1}{T_2} - \dfrac{1}{T_1}\right)$ Loi de Van't Hoff; pour calculer la valeur d'une constante d'équilibre à une autre température   (4.14)

MOTS CLÉS

Constante d'équilibre (K), p. 183
Équilibre chimique, p. 181
Équilibre hétérogène, p. 189

Équilibre homogène, p. 184
Équilibre physique, p. 181
Loi (ou équation) de Van't Hoff, p. 209

Loi des équilibres multiples, p. 192
Principe de Le Chatelier, p. 203
Quotient réactionnel (Q_c), p. 197

PROBLÈMES

Niveau de difficulté : ★ facile ; ★ moyen ; ★ élevé

Biologie : 4.69, 4.72, 4.84 ;
Concepts : 4.4, 4.5, 4.14, 4.26, 4.36 à 4.45, 4.48, 4.52, 4.63, 4.73, 4.78, 4.89, 4.90 ;
Descriptifs : 4.73, 4.78, 4.80 ;
Environnement : 4.65, 4.88 ;
Industriel : 4.67, 4.82, 4.86

PROBLÈMES PAR SECTION

4.2 **Les différentes manières d'exprimer les constantes d'équilibre**

★**4.1** Exprimez les constantes d'équilibre K_c et K_P (si elles s'appliquent) pour les réactions suivantes :

a) $2CO_2(g) \rightleftharpoons 2CO(g) + O_2(g)$

b) $3O_2(g) \rightleftharpoons 2O_3(g)$

c) $CO(g) + Cl_2(g) \rightleftharpoons COCl_2(g)$

d) $H_2O(g) + C(s) \rightleftharpoons CO(g) + H_2(g)$

e) $HCOOH(aq) + H_2O(l) \rightleftharpoons$
$$H_3O^+(aq) + HCOO^-(aq)$$

f) $2HgO(s) \rightleftharpoons 2Hg(l) + O_2(g)$

★**4.2** Écrivez l'expression de la constante d'équilibre K_P pour les décompositions thermiques suivantes :

a) $2NaHCO_3(s) \rightleftharpoons$
$$Na_2CO_3(s) + CO_2(g) + H_2O(g)$$

b) $2CaSO_4(s) \rightleftharpoons 2CaO(s) + 2SO_2(g) + O_2(g)$

★**4.3** Exprimez les constantes d'équilibre K_c et K_P (si elles s'appliquent) pour les réactions suivantes :

a) $2NO_2(g) + 7H_2(g) \rightleftharpoons 2NH_3(g) + 4H_2O(l)$

b) $2ZnS(s) + 3O_2(g) \rightleftharpoons 2ZnO(s) + 2SO_2(g)$

c) $C(s) + CO_2(g) \rightleftharpoons 2CO(g)$

d) $C_6H_5COOH(aq) + H_2O(l) \rightleftharpoons$
$$C_6H_5COO^-(aq) + H_3O^+(aq)$$

★**4.4** La constante d'équilibre pour la réaction $A \rightleftharpoons B$ est $K_c = 10$ à une certaine température. Les sphères orange du diagramme suivant représentent les molécules de A et les vertes, les molécules de B. **a)** Si, initialement, il y a seulement présence de A, lequel des diagrammes représente le mieux le système à l'équilibre ? **b)** Lequel des diagrammes représente le mieux le système à l'équilibre si la constante $K_c = 0,10$? Expliquez pourquoi vous pouvez calculer K_c dans chaque cas sans connaître le volume du contenant.

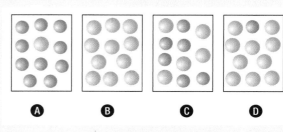

A B C D

★**4.5** Les diagrammes suivants représentent l'état d'équilibre pour trois réactions du type $A + X \rightleftharpoons AX$ (où $X = B$, C ou D) :

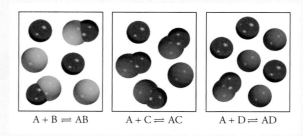

$A + B \rightleftharpoons AB$ $A + C \rightleftharpoons AC$ $A + D \rightleftharpoons AD$

À quelle réaction faut-il associer : **a)** la plus grande constante d'équilibre ? **b)** la plus petite constante d'équilibre ?

★**4.6** La constante d'équilibre K_c pour la réaction :
$$2HCl(g) \rightleftharpoons H_2(g) + Cl_2(g)$$

vaut $4,17 \times 10^{-34}$ à 25 °C. Soit la réaction inverse :
$$H_2(g) + Cl_2(g) \rightleftharpoons 2HCl(g)$$

Quelle est la valeur de la constante d'équilibre à la même température ?

★**4.7** Soit le système suivant à l'équilibre à 700 °C :
$$2H_2(g) + S_2(g) \rightleftharpoons 2H_2S(g)$$

Les analyses révèlent qu'il y a 2,50 mol de H_2, $1,35 \times 10^{-5}$ mol de S_2 et 8,70 mol de H_2S présentes dans un ballon de 12,0 L. Calculez la constante d'équilibre K_c pour la réaction.

★**4.8**   Quelle est la valeur de K_P à 1273 °C pour la réaction :

$$2CO(g) + O_2(g) \rightleftharpoons 2CO_2(g)$$

si $K_c = 2,24 \times 10^{22}$ à la même température ?

★**4.9**   La constante d'équilibre K_P pour la réaction :

$$2SO_3(g) \rightleftharpoons 2SO_2(g) + O_2(g)$$

vaut $5,0 \times 10^{-2}$ à 302 °C. Quelle est la valeur de K_c pour cette réaction ?

★**4.10**   Soit la réaction suivante :

$$N_2(g) + O_2(g) \rightleftharpoons 2NO(g)$$

Si les pressions partielles à l'équilibre de N_2, de O_2 et de NO sont respectivement de 15 kPa, de 33 kPa et de 5,0 kPa à 2200 °C, quelle est la valeur de K_P ?

★**4.11**   Un récipient contient des molécules de NH_3, de N_2 et de H_2 à une certaine température ; le système est à l'équilibre. Les concentrations à l'équilibre sont $[NH_3] = 0,25$ mol/L, $[N_2] = 0,11$ mol/L et $[H_2] = 1,91$ mol/L. Calculez la constante d'équilibre K_c pour la synthèse de l'ammoniac selon que la réaction est décrite en a) ou en b) :

a) $N_2(g) + 3H_2(g) \rightleftharpoons 2NH_3(g)$

b) $1/2 N_2(g) + 3/2 H_2(g) \rightleftharpoons NH_3(g)$

★**4.12**   La constante d'équilibre K_c pour la réaction :

$$I_2(g) \rightleftharpoons 2I(g)$$

vaut $3,8 \times 10^{-5}$ à 727 °C. Calculez K_c et K_P pour l'équilibre suivant, à la même température :

$$2I(g) \rightleftharpoons I_2(g)$$

★**4.13**   La pression du système à l'équilibre :

$$CaCO_3(s) \rightleftharpoons CaO(s) + CO_2(g)$$

est de 10,6 kPa à 350 °C. Calculez K_P et K_c pour cette réaction.

★**4.14**   La constante K_P vaut 105 à 250 °C pour la réaction :

$$PCl_5(g) \rightleftharpoons PCl_3(g) + Cl_2(g)$$

Initialement, le mélange est composé de PCl_5, de PCl_3 et de Cl_2 à des pressions respectives de 179 kPa, de 23,6 kPa et de 11,2 kPa à 250 °C. Une fois l'équilibre atteint, quelles sont les pressions qui auront diminué et celles qui auront augmenté ? Dites pourquoi.

★**4.15**   Le carbamate d'ammonium ($NH_4CO_2NH_2$) se décompose de la manière suivante :

$$NH_4CO_2NH_2(s) \rightleftharpoons 2NH_3(g) + CO_2(g)$$

Au début, il n'y a que le solide ; à l'équilibre, la pression totale des gaz (NH_3 et CO_2) est de 36,8 kPa à 40 °C. Calculez la constante d'équilibre K_P.

★**4.16**   On réalise la réaction suivante à 1600 °C :

$$Br_2(g) \rightleftharpoons 2Br(g)$$

Quand on place 1,05 mol de Br_2 dans un ballon de 0,980 L, il y a dissociation de 1,20 % des molécules de Br_2. Calculez la constante d'équilibre K_c pour cette réaction.

★**4.17**   On place $3,00 \times 10^{-2}$ mol de phosgène gazeux pur ($COCl_2$) dans un contenant de 1,50 L, puis on le chauffe à 800 K. À l'équilibre, la pression de CO est de 50,4 kPa. Calculez la constante d'équilibre K_P pour la réaction :

$$CO(g) + Cl_2(g) \rightleftharpoons COCl_2(g)$$

★**4.18**   Soit l'équilibre :

$$2NOBr(g) \rightleftharpoons 2NO(g) + Br_2(g)$$

On débute initialement avec seulement du bromure de nitrosile (NOBr). On sait qu'il se dissocie à 34 % à 25 °C, et la pression totale obtenue à l'équilibre est de 25,3 kPa. Calculez K_P et K_c pour la dissociation à cette température.

★**4.19**   On place 2,50 mol de NOCl dans une chambre de réaction de 1,50 L, à 400 °C. Une fois l'équilibre atteint, une analyse révèle que 28,0 % de NOCl s'est dissocié selon l'équation suivante :

$$2NOCl(g) \rightleftharpoons 2NO(g) + Cl_2(g)$$

Calculez K_c pour cette réaction.

★**4.20**   Les constantes d'équilibre suivantes ont été déterminées pour l'acide sulfhydrique à 25 °C :

$$H_2S(aq) + H_2O(l) \rightleftharpoons$$
$$H_3O^+(aq) + HS^-(aq) \quad K_c' = 9,5 \times 10^{-8}$$

$$HS^-(aq) + H_2O(l) \rightleftharpoons$$
$$H_3O^+(aq) + S^{2-}(aq) \quad K_c' = 1,0 \times 10^{-19}$$

Calculez K pour la réaction suivante à la même température :

$$H_2S(aq) + 2H_2O(l) \rightleftharpoons 2H_3O^+(aq) + S^{2-}(aq)$$

★**4.21**   Les constantes d'équilibre suivantes ont été déterminées pour l'acide oxalique à 25 °C :

$$C_2H_2O_4(aq) + H_2O(l) \rightleftharpoons$$
$$H_3O^+(aq) + C_2HO_4^-(aq)$$
$$K_c' = 6,5 \times 10^{-2}$$

$$C_2HO_4^-(aq) + H_2O(l) \rightleftharpoons$$
$$H_3O^+(aq) + C_2O_4^{2-}(aq)$$
$$K_c' = 6,1 \times 10^{-5}$$

Calculez la constante d'équilibre pour la réaction suivante à la même température :

$$C_2H_2O_4(aq) + 2H_2O(l) \rightleftharpoons$$
$$2H_3O^+(aq) + C_2O_4^{2-}(aq)$$

⋆**4.22** Les constantes d'équilibre suivantes ont été déterminées à 1123 K:

$$C(s) + CO_2(g) \rightleftharpoons 2CO(g) \qquad K_P' = 1{,}3 \times 10^{14}$$
$$CO(g) + Cl_2(g) \rightleftharpoons COCl_2(g) \qquad K_P'' = 6{,}0 \times 10^{-3}$$

Écrivez l'expression de la constante d'équilibre K_P et calculez la constante d'équilibre à 1123 K pour:

$$C(s) + CO_2(g) + 2Cl_2(g) \rightleftharpoons 2COCl_2(g)$$

⋆**4.23** À une certaine température, les réactions ci-après ont les constantes suivantes:

$$S(s) + O_2(g) \rightleftharpoons SO_2(g) \qquad K_c' = 4{,}2 \times 10^{52}$$
$$2S(s) + 3O_2(g) \rightleftharpoons 2SO_3(g) \qquad K_c'' = 9{,}8 \times 10^{128}$$

Calculez la constante d'équilibre K_c pour la réaction suivante à la même température:

$$2SO_2(g) + O_2(g) \rightleftharpoons 2SO_3(g)$$

4.3 **La relation entre la cinétique chimique et l'équilibre chimique**

⋆**4.24** L'eau est un électrolyte très faible qui s'ionise ainsi (auto-ionisation):

$$2H_2O(l) \underset{k_{-1}}{\overset{k_1}{\rightleftharpoons}} H_3O^+(aq) + OH^-(aq)$$

a) Si $k_1 = 2{,}4 \times 10^{-5}$ s^{-1} et
$k_{-1} = 7{,}2 \times 10^{12}$ $L \cdot mol^{-1} \cdot s^{-1}$,
calculez la constante d'équilibre K, où
$K = [H_3O^+][OH^-]/[H_2O]^2$.

b) Calculez le produit $[H_3O^+][OH^-]$ ainsi que $[H_3O^+]$ et $[OH^-]$.

⋆**4.25** Soit la réaction suivante qui se déroule en une seule étape élémentaire:

$$2A + B \underset{k_{-1}}{\overset{k_1}{\rightleftharpoons}} A_2B$$

Si la constante d'équilibre K_c vaut 12,6 à une certaine température et si $k_{-1} = 5{,}1 \times 10^{-2}$ s^{-1}, calculez la valeur de k_1.

4.4 **La signification de la constante d'équilibre**

⋆**4.26** La constante d'équilibre K_P pour la réaction

$$2SO_2(g) + O_2(g) \rightleftharpoons 2SO_3(g)$$

vaut $5{,}53 \times 10^2$ à 350 °C. Initialement, on mélange SO_2 et O_2 à des pressions respectives de 35,5 kPa et de 77,2 kPa à 350 °C. Une fois l'équilibre atteint, la pression totale est-elle supérieure ou inférieure à la somme des pressions initiales, soit 112,7 kPa?

⋆**4.27** La constante d'équilibre K_c pour la réaction de synthèse de l'ammoniac:

$$N_2(g) + 3H_2(g) \rightleftharpoons 2NH_3(g)$$

vaut 0,65 à 375 °C. Les concentrations initiales sont $[H_2]_0 = 0{,}76$ mol/L, $[N_2]_0 = 0{,}60$ mol/L et $[NH_3]_0 = 0{,}48$ mol/L; une fois l'équilibre atteint, dites si la concentration a augmenté ou diminué pour chacun des gaz.

⋆**4.28** Soit la réaction:

$$H_2(g) + CO_2(g) \rightleftharpoons H_2O(g) + CO(g)$$

À 700 °C, $K_c = 0{,}5344$. Calculez le nombre de moles de H_2 formées à l'équilibre si un mélange de 0,300 mol de CO et de 0,300 mol de H_2O est chauffé à 700 °C dans un contenant de 10,0 L.

⋆**4.29** Un échantillon de NO_2 gazeux pur chauffé à 1000 K se décompose selon l'équation suivante:

$$2NO_2(g) \rightleftharpoons 2NO(g) + O_2(g)$$

La constante d'équilibre K_P vaut $1{,}60 \times 10^4$. Une analyse révèle que la pression partielle de O_2 à l'équilibre est de 25,3 kPa. Calculez les pressions de NO et de NO_2 dans le mélange.

⋆**4.30** La constante d'équilibre K_c pour la réaction:

$$H_2(g) + Br_2(g) \rightleftharpoons 2HBr(g)$$

vaut $2{,}18 \times 10^6$ à 730 °C. Si, initialement, il y a 3,20 mol de HBr dans un contenant de 12,0 L, calculez les concentrations de H_2, de Br_2 et de HBr à l'équilibre.

⋆**4.31** La dissociation de l'iode moléculaire en iode atomique est représentée ainsi:

$$I_2(g) \rightleftharpoons 2I(g)$$

À 1000 K, la constante d'équilibre K_c pour cette réaction vaut $3{,}80 \times 10^{-5}$. Si, au départ, il y a 0,0456 mol de I_2 dans un ballon de 2,30 L, à 1000 K, quelles seront les concentrations des gaz une fois l'équilibre atteint?

⋆**4.32** La constante d'équilibre K_c pour la décomposition du phosgène ($COCl_2$) vaut $4{,}63 \times 10^{-3}$ à 527 °C:

$$COCl_2(g) \rightleftharpoons CO(g) + Cl_2(g)$$

Calculez la pression partielle à l'équilibre de chaque composante si, au départ, il y avait seulement du phosgène à une pression de 77,0 kPa.

★**4.33** Soit le système suivant à l'équilibre à 686 °C:

$$CO_2(g) + H_2(g) \rightleftharpoons CO(g) + H_2O(g)$$

Les concentrations à l'équilibre des espèces en jeu sont [CO] = 0,050 mol/L, [H_2] = 0,045 mol/L, [CO_2] = 0,086 mol/L et [H_2O] = 0,040 mol/L. **a)** Calculez K_c pour la réaction à 686 °C. **b)** Si l'on ajoutait du CO_2 pour en augmenter la concentration à 0,50 mol/L, quelle serait la concentration de chaque gaz une fois le nouvel équilibre atteint?

★**4.34** Soit l'équilibre hétérogène suivant:

$$C(s) + CO_2(g) \rightleftharpoons 2CO(g)$$

À 700 °C, la pression totale du système est de 456 kPa. Si la constante d'équilibre K_P vaut 1,54 × 10^2, calculez les pressions partielles de CO_2 et de CO à l'équilibre.

★**4.35** La constante d'équilibre K_c pour la réaction:

$$H_2(g) + CO_2(g) \rightleftharpoons H_2O(g) + CO(g)$$

vaut 4,2 à 1650 °C. On place 0,80 mol de H_2 et 0,80 mol de CO_2 dans un ballon de 5,0 L. Calculez la concentration de chaque espèce à l'équilibre.

4.5 Les facteurs qui influencent l'équilibre chimique

★**4.36** Soit le système suivant à l'équilibre:

$$SO_2(g) + Cl_2(g) \rightleftharpoons SO_2Cl_2(g)$$

Prédisez comment changera la position d'équilibre (à température constante): **a)** si l'on ajoute du Cl_2 gazeux au système; **b)** si l'on retire du SO_2Cl_2 du système; **c)** si l'on retire du SO_2 du système.

★**4.37** Sous l'effet de la chaleur, la dissociation de l'hydrogénocarbonate de sodium dans un contenant fermé atteint l'équilibre suivant:

$$2NaHCO_3(s) \rightleftharpoons Na_2CO_3(s) + H_2O(g) + CO_2(g)$$

Qu'arriverait-il à la position d'équilibre (à température constante): **a)** si une quantité de CO_2 était retirée du système; **b)** si une quantité de Na_2CO_3 solide était ajoutée au système; **c)** si une quantité de $NaHCO_3$ était retirée du système?

★**4.38** Soit les systèmes suivants à l'équilibre:

a) A $\rightleftharpoons$ 2B $\Delta H° = 20,0$ kJ

b) A + B $\rightleftharpoons$ C $\Delta H° = -5,4$ kJ

c) A $\rightleftharpoons$ B $\Delta H° = 0,0$ kJ

Prédisez, pour chacune de ces réactions, le changement de la constante d'équilibre K_c que produirait une augmentation de la température du système.

★**4.39** Quel effet a une augmentation de pression sur chacun des systèmes suivants à l'équilibre? (La température est constante. Dans chaque cas, le mélange est contenu dans un cylindre muni d'un piston mobile.)

a) A(s) $\rightleftharpoons$ 2B(s)

b) 2A(l) $\rightleftharpoons$ B(l)

c) A(s) $\rightleftharpoons$ B(g)

d) A(g) $\rightleftharpoons$ B(g)

e) A(g) $\rightleftharpoons$ 2B(g)

★**4.40** Soit l'équilibre suivant:

$$2I(g) \rightleftharpoons I_2(g)$$

Quel serait l'effet, sur la position d'équilibre: **a)** d'une augmentation de la pression totale du système par diminution du volume; **b)** d'une addition de I_2; **c)** d'une diminution de la température?

★**4.41** Soit le système suivant à l'équilibre:

$$PCl_5(g) \rightleftharpoons PCl_3(g) + Cl_2(g) \quad \Delta H° = 92,5 \text{ kJ}$$

Prédisez dans quel sens se déplacera l'équilibre: **a)** si la température augmente; **b)** si l'on ajoute du chlore gazeux au mélange réactionnel; **c)** si l'on retire du PCl_3 du mélange; **d)** si l'on augmente la pression des gaz; **e)** si l'on ajoute un catalyseur au mélange réactionnel.

★**4.42** Soit le système suivant à l'équilibre:

$$2SO_2(g) + O_2(g) \rightleftharpoons 2SO_3(g) \quad \Delta H° = -198,2 \text{ kJ}$$

Dites, pour chacune des espèces, dans quel sens (augmentation ou diminution) variera la concentration: **a)** si l'on augmente la température; **b)** si l'on augmente la pression; **c)** si l'on augmente la quantité de SO_2; **d)** si l'on ajoute un catalyseur; **e)** si l'on ajoute de l'hélium à volume constant.

★**4.43** Soit la réaction non catalysée suivante:

$$N_2O_4(g) \rightleftharpoons 2NO_2(g)$$

À 100 °C, les pressions des gaz à l'équilibre sont $P_{N_2O_4} = 38,2$ kPa et $P_{NO_2} = 158$ kPa. Qu'arriverait-il à ces pressions en présence d'un catalyseur?

★**4.44** Soit le système en phase gazeuse à l'équilibre:

$$2CO(g) + O_2(g) \rightleftharpoons 2CO_2(g)$$

Prédisez le déplacement de la position d'équilibre que produirait un ajout d'hélium au mélange: **a)** à pression constante; **b)** à volume constant.

★**4.45** Soit le système suivant à l'équilibre et dans un contenant fermé :

$$CaCO_3(s) \rightleftharpoons CaO(s) + CO_2(g)$$

Qu'arriverait-il : **a)** si l'on augmentait le volume ; **b)** si l'on ajoutait du CaO au mélange ; **c)** si l'on retirait du $CaCO_3$; **d)** si l'on ajoutait du CO_2 ; **e)** si l'on ajoutait quelques gouttes d'une solution de NaOH ; **f)** si l'on ajoutait quelques gouttes d'une solution de HCl au mélange (ne tenez pas compte de la réaction entre le CO_2 et l'eau) ; **g)** si l'on augmentait la température ?

★**4.46** L'équation 4.13 donne la relation entre la constante d'équilibre et la température, soit :

$$\ln K = -\Delta H°/RT + C$$

où C est une constante. Le tableau suivant indique les valeurs des constantes d'équilibre K_p à différentes températures pour la réaction suivante :

$$2NO(g) + O_2(g) \rightleftharpoons 2NO_2(g)$$

K_P	138	5,12	0,436	0,0626	0,0130
T (K)	600	700	800	900	1000

Déterminez graphiquement le $\Delta H°$ de cette réaction.

★**4.47** La pression de la vapeur d'eau est de 31,8 mm Hg à 30 °C et de 92,5 mm Hg à 50 °C. Utilisez la loi de Van't Hoff (*voir l'équation 4.14, p. 209*) pour calculer la chaleur molaire de vaporisation de l'eau.

PROBLÈMES VARIÉS

★**4.48** Le diagramme Ⓐ montre la réaction :

$$A_2(g) + B_2(g) \rightleftharpoons 2AB(g)$$

à l'équilibre à une température donnée. Les molécules de A sont représentées par des sphères vertes alors que les molécules de B sont représentées par des sphères rouges. Si chacune des sphères correspond à 0,020 mol et que le volume du récipient est de 1,0 L, calculez la concentration de chacune des espèces lorsque la réaction en Ⓑ atteindra l'équilibre.

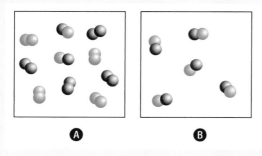

Ⓐ　　　　Ⓑ

★**4.49** Soit l'affirmation suivante : la constante d'équilibre d'un mélange réactionnel constitué de NH_4Cl solide, de NH_3 gazeux et de HCl gazeux vaut 0,316. Donnez trois renseignements importants qui manquent à cette affirmation pour que l'information qu'elle donne soit utilisable.

★**4.50** On a chauffé du NOCl gazeux pur à 240 °C dans un contenant de 1,00 L. À l'équilibre, la pression totale était de 101 kPa, et la pression partielle de NOCl était de 65 kPa.

$$2NOCl(g) \rightleftharpoons 2NO(g) + Cl_2(g)$$

Calculez : **a)** les pressions partielles de NO et de Cl_2 dans le système ; **b)** la constante d'équilibre K_P.

★**4.51** Soit la réaction suivante :

$$N_2(g) + O_2(g) \rightleftharpoons 2NO(g)$$

La constante d'équilibre K_P pour la réaction vaut $1,0 \times 10^{-15}$ à 25 °C, et 0,050 à 2200 °C. La formation de l'oxyde d'azote est-elle endothermique ou exothermique ? Justifiez votre réponse.

★**4.52** L'hydrogénocarbonate de sodium subit une décomposition thermique représentée par l'équation suivante :

$$2NaHCO_3(s) \rightleftharpoons Na_2CO_3(s) + CO_2(g) + H_2O(g)$$

Obtiendrait-on plus de CO_2 et de H_2O en ajoutant de l'hydrogénocarbonate de sodium au mélange réactionnel : **a)** si la réaction avait lieu dans un contenant fermé ; **b)** si elle avait lieu dans un contenant ouvert ?

★**4.53** Soit le système à l'équilibre :

$$A(g) \rightleftharpoons 2B(g)$$

Selon les données suivantes, calculez les constantes d'équilibre (K_P et K_c) à chaque température. La réaction est-elle endothermique ou exothermique ?

Température (°C)	[A]	[B]
200	0,0125	0,843
300	0,1710	0,764
400	0,2500	0,724

★**4.54** La constante d'équilibre K_P pour la réaction :

$$2H_2O(g) \rightleftharpoons 2H_2(g) + O_2(g)$$

vaut 2×10^{-40} à 25 °C. a) Quelle est la valeur de K_c pour cette réaction à la même température ? b) La très basse valeur de K_P (et de K_c) indique que la réaction favorise grandement la formation de molécules d'eau. Dites pourquoi, malgré ce fait, on peut garder un mélange d'hydrogène et d'oxygène gazeux à température ambiante sans qu'il y ait réaction.

★4.55 Soit le système suivant :

$$2NO(g) + Cl_2(g) \rightleftharpoons 2NOCl(g)$$

Dans quelles conditions de température et de pression le rendement de NOCl serait-il maximal ? [**Indice** : $\Delta H°$(NOCl) = 51,7 kJ/mol. Vous aurez aussi besoin de consulter l'annexe 4 (*voir p. 443*).]

★4.56 À une température donnée et à une pression totale de 122 kPa, on a un mélange à l'équilibre du type :

$$2A(g) \rightleftharpoons B(g)$$

Les pressions partielles sont P_A = 61 kPa ainsi que P_B = 61 kPa. a) Calculez la valeur de K_P pour la réaction à cette température. b) Si l'on élevait la pression totale à 150 kPa, quelles seraient les pressions partielles de A et de B à l'équilibre ?

★4.57 La décomposition de l'hydrogénosulfure d'ammonium :

$$NH_4HS(s) \rightleftharpoons NH_3(g) + H_2S(g)$$

est une réaction endothermique. On place 6,1589 g de ce solide dans un contenant (dans lequel on a fait le vide) de 4,000 L à exactement 24 °C. Une fois l'équilibre atteint, la pression totale est de 71,8 kPa dans le contenant. Il y reste un peu de NH₄HS solide. a) Quelle est la valeur de K_P pour la réaction ? b) Quel pourcentage de solide s'est décomposé ? c) Si l'on doublait le volume du contenant à température constante, qu'arriverait-il à la quantité de solide dans le contenant ?

★4.58 Soit la réaction :

$$2NO(g) + O_2(g) \rightleftharpoons 2NO_2(g)$$

À 430 °C, le système à l'équilibre est constitué de 0,020 mol de O_2, de 0,040 mol de NO et de 0,96 mol de NO_2. Calculez la valeur de K_P pour la réaction, sachant que la pression totale est de 20,3 kPa.

★4.59 Sous l'effet de la chaleur, le carbamate d'ammonium se décompose selon l'équation suivante :

$$NH_4CO_2NH_2(s) \rightleftharpoons 2NH_3(g) + CO_2(g)$$

À une certaine température, la pression du système à l'équilibre est de 32,2 kPa. Calculez K_P pour la réaction.

★4.60 On chauffe à 2800 °C un mélange de 0,47 mol de H_2 et de 3,59 mol de HCl. Calculez les pressions partielles à l'équilibre de H_2, de Cl_2 et de HCl si la pression totale est de 203 kPa. La valeur de K_P pour la réaction :

$$H_2(g) + Cl_2(g) \rightleftharpoons 2HCl(g)$$

est de 193 à 2800 °C.

★4.61 Soit la réaction suivante dans un contenant fermé :

$$N_2O_4(g) \rightleftharpoons 2NO_2(g)$$

Initialement, il y avait 1,000 mol de N_2O_4. À l'équilibre, une certaine quantité de N_2O_4, α mol, s'est dissociée pour former du NO_2. a) Exprimez K_P en fonction de α et de P_T (pression totale). b) Comment l'expression de K_P trouvée en a) permet-elle de prédire le déplacement de l'équilibre causé par une augmentation de P ? Votre prédiction est-elle en accord avec le principe de Le Chatelier ?

★4.62 On place une mole de N_2 et trois moles de H_2 dans un récipient fermé à 397 °C. Calculez la pression totale du système à l'équilibre si la fraction molaire de NH_3 est de 0,210. La valeur de K_P pour la réaction est de $4,19 \times 10^{-8}$.

★4.63 La constante d'équilibre de la réaction $4X + Y \rightleftharpoons 3Z$ est égale à 33,3 à une température donnée. Parmi les diagrammes suivants, lequel correspond au système à l'équilibre ? Si le système n'est pas à l'équilibre, prédisez le sens de la réaction en vue d'atteindre l'équilibre. Chaque sphère représente 0,20 mol et le volume du récipient est égal à 1,0 L. (Les sphères bleues correspondent à X, les vertes à Y et les rouges à Z.)

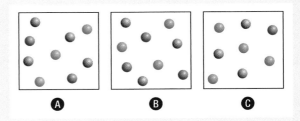

★4.64 Les constantes de vitesse directe et inverse à 323 K pour la réaction $A(g) + B(g) \rightleftharpoons C(g)$ sont respectivement de $3,6 \times 10^{-3}$ L/mol·s et de $8,7 \times 10^{-4}$ s⁻¹. Calculez les pressions partielles à l'équilibre de toutes les espèces, sachant que les pressions initiales de A et de B valaient respectivement 162 kPa et 45 kPa.

★4.65 À 1130 °C, la constante d'équilibre (K_c) pour la réaction :

$$2H_2S(g) \rightleftharpoons 2H_2(g) + S_2(g)$$

vaut $2,25 \times 10^{-4}$. Si, à l'équilibre, $[H_2S] = 4,84 \times 10^{-3}$ mol/L et $[H_2] = 1,50 \times 10^{-3}$ mol/L, calculez $[S_2]$.

★4.66 On place 6,75 g de SO_2Cl_2 dans un ballon de 2,00 L. À 648 K, il y a 0,0345 mol de SO_2. Calculez K_c pour la réaction:

$$SO_2Cl_2(g) \rightleftharpoons SO_2(g) + Cl_2(g)$$

★4.67 La formation de SO_3 à partir de SO_2 et de O_2 est une étape intermédiaire dans la fabrication de l'acide sulfurique; c'est également une réaction à l'origine des pluies acides. La constante d'équilibre K_P pour la réaction:

$$2SO_2(g) + O_2(g) \rightleftharpoons 2SO_3(g)$$

vaut $1,3 \times 10^{-3}$ à 830 °C. On met dans un récipient fermé 2,00 mol de SO_2 et 2,00 mol de O_2. Quelle devrait être la pression totale à l'équilibre pour que le pourcentage de rendement de SO_3 soit de 80,0%?

★4.68 Soit la dissociation de l'iode:

$$I_2(g) \rightleftharpoons 2I(g)$$

On chauffe 1,00 g de I_2 à 1200 °C dans un récipient scellé de 500 mL. À l'équilibre, la pression totale est de 153 kPa. Calculez la valeur de K_P pour la réaction. (**Indice:** Utilisez le résultat obtenu au problème 4.61 a). Le degré de dissociation se calcule à l'aide du rapport entre la pression observée et la pression calculée, cette dernière étant calculée en supposant qu'il n'y a aucune dissociation.)

★4.69 Les coquilles d'œufs sont principalement constituées de carbonate de calcium ($CaCO_3$) dont la formation est représentée par l'équation suivante:

$$Ca^{2+}(aq) + CO_3^{2-}(aq) \rightleftharpoons CaCO_3(s)$$

Les ions carbonate sont fournis par le dioxyde de carbone produit par le métabolisme. Dites pourquoi les coquilles d'œufs sont plus minces en été, quand la respiration de la poule est plus rapide (halètement). Comment pourrait-on remédier à cette situation?

★4.70 La constante d'équilibre K_P pour la réaction suivante est de $4,18 \times 10^{-8}$ à 375 °C:

$$N_2(g) + 3H_2(g) \rightleftharpoons 2NH_3(g)$$

Un étudiant place du N_2 à 87,3 kPa et du H_2 à 37,8 kPa dans un récipient scellé à 375 °C, à volume constant. Calculez les pressions partielles de toutes les espèces une fois l'équilibre atteint.

★4.71 On chauffe 0,20 mol de dioxyde de carbone en présence d'un excès de graphite, dans un récipient fermé, jusqu'à ce que l'équilibre suivant soit atteint:

$$C(s) + CO_2(g) \rightleftharpoons 2CO(g)$$

La masse molaire moyenne des gaz est de 35 g/mol. **a)** Calculez les fractions molaires de CO et de CO_2. (**Indice:** La masse molaire moyenne est la somme des produits de la fraction molaire par la masse molaire de chaque gaz.) **b)** Quelle serait la valeur de K_P à l'équilibre si la pression totale était de $1,11 \times 10^3$ kPa?

★4.72 Lorsqu'ils sont dissous dans l'eau, le glucose (sucre du maïs) et le fructose (sucre des fruits) sont en équilibre:

$$\text{fructose} \rightleftharpoons \text{glucose}$$

Un chimiste prépare une solution de fructose à 0,244 mol/L à 25 °C. À l'équilibre, cette concentration a diminué à 0,113 mol/L. **a)** Calculez la constante d'équilibre pour la réaction. **b)** À l'équilibre, quel pourcentage de fructose a été converti en glucose?

★4.73 À la température ambiante, l'iode solide est à l'équilibre avec sa vapeur grâce à la sublimation et à la déposition (*voir la* **FIGURE 6.26** *de* Chimie générale). Décrivez comment vous utiliseriez de l'iode radioactif, sous forme solide ou de vapeur, pour démontrer qu'il y a équilibre dynamique entre ces deux phases.

★4.74 À 1024 °C, la pression de l'oxygène gazeux provenant de la décomposition de l'oxyde de cuivre(II) (CuO) est de 50 kPa:

$$4CuO(s) \rightleftharpoons 2Cu_2O(s) + O_2(g)$$

a) Quelle est la valeur de K_P pour cette réaction? **b)** Calculez la fraction de CuO décomposé si l'on en place 0,16 mol dans un récipient scellé de 2,0 L, à 1024 °C. **c)** Quelle serait cette fraction si l'on utilisait 1,0 mol de CuO? **d)** Quelle est la plus petite quantité de CuO (en moles) qui permettrait d'atteindre l'équilibre?

★4.75 Dans un récipient scellé, on fait réagir, à une certaine température, 3,9 mol de NO et 0,88 mol de CO_2 selon l'équation suivante:

$$NO(g) + CO_2(g) \rightleftharpoons NO_2(g) + CO(g)$$

À l'équilibre, il y a 0,11 mol de CO_2. Calculez la constante d'équilibre K_c pour la réaction.

★4.76 La constante d'équilibre K_c pour la réaction:

$$H_2(g) + I_2(g) \rightleftharpoons 2HI(g)$$

vaut 54,3 à 430 °C. Au début, il y a 0,714 mol de H_2, 0,984 mol de I_2 et 0,886 mol de HI dans une chambre de réaction de 2,40 L. Calculez les concentrations des gaz à l'équilibre.

★4.77 Sous l'effet de la chaleur, un composé gazeux A se dissocie de la manière suivante:

$$A(g) \rightleftharpoons B(g) + C(g)$$

On chauffe A à une certaine température jusqu'à ce que sa pression à l'équilibre soit de 0,14 P_T, où P_T est la pression totale. Calculez la constante d'équilibre K_P en fonction de P_T pour cette réaction.

★ **4.78** À la pression atmosphérique, si l'on chauffe un certain gaz à 25 °C, sa couleur s'intensifie; si on le chauffe au-dessus de 150 °C, sa couleur pâlit; à 550 °C, elle est difficile à percevoir. Cependant, à 550 °C, si l'on augmente la pression du système, sa couleur revient partiellement. Lequel des systèmes suivants correspond le mieux à ces observations? Justifiez votre choix. **a)** Un mélange d'hydrogène et de brome; **b)** du brome pur; **c)** un mélange de dioxyde d'azote et de tétroxyde de diazote. (**Indice:** Le brome est rougeâtre; le dioxyde d'azote est un gaz brun. Les autres gaz sont incolores.)

★ **4.79** La constante d'équilibre K_c pour la réaction:

$$N_2(g) + 3H_2(g) \rightleftharpoons 2NH_3(g)$$

vaut 0,65 à 375 °C.

a) Quelle est la valeur de K_P pour cette réaction?

b) Quelle est la valeur de la constante d'équilibre K_c pour $2NH_3(g) \rightleftharpoons N_2(g) + 3H_2(g)$?

c) Quelle est la valeur de K_c pour $\frac{1}{2}N_2(g) + \frac{3}{2}H_2(g) \rightleftharpoons NH_3(g)$?

d) Quelles sont les valeurs de K_P pour les réactions décrites en b) et en c)?

★ **4.80** Un ballon en verre scellé contient un mélange de NO_2 et de N_2O_4 gazeux. Si l'on augmente la température du ballon de 20 °C à 40 °C, qu'arrive-t-il aux propriétés suivantes des gaz? (Considérez que le volume reste constant. **Indice:** NO_2 est un gaz brun; N_2O_4 est incolore.) **a)** La couleur; **b)** la pression; **c)** la masse molaire moyenne; **d)** le degré de dissociation (de N_2O_4 en NO_2); **e)** la masse volumique.

★ **4.81** À 20 °C, la pression de vapeur de l'eau est de 2,34 kPa. Calculez les valeurs de K_P et de K_c pour le changement de phase suivant:

$$H_2O(l) \rightleftharpoons H_2O(g)$$

★ **4.82** Dans l'industrie, le sodium est obtenu par l'électrolyse du chlorure de sodium fondu. La réaction à la cathode est $Na^+ + e^- \longrightarrow Na$. On pourrait alors penser que le potassium s'obtient également par électrolyse du chlorure de potassium fondu. Cependant, comme le potassium est soluble dans le chlorure de potassium fondu, il est difficile à récupérer; de plus, le potassium s'évapore facilement à la température d'opération de ce procédé, créant ainsi

des conditions dangereuses. On prépare donc plutôt le potassium par distillation du chlorure de potassium fondu en présence de vapeur de sodium, à 892 °C:

$$Na(g) + KCl(l) \rightleftharpoons NaCl(l) + K(g)$$

Étant donné que le potassium est un agent réducteur plus fort que le sodium, expliquez pourquoi cette méthode fonctionne. (Les points d'ébullition du sodium et du potassium sont respectivement de 892 °C et de 770 °C.)

★ **4.83** En phase gazeuse, le dioxyde d'azote est en réalité un mélange de dioxyde d'azote (NO_2) et de tétroxyde de diazote (N_2O_4). Si la masse volumique d'un tel mélange à 74 °C et à 130 kPa est de 2,90 g/L, calculez les pressions partielles des gaz et la valeur de K_P.

★ **4.84** On peut représenter la photosynthèse par l'équation globale suivante:

$$6CO_2(g) + 6H_2O(l) \rightleftharpoons C_6H_{12}O_6(s) + 6O_2(g)$$
$$\Delta H° = 2801 \text{ kJ}$$

Expliquez comment l'équilibre pourrait être modifié par les changements suivants: **a)** la pression partielle de CO_2 est augmentée; **b)** on retire de l'oxygène du mélange; **c)** on extrait du glucose, $C_6H_{12}O_6$, du mélange; **d)** on ajoute de l'eau; **e)** on ajoute un catalyseur; **f)** on diminue la température; **g)** les plantes sont plus exposées à la lumière du jour.

★ **4.85** Soit la décomposition du chlorure d'ammonium à une certaine température selon:

$$NH_4Cl(s) \rightleftharpoons NH_3(g) + HCl(g)$$

Calculez la constante d'équilibre K_P si la pression totale est de $2,2 \times 10^2$ kPa à cette température.

★ **4.86** En 1899, le chimiste allemand Ludwig Mond a mis au point un procédé de purification du nickel par sa conversion en tétracarbonyle [$Ni(CO)_4$] volatil (point d'ébullition = 42,2 °C):

$$Ni(s) + 4CO(g) \rightleftharpoons Ni(CO)_4(g)$$

a) Comment serait-il possible de séparer le nickel et de lui enlever ses impuretés solides?

b) Comment faudrait-il procéder pour récupérer le nickel? [$\Delta H°_f$ du $Ni(CO)_4$ est −602,9 kJ/mol.]

★ **4.87** Soit la réaction:

$$PCl_5(g) \rightleftharpoons PCl_3(g) + Cl_2(g)$$

dont la constante d'équilibre K_P vaut 105 à 250 °C. On place 2,50 g de PCl_5 dans un ballon de 0,500 L préalablement vidé et chauffé à 250 °C. **a)** Calculez la pression du PCl_5 lorsqu'il n'a pas commencé à se dissocier. **b)** Calculez la pression partielle de PCl_5 à l'équilibre. **c)** Quelle est la pression totale à l'équilibre ? **d)** Quel est le degré de dissociation de PCl_5 ? (Le degré de dissociation correspond à la fraction de PCl_5 dissocié.)

★**4.88** La pression de vapeur du mercure est 0,0020 mm Hg à 26 °C.

    a) Calculez K_c et K_P pour le processus $Hg(l) \rightleftharpoons Hg(g)$.

    b) Un chimiste brise un thermomètre et le mercure se répand sur le plancher du laboratoire. Les dimensions du laboratoire sont : longueur, 6,1 m ; largeur, 5,3 m ; hauteur, 3,1 m. Calculez la masse de mercure (en grammes) vaporisée à l'équilibre ainsi que la concentration de la vapeur de mercure en mg/m^3. Est-ce que cette concentration excède le seuil de sécurité de 0,050 mg/m^3 ?

★**4.89** Les deux diagrammes d'énergie potentielle suivants se rapportent chacun à une réaction différente du type $A \rightleftharpoons B$.

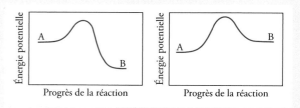

Dans chaque cas, répondez aux questions suivantes en supposant que le système est à l'équilibre. **a)** Comment un catalyseur influencerait-il les vitesses des réactions directe et inverse ? **b)** Comment un catalyseur influencerait-il les énergies du réactif et du produit ? **c)** Comment une augmentation de la température modifierait-elle la constante d'équilibre ? **d)** Si le seul effet d'un catalyseur est d'abaisser les énergies d'activation pour les réactions directe et inverse, expliquez pourquoi la constante d'équilibre demeure inchangée si l'on ajoute un catalyseur au milieu réactionnel.

PROBLÈMES SPÉCIAUX

4.90 Dans ce chapitre, il a été établi qu'un catalyseur n'a aucune influence sur la position d'équilibre, car il accélère autant la réaction directe que la réaction inverse. Pour vérifier cette affirmation, imaginez un équilibre du type :

$$2A(g) \rightleftharpoons B(g)$$

Cet équilibre est atteint dans un cylindre muni d'un piston sans poids. Le piston est relié par une corde au couvercle d'une boîte contenant un catalyseur. Quand le piston se soulève (l'expansion des gaz se fait contre la pression atmosphérique), il soulève également le couvercle, exposant ainsi le catalyseur aux gaz. Quand le piston descend, la boîte se referme. Supposez que le catalyseur accélère la réaction directe $(2A \longrightarrow B)$, mais qu'il n'a aucun effet sur la réaction inverse $(B \longrightarrow 2A)$. Supposez de plus que le catalyseur est exposé au système au moment où l'équilibre est atteint, comme l'illustre la figure. Décrivez ce qui devrait arriver par la suite. Comment cette expérience « imaginaire » peut-elle vous convaincre qu'un tel catalyseur ne peut exister ?

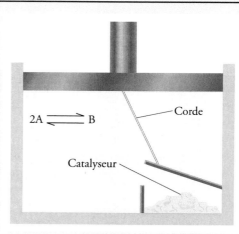

4.91 À 25 °C, un mélange gazeux de NO_2 et de N_2O_4 est à l'équilibre dans un cylindre équipé d'un piston amovible. Les concentrations sont : $[NO_2]$ = 0,0475 mol/L et $[N_2O_4]$ = 0,491 mol/L. Le volume du mélange est diminué de moitié si l'on abaisse le piston à température constante. Calculez les concentrations des gaz lorsque l'équilibre sera rétabli.

La coloration sera-t-elle plus pâle ou plus foncée après ce changement? [**Indice:** $N_2O_4(g)$ est incolore, et $NO_2(g)$ est brun.]

4.92 Les formes «chaise» et «bateau» du cyclohexane (C_6H_{12}) sont convertibles selon l'équation suivante:

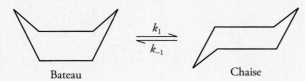

Bateau   Chaise

Dans cette représentation, on a omis les atomes de H et l'on suppose que des atomes de C sont à chacun des sommets des structures. La conversion est une réaction d'ordre un dans les deux sens. L'énergie d'activation pour la conversion chaise $\longrightarrow$ bateau est de 41 kJ/mol. Si le facteur de fréquence est de 1×10^{12} s^{-1}, quelle est la valeur de k_1 à 298 K? La constante d'équilibre de cette réaction est de 9,83 $\times 10^3$ à 298 K.

4.93 Considérez la réaction suivante à une température donnée:

$$A_2 + B_2 \rightleftharpoons 2AB$$

Le mélange de 1 mol de A_2 avec 3 mol de B_2 donne une quantité égale à x mol de AB à l'équilibre. L'addition supplémentaire de 2 mol de A_2 produit une autre quantité de AB égale à x. Déterminez la constante d'équilibre pour cette réaction.

4.94 L'iode est légèrement soluble dans l'eau, mais beaucoup plus dans le tétrachlorure de carbone (CCl_4). La constante d'équilibre, aussi appelée «coefficient de partage» dans un cas de partage de I_2 entre deux phases comme celui-ci:

$$I_2(aq) \rightleftharpoons I_2(CCl_4)$$

est de 83 à 20 °C. **a)** Un étudiant verse 0,030 L de CCl_4 à 0,200 L d'une solution aqueuse contenant 0,032 g de I_2. Il brasse fortement le mélange, puis laisse le temps aux deux phases de bien se séparer. Calculez la fraction de I_2 qui reste dans la phase aqueuse. **b)** L'étudiant procède ensuite à une deuxième extraction de I_2 avec une nouvelle portion de 0,030 L de CCl_4. Calculez, à la suite de cette deuxième extraction consécutive, quelle est la fraction du I_2 de la solution de départ qui demeure encore dans la phase aqueuse. **c)** Comparez le résultat obtenu en b) avec celui que vous obtiendriez avec une seule extraction faite avec un volume de 0,060 L de CCl_4. Commentez cette différence.

4.95 À 1200 °C, la constante d'équilibre K_c pour la réaction $I_2(g) \rightleftharpoons 2I(g)$ est $2,59 \times 10^{-3}$. Initialement, la valve centrale est fermée, le ballon de gauche contient un mélange à l'équilibre de ces deux gaz et le ballon de droite est vide. Calculez la concentration de chacun des gaz lorsque le mélange des deux gaz atteint un nouvel état d'équilibre à la suite de l'ouverture de la valve (la température demeure constante).

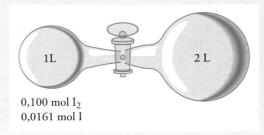

0,100 mol I_2
0,0161 mol I

La fabrication des livres engendre certains acides. Sans un entreposage adéquat et une neutralisation efficace, plusieurs livres anciens en subiraient les effets et leurs fibres de cellulose se décomposeraient.

5

Les acides et les bases

Parmi les plus importants processus des systèmes chimiques et biologiques figurent les réactions acide-base. Ce premier de deux chapitres sur les propriétés des acides et des bases permettra d'étudier les définitions des acides et des bases, l'échelle de pH, la dissociation des acides faibles et des bases faibles ainsi que la relation entre la force d'un acide et la structure d'une molécule. Les oxydes seront également étudiés, puisqu'ils se comportent comme des acides et des bases.

OBJECTIFS D'APPRENTISSAGE

> Identifier et définir les acides et les bases de Brønsted-Lowry ainsi que les couples acide-base conjugués;

> Effectuer différents calculs reliés à l'échelle de pH;

> Comparer la force de différents acides et bases;

> Effectuer différents calculs reliés aux constantes K_a et K_b;

> Calculer le pourcentage d'ionisation d'un acide ou d'une base;

> Prévoir la force relative de différents acides ou bases en fonction de leur structure;

> Prédire les propriétés acido-basiques des sels et calculer le pH de solutions salines;

> Prédire les propriétés acido-basiques des oxydes en relation avec le tableau périodique;

> Identifier et définir les acides et les bases de Lewis.

 CHIMIE EN LIGNE

Animation
- L'ionisation des acides (5.5)
- L'ionisation des bases (5.6)

Interaction
- Les calculs du pH d'une solution acide (5.5)
- Les calculs du pH d'une solution basique (5.6)
- La relation entre la structure moléculaire et la force des acides (5.8)
- Les propriétés acido-basiques des sels (5.9)

La vitamine C, une vitamine essentielle

D'où vient le surnom anglais *limeys* qu'on donne aux marins britanniques? Ce surnom est apparu au milieu du xixe siècle quand la marine ajouta la lime et d'autres agrumes au menu des marins. Jusqu'à cette époque, les biscuits et la viande salée avaient constitué la seule nourriture des marins partis en mer durant des mois. Le scorbut (une maladie caractérisée par des douleurs aux articulations, des lésions cutanées, des saignements aux gencives et la perte des dents) était courant sur les navires. En 1753, on découvrit qu'on pouvait guérir de cette maladie en buvant du jus d'agrumes, qui contient une grande quantité d'acide ascorbique, ou vitamine C ($C_6H_8O_6$).

L'acide ascorbique peut également faire effet d'antioxydant en réagissant avec les agents oxydants, tel le radical ·OH, qui peuvent endommager l'ADN de l'organisme. La plupart des mammifères produisent leur propre vitamine C, mais les humains et les autres primates, ainsi que les chauves-souris et les cochons d'Inde, doivent l'obtenir à partir de leur nourriture. Presque tous les régimes qui comprennent des fruits et des légumes frais fournissent suffisamment de vitamine C, dans la mesure où ces aliments ne sont pas trop cuits. La vitamine C est facilement détruite par la chaleur.

Avant le début du xxe siècle, même si l'on savait que la vitamine C était essentielle à une bonne santé, on ignorait son comportement chimique. En effet, quand le biochimiste d'origine hongroise Albert von Szent-Gyorgi isola pour la première fois, en 1928, ce composé à partir d'un extrait de chou, il crut d'abord que c'était un sucre, comme le saccharose ou le fructose. Plus tard, Szent-Gyorgi et W. Norman Haworth, un chimiste britannique qui établit une méthode pour synthétiser la vitamine C, baptisèrent cette substance «acide ascorbique». Ils remportèrent tous deux un prix Nobel en 1937, Szent-Gyorgi, le Nobel de médecine, et Haworth, le Nobel de chimie, pour leur travail sur cette vitamine.

La biochimie de la vitamine C est complexe; on ignore toujours la quantité quotidienne de vitamine C nécessaire au corps humain. Néanmoins, Szent-Gyorgi, Linus Pauling et d'autres scientifiques affirmèrent que la consommation massive de comprimés de vitamine C aidait à maintenir une bonne santé. Ils croyaient qu'un taux élevé de vitamine C dans l'organisme prévenait le rhume et protégeait de certains cancers. Il a depuis été démontré qu'un adulte non-fumeur en bonne santé n'a pas besoin de consommer des suppléments de vitamine C, à condition d'intégrer suffisamment de fruits et de légumes à son alimentation.

Acide ascorbique

5.1 Les acides et les bases de Brønsted-Lowry

Avant d'aborder ce chapitre, il faut rappeler les concepts d'acide et de base d'Arrhenius ainsi que ceux de Brønsted-Lowry vus à la section 1.3 : un acide de Brønsted-Lowry est une substance (ion ou molécule) susceptible de donner un proton (un ion H^+) alors qu'une base de Brønsted-Lowry est une substance (ion ou molécule) susceptible de recevoir un proton. Ces définitions conviennent généralement quand il s'agit de mentionner les propriétés et les réactions des acides et des bases. À ces concepts s'ajoute celui de Lewis, qui sera étudié à la section 5.11.

5.1.1 Les couples acide-base conjugués

Le concept de **couple acide-base conjugués** est un prolongement de la définition des acides et des bases de Brønsted-Lowry ; il peut être défini comme un acide et sa base conjuguée, ou une base et son acide conjugué. La base conjuguée d'un acide de Brønsted-Lowry est l'espèce chimique qui reste de l'acide une fois qu'il a cédé un proton. Inversement, un acide conjugué est l'espèce chimique résultant de l'addition d'un proton à une base de Brønsted-Lowry.

> **NOTE**
> Le mot « conjugué » signifie « joint », « associé ».

Tous les acides de Brønsted-Lowry ont une base conjuguée, et toutes les bases de Brønsted-Lowry ont un acide conjugué. Par exemple, l'ion chlorure (Cl^-) est la base conjuguée formée à partir de l'acide HCl, et H_2O est la base conjuguée de l'acide H_3O^+. De même, l'ionisation de l'acide acétique peut être représentée ainsi :

$$CH_3COOH(aq) + H_2O(l) \rightleftharpoons CH_3COO^-(aq) + H_3O^+(aq)$$
$$\text{acide}_1 \qquad \text{base}_2 \qquad\qquad \text{base}_1 \qquad\quad \text{acide}_2$$

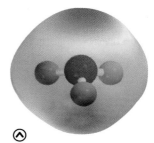

⊙

Diagramme de potentiel électrostatique de l'ion hydronium (H_3O^+).

Les indices 1 et 2 désignent les deux couples acide-base conjugués. L'ion acétate (CH_3COO^-) est donc la base conjuguée de CH_3COOH. L'ionisation de HCl (*voir la section 1.3, p. 13*) et l'ionisation de CH_3COOH sont des exemples de réactions acidobasiques de Brønsted-Lowry.

L'équation générale de l'ionisation d'un acide dans l'eau est donc la suivante :

$$HA(aq) + H_2O(l) \rightleftharpoons A^-(aq) + H_3O^+(aq)$$
$$\text{acide}_1 \quad \text{base}_2 \qquad\quad \text{base}_1 \quad\ \text{acide}_2$$

(5.1)

> **NOTE**
> L'usage du terme « dissociation » pour qualifier les réactions chimiques des acides et des bases avec l'eau est historique. Le terme « ionisation » est plus approprié.

La définition de Brønsted-Lowry permet de considérer l'ammoniac comme une base à cause de sa capacité de recevoir un proton :

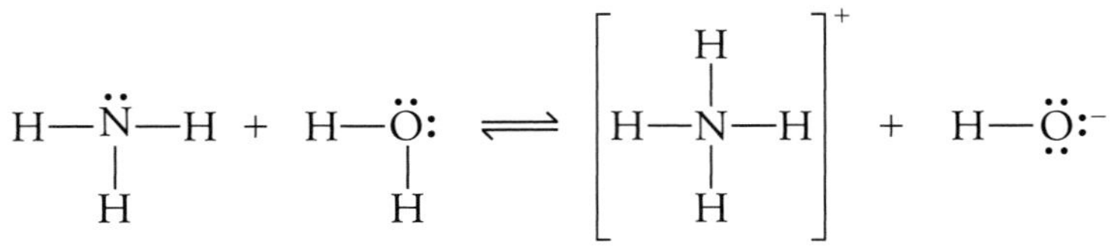

$$NH_3(aq) + H_2O(l) \rightleftharpoons NH_4^+(aq) + OH^-(aq)$$

base$_1$ acide$_2$ acide$_1$ base$_2$

Dans ce cas, NH_4^+ est l'acide conjugué de la base NH_3, et OH^- est la base conjuguée de l'acide H_2O. L'équation générale de la réaction d'une base avec l'eau est donc la suivante :

$$A^-(aq) + H_2O(l) \rightleftharpoons HA(aq) + OH^-(aq)$$

base$_1$ acide$_2$ acide$_1$ base$_2$

(5.2)

> **NOTE**
>
> Même si elle est notée A$^-$, une base ne comporte pas toujours une charge négative.

Il y a cependant des cas moins évidents, comme celui de NaOH, qui n'est pas à strictement parler une base de Brønsted-Lowry parce qu'il ne peut recevoir un proton. Cependant, NaOH est un électrolyte fort qui se dissocie complètement en solution. L'ion hydroxyde (OH^-) est, lui, une base de Brønsted-Lowry, car il peut réagir avec l'eau et recevoir un proton :

$$H_3O^+(aq) + OH^-(aq) \longrightarrow 2H_2O(l)$$

Donc, lorsqu'on dit que NaOH (ou tout autre hydroxyde métallique) est une base, on fait référence à l'ion hydroxyde OH^-.

EXEMPLE 5.1   **L'identification des couples acide-base conjugués**

Quels sont les couples acide-base conjugués dans la réaction suivante ? Identifiez l'acide, la base, l'acide conjugué et la base conjuguée.

$$NH_3(aq) + HF(aq) \rightleftharpoons NH_4^+(aq) + F^-(aq)$$

DÉMARCHE

Il faut se rappeler qu'une base conjuguée a toujours un atome d'hydrogène en moins et une charge négative de plus (ou une charge positive de moins) que son acide correspondant.

SOLUTION

Les couples acide-base conjugués sont : **1)** HF (acide) et F^- (base conjuguée) ; **2)** NH_3 (base) et NH_4^+ (acide conjugué).

⊕ **Problème semblable**

5.3

EXERCICE E5.1

Quels sont les couples acide-base conjugués dans la réaction suivante ? Identifiez l'acide, la base, l'acide conjugué et la base conjuguée.

$$CN^- + H_2O \rightleftharpoons HCN + OH^-$$

RÉVISION DES CONCEPTS

Lesquelles des paires suivantes ne constituent pas un couple acide-base conjugués ?

a) HNO_2, NO_2^- ; **b)** H_2CO_3, CO_3^{2-}, **c)** $CH_3NH_3^+$, CH_3NH_2.

QUESTIONS de révision

1. Dites ce que sont un acide et une base de Brønsted-Lowry. En quoi la définition de Brønsted-Lowry diffère-t-elle de la définition d'Arrhenius ?

2. Pour qu'une espèce agisse comme une base de Brønsted-Lowry, un de ses atomes doit posséder un doublet d'électrons libres. Pourquoi ?

5.2 Les propriétés acido-basiques de l'eau

L'eau est un solvant particulier. L'une de ses particularités est sa capacité d'agir soit comme un acide, soit comme une base. L'eau se comporte comme une base quand elle réagit avec des acides comme HCl et CH_3COOH, et elle se comporte comme un acide quand elle réagit avec des bases comme NH_3. Étant un électrolyte très faible, l'eau pure conduit mal l'électricité ; elle subit quand même une faible ionisation. On appelle parfois cette réaction « auto-ionisation » ou « autoprotolyse » de l'eau. Pour décrire les propriétés acido-basiques de l'eau selon la théorie de Brønsted-Lowry, on exprime son auto-ionisation de la manière suivante (*voir aussi la* **FIGURE 5.1**) :

NOTE
L'eau du robinet et l'eau de source conduisent l'électricité parce qu'elles contiennent des ions (sels dissous).

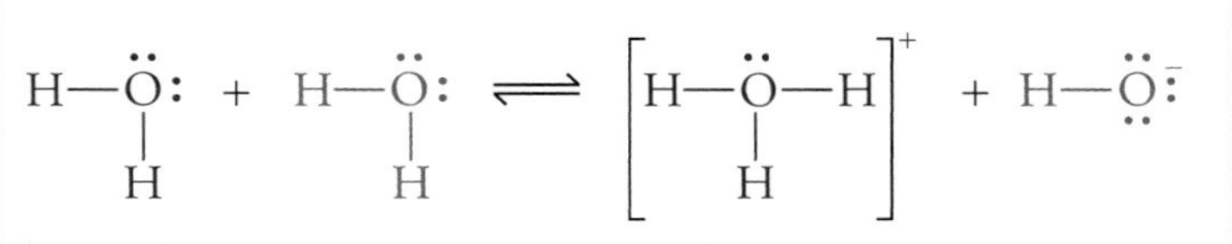

ou :

$$H_2O + H_2O \rightleftharpoons H_3O^+ + OH^-$$
$$\text{acide}_1 \quad \text{base}_2 \qquad \text{acide}_2 \quad \text{base}_1$$

(5.3)

Les couples acide-base conjugués sont : 1) H_2O (acide) et OH^- (base), et 2) H_3O^+ (acide) et H_2O (base).

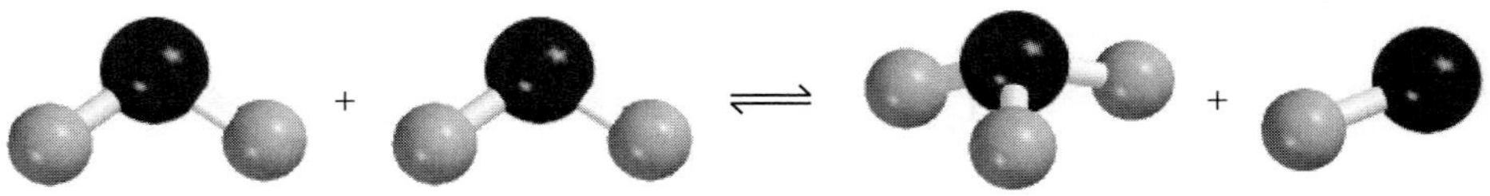

FIGURE 5.1

Réaction entre deux molécules d'eau pour former des ions hydronium (H_3O^+) et hydroxyde (OH^-)

5.2.1 Le produit ionique de l'eau

Dans l'étude des réactions acido-basiques en solution aqueuse, la grandeur importante est la concentration en ions hydronium (H_3O^+) ; elle indique si la solution est acide ou basique. Puisqu'il n'y a qu'une très petite fraction des molécules d'eau qui s'ionisent, la concentration de l'eau demeure pratiquement inchangée au cours de l'auto-ionisation de l'eau. Par conséquent, la constante d'équilibre de l'auto-ionisation de l'eau selon l'équation 5.3 est :

$$K_c = [H_3O^+][OH^-]$$

Afin d'indiquer que cette constante d'équilibre représente l'auto-ionisation de l'eau, on remplace K_c par K_{eau} ainsi:

$$K_{eau} = [H_3O^+][OH^-] \tag{5.4}$$

La constante d'équilibre K_{eau} est appelée **constante du produit ionique de l'eau**; il s'agit du produit des concentrations molaires des ions H_3O^+ et OH^- à une température donnée. Dans l'eau pure à 25 °C, les concentrations d'ions H_3O^+ et OH^- sont égales et ont pour valeurs: $[H_3O^+] = 1,0 \times 10^{-7}$ mol/L et $[OH^-] = 1,0 \times 10^{-7}$ mol/L. Donc, selon l'équation 5.4, à 25 °C:

$$K_{eau} = (1,0 \times 10^{-7})(1,0 \times 10^{-7}) = 1,0 \times 10^{-14}$$

Il convient de noter que, dans l'eau pure ou dans une solution aqueuse, la relation suivante est toujours vraie à 25 °C:

$$K_{eau} = [H_3O^+][OH^-]$$
$$= 1,0 \times 10^{-14} \tag{5.5}$$

Solution acide	$[H_3O^+] > [OH^-]$
Solution neutre	$[H_3O^+] = [OH^-]$
Solution basique	$[H_3O^+] < [OH^-]$

Si $[H_3O^+] = [OH^-]$, la solution aqueuse est dite neutre. Dans une solution acide, il y a un excès d'ions H_3O^+, et $[H_3O^+] > [OH^-]$; dans une solution basique, il y a un excès d'ions OH^-, et $[H_3O^+] < [OH^-]$. En pratique, il est possible de changer la concentration des ions H_3O^+ ou celle des ions OH^- en solution, mais ceci ne peut pas être fait indépendamment l'une de l'autre. Si l'on ajuste la solution de sorte que $[H_3O^+] = 1,0 \times 10^{-6}$ mol/L, la concentration de OH^- doit alors changer et se calcule ainsi:

$$[OH^-] = \frac{K_{eau}}{[H_3O^+]}$$
$$= \frac{1,0 \times 10^{-14}}{1,0 \times 10^{-6}} = 1,0 \times 10^{-8} \text{ mol/L}$$

Beaucoup de nettoyants domestiques contiennent de l'ammoniac.

EXEMPLE 5.2   Le calcul de $[H_3O^+]$ d'après $[OH^-]$

La concentration des ions OH^- dans une solution de nettoyant domestique contenant de l'ammoniac est de 0,0025 mol/L. Calculez la concentration des ions H_3O^+ à 25 °C.

DÉMARCHE

La concentration des ions OH^- est connue, et l'on nous demande de calculer $[H_3O^+]$. La relation entre $[H_3O^+]$ et $[OH^-]$ dans l'eau ou dans une solution aqueuse est donnée par le produit ionique de l'eau, K_{eau} (*voir l'équation 5.5*).

SOLUTION

En réarrangeant l'équation 5.5, nous obtenons

$$[H_3O^+] = \frac{K_{eau}}{[OH^-]}$$
$$= \frac{1,0 \times 10^{-14}}{0,0025} = 4,0 \times 10^{-12} \text{ mol/L}$$

VÉRIFICATION

Puisque $[H_3O^+] < [OH^-]$, la solution est basique, comme on pouvait s'y attendre d'après ce que l'on sait sur la réaction de l'ammoniac avec l'eau.

EXERCICE E5.2

Calculez la concentration d'ions OH^- dans une solution de HCl dont la concentration d'ions hydronium est de 1,3 mol/L à 25 °C.

Problèmes semblables ⊕

5.7 et 5.8

RÉVISION DES CONCEPTS

Si l'on ajoute du NaOH à de l'eau pure, comment les concentrations de H_3O^+ et de OH^- seront-elles affectées ?

QUESTIONS de révision

3. Qu'est-ce que la constante du produit ionique de l'eau ?
4. Écrivez une équation qui met en relation $[H_3O^+]$ et $[OH^-]$ en solution, à 25 °C.

5.3 Le pH : une mesure du degré d'acidité

Puisque les concentrations d'ions H_3O^+ et OH^- en solutions aqueuses sont habituellement des valeurs très petites et peu commodes dans les calculs, le biochimiste danois Søren Sørensen proposa, en 1909, une grandeur plus pratique appelée « pH ». Le **pH** d'une solution est le logarithme négatif de la concentration d'ions hydronium (en moles par litre) :

$$pH = -\log [H_3O^+] \qquad (5.6)$$

NOTE

La variation d'une unité de pH correspond à un changement de la concentration des ions H_3O^+ d'un facteur 10.

Il faut se souvenir que l'équation 5.6 n'est qu'une définition conçue dans le but de fournir des nombres commodes pour le calcul. Le signe négatif du logarithme donne une valeur positive au pH, qui autrement serait négative à cause de la petite valeur de $[H_3O^+]$ (inférieure à 1). (*Voir l'annexe 2 p. 439 pour un exposé sur les logarithmes.*) De plus, le terme $[H_3O^+]$ dans l'équation 5.6 ne se rapporte qu'à la partie numérique de l'expression de la concentration d'ions hydronium, car on ne peut pas prendre le logarithme des unités. Ainsi, le pH d'une solution est une grandeur sans dimension.

Puisque le pH est simplement une manière d'exprimer la concentration d'ions hydronium, on peut alors déterminer si les solutions sont acides ou basiques, à 25 °C, par la valeur de leur pH. On notera que le pH augmente quand $[H_3O^+]$ diminue.

NOTE

Le pH de solutions d'acides concentrés peut être négatif. Par exemple, le pH d'une solution de HCl 2,0 mol/L est de −0,30.

Solutions acides	$[H_3O^+] > 1,0 \times 10^{-7}$ mol/L	pH < 7,00
Solutions basiques	$[H_3O^+] < 1,0 \times 10^{-7}$ mol/L	pH > 7,00
Solutions neutres	$[H_3O^+] = 1,0 \times 10^{-7}$ mol/L	pH = 7,00

Parfois, on doit calculer la concentration des ions H_3O^+ qui correspond à une certaine valeur de pH. Dans ce cas, il faut utiliser l'antilogarithme de l'équation 5.6 ainsi :

$$[H_3O^+] = 10^{-pH} \qquad (5.7)$$

Il faut être bien averti que la définition du pH telle que donnée précédemment et, en fait, tous les calculs concernant les concentrations des solutions (exprimées en concentration molaire volumique et en molalité) déjà vus dans les chapitres précédents sont plus ou moins erronés parce qu'on a supposé un comportement idéal de ces solutions. De fait, la formation de paires d'ions et d'autres types d'interactions moléculaires peuvent influencer les concentrations réelles des espèces en solution. Cette situation est analogue à celle du comportement d'un gaz parfait (aussi appelé «idéal») par rapport à celui des gaz réels étudiés au chapitre 4 de *Chimie générale*: selon la température, le volume et la quantité de gaz présent, la pression mesurée d'un gaz peut être différente de celle calculée d'après l'équation des gaz parfaits. De même, la concentration réelle ou «effective» d'un soluté peut être différente de celle prédite selon la quantité initiale de soluté dissous. De la même manière que l'équation de Van der Waals et certaines autres équations permettent de tenir compte de ces différences de comportement entre un gaz idéal et un gaz réel, il est possible de le faire dans le cas du comportement des solutions.

NOTE

Dans les solutions diluées, on estime que la concentration est égale à l'activité.

Une façon d'y parvenir est de remplacer le terme de la concentration par l'activité, soit la concentration effective. Le pH d'une solution est plus rigoureusement défini ainsi :

$$pH = -\log a_{H_3O^+} \tag{5.8}$$

où $a_{H_3O^+}$ est l'activité de l'ion H_3O^+. Dans le cas d'une solution idéale, comme il a déjà été mentionné au chapitre 4 (*voir p. 187*), l'activité est numériquement égale à la concentration. Dans le cas des solutions réelles (non idéales), l'activité est habituellement différente de la concentration, et parfois de beaucoup. Connaissant la concentration d'un soluté, il existe des méthodes fiables fondées sur la thermodynamique pour estimer son activité, mais ces notions sont vues seulement dans des études plus avancées. Toutefois, il ne faut pas oublier que le pH mesuré d'une solution diffère habituellement de celui calculé à l'aide de l'équation 5.6, parce que la concentration de l'ion H_3O^+ en moles par litre n'est pas numériquement égale à la valeur de son activité. Même s'il est fait état des concentrations molaires dans cet exposé, il faut se rappeler que cette approche ne donnera qu'une approximation du phénomène chimique qui a réellement lieu en solution.

FIGURE 5.2 ⊙

pH-mètre de laboratoire

En laboratoire, on mesure le pH d'une solution à l'aide d'un pH-mètre (*voir la* **FIGURE 5.2**). La **FIGURE 5.3** donne le pH de certains liquides courants.

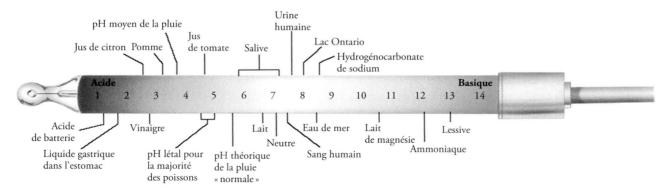

FIGURE 5.3 ⊙

pH de certains liquides courants

On peut également établir une échelle de pOH, analogue à l'échelle de pH, en utilisant le logarithme négatif de la concentration d'ions hydroxyde. Donc, le pOH est :

$$pOH = -\log [OH^-] \qquad (5.9)$$

La constante du produit ionique de l'eau est :

$$[H_3O^+][OH^-] = K_{eau} = 1,0 \times 10^{-14}$$

Si l'on prend le logarithme négatif de chaque côté, on obtient :

$$-(\log [H_3O^+] + \log [OH^-]) = -\log (1,0 \times 10^{-14})$$
$$-\log [H_3O^+] - \log [OH^-] = 14,00$$

NOTE

Les lois des logarithmes sont données à l'annexe 2, p. 439.

D'après les définitions de pH et de pOH, on obtient :

$$pH + pOH = 14,00 \qquad (5.10)$$

L'équation 5.10 fournit une autre façon d'exprimer la relation entre la concentration des ions H_3O^+ et celle des ions OH^-.

EXEMPLE 5.3 Le calcul du pH d'après [H₃O⁺]

La concentration d'ions H_3O^+ était de $3,2 \times 10^{-4}$ mol/L dans une bouteille de vin de table juste après l'avoir débouchée. On n'a bu que la moitié du vin. L'autre moitié, après avoir été exposée à l'air durant un mois, avait une concentration d'ions hydronium de $1,0 \times 10^{-3}$ mol/L. Calculez le pH du vin à ces deux moments.

DÉMARCHE

On connaît les concentrations de H_3O^+ et l'on nous demande de calculer le pH de ces solutions. Quelle est la définition du pH ?

SOLUTION

Selon l'équation 5.6, pH = $-\log [H_3O^+]$ et $[H_3O^+] = 3,2 \times 10^{-4}$ mol/L à l'ouverture de la bouteille. Par substitution dans l'équation 5.6, nous obtenons :

$$pH = -\log [H_3O^+]$$
$$= -\log (3,2 \times 10^{-4}) = 3,49$$

Un mois plus tard, $[H_3O^+] = 1,0 \times 10^{-3}$ mol/L, alors :

$$pH = -\log (1,0 \times 10^{-3}) = 3,00$$

NOTE

Dans les deux réponses, on considère que le pH a seulement deux chiffres significatifs, soit les deux chiffres à la droite de la virgule décimale. Deux décimales au pH indiquent deux chiffres significatifs dans la concentration (*voir l'annexe 2, p. 439*).

COMMENTAIRE

Notez que l'augmentation de la concentration d'ions hydronium (ou la diminution du pH) est due principalement à la conversion partielle de l'alcool (éthanol) en acide acétique, une réaction lente qui se produit en présence de dioxygène.

EXERCICE E5.3

Calculez le pH d'une solution de HNO_3 dont la concentration d'ions hydronium est de 0,76 mol/L.

Problème semblable

5.11 a) et d)

EXEMPLE 5.4 Le calcul de [H_3O^+] à partir du pH

Le pH d'une eau de pluie recueillie à Sherbrooke à l'été 2013 était de 4,82. Calculez la concentration d'ions H_3O^+ de cette eau.

DÉMARCHE

Ici, c'est le pH qu'il faut convertir en H_3O^+. Étant donné que le pH est défini comme étant pH = $-\log$ [H_3O^+], on peut isoler H_3O^+ en prenant l'antilogarithme du pH, c'est-à-dire [H_3O^+] = 10^{-pH} (*voir l'équation 5.7*).

SOLUTION

D'après l'équation 5.6, pH = $-\log$ [H_3O^+] = 4,82.

Pour calculer le pH, il faut prendre l'antilogarithme de $-4,82$:

$$[H_3O^+] = 10^{-4,82} = 1,5 \times 10^{-5} \text{ mol/L}$$

VÉRIFICATION

Puisque le pH se situe entre 4 et 5, on peut s'attendre à ce que [H_3O^+] soit entre 1×10^{-4} mol/L et 1×10^{-5} mol/L. La réponse est donc plausible.

Problème semblable

5.9

> **NOTE**
>
> Les calculatrices scientifiques ont une fonction antilogarithme souvent nommée « INV log » ou « 10^x ».

EXERCICE E5.4

Le pH d'un certain jus de fruits est 3,33. Calculez sa concentration en ions H_3O^+.

EXEMPLE 5.5 Le calcul du pH à partir de [OH^-]

Dans une solution de NaOH, la concentration de OH^- est de $2,9 \times 10^{-4}$ mol/L. Calculez le pH de cette solution.

DÉMARCHE

Il faut procéder en deux étapes. Calculons d'abord le pOH en utilisant l'équation 5.9, puis utilisons l'équation 5.10 pour calculer le pH de la solution.

SOLUTION

D'après l'équation 5.9 :

$$\begin{aligned}
pOH &= -\log [OH^-] \\
&= -\log (2,9 \times 10^{-4}) \\
&= 3,54
\end{aligned}$$

Puis, selon l'équation 5.10 :

$$\begin{aligned}
pH + pOH &= 14,00 \\
pH &= 14,00 - pOH \\
&= 14,00 - 3,54 = 10,46
\end{aligned}$$

On aurait tout aussi bien pu utiliser ici la constante du produit ionique de l'eau, K_{eau} = [H_3O^+][OH^-], pour calculer [H_3O^+] et convertir ensuite [H_3O^+] en pH. Essayez cette deuxième méthode.

▶

La réponse donne une solution basique (pH > 7), ce qui correspond bien à une solution d'une base comme NaOH.

EXERCICE E5.5

La concentration en ions OH⁻ d'un échantillon sanguin vaut $2,5 \times 10^{-7}$ mol/L. Calculez le pH du sang.

Problème semblable ⊕

5.11 b)

RÉVISION DES CONCEPTS

Quelle solution est la plus acide : une solution dans laquelle $[H_3O^+] = 2,5 \times 10^{-3}$ mol/L ou une solution dont le pOH est égal à 11,6 ?

QUESTIONS de révision

5. Définissez le pH. Pourquoi les chimistes préfèrent-ils le pH à la concentration d'ions hydronium, $[H_3O^+]$, pour exprimer l'acidité d'une solution ?

6. Le pH d'une solution est 6,7. D'après cette seule donnée, pouvez-vous affirmer que la solution est acide ? Sinon, de quel renseignement additionnel avez-vous besoin ? Le pH d'une solution peut-il être nul ou négatif ? Si oui, donnez des exemples qui illustrent ces valeurs.

7. Définissez le pOH. Écrivez une équation qui met en relation pH et pOH.

5.4 La force des acides et des bases

Les **acides forts** sont des électrolytes forts qui s'ionisent complètement ou presque dans l'eau (*voir la* **FIGURE 5.4**, *p. 242*). La plupart des acides forts sont des acides inorganiques, par exemple l'acide chlorhydrique (HCl), l'acide nitrique (HNO_3), l'acide perchlorique ($HClO_4$) et l'acide sulfurique (H_2SO_4) :

$$HCl(aq) + H_2O(l) \longrightarrow H_3O^+(aq) + Cl^-(aq)$$
$$HNO_3(aq) + H_2O(l) \longrightarrow H_3O^+(aq) + NO_3^-(aq)$$
$$HClO_4(aq) + H_2O(l) \longrightarrow H_3O^+(aq) + ClO_4^-(aq)$$
$$H_2SO_4(aq) + H_2O(l) \longrightarrow H_3O^+(aq) + HSO_4^-(aq)$$

H_2SO_4 est un diacide ; seule sa première étape d'ionisation est indiquée ci-dessus. En pratique, on peut dire qu'une solution d'acide fort à l'équilibre ne contient aucune molécule d'acide non ionisée (c'est pourquoi l'équation de l'ionisation d'un acide fort comporte une flèche simple).

La plupart des acides sont des **acides faibles**, lesquels sont des électrolytes faibles qui ne s'ionisent que partiellement dans l'eau. À l'équilibre, une solution aqueuse d'acide faible contient un mélange de molécules d'acide non ionisées, d'ions H_3O^+ et de molécules de la base conjuguée de l'acide. L'acide fluorhydrique (HF), l'acide acétique (CH_3COOH) et

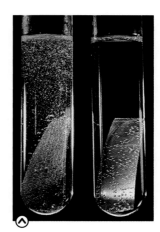

Le zinc réagit plus fortement avec un acide fort comme HCl (à gauche) qu'avec un acide faible comme CH_3COOH (à droite) pour une même concentration parce qu'il y a plus d'ions H_3O^+ dans la première solution.

l'ion ammonium (NH_4^+) sont des exemples d'acides faibles. Les forces des acides faibles sont très différentes selon leur degré d'ionisation. Cette ionisation limitée est liée à la constante d'équilibre pour l'ionisation (*voir la section 5.5, p. 246*).

FIGURE 5.4 ⊘

Modélisation du degré d'ionisation des acides

À gauche, le degré d'ionisation d'un acide fort (HCl) et, à droite, le degré d'ionisation d'un acide faible (HF). Au départ, il y avait six molécules de HCl et de HF. On peut dire que l'acide fort est complètement ionisé en solution. Le proton se lie avec l'eau pour former l'ion hydronium (H_3O^+) responsable de l'acidité de la solution.

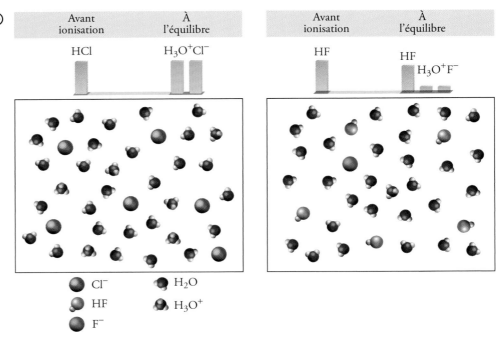

Ce qui a été dit sur les acides forts s'applique aussi aux **bases fortes**, lesquelles sont des électrolytes forts qui s'ionisent complètement dans l'eau. Elles comprennent les hydroxydes de métaux alcalins et de certains métaux alcalino-terreux, comme NaOH, KOH et Ba(OH)$_2$:

$$NaOH(s) \xrightarrow{H_2O} Na^+(aq) + OH^-(aq)$$
$$KOH(s) \xrightarrow{H_2O} K^+(aq) + OH^-(aq)$$
$$Ba(OH)_2(s) \xrightarrow{H_2O} Ba^{2+}(aq) + 2OH^-(aq)$$

Comme il a été mentionné précédemment, l'ion hydroxyde formé au cours de l'ionisation est une base de Brønsted-Lowry parce qu'il peut accepter un proton.

Les **bases faibles**, comme les acides faibles, sont des électrolytes faibles qui ne s'ionisent que partiellement dans l'eau. Par exemple, l'ammoniac est une base faible dans l'eau:

$$NH_3(aq) + H_2O(l) \rightleftharpoons NH_4^+(aq) + OH^-(aq)$$

Dans cette réaction, NH_3 agit comme une base en acceptant un proton de l'eau pour former NH_4^+ et des ions OH^-. Il s'agit d'une base faible, parce que seule une faible proportion des molécules réagit ainsi.

Le **TABLEAU 5.1** énumère quelques couples acide-base conjugués importants, par ordre de leurs forces relatives. Les couples acide-base conjugués ont les propriétés suivantes:

1. **Dans un couple, si un acide est fort, sa base conjuguée est très faible, et vice versa.** Par exemple, l'ion Cl^-, qui est la base conjuguée de l'acide fort HCl, est une base extrêmement faible.

2. **L'ion H_3O^+ est l'acide le plus fort pouvant exister en solution aqueuse.** Si un acide est plus fort que H_3O^+, il réagit avec l'eau pour produire des ions H_3O^+ et sa base conjuguée. Ainsi, HCl, qui est un acide plus fort que H_3O^+, réagit complètement avec l'eau pour former H_3O^+ et Cl^- :

$$HCl(aq) + H_2O(l) \longrightarrow H_3O^+(aq) + Cl^-(aq)$$

C'est pourquoi il est impossible de distinguer dans l'eau la différence de force entre deux acides forts. Ils se comportent tous deux comme s'ils étaient des solutions d'ions H_3O^+ ; on dit qu'ils sont « nivelés » à la même force dans l'eau.

Les acides plus faibles que H_3O^+ réagissent avec l'eau de manière beaucoup moins complète en produisant H_3O^+ et leur base conjuguée. Par exemple, l'équilibre suivant favorise grandement les réactifs :

$$HF(aq) + H_2O(l) \rightleftharpoons H_3O^+(aq) + F^-(aq)$$

3. **L'ion OH^- est la base la plus forte pouvant exister en solution aqueuse.** Si une base est plus forte que OH^-, elle réagit complètement avec l'eau pour produire des ions OH^- et son acide conjugué. Les bases fortes sont donc elles aussi « nivelées » à la même force dans l'eau. Par exemple, l'ion oxyde (O^{2-}) est une base plus forte que OH^- ; il réagit donc complètement avec l'eau de la manière suivante :

$$O^{2-}(aq) + H_2O(l) \longrightarrow 2OH^-(aq)$$

C'est pourquoi l'ion oxyde n'existe pas en solution aqueuse. (L'un des deux ions OH^- produits est considéré comme l'acide conjugué de l'ion O^{2-}, l'autre ion OH^- étant la base conjuguée de H_2O.)

TABLEAU 5.1 > Forces relatives des couples acide-base conjugués

	Acide	Base conjuguée	
Acides forts	$HClO_4$ (acide perchlorique)	ClO_4^- (ion perchlorate)	Bases faibles
	HI (acide iodhydrique)	I^- (ion iodure)	
	HBr (acide bromhydrique)	Br^- (ion bromure)	
	HCl (acide chlorhydrique)	Cl^- (ion chlorure)	
	H_2SO_4 (acide sulfurique)	HSO_4^- (ion hydrogénosulfate)	
	HNO_3 (acide nitrique)	NO_3^- (ion nitrate)	
	H_3O^+ (ion hydronium)	H_2O (eau)	
Acides faibles	HSO_4^- (ion hydrogénosulfate)	SO_4^{2-} (ion sulfate)	Bases fortes
	HF (acide fluorhydrique)	F^- (ion fluorure)	
	HNO_2 (acide nitreux)	NO_2^- (ion nitrite)	
	HCOOH (acide formique)	$HCOO^-$ (ion formate)	
	CH_3COOH (acide acétique)	CH_3COO^- (ion acétate)	
	NH_4^+ (ion ammonium)	NH_3 (ammoniac)	
	HCN (acide cyanhydrique)	CN^- (ion cyanure)	
	H_2O (eau)	OH^- (ion hydroxyde)	
	NH_3 (ammoniac)	NH_2^- (ion amidure)	

Force croissante des acides →

Force croissante des bases →

NOTE

Seulement six acides forts sont fréquemment rencontrés en solution aqueuse.

EXEMPLE 5.6 Le calcul du pH d'une solution d'un acide fort et d'une solution d'une base forte

Calculez le pH : **a)** d'une solution de HCl à $1,0 \times 10^{-3}$ mol/L ; **b)** d'une solution de $Ba(OH)_2$ à 0,020 mol/L.

DÉMARCHE

NOTE

$Ba(OH)_2$ est la seule base soluble qui a deux groupements OH.

Il faut se rappeler que HCl est un acide fort et que $Ba(OH)_2$ est une base forte. Ces deux substances réagissent donc complètement avec l'eau, et il ne restera plus ni HCl ni $Ba(OH)_2$ en solution.

SOLUTION

a) La réaction d'ionisation de HCl s'écrit ainsi :

$$HCl(aq) + H_2O(l) \longrightarrow H_3O^+(aq) + Cl^-(aq)$$

On peut représenter les concentrations de toutes les espèces (HCl, H_3O^+ et Cl^-), avant et après ionisation, dans un tableau :

$$HCl(aq) + H_2O(l) \longrightarrow H_3O^+(aq) + Cl^-(aq)$$

	HCl	H_3O^+	Cl^-
Concentration initiale (mol/L) :	$1,0 \times 10^{-3}$	0	0
Variation (mol/L) :	$-1,0 \times 10^{-3}$	$+1,0 \times 10^{-3}$	$+1,0 \times 10^{-3}$
Concentration finale (mol/L) :	0	$1,0 \times 10^{-3}$	$1,0 \times 10^{-3}$

Une variation positive (+) représente une augmentation de la concentration ; une variation négative (−), une diminution. Donc :

$$[H_3O^+] = 1,0 \times 10^{-3} \text{ mol/L}$$
$$pH = -\log(1,0 \times 10^{-3}) = 3,00$$

b) $Ba(OH)_2$ est une base forte ; chaque unité de $Ba(OH)_2$ produit deux ions OH^- :

$$Ba(OH)_2(aq) + H_2O(l) \longrightarrow Ba^{2+}(aq) + 2OH^-(aq)$$

On peut résumer les modifications de concentrations de toutes les espèces dans le tableau suivant :

$$Ba(OH)_2(aq) + H_2O(l) \longrightarrow Ba^{2+}(aq) + 2OH^-(aq)$$

	$Ba(OH)_2$	Ba^{2+}	OH^-
Concentration initiale (mol/L) :	0,020	0	0
Variation (mol/L) :	$-0,020$	$+0,020$	$+2(0,020)$
Concentration finale (mol/L) :	0	0,020	0,040

Ainsi :
$$[OH^-] = 0,040 \text{ mol/L}$$
$$pOH = -\log 0,040 = 1,40$$

Alors :
$$pH = 14,00 - pOH$$
$$= 14,00 - 1,40 = 12,60$$

VÉRIFICATION

Notez que, en a) et en b), nous avons négligé la contribution de l'auto-ionisation de l'eau en $[H_3O^+]$ et en $[OH^-]$ parce que $1,0 \times 10^{-7}$ mol/L est une valeur trop petite comparativement à $1,0 \times 10^{-3}$ mol/L et à 0,040 mol/L.

▶

EXERCICE E5.6

Calculez le pH d'une solution de $Ba(OH)_2$ à $1,5 \times 10^{-2}$ mol/L.

Problème semblable ⊕

5.11 a) et c)

Si l'on connaît les forces relatives de deux acides, on peut alors prédire dans quel sens se déplacera la réaction au cours d'une réaction entre un acide et une base conjuguée d'un autre acide, comme l'illustre l'exemple suivant.

EXEMPLE 5.7   La prédiction du sens de déplacement d'une réaction acide-base

Prédisez dans quel sens la réaction suivante sera favorisée en solution aqueuse :

$$HNO_2(aq) + CN^-(aq) \rightleftharpoons HCN(aq) + NO_2^-(aq)$$

DÉMARCHE

Ce problème consiste à déterminer si, à l'équilibre, la réaction sera déplacée vers la droite en favorisant la formation de HCN et de NO_2^- ou vers la gauche en faveur de HNO_2 et de CN^-. Laquelle de ces deux substances est un acide plus fort, donc un meilleur donneur de proton : HNO_2 ou HCN ? Laquelle de ces deux substances est une base plus forte, donc un meilleur receveur de proton : CN^- ou NO_2^- ?

SOLUTION

Le **TABLEAU 5.1** (*voir p. 243*) indique que HNO_2 est un acide plus fort que HCN. Par conséquent, CN^- est une base plus forte que NO_2^-. La réaction nette procédera de la gauche vers la droite, parce que HNO_2 est un meilleur donneur de proton que HCN (et que CN^- est un meilleur accepteur de proton que NO_2^-).

EXERCICE E5.7

Prédisez si la valeur de la constante d'équilibre de la réaction suivante est supérieure ou inférieure à 1 :

$$CH_3COOH(aq) + HCOO^-(aq) \rightleftharpoons CH_3COO^-(aq) + HCOOH(aq)$$

Problèmes semblables ⊕

5.25 et 5.26

RÉVISION DES CONCEPTS

a) Énumérez, par ordre décroissant de concentration, toutes les espèces présentes dans les solutions acides suivantes : **i)** HNO_3 ; **ii)** HF.

b) Énumérez, par ordre décroissant de concentration, toutes les espèces présentes dans les solutions basiques suivantes : **i)** NH_3 ; **ii)** KOH.

QUESTIONS de révision

8. Dites ce que l'on entend par « force d'un acide ».

9. Sans consulter le manuel, écrivez les formules de quatre acides forts et de quatre acides faibles.

10. Quel est l'acide le plus fort et quelle est la base la plus forte pouvant exister dans l'eau ?

11. H_2SO_4 est un acide fort, mais HSO_4^- est un acide faible. Expliquez la différence de force entre ces deux espèces apparentées.

5.5 Les acides faibles et les constantes d'ionisation des acides

Comme il a été vu, la grande majorité des acides sont faibles. Soit, par exemple, un monoacide faible, HA. Son ionisation dans l'eau sera représentée par l'équation 5.1 (*voir p. 233*):

$$HA(aq) + H_2O(l) \rightleftharpoons H_3O^+(aq) + A^-(aq)$$

La constante d'équilibre pour cette ionisation acide, appelée **constante d'ionisation d'un acide** (K_a), est donnée par:

$$K_a = \frac{[H_3O^+][A^-]}{[HA]} \tag{5.11}$$

À une température donnée, la mesure quantitative de la force de l'acide HA correspond à la valeur de K_a. Plus cette valeur est élevée, plus l'acide est fort, c'est-à-dire que la concentration à l'équilibre d'ions H_3O^+ provenant de l'ionisation est plus élevée. Il convient de remarquer aussi que ce sont seulement les acides faibles qui ont des valeurs de K_a.

Puisque l'ionisation d'un acide faible n'est jamais complète, toutes les espèces (l'acide non ionisé, les ions H_3O^+ et les ions A^-) sont présentes à l'équilibre. Le **TABLEAU 5.2** énumère un certain nombre d'acides faibles et donne les valeurs de K_a correspondantes, dans l'ordre décroissant de leur force. Il convient de noter que, à l'équilibre, l'espèce prédominante en solution (à part le solvant) est l'acide non ionisé. Même si les composés nommés dans le tableau sont tous des acides faibles, on remarque que, à l'intérieur de ce groupe, la force des acides varie beaucoup. Par exemple, la valeur de K_a pour HF ($7,1 \times 10^{-4}$) est d'environ 1,5 million de fois plus élevée que celle pour HCN ($4,9 \times 10^{-10}$).

Habituellement, on peut calculer la concentration en ions hydronium ou le pH d'une solution acide à l'équilibre à partir de la connaissance de la concentration initiale de l'acide et de sa valeur de K_a. Ces calculs sont basés sur la même méthode que celle qui a déjà été expliquée au chapitre 4 (*voir la section 4.4, p. 196*). Cependant, étant donné l'importance de l'ionisation des acides et des bases comme catégorie de systèmes à l'équilibre en solution aqueuse, il importe d'expliquer une procédure détaillée permettant de résoudre ce type de problèmes. Cette procédure permettra aussi de mieux comprendre les principes chimiques à la base de ces calculs.

Si, par exemple, on doit calculer le pH d'une solution de HF 0,50 mol/L à 25 °C, l'ionisation de HF se décrit ainsi:

$$HF(aq) + H_2O(l) \rightleftharpoons H_3O^+(aq) + F^-(aq)$$

D'après le **TABLEAU 5.2**:

$$K_a = \frac{[H_3O^+][F^-]}{[HF]} = 7,1 \times 10^{-4}$$

TABLEAU 5.2 > Constantes d'ionisation de quelques acides faibles et de leurs bases conjuguées à 25 °C

Nom de l'acide	Formule	Structure	K_a	Base conjuguée	K_b
Acide fluorhydrique	HF	H—F	$7,1 \times 10^{-4}$	F^-	$1,4 \times 10^{-11}$
Acide nitreux	HNO_2	O=N—O—H	$4,5 \times 10^{-4}$	NO_2^-	$2,2 \times 10^{-11}$
Acide acétylsalicylique (aspirine)	$C_9H_8O_4$		$3,0 \times 10^{-4}$	$C_9H_7O_4^-$	$3,3 \times 10^{-11}$
Acide formique	HCOOH		$1,7 \times 10^{-4}$	$HCOO^-$	$5,9 \times 10^{-11}$
Acide ascorbique* (vitamine C)	$C_6H_8O_6$		$8,0 \times 10^{-5}$	$C_6H_7O_6^-$	$1,3 \times 10^{-10}$
Acide benzoïque	C_6H_5COOH		$6,5 \times 10^{-5}$	$C_6H_5COO^-$	$1,5 \times 10^{-10}$
Acide acétique	CH_3COOH		$1,8 \times 10^{-5}$	CH_3COO^-	$5,6 \times 10^{-10}$
Acide cyanhydrique	HCN	H—C≡N	$4,9 \times 10^{-10}$	CN^-	$2,0 \times 10^{-5}$
Phénol	C_6H_5OH		$1,3 \times 10^{-10}$	$C_6H_5O^-$	$7,7 \times 10^{-5}$

* Dans le cas de l'acide ascorbique, c'est le groupement hydroxyle (OH) supérieur gauche qui est associé à cette constante d'ionisation.

La première étape consiste à déterminer toutes les espèces présentes qui peuvent influer sur le pH. Du fait que les acides s'ionisent peu, il y aura à l'équilibre beaucoup de HF non ionisé et un peu d'ions H_3O^+ et F^-. Une autre espèce présente en abondance est l'eau, H_2O, mais sa très faible valeur de constante d'ionisation, $K_{eau} = 1,0 \times 10^{-14}$, signifie que l'eau ne contribue pas de manière significative à la concentration de l'ion H_3O^+. Dorénavant, à moins d'avis contraire, il faut ignorer la contribution des ions H_3O^+ due à l'ionisation de l'eau. Il convient de remarquer également qu'on ne se préoccupe pas des ions OH^- qui sont aussi présents en solution. La concentration des OH^- sera évaluée à l'aide de l'équation 5.4 (*voir p. 236*) après avoir calculé $[H_3O^+]$.

Les changements de concentration de HF, de H_3O^+ et de F^- peuvent se résumer selon les étapes de la page 199:

	$HF(aq)$ + $H_2O(l)$ $\rightleftharpoons$ $H_3O^+(aq)$ + $F^-(aq)$		
Concentration initiale (mol/L):	0,50	0	0
Variation (mol/L):	$-x$	$+x$	$+x$
Concentration à l'équilibre (mol/L):	$(0,50 - x)$	x	x

Dans l'expression de la constante d'équilibre, on remplace les concentrations de HF, de H^+ et de F^- en fonction de l'inconnue x:

$$K_a = \frac{x \cdot x}{(0,50 - x)} = 7,1 \times 10^{-4}$$

En faisant le produit croisé et en réarrangeant les termes, on obtient:

$$x^2 + 7,1 \times 10^{-4}x - 3,6 \times 10^{-4} = 0$$

Il s'agit d'une équation quadratique de la forme polynomiale $ax^2 + bx + c = 0$, qui peut se résoudre avec la méthode expliquée à la page suivante ainsi qu'à l'annexe 2 (*voir p. 439*). Toutefois, on peut aussi essayer de prendre un raccourci pour résoudre cette équation. Étant donné que HF est un acide faible, donc peu ionisé, il est raisonnable de penser que la valeur de x est petite comparativement à 0,50. Alors, on obtient l'approximation suivante:

$$0,50 - x \approx 0,50$$

NOTE

Le signe $\approx$ veut dire «approximativement égal à».

Si on néglige la valeur de x, l'expression de la constante d'acidité devient:

$$\frac{x^2}{(0,50 - x)} \approx \frac{x^2}{0,50} = 7,1 \times 10^{-4}$$

En réarrangeant l'équation, on a:

$$x^2 = (0,50)(7,1 \times 10^{-4}) = 3,55 \times 10^{-4}$$

$$x = \sqrt{3,55 \times 10^{-4}} = 0,019 \text{ mol/L}$$

On a donc résolu l'équation sans recourir à l'équation quadratique. À l'équilibre (selon la troisième ligne du tableau réactionnel), on a:

$$[HF] = (0,50 - 0,019) \text{ mol/L} = 0,48 \text{ mol/L}$$

$$[H_3O^+] = 0,019 \text{ mol/L}$$

$$[F^-] = 0,019 \text{ mol/L}$$

et le pH de la solution est:

$$pH = -\log [H_3O^+] = 1,72$$

$$= -\log (0,019) = 1,72$$

Que vaut cette approximation ? Étant donné que les valeurs de K_a pour les acides faibles sont habituellement connues avec seulement une précision de ±5 %, il est raisonnable d'exiger que x vaille moins de 5 % de 0,50, la valeur dont il est soustrait. En d'autres mots, l'approximation est valable si le degré de dissociation de l'acide est inférieur à 5 %, donc si l'expression suivante est égale ou inférieure à 5 % :

NOTE

En général, on peut considérer sans faire un essai de calcul préalable que l'approximation est valable si $K_a/[HA]_i \leq 0,01$. Mais il vaut mieux le vérifier avec la règle du 5 %, surtout quand l'acide est de force moyenne.

$$\frac{0,019 \text{ mol/L}}{0,50 \text{ mol/L}} \times 100 \% = 3,8 \%$$

L'approximation faite plus haut était donc acceptable.

Voici maintenant une situation différente. Si la concentration initiale de HF vaut cette fois 0,050 mol/L au lieu de 0,50 mol/L et qu'on utilise la même procédure pour trouver la valeur de x, on obtient $x = 6,0 \times 10^{-3}$ mol/L. Cette valeur est supérieure à 5 % de la concentration initiale, car :

$$\frac{6,0 \times 10^{-3} \text{ mol/L}}{0,050 \text{ mol/L}} \times 100 \% = 12 \%$$

L'approximation n'est donc pas valable. L'équation quadratique devra être résolue.

Voici l'expression de la constante d'ionisation en fonction de x, l'inconnue :

$$\frac{x^2}{0,050 - x} = 7,1 \times 10^{-4}$$
$$x^2 + 7,1 \times 10^{-4}x - 3,6 \times 10^{-5} = 0$$

Elle correspond à la forme générale de l'équation quadratique $ax^2 + bx + c = 0$. Pour la résoudre, on utilise la relation :

$$x = \frac{-b \pm \sqrt{b^2 - 4ac}}{2a}$$
$$= \frac{-7,1 \times 10^{-4} \pm \sqrt{(7,1 \times 10^{-4})^2 - 4(1)(-3,6 \times 10^{-5})}}{2(1)}$$
$$= \frac{-7,1 \times 10^{-4} \pm 0,012}{2}$$
$$= 5,6 \times 10^{-3} \text{ mol/L} \quad \text{ou} \quad -6,4 \times 10^{-3} \text{ mol/L}$$

La deuxième solution ($-6,4 \times 10^{-3}$ mol/L) est physiquement impossible, car la concentration des ions produits ne peut être une valeur négative. Avec $x = 5,6 \times 10^{-3}$ mol/L, il est possible de résoudre l'équation pour trouver [HF], [H_3O^+] et [F^-] :

$$[HF] = (0,050 - 5,6 \times 10^{-3}) \text{ mol/L} = 0,044 \text{ mol/L}$$
$$[H_3O^+] = 5,6 \times 10^{-3} \text{ mol/L}$$
$$[F^-] = 5,6 \times 10^{-3} \text{ mol/L}$$

Le pH de la solution est :

$$pH = -\log 5,6 \times 10^{-3} \text{ mol/L} = 2,25$$

Voici les étapes de la résolution d'un problème d'ionisation d'un acide faible.

Étape 1 : à partir de l'équation de la réaction de l'acide avec l'eau, **identifier les principales espèces à l'équilibre**, c'est-à-dire les espèces qui peuvent influencer le pH de la solution.

Étape 2 : construire un tableau réactionnel et y exprimer les concentrations à l'équilibre des différentes espèces en fonction de la concentration initiale de l'acide et d'une seule inconnue x qui représente le changement de concentration.

Étape 3 : écrire l'expression de la constante d'ionisation de l'acide (K_a) en fonction des concentrations à l'équilibre. Résoudre d'abord à l'aide de la méthode de l'approximation. Si celle-ci n'est pas valable (c'est-à-dire si le degré de dissociation de l'acide est supérieur à 5 %), résoudre avec l'équation quadratique.

Étape 4 : ayant trouvé la valeur de x, calculer les concentrations à l'équilibre de toutes les espèces ainsi que le pH de la solution.

L'**EXEMPLE 5.8** illustre cette procédure.

HNO$_2$

EXEMPLE 5.8 Le calcul du pH d'une solution d'un acide faible

Calculez le pH d'une solution d'acide nitreux (HNO$_2$) à 0,036 mol/L.

$$HNO_2(aq) + H_2O(l) \rightleftharpoons H_3O^+(aq) + NO_2^-(aq)$$

DÉMARCHE

Il faut se rappeler qu'un acide faible ne s'ionise que partiellement dans l'eau. On donne la concentration initiale d'un acide faible et on demande de calculer le pH de la solution à l'équilibre. Un schéma de mise en forme du problème aide à identifier les espèces en jeu.

Principales espèces à l'équilibre

$[HNO_2]_0 = 0,036$ mol/L

$HNO_2 + H_2O \rightleftharpoons H_3O^+ + NO_2^-$ | $H_3O^+ \quad NO_2^-$ | HNO_2

Comme dans l'**EXEMPLE 5.6** (*voir p. 244*), nous ignorons l'ionisation de l'eau et considérons que l'acide est la principale source d'ions H$_3$O$^+$. Quant à la concentration des ions OH$^-$, elle est très petite, comme on peut s'y attendre dans une solution acide ; elle n'est donc pas ici une espèce majeure.

SOLUTION

Suivons la procédure décrite plus haut.

Étape 1 : les espèces susceptibles d'influer sur le pH de la solution sont HNO$_2$, H$_3$O$^+$ et la base conjuguée NO$_2^-$. Nous pouvons ignorer la contribution de l'eau à la concentration de H$_3$O$^+$.

▶

Étape 2 : étant donné x la concentration à l'équilibre de H_3O^+ et de NO_2^- en moles par litre, on peut construire le tableau suivant :

$$HNO_2(aq) + H_2O(l) \rightleftharpoons H_3O^+(aq) + NO_2^-(aq)$$

	HNO_2	H_3O^+	NO_2^-
Concentration initiale (mol/L) :	0,036	0	0
Variation (mol/L) :	$-x$	$+x$	$+x$
Concentration à l'équilibre (mol/L) :	$(0,036 - x)$	x	x

Étape 3 : d'après le **TABLEAU 5.2** (*voir p. 247*), on peut écrire :

$$K_a = \frac{[H_3O^+][NO_2^-]}{[HNO_2]}$$

$$4,5 \times 10^{-4} = \frac{x^2}{0,036 - x}$$

En faisant l'approximation $0,036 - x \approx 0,036$, nous obtenons :

$$4,5 \times 10^{-4} = \frac{x^2}{0,036 - x} \approx \frac{x^2}{0,036}$$

$$x^2 = 1,6 \times 10^{-5}$$

$$x = 4,0 \times 10^{-3} \text{ mol/L}$$

Vérifions la validité de l'approximation :

$$\frac{4,0 \times 10^{-3} \text{ mol/L}}{0,036 \text{ mol/L}} \times 100\,\% = 11\,\%$$

Puisque la valeur obtenue est supérieure à 5 %, l'approximation n'est pas valable, et nous devons résoudre l'équation quadratique ainsi :

$$x^2 + 4,5 \times 10^{-4}x - 1,62 \times 10^{-5} = 0$$

$$x = \frac{-4,5 \times 10^{-4} \pm \sqrt{(4,5 \times 10^{-4})^2 - 4(1)(-1,62 \times 10^{-5})}}{2(1)}$$

$$= 3,8 \times 10^{-3} \text{ mol/L} \quad \text{ou} \quad -4,3 \times 10^{-3} \text{ mol/L}$$

La deuxième solution est physiquement impossible, puisque la concentration des ions produits au cours de l'ionisation ne peut être négative. La solution correspond donc à la racine positive. Ainsi, elle est donnée par $x = 3,8 \times 10^{-3}$ mol/L.

Étape 4 : à l'équilibre,

$$[H_3O^+] = 3,8 \times 10^{-3} \text{ mol/L}$$

$$pH = -\log (3,8 \times 10^{-3})$$

$$= 2,42$$

VÉRIFICATION

Observez que le pH calculé est celui d'une solution acide, ce qui correspond bien au pH prévu pour une solution d'un acide faible. Comparez aussi le pH obtenu à celui d'un acide fort comme HCl à la même concentration (0,036 mol/L) afin de vous convaincre de la différence qui existe entre un acide fort et un acide faible.

Problème semblable

5.31

EXERCICE E5.8

Quel est le pH d'une solution d'un monoacide à 0,122 mol/L pour lequel K_a vaut $5,7 \times 10^{-4}$?

L'une des méthodes de détermination d'un K_a d'un acide consiste à mesurer le pH d'une solution de cet acide à une concentration connue. L'**EXEMPLE 5.9** montre comment évaluer une constante K_a à partir d'une mesure de pH.

EXEMPLE 5.9   La détermination d'une constante K_a à partir de la mesure du pH

Le pH d'une solution d'acide formique (HCOOH) 0,10 mol/L est 2,39. Quelle est la valeur de K_a de cet acide?

DÉMARCHE

L'acide formique est un acide faible. Il s'ionise faiblement dans l'eau. Remarquez que la concentration donnée de l'acide formique est une concentration initiale, celle qui existe avant le début de l'ionisation. Par contre, le pH de la solution concerne l'état d'équilibre. Pour pouvoir calculer K_a, il faut donc connaître les concentrations de ces trois espèces à l'équilibre: $[H_3O^+]$, $[HCOO^-]$ et $[HCOOH]$. Comme d'habitude, on ne tient pas compte des ions H_3O^+ en provenance de l'eau.

Le schéma suivant résume la mise en forme du problème.

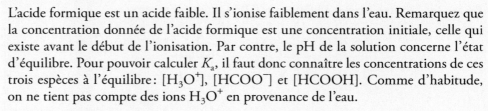

SOLUTION

Étape 1: les principales espèces en solution sont HCOOH, H_3O^+ et la base conjuguée $HCOO^-$.

Étape 2: il faut d'abord calculer la concentration de l'ion hydronium à partir de la valeur du pH:

$$pH = -\log [H_3O^+]$$
$$2,39 = -\log [H_3O^+]$$

L'antilogarithme de chaque membre de l'équation donne:

$$[H_3O^+] = 10^{-2,39} = 4,1 \times 10^{-3} \text{ mol/L}$$

Résumons ensuite les modifications:

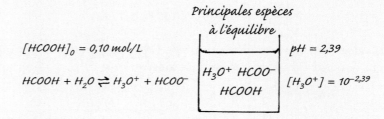

	$HCOOH(aq) + H_2O(l) \rightleftharpoons H_3O^+(aq) + HCOO^-(aq)$		
Concentration initiale (mol/L):	0,10	0	0
Variation (mol/L):	$- 4,1 \times 10^{-3}$	$+ 4,1 \times 10^{-3}$	$+ 4,1 \times 10^{-3}$
Concentration à l'équilibre (mol/L):	$(0,10) - (4,1 \times 10^{-3})$	$4,1 \times 10^{-3}$	$4,1 \times 10^{-3}$

▶

Puisque le pH est connu, la concentration de l'ion H_3O^+ l'est aussi. Ainsi, nous connaissons maintenant les concentrations de HCOOH et de $HCOO^-$ à l'équilibre.

Étape 3 : la constante d'ionisation de l'acide formique est donnée par :

$$K_a = \frac{[H_3O^+][HCOO^-]}{[HCOOH]}$$
$$= \frac{(4,1 \times 10^{-3})(4,1 \times 10^{-3})}{(0,10) - (4,1 \times 10^{-3})}$$
$$= 1,8 \times 10^{-4}$$

VÉRIFICATION

La valeur de K_a trouvée diffère un peu de celle qui a été donnée dans le **TABLEAU 5.2** (*voir p. 247*) à cause du processus d'arrondissement utilisé dans les calculs.

EXERCICE E5.9

Le pH d'un acide faible monoprotique à 0,060 mol/L vaut 3,44. Calculez le K_a de cet acide.

Problème semblable ⊕
5.29

5.5.1 Le pourcentage d'ionisation

La valeur de K_a indique la force d'un acide. Il existe toutefois une autre grandeur qui indique la force d'un acide, le **pourcentage d'ionisation**, défini ainsi :

$$\text{pourcentage d'ionisation} = \frac{\text{concentration d'acide ionisé à l'équilibre}}{\text{concentration initiale d'acide}} \times 100\% \quad (5.12)$$

Plus l'acide est fort, plus ce pourcentage est élevé. Dans le cas d'un monoacide HA, la concentration d'acide ionisé est égale à la concentration des ions H_3O^+ ou à la concentration des ions A^- à l'équilibre. Le pourcentage d'ionisation peut alors s'exprimer ainsi :

$$\text{pourcentage d'ionisation} = \frac{[H_3O^+]}{[HA]_0} \times 100\%$$

où $[H_3O^+]$ est la concentration à l'équilibre et $[HA]_0$ est la concentration initiale. Dans le contexte de l'**EXEMPLE 5.8** (*voir p. 250*), voici le calcul du pourcentage d'ionisation d'une solution 0,036 mol/L de HNO_2 :

$$\text{pourcentage d'ionisation} = \frac{3,8 \times 10^{-3}\,\text{mol/L}}{0,036\,\text{mol/L}} \times 100\% = 11\%$$

Il y a donc seulement environ une molécule de HNO_2 sur neuf qui est ionisée, ce qui est en accord avec le fait que HNO_2 est un acide faible. Ce calcul est le même que celui qui a été utilisé pour vérifier la justesse de l'approximation dans l'**EXEMPLE 5.8** (*voir p. 250*).

Le degré d'ionisation d'un acide faible dépend de la concentration initiale de l'acide. Plus l'acide est dilué, plus le pourcentage d'ionisation est élevé (*voir la* **FIGURE 5.5**). En d'autres termes, quand un acide est dilué, initialement le nombre de molécules par

NOTE

Il est possible de comparer les forces des acides à l'aide du pourcentage d'ionisation à la condition que les acides soient de la même concentration. On appelle aussi ce pourcentage d'ionisation «pourcentage de dissociation».

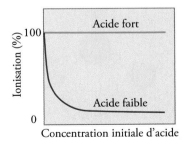

FIGURE 5.5 ⊙

Pourcentage d'ionisation en fonction de la concentration initiale d'acide

À des concentrations très basses, tous les acides (faibles ou forts) sont presque complètement ionisés.

unité de volume, soit les molécules d'acide non ionisées et les ions, est réduit. Selon le principe de Le Chatelier (*voir la section 4.5, p. 203*), pour s'opposer à cette contrainte, soit la diminution de la concentration de particules causée par la dilution, l'équilibre se déplace du côté de l'acide non ionisé (une particule) vers celui de l'ion H_3O^+ et de la base conjuguée (deux particules) afin de produire plus de particules (ions). Par conséquent, le pourcentage d'ionisation de l'acide s'accroît.

À l'aide du cas relatif au HF expliqué à la page 247, voici comment le pourcentage d'ionisation dépend de la concentration initiale.

Pour la concentration initiale de 0,50 mol/L en HF :

$$\text{pourcentage d'ionisation} = \frac{0,019\,\text{mol/L}}{0,50\,\text{mol/L}} \times 100\,\% = 3,8\,\%$$

Pour la concentration initiale de 0,050 mol/L en HF :

$$\text{pourcentage d'ionisation} = \frac{5,6 \times 10^{-3}\,\text{mol/L}}{0,050\,\text{mol/L}} \times 100\,\% = 11\,\%$$

Conformément au principe de Le Chatelier, on peut constater qu'une solution de HF plus diluée a un plus grand pourcentage d'ionisation.

> **RÉVISION DES CONCEPTS**
>
> La « concentration » de l'eau est de 55,5 mol/L. Calculez le pourcentation d'ionisation de l'eau.

5.5.2 Les diacides et les polyacides

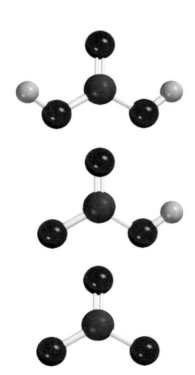

Les diacides et les polyacides peuvent céder plus d'un proton par molécule. Ces acides s'ionisent par étapes, c'est-à-dire qu'ils cèdent un proton à la fois. Chacune de ces étapes est reliée à une constante d'ionisation. Par conséquent, il faut souvent utiliser deux ou plusieurs expressions de constantes d'équilibre pour calculer les concentrations des espèces présentes dans la solution acide. Par exemple, dans le cas du diacide H_2CO_3, on écrit :

$$H_2CO_3(aq) + H_2O(l) \rightleftharpoons H_3O^+(aq) + HCO_3^-(aq) \quad K_{a_1} = \frac{[H_3O^+][HCO_3^-]}{[H_2CO_3]}$$

$$HCO_3^-(aq) + H_2O(l) \rightleftharpoons H_3O^+(aq) + CO_3^{2-}(aq) \quad K_{a_2} = \frac{[H_3O^+][CO_3^{2-}]}{[HCO_3^-]}$$

La base conjuguée de la première étape d'ionisation devient l'acide dans la deuxième étape.

Le **TABLEAU 5.3** donne les constantes d'ionisation de diacides et de polyacides. Pour un acide donné, la première constante d'ionisation est plus élevée que la deuxième, et ainsi de suite. C'est logique, car il est plus facile de retirer un ion H^+ d'une molécule neutre que de retirer un autre ion H^+ d'un ion négatif dérivé de cette molécule.

H_2CO_3, HCO_3^- et CO_3^{2-}

TABLEAU 5.3 > Constantes d'ionisation de quelques diacides et polyacides courants et de leurs bases conjuguées à 25 °C

Nom de l'acide	Formule	Structure	K_a	Base conjuguée	K_b
Acide sulfurique	H_2SO_4	O ‖ H—O—S—O—H ‖ O	Très grande	HSO_4^-	Très petite
Ion hydrogénosulfate	HSO_4^-	O ‖ H—O—S—O$^-$ ‖ O	$1,3 \times 10^{-2}$	SO_4^{2-}	$7,7 \times 10^{-13}$
Acide oxalique	$C_2H_2O_4$	O O ‖ ‖ H—O—C—C—O—H	$6,5 \times 10^{-2}$	$HC_2O_4^-$	$1,5 \times 10^{-13}$
Ion hydrogénoxalate	$HC_2O_4^-$	O O ‖ ‖ H—O—C—C—O$^-$	$6,1 \times 10^{-5}$	$C_2O_4^{2-}$	$1,6 \times 10^{-10}$
Acide sulfureux*	H_2SO_3	O ‖ H—O—S—O—H	$1,3 \times 10^{-4}$	HSO_3^-	$7,7 \times 10^{-13}$
Ion hydrogénosulfite	HSO_3^-	O ‖ H—O—S—O$^-$	$6,3 \times 10^{-8}$	SO_3^{2-}	$1,6 \times 10^{-7}$
Acide carbonique	H_2CO_3	O ‖ H—O—C—O—H	$4,2 \times 10^{-7}$	HCO_3^-	$2,4 \times 10^{-8}$
Ion hydrogénocarbonate	HCO_3^-	O ‖ H—O—C—O$^-$	$4,8 \times 10^{-11}$	CO_3^{2-}	$2,1 \times 10^{-4}$
Acide sulfhydrique	H_2S	H—S—H	$9,5 \times 10^{-8}$	HS^-	$1,1 \times 10^{-7}$
Ion hydrogénosulfure**	HS^-	H—S$^-$	1×10^{-19}	S^{2-}	1×10^{5}
Acide phosphorique	H_3PO_4	O ‖ H—O—P—O—H │ O │ H	$7,5 \times 10^{-3}$	$H_2PO_4^-$	$1,3 \times 10^{-12}$
Ion dihydrogénophosphate	$H_2PO_4^-$	O ‖ H—O—P—O$^-$ │ O │ H	$6,2 \times 10^{-8}$	HPO_4^{2-}	$1,6 \times 10^{-7}$
Ion hydrogénophosphate	HPO_4^{2-}	O ‖ H—O—P—O$^-$ │ O$^-$	$4,8 \times 10^{-13}$	PO_4^{3-}	$2,1 \times 10^{-2}$

* On n'a jamais isolé H_2SO_3 ; ce composé n'existe qu'en concentration faible en solution aqueuse de SO_2. La valeur de K_a correspond à la réaction $SO_2(g) + H_2O(l) \rightleftharpoons H_3O^+(aq) + HSO_3^-(aq)$, la pression de SO_2 étant en kilopascals.

** La constante d'ionisation de HS^- est très petite et très difficile à mesurer. La valeur indiquée ici n'est qu'une estimation.

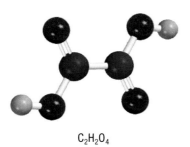

$C_2H_2O_4$

EXEMPLE 5.10 Le calcul du pH d'un diacide et des concentrations de toutes les espèces

L'acide oxalique $C_2H_2O_4$ est une substance toxique utilisée principalement comme agent de blanchiment et de nettoyage (par exemple, pour nettoyer les cernes dans la baignoire). Calculez le pH et les concentrations de toutes les espèces présentes à l'équilibre dans une solution d'acide oxalique à 0,100 mol/L.

DÉMARCHE

Les calculs comprenant des diacides et des polyacides sont plus compliqués que ceux vus jusqu'ici, car ces substances peuvent céder plus d'un atome d'hydrogène par molécule. Il faut suivre la procédure expliquée précédemment pour un monoacide (*voir l'***EXEMPLE 5.8**, *p. 250*) et l'appliquer à chacune des étapes d'ionisations successives. Rappelons que la base conjuguée de la première étape d'ionisation d'un diacide devient l'acide dans la deuxième étape d'ionisation.

SOLUTION

Voici les étapes de calcul pour la première ionisation.

Étape 1 : au cours de la première ionisation, les principales espèces en solution sont l'acide non ionisé, les ions H_3O^+ et la base conjuguée $HC_2O_4^-$.

Étape 2 : soit x la concentration molaire à l'équilibre des ions H_3O^+ et $HC_2O_4^-$. Les variations de concentration sont données dans le tableau suivant :

$$C_2H_2O_4(aq) + H_2O(l) \rightleftharpoons H_3O^+(aq) + HC_2O_4^-(aq)$$

	$C_2H_2O_4$	H_3O^+	$HC_2O_4^-$
Concentration initiale (mol/L) :	0,100	0	0
Variation (mol/L) :	$-x$	$+x$	$+x$
Concentration à l'équilibre (mol/L) :	$(0,100 - x)$	x	x

Étape 3 : selon la constante d'ionisation du **TABLEAU 5.3** (*voir p. 255*), nous avons :

$$K_{a_1} = \frac{[H_3O^+][HC_2O_4^-]}{[C_2H_2O_4]}$$

$$6,5 \times 10^{-2} = \frac{x^2}{0,100 - x}$$

En appliquant l'approximation $0,100 - x \approx 0,100$, nous obtenons :

$$6,5 \times 10^{-2} = \frac{x^2}{0,100 - x} \approx \frac{x^2}{0,100}$$

$$x^2 = 6,5 \times 10^{-3}$$

$$x = 8,1 \times 10^{-2} \text{ mol/L}$$

Vérifions la validité de l'approximation :

$$\frac{8,1 \times 10^{-2} \text{ mol/L}}{0,100 \text{ mol/L}} \times 100\% = 81\%$$

L'approximation n'étant pas valable, résolvons à l'aide de l'équation quadratique sous la forme :

$$x^2 + 6,5 \times 10^{-2}x - 6,5 \times 10^{-3} = 0$$

▶

Il y a deux solutions, mais la seule plausible est $x = 0,054$ mol/L.

Étape 4: une fois l'équilibre de la première étape d'ionisation atteint, les concentrations sont:

$$[H_3O^+] = 0,054 \text{ mol/L}$$

$$[HC_2O_4^-] = 0,054 \text{ mol/L}$$

$$[C_2H_2O_4] = (0,100 - 0,054) \text{ mol/L} = 0,046 \text{ mol/L}$$

Voyons maintenant la seconde étape d'ionisation.

Étape 1: à cette étape, les principales espèces dont il faut tenir compte sont $HC_2O_4^-$, ion qui agit comme un acide au cours de la deuxième ionisation, H_3O^+ et la base conjuguée $C_2O_4^{2-}$.

Étape 2: soit y la concentration à l'équilibre de H_3O^+ et des ions $C_2O_4^{2-}$ en moles par litre. La concentration à l'équilibre de $HC_2O_4^-$ doit donc être $(0,054 - y)$ mol/L.

Nous avons (Attention! $[H_3O^+]_0$ n'est pas égal à zéro ici.):

$$HC_2O_4^-(aq) + H_2O(l) \rightleftharpoons H_3O^+(aq) + C_2O_4^{2-}(aq)$$

	$HC_2O_4^-$	H_3O^+	$C_2O_4^{2-}$
Concentration initiale (mol/L):	0,054	0,054	0
Variation (mol/L):	$-y$	$+y$	$+y$
Concentration à l'équilibre (mol/L):	$(0,054 - y)$	$(0,054 + y)$	y

Étape 3: en utilisant la constante d'ionisation du **TABLEAU 5.3** (*voir p. 255*), nous avons:

$$K_{a_2} = \frac{[H_3O^+][C_2O_4^{2-}]}{[HC_2O_4^-]}$$

$$6,1 \times 10^{-5} = \frac{(0,054 + y)y}{(0,054 - y)}$$

Puisque la constante d'ionisation est petite, nous pouvons faire les approximations suivantes:

$$0,054 + y \approx 0,054 \text{ et } 0,054 - y \approx 0,054$$

En appliquant ces approximations, nous obtenons:

$$\frac{(0,054)(y)}{(0,054)} = y = 6,1 \times 10^{-5} \text{ mol/L}$$

Vérifions la validité de l'approximation:

$$\frac{6,1 \times 10^{-5} \text{ mol/L}}{0,054 \text{ mol/L}} \times 100\% = 0,11\%$$

L'approximation est valable.

Étape 4: ainsi, les concentrations de toutes les espèces présentes à l'équilibre sont:

$$[C_2H_2O_4] = 0,046 \text{ mol/L}$$

$$[HC_2O_4^-] = (0,054 - 6,1 \times 10^{-5}) \text{ mol/L} = 0,054 \text{ mol/L}$$

$$[H_3O^+] = (0,054 + 6,1 \times 10^{-5}) \text{ mol/L} = 0,054 \text{ mol/L}$$

$$[C_2O_4{}^{2-}] = 6,1 \times 10^{-5} \text{ mol/L}$$

$$[OH^-] = 1,0 \times 10^{-14}/0,054 = 1,9 \times 10^{-13} \text{ mol/L}$$

$$\text{et le pH} = -\log [H_3O^+] = -\log 0,054 = 1,3$$

⊕ **Problème semblable**

5.36

EXERCICE E5.10

Calculez les concentrations de $C_2H_2O_4$, de $HC_2O_4{}^-$, de $C_2O_4{}^{2-}$ et de H_3O^+ dans une solution d'acide oxalique à 0,20 mol/L.

NOTE

En général, comme on peut le constater dans le **TABLEAU 5.3** (*voir p. 255*), les diacides et les polyacides ont des valeurs successives de K_a qui sont entre elles au moins mille fois plus petites ; c'est ce qui rend possible ce calcul simplifié.

L'**EXEMPLE 5.10** (*voir p. 256*) montre que, pour les diacides, si $K_{a_1} \gg K_{a_2}$, la concentration des ions H_3O^+ à l'équilibre peut être considérée comme le résultat de la première étape d'ionisation seulement. De plus, la concentration de la base conjuguée de la deuxième étape d'ionisation est numériquement égale à K_{a_2}. Dans un tel cas, le pH peut donc se calculer en suivant seulement les trois premières étapes au cours de la première ionisation de l'exemple, puisque $[H_3O^+]$ a la même valeur à la fin de la deuxième ionisation.

L'acide phosphorique (H_3PO_4) est un important polyacide qui possède trois atomes d'hydrogène ionisables :

$$H_3PO_4(aq) + H_2O(l) \rightleftharpoons H_3O^+(aq) + H_2PO_4{}^-(aq) \quad K_{a_1} = \frac{[H_3O^+][H_2PO_4{}^-]}{[H_3PO_4]} = 7,5 \times 10^{-3}$$

$$H_2PO_4{}^-(aq) + H_2O(l) \rightleftharpoons H_3O^+(aq) + HPO_4{}^{2-}(aq) \quad K_{a_2} = \frac{[H_3O^+][HPO_4{}^{2-}]}{[H_2PO_4{}^-]} = 6,2 \times 10^{-8}$$

$$HPO_4{}^{2-}(aq) + H_2O(l) \rightleftharpoons H_3O^+(aq) + PO_4{}^{3-}(aq) \quad K_{a_3} = \frac{[H_3O^+][PO_4{}^{3-}]}{[HPO_4{}^{2-}]} = 4,8 \times 10^{-13}$$

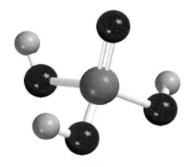

H_3PO_4

L'acide phosphorique est un polyacide faible et ses constantes d'ionisation décroissent radicalement aux deuxième et troisième étapes. On peut donc prédire que, dans une solution d'acide phosphorique, la concentration d'acide non ionisé est la plus élevée et que les seules autres espèces en concentrations importantes sont H_3O^+ et $H_2PO_4{}^-$.

RÉVISION DES CONCEPTS

Lequel des diagrammes suivants représente une solution d'acide sulfurique ? (Les molécules d'eau n'apparaissent pas.)

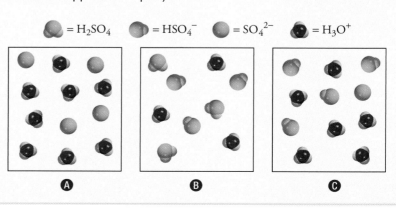

= H_2SO_4 = $HSO_4{}^-$ = $SO_4{}^{2-}$ = H_3O^+

Ⓐ Ⓑ Ⓒ

12. Que révèle la constante d'ionisation sur la force d'un acide ?

13. Énumérez les facteurs dont dépend la valeur de K_a pour un acide faible.

14. Pourquoi ne spécifie-t-on généralement pas la valeur de K_a pour les acides forts comme HCl et HNO_3 ? Pourquoi faut-il préciser la température quand on donne la valeur de K_a ?

15. Quelle solution a le pH le plus élevé ? **a)** HCOOH à 0,40 mol/L ; **b)** $HClO_4$ à 0,40 mol/L ; **c)** CH_3COOH à 0,40 mol/L.

16. L'acide malonique est un diacide. Expliquez ce que cela signifie.

17. Nommez toutes les espèces présentes dans une solution d'acide phosphorique. Indiquez les espèces qui peuvent agir comme un acide de Brønsted-Lowry, celles qui peuvent agir comme une base de Brønsted-Lowry et celles qui peuvent agir comme les deux.

5.6 Les bases faibles et les constantes d'ionisation des bases

(i+) CHIMIE EN LIGNE

Animation
• L'ionisation des bases

Les bases faibles doivent être abordées de la même manière que les acides faibles. Quand l'ammoniac se dissout dans l'eau, la réaction suivante se produit :

$$NH_3(aq) + H_2O(l) \rightleftharpoons NH_4^+(aq) + OH^-(aq)$$

La constante d'équilibre est donnée par :

$$K = \frac{[NH_4^+][OH^-]}{[NH_3][H_2O]}$$

NOTE

En comparaison de la concentration totale d'eau, il n'y a que très peu de molécules d'eau utilisées comme réactifs dans cette réaction ; on considère donc $[H_2O]$ comme une constante.

La production d'ions hydroxyde dans cette réaction d'ionisation basique signifie que, dans la solution à 25 °C, $[OH^-] > [H_3O^+]$ et qu'ainsi le pH > 7.

La constante d'équilibre est donnée par :

$$K_b = \frac{[NH_4^+][OH^-]}{[NH_3]}$$
$$= 1,8 \times 10^{-5}$$

où K_b, la constante d'équilibre relative à l'ionisation d'une base, est appelée **constante d'ionisation d'une base**.

Le **TABLEAU 5.4** (*voir p. 260*) donne une liste de quelques bases faibles courantes et de leurs constantes d'ionisation. La basicité de chacun de ces composés est attribuable au doublet d'électrons libres d'un atome d'azote. Ainsi, ce doublet d'électrons libres peut accepter un ion H^+, ce qui fait que ces substances se comportent comme des bases de Brønsted-Lowry.

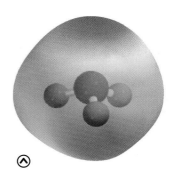

Le diagramme de potentiel électrostatique de NH_3 permet de voir que la basicité de l'ammoniac résulte du doublet d'électrons libres (en rouge) de l'atome d'azote.

TABLEAU 5.4 > Constantes d'ionisation de quelques bases faibles courantes et de leurs acides conjugués à 25 °C

Nom de la base	Formule	Structure	K_b*	Acide conjugué	K_a

Éthylamine	$C_2H_5NH_2$	CH$_3$—CH$_2$—N̈—H
		             |
		             H
			$5,6 \times 10^{-4}$	$C_2H_5\overset{+}{N}H_3$	$1,8 \times 10^{-11}$

Méthylamine	CH_3NH_2	CH$_3$—N̈—H
		      |
		      H
			$4,4 \times 10^{-4}$	$CH_3\overset{+}{N}H_3$	$2,3 \times 10^{-11}$

Ammoniac	NH_3	H—N̈—H
		     |
		     H
			$1,8 \times 10^{-5}$	NH_4^+	$5,6 \times 10^{-10}$

Pyridine	C_5H_5N	(structure) N:	$1,7 \times 10^{-9}$	$C_5H_5\overset{+}{N}H$	$5,9 \times 10^{-6}$

Aniline	$C_6H_5NH_2$	(structure) N̈—H
		     |
		     H
			$3,8 \times 10^{-10}$	$C_6H_5\overset{+}{N}H_3$	$2,6 \times 10^{-5}$

Caféine	$C_8H_{10}N_4O_2$	(structure)	$5,3 \times 10^{-14}$	$C_8H_{11}\overset{+}{N}_4O_2$	$0,19$
Urée	H_2NCONH_2	(structure)	$1,5 \times 10^{-14}$	$H_2NCO\overset{+}{N}H_3$	$0,67$

* La propriété basique de chacun de ces composés est due à la présence d'un doublet d'électrons libres sur un atome d'azote. Dans le cas de l'urée, K_b peut être associé à l'un ou l'autre des atomes d'azote.

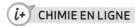

CHIMIE EN LIGNE

Interaction
• Les calculs du pH d'une solution basique

La résolution des problèmes comprenant des bases faibles se fait selon la même procédure que celle qui a été expliquée dans le cas des acides faibles. La principale différence réside dans le fait qu'il faut plutôt commencer par calculer [OH⁻] au lieu de [H₃O⁺]. L'exemple suivant illustre cette démarche.

EXEMPLE 5.11   Le calcul du pH d'une solution d'une base faible

Quel est le pH d'une solution d'ammoniac (NH₃) à 0,40 mol/L ?

DÉMARCHE

La procédure à suivre ici est semblable à celle déjà expliquée dans le cas d'un acide faible (*voir l'***EXEMPLE 5.8**, *p. 250*). D'après l'équation de l'ionisation de l'ammoniac, nous constatons que les principales espèces en solution à l'équilibre sont NH₃, NH₄⁺ et OH⁻. La concentration en ions hydronium est très petite, comme on s'y attend ▶

d'une solution basique, et ils ne constituent donc pas une espèce principale. Notez que nous pouvons également négliger la contribution des ions OH^- provenant de l'ionisation de l'eau, pour les mêmes raisons qui nous permettaient d'ignorer la contribution des ions H_3O^+ provenant de l'ionisation de l'eau. Le schéma suivant résume la mise en forme du problème.

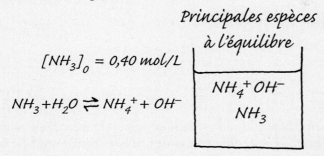

Principales espèces à l'équilibre

$$[NH_3]_0 = 0{,}40 \text{ mol/L}$$

$$NH_3 + H_2O \rightleftharpoons NH_4^+ + OH^-$$

$NH_4^+ \ OH^-$
NH_3

SOLUTION

Étape 1 : les principales espèces dans la solution d'ammoniac sont NH_3, NH_4^+ et OH^-. On peut ignorer la très faible contribution de l'eau en ions OH^-.

Étape 2 : soit x la concentration à l'équilibre en moles par litre des ions NH_4^+ et OH^-. Résumons les données dans le tableau suivant :

$$NH_3(aq) + H_2O(l) \rightleftharpoons NH_4^+(aq) + OH^-(aq)$$

	$NH_3(aq) + H_2O(l) \rightleftharpoons$	$NH_4^+(aq) +$	$OH^-(aq)$
Concentration initiale (mol/L) :	0,40	0	0
Variation (mol/L) :	$-x$	$+x$	$+x$
Concentration à l'équilibre (mol/L) :	$(0{,}40 - x)$	x	x

Étape 3 : en utilisant la constante d'ionisation K_b donnée au **TABLEAU 5.4**, nous écrivons :

$$K_b = \frac{[NH_4^+][OH^-]}{[NH_3]}$$

$$1{,}8 \times 10^{-5} = \frac{x^2}{0{,}40 - x}$$

En faisant l'approximation $0{,}40 - x \approx 0{,}40$, nous obtenons :

$$1{,}8 \times 10^{-5} = \frac{x^2}{0{,}40 - x} \approx \frac{x^2}{0{,}40}$$

$$x^2 = 7{,}2 \times 10^{-6}$$

$$x = 2{,}7 \times 10^{-3} \text{ mol/L}$$

Pour valider cette approximation, nous calculons le pourcentage d'ionisation :

$$\frac{2{,}7 \times 10^{-3} \text{ mol/L}}{0{,}40 \text{ mol/L}} \times 100\% = 0{,}68\%$$

L'approximation était donc acceptable.

NOTE

La règle du 5 % (*voir p. 249*) s'applique également dans le cas des bases.

Étape 4 : à l'équilibre, $[OH^-] = 2,7 \times 10^{-3}$ mol/L.

Alors :

$$pOH = -\log (2,7 \times 10^{-3})$$
$$= 2,57$$

et selon l'équation 5.10 (*voir p. 239*) :

$$pH = 14,00 - 2,57$$
$$= 11,43$$

VÉRIFICATION

Le pH calculé est basique, ce qui correspond au pH attendu d'une solution basique. Afin de vous convaincre de la différence entre une base forte et une base faible, comparez le pH calculé ici à celui d'une solution d'une base forte à 0,40 mol/L comme KOH.

⊕ **Problème semblable**

5.37

EXERCICE E5.11

Calculez le pH d'une solution de méthylamine (CH_3NH_2) à 0,26 mol/L (*voir le* **TABLEAU 5.4**, *p. 260*).

RÉVISION DES CONCEPTS

À l'aide du **TABLEAU 5.4** (*voir p. 260*), classez les solutions suivantes en ordre décroissant de basicité (on estime que les solutions sont d'égales concentrations) : **a)** aniline ; **b)** méthylamine ; **c)** caféine.

5.7 La relation entre les constantes d'ionisation des couples acide-base conjugués

Une importante relation entre la constante d'ionisation d'un acide et celle de sa base conjuguée peut être déduite de la manière suivante. Voici l'exemple de l'acide acétique :

$$CH_3COOH(aq) + H_2O(l) \rightleftharpoons H_3O^+(aq) + CH_3COO^-(aq)$$
$$K_a = \frac{[H_3O^+][CH_3COO^-]}{[CH_3COOH]}$$

La base conjuguée (CH_3COO^-) réagit avec l'eau selon l'équation suivante :

$$CH_3COO^-(aq) + H_2O(l) \rightleftharpoons CH_3COOH(aq) + OH^-(aq)$$

et la constante d'ionisation de la base peut s'exprimer ainsi :

$$K_b = \frac{[CH_3COOH][OH^-]}{[CH_3COO^-]}$$

Le produit de ces deux constantes d'ionisation est donné par:

$$K_a K_b = \frac{[H_3O^+][CH_3COO^-]}{[CH_3COOH]} \times \frac{[CH_3COOH][OH^-]}{[CH_3COO^-]}$$

$$= [H_3O^+][OH^-]$$

$$= K_{eau} = 1,0 \times 10^{-14} \text{ à } 25\ ^\circ C$$

Ce résultat peut sembler étrange à première vue, mais il s'explique par le fait que la somme des réactions (1) et (2) ci-dessous correspond simplement à l'auto-ionisation de l'eau:

(1) $CH_3COOH(aq) + H_2O(l) \rightleftharpoons H_3O^+(aq) + CH_3COO^-(aq)$ K_a

(2) $\underline{CH_3COO^-(aq) + H_2O(l) \rightleftharpoons CH_3COOH(aq) + OH^-(aq)}$ K_b

(3) $2H_2O(l) \rightleftharpoons H_3O^+(aq) + OH^-(aq)$ K_{eau}

Cet exemple illustre l'une des règles de l'équilibre chimique: quand deux réactions s'additionnent pour donner une troisième réaction, la constante d'équilibre pour cette dernière est le produit des constantes d'équilibre pour les deux premières (*voir p. 192*). Ainsi, pour tout couple acide-base conjugué, il est toujours vrai que:

$$K_a K_b = K_{eau} \tag{5.13}$$

Le fait d'exprimer l'équation 5.13 de ces deux manières:

$$K_a = \frac{K_{eau}}{K_b} \quad \text{ou} \quad K_b = \frac{K_{eau}}{K_a}$$

conduit à une importante conclusion: plus l'acide est fort (plus K_a est grand), plus sa base conjuguée est faible (plus K_b est petit), et vice versa (*voir les* **TABLEAUX 5.2, 5.3** *et* **5.4**, *p. 247, 255 et 260*).

Il est possible d'utiliser l'équation 5.13 pour calculer la valeur de K_b de la base conjuguée (CH_3COO^-) de CH_3COOH à 25 °C. La valeur de K_a de CH_3COOH dans le **TABLEAU 5.2** (*voir p. 247*) permet d'écrire:

$$K_b = \frac{K_{eau}}{K_a}$$

$$= \frac{1,0 \times 10^{-14}}{1,8 \times 10^{-5}}$$

$$= 5,6 \times 10^{-10}$$

NOTE

Pour déterminer la valeur de K_a, il faut utiliser la constante K_b de la base conjuguée formée lors de l'ionisation de l'acide, et vice versa.

RÉVISION DES CONCEPTS

Considérez les deux acides suivants et leur constante d'ionisation respective:

HCOOH $K_a = 1,7 \times 10^{-4}$

HCN $K_a = 4,9 \times 10^{-10}$

Quelle base conjuguée est la plus forte: $HCOO^-$ ou CN^-?

5.8 La relation entre la structure moléculaire et la force des acides

La force d'un acide dépend de plusieurs facteurs, dont la nature du solvant, la température et la structure moléculaire de l'acide. Lorsqu'on compare les forces de deux acides, on peut éliminer certaines variables en faisant les observations dans un même solvant, à une même température et à une même concentration. Ainsi, on peut ensuite observer l'effet de la structure des acides sur leurs forces relatives.

Soit un certain acide de formule générale HX. Rappelons que la force de l'acide se mesure par sa plus ou moins grande tendance à s'ioniser selon :

$$HA + H_2O \rightleftharpoons H_3O^+ + A^-$$

Deux facteurs permettent d'expliquer le degré d'ionisation d'un acide : la force de la liaison H—X (*voir le* **TABLEAU 5.5**) et sa polarité. Plus l'énergie d'une liaison est faible, plus celle-ci se brise facilement, permettant à l'acide de réagir plus aisément avec l'eau. Ainsi, les acides dont la liaison H—A est plus faible devraient être des acides plus forts. Par ailleurs, une liaison fortement polarisée se brise plus facilement qu'une liaison qui l'est moins. Un acide dont la différence d'électronégativité entre les deux atomes est plus grande devrait donc être plus fort.

5.8.1 Les acides hydrohalogénés

Les halogènes forment une série d'acides binaires (à deux constituants) appelés «acides hydrohalogénés», comme HCl, HBr et HI. Le **TABLEAU 5.5** montre que HF possède la plus forte liaison parmi ces halogénures et HI, la plus faible. En effet, il faut 568,2 kJ pour briser une mole de liaisons H—F alors qu'il en faut seulement 298,3 dans le cas des liaisons H—I. Si l'on se fie aux forces comparatives de liaison, HI devrait donc être l'acide le plus fort des deux parce que la liaison H—I est beaucoup plus facile à rompre pour former les ions H^+ et I^-. Cependant, si l'on considère la polarité des liaisons, HF devrait être l'acide le plus fort de la série à cause de l'importante polarisation de la liaison. Les deux facteurs mentionnés plus haut (la polarité d'une liaison et son énergie) jouent donc en sens contraire. Expérimentalement, on observe que HI est un acide fort et HF, un acide faible. Dans le cas des acides halogénés, la force de la liaison est le facteur prédominant dans la détermination de la force de ces acides :

$$HF \ll HCl < HBr < HI$$

5.8.2 Les oxacides

Les oxacides (*voir la section 2.8 de* Chimie générale) sont constitués d'hydrogène, d'oxygène et d'un autre élément Z, lequel occupe une position centrale. La **FIGURE 5.6** montre les structures de Lewis de plusieurs oxacides usuels. Ces acides se caractérisent par la

---

i+ **CHIMIE EN LIGNE**

Interaction
• La relation entre la structure moléculaire et la force des acides

TABLEAU 5.5 >
Énergies (ou enthalpies) de liaison des acides hydrohalogénés

Liaison	Énergie de liaison (kJ/mol)	Force de l'acide
H—F	568,2	Faible
H—Cl	431,9	Fort
H—Br	366,1	Fort
H—I	298,3	Fort

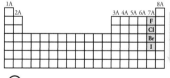

La force des acides hydrohalogénés s'accroît de HF à HI.

NOTE

Ces acides sont trop forts pour une comparaison dans l'eau (effet de nivellement), mais leurs forces relatives peuvent être observées dans des solvants moins basiques.

présence de une ou plusieurs liaisons O—H. De plus, l'atome central Z peut avoir d'autres groupes d'atomes qui lui sont rattachés. En général, on a la structure :

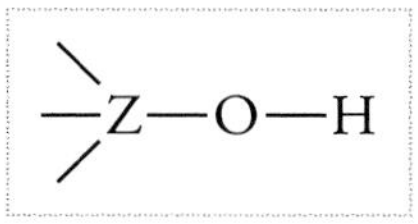

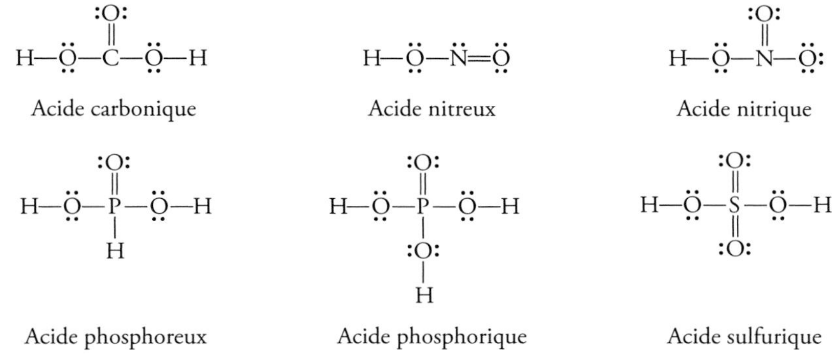

$$\overset{\diagdown}{\underset{\diagup}{-}}Z-O-H$$

FIGURE 5.6

Structures de Lewis de quelques oxacides usuels

$$\underset{\text{Acide carbonique}}{H-\overset{..}{\underset{..}{O}}-\overset{\overset{:O:}{\|}}{C}-\overset{..}{\underset{..}{O}}-H}$$

$$\underset{\text{Acide nitreux}}{H-\overset{..}{\underset{..}{O}}-\overset{..}{N}=\overset{..}{\underset{..}{O}}}$$

$$\underset{\text{Acide nitrique}}{H-\overset{..}{\underset{..}{O}}-\overset{\overset{:O:}{\|}}{N}-\overset{..}{\underset{..}{O}}:}$$

$$\underset{\text{Acide phosphoreux}}{H-\overset{..}{\underset{..}{O}}-\overset{\overset{:O:}{\|}}{\underset{\underset{H}{|}}{P}}-\overset{..}{\underset{..}{O}}-H}$$

$$\underset{\text{Acide phosphorique}}{H-\overset{..}{\underset{..}{O}}-\overset{\overset{:O:}{\|}}{\underset{\underset{H}{\overset{|}{:O:}}}{P}}-\overset{..}{\underset{..}{O}}-H}$$

$$\underset{\text{Acide sulfurique}}{H-\overset{..}{\underset{..}{O}}-\overset{\overset{:O:}{\|}}{\underset{\underset{:O:}{\|}}{S}}-\overset{..}{\underset{..}{O}}-H}$$

Dans le cas des oxacides, l'électronégativité de l'atome central (Z) détermine la force de l'acide. Si Z est un élément électronégatif, ou dans un état d'oxydation élevé, il attire les électrons, ce qui rend la liaison Z—O moins polaire. La liaison O—H se retrouve alors davantage polarisée. Par conséquent, la tendance pour l'hydrogène à s'ioniser s'accroît.

Afin de comparer leurs forces, il convient de diviser les oxacides en deux catégories.

1. **Les oxacides ayant différents atomes centraux qui sont du même groupe d'éléments dans le tableau périodique et qui ont le même état d'oxydation.** Dans cette catégorie, la force des acides s'accroît selon l'électronégativité croissante de l'atome central, comme l'illustre la comparaison de $HClO_3$ et $HBrO_3$:

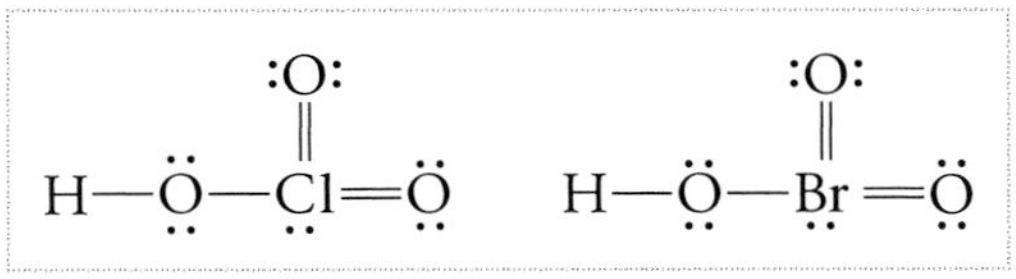

$$H-\overset{..}{\underset{..}{O}}-\overset{\overset{:O:}{\|}}{Cl}=\overset{..}{\underset{..}{O}} \qquad H-\overset{..}{\underset{..}{O}}-\overset{\overset{:O:}{\|}}{Br}=\overset{..}{\underset{..}{O}}$$

Les atomes Cl et Br ont le même degré d'oxydation (+5). Or, Cl est plus électronégatif que Br, ce qui fait qu'il attire davantage vers lui la paire d'électrons qu'il partage dans sa liaison avec O (dans le groupe d'atomes Cl—O—H) par rapport à Br. La liaison O—H est donc plus polaire dans l'acide chlorique que dans l'acide bromique, et elle s'ionise plus facilement. Les forces relatives de ces acides sont :

$$HClO_3 > HBrO_3$$

2. **Les oxacides qui ont le même atome central, mais des nombres différents de groupes d'atomes rattachés à l'atome central.** Dans ce cas, la force des acides s'accroît avec l'augmentation du nombre d'oxydation de l'atome central. Dans la série des oxacides chlorés décrits à la **FIGURE 5.7** (*voir p. 266*), la facilité du chlore à attirer les électrons du O—H vers lui (ce qui rend la liaison O—H plus polaire) s'accroît selon le nombre d'atomes électronégatifs attachés au Cl. L'acide le plus fort est donc $HClO_4$

NOTE

Plus le nombre d'oxydation (*voir la section 1.4.1*) d'un atome est élevé, plus sa capacité à attirer les électrons partagés dans une liaison augmente.

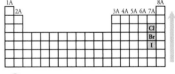

La force des oxacides halogénés contenant le même nombre d'atomes d'oxygène augmente de bas en haut.

parce qu'il a le plus grand nombre d'atomes d'oxygène liés à Cl (le nombre d'oxyda-tion de Cl augmente). La force de ces acides diminue selon la relation suivante :

$$HClO_4 > HClO_3 > HClO_2 > HClO$$

FIGURE 5.7

Structure de Lewis des oxacides du chlore

Le degré d'oxydation du chlore est indiqué entre parenthèses. Pour simplifier, les charges formelles ne sont pas indiquées. Même si l'acide hypochloreux s'écrit HClO, l'atome de H est lié à l'atome de O.

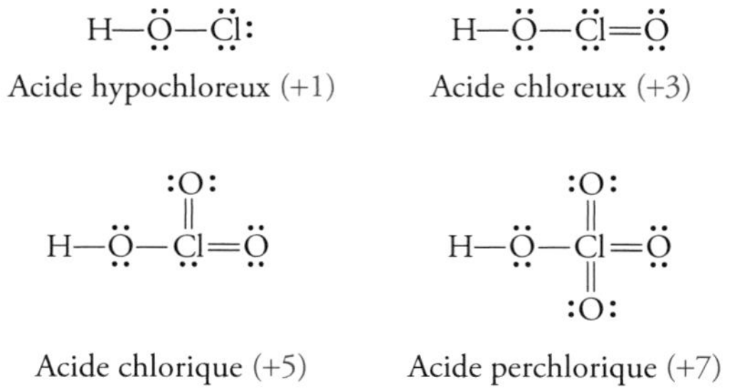

Acide hypochloreux (+1)   Acide chloreux (+3)

Acide chlorique (+5)   Acide perchlorique (+7)

EXEMPLE 5.12 La prédiction des forces relatives des oxacides

Prédisez les forces relatives des groupes d'oxacides suivants : **a)** HClO, HBrO et HIO ; **b)** HNO_3 et HNO_2.

DÉMARCHE

Comparons les structures moléculaires. En a), les trois acides ont des structures simi-laires, mais diffèrent par l'atome central (Cl, Br et I). Quel est l'atome central le plus électronégatif ? En b), les acides ont le même atome central, N, mais diffèrent par le nombre d'atomes de O. Quel est le nombre d'oxydation de l'azote dans chacun de ces deux acides ?

SOLUTION

a) Ces acides ont tous la même structure, et les halogènes ont tous le même nombre d'oxydation (+1). Comme l'électronégativité décroît du Cl vers I, la polarité de la liaison O—H décroît vers HIO. La force relative de ces acides décroît donc selon la relation suivante :

$$HClO > HBrO > HIO$$

b) Les structures de HNO_3 et de HNO_2 apparaissent à la **FIGURE 5.6** (*voir p. 265*). Étant donné que le nombre d'oxydation de N est +5 dans HNO_3 et +3 dans HNO_2, HNO_3 est un acide plus fort que HNO_2.

⊕ **Problème semblable**

5.42

EXERCICE E5.12

Lequel des acides suivants est le plus faible : $HClO_3$ ou $HClO_2$?

RÉVISION DES CONCEPTS

Classez ces acides du plus fort au plus faible : **a)** H_2TeO_3 ; **b)** H_2SO_3 ; **c)** H_2SeO_3.

QUESTIONS de révision

19. Mentionnez quatre facteurs pouvant influencer la force d'un acide.

20. Comment la force d'un oxacide dépend-elle de l'électronégativité et du degré d'oxydation de son atome central ?

5.9 Les propriétés acido-basiques des sels

Un sel est un composé ionique qui a été formé par la réaction entre un acide et une base (*voir la section 1.3, page 13*). Les sels sont des électrolytes forts qui se dissocient complètement dans l'eau et qui, dans certains cas, réagissent avec elle. On appelle **hydrolyse d'un sel** la réaction entre un anion ou un cation (ou les deux) d'un sel et l'eau. Cette réaction influence habituellement le pH d'une solution. En fait, il s'agit d'une réaction acido-basique comme les autres, sauf que ce sont des ions provenant de sels qui réagissent avec l'eau.

NOTE

Le mot «hydrolyse» vient des mots grecs *hydro*, qui signifie «eau», et *lyse*, qui veut dire «se briser, se couper».

5.9.1 Les sels qui produisent des solutions neutres

Généralement, les sels constitués d'un ion de métal alcalin ou d'un ion de métal alcalino-terreux (excepté l'ion Be^{2+}) et d'une base conjuguée d'un acide fort (par exemple, Cl^-, Br^- et NO_3^-) ne subissent pas d'hydrolyse de façon appréciable, et leurs solutions sont neutres. Par exemple, quand le composé $NaNO_3$, formé par la réaction entre $NaOH$ et HNO_3, se dissout dans l'eau, il se dissocie complètement:

$$NaNO_3(s) \xrightarrow{H_2O} Na^+(aq) + NO_3^-(aq)$$

L'ion Na^+ hydraté ne donne ni ne reçoit d'ions H^+. Par ailleurs, l'ion NO_3^-, étant la base conjuguée de l'acide fort HNO_3, n'a pas d'affinité pour les ions H^+. Par conséquent, une solution contenant des ions Na^+ et NO_3^- est neutre; son pH est 7. Par extension, on appelle souvent de tels sels «sels neutres». Il faut porter attention au mot «neutre» ici; il est employé dans le sens qu'il n'influence pas le pH (le pH est dit «neutre» pour une valeur de 7,0). Il ne faut pas confondre avec la neutralité électrique. De ce point de vue, tous les sels sont «neutres».

NOTE

En réalité, tous les ions positifs donnent des solutions acides dans l'eau. Le mécanisme selon lequel les ions métalliques donnent des solutions acides sera expliqué à la page 270.

5.9.2 Les sels qui produisent des solutions basiques

La solution d'un sel qui est le produit d'une réaction entre une base forte et un acide faible est basique. Par exemple, la dissociation de l'acétate de sodium (CH_3COONa) dans l'eau est donnée par:

$$CH_3COONa(s) \xrightarrow{H_2O} Na^+(aq) + CH_3COO^-(aq)$$

L'ion Na^+ hydraté n'a aucune propriété basique ni acide.

$$Na^+(aq) + H_2O(l) \xrightarrow{\;\;\;} $$

Cependant, l'ion acétate (CH_3COO^-), étant la base conjuguée de l'acide faible CH_3COOH, a une affinité pour les ions H^+. La réaction d'hydrolyse est donnée par:

$$CH_3COO^-(aq) + H_2O(l) \rightleftharpoons CH_3COOH(aq) + OH^-(aq)$$

CHIMIE EN LIGNE

Interaction
- Les propriétés acido-basiques des sels

Puisque cette réaction produit des ions OH⁻, la solution d'acétate de sodium sera basique. La constante d'équilibre pour cette réaction d'hydrolyse est la constante d'ionisation de la base CH_3COO^- ; on écrit donc :

$$K_b = \frac{[CH_3COOH][OH^-]}{[CH_3COO^-]} = 5,6 \times 10^{-10}$$

On peut donc dire que l'acétate de sodium est un sel basique.

Puisque pour chaque ion CH_3COO^- qui s'hydrolyse il y a production d'un ion OH⁻, la concentration de OH⁻ à l'équilibre est la même que la concentration de CH_3COO^- qui s'est hydrolysée.

Le pourcentage d'hydrolyse se définit ainsi :

$$\text{pourcentage d'hydrolyse} = \frac{[CH_3COO^-]_{\text{hydrolysée}}}{[CH_3COO^-]_{\text{initiale}}} \times 100\%$$

$$= \frac{[OH^-]_{\text{équilibre}}}{[CH_3COO^-]_{\text{initiale}}} \times 100\%$$

L'**EXEMPLE 5.13** illustre un calcul de pH basé sur l'hydrolyse de CH_3COONa. La procédure de calcul utilisée pour résoudre des problèmes concernant l'hydrolyse est la même que celle qui a été employée dans les cas des acides faibles et des bases faibles.

EXEMPLE 5.13   Le calcul du pH d'une solution d'un sel basique

Calculez le pH d'une solution d'acétate de sodium, CH_3COONa, à 0,15 mol/L. Quel est le pourcentage d'hydrolyse ?

DÉMARCHE

En solution, CH_3COONa se dissocie complètement en ions Na^+ et CH_3COO^-. Il faut ensuite examiner séparément les possibilités de réactions avec l'eau pour chacune des deux espèces d'ions. Nous avons déjà vu que l'ion Na^+ ne réagissant pas avec l'eau, il n'a aucun effet sur le pH de la solution. Quant à CH_3COO^-, il est la base conjuguée de l'acide faible CH_3COOH. Comme il n'y a pas de CH_3COOH initialement lorsque le sel est dissous, le quotient réactionnel Q_c (*voir la section 4.4, p. 196*) n'est pas égal à K_c, et la réaction d'hydrolyse produira une certaine quantité de CH_3COOH et de OH⁻ jusqu'à l'atteinte de l'équilibre, ce qui rendra la solution basique.

SOLUTION

Étape 1 : les espèces prédominantes dans la solution d'acétate de sodium sont les ions CH_3COO^- et Na^+. Comme on a débuté avec une solution d'acétate de sodium à 0,15 mol/L, les concentrations initiales des ions sont aussi égales à 0,15 mol/L :

$$CH_3COONa(s) \xrightarrow{H_2O} Na^+(aq) + CH_3COO^-(aq)$$

	CH₃COONa(s)	Na⁺(aq)	CH₃COO⁻(aq)
Concentration initiale (mol/L) :	0,15	0	0
Variation (mol/L) :	− 0,15	+ 0,15	+ 0,15
Concentration finale (mol/L) :	0	0,15	0,15

▶

Ici, seul l'ion acétate va s'hydrolyser. La réaction d'hydrolyse s'écrit:

$$CH_3COO^-(aq) + H_2O(l) \rightleftharpoons CH_3COOH(aq) + OH^-(aq)$$

Les principales espèces obtenues à l'équilibre sont CH_3COOH, CH_3COO^- et OH^-. La concentration des ions H_3O^+ est très petite, comme il faut s'y attendre dans une solution basique. On ne tient pas compte de l'ionisation de l'eau.

Étape 2: soit x la concentration à l'équilibre des ions CH_3COO^- et OH^- en moles par litre. Résumons:

$$CH_3COO^-(aq) + H_2O(l) \rightleftharpoons CH_3COOH(aq) + OH^-(aq)$$

	CH_3COO^-	CH_3COOH	OH^-
Concentration initiale (mol/L):	0,15	0	0
Variation (mol/L):	$-x$	$+x$	$+x$
Concentration à l'équilibre (mol/L):	$(0,15 - x)$	x	x

Étape 3: comme nous l'avons expliqué, on écrit l'expression de la constante d'équilibre de l'hydrolyse. C'est la même que celle donnée par la constante d'équilibre K_b de CH_3COO^- dans le **TABLEAU 5.2** (*voir p. 247*).

$$K_b = \frac{[CH_3COOH][OH^-]}{[CH_3COO^-]}$$

$$5,6 \times 10^{-10} = \frac{x^2}{0,15 - x}$$

Du fait que la valeur de K_b est très petite et que la concentration de la base est grande, on peut appliquer l'approximation $0,15 - x \approx 0,15$:

$$5,6 \times 10^{-10} = \frac{x^2}{0,15 - x} \approx \frac{x^2}{0,15}$$

$$x = 9,2 \times 10^{-6} \text{ mol/L}$$

Étape 4: à l'équilibre:

$$[OH^-] = 9,2 \times 10^{-6} \text{ mol/L}$$
$$pOH = -\log(9,2 \times 10^{-6}) = 5,04$$
$$pH = 14,00 - 5,04 = 8,96$$

La solution est donc faiblement basique, comme nous l'avions prévu. Calculons le pourcentage d'hydrolyse:

$$\text{pourcentage d'hydrolyse} = \frac{[CH_3COO^-]_{hydrolysée}}{[CH_3COO^-]_{initiale}}$$

$$= \frac{9,2 \times 10^{-6} \text{ mol/L}}{0,15 \text{ mol/L}} \times 100\% = 0,0061\%$$

VÉRIFICATION

Ce résultat permet de réaliser que seule une très faible quantité de l'anion s'hydrolyse. Remarquez aussi que ce calcul du pourcentage d'hydrolyse correspond au même calcul que celui du test de la validité de l'approximation, qui est adéquat dans ce cas-ci. ▶

5.48

EXERCICE E5.13

Calculez le pH d'une solution de formiate de sodium, HCOONa, à 0,24 mol/L.

5.9.3 Les sels qui produisent des solutions acides

Quand un sel dérivé d'un acide fort tel HCl et d'une base faible comme NH_3 se dissout dans l'eau, la solution résultante est acide. Soit, par exemple, la réaction suivante :

$$NH_4Cl(s) \xrightarrow{H_2O} NH_4^+(aq) + Cl^-(aq)$$

Puisque l'ion Cl^- est la base conjuguée de l'acide fort HCl, il n'a aucune affinité pour H^+ et n'a pas tendance à s'hydrolyser. L'ion ammonium (NH_4^+), pour sa part, est l'acide conjugué faible d'une base faible, NH_3, et il s'ionise de la manière suivante :

$$NH_4^+(aq) + H_2O(l) \rightleftharpoons NH_3(aq) + H_3O^+(aq)$$

Puisque cette réaction produit des ions H_3O^+, le pH de la solution diminue, et l'on dira que le chlorure d'ammonium est un sel acide. Comme on peut le constater, l'hydrolyse de l'ion NH_4^+ est équivalente à l'ionisation de l'acide NH_4^+. La constante d'équilibre (ou la constante d'ionisation) pour cette réaction est donnée par :

$$K_a = \frac{[NH_3][H_3O^+]}{[NH_4^+]} = \frac{K_{eau}}{K_b} = \frac{1,0 \times 10^{-14}}{1,8 \times 10^{-5}} = 5,6 \times 10^{-10}$$

NOTE

Le K_a de NH_4^+ a la même valeur que le K_b de CH_3COO^-. C'est une pure coïncidence.

Pour calculer le pH d'une telle solution, il reste à appliquer les étapes semblables à celles déjà expliquées à l'**EXEMPLE 5.11** (*voir p. 260*).

L'hydrolyse de certains ions métalliques

En principe, tous les ions métalliques réagissent avec l'eau pour donner des solutions acides. Cependant, comme le degré d'hydrolyse est beaucoup plus grand dans le cas de cations petits et fortement chargés (comme c'est le cas pour Al^{3+}, Cr^{3+}, Fe^{3+}, Bi^{3+} et Be^{2+}), on peut considérer comme négligeable le faible degré d'hydrolyse des métaux alcalins et de la plupart des éléments de transition. Donc, les sels qui contiennent de petits cations métalliques de charge élevée et les bases conjuguées d'acides forts produisent des solutions acides. Par exemple, quand le chlorure d'aluminium ($AlCl_3$) se dissout dans l'eau, les ions Al^{3+} prennent la forme hydratée $Al(H_2O)_6^{3+}$ selon :

$$Al^{3+}(aq) + 6H_2O(l) \rightleftharpoons Al(H_2O)_6^{3+}(aq)$$

Voici une liaison entre l'ion métallique et l'atome d'oxygène de l'une des six molécules d'eau formant $Al(H_2O)_6^{3+}$:

L'ion positif Al^{3+} attire vers lui le nuage électronique, polarisant davantage la liaison O—H. Par conséquent, ces atomes de H ont une plus grande tendance à s'ioniser que ceux des molécules d'eau qui ne participent pas à l'hydratation. L'ionisation qui en résulte peut être décrite ainsi (*voir aussi la* **FIGURE 5.8**) :

$$Al(H_2O)_6^{3+}(aq) + H_2O(l) \rightleftharpoons Al(OH)(H_2O)_5^{2+}(aq) + H_3O^+(aq)$$

NOTE

L'ion d'aluminium hydraté agit ici comme un donneur de proton ; il se comporte donc comme un acide de Brønsted-Lowry dans cette réaction.

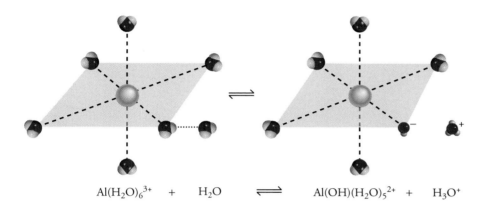

$$Al(H_2O)_6^{3+} \quad + \quad H_2O \quad \rightleftharpoons \quad Al(OH)(H_2O)_5^{2+} \quad + \quad H_3O^+$$

FIGURE 5.8

Hydrolyse du $Al(H_2O)_6^{3+}$

Les six molécules de H_2O entourent l'ion Al^{3+} de manière octaédrique. L'attraction du petit ion Al^{3+} pour les doublets d'électrons libres des atomes d'oxygène est si grande que les liaisons O—H des molécules de H_2O attachées au cation métallique en sont affaiblies, ce qui permet la perte d'un proton (H^+) qui est reçu par une molécule de H_2O environnante. Cette hydrolyse du cation métallique rend la solution acide.

La constante d'équilibre pour l'hydrolyse du cation métallique est donnée par :

$$K_a = \frac{[Al(OH)(H_2O)_5^{2+}]\,[H_3O^+]}{[Al(H_2O)_6^{3+}]} = 1,3 \times 10^{-5}$$

NOTE

$Al(H_2O)_6^{3+}$ est un acide presque aussi fort que CH_3COOH.

$Al(OH)(H_2O)_5^{2+}$ peut subir une ionisation ultérieure :

$$Al(OH)(H_2O)_5^{2+}(aq) + H_2O(l) \rightleftharpoons Al(OH)_2(H_2O)_4^+(aq) + H_3O^+(aq)$$

et ainsi de suite. Toutefois, on peut habituellement s'en tenir à la première étape de l'hydrolyse.

L'hydrolyse se fait plus abondamment dans le cas de petits ions très chargés, car un ion ayant une densité de charge plus grande est plus efficace pour polariser la liaison O—H ; il facilite ainsi l'ionisation. C'est pourquoi les ions relativement gros et peu chargés, comme Na^+ et K^+, ne s'hydrolysent pratiquement pas et leur présence en solution n'affecte pas le pH.

EXEMPLE 5.14   Le calcul du pH d'une solution d'un ion métallique

Calculez le pH d'une solution de $Al(NO_3)_3$ à 0,020 mol/L. La constante d'hydrolyse du cation métallique vaut $1,3 \times 10^{-5}$ mol/L.

DÉMARCHE

La procédure permettant de résoudre ce problème d'hydrolyse d'un ion métallique ressemble beaucoup à celle déjà expliquée dans le cas de l'hydrolyse d'un sel, comme dans l'**EXEMPLE 5.13** (*voir p. 268*). ▶

```
SOLUTION
```

Étape 1 : $Al(NO_3)_3$ étant un électrolyte fort, il faut d'abord considérer sa dissociation selon :

$$Al(NO_3)_3(s) \xrightarrow{H_2O} Al^{3+}(aq) \quad + \quad 3NO_3^-(aq)$$
$$0,020 \text{ mol/L} \qquad 0,060 \text{ mol/L}$$

Seul l'ion Al^{3+} réagira dans l'eau. Nous pouvons traiter l'hydrolyse de Al^{3+} comme l'ionisation de son ion hydraté.

Étape 2 : soit x les concentrations molaires à l'équilibre de $Al(OH)(H_2O)_5^{2+}$ et de H_3O^+.

$$Al(H_2O)_6^{3+}(aq) + H_2O(l) \rightleftharpoons Al(OH)(H_2O)_5^{2+}(aq) + H_3O^+(aq)$$

Concentration initiale (mol/L) :	0,020	0	0
Variation (mol/L) :	$-x$	$+x$	$+x$
Concentration à l'équilibre (mol/L) :	$(0,020 - x)$	x	x

Étape 3 : la constante d'équilibre pour l'ionisation est :

$$K_a = \frac{[Al(OH)(H_2O)_5^{2+}][H_3O^+]}{[Al(H_2O)_6^{3+}]}$$

$$1,3 \times 10^{-5} = \frac{x^2}{0,020 - x} \approx \frac{x^2}{0,020}$$

$$x = 5,1 \times 10^{-4} \text{ mol/L}$$

Le pH de la solution est :

$$pH = -\log(5,1 \times 10^{-4}) \approx 3,29$$

```
EXERCICE E5.14
```

Quel est le pH d'une solution de $AlCl_3$ à 0,050 mol/L ?

5.9.4 Les sels dont le cation et l'anion s'hydrolysent

Jusqu'ici, n'ont été vus que les sels dont seul un des deux ions s'hydrolyse. Toutefois, dans le cas d'un sel dérivé d'un acide faible et d'une base faible, le cation et l'anion s'hydrolysent tous les deux. Ce sont les forces relatives de la base et de l'acide du sel qui feront que la solution sera basique, acide ou neutre. Les calculs associés à ce type de système étant assez complexes, les prédictions faites ici seront de nature qualitative uniquement. Voici trois situations :

- $K_b > K_a$: si la valeur de K_b pour l'anion est supérieure à celle de K_a pour le cation, la solution doit être basique, car l'anion s'hydrolysera en plus grande quantité que le cation et influencera davantage le pH.

- $K_b < K_a$: si la valeur de K_b pour l'anion est inférieure à celle de K_a pour le cation, la solution sera acide, car le cation s'hydrolysera en plus grande quantité que l'anion.

- $K_b \approx K_a$: si la valeur de K_b est presque égale à celle de K_a, la solution sera pratiquement neutre.

Le **TABLEAU 5.6** résume le comportement en solution aqueuse des sels nommés dans cette section.

TABLEAU 5.6 > Propriétés acido-basiques des sels

Type de sel		Exemple	Ions qui s'hydrolysent	pH de la solution
Cation	Anion			
Base forte	Acide fort	KNO_3	Aucun	≈ 7
Base forte	Acide faible	KNO_2	Anion	> 7
Base faible	Acide fort	NH_4NO_3	Cation	< 7
Base faible	Acide faible	CH_3COONH_4	Anion et cation	< 7 si $K_b < K_a$ ≈ 7 si $K_b \approx K_a$ > 7 si $K_b > K_a$
Petit et de charge élevée	Acide fort	$AlCl_3$	Cation hydraté	< 7

EXEMPLE 5.15 La prédiction des propriétés acido-basiques de solutions salines

Prédisez si les solutions suivantes seront acides, basiques ou presque neutres : a) NH_4I ; b) $NaNO_2$; c) $FeCl_3$; d) NH_4F.

DÉMARCHE

Pour savoir si un sel va s'hydrolyser, posez-vous les questions suivantes : le cation est-il un ion métallique fortement chargé ou s'agit-il de l'ion ammonium ? L'anion est-il la base conjuguée d'un acide faible ? Si vous répondez oui à l'une ou l'autre de ces questions, il y aura hydrolyse. Dans les cas où le cation et l'anion réagissent tous deux avec l'eau, le pH de la solution dépendra des forces relatives du K_a du cation et du K_b de l'anion (*voir le* **TABLEAU 5.6**).

SOLUTION

Il faut d'abord considérer que le sel se dissocie en anions et en cations pour ensuite examiner la réaction de chacune des espèces d'ions avec l'eau.

a) Le cation est NH_4^+ ; il s'hydrolysera pour produire NH_3 et H_3O^+. L'anion I^- est la base conjuguée de l'acide fort HI. Alors, I^- ne s'hydrolysera pas. La solution sera donc acide.

b) Le cation Na^+ ne s'hydrolyse pas. L'anion NO_2^- est la base conjuguée de l'acide faible HNO_2 et s'hydrolyse pour donner HNO_2 et OH^-. La solution sera donc basique.

c) Le cation Fe^{3+} est un petit cation métallique fortement chargé, et il s'hydrolyse en produisant des ions H_3O^+. L'anion Cl^- ne s'hydrolyse pas. La solution sera donc acide.

d) Les deux ions, NH_4^+ et F^-, s'hydrolysent. D'après les **TABLEAUX 5.4** et **5.2** (*voir p. 260 et 247*), on constate que le K_a de NH_4^+ ($5,6 \times 10^{-10}$) est plus grand que le K_b de F^- ($1,4 \times 10^{-11}$). Par conséquent, la solution sera acide.

EXERCICE E5.15

Prédisez le pH (pH > 7, < 7 ou ≈ 7) des solutions salines suivantes : a) $LiClO_4$; b) Na_3PO_4 ; c) $Bi(NO_3)_2$; d) NH_4CN.

Problème semblable ⊕
5.45

Finalement, certains anions ont un comportement amphotère, c'est-à-dire qu'ils peuvent agir soit comme un acide, soit comme une base. Par exemple, l'ion hydrogénocarbonate (HCO_3^-) peut s'ioniser ou s'hydrolyser (*voir le* **TABLEAU 5.3**, *p. 255*) ainsi :

$$HCO_3^-(aq) + H_2O(l) \rightleftharpoons H_3O^+(aq) + CO_3^{2-}(aq) \qquad K_a = 4,8 \times 10^{-11}$$

$$HCO_3^-(aq) + H_2O(l) \rightleftharpoons H_2CO_3(aq) + OH^-(aq) \qquad K_b = 2,4 \times 10^{-8}$$

Puisque $K_b > K_a$, on prédit que l'hydrolyse l'emportera sur l'ionisation. Ainsi, une solution d'hydrogénocarbonate de sodium ($NaHCO_3$), par exemple, sera basique.

RÉVISION DES CONCEPTS

Les diagrammes suivants représentent des solutions de trois sels NaX (X = A, B ou C). **a)** Quel anion X^- a l'acide conjugué le plus faible ? **b)** Classez les trois anions X^- en ordre de basicité croissante. Les ions Na^+ et les molécules d'eau ne sont pas représentés pour plus de clarté.

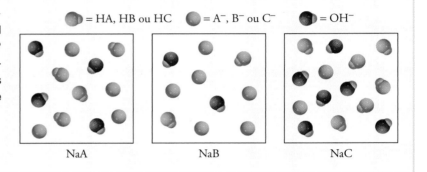

QUESTIONS de révision

21. Définissez l'expression « hydrolyse des sels ». Classez les sels selon la manière dont ils influencent le pH d'une solution.

22. Dites pourquoi les petits ions métalliques de charge élevée peuvent s'hydrolyser.

23. Al^{3+} n'est pas un acide de Brønsted-Lowry, mais $Al(H_2O)_6^{3+}$ en est un. Pourquoi ?

24. Dites lesquels des sels suivants seront portés à s'hydrolyser : KF, $NaNO_3$, NH_4NO_2, $MgSO_4$, KCN, C_6H_5COONa, RbI, Na_2CO_3, $CaCl_2$, HCOOK.

25. Quel ion des métaux alcalino-terreux est le plus susceptible de s'hydrolyser ?

5.10 Les propriétés acido-basiques des oxydes

Les oxydes sont classés comme acides, basiques ou amphotères (*voir la section 6.10 de Chimie générale*). Dans le cadre d'une étude des réactions acido-basiques, il est essentiel de décrire les propriétés acido-basiques de ces composés.

La **FIGURE 5.9** donne les formules de certains oxydes d'éléments représentatifs (groupes 1A à 7A) à leur degré d'oxydation le plus élevé. Tous les oxydes de métaux alcalins et tous les oxydes de métaux alcalino-terreux (sauf BeO) sont basiques. L'oxyde de béryllium et plusieurs oxydes de métaux des groupes 3A et 4A sont amphotères. Les oxydes non métalliques dont l'élément représentatif a un degré d'oxydation élevé sont acides (par exemple, N_2O_5, SO_3 et Cl_2O_7). Ceux dont l'élément représentatif a un degré d'oxydation bas (par exemple, CO et NO) ne présentent aucune propriété acide mesurable. On ne connaît aucun oxyde non métallique ayant des propriétés basiques.

1 1A												13 3A	14 4A	15 5A	16 6A	17 7A	18 8A
	2 2A			Oxyde basique													
				Oxyde acide													
Li_2O	BeO			Oxyde amphotère								B_2O_3	CO_2	N_2O_5		OF_2	
Na_2O	MgO	3 3B	4 4B	5 5B	6 6B	7 7B	8	9 8B	10	11 1B	12 2B	Al_2O_3	SiO_2	P_4O_{10}	SO_3	Cl_2O_7	
K_2O	CaO											Ga_2O_3	GeO_2	As_2O_5	SeO_3	Br_2O_7	
Rb_2O	SrO											In_2O_3	SnO_2	Sb_2O_5	TeO_3	I_2O_7	
Cs_2O	BaO											Tl_2O_3	PbO_2	Bi_2O_5	PoO_3	At_2O_7	

FIGURE 5.9 ⌃

Oxydes d'éléments représentatifs à leur degré d'oxydation le plus élevé

Les propriétés acido-basiques des éléments (et de leurs oxydes) sont aussi présentées dans le tableau périodique à la fin du manuel.

Les oxydes métalliques basiques réagissent avec l'eau pour former des hydroxydes métalliques :

$$Na_2O(s) + H_2O(l) \longrightarrow 2NaOH(aq)$$
$$BaO(s) + H_2O(l) \longrightarrow Ba(OH)_2(aq)$$

Voici quelques exemples de réactions entre les oxydes acides et l'eau :

$$CO_2(g) + H_2O(l) \rightleftharpoons H_2CO_3(aq)$$
$$SO_3(g) + H_2O(l) \longrightarrow H_2SO_4(aq)$$
$$N_2O_5(s) + H_2O(l) \longrightarrow 2HNO_3(aq)$$
$$P_4O_{10}(s) + 6H_2O(l) \longrightarrow 4H_3PO_4(aq)$$
$$Cl_2O_7(g) + H_2O(l) \longrightarrow 2HClO_4(aq)$$

La réaction entre CO_2 et H_2O explique le fait que l'eau pure exposée à l'air (qui contient du CO_2) prend graduellement un pH d'environ 5,5 (*voir la* **FIGURE 5.10**, *p. 276*). La réaction entre SO_3 et H_2O est principalement responsable des pluies acides.

Les réactions entre les oxydes acides et les bases, et celles entre les oxydes basiques et les acides, ressemblent aux réactions acido-basiques normales par le fait qu'elles produisent un sel et de l'eau :

$$CO_2(g) + 2NaOH(aq) \longrightarrow Na_2CO_3(aq) + H_2O(l)$$
oxyde acide   base   sel   eau

$$BaO(s) + 2HNO_3(aq) \longrightarrow Ba(NO_3)_2(aq) + H_2O(l)$$
oxyde basique   acide   sel   eau

⌃ Forêt endommagée par les pluies acides

NOTE

La pluie est naturellement acide, car elle dissout une certaine quantité de gaz carbonique (CO_2) sous forme d'acide carbonique. La présence de SO_3 rend l'eau de pluie encore plus acide, d'où cette appellation de « pluie acide ».

FIGURE 5.10 Ⓐ

Réaction entre le CO₂ et l'eau

Ⓐ Un bécher d'eau dans lequel on a ajouté quelques gouttes de bleu de bromothymol, un indicateur.

Ⓑ Quand on ajoute de la glace sèche ($CO_2(s)$) à l'eau, le CO_2 réagit pour former de l'acide carbonique, ce qui rend la solution acide et la fait passer du bleu au jaune. L'eau douce de pluie est souvent légèrement acide, car elle contient naturellement du gaz carbonique (CO_2) dissous. C'est ainsi qu'une partie du CO_2 (un gaz à effet de serre) de l'air se trouve lessivée par la pluie.

Comme le montre la **FIGURE 5.9** (*voir p. 275*), l'oxyde d'aluminium (Al_2O_3) est amphotère. Selon les conditions de la réaction, il peut agir soit comme un oxyde acide, soit comme un oxyde basique. Par exemple, Al_2O_3 agit comme une base en présence d'acide chlorhydrique pour produire un sel ($AlCl_3$) et de l'eau :

$$Al_2O_3(s) + 6HCl(aq) \longrightarrow 2AlCl_3(aq) + 3H_2O(l)$$

Il agit aussi comme un acide en présence d'hydroxyde de sodium :

$$Al_2O_3(s) + 2NaOH(aq) + 3H_2O(l) \longrightarrow 2NaAl(OH)_4(aq)$$

Cette dernière réaction ne forme qu'un sel, $NaAl(OH)_4$ (contenant les ions Na^+ et $Al(OH)_4^-$) ; elle ne produit pas d'eau. Néanmoins, on peut tout de même la qualifier d'acido-basique, car Al_2O_3 neutralise NaOH.

Certains oxydes de métaux de transition dont le nombre d'oxydation est élevé agissent comme les oxydes acides. Par exemple, l'oxyde de manganèse(VII) (Mn_2O_7) et l'oxyde de chrome(VI) (CrO_3) réagissent tous les deux avec l'eau pour produire des acides :

$$Mn_2O_7(l) + H_2O(l) \longrightarrow 2HMnO_4(aq)$$
$$\text{acide permanganique}$$

$$CrO_3(s) + H_2O(l) \longrightarrow H_2CrO_4(aq)$$
$$\text{acide chromique}$$

RÉVISION DES CONCEPTS

Classez ces oxydes en ordre de basicité croissante : K_2O, Al_2O_3, BaO.

5.11 Les acides et les bases de Lewis

Jusqu'à maintenant, les propriétés acido-basiques ont été étudiées selon la théorie de Brønsted-Lowry. Pour agir comme une base de Brønsted-Lowry, par exemple, une substance doit pouvoir recevoir un proton. Selon cette définition, l'ion hydroxyde et l'ammoniac sont tous deux des bases :

$$H^+ \ + \ {}^-\!\overset{..}{\underset{..}{O}}\!-\!H \longrightarrow H\!-\!\overset{..}{\underset{..}{O}}\!-\!H$$

$$H^+ \ + \ :\!\overset{\overset{\displaystyle H}{|}}{\underset{\underset{\displaystyle H}{|}}{N}}\!-\!H \longrightarrow \left[H\!-\!\overset{\overset{\displaystyle H}{|}}{\underset{\underset{\displaystyle H}{|}}{N}}\!-\!H \right]^+$$

Dans chaque cas, l'atome auquel le proton se lie possède au moins un doublet d'électrons libres. Cette caractéristique de l'ion OH^-, de NH_3 et de bien d'autres bases de Brønsted-Lowry suggère une définition plus générale pour les acides et les bases.

Le chimiste américain G. N. Lewis formula une telle définition. Selon lui, une **base de Lewis** est une substance qui peut donner un doublet d'électrons, et un **acide de Lewis** est une substance qui peut recevoir un doublet d'électrons. Par exemple, dans la protonation de l'ammoniac, NH_3 agit comme une base de Lewis en acceptant ce doublet. Une réaction acido-basique de Lewis est donc une réaction dans laquelle il y a transfert d'un doublet d'électrons d'une espèce à une autre. Une telle réaction ne produit pas nécessairement de sel ni d'eau.

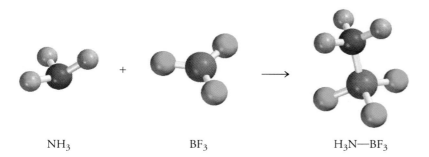

$$NH_3 \qquad\qquad BF_3 \qquad\qquad H_3N\!-\!BF_3$$

Réaction acido-basique de Lewis mettant en jeu BF₃ et NH₃

Ce qui rend la définition de Lewis importante, c'est qu'elle est beaucoup plus générale que celles données par ses prédécesseurs ; elle inclut dans les réactions acido-basiques beaucoup de réactions dont l'acide n'est pas un acide de Brønsted-Lowry. Soit, par exemple, la réaction entre le trifluorure de bore (BF_3) et l'ammoniac (*voir la* **FIGURE 5.11**) :

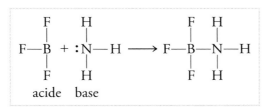

L'atome de B dans BF_3 est à l'état d'hybridation sp^2 (*voir la section 8.3 de* Chimie générale). L'orbitale $2p$ non hybridée et inoccupée reçoit le doublet d'électrons de NH_3. Ainsi, BF_3 agit comme un acide selon la définition de Lewis, même s'il ne contient aucun proton ionisable. Il faut noter qu'une liaison covalente de coordinence s'est formée entre les atomes de B et de N.

L'acide borique (un acide faible utilisé dans les gouttes pour les yeux) est un autre acide de Lewis qui contient du bore ; c'est un oxacide dont voici la structure :

$$
\begin{array}{c}
\mathrm{H} \\
| \\
:\!\ddot{\mathrm{O}}\!: \\
| \\
\mathrm{H}\!-\!\ddot{\underset{..}{\mathrm{O}}}\!-\!\mathrm{B}\!-\!\ddot{\underset{..}{\mathrm{O}}}\!-\!\mathrm{H} \\
\text{acide borique}
\end{array}
$$

NOTE

Soit les acides de Lewis sont déficients en électrons (cations), soit leur atome central a une orbitale vide.

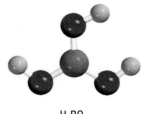

H_3BO_3

L'acide borique ne s'ionise pas dans l'eau en cédant l'ion H^+. Sa réaction avec l'eau est plutôt :

$$B(OH)_3(aq) + 2H_2O(l) \rightleftharpoons B(OH)_4^-(aq) + H_3O^+(aq)$$

Dans cette réaction acido-basique de Lewis, l'acide borique reçoit un doublet d'électrons de l'ion hydroxyde provenant d'une molécule de H_2O et le H^+ restant réagit à son tour avec une autre molécule d'eau pour donner H_3O^+.

L'hydratation du dioxyde de carbone pour produire de l'acide carbonique :

$$CO_2(g) + H_2O(l) \rightleftharpoons H_2CO_3(aq)$$

peut être comprise selon le concept de Lewis : la première étape inclut le transfert d'un doublet d'électrons de l'atome d'oxygène de H_2O à l'atome de carbone de CO_2. Le retrait du doublet liant de la liaison π de C—O libère une orbitale de l'atome de C, qui peut alors recevoir le doublet libre et faire ainsi un lien covalent entre C et O. Les déplacements d'électrons sont indiqués par des flèches courbes :

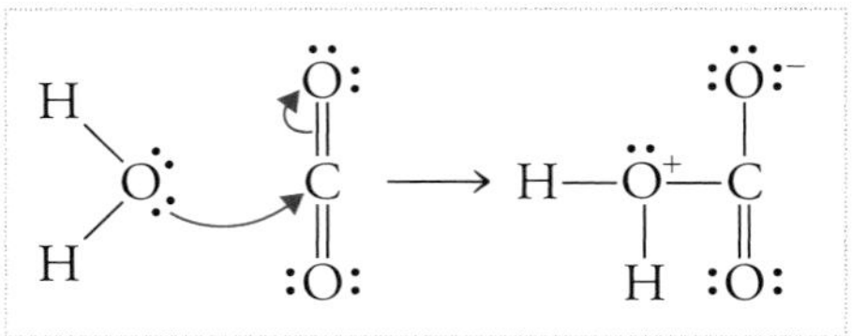

Ainsi, H_2O est une base de Lewis et CO_2 est un acide de Lewis. À la seconde étape, un proton est transféré à l'atome de O ayant une charge négative pour former H_2CO_3 :

NOTE

À la seconde étape, la flèche courbe pointe dans la direction inverse du transfert de l'atome d'hydrogène. Ces flèches indiquent les transferts d'électrons, et ceux-ci ne se font pas nécessairement dans le même sens que le transfert des atomes.

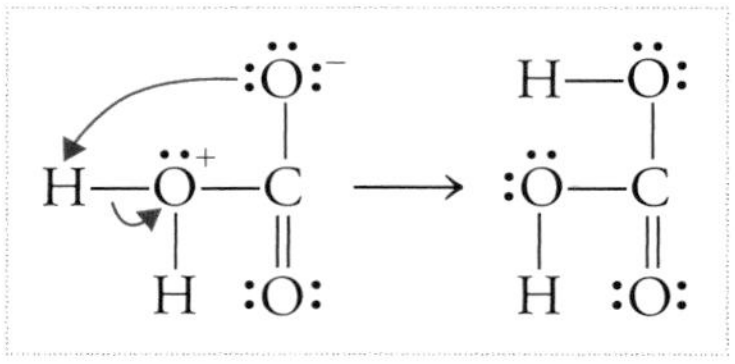

Voici d'autres exemples de réactions acide-base de Lewis :

$$\underset{\text{acide}}{Ag^+(aq)} + \underset{\text{base}}{2NH_3(aq)} \rightleftharpoons Ag(NH_3)_2^+(aq)$$

$$\underset{\text{acide}}{Cd^{2+}(aq)} + \underset{\text{base}}{4I^-(aq)} \rightleftharpoons CdI_4^{2-}(aq)$$

$$\underset{\text{acide}}{Ni(s)} + \underset{\text{base}}{4CO(aq)} \rightleftharpoons Ni(CO)_4(aq)$$

Il est important de remarquer que l'hydratation des ions métalliques en solution est en fait une réaction acide-base de Lewis. Ainsi, lorsque le sulfate de cuivre(II), $CuSO_4$, se dissout dans l'eau, chaque ion Cu^{2+} s'associe avec six molécules d'eau pour donner l'ion $Cu(H_2O)_6^{2+}$. Dans ce cas, les ions Cu^{2+} agissent comme l'acide, et l'eau agit comme la base.

Bien que la définition de Lewis des acides et des bases revêt une grande importance à cause de sa généralité, habituellement on parle davantage d'un acide ou d'une base par rapport à la définition de Brønsted-Lowry. Le terme « acide de Lewis » est habituellement réservé aux substances qui peuvent accepter une paire d'électrons, mais qui ne contiennent pas d'atomes d'hydrogène ionisables.

EXEMPLE 5.16   La classification des acides et des bases de Lewis

Identifiez les acides et les bases de Lewis dans les réactions suivantes :

a) $C_2H_5OC_2H_5 + AlCl_3 \rightleftharpoons (C_2H_5)_2OAlCl_3$

b) $Hg^{2+}(aq) + 4CN^-(aq) \rightleftharpoons Hg(CN)_4^{2-}(aq)$

▶

DÉMARCHE

Dans les réactions acido-basiques de Lewis, l'acide est habituellement un cation ou une molécule déficiente en électrons, alors que la base est un anion ou une molécule possédant un doublet d'électrons libres. **a)** Écrivez la structure moléculaire de $C_2H_5OC_2H_5$. Quel est l'état d'hybridation de Al dans $AlCl_3$? **b)** Quel ion devrait être l'accepteur d'électrons? Lequel devrait être le donneur d'électrons?

SOLUTION

a) Dans $AlCl_3$, l'atome de Al est hybridé sp^2 avec une orbitale $2p$ vide. Al est déficient en électrons, ne partageant que six électrons. Par conséquent, l'atome de Al aura tendance à capter deux électrons pour compléter son octet. Cette tendance fait que $AlCl_3$ se comporte comme un acide de Lewis. Par ailleurs, les doublets d'électrons de l'atome de O dans $C_2H_5OC_2H_5$ font de ce composé une base de Lewis:

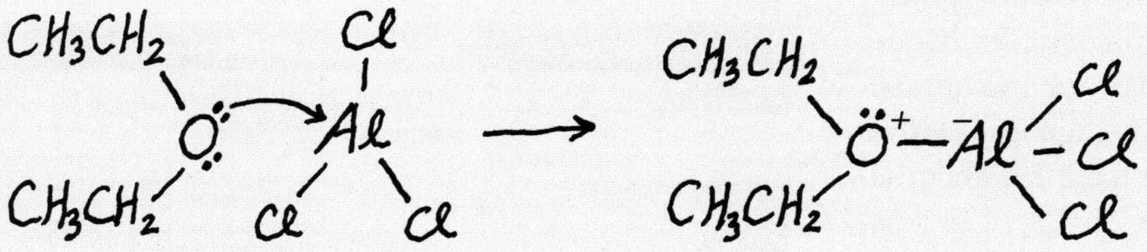

b) Cette fois, l'ion Hg^{2+} accepte quatre paires d'électrons des ions CN^-. Par conséquent, Hg^{2+} est un acide de Lewis et CN^-, une base de Lewis.

EXERCICE E5.16

Identifiez les acides de Lewis et les bases de Lewis dans la réaction suivante:

$$Co^{3+}(aq) + 6NH_3(aq) \rightleftharpoons Co(NH_3)_6^{3+}(aq)$$

Problème semblable ⊕

5.53

RÉVISION DES CONCEPTS

Lesquelles des substances suivantes ne peuvent pas se comporter comme des bases de Lewis? **a)** NH_3; **b)** OF_2; **c)** CH_4; **d)** OH^-; **e)** Fe^{3+}.

QUESTIONS de révision

26. Comment Lewis a-t-il défini un acide et une base? En quoi ces définitions sont-elles plus générales que celles de Brønsted-Lowry?

27. En fonction des orbitales et de la disposition des électrons, quelles conditions doivent être présentes pour qu'une molécule ou un ion agisse: **a)** comme un acide de Lewis (prenez H_3O^+ et BF_3 comme exemples)? **b)** comme une base de Lewis (prenez OH^- et NH_3 comme exemples)?

Les antiacides et la régulation du pH dans l'estomac

Un adulte produit chaque jour de deux à trois litres de liquide gastrique, un liquide clair et acide sécrété par des glandes qui se trouvent dans la muqueuse de l'estomac. Le liquide gastrique contient, entre autres, de l'acide chlorhydrique. Son pH est environ 1,5, ce qui correspond à une concentration d'acide chlorhydrique de 0,03 mol/L, une concentration assez forte pour dissoudre du zinc! Pourquoi ce liquide est-il tellement acide? D'où viennent les ions H_3O^+? Qu'arrive-t-il quand il y a un excès d'ions H_3O^+ dans l'estomac?

La paroi interne de l'estomac est formée de cellules épithéliales serrées les unes contre les autres. L'intérieur de chaque cellule est protégé du milieu extérieur par une membrane cellulaire. Cette membrane permet le passage de l'eau et des molécules neutres, mais elle bloque habituellement le passage aux ions tels que H_3O^+, Na^+, K^+ et Cl^-. Les ions H_3O^+ proviennent de l'acide carbonique (H_2CO_3), lequel est produit par l'hydratation du CO_2 (*voir la section 5.11, p. 276*), un produit final du métabolisme :

$$CO_2(g) + H_2O(l) \rightleftharpoons H_2CO_3(aq)$$

$$H_2CO_3(aq) + H_2O(l) \rightleftharpoons H_3O^+(aq) + HCO_3^-(aq)$$

Ces réactions se produisent dans le plasma sanguin entourant les cellules de la muqueuse. Grâce à un processus appelé «transport actif», les ions H_3O^+ traversent la membrane pour se retrouver dans l'estomac. Pour maintenir la neutralité, il y a également transfert d'ions Cl^- dans l'estomac. Une fois à l'intérieur de l'estomac, la plupart de ces ions ne peuvent retourner dans le plasma, les membranes cellulaires leur en bloquant l'accès.

Le rôle du liquide gastrique est de digérer la nourriture et d'activer certaines enzymes digestives. Le fait de manger stimule la sécrétion d'ions H_3O^+. Une petite fraction de ces ions est réabsorbée par la muqueuse, ce qui crée de nombreuses hémorragies minuscules, un phénomène normal. Chaque minute, environ un demi-million de cellules se détachent de la paroi; un estomac sain renouvelle sa paroi tous les trois jours. Cependant, si l'acidité du liquide est trop élevée, le reflux constant des ions H_3O^+ à travers la membrane vers le plasma sanguin peut provoquer des contractions musculaires, des douleurs, de l'enflure, de l'inflammation et des saignements.

La prise d'antiacide réduit temporairement la concentration d'ions H_3O^+ dans l'estomac. La principale fonction de ce type de substance est de neutraliser le HCl en excès dans le liquide gastrique. Le tableau ci-dessous donne les ingrédients actifs de quelques antiacides populaires.

Nom commercial	Ingrédients actifs
Alka-Seltzer	Aspirine, hydrogénocarbonate de sodium, acide citrique
Lait de magnésie	Hydroxyde de magnésium
Rolaids	Carbonate de calcium, hydroxyde d'aluminium
Tums	Carbonate de calcium

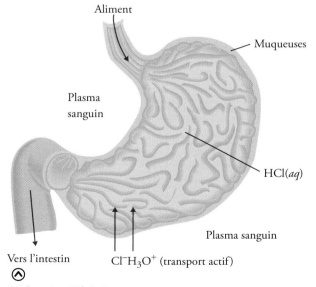

Schéma simplifié de l'estomac

Les réactions de neutralisation de l'acidité gastrique par ces antiacides sont les suivantes :

$$NaHCO_3(aq) + HCl(aq) \longrightarrow NaCl(aq) + H_2O(l) + CO_2(g)$$

$$CaCO_3(s) + 2HCl(aq) \longrightarrow CaCl_2(aq) + H_2O(l) + CO_2(g)$$

$$MgCO_3(s) + 2HCl(aq) \longrightarrow MgCl_2(aq) + H_2O(l) + CO_2(g)$$

$$Mg(OH)_2(s) + 2HCl(aq) \longrightarrow MgCl_2(aq) + 2H_2O(l)$$

Le CO_2 libéré par la plupart de ces réactions augmente la pression gazeuse dans l'estomac, ce qui fait éructer (aérophagie). L'effervescence qui se produit quand une pastille d'Alka-Seltzer se dissout dans de l'eau est causée par la libération du dioxyde de carbone résultant de la réaction entre l'acide citrique et l'hydrogénocarbonate de sodium :

$$C_4H_7O_5COOH(aq) + NaHCO_3(aq) \longrightarrow$$
acide citrique
$$C_4H_7O_5COONa(aq) + H_2O(l) + CO_2(g)$$
citrate de sodium

La muqueuse de l'estomac peut aussi être endommagée par l'action de l'aspirine. L'aspirine, ou acide acétylsalicylique, est elle-même un acide modérément faible.

Acide
acétylsalicylique

Ion acétylsalicylate

Quand la concentration d'ions H_3O^+ dans l'estomac est élevée, cet acide reste largement non ionisé. La molécule d'acide acétylsalicylique est peu polaire, de sorte qu'elle peut pénétrer les barrières des membranes qui sont aussi constituées de molécules non polaires. Cependant, ces membranes contiennent de nombreuses petites poches d'eau et, quand une molécule d'acide acétylsalicylique entre dans l'une de ces poches, elle s'ionise en ions H_3O^+ et en ions acétylsalicylate. Ces ions sont alors emprisonnés à l'intérieur des membranes. Si cette production d'ions persiste, la structure de la membrane s'affaiblit, et des saignements s'ensuivent. On perd environ 2 mL de sang pour chaque comprimé d'aspirine absorbé, perte qui n'est généralement pas dangereuse. Cependant, l'aspirine peut provoquer des saignements abondants chez certaines personnes. Il est intéressant de noter que la présence d'alcool rend l'acide acétylsalicylique encore plus soluble dans la membrane et favorise ainsi le saignement.

Lorsqu'un comprimé d'Alka-Seltzer se dissout dans l'eau, il y a réaction entre les ions hydrogéno-carbonate et l'acide citrique contenus dans le comprimé. L'effervescence est causée par la production de dioxyde de carbone que produit cette réaction.

RÉSUMÉ

5.1 Les acides et les bases de Brønsted-Lowry

Les couples acide-base conjugués

Les acides de Bronsted-Lowry donnent des protons et les bases en reçoivent. À chaque acide correspond sa base conjuguée, et vice versa. Les réactions acide-base sont considérées comme un transfert de protons :

$$HA(aq) + H_2O \rightleftharpoons A^-(aq) + H_3O^+(aq)$$

$$\text{acide}_1 \quad \text{base}_2 \quad \text{base}_1 \quad \text{acide}_2$$

Le couple HA/A^- est un exemple de couple acide-base conjugués.

Exemple :

$$HF + NH_3 \rightleftharpoons F^- + NH_4^+$$

Il y a ici deux couples d'acide-base conjugués, le couple $\text{acide}_1/\text{base}_1$ et le couple $\text{base}_2/\text{acide}_2$. Les membres de chacun des couples ne sont pas du même côté ; par exemple, l'acide de gauche aura comme conjugué sa base correspondante à droite.

5.2 Les propriétés acido-basiques de l'eau

L'eau est un électrolyte très faible qui s'ionise (auto-ionisation) selon la réaction :

$$H_2O + H_2O \rightleftharpoons OH^- + H_3O^+(aq)$$

$$\text{acide}_1 \quad \text{base}_2 \quad \text{base}_1 \quad \text{acide}_2$$

En combinant les termes constants (la concentration de l'eau) dans l'expression de la constante d'équilibre de cette réaction et en remplaçant, on obtient la constante du produit ionique de l'eau, soit :

$$K_{eau} = [H_3O^+][OH^-] = 1,0 \times 10^{-14} \text{ à } 25 \text{ °C}$$

Si l'eau est pure, $[H_3O^+]$ est nécessairement égal à $[OH^-]$. Dans les autres cas (addition d'un acide ou d'une base), si l'une des deux concentrations est connue, on calcule facilement l'autre en l'isolant dans l'expression de K_{eau}.

5.3 Le pH : une mesure du degré d'acidité

Le pH correspond au logarithme négatif de la concentration d'ions hydronium (en moles par litre).

$$pH = -\log [H_3O^+]$$

Si...	La solution est...	Concentration des ions	Valeur du pH
$[H_3O^+] > [OH^-]$	acide	$[H_3O^+] > 1 \times 10^{-7}$	< 7
$[H_3O^+] < [OH^-]$	basique	$[OH^-] > 1 \times 10^{-7}$	> 7
$[H_3O^+] = [OH^-]$	neutre	$[H_3O^+] = [OH^-] = 1 \times 10^{-7}$	$= 7$

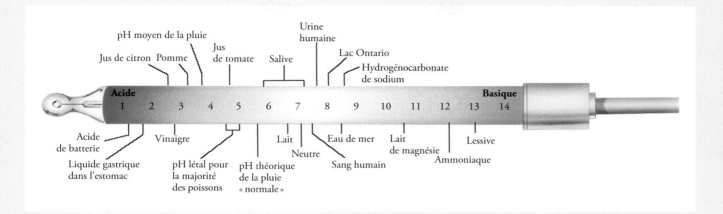

5.4 La force des acides et des bases

Les acides forts

Un acide fort est un électrolyte fort qui s'ionise presque complètement dans l'eau.

$$HA(aq) + H_2O(l) \longrightarrow H_3O^+(aq) + A^-(aq)$$

Exemple:

$$HCl(aq) + H_2O(l) \longrightarrow H_3O^+(aq) + Cl^-(aq)$$

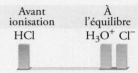

Le calcul du pH d'un acide fort

Puisque l'ionisation est quasi complète, la concentration finale de H_3O^+ obtenue sera égale à la concentration initiale de l'acide:

$$pH = -\log [H_3O^+] = -\log [HA]_0$$

La prédiction qualitative d'une réaction acide-base

Dans un couple acide-base conjugués, si un acide est très fort, sa base conjuguée est très faible, et vice versa. L'ion H_3O^+ est l'acide le plus fort pouvant exister dans l'eau, et l'ion OH^- est la base la plus forte pouvant exister dans l'eau (effet de nivellement).

5.5 Les acides faibles et les constantes d'ionisation des acides

Un acide faible est un acide qui ne s'ionise que partiellement dans l'eau.

$$HA(aq) + H_2O(l) \rightleftharpoons H_3O^+(aq) + A^-(aq)$$

Exemple:

$$HF(aq) + H_2O(l) \rightleftharpoons H_3O^+(aq) + F^-(aq)$$

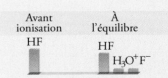

La constante d'ionisation d'un acide (K_a) est la constante d'équilibre pour la réaction d'un acide faible avec l'eau. Elle mesure la force d'un acide: plus la constante est grande, plus l'acide s'ionise. (De la même façon, K_b exprime la force d'une base.)

Le calcul du pH d'un acide faible

On peut calculer la concentration en ions hydronium ou le pH d'une solution d'un acide faible à l'équilibre si on connaît sa concentration initiale et la valeur de K_a. Voici un résumé des principales étapes de calcul, accompagné d'un exemple général.

Soit la réaction d'un acide faible HA dans l'eau	$HA + H_2O \rightleftharpoons A^- + H_3O^+$
1. Déterminer toutes les espèces qui peuvent influer sur le pH de la solution. Dans la majorité des cas, on peut ignorer la contribution de l'eau en se rappelant qu'elle s'ionise très peu. On omet aussi l'ion hydroxyde parce que sa concentration est déterminée à partir de celle de l'ion H_3O^+.	HA, A^-, H_3O^+
2. Exprimer les concentrations à l'équilibre des différentes espèces en fonction de la concentration initiale de l'acide et d'une seule inconnue x qui représente le changement de concentration.	$\begin{array}{lcccc} & HA & + H_2O \rightleftharpoons & A^- & + H_3O^+ \\ \text{Initiale} & [HA] & & 0 & 0 \\ \text{Variation} & -x & & +x & +x \\ \hline \text{Équilibre} & [HA] - x & & x & x \end{array}$
3. Écrire l'expression de la constante d'ionisation de l'acide (K_a) en fonction des concentrations à l'équilibre. Résoudre d'abord à l'aide de la méthode de l'approximation. Si celle-ci n'est pas valable (règle du 5 %), résoudre avec l'équation quadratique.	$K_a = \dfrac{x^2}{[HA] - x}$ $x = [H_3O^+]$
4. Après avoir isolé x, calculer les concentrations à l'équilibre de toutes les espèces ainsi que le pH de la solution.	$[A^-]_{\text{équilibre}} = [H_3O^+]_{\text{équilibre}}$ $[HA]_{\text{équilibre}} = [HA]_{\text{initiale}} - x$ $pH = -\log x$

Le pourcentage d'ionisation

Autre façon d'exprimer la force d'un acide (pour des acides de même concentration) :

$$\text{pourcentage d'ionisation} = \frac{\text{concentration d'acide ionisé à l'équilibre}}{\text{concentration initiale d'acide}} \times 100\,\%$$

Le pourcentage d'ionisation d'un acide faible augmente avec sa dilution.

Le calcul du pH d'un diacide ou d'un polyacide faible

Un diacide est un acide pouvant céder plus d'un proton par molécule au cours de l'ionisation.

Puisqu'en général $K_{a_2} \ll K_{a_1}$, on ne considère que la première ionisation. On peut donc appliquer ici les mêmes étapes de calcul que pour le calcul du pH d'un acide faible (*voir le tableau précédent*).

5.6 Les bases faibles et les constantes d'ionisation des bases

Comme les acides faibles, les bases faibles se caractérisent par une constante d'ionisation, K_b. Les raisonnements qui s'appliquent aux calculs et aux approximations pour les acides, de même que la notion de pourcentage d'ionisation, s'appliquent également dans le cas des bases. Ces calculs donnent la valeur de $[OH^-]$, valeur facilement convertie en $[H_3O^+]$ à l'aide de la constante d'ionisation de l'eau, K_{eau}.

5.7 La relation entre les constantes d'ionisation des couples acide-base conjugués

Le produit de la constante d'ionisation d'un acide et de la constante d'ionisation de sa base conjuguée est égal à la constante du produit ionique de l'eau, autrement dit :

$$K_a K_b = K_{eau}$$

Cette expression confirme le fait que la base conjuguée d'un acide fort est toujours une base faible, et elle permet aussi d'interconvertir ces constantes. Ainsi, une liste complète des acides faibles peut suffire pour effectuer les calculs concernant des bases faibles. Les bases faibles se retrouvent du côté droit de la liste des acides faibles, et la force des bases augmente de haut en bas.

5.8 La relation entre la structure moléculaire et la force des acides

Le cas des acides hydrohalogénés

L'énergie de la liaison explique la force relative des acides hydrohalogénés :

$$HI > HBr > HCl > HF$$

Le cas des oxacides

Ces acides possèdent un atome central (Z) et un ou plusieurs groupements O—H. Pour comparer la force des oxacides, on les subdivise en deux catégories.

1. Les oxacides dont l'atome central est différent, mais provient de la même famille : lorsque l'atome Z est plus électronégatif ou dans un état d'oxydation élevé, la polarisation entre O et H du —O—H augmente et facilite le départ de H^+.

$$HClO > HIO \text{ (Cl est plus électronégatif que I.)}$$

2. Les oxacides dont l'atome central est le même, mais dont l'environnement varie : si des groupements rattachés à l'atome central ont pour effet de polariser davantage la liaison O—H, le caractère acide augmentera.

$$HClO_4 > HClO$$

5.9 Les propriétés acido-basiques des sels

Les sels sont des électrolytes forts : ils se dissocient complètement en ions une fois mis en solution. Ces ions peuvent ensuite réagir avec l'eau en se comportant comme des acides ou des bases (hydrolyse). Il y a donc des sels acides, neutres ou basiques. Pour prédire le comportement d'un sel, il faut examiner le comportement des ions qu'il produit en solution.

Type de sel		Exemple	Ions qui s'hydrolysent	pH de la solution
Cation	Anion			
Base forte	Acide fort	KNO_3	Aucun	≈ 7
Base forte	Acide faible	KNO_2	Anion	> 7
Base faible	Acide fort	NH_4NO_3	Cation	< 7
Base faible	Acide faible	CH_3COONH_4	Anion et cation	< 7 si $K_b < K_a$ ≈ 7 si $K_b \approx K_a$ > 7 si $K_b > K_a$
Petit et de charge élevée	Acide fort	$AlCl_3$	Cation hydraté	< 7

Une fois les propriétés du sel bien prédites, il est possible d'effectuer des calculs de pH en tenant compte de la réaction principale. Ces calculs se font de la même manière que les calculs pour les acides et les bases en général.

5.10 Les propriétés acido-basiques des oxydes

On peut classer la plupart des oxydes comme étant acides, basiques ou amphotères. La position des oxydes dans le tableau périodique permet de déduire leur type. Ainsi, les oxydes métalliques (des solides ioniques) donnent en général des solutions basiques, alors que les oxydes non métalliques (composés moléculaires) donnent des solutions acides. Certains éléments situés à la frontière entre les métaux et les non-métaux sont amphotères, c'est-à-dire qu'ils peuvent donner des solutions acides ou basiques.

5.11 Les acides et les bases de Lewis

Acide de Lewis : Espèce chimique susceptible de recevoir un doublet d'électrons.

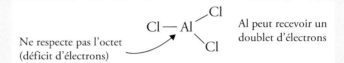

L'expression « acide de Lewis » désigne généralement une substance qui peut recevoir un doublet d'électrons, mais qui n'a pas d'atome d'hydrogène ionisable.

Base de Lewis : Espèce chimique susceptible de donner un doublet d'électrons.

Les bases de Lewis sont en général des substances portant un doublet d'électrons libre.

ÉQUATIONS CLÉS

• $K_{eau} = [H_3O^+][OH^-]$	Constante du produit ionique de l'eau	(5.4)
• $pH = -\log [H_3O^+]$	Définition du pH d'une solution	(5.6)
• $[H_3O^+] = 10^{-pH}$	Autre forme de l'équation 5.6	(5.7)
• $pOH = -\log [OH^-]$	Définition du pOH d'une solution	(5.9)
• $pH + pOH = 14,00$	Autre forme de l'équation 5.4	(5.10)
• $K_a = \dfrac{[H_3O^+][A^-]}{[HA]}$	Constante d'ionisation d'un acide faible	(5.11)
• pourcentage d'ionisation $= \dfrac{\text{concentration d'acide ionisé à l'équilibre}}{\text{concentration initiale d'acide}} \times 100\%$		(5.12)
• $K_a K_b = K_{eau}$	Relation entre les constantes d'ionisation d'un acide et de sa base conjuguée	(5.13)

MOTS CLÉS

PROBLÈMES

* Niveau de difficulté : ★ facile ; ★ moyen ; ★ élevé

Biologie : 5.34, 5.57, 5.68, 5.79, 5.83, 5.87, 5.88 ;
Concepts : 5.19, 5.20, 5.23, 5.24, 5.44 à 5.47, 5.53 à 5.55, 5.58, 5.60, 5.62, 5.76 ;
Descriptifs : 5.25, 5.26, 5.41 à 5.43, 5.56, 5.61, 5.64, 5.65, 5.71, 5.76 ;
Environnement : 5.70, 5.71, 5.78, 5.90.

PROBLÈMES PAR SECTION

5.1 Les acides et les bases de Brønsted-Lowry

★**5.1** Dites si chacune des espèces suivantes est un acide ou une base de Brønsted-Lowry, ou les deux (c'est-à-dire un amphotère) : **a)** H_2O ; **b)** OH^- ; **c)** H_3O^+ ; **d)** NH_3 ; **e)** NH_4^+ ; **f)** NH_2^- ; **g)** NO_3^- ; **h)** CO_3^{2-} ; **i)** HBr ; **j)** HCN.

★**5.2** Quels sont les noms et les formules des bases conjuguées des acides suivants ? **a)** HNO_2 ; **b)** H_2SO_4 ; **c)** H_2S ; **d)** HCN ; **e)** HCOOH (acide formique).

★**5.3** Quels sont les couples acide-base conjugués dans chacune des réactions suivantes ?

a) $CH_3COO^- + HCN \rightleftharpoons CH_3COOH + CN^-$

b) $H_2PO_4^- + NH_3 \rightleftharpoons HPO_4^{2-} + NH_4^+$

c) $HClO + CH_3NH_2 \rightleftharpoons CH_3NH_3^+ + ClO^-$

d) $CO_3^{2-} + H_2O \rightleftharpoons HCO_3^- + OH^-$

e) $CH_3COO^- + H_2O \rightleftharpoons CH_3COOH + OH^-$

★**5.4** Donnez l'acide conjugué de chacune des bases suivantes : **a)** HS^- ; **b)** HCO_3^- ; **c)** CO_3^{2-} ; **d)** $H_2PO_4^-$; **e)** HPO_4^{2-} ; **f)** PO_4^{3-} ; **g)** HSO_4^- ; **h)** SO_4^{2-} ; **i)** HSO_3^- ; **j)** SO_3^{2-}.

★**5.5** Donnez la base conjuguée de chacun des acides suivants : **a)** $CH_2ClCOOH$; **b)** HIO_4 ; **c)** H_3PO_4 ; **d)** $H_2PO_4^-$; **e)** HPO_4^{2-} ; **f)** H_2SO_4 ; **g)** HSO_4^- ; **h)** HCOOH ; **i)** HSO_3^- ; **j)** NH_4^+ ; **k)** H_2S ; **l)** HS^- ; **m)** HClO.

★**5.6** La structure de l'acide oxalique ($C_2H_2O_4$) est la suivante :

Une solution d'acide oxalique contient les espèces suivantes en concentrations variées : $C_2H_2O_4$, $HC_2O_4^-$, $C_2O_4^{2-}$ et H_3O^+. **a)** Donnez les structures de Lewis de $HC_2O_4^-$ et de $C_2O_4^{2-}$. **b)** Pour chacune de ces espèces, dites si elle peut se comporter seulement comme un acide, seulement comme une base ou comme les deux.

5.3 Le pH : une mesure du degré d'acidité

★**5.7** Calculez la concentration des ions OH^- dans une solution de HCl dont la concentration est $1,4 \times 10^{-3}$ mol/L à 25 °C.

★**5.8** Calculez la concentration des ions H_3O^+ dans une solution de NaOH dont la concentration est de 0,62 mol/L à 25 °C.

★**5.9** Calculez les concentrations d'ions hydronium dans les solutions dont les pH sont les suivants : **a)** 2,42 ; **b)** 11,21 ; **c)** 6,96 ; **d)** 15,00.

★**5.10** Calculez la concentration d'ions hydronium en moles par litre de chacune des solutions suivantes à 25 °C : **a)** une solution dont le pH est 5,20 ; **b)** une solution dont le pH est 16,00 ; **c)** une solution dont la concentration en ions hydroxyde est de $3,7 \times 10^{-9}$ mol/L.

★**5.11** Calculez le pH de chacune des solutions suivantes à 25 °C: **a)** HCl à 0,0010 mol/L; **b)** KOH à 0,76 mol/L; **c)** Ba(OH)$_2$ à 2,8 × 10^{-4} mol/L; **d)** HNO$_3$ à 5,2 × 10^{-4} mol/L.

★**5.12** Calculez le pH de l'eau pure à 40 °C, sachant que la valeur de K_{eau} est 3,8 × 10^{-14} à cette température.

★**5.13** Complétez le tableau suivant.

pH	[H$_3$O$^+$]	La solution est…
< 7		
	< 1,0 × 10^{-7} mol/L	
		neutre

★**5.14** Pour chacune des solutions suivantes, utilisez un des qualificatifs suivants pour la décrire: «acide», «basique» ou «neutre».

a) pOH > 7; la solution est _____.

b) pOH = 7; la solution est _____.

c) pOH < 7; la solution est _____.

★**5.15** Le pOH d'une solution est 9,40. Calculez la concentration d'ions hydronium de cette solution.

★**5.16** Calculez le nombre de moles d'ions OH$^-$ contenues dans 5,50 mL d'une solution de KOH à 0,360 mol/L. Quel est le pOH de cette solution?

★**5.17** On prépare une solution en dissolvant 18,4 g de HCl dans 662 mL d'eau. Calculez le pH de la solution. (Considérez que le volume de la solution est également de 662 mL.)

★**5.18** Quelle quantité de NaOH (en grammes) faut-il pour préparer 546 mL d'une solution dont le pH est 10,00?

5.4 La force des acides et des bases

★**5.19** **a)** Parmi les diagrammes suivants, lequel représente une solution aqueuse d'un acide fort comme HCl? **b)** Lequel représente un acide faible? **c)** Lequel représente un acide très faible? [Le proton hydraté est symbolisé par l'ion hydronium (H$_3$O$^+$), et les molécules d'eau ne sont pas représentées pour plus de clarté.]

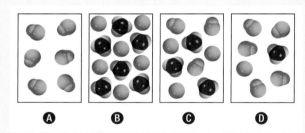

Ⓐ Ⓑ Ⓒ Ⓓ

★**5.20** **a)** Parmi les diagrammes suivants, lequel représente une solution aqueuse d'un diacide faible? **b)** Lesquels représentent des situations impossibles chimiquement autant pour un diacide fort que pour un diacide faible? [Le proton hydraté est symbolisé par l'ion hydronium (H$_3$O$^+$), et les molécules d'eau ne sont pas représentées pour plus de clarté.]

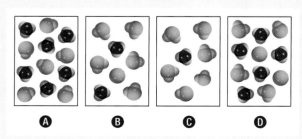

Ⓐ Ⓑ Ⓒ Ⓓ

★**5.21** Dites si chacune des espèces suivantes est un acide fort ou un acide faible: **a)** HNO$_3$; **b)** HF; **c)** H$_2$SO$_4$; **d)** HSO$_4^-$; **e)** H$_2$CO$_3$; **f)** HCO$_3^-$; **g)** HCl; **h)** HCN; **i)** HNO$_2$.

★**5.22** Dites si chacune des espèces suivantes est une base forte ou une base faible: **a)** LiOH; **b)** CN$^-$; **c)** H$_2$O; **d)** ClO$^-$; **e)** NH$_2^-$.

★**5.23** Pour chacune des affirmations suivantes, dites si elle peut ou non s'appliquer à une solution d'un acide faible HA à 0,10 mol/L.

a) Le pH est 1,00.

b) [H$_3$O$^+$] ≫ [A$^-$]

c) [H$_3$O$^+$] = [A$^-$]

d) Le pH est inférieur à 1.

★**5.24** Pour chacune des affirmations suivantes, dites si elle peut ou non s'appliquer à une solution d'un acide fort HA à 1,0 mol/L.

a) [A$^-$] > [H$_3$O$^+$]

b) Le pH est 0,00.

c) [H$_3$O$^+$] = 1,0 mol/L

d) [HA] = 1,0 mol/L

★**5.25** Dites dans quel sens la réaction suivante est favorisée:

$$F^-(aq) + H_2O(l) \rightleftharpoons HF(aq) + OH^-(aq)$$

★**5.26** Prédisez si la réaction suivante se produira dans le sens indiqué ici:

$$CH_3COOH(aq) + Cl^-(aq) \longrightarrow$$

5.5 Les acides faibles et les constantes d'ionisation des acides

★**5.27** La valeur de K_a pour l'acide benzoïque est $6,5 \times 10^{-5}$. Calculez les concentrations de toutes les espèces (C_6H_5COOH, $C_6H_5COO^-$, H_3O^+ et OH^-) qui sont contenues dans une solution d'acide benzoïque à 0,10 mol/L.

★**5.28** On dissout 0,0560 g d'acide acétique dans assez d'eau pour préparer 50,0 mL de solution. Calculez les concentrations de H_3O^+, de CH_3COO^- et de CH_3COOH à l'équilibre. (K_a pour l'acide acétique = $1,8 \times 10^{-5}$.)

★**5.29** Une solution acide a un pH de 6,20. Calculez le K_a de cet acide dont la concentration initiale est 0,010 mol/L.

★**5.30** Quelle est la concentration molaire initiale d'une solution d'acide formique (HCOOH) dont le pH est 3,26 à l'équilibre ?

★**5.31** Calculez le pH d'une solution de HF à 0,060 mol/L.

★**5.32** Calculez le pourcentage d'ionisation de l'acide fluorhydrique lorsque les concentrations sont : **a)** 0,60 mol/L ; **b)** 0,080 mol/L ; **c)** 0,0046 mol/L ; **d)** 0,000 28 mol/L. Commentez la tendance que vous observez.

★**5.33** Une solution d'un monoacide à 0,040 mol/L est ionisée à 14 %. Calculez la constante d'ionisation de cet acide.

★**5.34** **a)** Calculez le pourcentage d'ionisation d'une solution d'acide acétylsalicylique (aspirine) à 0,20 mol/L ($K_a = 3,0 \times 10^{-4}$). **b)** Le pH du liquide gastrique dans l'estomac d'une certaine personne est 1,00. Après absorption de quelques cachets d'aspirine, la concentration d'acide acétylsalicylique dans l'estomac est de 0,20 mol/L. I) Calculez le pourcentage d'ionisation de l'acide dans ces conditions. II) Quel sera l'effet de cet acide non ionisé sur la muqueuse de l'estomac ? (*Voir la rubrique « Chimie en action– Les antiacides et la régulation du pH dans l'estomac »*, p. 280.)

★**5.35** Quelles sont les concentrations de HSO_4^-, de SO_4^{2-} et de H_3O^+ dans une solution de $KHSO_4$ à 0,20 mol/L ? (**Indice :** H_2SO_4 est un acide fort ; K_a pour $HSO_4^- = 1,3 \times 10^{-2}$.)

★**5.36** Calculez les concentrations de H_3O^+, de HCO_3^- et de CO_3^{2-} dans une solution de H_2CO_3 à 0,025 mol/L.

5.6 Les bases faibles et les constantes d'ionisation des bases

★**5.37** Calculez le pH de chacune des solutions suivantes : **a)** NH_3 à 0,10 mol/L ; **b)** la pyridine à 0,050 mol/L.

★**5.38** Le pH d'une solution d'une base faible à 0,30 mol/L est 10,66. Quelle est la valeur de K_b pour cette base ?

★**5.39** Quelle est la concentration molaire initiale d'une solution d'ammoniac dont le pH est 11,22 ?

★**5.40** Dans une solution de NH_3 à 0,080 mol/L, quel pourcentage de NH_3 est présent sous forme de NH_4^+ ?

5.8 La relation entre la structure moléculaire et la force des acides

★**5.41** Prédisez les forces relatives des acides suivants : H_2O, H_2S, H_2Se.

★**5.42** Comparez les forces relatives des paires d'acides suivantes : **a)** H_2SO_4 et H_2SeO_4 ; **b)** H_3PO_4 et H_3AsO_4.

★**5.43** Lequel des acides suivants est le plus fort : CH_3COOH ou $CH_2ClCOOH$? Justifiez votre choix.

★**5.44** Soit les composés suivants :

Phénol   Méthanol

On sait, par expérience, que le phénol est un acide plus fort que le méthanol. Expliquez cette différence à l'aide des structures de leurs bases conjuguées. (**Indice :** Une base conjuguée stable favorise l'ionisation. Une seule des deux bases conjuguées peut être stabilisée par résonance.)

5.9 Les propriétés acido-basiques des sels

★**5.45** Prédisez le pH (>7, <7 ou ≈7) des solutions aqueuses contenant les sels suivants: **a)** KBr; **b)** $Al(NO_3)_3$; **c)** $BaCl_2$; **d)** $Bi(NO_3)_3$.

★**5.46** On dissout un certain sel, MX (formé des ions M^+ et X^-), dans l'eau; le pH de la solution finale est 7,0. Que peut-on dire sur la force de l'acide et la force de la base à partir desquels le sel a été obtenu?

★**5.47** Au cours d'une expérience, un étudiant constate que les pH de trois solutions de sels de potassium KX, KY et KZ sont respectivement 7,0, 9,0 et 11,0 à une concentration de 0,10 mol/L. Classez les acides HX, HY et HZ par ordre croissant de leur force.

★**5.48** Calculez le pH d'une solution de CH_3COONa à 0,36 mol/L.

★**5.49** Calculez le pH d'une solution de NH_4Cl à 0,42 mol/L.

★**5.50** Dites si une solution saline de K_2HPO_4 sera acide, basique ou neutre.

★**5.51** Quel serait le pH (>7, <7, ≈7) d'une solution de $NaHCO_3$?

5.11 Les acides et les bases de Lewis

★**5.52** Dites si chacune des espèces suivantes est un acide ou une base de Lewis: **a)** CO_2; **b)** H_2O; **c)** I^-; **d)** SO_2; **e)** NH_3; **f)** OH^-; **g)** H^+; **h)** BCl_3.

★**5.53** Décrivez la réaction suivante selon le concept de Lewis des acides et des bases:

$$AlCl_3(s) + Cl^-(aq) \longrightarrow AlCl_4^-(aq)$$

★**5.54** Pour chacune des paires d'acides suivantes, dites quel acide est le plus fort: **a)** BF_3 et BCl_3; **b)** Fe^{2+} et Fe^{3+}. Justifiez vos choix.

★**5.55** Tous les acides de Brønsted-Lowry sont des acides de Lewis, mais l'inverse n'est pas vrai. Donnez deux exemples d'acides de Lewis qui ne sont pas des acides de Brønsted-Lowry.

PROBLÈMES VARIÉS

★**5.56** Les oxydes suivants sont-ils acides, basiques, amphotères ou neutres? **a)** CO_2; **b)** K_2O; **c)** CaO; **d)** N_2O_5; **e)** CO; **f)** NO; **g)** SnO_2; **h)** SO_3; **i)** Al_2O_3; **j)** BaO.

★**5.57** Une réaction typique entre un antiacide et l'acide chlorhydrique dans le liquide gastrique est:

$$NaHCO_3(aq) + HCl(aq) \longrightarrow$$
$$NaCl(aq) + H_2O(l) + CO_2(g)$$

Calculez le volume (en litres) de CO_2 généré par 0,350 g de $NaHCO_3$ et un excès de liquide gastrique à 101,325 kPa et à 37,0 °C.

★**5.58** Les diagrammes suivants représentent les solutions de trois bases différentes d'égales concentrations. Classez les bases par ordre croissant de la valeur de leur K_b. (Les molécules d'eau n'apparaissent pas.)

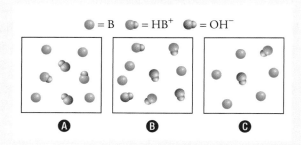

★**5.59** Dans laquelle des solutions suivantes l'addition d'un volume égal de NaOH à 0,60 mol/L abaisserait-elle le pH? **a)** Eau; **b)** HCl à 0,30 mol/L; **c)** KOH à 0,70 mol/L; **d)** $NaNO_3$ à 0,40 mol/L.

★**5.60** Une solution d'un monoacide à 0,0642 mol/L a un pH de 3,86. S'agit-il d'un acide fort ou d'un acide faible?

★5.61   Dans l'ammoniac liquide, l'ammoniac s'auto-ionise (comme l'eau):

$$NH_3 + NH_3 \rightleftharpoons NH_4^+ + NH_2^-$$

a) Indiquez les bases et les acides de Brønsted-Lowry dans cette réaction. b) Quelles espèces correspondent à H_3O^+ et à OH^-, et quelle est la condition pour qu'une solution soit neutre?

★5.62   HA et HB sont deux acides faibles, bien que HB soit plus fort que HA. Faudrait-il un volume plus grand de solution de NaOH à 0,10 mol/L pour neutraliser 50,0 mL d'une solution de HB à 0,10 mol/L que pour neutraliser 50,0 mL d'une solution de HA à 0,10 mol/L?

★5.63   Un échantillon de 1,87 g de Mg réagit avec 80,0 mL d'une solution de HCl dont le pH est −0,544. Quel est le pH de la solution une fois que tout le Mg a réagi? Considérez que le volume de la solution est constant.

★5.64   Les trois oxydes de chrome courants sont CrO, Cr_2O_3 et CrO_3. Si Cr_2O_3 est amphotère, que peut–on dire à propos des propriétés acido-basiques de CrO et de CrO_3?

★5.65   La plupart des hydrures des métaux des groupes 1A et 2A sont ioniques (sauf BeH_2 et MgH_2, qui sont des composés covalents). a) Décrivez la réaction entre l'ion hydrure (H^-) et l'eau selon une réaction acido-basique de Brønsted-Lowry. b) Cette réaction peut également être une oxydoréduction. Indiquez les oxydants et les réducteurs.

★5.66   À l'aide du **TABLEAU 5.2** (*voir p. 247*), calculez la constante d'équilibre pour la réaction suivante:

$$CH_3COOH(aq) + NO_2^-(aq) \rightleftharpoons$$
$$CH_3COO^-(aq) + HNO_2(aq)$$

★5.67   Calculez le pH d'une solution d'acétate d'ammonium (CH_3COONH_4) à 0,20 mol/L.

★5.68   La novocaïne, utilisée comme anesthésique local par les dentistes, est une base faible ($K_b = 8,91 \times 10^{-6}$). Quel est le rapport entre la concentration de cette base et celle de son acide conjugué dans le plasma sanguin (pH = 7,40) d'un patient? (**Indice**: À 37 °C, la constante d'auto-ionisation de l'eau vaut $2,4 \times 10^{-14}$.)

★5.69   Calculez les concentrations molaires de toutes les espèces présentes à l'équilibre dans une solution de Na_2CO_3 0,100 mol/L à 25 °C.

★5.70   La constante de la loi de Henry pour le CO_2 à 38 °C vaut $2,25 \times 10^{-5}$ mol/L · kPa. Calculez le pH d'une solution de CO_2 à 38 °C en équilibre avec ce gaz à une pression partielle de 324 kPa.

★5.71   L'acide cyanhydrique (HCN), un acide faible, est un poison mortel qui a été utilisé à l'état gazeux (cyanure d'hydrogène) dans les chambres à gaz. Pourquoi est-il dangereux de traiter le cyanure de sodium, NaCN, avec des acides comme HCl en l'absence de ventilation adéquate?

★5.72   Le pH d'une solution d'acide formique, HCOOH, vaut 2,53. Combien de grammes d'acide formique y a-t-il dans 100,00 mL de cette solution?

★5.73   Calculez le pH de 1,00 L d'une solution contenant 0,150 mol de CH_3COOH et 0,100 mol de HCl.

★5.74   Un échantillon de 10,0 g de phosphore blanc (P_4) est brûlé en présence d'oxygène. Le produit de la combustion est dissous dans une quantité d'eau suffisante pour obtenir 500 mL d'une solution. Calculez le pH de cette solution à 25 °C.

★5.75   Une solution d'acide formique à 0,400 mol/L gèle à −0,758 °C. Calculez la valeur de K_a de cet acide à cette température. (**Note**: Supposez que la concentration molaire volumique est égale à la molalité dans ce cas. Exécutez vos calculs avec trois chiffres significatifs, puis arrondissez à deux chiffres pour la valeur de K_a.)

★5.76   Appliquez le principe de Le Chatelier pour prédire les effets sur l'hydrolyse d'une solution de nitrite de sodium ($NaNO_2$) dans les cas suivants: a) on ajoute du HCl; b) on ajoute du NaOH; c) on ajoute du NaCl; d) la solution est diluée.

★5.77   Les ions amidure, NH_2^-, et nitrure, N^{3-}, sont tous deux des bases plus fortes que l'ion hydroxyde, ce qui explique qu'ils n'existent pas en solution aqueuse. a) Écrivez les équations montrant les réactions de ces ions avec l'eau et identifiez dans chaque cas l'acide et la base de Brønsted-Lowry. b) Lequel de ces ions est la base la plus forte?

★5.78   La concentration de dioxyde de soufre est de 0,12 ppm par volume dans l'air ambiant d'une certaine région. Calculez le pH de l'eau de pluie dans cette région. (**Note**: Supposez que la dissolution du SO_2 n'influe pas sur sa pression et que le pH de l'eau de pluie est déterminé par cette seule substance.)

★**5.79** Lorsqu'un boxeur perd conscience pendant un combat, on lui fait souvent respirer des *smelling salts*, constitués de carbonate d'ammonium $(NH_4)_2CO_3$. Expliquez comment ces sels peuvent « réveiller » une personne qui a perdu conscience et lui redonner sa vivacité d'esprit, sachant que le film aqueux qui tapisse le passage nasal est légèrement basique.

★**5.80** Quelle est la base la plus forte, NF_3 ou NH_3? (**Indice**: F est plus électronégatif que H.)

★**5.81** Quelle est la base la plus forte, PH_3 ou NH_3? (**Indice**: La liaison N—H est plus forte que la liaison P—H.)

★**5.82** Combien de millilitres d'une solution d'un monoacide fort dont le pH est 4,12 faut-il ajouter à 528 mL d'une solution du même acide à pH = 5,76 pour faire changer son pH à 5,34? (**Note**: On suppose que les volumes sont additifs.)

★**5.83** La mauvaise odeur du poisson est principalement due à une classe de composés organiques (RNH_2) constitués du groupement —NH_2, les amines, dans lesquelles R symbolise le reste de la molécule. Les amines sont des bases qui ressemblent à l'ammoniac. Expliquez pourquoi on peut réduire de beaucoup cette odeur simplement en ajoutant du jus de citron sur le poisson.

★**5.84** Les diagrammes suivants montrent trois acides faibles HA (A = X, Y ou Z) en solution. **a)** Classez les acides en ordre croissant de K_a. **b)** Classez les bases conjuguées en ordre croissant de K_b. **c)** Calculez le pourcentage d'ionisation de chaque acide. **d)** Déterminez laquelle des solutions de sels de sodium (NaX, NaY ou NaZ) de concentration 0,1 mol/L a le pH le plus faible. (Les molécules d'eau sont absentes.)

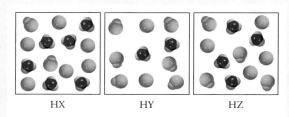

HX   HY   HZ

★**5.85** Considérez les deux acides faibles HX et HY, dont les masses molaires sont égales à 180 g/mol et 78,0 g/mol respectivement. Si une solution de 16,9 g/L de HX a le même pH qu'une solution contenant 9,05 g/L de HY, lequel des deux acides est le plus fort?

PROBLÈMES SPÉCIAUX

5.86 Plus de la moitié de l'acide chlorhydrique produit dans le monde sert à traiter les métaux afin d'enlever les couches d'oxyde métallique avant d'appliquer un apprêt.

a) Écrivez l'équation ionique globale entre l'oxyde de fer(III), constituant de la couche d'oxyde sur le fer, et le HCl. Identifiez l'acide et la base de Brønsted-Lowry.

b) L'acide chlorhydrique sert aussi à enlever les dépôts dans les tuyaux, dépôts principalement constitués de $CaCO_3$. L'acide chlorhydrique réagit avec le carbonate de calcium en deux étapes; durant la première étape, il se forme des ions hydrogénocarbonate qui réagissent ensuite pour donner du dioxyde de carbone. Écrivez les équations des réactions décrivant ces deux étapes ainsi que l'équation globale.

c) L'acide chlorhydrique est aussi utilisé pour récupérer le pétrole dans les puits. Il dissout des roches (souvent, il s'agit de $CaCO_3$), ce qui facilite le pompage du pétrole. Dans l'un de ces procédés, une solution de HCl à 15 % (pourcentage massique) est injectée dans le puits de pétrole afin de dissoudre les roches. Si la masse volumique de la solution acide vaut 1,073 g/mL, quel est le pH de cette solution?

5.87 L'hémoglobine du sang est une protéine de transport de l'oxygène dans le sang. Elle peut exister sous la forme protonée HbH^+. L'équation simplifiée suivante décrit la fixation de l'oxygène par l'hémoglobine:

$$HbH^+ + O_2 \rightleftharpoons HbO_2 + H^+$$

a) Quelle est la forme d'hémoglobine favorisée dans les poumons lorsque la concentration d'oxygène est à son maximum?

b) Dans les tissus, là où du gaz carbonique est relâché comme produit du métabolisme, le milieu est plus acide à cause de cette formation de gaz carbonique. Quelle est la forme d'hémoglobine la plus favorisée dans ces conditions?

c) Lorsqu'une personne souffre d'hyperventilation, la concentration de CO_2 dans son sang décroît. Comment cette condition influe-t-elle sur l'équilibre décrit précédemment? Souvent, on recommande à une personne qui souffre d'hyperventilation de respirer dans un sac en papier. Sur quoi repose cette recommandation ?

5.88 L'émail des dents est principalement constitué d'hydroxyapatite [$Ca_5(PO_4)_3OH$]. Lorsqu'elle se dissout dans l'eau (un phénomène appelé «déminéralisation»), l'hydroxyapatite se dissocie ainsi :

$$Ca_5(PO_4)_3OH \longrightarrow 5Ca^{2+} + 3PO_4^{3-} + OH^-$$

La réaction inverse, appelée «reminéralisation», constitue la défense naturelle de notre corps contre la carie dentaire. L'acidité produite par certains aliments en présence de bactéries favorise la dissolution de la couche d'émail. La plupart des dentifrices contiennent un composé fluoré tel le NaF ou le SnF_2. Quel est le rôle de ces composés dans la prévention de la carie dentaire ?

5.89 Utilisez la loi de Van't Hoff (*voir l'équation 4.14, p. 209*) et les données de l'annexe 4 (*voir p. 443*) pour calculer le pH de l'eau à son point d'ébullition normal.

5.90 On utilise l'hypochlorite de calcium [$Ca(OCl)_2$] comme désinfectant dans les piscines. Dissous dans l'eau, il produit de l'acide hypochloreux :

$$Ca(OCl)_2(s) + 2H_2O(l) \rightleftharpoons$$
$$2HClO(aq) + Ca(OH)_2(s)$$

lequel s'ionise ainsi :

$$HClO(aq) + H_2O(l) \rightleftharpoons H_3O^+(aq) + ClO^-(aq)$$
$$K_a = 3,0 \times 10^{-8}$$

$HClO$ et ClO^- agissent tous deux comme puissants agents oxydants en tuant les bactéries par l'attaque des membranes cellulaires. Cependant, une trop forte concentration de $HClO$ cause une irritation des yeux, et une trop forte concentration de ClO^- cause la décomposition de cet ion (d'où une perte importante de chlore dans l'air ambiant) par la lumière du soleil. Idéalement, on recommande de maintenir le pH de l'eau des piscines à près de 7,8. Calculez le pourcentage de ces deux ions à cette valeur de pH.

La précipitation du carbonate de calcium ($CaCO_3$) forme l'exo-squelette rouge vif des récifs de corail. L'acidification des océans augmente la dissolution de ces structures.

6

L'équilibre acido-basique et l'équilibre de solubilité

La première partie de ce chapitre poursuivra l'étude des réactions acide-base et, plus particulièrement, des solutions tampons et des titrages. Par la suite, l'étude portera sur un autre type d'équilibre en solution aqueuse, celui qui prend place entre les composés ioniques peu solubles et leurs ions en solution.

OBJECTIFS D'APPRENTISSAGE

> Effectuer des calculs relatifs aux solutions tampons ;

> Interpréter des courbes de titrages acido-basiques ;

> Effectuer des calculs se rapportant à des courbes de titrage ;

> Choisir un indicateur acido-basique approprié pour un titrage donné ;

> Appliquer le concept d'équilibre de solubilité et prédire les réactions de précipitation ;

> Effectuer des calculs relatifs à l'équilibre de solubilité en utilisant la solubilité et le K_{ps}, en présence d'un ion commun ou non ;

> Suivre un protocole d'analyse des cations en solution aqueuse.

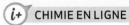

CHIMIE EN LIGNE

Animation
- Les solutions tampons (6.3)
- Les titrages acido-basiques (6.4)

Interaction
- Les réactions de neutralisation I et II (6.4)

On peut voir les colonnes de calcite sur la photographie microscopique en plongée d'une coquille d'œuf prise aux rayons X.

L'acidité et les coquilles d'œuf

La coquille d'un œuf est principalement composée de calcite, une forme cristalline de carbonate de calcium ($CaCO_3$). Les coquilles d'œufs, qui pèsent en moyenne 5 g, sont constituées à 40 % de calcium. Il faut 16 heures à ce calcium pour se fixer sur la coquille. Il se dépose donc à une vitesse de 125 mg/h. Aucune poule ne peut consommer autant de calcium en si peu de temps afin de suffire à cette demande. Les poules utilisent plutôt le calcium contenu dans des masses osseuses spéciales localisées dans leurs os longs, qui accumulent de grandes réserves de calcium destinées à la formation des coquilles. [Le calcium y est présent sous forme de phosphate de calcium, $Ca_3(PO_4)_2$, un autre composé insoluble et un constituant de l'os.] Si le régime d'une poule est faible en calcium, la coquille de ses œufs s'amincit progressivement. La poule peut alors employer 10 % de tout le calcium contenu dans ses os pour pondre un seul œuf ! Si cette carence continue, la poule cesse de pondre.

La formation d'une coquille d'œuf est une question d'acidité et de solubilité.

Normalement, le sang véhicule les substances de base nécessaires à la formation des coquilles (les ions Ca^{2+} et CO_3^{2-}) jusqu'à la glande coquillière. Dans cette glande, la calcification se fait par une réaction de précipitation :

$$Ca^{2+}(aq) + CO_3^{2-}(aq) \rightleftharpoons CaCO_3(s)$$

Dans le sang, les ions Ca^{2+} libres sont en équilibre avec les ions calcium liés à des protéines. À mesure que les ions libres sont utilisés par la glande coquillière, ceux qui sont liés aux protéines se libèrent. C'est une autre illustration du principe de Le Chatelier.

De leur côté, les ions carbonate sont un dérivé métabolique. Le dioxyde de carbone produit durant le métabolisme est converti en acide carbonique (H_2CO_3) par une enzyme appelée anhydrase carbonique (AC) :

$$CO_2(g) + H_2O(l) \xrightleftharpoons{(AC)} H_2CO_3(aq)$$

L'acide carbonique s'ionise par étapes pour produire des ions carbonate :

$$H_2CO_3(aq) + H_2O(l) \rightleftharpoons H_3O^+(aq) + HCO_3^-(aq)$$

$$HCO_3^-(aq) + H_2O(l) \rightleftharpoons H_3O^+(aq) + CO_3^{2-}(aq)$$

Les poules ne transpirent pas ; pour se rafraîchir, elles doivent haleter. Cependant, le halètement élimine plus de CO_2 de leur organisme que la respiration normale. Selon le principe de Le Chatelier, le halètement déplace l'équilibre CO_2–H_2CO_3, montré ci-dessus, vers la gauche, ce qui diminue la concentration d'ions CO_3^{2-} en solution et donne, par conséquent, des coquilles d'œufs plus minces. Durant les journées chaudes, il est donc bon de faire boire de l'eau gazeuse aux poules pour remédier à cette situation. Le CO_2 dissous dans l'eau s'ajoute alors aux liquides corporels de la poule, ce qui déplace l'équilibre CO_2–H_2CO_3 vers la droite.

6.1 L'équilibre des solutions en milieux homogène et hétérogène

Le chapitre 5 a établi que les acides faibles et les bases faibles ne s'ionisent pas complètement dans l'eau. Ainsi, à l'équilibre, une solution d'acide faible, par exemple, contient aussi bien de l'acide non ionisé que de sa base conjuguée et des ions H_3O^+. Néanmoins, toutes ces espèces sont dissoutes, faisant du système un exemple d'équilibre homogène (*voir le chapitre 4*).

Dans la deuxième partie de ce chapitre, il sera question d'un autre type important d'équilibre qui met en jeu la dissolution et la précipitation de substances légèrement solubles. Ces systèmes sont des exemples d'équilibre hétérogène, c'est-à-dire des systèmes dans lesquels les réactions mettent en jeu des composantes qui sont dans des phases différentes.

6.2 L'effet d'ion commun

L'étude de l'ionisation des acides et des bases ainsi que de l'hydrolyse des sels au chapitre 5 s'est jusque-là limitée aux solutions contenant un seul soluté. La présente section va porter sur les propriétés acido-basiques de solutions de deux solutés dissous qui sont constitués en partie d'un même ion (le cation ou l'anion), appelé «ion commun».

La présence d'un ion commun réprime l'ionisation d'un acide faible ou d'une base faible. Si, par exemple, de l'acétate de sodium et de l'acide acétique sont dissous dans la même solution, les deux se dissocient et s'ionisent pour produire des ions CH_3COO^- :

$$CH_3COONa(s) \xrightarrow{H_2O} CH_3COO^-(aq) + Na^+(aq)$$
$$CH_3COOH(aq) + H_2O(l) \rightleftharpoons CH_3COO^-(aq) + H_3O^+(aq)$$

CH_3COONa est un électrolyte fort, et il se dissocie donc complètement en solution. Par contre, CH_3COOH, un acide faible, s'ionise un peu. Selon le principe de Le Chatelier, l'addition d'ions CH_3COO^- provenant de CH_3COONa à une solution de CH_3COOH va réprimer l'ionisation de CH_3COOH (l'équilibre se déplace de la droite vers la gauche), ce qui provoque du même coup une diminution de la concentration des ions hydronium ; une solution contenant à la fois du CH_3COOH et du CH_3COONa sera donc moins acide qu'une solution ne contenant que du CH_3COOH à la même concentration. Le déplacement du système à l'équilibre de l'ionisation de l'acide acétique est provoqué par les ions acétate (CH_3COO^-) du sel, qui est l'ion commun parce qu'il est à la fois fourni par CH_3COOH et CH_3COONa.

L'effet d'ion commun est le déplacement d'un équilibre, causé par l'addition d'un composé ayant un ion en commun avec une substance dissoute. L'effet d'ion commun a un effet marquant sur le pH des solutions ainsi que sur la solubilité des sels peu solubles (il sera abordé plus loin dans ce chapitre). Pour le moment, voici l'effet d'ion commun en relation avec le pH d'une solution, sachant que l'effet d'ion commun est seulement un cas particulier de l'application du principe de Le Chatelier.

Soit le pH d'une solution constituée d'un acide faible, HA, mélangée à une solution d'un sel d'un acide faible, comme NaA. La solution résultante est décrite par l'équilibre suivant :

$$HA(aq) + H_2O(l) \rightleftharpoons H_3O^+(aq) + A^-(aq)$$

La constante d'ionisation K_a est donnée par :

$$K_a = \frac{[H_3O^+][A^-]}{[HA]} \qquad (6.1)$$

En réarrangeant l'équation 6.1, on a :

$$[H_3O^+] = \frac{K_a[HA]}{[A^-]}$$

En extrayant le logarithme négatif de chaque membre de l'équation, on obtient :

$$-\log\,[H_3O^+] = -\log K_a - \log\frac{[HA]}{[A^-]}$$
$$-\log\,[H_3O^+] = -\log K_a + \log\frac{[A^-]}{[HA]} \qquad (6.2)$$

Si l'on définit :

$$pK_a = -\log K_a \qquad (6.3)$$

on peut réécrire l'équation 6.2 ainsi :

$$pH = pK_a + \log\frac{[A^-]}{[HA]} \qquad (6.4)$$

Cette dernière équation s'appelle l'« équation de Henderson-Hasselbalch ».

Dans cet exemple, HA est l'acide et A^- est la base conjuguée. Ainsi, si l'on connaît la valeur de K_a et les valeurs des concentrations de l'acide et du sel de l'acide, on peut calculer le pH de la solution.

Il est important de se souvenir que l'équation de Henderson-Hasselbalch s'obtient à partir de l'expression de la constante d'équilibre. Elle est valable, peu importe la source de la base conjuguée (qu'elle provienne de l'acide seul ou à la fois de l'acide et de son sel).

Dans les problèmes qui portent sur l'effet d'ion commun, on donne habituellement les concentrations initiales d'un acide faible HA et de son sel, comme NaA. Pourvu que les concentrations de ces espèces soient assez fortes ($\geq 0,1$ mol/L), on peut négliger l'ionisation de l'acide et l'hydrolyse du sel, comme le montrera l'exemple suivant. Il s'agit d'une approximation valable, car HA est un acide faible, et l'hydrolyse de A^- se fait généralement en très petite quantité. Cette approximation est encore plus justifiée du fait que la présence de A^- (provenant de NaA) réprime l'ionisation de HA et que la présence de HA réprime l'hydrolyse de A^-. On peut donc remplacer les concentrations à l'équilibre dans les équations 6.1 et 6.4 par les concentrations initiales.

$$pH = pK_a + \log\frac{[\text{base conjuguée}]}{[\text{acide}]} \qquad (6.5)$$

EXEMPLE 6.1 Le calcul du pH d'une solution d'un acide faible sans ion commun et avec un ion commun

---

a) Calculez le pH d'une solution de CH_3COOH 0,20 mol/L.

b) Calculez le pH d'une solution contenant CH_3COOH 0,20 mol/L et CH_3COONa 0,30 mol/L.

DÉMARCHE

a) Les calculs de $[H_3O^+]$ et de pH se font de la manière exposée à l'**EXEMPLE 5.8** (*voir p. 250*).

b) CH_3COOH est un acide faible ($CH_3COOH + H_2O \rightleftharpoons CH_3COO^- + H_3O^+$) et CH_3COONa, selon le **TABLEAU 1.2** (*voir p. 9*), est un sel soluble complètement dissocié en solution ($CH_3COONa \longrightarrow CH_3COO^- + Na^+$). Dans ce cas-ci, l'ion commun est l'acétate, CH_3COO^-. Les principales espèces présentes à l'équilibre sont CH_3COOH, CH_3COO^-, Na^+, H_3O^+ et H_2O. L'ion Na^+ n'a pas d'effet sur le pH, et l'on considère comme négligeable la contribution de l'eau au pH par son ionisation. Comme K_a est une constante d'équilibre, sa valeur est la même, peu importe qu'il y ait seulement présence de l'acide ou d'un mélange de l'acide avec son sel en solution. On peut donc calculer $[H_3O^+]$ à l'équilibre et le pH à partir des concentrations connues à l'équilibre de CH_3COOH et de CH_3COO^-.

SOLUTION

a) Voyons les changements :

$$CH_3COOH(aq) + H_2O(l) \rightleftharpoons CH_3COO^-(aq) + H_3O^+(aq)$$

Concentration initiale (mol/L) :	0,20	0	0
Variation (mol/L) :	$-x$	$+x$	$+x$
Concentration à l'équilibre (mol/L) :	$(0,20 - x)$	x	x

$$K_a = \frac{[H_3O^+][CH_3COO^-]}{[CH_3COOH]}$$

$$1,8 \times 10^{-5} = \frac{x^2}{(0,20 - x)}$$

En supposant que $0,20 - x \approx 0,20$, on obtient :

$$1,8 \times 10^{-5} = \frac{x^2}{(0,20 - x)} \approx \frac{x^2}{0,20}$$

soit :

$$x = [H_3O^+] = 1,9 \times 10^{-3} \text{ mol/L}$$

et :

$$pH = -\log(1,9 \times 10^{-3}) = 2,72$$

NOTE

Puisque $\dfrac{1,9 \times 10^{-3}}{0,20} \times 100\ \% \leq 5\ \%$, l'approximation est valide.

b) L'acétate de sodium, comme tous les composés des métaux alcalins, est un électrolyte fort ; il se dissocie donc complètement en solution :

$$CH_3COONa(s) \xrightarrow{H_2O} CH_3COO^-(aq) + Na^+(aq)$$
$$\qquad\qquad\qquad 0,30 \text{ mol/L} \qquad 0,30 \text{ mol/L}$$

▶

Construisons le tableau montrant les conditions initiales ainsi que les changements et la situation résultante à l'équilibre :

NOTE

En présence d'un ion commun, la ligne de données des concentrations initiales n'indique pas zéro partout du côté droit. Ici, on a 0,30 mol/L pour l'ion acétate.

$$CH_3COOH(aq) + H_2O(l) \rightleftharpoons CH_3COO^-(aq) + H_3O^+(aq)$$

Concentration initiale (mol/L) :	0,20	0,30	0
Variation (mol/L) :	$-x$	$+x$	$+x$
Concentration à l'équilibre (mol/L) :	$(0,20 - x)$	$(0,30 + x)$	x

Selon l'équation 6.1 :

$$K_a = \frac{[H_3O^+][CH_3COO^-]}{[CH_3COOH]}$$

$$1,8 \times 10^{-5} = \frac{(x)(0,30 + x)}{(0,20 - x)}$$

En supposant que $0,30 + x \approx 0,30$ et que $0,20 - x \approx 0,20$, on obtient :

NOTE

Puisque

$$\frac{1,2 \times 10^{-5}}{0,20} \times 100\ \% \leq 5\ \%,$$

l'approximation est valide.

$$1,8 \times 10^{-5} = \frac{(x)(0,30 + x)}{0,20 - x} \approx \frac{(x)(0,30)}{0,20}$$

$$x = [H_3O^+] = 1,2 \times 10^{-5}\ \text{mol/L}$$

$$pH = -\log [H_3O^+]$$

$$= -\log (1,2 \times 10^{-5}) = 4,92$$

On peut aussi calculer le pH de cette solution à l'aide de l'équation de Henderson-Hasselbalch. Il faut d'abord calculer le pK_a de l'acide à l'aide de l'équation 6.3 (*voir p. 298*) :

$$pK_a = -\log K_a$$

$$= -\log (1,8 \times 10^{-5})$$

$$= 4,74$$

Le pH de la solution se calcule ensuite en substituant la valeur de pK_a et des concentrations initiales de l'acide et de sa base conjuguée dans l'équation 6.5 (*voir p. 298*) :

$$pH = pK_a + \log \frac{[CH_3COO^-]}{[CH_3COOH]}$$

$$= 4,74 + \log \frac{0,30}{0,20}$$

$$= 4,74 + 0,18 = 4,92$$

Le pH calculé est le même avec les deux méthodes. ▶

En comparant les résultats obtenus en a) et en b), nous constatons, en accord avec le principe de Le Chatelier, qu'en présence de l'ion commun CH_3COO^-, l'équilibre se déplace davantage de la droite vers la gauche. Il y a donc une moins grande ionisation de l'acide faible et moins d'ions H_3O^+ sont produits en b), ce qui correspond à un pH plus élevé qu'en a).

EXERCICE E6.1

Quel est le pH d'une solution contenant HCOOH 0,30 mol/L et HCOOK 0,52 mol/L?

Comparez votre résultat au pH d'une solution de HCOOH à 0,30 mol/L.

Problème semblable ⊕
6.1

L'effet d'ion commun peut également se produire dans une solution contenant une base faible, comme NH_3, et un sel de cette base, NH_4Cl par exemple. À l'équilibre, on a:

$$NH_4^+(aq) + H_2O(l) \rightleftharpoons NH_3(aq) + H_3O^+(aq)$$

$$K_a = \frac{[NH_3][H_3O^+]}{[NH_4^+]}$$

En appliquant l'équation de Henderson-Hasselbalch pour ce système, on obtient:

$$-\log [H_3O^+] = -\log K_a - \log \frac{[NH_4^+]}{[NH_3]}$$

$$-\log [H_3O^+] = -\log K_a + \log \frac{[NH_3]}{[NH_4^+]}$$

$$pH = pK_a + \log \frac{[NH_3]}{[NH_4^+]}$$

Une solution contenant à la fois NH_3 et son sel NH_4Cl est moins basique qu'une solution contenant seulement NH_3 à la même concentration. La présence de l'ion commun NH_4^+ réprime l'ionisation de NH_3 dans la solution contenant à la fois la base et son sel.

QUESTIONS de révision

1. Appliquez le principe de Le Chatelier pour montrer comment l'effet d'ion commun influe sur le pH d'une solution.

2. Dans chacun des cas suivants, on ajoute une substance à la solution initiale. Quel sera l'effet de cet ajout sur le pH (augmentation, diminution ou aucun effet)? **a)** acétate de potassium à une solution d'acide acétique; **b)** nitrate d'ammonium à une solution d'ammoniac; **c)** formate de sodium (HCOONa) à une solution d'acide formique (HCOOH); **d)** chlorure de potassium à une solution d'acide chlorhydrique; **e)** iodure de baryum à une solution d'acide iodhydrique.

6.3 Les solutions tampons

6.3.1 La composition d'un tampon et le pouvoir tampon

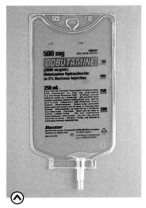

Les liquides destinés aux injections intraveineuses doivent contenir des systèmes tampons pour éviter de perturber le pH sanguin.

Une **solution tampon** est une solution constituée d'un acide faible (ou d'une base faible) et de sa base conjuguée (ou de son acide conjugué), et ayant la capacité de maintenir son pH presque constant, malgré l'ajout de petites quantités d'acide ou de base. Ce type de solution est très important pour les systèmes chimiques et biologiques. Dans l'organisme humain, le pH varie beaucoup d'un liquide à l'autre. Le pH du sang est maintenu à environ 7,4, en partie grâce aux systèmes tampons, ce qui est essentiel à l'efficacité des enzymes et à l'équilibre de la pression osmotique.

Une solution tampon doit avoir une concentration relativement élevée d'acide pour pouvoir neutraliser les ions OH^- qui peuvent y être ajoutés; elle doit également avoir une concentration semblable de base pour pouvoir réagir avec les ions H_3O^+ ajoutés. De plus, l'acide et la base faisant partie d'un système tampon ne doivent pas se neutraliser complètement. On retrouve ces caractéristiques dans un couple acide-base conjugués, par exemple un acide faible et sa base conjuguée (fournie par un sel) ou une base faible et son acide conjugué (fourni par un sel).

On peut préparer une solution tampon simple en ajoutant à de l'eau des quantités molaires comparables d'acide acétique (CH_3COOH) et d'acétate de sodium (CH_3COONa). On considère alors que les concentrations à l'équilibre de l'acide et de sa base conjuguée (provenant de CH_3COONa) sont les mêmes que les concentrations initiales (*voir p. 298*). Une solution qui contient ces deux substances peut neutraliser tout aussi bien de petites quantités ajoutées d'un acide ou d'une base. L'acétate de sodium, qui est un électrolyte fort, se dissocie complètement dans l'eau:

$$CH_3COONa(s) \xrightarrow{H_2O} CH_3COO^-(aq) + Na^+(aq)$$

Si l'on ajoute un acide, la base conjuguée (CH_3COO^-) contenue dans le système tampon captera les ions H^+ de H_3O^+, selon l'équation suivante:

$$CH_3COO^-(aq) + H_3O^+(aq) \longrightarrow CH_3COOH(aq) + H_2O(l)$$

Si l'on ajoute une base au système tampon, l'acide qui y est déjà neutralisera les ions OH^-:

$$CH_3COOH(aq) + OH^-(aq) \longrightarrow CH_3COO^-(aq) + H_2O(l)$$

Le **pouvoir tampon**, ou cette capacité de la solution tampon de neutraliser de l'acide ou de la base, dépend des quantités de l'acide et de sa base conjuguée qui forment le système tampon. Plus cette quantité est élevée, plus le pouvoir tampon est grand. Les deux constituants du système doivent toutefois être présents en quantités semblables.

En général, on peut représenter un système tampon comme un système sel/acide ou base conjuguée/acide. Alors, le système tampon acétate de sodium/acide acétique peut être exprimé de l'une des façons suivantes: CH_3COONa/CH_3COOH ou CH_3COO^-/CH_3COOH. La **FIGURE 6.1** montre ce système en action.

A   B   C   D

FIGURE 6.1

Effet tampon

On utilise le bleu de bromophénol, un indicateur coloré acido-basique (ajouté à toutes ces solutions), pour illustrer l'effet tampon. Quand le pH est supérieur à 4,6, cet indicateur est bleu-mauve ; quand le pH est inférieur à 3,0, l'indicateur est jaune.

A Solution tampon constituée de 50 mL de CH_3COOH 0,1 mol/L et de 50 mL de CH_3COONa 0,1 mol/L. Le pH de la solution est 4,7, l'indicateur est bleu-mauve.

B Après l'ajout de 40 mL d'une solution de HCl 0,1 mol/L à la solution **A**, la couleur reste bleu-mauve à cause de l'effet tampon.

C Solution de CH_3COOH (100 mL) dont le pH est 4,7.

D Après l'ajout de six gouttes (environ 0,3 mL) d'une solution de HCl 0,1 mol/L, la solution devient jaune. Sans l'effet tampon, l'ajout de quelques gouttes de HCl 0,1 mol/L fait rapidement diminuer le pH de la solution à une valeur inférieure à 3,0.

EXEMPLE 6.2   La distinction entre un système tampon et un mélange d'acides et de bases qui ne sont pas un système tampon

Lesquelles des solutions suivantes sont des systèmes tampons ? a) KH_2PO_4/H_3PO_4 ; b) $NaClO_4/HClO_4$; c) C_5H_5N/C_5H_5NHCl (C_5H_5N est la pyridine ; sa valeur de K_b est donnée au **TABLEAU 5.4**, p. 260). Justifiez vos réponses.

DÉMARCHE

Quelle est la composition générale d'un système tampon ? Lesquelles des solutions précédentes contiennent un acide faible et son sel (constitué de sa base conjuguée, une base faible) ? Lesquelles contiennent une base faible et son sel (constitué de son acide conjugué faible) ? Pourquoi la base conjuguée d'un acide fort ne peut-elle pas neutraliser un acide ajouté ?

SOLUTION

Pour obtenir un tampon, il faut à la fois la présence d'un acide faible et de son sel (qui contient sa base conjuguée, une base faible) ou d'une base faible et de son sel (qui contient son acide conjugué, un acide faible).

a) H_3PO_4 est un acide faible ; sa base conjuguée ($H_2PO_4^-$) est une base faible (*voir le* **TABLEAU 5.3**, *p. 255*). Il s'agit donc d'un système tampon.

b) Puisque $HClO_4$ est un acide fort, sa base conjuguée (ClO_4^-) est une base extrêmement faible. Cela signifie que l'ion ClO_4^- ne réagira pas avec l'ion H_3O^+ en solution pour former $HClO_4$. Alors, ce système ne peut agir comme un système tampon. ▶

c) Comme l'indique le **TABLEAU 5.4**, C_5H_5N est une base faible, et son acide conjugué ($C_5H_5NH^+$, cation du sel C_5H_5NHCl) est un acide faible. Il s'agit donc d'un système tampon.

⊕ **Problème semblable**

6.3

EXERCICE E6.2

Lesquelles des solutions suivantes sont des systèmes tampons ? **a)** KF/HF ; **b)** KBr/HBr ; **c)** Na_2CO_3/$NaHCO_3$.

EXEMPLE 6.3   Le calcul du pH d'un système tampon

a) Calculez le pH d'un système tampon contenant du CH_3COOH à 1,00 mol/L et du CH_3COONa à 1,00 mol/L.

b) Quel est le pH du système tampon après addition de 0,10 mol de HCl gazeux à 1 L de la solution ? Considérez que le volume de la solution ne change pas quand on ajoute le HCl.

DÉMARCHE

a) Le pH du système tampon avant l'addition de HCl peut être calculé selon la procédure déjà décrite à l'**EXEMPLE 6.1 B)** *(voir p. 299)*, car il s'agit d'un cas d'effet d'ion commun. La constante K_a de CH_3COOH est de $1,8 \times 10^{-5}$ *(voir le* **TABLEAU 5.2**, *p. 247)*.

b) Il est avantageux de faire une esquisse décrivant les données de ce problème.

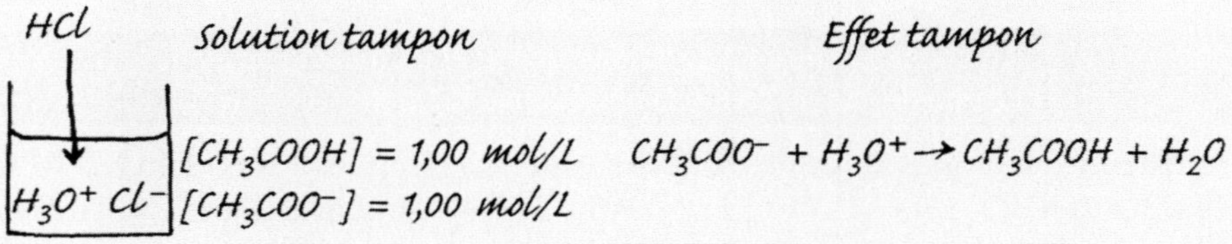

HCl   *Solution tampon*   *Effet tampon*

$[CH_3COOH] = 1,00\ mol/L$ $CH_3COO^- + H_3O^+ \rightarrow CH_3COOH + H_2O$
$H_3O^+\ Cl^-$ $[CH_3COO^-] = 1,00\ mol/L$

Rappelons que puisque HCl est un acide fort, il se dissocie complètement. L'ion H_3O^+ réagira avec CH_3COO^-.

SOLUTION

a)
$$K_a = \frac{[H_3O^+][CH_3COO^-]}{[CH_3COOH]}$$

$$1,8 \times 10^{-5} = \frac{(x)(1,0 + x)}{(1,0 - x)}$$

D'après l'équation de Henderson-Hasselbalch, on peut écrire :

$$pH = pK_a + \log \frac{[CH_3COO^-]}{[CH_3COOH]}$$

$$= -\log 1,8 \times 10^{-5} + \log \frac{1,00}{1,00} = 4,74$$

▶

b) L'ion Cl^- est un ion spectateur en solution parce qu'il est la base conjuguée d'un acide fort.

Les ions H_3O^+ fournis par l'acide fort HCl réagissent complètement avec la base conjuguée du tampon, soit CH_3COO^-. Dans ce genre de situation, il est préférable d'effectuer les calculs avec les moles plutôt qu'avec les concentrations molaires, parce que, dans certains cas, le volume de la solution peut changer en cours d'addition d'une substance. Un changement de volume va modifier la concentration, mais pas le nombre de moles. Résumons ainsi la réaction de neutralisation :

$$CH_3COO^-(aq) + H_3O^+(aq) \longrightarrow CH_3COOH(aq) + H_2O(l)$$

	CH_3COO^-	H_3O^+	CH_3COOH
Initial (mol) :	1,00	0,10	1,00
Variation (mol) :	$-0,10$	$-0,10$	$+0,10$
Final (mol) :	0,90	0	1,10

$$K_a = \frac{[H_3O^+][CH_3COO^-]}{[CH_3COOH]}$$

$$1,8 \times 10^{-5} = \frac{(x)(0,90 + x)}{(1,10 - x)}$$

Ici aussi, à la suite de la neutralisation, on applique l'équation de Henderson-Hasselbalch à ces données :

$$pH = pK_a + \log \frac{[CH_3COO^-]}{[CH_3COOH]}$$

$$pH = -\log 1,8 \times 10^{-5} + \log \frac{0,90}{1,10} = 4,66$$

VÉRIFICATION

Le pH a diminué très peu après l'addition de l'acide, ce qui correspond bien au comportement d'une solution tampon.

EXERCICE E6.3

Calculez le pH du système tampon suivant : NH_3 0,30 mol/L/NH_4Cl 0,36 mol/L. Que devient le pH après l'addition de 20,0 mL de NaOH à 0,050 mol/L dans 80,0 mL de la solution tampon ?

Problèmes semblables ⊕

6.5 et 6.6

On constate que, dans la solution tampon présentée à l'**EXEMPLE 6.3**, le pH diminue de 0,08 unité (la solution devient plus acide) après l'ajout de HCl. On peut également comparer les concentrations d'ions H_3O^+ :

avant l'ajout de HCl : $[H_3O^+] = 1,8 \times 10^{-5}$ mol/L et pH = 4,74

après l'ajout de HCl : $[H_3O^+] = 2,2 \times 10^{-5}$ mol/L et pH = 4,66

Alors, la concentration d'ions H_3O^+ augmente par un facteur de :

$$\frac{2,2 \times 10^{-5} \text{ mol/L}}{1,8 \times 10^{-5} \text{ mol/L}} = 1,2$$

Une façon d'évaluer l'efficacité du système tampon CH_3COONa/CH_3COOH consiste à déterminer ce qui serait arrivé si l'on avait ajouté 0,10 mol de HCl à 1 L d'eau et à comparer l'augmentation des concentrations de H_3O^+ :

avant l'ajout de HCl : $[H_3O^+] = 1,0 \times 10^{-7}$ mol/L et pH = 7,00

après l'ajout de HCl : $[H_3O^+] = 0,10$ mol/L et pH = 1,00

Alors, après l'ajout de HCl, la concentration d'ions H_3O^+ augmente par un facteur de :

$$\frac{0,10 \text{ mol/L}}{1,0 \times 10^{-7} \text{ mol/L}} = 1,0 \times 10^6$$

Cela représente une augmentation de un million de fois, alors qu'elle n'était que de 1,2 fois dans le cas de la solution tampon ! Cette comparaison démontre qu'une solution tampon adéquate peut maintenir presque constante une concentration d'ions H_3O^+ (ou un pH) malgré l'addition d'acide ou de base (*voir la* **FIGURE 6.2**). On peut évaluer, par des calculs semblables, que les rapports entre les conjugués constitutifs d'un bon tampon varient entre 0,1 et 10, soit :

$$0,1 < \frac{[\text{base conjuguée}]}{[\text{acide}]} < 10 \tag{6.6}$$

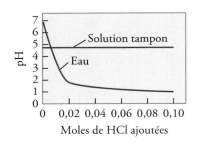

FIGURE 6.2

Effet tampon

Comparaison des changements de pH observés lors de l'addition de 0,10 mol de HCl dans de l'eau pure et dans une solution tampon contenant de l'acétate, comme déjà décrit à l'**EXEMPLE 6.3** (*voir p. 304*).

6.3.2 La visualisation de la composition idéale d'un tampon

La relation entre le pH et la quantité d'acide faible ou de sa base conjuguée se comprend plus facilement à l'examen de la courbe de répartition de la **FIGURE 6.3**. Dans le cas étudié ici, on peut voir la courbe de distribution des fractions d'acide acétique et d'ions acétate présentes dans une solution en fonction du pH. À faible pH, la concentration de CH_3COOH est beaucoup plus grande que celle de l'ion CH_3COO^-, parce que la forte concentration des ions H_3O^+ fait déplacer l'équilibre de la droite vers la gauche (effet d'ion commun, principe de Le Chatelier) :

$$CH_3COOH(aq) + H_2O(l) \rightleftharpoons CH_3COO^-(aq) + H_3O^+(aq)$$

Il y a donc prédominance de molécules d'acide acétique non ionisées. À pH élevé, le contraire se produit, les ions OH^- faisant diminuer cette fois le nombre de molécules d'acide acétique tout en faisant augmenter le nombre d'ions acétate :

$$CH_3COOH(aq) + OH^-(aq) \longrightarrow CH_3COO^-(aq) + H_2O(l)$$

NOTE
Cette relation provient de l'application de l'équation de Henderson-Hasselbalch aux situations déjà décrites des rapports idéaux de concentrations molaires entre les conjugués d'une solution tampon, soit entre 10/1 et 1/10.

Il y a maintenant prédominance d'ions acétate. Pour que l'effet tampon soit possible, la solution tampon doit contenir des quantités comparables d'acide et de base conjuguée. Cette situation existe seulement dans un certain intervalle de pH. On appelle **zone tampon** l'intervalle de pH pour lequel un tampon est efficace, soit :

$$pK_a - 1 < pH < pK_a + 1 \tag{6.7}$$

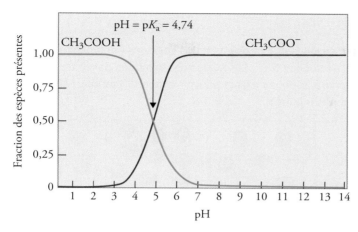

Courbes de répartition de l'acide acétique et de l'ion acétate en fonction du pH

La fraction d'une espèce présente est donnée par le rapport de sa concentration sur la concentration totale des deux espèces. Ainsi, à très bas pH (milieu très acide), il y a beaucoup de molécules d'acide acétique et très peu d'ions acétate. C'est le contraire à un pH très élevé (milieu très basique). C'est entre les pH 3,74 et 5,74 (la zone tampon) que le système tampon CH_3COO^-/ CH_3COOH est le plus efficace. Lorsque $[CH_3COOH] = [CH_3COO^-]$ ou lorsque la fraction vaut 0,5, le pH de la solution est égal au pK_a de l'acide (4,74), selon l'équation de Henderson-Hasselbach.

Le pK_a de l'acide acétique valant 4,74, la zone tampon du système CH_3COO^-/ CH_3COOH se situe donc entre pH = 3,74 et pH = 5,74.

L'action tampon optimale survient à pH = 4,74, c'est-à-dire lorsque $[CH_3COOH]$ = $[CH_3COO^-]$. Toutefois, une autre condition doit être remplie pour que le tampon soit efficace : les concentrations de l'acide faible et de sa base conjuguée doivent être assez fortes pour constituer d'assez bonnes réserves pour neutraliser de fortes quantités de H_3O^+ ou de OH^- sans grandes variations de pH.

Le système tampon CH_3COO^-/CH_3COOH n'a pas d'importance sur le plan biologique. Par contre, le système tampon hydrogénocarbonate-acide carbonique (HCO_3^-/ H_2CO_3) joue un rôle important chez les êtres vivants (*voir la rubrique « Chimie en action – Le contrôle du pH sanguin et les échanges gazeux », p. 310*). H_2CO_3 pouvant donner deux protons, on peut donc avoir deux systèmes tampons différents, HCO_3^-/H_2CO_3 et CO_3^{2-}/HCO_3^-. L'ion hydrogénocarbonate HCO_3^- est un amphotère, il agit comme la base conjuguée du premier système et comme l'acide du second. À l'aide des données du **TABLEAU 5.3** (*voir p. 255*), on peut calculer ainsi les zones tampons :

HCO_3^-/H_2CO_3	pH = $pK_a \pm 1,00 = 6,38 \pm 1,00$
Zone tampon	$5,38 \leq pH \leq 7,38$
CO_3^{2-}/HCO_3^-	pH = $pK_a \pm 1,00 = 10,32 \pm 1,00$
Zone tampon	$9,32 \leq pH \leq 11,32$

La **FIGURE 6.4** montre les courbes de répartition obtenues pour ces deux systèmes tampons. On constate qu'ils agissent dans des zones de pH bien différentes.

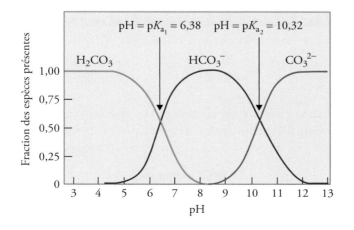

Courbes de répartition de l'acide carbonique et de l'ion hydrogéno-carbonate en fonction du pH

Pour toute valeur de pH, il y a toujours seulement deux espèces prédominantes en solution (H_2CO_3 et HCO_3^- ou HCO_3^- et CO_3^{2-}). Lorsque $[H_2CO_3] = [HCO_3^-]$, on a pH = pK_{a_1} = 6,38. Lorsque $[HCO_3^-] = [CO_3^{2-}]$, on a pH = pK_{a_2} = 10,32.

RÉVISION DES CONCEPTS

Les diagrammes suivants représentent des solutions contenant un acide faible HA et/ou son sel de sodium NaA. Lesquelles des solutions possèdent un effet tampon? Quelle solution possède le meilleur pouvoir tampon? Les ions Na$^+$ et les molécules d'eau ne sont pas montrés.

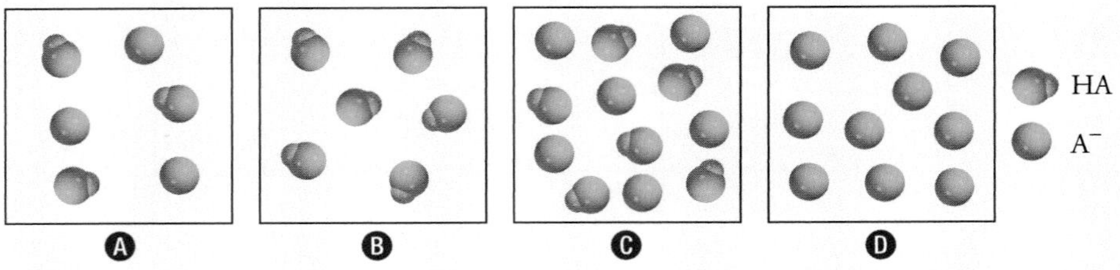

6.3.3 La préparation d'une solution tampon à un pH déterminé

Supposons qu'on veuille préparer une solution tampon à un pH déterminé. L'équation 6.4 indique que, si les concentrations molaires de l'acide et de sa base conjuguée sont approximativement égales, c'est-à-dire si [acide] ≈ [base conjuguée], alors:

$$\log \frac{[\text{base conjuguée}]}{[\text{acide}]} \approx \log 1 = 0$$

et l'équation de Henderson-Hasselbalch s'écrit:

$$pH = pK_a + \log 1$$
$$pH = pK_a$$

Ainsi, pour préparer une solution tampon, on recommande de choisir un acide faible dont la valeur de pK_a est près du pH désiré. Ce choix donne non seulement le pH désiré, mais il fait également en sorte que les quantités de l'acide et de sa base conjuguée soient comparables; ces deux quantités sont essentielles au bon fonctionnement du système tampon, donc à son efficacité.

La préparation d'une solution tampon peut donc s'effectuer de deux façons: 1) en mélangeant un acide faible et sa base conjuguée en quantités approximativement égales; 2) en neutralisant partiellement un acide faible par une base forte (une méthode qui sera abordée à la section 6.4).

EXEMPLE 6.4   La préparation d'une solution tampon à un pH déterminé

Décrivez comment vous prépareriez un «tampon phosphate» dont le pH serait environ 7,40.

DÉMARCHE

Pour qu'une solution tampon soit efficace, il faut que les concentrations des conjugués soient approximativement égales. Selon l'équation 6.5 (*voir p. 298*), lorsque le pH désiré se situe près du pK_a de l'acide, c'est-à-dire lorsque pH ≈ pK_a, on a:

$$\log \frac{[\text{base conjuguée}]}{[\text{acide}]} \approx 0$$

▶

ou :

$$\frac{[\text{base conjuguée}]}{[\text{acide}]} \approx 1$$

SOLUTION

L'acide phosphorique étant un triacide, écrivons les trois étapes d'ionisation. Les valeurs de K_a sont données au **TABLEAU 5.3** (*voir p. 255*) ; les valeurs de pK_a sont établies grâce à l'équation 6.3 (*voir p. 298*) :

$$\text{H}_3\text{PO}_4(aq) + \text{H}_2\text{O}(l) \rightleftharpoons \text{H}_3\text{O}^+(aq) + \text{H}_2\text{PO}_4^-(aq) \quad K_{a_1} = 7{,}5 \times 10^{-3}; \quad \text{p}K_{a_1} = 2{,}12$$

$$\text{H}_2\text{PO}_4^-(aq) + \text{H}_2\text{O}(l) \rightleftharpoons \text{H}_3\text{O}^+(aq) + \text{HPO}_4^{2-}(aq) \quad K_{a_2} = 6{,}2 \times 10^{-8}; \quad \text{p}K_{a_2} = 7{,}21$$

$$\text{HPO}_4^{2-}(aq) + \text{H}_2\text{O}(l) \rightleftharpoons \text{H}_3\text{O}^+(aq) + \text{PO}_4^{3-}(aq) \quad K_{a_3} = 4{,}8 \times 10^{-13}; \quad \text{p}K_{a_3} = 12{,}32$$

Le plus approprié de ces trois systèmes tampons est $\text{HPO}_4^{2-}/\text{H}_2\text{PO}_4^-$, parce que la valeur du pK_a de l'acide H_2PO_4^- est celle qui est la plus près du pH désiré. Selon la relation de Henderson-Hasselbalch, nous écrivons :

$$\text{pH} = \text{p}K_a + \log \frac{[\text{base conjuguée}]}{[\text{acide}]}$$

$$7{,}40 = 7{,}21 + \log \frac{[\text{HPO}_4^{2-}]}{[\text{H}_2\text{PO}_4^-]}$$

$$\log \frac{[\text{HPO}_4^{2-}]}{[\text{H}_2\text{PO}_4^-]} = 0{,}19$$

En opérant l'antilogarithme, on obtient :

$$\frac{[\text{HPO}_4^{2-}]}{[\text{H}_2\text{PO}_4^-]} = 10^{0,19} = 1{,}5$$

Ainsi, on peut préparer un tampon phosphate dont le pH est de 7,40 en dissolvant dans l'eau de l'hydrogénophosphate de sodium (Na_2HPO_4) et du dihydrogénophosphate de sodium (NaH_2PO_4) dans un rapport molaire de 1,5:1,0. Par exemple, on pourrait dissoudre 1,5 mol de Na_2HPO_4 et 1,0 mol de NaH_2PO_4 dans assez d'eau pour préparer une solution de 1 L.

EXERCICE E6.4

Comment prépareriez-vous 1 L de « tampon carbonate » à pH 10,10 avec de l'acide carbonique (H_2CO_3), de l'hydrogénocarbonate de sodium (NaHCO_3) et du carbonate de sodium (Na_2CO_3) ? Les valeurs des K_a sont données dans le **TABLEAU 5.3**.

Problèmes semblables ⊕

6.11 et 6.12

QUESTIONS de révision

3. Définissez l'expression « solution tampon ».

4. Définissez le pK_a d'un acide faible et expliquez la relation entre la valeur de pK_a et la force d'un acide. Faites de même pour pK_b et une base faible.

5. Les pK_a de deux monoacides HA et HB sont respectivement 5,9 et 8,1. Lequel des deux acides est le plus fort ?

6. Les valeurs de pK_b des bases X^-, Y^- et Z^- sont respectivement 2,72, 8,66 et 4,57. Classez les acides suivants par ordre croissant de leur force : HX, HY et HZ.

CHIMIE EN ACTION

Le contrôle du pH sanguin et les échanges gazeux

Tous les animaux ont besoin d'un système circulatoire pour se maintenir en vie. Dans le corps humain, le système circulatoire permet des échanges vitaux grâce à un liquide polyvalent, le sang. Le volume sanguin chez un adulte est d'environ cinq litres. Le sang pénètre profondément dans les tissus pour apporter l'oxygène et les nutriments nécessaires à la survie, ainsi que pour éliminer les déchets. C'est en utilisant plusieurs systèmes tampons que la nature a mis au point un mécanisme très efficace pour fournir l'oxygène et retirer le dioxyde de carbone.

Le sang est un liquide très complexe, mais pour expliquer le contrôle du pH sanguin, on ne considère ici que deux composantes essentielles du sang : le plasma et les globules rouges aussi appelés « érythrocytes ». Le plasma sanguin contient plusieurs substances, y compris des protéines, des ions métalliques et des phosphates inorganiques. Les érythrocytes contiennent des molécules d'hémoglobine ainsi que d'anhydrase carbonique (AC), une enzyme qui catalyse autant la réaction de formation que la décomposition de l'acide carbonique (H_2CO_3) :

$$CO_2(aq) + H_2O(l) \xrightleftharpoons{AC} H_2CO_3(aq)$$

Les érythrocytes possèdent une membrane servant de compartiment pour certaines substances qui s'y retrouvent alors isolées du liquide extracellulaire (le plasma). La membrane joue aussi un rôle de barrière sélective ne laissant diffuser à travers elle que certaines substances.

Le pH du plasma sanguin se maintient autour de 7,40 grâce à plusieurs systèmes tampons dont le plus important est le système HCO_3^-/H_2CO_3. Dans les érythrocytes, où le pH est 7,25, les principaux systèmes tampons sont HCO_3^-/H_2CO_3 et l'hémoglobine. La molécule d'hémoglobine est une protéine complexe (masse molaire de 65 000 g/mol) qui possède plusieurs protons ionisables. De manière très simplifiée, on peut considérer l'hémoglobine comme un monoacide de la forme HHb :

$$HHb(aq) + H_2O(l) \rightleftharpoons H_3O^+(aq) + Hb^-(aq)$$

où HHb représente la molécule d'hémoglobine, et Hb^-, la base conjuguée de HHb. L'oxyhémoglobine ($HHbO_2$), résultat de la combinaison de l'oxygène avec l'hémoglobine, est un acide plus fort que HHb :

$$HHbO_2(aq) + H_2O(l) \rightleftharpoons H_3O^+(aq) + HbO_2^-(aq)$$

Une micrographie électronique montrant des globules rouges dans une artériole pulmonaire

Comme le montrent les illustrations à la page suivante, le dioxyde de carbone produit par le métabolisme diffuse dans les érythrocytes, où il est rapidement converti en H_2CO_3 par l'anhydrase carbonique :

$$CO_2(aq) + H_2O(l) \xrightleftharpoons{AC} H_2CO_3(aq)$$

L'ionisation de l'acide carbonique :

$$H_2CO_3(aq) + H_2O(l) \rightleftharpoons H_3O^+(aq) + HCO_3^-(aq)$$

a deux conséquences importantes. Premièrement, l'ion hydrogénocarbonate diffuse à l'extérieur de l'érythrocyte, et il est transporté par le plasma sanguin vers les poumons. C'est le principal mécanisme de rejet du dioxyde de carbone. Deuxièmement, les ions H_3O^+ font déplacer l'équilibre en faveur de la forme non ionisée de la molécule d'hémoglobine :

$$H_3O^+(aq) + HbO_2^-(aq) \rightleftharpoons HHbO_2(aq) + H_2O(l)$$

Puisque $HHbO_2$ relâche l'oxygène plus facilement que sa base conjuguée HbO_2^-, la formation de l'acide favorise la réaction suivante vers la droite :

$$HHbO_2(aq) \rightleftharpoons HHb(aq) + O_2(aq)$$

Les molécules d'oxygène diffusent en dehors des érythrocytes vers les cellules des tissus pour les alimenter en oxygène, ce qui déplace encore plus l'équilibre vers la droite.

Quand le sang veineux retourne vers les poumons, ce mécanisme se renverse. Cette fois, les ions hydrogénocarbonate diffusent vers les érythrocytes où ils réagissent avec l'hémoglobine pour former de l'acide carbonique :

$$HHb(aq) + HCO_3^-(aq) \rightleftharpoons Hb^-(aq) + H_2CO_3(aq)$$

Presque tout l'acide est alors converti en CO_2 par l'anhydrase carbonique (AC) :

$$H_2CO_3(aq) \overset{AC}{\rightleftharpoons} H_2O(l) + CO_2(aq)$$

Le dioxyde de carbone diffuse vers les poumons pour ensuite être exhalé. La formation des ions Hb^- (due à la réaction entre HHb et HCO_3^- ci-dessus) favorise en même temps la fixation d'oxygène dans les poumons :

$$Hb^-(aq) + O_2(aq) \rightleftharpoons HbO_2^-(aq)$$

parce que l'affinité de Hb^- pour l'oxygène est plus grande que celle de HHb. Lorsque le sang artériel retourne vers les différents tissus du corps, le cycle est complété, puis il se répète.

Ainsi, selon la plus ou moins grande activité métabolique, plusieurs réactions chimiques rapides faisant partie de systèmes à l'équilibre peuvent répondre rapidement aux besoins de l'organisme. Le maintien dans certaines limites de différents paramètres, l'*homéostasie*, constitue sans doute l'une des caractéristiques fondamentales des êtres vivants. Notre vie dépend de tous ces équilibres chimiques mettant en jeu plusieurs systèmes tampons qui contribuent à maintenir le pH du sang entre 7,35 et 7,45. Par exemple, si le gaz carbonique produit dans le sang était relâché sans la présence de sels carbonatés (bases conjuguées) dans le sang, le pH sanguin serait à 5,5. À cette valeur de pH, la plupart des enzymes deviennent inactives, et tous les muscles paralysent !

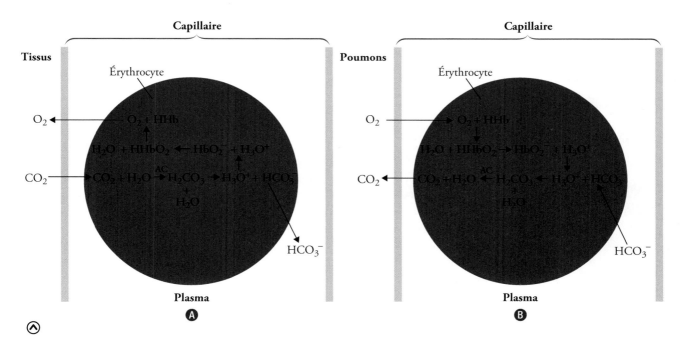

A Lors du transport et des transferts de l'oxygène et du dioxyde de carbone dans le sang, la pression partielle de CO_2 est plus grande dans les tissus actifs que dans le plasma sanguin. Le CO_2 va donc diffuser spontanément vers les capillaires sanguins, puis vers les érythrocytes où il est transformé en acide carbonique par l'enzyme anhydrase carbonique (AC). Ensuite, les protons fournis par l'acide carbonique se combinent avec les anions HbO_2^- pour former $HHbO_2$, qui va par la suite se dissocier en HHb et en O_2. Quant à la pression partielle de O_2, elle se trouve plus élevée dans les érythrocytes que dans les tissus, d'où sa tendance spontanée à diffuser en dehors des érythrocytes vers les tissus. Les ions hydrogénocarbonate diffusent eux aussi en dehors des érythrocytes et sont transportés dans le plasma sanguin vers les poumons.

B Dans les poumons, le phénomène inverse se produit. Les molécules d'oxygène diffusent de l'intérieur des poumons, où la pression partielle de O_2 est plus élevée, vers les érythrocytes. Là, elles se combinent avec HHb, formant $HHbO_2$. Les protons fournis par $HHbO_2$ se combinent avec les ions hydrogénocarbonate qui ont diffusé vers les érythrocytes pour former de l'acide carbonique. En présence de l'anhydrase carbonique, l'acide carbonique est transformé en H_2O et en CO_2. Le CO_2 diffuse alors en dehors des érythrocytes vers les poumons où il est exhalé.

6.4 Les titrages acido-basiques

i+ CHIMIE EN LIGNE

Animation
• Les titrages acido-basiques

Une fois vues les solutions tampons, il est possible d'examiner plus en détail les aspects quantitatifs du titrage acido-basique (*voir p. 37*). Il faut se rappeler que le titrage est une technique de dosage permettant de déterminer la concentration d'une solution à partir d'une autre solution de concentration connue appelée «solution standard» ou «solution étalon». Trois types de réactions seront étudiés: 1) le titrage mettant en jeu un acide fort et une base forte; 2) le titrage mettant en jeu un acide faible et une base forte; 3) le titrage mettant en jeu un acide fort et une base faible. Le titrage mettant en jeu un acide faible et une base faible est compliqué à cause de l'hydrolyse des cations et des anions du sel formé. Ce type de titrage ne sera pas abordé ici. La **FIGURE 6.5** montre le dispositif qui permet de suivre la variation du pH durant le titrage.

> **NOTE**
>
> Cette réaction chimique correspond à l'inverse de celle de l'auto-ionisation de l'eau. La constante d'équilibre de cette réaction est donc:
>
> $$K = \frac{1}{K_{eau}} = \frac{1}{1 \times 10^{-14}} = 1 \times 10^{14}$$
>
> Ainsi, la réaction est complète.

6.4.1 Le titrage acide fort – base forte

On peut représenter la réaction entre un acide fort (par exemple, HCl) et une base forte (par exemple, NaOH) de la manière suivante:

$$NaOH(aq) + HCl(aq) \longrightarrow NaCl(aq) + H_2O(l)$$

ou selon l'équation ionique nette correspondante:

$$H_3O^+(aq) + OH^-(aq) \longrightarrow 2H_2O(l)$$

i+ CHIMIE EN LIGNE

Interaction
• Les réactions de neutralisation I et II

Par exemple, on ajoute une solution de NaOH 0,100 mol/L (à l'aide d'une burette) à 25,0 mL d'une solution de HCl 0,100 mol/L contenue dans un erlenmeyer. La **FIGURE 6.6** montre la variation du pH durant le titrage; cette variation du pH en fonction du volume ajouté est appelée «courbe de titrage». Avant toute addition de NaOH, le pH de l'acide est donné par −log (0,100), ou 1,00. Quand on ajoute du NaOH, les ions OH⁻ réagissent graduellement avec les ions H_3O^+. Le pH de la solution augmente alors lentement (*voir la* **FIGURE 6.6**, *zone* **A**). Près du point d'équivalence, la quantité d'ions H_3O^+ est minime et chaque goutte de NaOH ajoutée fait augmenter le pH rapidement pour atteindre le point d'équivalence (P.E.), c'est-à-dire le point où exactement toute la quantité d'ions hydronium a été neutralisée par les ions hydroxyde (*voir la* **FIGURE 6.6**, *zone* **B**). Au point d'équivalence, le pH augmente lentement avec l'ajout de NaOH (*voir la* **FIGURE 6.6**, *zone* **C**).

Dans le cas du titrage d'un acide fort par une base forte, comme les espèces présentes en solution au point d'équivalence sont sans action sur l'eau (dans le cas présent, les ions Na^+ et Cl^-), le pH au point d'équivalence est égal à 7 et il y a formation d'un sel neutre (NaCl).

Il est possible de calculer le pH de la solution à chaque étape du titrage. Voici deux exemples de calculs.

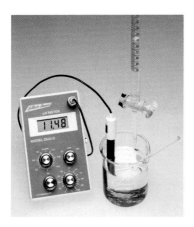

FIGURE 6.5 ⊙

Dispositif pour effectuer un titrage acido-basique

Ici, on a fait écouler lentement d'une burette une base forte dans un bécher contenant un acide fort. Tout au long de ce titrage, il a fallu bien noter les valeurs de volumes de la base ajoutée et les valeurs des pH correspondants.

1. **Après addition de 10,0 mL de NaOH 0,100 mol/L à 25,0 mL de HCl 0,100 mol/L**

   Le volume total de la solution est de 35,0 mL. Le nombre de moles de NaOH dans 10,0 mL est:

$$10,0 \text{ mL} \times \frac{0,100 \text{ mol NaOH}}{1 \text{ L NaOH}} \times \frac{1 \text{ L}}{1000 \text{ mL}} = 1,00 \times 10^{-3} \text{ mol}$$

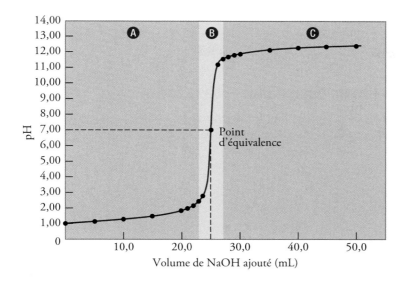

⊘ **FIGURE 6.6**

Courbe de titrage d'un acide fort par une base forte

On déverse lentement d'une burette une solution de NaOH dans un erlenmeyer contenant 25,00 mL d'une solution de HCl 0,100 mol/L (*voir la* **FIGURE 6.5**). Après avoir pris en note plusieurs mesures correspondantes de volumes et de pH, on trace la courbe appelée « courbe de titrage ». Le point d'équivalence est ensuite déterminé graphiquement ou à l'aide de différentes méthodes de calcul. Il correspond à la mi-hauteur de la partie abrupte de la courbe et constitue un point d'inflexion (la dérivée deuxième d^2pH/dV en ce point est égale à zéro).

Ⓐ La quantité d'ions H_3O^+ diminue.

Ⓑ Les seules espèces présentes en solution au P.E. sont les ions Na^+ et Cl^-.

Ⓒ La quantité d'ions OH^- augmente.

Au départ, le nombre de moles de HCl dans 25,0 mL de solution est :

$$25,0 \text{ mL} \times \frac{0,100 \text{ mol HCl}}{1 \text{ L HCl}} \times \frac{1 \text{ L}}{1000 \text{ mL}} = 2,50 \times 10^{-3} \text{ mol}$$

Ainsi, la quantité résiduelle de HCl après neutralisation partielle est $(2,50 \times 10^{-3})$ mol $-$ $(1,00 \times 10^{-3})$ mol ou $1,50 \times 10^{-3}$ mol. Finalement, on trouve la concentration d'ions H_3O^+ à l'aide du volume total de la solution, soit 35,0 mL :

$$\frac{1,50 \times 10^{-3} \text{ mol HCl}}{35,0 \text{ mL}} \times \frac{1000 \text{ L}}{1 \text{ L}} = 0,0429 \text{ mol HCl/L}$$

Ainsi, $[H_3O^+] = 0,0429$ mol/L ; le pH de la solution est donc :

$$pH = \log [H_3O^+] = -\log 0,0429 = 1,368$$

2. **Après addition de 35,0 mL de NaOH 0,100 mol/L à 25,0 mL de HCl 0,100 mol/L**

Le volume total de la solution est alors 60,0 mL. Le nombre de moles de NaOH ajoutées est :

$$35,0 \text{ mL} \times \frac{0,100 \text{ mol NaOH}}{1 \text{ L NaOH}} \times \frac{1 \text{ L}}{1000 \text{ mL}} = 3,50 \times 10^{-3} \text{ mol}$$

Le nombre de moles de HCl dans 25,0 mL de solution est $2,50 \times 10^{-3}$. Après neutralisation complète du HCl, le nombre de moles de NaOH résiduelles est $(3,50 \times 10^{-3})$ mol $-$ $(2,50 \times 10^{-3})$ mol ou $1,00 \times 10^{-3}$ mol. Le nombre de moles de NaOH dans le volume total de 60,00 mL de solution donne sa concentration molaire volumique :

$$\frac{1,00 \times 10^{-3} \text{ mol NaOH}}{60,0 \text{ mL}} \times \frac{1000 \text{ mL}}{1 \text{ L}} = 0,0167 \text{ mol NaOH/L}$$

NOTE

Le principe du fonctionnement du pH-mètre sera expliqué au chapitre 7.

Alors, $[OH^-] = 0,0167$ mol/L et pOH $= -\log 0,0167 = 1,78$. Donc, le pH de la solution est :

$$pH = 14,00 - pOH = 14,00 - 1,78 = 12,22$$

6.4.2 Le titrage acide faible – base forte

Voici comme exemple la neutralisation entre l'acide acétique (un acide faible) et l'hydroxyde de sodium (une base forte) :

$$CH_3COOH(aq) + NaOH(aq) \longrightarrow CH_3COONa(aq) + H_2O(l)$$

On peut simplifier cette équation ainsi :

$$CH_3COOH(aq) + OH^-(aq) \longrightarrow CH_3COO^-(aq) + H_2O(l)$$

L'allure générale de la courbe de titrage ressemblera à celle vue précédemment, à quelques exceptions près (*voir la* **FIGURE 6.7**). Au début de l'addition de NaOH, l'acide CH_3COOH prédomine (*voir la* **FIGURE 6.7**, *zone* **A**). À mesure que les ions OH^- sont ajoutés, les molécules de CH_3COOH sont graduellement neutralisées en ions CH_3COO^-. La solution tampon générée par la présence de l'acide faible CH_3COOH et de sa base conjuguée CH_3COO^- fait en sorte que le pH ne varie que très peu malgré l'apport en ions OH^- (*voir la* **FIGURE 6.7**, *zone* **T**). Le point d'équivalence est atteint une fois tout l'acide neutralisé (*voir la* **FIGURE 6.7**, *zone* **B**). Par la suite, le pH augmente lentement avec l'ajout d'ions OH^- (*voir la* **FIGURE 6.7**, *zone* **C**).

FIGURE 6.7 ⊗

Courbe de titrage acide faible – base forte

Une solution de NaOH 0,100 mol/L contenue dans une burette est déversée lentement dans un erlenmeyer contenant une solution de CH_3COOH. Le pH obtenu au point d'équivalence est supérieur à 7 parce que l'hydrolyse des ions acétate du sel obtenu en cours de neutralisation produit des ions OH^-.

A L'acide CH_3COOH prédomine.

T Une partie de CH_3COOH a été neutralisée en CH_3COO^- : solution tampon.

B Les espèces présentes en solution au P.E. sont CH_3COO^- et Na^+.

C La quantité d'ions OH^- augmente.

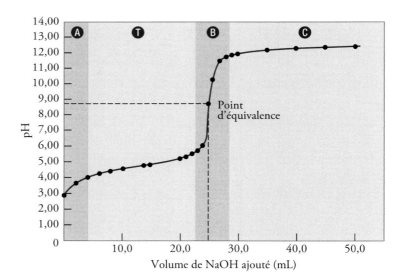

Dans le cas du titrage d'un acide faible par une base forte, au point d'équivalence, les espèces présentes en solution sont les ions acétate, CH_3COO^- et les ions Na^+. L'ion acétate étant une base faible et pouvant s'hydrolyser et générer des ions OH^- selon la réaction suivante :

$$CH_3COO^-(aq) + H_2O(l) \rightleftharpoons CH_3COOH(aq) + OH^-(aq)$$

le pH au point d'équivalence est supérieur à 7.

Un point particulièrement important de la courbe présentée à la **FIGURE 6.7** est le point de demi-neutralisation. Ce point est atteint lorsque exactement la moitié de l'acide faible a été neutralisée par les ions OH^- ajoutés, c'est-à-dire lorsqu'on a ajouté exactement la moitié du volume de base requis pour atteindre le point d'équivalence. Puisque la concentration de l'acide faible et de sa base conjuguée sont identiques, le pH de la solution est égal au pK_a de l'acide, comme c'est le cas avec l'équation de Henderson-Hasselbalch :

$$K_a = \frac{[H_3O^+][\cancel{A^-}]}{[\cancel{HA}]} \quad \text{ou} \quad pH = pK_a + \log \frac{[\cancel{A^-}]}{[\cancel{HA}]}$$

$$pK_a = pH \qquad\qquad (6.8)$$

L'exemple suivant montre l'utilisation des connaissances exposées pour effectuer les calculs de pH dans le cas du titrage d'un acide faible par une base forte.

EXEMPLE 6.5   Les calculs de pH dans le cas d'un titrage acide faible – base forte

Calculez le pH au cours du titrage de 25,0 mL d'une solution 0,100 mol/L d'acide acétique CH_3COOH par de l'hydroxyde de sodium (NaOH) 0,100 mol/L après chacune des étapes suivantes : **a)** après l'addition de 10,0 mL de NaOH ; **b)** après l'addition de 25,0 mL de NaOH ; **c)** après l'addition de 35,0 mL de NaOH.

DÉMARCHE

La réaction entre CH_3COOH et NaOH est :

$$CH_3COOH(aq) + NaOH(aq) \longrightarrow CH_3COONa(aq) + H_2O(l)$$

Selon cette équation, 1 mol $CH_3COOH \simeq$ 1 mol NaOH. On peut donc calculer le nombre de moles de base qui ont réagi avec l'acide à toutes les étapes du titrage, et le pH se calcule à partir de l'excès d'acide ou de base qu'il reste dans la solution. Cependant, au point d'équivalence, la neutralisation est complète, et le pH de la solution dépend du degré d'hydrolyse du sel formé, soit le CH_3COONa.

SOLUTION

a) Le nombre initial de moles de CH_3COOH dans 25,0 mL de solution est :

$$25,0 \text{ mL} \times \frac{0,100 \text{ mol } CH_3COOH}{1 \text{ L soln } CH_3COOH} \times \frac{1 \text{ L}}{1000 \text{ mL}} = 2,50 \times 10^{-3} \text{ mol}$$

Le nombre de moles de NaOH contenues dans 10,0 mL est :

$$10,0 \text{ mL} \times \frac{0,100 \text{ mol NaOH}}{1 \text{ L soln NaOH}} \times \frac{1 \text{ L}}{1000 \text{ mL}} = 1,00 \times 10^{-3} \text{ mol}$$

Résumons les changements des nombres de moles :

	$CH_3COOH(aq)$	$+$ NaOH(aq)	$\longrightarrow CH_3COONa(aq)$	$+ H_2O(l)$
Initial (mol) :	$2,50 \times 10^{-3}$	$1,00 \times 10^{-3}$	0	
Variation (mol) :	$-1,00 \times 10^{-3}$	$-1,00 \times 10^{-3}$	$+1,00 \times 10^{-3}$	
Final (mol) :	$1,50 \times 10^{-3}$	0	$1,00 \times 10^{-3}$	

▶

À cette étape, nous sommes en présence d'un système tampon constitué de CH_3COONa et de CH_3COOH. Le calcul du pH d'une telle solution peut s'effectuer avec l'équation de Henderson-Hasselbalch.

$$pH = pK_a + \log \frac{[CH_3COO^-]}{[CH_3COOH]}$$

$$= -\log (1,8 \times 10^{-5}) + \log \frac{\left(\dfrac{1,00 \times 10^{-3}}{0,0350 \text{ L}} \right)}{\left(\dfrac{1,50 \times 10^{-3}}{0,0350 \text{ L}} \right)}$$

$$= 4,57$$

b) Ces quantités (soit 25,0 mL de NaOH 0,100 mol/L ayant réagi avec 25,0 mL de CH_3COOH 0,100 mol/L) correspondent au point d'équivalence. Le nombre de moles de NaOH et de CH_3COOH dans 25,0 mL est :

$$25,00 \text{ mL} \times \frac{0,100 \text{ mol NaOH}}{1 \text{ L soln NaOH}} \times \frac{1 \text{ L}}{1000 \text{ mL}} = 2,50 \times 10^{-3} \text{ mol}$$

Résumons les changements des nombres de moles :

	$CH_3COOH(aq)$ +	NaOH(aq) $\longrightarrow$	$CH_3COONa(aq)$ + $H_2O(l)$
Initial (mol) :	$2,50 \times 10^{-3}$	$2,50 \times 10^{-3}$	0
Variation (mol) :	$-2,50 \times 10^{-3}$	$-2,50 \times 10^{-3}$	$+2,50 \times 10^{-3}$
Final (mol) :	0	0	$2,50 \times 10^{-3}$

Au point d'équivalence, les concentrations de l'acide et de la base sont toutes les deux égales à zéro. Le volume total étant (25,00 mL + 25,00 mL), soit 50,0 mL, la concentration du sel est donc :

$$[CH_3COONa] = \frac{2,50 \times 10^{-3} \text{ mol}}{50,0 \text{ mL}} \times \frac{1000 \text{ mL}}{1 \text{ L}}$$

$$= 0,0500 \text{ mol/L}$$

Il reste ensuite à calculer le pH d'une solution qui résulte de l'hydrolyse des ions CH_3COO^-. La constante d'ionisation (K_b) de CH_3COO^- est donnée au **TABLEAU 5.2** (*voir p. 247*). Suivons la procédure déjà décrite à l'**EXEMPLE 5.13** (*voir p. 268*) :

$$K_b = 5,6 \times 10^{-10} = \frac{[CH_3COOH][OH^-]}{[CH_3COO^-]} = \frac{x^2}{0,0500 - x}$$

$$x = [OH^-] = 5,3 \times 10^{-6} \text{ mol/L}, \text{ pH} = 8,72$$

c) Après l'addition de 35,00 mL de NaOH, la solution obtenue se situe bien au-delà du point d'équivalence. Le nombre total de moles de NaOH ajouté est :

$$35,00 \text{ mL} \times \frac{0,100 \text{ mol NaOH}}{1 \text{ L soln NaOH}} \times \frac{1 \text{ L}}{1000 \text{ mL}} = 3,50 \times 10^{-3} \text{ mol}$$

▶

Résumons les changements des nombres de moles :

$$CH_3COOH(aq) + NaOH(aq) \longrightarrow CH_3COONa(aq) + H_2O(l)$$

Initial (mol) :	$2,50 \times 10^{-3}$	$3,50 \times 10^{-3}$	0
Variation (mol) :	$-2,50 \times 10^{-3}$	$-2,50 \times 10^{-3}$	$+2,50 \times 10^{-3}$
Final (mol) :	0	$1,00 \times 10^{-3}$	$2,50 \times 10^{-3}$

À cette étape, les deux espèces qui sont importantes pour déterminer le pH et rendre la solution basique sont CH_3COO^- et OH^-. Cependant, puisque OH^- est une base beaucoup plus forte que CH_3COO^-, on peut correctement négliger la contribution des ions CH_3COO^- dans la détermination du pH et calculer ce dernier en utilisant seulement les ions OH^-. Le volume total à la suite de l'addition du volume de la base est (25,0 mL + 35,0 mL), soit 60,0 mL, et la concentration de OH^- est :

$$[OH^-] = \frac{1,00 \times 10^{-3} \text{ mol}}{60,0 \text{ mL}} \times \frac{1000 \text{ mL}}{1 \text{ L}} = 0,0167 \text{ mol/L}$$

$$pOH = -\log 0,0167 = 1,78$$

$$pH = 14,00 - 1,78 = 12,22$$

EXERCICE E6.5

Problème semblable ⊕
6.20

Exactement 100 mL d'acide nitreux (HNO_2) 0,10 mol/L sont titrés avec une solution de NaOH 0,10 mol/L. Calculez le pH dans les cas suivants : **a)** au point de départ (0 mL de base ajoutée) ; **b)** après l'addition de 80 mL de base ; **c)** au point d'équivalence ; **d)** après l'addition de 105 mL de base.

6.4.3 Le titrage acide fort – base faible

Soit le titrage de l'acide chlorhydrique (un acide fort) par l'ammoniac (une base faible) :

$$HCl(aq) + NH_3(aq) \longrightarrow NH_4Cl(aq)$$

ou plus simplement :

$$H_3O^+(aq) + NH_3(aq) \longrightarrow NH_4^+(aq)$$

Au début de l'addition d'acide, NH_3 prédomine (*voir la* **FIGURE 6.8**, *zone* **Ⓐ**, *p. 318*). À mesure que les ions hydronium sont ajoutés, les molécules de NH_3 sont graduellement neutralisées en ions NH_4^+. La solution tampon générée par la présence de l'acide faible NH_4^+ et sa base conjuguée NH_3 font en sorte que le pH ne varie que très peu malgré l'apport en ions H_3O^+ (*voir la* **FIGURE 6.8**, *zone* **Ⓣ**, *p. 318*). Au point d'équivalence, exactement tout le NH_3 a été neutralisé en NH_4^+ (*voir la* **FIGURE 6.8**, *zone* **Ⓑ**, *p. 318*). Par la suite, le pH diminue lentement avec l'ajout d'acide (*voir la* **FIGURE 6.8**, *zone* **Ⓒ**, *p. 318*). Dans ce cas, les espèces présentes en solution au point d'équivalence sont NH_4^+ et Cl^-. L'ion ammonium étant un acide faible et pouvant s'hydrolyser et générer des ions H_3O^+ selon la réaction suivante :

$$NH_4^+(aq) + H_2O(l) \rightleftharpoons NH_3(aq) + H_3O^+(aq)$$

le pH au point d'équivalence est inférieur à 7.

NOTE

Étant donnée la grande volatilité des solutions d'ammoniac, c'est la solution de l'acide qui sera placée cette fois dans la burette pour être déversée dans une solution d'ammoniac.

NOTE

La constante d'équilibre de cette réaction correspond à l'inverse de la constante K_a de l'ion ammonium :

$$K = \frac{[NH_4^+]}{[NH_3][H_3O^+]}$$

$$= \frac{1}{K_a} = \frac{1}{10^{-10}} = 1 \times 10^{10}$$

La réaction est donc complète.

FIGURE 6.8 ❯

Courbe de titrage acide fort – base faible

Une solution de HCl contenue dans une burette est déversée lentement dans un erlenmeyer contenant 25,0 mL d'une solution de NH_3. Le pH obtenu au point d'équivalence est inférieur à 7 parce qu'il y a hydrolyse du sel produit en cours de neutralisation, ce sel étant un sel acide.

Ⓐ NH_3 prédomine.

Ⓣ Une partie du NH_3 a été neutralisée en NH_4^+ : solution tampon.

Ⓑ Les espèces présentes en solution au P.E. sont NH_4^+ et Cl^-.

Ⓒ La quantité d'ions H_3O^+ augmente.

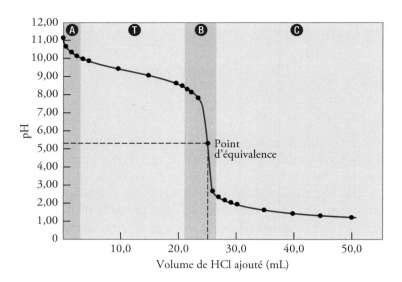

EXEMPLE 6.6   Le calcul du pH au point d'équivalence

Calculez le pH obtenu au point d'équivalence au cours du titrage de 25,0 mL de NH_3 0,100 mol/L par une solution de HCl 0,100 mol/L.

DÉMARCHE

La réaction entre NH_3 et HCl est :

$$NH_3(aq) + HCl(aq) \longrightarrow NH_4Cl(aq)$$

D'après cette équation, 1 mol $NH_3 \rightleftharpoons$ 1 mol HCl. Au point d'équivalence, les principales espèces sont le sel soluble NH_4Cl (NH_4^+ et Cl^-) et H_2O. Il faudra d'abord calculer la concentration de NH_4Cl formé, puis le pH à la suite de l'hydrolyse de l'ion NH_4^+. L'ion Cl^- étant la base conjuguée d'un acide fort, il n'aura pas tendance à s'hydrolyser ; comme toujours, on peut ignorer ici l'ionisation de l'eau.

SOLUTION

Le nombre de moles de NH_3 dans 25,0 mL de solution 0,100 mol/L est :

$$25{,}0 \text{ mL} \times \frac{0{,}100 \text{ mol } NH_3}{1 \text{ L}} \times \frac{1 \text{ L}}{1000 \text{ mL}} = 2{,}50 \times 10^{-3} \text{ mol}$$

Étant donné que 1 mol de NH_3 réagit exactement avec 1 mol de HCl, au point d'équivalence, le nombre de moles de HCl qui ont réagi est aussi $2{,}50 \times 10^{-3}$ mol.

Au point d'équivalence, les concentrations de l'acide et de la base sont toutes deux égales à zéro. Le volume total étant (25,0 mL + 25,0 mL), soit 50,0 mL, la concentration de NH_4Cl est :

$$[NH_4Cl] = \frac{2{,}50 \times 10^{-3} \text{ mol}}{50{,}0 \text{ mL}} \times \frac{1000 \text{ mL}}{1 \text{ L}}$$

$$= 0{,}0500 \text{ mol/L}$$

▶

Le pH de la solution au point d'équivalence est déterminé par l'hydrolyse des ions NH_4^+. Il faut suivre la procédure déjà expliquée à l'**EXEMPLE 5.13** (*voir p. 268*).

Étape 1: écrivons l'équation décrivant l'hydrolyse du cation NH_4^+, où x symbolise la concentration à l'équilibre des ions NH_3 et H_3O^+ en moles par litre:

$$NH_4^+(aq) + H_2O(l) \rightleftharpoons NH_3(aq) + H_3O^+(aq)$$

Concentration initiale (mol/L):	0,0500	0	0
Variation (mol/L):	$-x$	$+x$	$+x$
Concentration à l'équilibre (mol/L):	$(0,0500 - x)$	x	x

Étape 2: d'après le **TABLEAU 5.4** (*voir p. 260*), la valeur de K_a pour NH_4^+ est de $5,6 \times 10^{-10}$, et l'on peut écrire:

$$K_a = \frac{[NH_3][H_3O^+]}{[NH_4^+]}$$

$$5,6 \times 10^{-10} = \frac{x^2}{0,0500 - x}$$

En faisant l'approximation $0,0500 - x \approx 0,0500$, nous obtenons:

$$5,6 \times 10^{-10} = \frac{x^2}{0,0500 - x} \approx \frac{x^2}{0,0500}$$

$$x = 5,3 \times 10^{-6} \text{ mol/L}$$

et le pH est:

$$pH = -\log (5,3 \times 10^{-6})$$
$$= 5,28$$

NOTE

Puisque $\dfrac{5,3 \times 10^{-6}}{0,0500} \leq 5\%$, l'approximation est valide.

| VÉRIFICATION |

On a obtenu un pH inférieur à 7,0, ce qui correspond bien à l'hydrolyse d'un ion acide comme NH_4^+.

EXERCICE E6.6

Calculez le pH au point d'équivalence au cours du titrage de 50 mL de méthylamine 0,10 mol/L (*voir le* **TABLEAU 5.4**, *p. 260*) avec une solution de HCl 0,20 mol/L.

Problème semblable ⊕
6.20

RÉVISION DES CONCEPTS

Pour quels titrages parmi les suivants le pH au point d'équivalence ne sera-t-il pas neutre? **a)** le titrage de HNO_2 par NaOH; **b)** le titrage de KOH par $HClO_4$; **c)** le titrage de HCOOH par KOH; **d)** le titrage de CH_3NH_2 par HNO_3.

6.4.4 L'influence de la concentration et de la force des acides et des bases sur l'allure de la courbe de titrage

Les courbes présentées aux **FIGURES 6.6, 6.7** et **6.8** (*voir p. 313, 314 et 318*) donnent les allures générales des courbes de titrage entre un acide fort et une base forte, un acide faible et une base forte et un acide fort et une base faible, respectivement. Les courbes seraient légèrement différentes si l'acide (ou la base) utilisé avait été différent (*voir la* **FIGURE 6.9A**) ou encore si la concentration de l'acide avait été différente (*voir* **FIGURE 6.9B**).

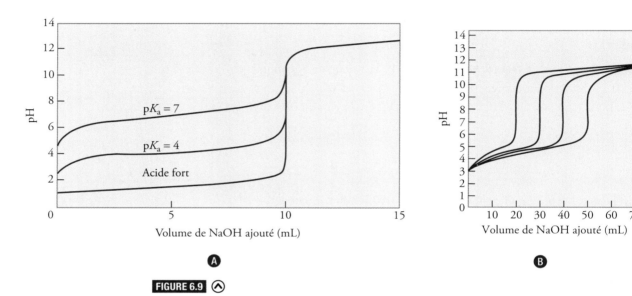

FIGURE 6.9 ⊙

Influence de la force d'un acide et de sa concentration sur l'allure de la courbe de titrage

Ⓐ Les courbes de titrage de trois acides de forces différentes (à une même concentration). Le pH au point d'équivalence dépend de la force de l'acide utilisé, mais le volume de base nécessaire pour neutraliser l'acide demeure le même. Le saut de pH au point d'équivalence diminue à mesure que la force de l'acide diminue.

Ⓑ Les courbes de titrage d'un acide faible à différentes concentrations. Le volume de base nécessaire pour neutraliser l'acide change, mais le pH au point d'équivalence est constant.

QUESTIONS de révision

7. Décrivez brièvement ce qui se passe durant un titrage acido-basique.

8. Tracez l'allure générale des courbes de titrage dans les cas suivants : **a)** HCl avec NaOH ; **b)** HCl avec CH_3NH_2 ; **c)** CH_3COOH avec NaOH. Dans tous ces cas, la base est déversée d'une burette dans un erlenmeyer qui contient l'acide. Sur vos graphes, le pH devrait apparaître sur l'axe des *y* et le volume ajouté de la base, sur l'axe des *x*.

6.5 Les indicateurs acido-basiques

Comme il a été vu à la section précédente, le point d'équivalence d'un titrage acido-basique correspond au point de la courbe où le nombre de moles de OH^- ajoutées à une solution est exactement égal au nombre de moles d'acide. Voici une autre méthode que celle de l'analyse d'une courbe de titrage pour déterminer le point d'équivalence d'un titrage. Il faut recourir à une technique de détection du volume exact de base déversée de la burette qui correspond au moment précis à partir duquel la réaction de neutralisation peut être considérée comme complète avec la solution de l'acide contenue dans l'erlenmeyer. L'une de ces techniques courantes de détection du point d'équivalence consiste à ajouter quelques gouttes d'un indicateur acido-basique à la solution d'acide avant de commencer le titrage.

6.5.1 Les propriétés des indicateurs acido-basiques

L'indicateur est en général un acide ou une base organique faible dont la couleur varie selon sa forme ionisée ou non ionisée. La prédominance d'une forme ou d'une autre dépend du pH de la solution dans laquelle il est dissous ; cela sera vu plus loin. C'est ce changement de couleur de l'indicateur en fonction du pH qui est mis à profit pour pouvoir suivre le déroulement d'un titrage.

Les indicateurs ne changent pas tous de couleur au même pH ; il faut donc choisir l'indicateur approprié à un titrage particulier selon la nature de l'acide et de la base (s'ils sont forts ou faibles). Soit comme exemple d'indicateur un monoacide faible de formule générale HIn qui s'ionise ainsi en solution :

$$HIn(aq) + H_2O(l) \rightleftharpoons H_3O^+(aq) + In^-(aq)$$

Si cet indicateur est dans un milieu suffisamment acide, selon le principe de Le Chatelier, l'équilibre se déplace vers la gauche ; la couleur prédominante de l'indicateur est donc celle de sa forme non ionisée (HIn). Par contre, dans un milieu basique, l'équilibre se déplace vers la droite de sorte que la couleur de la base conjuguée (In$^-$) prédomine. En gros, on peut utiliser les rapports suivants entre les concentrations pour prédire la couleur de l'indicateur :

$$\frac{[HIn]}{[In^-]} \geq 10 \quad \text{la couleur de l'acide HIn prédomine}$$

$$\frac{[In^-]}{[HIn]} \geq 10 \quad \text{la couleur de la base conjuguée In}^- \text{ prédomine}$$

Si $[HIn] \approx [In^-]$, la couleur de l'indicateur est une combinaison des couleurs de HIn et de In$^-$. Si l'on considère que le colorant est lui-même un acide faible et qu'il a sa propre valeur de K_a, on peut donc lui appliquer l'équation de Henderson-Hasselbalch :

$$pH = pK_a + \log \frac{[In^-]}{[HIn]}$$

On peut constater que lorsque les concentrations des deux formes ionisées et non ionisées sont égales :

$$pH = pK_a + \log 1$$
$$pH = pK_a$$

La zone de pH qui s'étend de $pK_a - 1$ à $pK_a + 1$ constitue la **zone de virage** d'un indicateur (*voir la* **FIGURE 6.10**, *p. 322*). Lorsque l'indicateur change de couleur, même dans un intervalle de pH, étant donné qu'une seule goutte de réactif (environ 0,05 mL) ajoutée en trop suffit pour produire ce changement, on dit qu'on est au **point de virage**, soit le changement de couleur qui correspond au point d'équivalence.

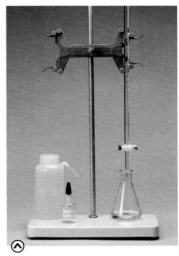

Un montage est réalisé pour effectuer un titrage acido-basique à l'aide d'un indicateur.

NOTE

Puisqu'il n'est présent qu'en très faible quantité, l'indicateur n'affecte pas le pH de la solution.

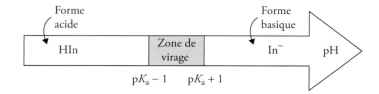

6.5.2 Le choix d'un indicateur

À la section 1.6 (*voir p. 34*), il a été mentionné que la phénolphtaléine peut être un indicateur approprié pour le titrage de HCl par NaOH. Cet indicateur est incolore en milieu acide ou neutre, et d'un rose rouge en milieu basique. Près du point d'équivalence, la pente très abrupte de la courbe montre que l'ajout d'une très petite quantité de NaOH (par exemple, 0,05 mL, environ le volume d'une goutte d'une burette) provoque une forte augmentation du pH de la solution (*voir la* **FIGURE 6.6**, *p. 313*). Ce qui est important dans le choix de l'indicateur, c'est que la partie très abrupte de la courbe du pH comprenne la zone de virage de l'indicateur, là où la phénolphtaléine passe d'incolore à rose rouge. Si tel est le cas, l'indicateur peut servir à déterminer le point d'équivalence du titrage (*voir la* **FIGURE 6.11**).

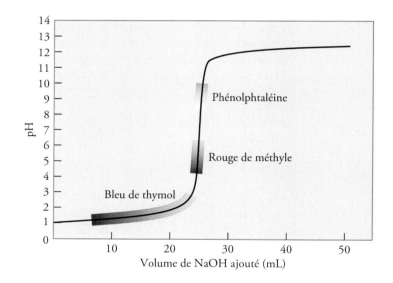

De nombreux indicateurs acido-basiques sont des pigments végétaux. Par exemple, en faisant bouillir du chou rouge haché dans de l'eau, on peut extraire des pigments qui présentent différentes couleurs selon le pH (*voir la* **FIGURE 6.12**). Le **TABLEAU 6.1** énumère certains indicateurs couramment utilisés dans les titrages acido-basiques. Le critère qui guide le choix de l'indicateur approprié pour un titrage donné est le suivant : il faut que la zone de virage (où l'indicateur change de couleur) corresponde à la partie abrupte de la courbe de titrage (*voir la* **FIGURE 6.11**). Si ce n'est pas le cas, l'indicateur utilisé n'indiquera pas le point d'équivalence de façon exacte.

TABLEAU 6.1 > Certains indicateurs acido-basiques courants

La zone de virage (partie tramée) est la zone de pH dans laquelle l'indicateur passe de sa couleur acide à sa couleur basique. Cette zone se situe en général autour de $pK_a \pm 1$ par rapport à sa valeur de pK_a.

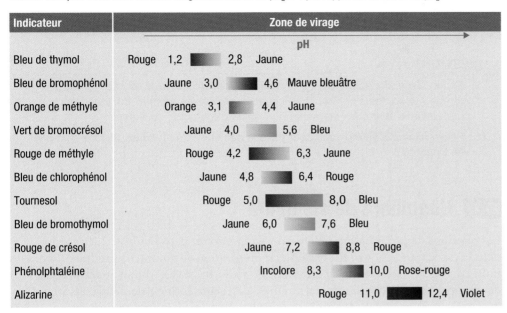

Indicateur	Zone de virage
	pH
Bleu de thymol	Rouge 1,2 ▮ 2,8 Jaune
Bleu de bromophénol	Jaune 3,0 ▮ 4,6 Mauve bleuâtre
Orange de méthyle	Orange 3,1 ▮ 4,4 Jaune
Vert de bromocrésol	Jaune 4,0 ▮ 5,6 Bleu
Rouge de méthyle	Rouge 4,2 ▮ 6,3 Jaune
Bleu de chlorophénol	Jaune 4,8 ▮ 6,4 Rouge
Tournesol	Rouge 5,0 ▮ 8,0 Bleu
Bleu de bromothymol	Jaune 6,0 ▮ 7,6 Bleu
Rouge de crésol	Jaune 7,2 ▮ 8,8 Rouge
Phénolphtaléine	Incolore 8,3 ▮ 10,0 Rose-rouge
Alizarine	Rouge 11,0 ▮ 12,4 Violet

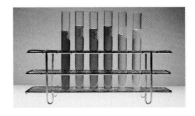

FIGURE 6.12 ⊙

Couleurs de pigments selon le pH

Les solutions contenant des extraits de chou rouge (obtenus en faisant bouillir du chou dans de l'eau) prennent des couleurs différentes lorsqu'elles sont en milieux acides ou basiques. Le pH des solutions augmente de gauche à droite.

EXEMPLE 6.7   Le choix d'indicateurs acido-basiques appropriés

Lequel ou lesquels des indicateurs présentés au **TABLEAU 6.1** choisiriez-vous pour le titrage acide-base illustré : **a)** à la **FIGURE 6.6** (*voir p. 313*) ; **b)** à la **FIGURE 6.7** (*voir p. 314*) ; **c)** à la **FIGURE 6.8** (*voir p. 318*) ?

DÉMARCHE

Dans chaque espèce de titrage, il faut choisir un indicateur dont la zone de virage correspond à la partie abrupte de la courbe de titrage qui incorpore le point d'équivalence (*voir la* **FIGURE 6.11**). Si ce n'est pas le cas, l'indicateur utilisé n'indiquera pas le point d'équivalence de façon exacte.

SOLUTION

a) Au voisinage du point d'équivalence, le pH de la solution passe brusquement de 4 à 10. Donc, tous les indicateurs, sauf le bleu de thymol, le bleu de bromophénol, l'orange de méthyle et l'alizarine, sont appropriés pour ce titrage.

b) Ici, la partie abrupte va du pH 7 au pH 10 ; les indicateurs appropriés sont donc le rouge de crésol et la phénolphtaléine.

c) Ici, la partie abrupte va du pH 3 au pH 7 ; les indicateurs appropriés sont donc le bleu de bromophénol, l'orange de méthyle, le vert de bromocrésol, le rouge de méthyle, le bleu de chlorophénol et le tournesol.

EXERCICE E6.7

À l'aide du **TABLEAU 6.1**, dites quels indicateurs vous utiliseriez pour les titrages suivants : **a)** entre HBr et CH_3NH_2 ; **b)** entre HNO_3 et NaOH ; **c)** entre HNO_2 et KOH.

Problème semblable ⊕

6.26

QUESTIONS de révision

9. Expliquez le fonctionnement d'un indicateur acido-basique au cours d'un titrage. Selon quels critères faut-il choisir un indicateur acido-basique pour pouvoir effectuer correctement un certain titrage acido-basique ?

10. Pourquoi la quantité d'indicateur utilisée dans un titrage acido-basique doit-elle être petite ?

6.6 L'équilibre de solubilité

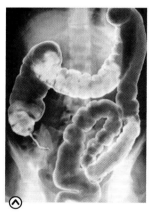

On utilise une suspension aqueuse de BaSO$_4$ pour examiner le tube digestif.

Les réactions de précipitation jouent un rôle important dans l'industrie, en médecine et dans la vie de tous les jours. Par exemple, la préparation de nombreux produits chimiques industriels essentiels, comme le carbonate de sodium (Na$_2$CO$_3$), fait appel aux réactions de précipitation. La dissolution de l'émail des dents, principalement constitué d'hydroxyapatite [Ca$_5$(PO$_4$)$_3$OH], cause la carie dentaire dans un milieu acide (*voir la rubrique « Chimie en action – Le pH, la solubilité et la carie dentaire », p. 342*). Le sulfate de baryum (BaSO$_4$), un composé insoluble opaque aux rayons X, est utilisé pour diagnostiquer certaines maladies du tube digestif. De même, les stalactites et les stalagmites, constituées de carbonate de calcium (CaCO$_3$), sont la conséquence d'une réaction de précipitation ; ce type de réaction est également nécessaire dans les procédés de préparation de nombreux aliments.

Les règles générales qui servent à prédire la solubilité des composés ioniques dans l'eau ont été étudiées à la section 1.2 (*voir p. 8*). Bien qu'elles soient utiles, ces règles ne permettent pas de prédire quantitativement cette solubilité. Pour pouvoir faire des prédictions quantitatives, il faut d'abord tenir compte des connaissances déjà acquises sur l'équilibre chimique.

6.6.1 Le produit de solubilité

Soit une solution saturée de chlorure d'argent qui entre en contact avec du chlorure d'argent solide. On peut représenter l'équilibre de solubilité par l'équation chimique suivante :

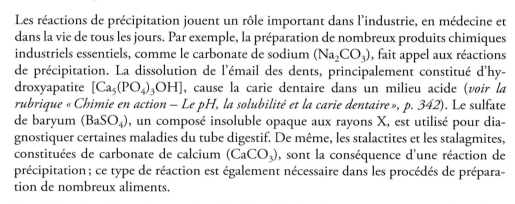

$$AgCl(s) \rightleftharpoons Ag^+(aq) + Cl^-(aq)$$

Puisque dans le cas de sels peu solubles, comme AgCl, le sel dissous dans l'eau se dissocie complètement en ions Ag$^+$ et Cl$^-$, il est possible d'écrire une relation simple entre les ions en solution et le solide non dissous. Le chapitre 4 explique que, dans le cas d'un équilibre hétérogène, la concentration d'un solide est une constante. Ainsi, on peut écrire la constante d'équilibre pour la dissolution de AgCl de la manière suivante :

$$K_{ps} = [Ag^+][Cl^-]$$

où K_{ps} est la constante du produit de solubilité ou simplement le produit de solubilité. En général, le **produit de solubilité** (K_{ps}) est le produit des concentrations molaires des ions qui constituent un composé, chacune de ces concentrations étant élevée à l'exposant équivalant à son coefficient stœchiométrique dans l'équation équilibrée.

NOTE

La constante du produit de solubilité étant une constante d'équilibre, elle n'a pas d'unité.

Puisque chaque unité de AgCl ne contient qu'un seul ion Ag^+ et un seul ion Cl^-, l'expression de son produit de solubilité est simple. Les cas suivants sont plus complexes:

- MgF_2

$$MgF_2(s) \rightleftharpoons Mg^{2+}(aq) + 2F^-(aq) \qquad K_{ps} = [Mg^{2+}][F^-]^2$$

- Ag_2CO_3

$$Ag_2CO_3(s) \rightleftharpoons 2Ag^+(aq) + CO_3^{2-}(aq) \qquad K_{ps} = [Ag^+]^2[CO_3^{2-}]$$

NOTE

On ignore la formation possible de paires d'ions ainsi que l'hydrolyse du sel.

- $Ca_3(PO_4)_2$

$$Ca_3(PO_4)_2(s) \rightleftharpoons 3Ca^{2+}(aq) + 2PO_4^{3-}(aq) \quad K_{ps} = [Ca^{2+}]^3[PO_4^{3-}]^2$$

Le **TABLEAU 6.2** (*voir p. 326*) donne les produits de solubilité de certains sels légèrement solubles. Les sels solubles, comme $NaCl$ et KNO_3, dont les valeurs de K_{ps} sont très élevées n'apparaissent pas dans ce tableau, de la même manière que les acides forts n'apparaissent pas dans le **TABLEAU 5.2** (*voir p. 247*) des valeurs de K_a.

Dans le cas de la dissolution d'un solide ionique en solution aqueuse, le système peut se trouver dans l'une des situations suivantes: 1) la solution est insaturée; 2) la solution est saturée; 3) la solution est sursaturée. En s'inspirant de la méthode expliquée à la section 4.4 (*voir p. 196*), on utilise **Q**, le **produit ionique**, pour représenter le produit des concentrations molaires des ions, chacune de ces concentrations étant élevée à la puissance équivalant à son coefficient stœchiométrique. Alors, dans le cas d'une solution aqueuse contenant des ions Ag^+ et Cl^-, à 25 °C:

$$Q = [Ag^+]_0[Cl^-]_0$$

L'indice 0 indique qu'il s'agit de concentrations initiales qui ne sont pas nécessairement égales aux concentrations à l'équilibre. Les relations possibles entre Q et K_{ps} sont:

$Q < K_{ps}$ $[Ag^+]_0[Cl^-]_0 < 1{,}6 \times 10^{-10}$	Solution insaturée: il n'y aura pas de précipitation
$Q = K_{ps}$ $[Ag^+][Cl^-] = 1{,}6 \times 10^{-10}$	Solution saturée: il n'y aura pas de précipitation (on est à la limite de la solubilité)
$Q > K_{ps}$ $[Ag^+]_0[Cl^-]_0 > 1{,}6 \times 10^{-10}$	Solution sursaturée: il y aura précipitation de AgCl jusqu'à ce que le produit ionique soit égal à $1{,}6 \times 10^{-10}$

TABLEAU 6.2 > Produits de solubilité de certains composés ioniques légèrement solubles à 25 °C

Composé	K_{ps}	Composé	K_{ps}
Bromure d'argent (AgBr)	$7,7 \times 10^{-13}$	Hydroxyde de magnésium [Mg(OH)$_2$]	$1,2 \times 10^{-11}$
Bromure de cuivre(I) (CuBr)	$4,2 \times 10^{-8}$	Hydroxyde de zinc [Zn(OH)$_2$]	$1,8 \times 10^{-14}$
Carbonate d'argent (Ag$_2$CO$_3$)	$8,1 \times 10^{-12}$	Iodure d'argent (AgI)	$8,3 \times 10^{-17}$
Carbonate de baryum (BaCO$_3$)	$8,1 \times 10^{-9}$	Iodure de cuivre(I) (CuI)	$5,1 \times 10^{-12}$
Carbonate de calcium (CaCO$_3$)	$8,7 \times 10^{-9}$	Iodure de plomb(II) (PbI$_2$)	$1,4 \times 10^{-8}$
Carbonate de magnésium (MgCO$_3$)	$4,0 \times 10^{-5}$	Phosphate de calcium [Ca$_3$(PO$_4$)$_2$]	$1,2 \times 10^{-26}$
Carbonate de plomb(II) (PbCO$_3$)	$3,3 \times 10^{-14}$	Sulfate d'argent (Ag$_2$SO$_4$)	$1,4 \times 10^{-5}$
Carbonate de strontium (SrCO$_3$)	$1,6 \times 10^{-9}$	Sulfate de baryum (BaSO$_4$)	$1,1 \times 10^{-10}$
Chlorure d'argent (AgCl)	$1,6 \times 10^{-10}$	Sulfate de strontium (SrSO$_4$)	$3,8 \times 10^{-7}$
Chlorure de mercure(I) (Hg$_2$Cl$_2$)	$3,5 \times 10^{-18}$	Sulfure d'argent (Ag$_2$S)	$6,0 \times 10^{-51}$
Chlorure de plomb(II) (PbCl$_2$)	$2,4 \times 10^{-4}$	Sulfure d'étain(II) (SnS)	$1,0 \times 10^{-26}$
Chromate de plomb(II) (PbCrO$_4$)	$2,0 \times 10^{-14}$	Sulfure de bismuth (Bi$_2$S$_3$)	$1,6 \times 10^{-72}$
Fluorure de baryum (BaF$_2$)	$1,7 \times 10^{-6}$	Sulfure de cadmium (CdS)	$8,0 \times 10^{-28}$
Fluorure de calcium (CaF$_2$)	$4,0 \times 10^{-11}$	Sulfure de cobalt(II) (CoS)	$4,0 \times 10^{-21}$
Fluorure de plomb(II) (PbF$_2$)	$4,1 \times 10^{-8}$	Sulfure de cuivre(II) (CuS)	$6,0 \times 10^{-37}$
Hydroxyde d'aluminium [Al(OH)$_3$]	$1,8 \times 10^{-33}$	Sulfure de fer(II) (FeS)	$6,0 \times 10^{-19}$
Hydroxyde de calcium [Ca(OH)$_2$]	$8,0 \times 10^{-6}$	Sulfure de manganèse(II) (MnS)	$3,0 \times 10^{-14}$
Hydroxyde de chrome(III) [Cr(OH)$_3$]	$3,0 \times 10^{-29}$	Sulfure de mercure(II) (HgS)	$4,0 \times 10^{-54}$
Hydroxyde de cuivre(II) [Cu(OH)$_2$]	$2,2 \times 10^{-20}$	Sulfure de nickel(II) (NiS)	$1,4 \times 10^{-24}$
Hydroxyde de fer(II) [Fe(OH)$_2$]	$1,6 \times 10^{-14}$	Sulfure de plomb(II) (PbS)	$3,4 \times 10^{-28}$
Hydroxyde de fer(III) [Fe(OH)$_3$]	$1,1 \times 10^{-36}$	Sulfure de zinc (ZnS)	$3,0 \times 10^{-23}$

RÉVISION **DES CONCEPTS**

Les diagrammes suivants représentent des solutions de AgCl, lesquelles peuvent aussi contenir des ions tels que Na$^+$ et NO$_3^-$ (non montrés) qui n'affectent pas sa solubilité. Si **A** représente une solution saturée de AgCl, dites si les autres solutions sont insaturées, saturées ou sursaturées.

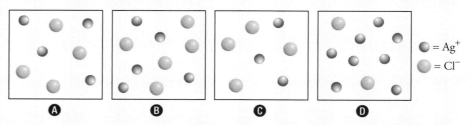

A **B** **C** **D**

$\bullet$ = Ag$^+$
$\bullet$ = Cl$^-$

6.6.2 La solubilité molaire et la solubilité

La valeur de K_{ps} est une mesure de la solubilité d'un composé ionique; plus cette valeur est petite, moins le composé est soluble dans l'eau. Cependant, quand on utilise les valeurs de K_{ps} pour comparer entre elles les solubilités des substances, il faut que ces substances aient des formules similaires, c'est-à-dire qu'elles produisent le même nombre d'ions en solution pour un même nombre de moles initial, comme AgCl et ZnS ou CaF$_2$ et Fe(OH)$_2$. On peut aussi exprimer la solubilité de deux autres façons: la **solubilité molaire**, qui est le nombre de moles de soluté par litre de solution saturée (mol/L), et la **solubilité**, qui est le nombre de grammes de soluté par litre de solution saturée (g/L). Ces grandeurs expriment la concentration des solutions saturées à une température donnée (habituellement 25 °C). La **FIGURE 6.13** montre les relations entre la solubilité, la solubilité molaire et K_{ps}.

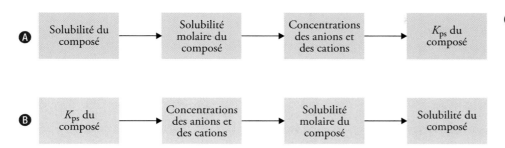

Ⓐ Solubilité du composé → Solubilité molaire du composé → Concentrations des anions et des cations → K_{ps} du composé

Ⓑ K_{ps} du composé → Concentrations des anions et des cations → Solubilité molaire du composé → Solubilité du composé

FIGURE 6.13

Étapes de calcul

Ⓐ Étapes de calcul de la valeur de K_{ps} à partir de la solubilité.

Ⓑ Étapes de calcul de la solubilité à partir de la valeur de K_{ps}.

EXEMPLE 6.8   Le calcul de K_{ps} à partir de la solubilité

La solubilité du sulfate de calcium ($CaSO_4$) est 0,67 g/L. Calculez la valeur de K_{ps} pour $CaSO_4$.

DÉMARCHE

On connaît la solubilité de $CaSO_4$, et l'on nous demande de calculer le K_{ps}. Voici la séquence des conversions selon la **FIGURE 6.13A** :

solubilité de $CaSO_4$ (g/L) $\longrightarrow$ solubilité molaire de $CaSO_4$ $\longrightarrow$ $[Ca^{2+}]$ et $[SO_4^{2-}]$ $\longrightarrow$ K_{ps} de $CaSO_4$

SOLUTION

Voyons d'abord la dissociation de $CaSO_4$ dans l'eau. Soit s la solubilité molaire (en moles par litre) de $CaSO_4$:

$$CaSO_4(s) \rightleftharpoons Ca^{2+}(aq) + SO_4^{2-}(aq)$$

Concentration initiale (mol/L) :		0	0
Variation (mol/L) :	$-s$	$+s$	$+s$
Concentration à l'équilibre (mol/L) :		s	s

Le produit de solubilité de $CaSO_4$ est :

$$K_{ps} = [Ca^{2+}][SO_4^{2-}] = s^2$$

Calculons d'abord le nombre de moles de $CaSO_4$ dissoutes dans 1 L de solution :

$$\frac{0,67 \text{ g } CaSO_4}{1 \text{ L soln}} \times \frac{1 \text{ mol } CaSO_4}{136,2 \text{ g } CaSO_4} = 4,9 \times 10^{-3} \text{ mol/L} = s$$

D'après l'équation décrivant l'équilibre de solubilité, pour chaque mole de $CaSO_4$ qui se dissout, il y a production de 1 mol de Ca^{2+} et de 1 mol de SO_4^{2-}. Ainsi, à l'équilibre :

$$[Ca^{2+}] = 4,9 \times 10^{-3} \text{ mol/L et } [SO_4^{2-}] = 4,9 \times 10^{-3} \text{ mol/L}$$

On peut maintenant calculer le K_{ps} :

$$K_{ps} = [Ca^{2+}][SO_4^{2-}] = s^2$$
$$= (4,9 \times 10^{-3})(4,9 \times 10^{-3}) = (4,9 \times 10^{-3})^2$$
$$= 2,4 \times 10^{-5}$$

NOTE

Dans un problème de ce genre, il n'est pas nécessaire de connaître la quantité initiale du solide (sel), car les concentrations des ions apparaissant dans la relation du K_{ps} ne dépendent pas de la quantité de solide. On laisse donc un espace en blanc vis-à-vis le $CaSO_4$ sur la ligne de la concentration initiale et sur celle de la concentration à l'équilibre.

Le sulfate de calcium est utilisé comme déshydratant et dans la fabrication des peintures, de la céramique et du papier. Une forme hydratée de sulfate de calcium [($CaSO_4)_2 \cdot H_2O$], appelée «plâtre de Paris», sert à faire des plâtres pour les fractures osseuses.

Problème semblable

6.33

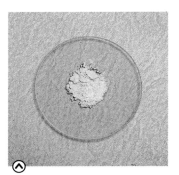

Le bromure d'argent est utilisé pour les émulsions photographiques.

EXERCICE E6.8

La solubilité du chromate de plomb ($PbCrO_4$) est $4,5 \times 10^{-5}$ g/L. Calculez le produit de solubilité de ce composé.

On peut parfois avoir à calculer la solubilité molaire d'un composé à partir de sa valeur de K_{ps}. Par exemple, le K_{ps} du bromure d'argent (AgBr) est $7,7 \times 10^{-13}$. La solubilité molaire se calcule selon une procédure semblable à celle utilisée pour déterminer la constante d'ionisation d'un acide. Il faut d'abord identifier les espèces présentes à l'équilibre; ici, ce sont les ions Ag^+ et Br^-. Soit s la solubilité molaire (en moles par litre) de AgBr. Comme une unité de AgBr donne un ion Ag^+ et un ion Br^-, à l'équilibre $[Ag^+] = [Br^-] = s$. Résumons les changements de concentration:

	$AgBr(s)$	$\rightleftharpoons$	$Ag^+(aq)$	$+$	$Br^-(aq)$
Concentration initiale (mol/L):			0		0
Variation (mol/L):	$-s$		$+s$		$+s$
Concentration à l'équilibre (mol/L):			s		s

D'après le **TABLEAU 6.2** (*voir p. 326*), on peut écrire:

$$K_{ps} = [Ag^+][Br^-]$$
$$7,7 \times 10^{-13} = (s)(s) = s^2$$
$$s = \sqrt{7,7 \times 10^{-13}} = 8,8 \times 10^{-7} \text{ mol/L}$$

et $[Ag^+] = [Br^-] = 8,8 \times 10^{-7}$ mol/L. La solubilité molaire de AgBr vaut aussi $8,8 \times 10^{-7}$ mol/L.

Connaissant la solubilité molaire, on peut ensuite calculer la solubilité en grammes par litre, comme dans l'exemple suivant.

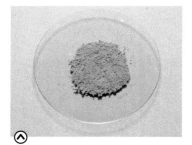

L'hydroxyde de cuivre(II) est utilisé comme pesticide et pour traiter les semences contre certaines maladies bactériennes.

EXEMPLE 6.9   **Le calcul de la solubilité à partir de K_{ps}**

À l'aide des données du **TABLEAU 6.2** (*voir p. 326*), calculez la solubilité de l'hydroxyde de cuivre(II) [$Cu(OH)_2$] en grammes par litre.

DÉMARCHE

On connaît la valeur du K_{ps} et l'on nous demande de calculer la solubilité en grammes par litre. La séquence de calcul selon les étapes de conversion déjà présentées à la **FIGURE 6.13B** (*voir p. 327*) est:

K_{ps} de $Cu(OH)_2 \longrightarrow [Cu^{2+}]$ et $[OH^-] \longrightarrow$ solubilité molaire de $Cu(OH)_2 \longrightarrow$ solubilité de $Cu(OH)_2$ (g/L)

SOLUTION

Soit s la solubilité molaire de $Cu(OH)_2$. Les variations de concentrations se résument ainsi:

	$Cu(OH)_2(s)$	$\rightleftharpoons$	$Ca^{2+}(aq)$	$+$	$2OH^-(aq)$
Concentration initiale (mol/L):			0		0
Variation (mol/L):	$-s$		$+s$		$+2s$
Concentration à l'équilibre (mol/L):			s		$2s$

▶

Puisqu'une unité de $Cu(OH)_2$ donne un ion Cu^{2+} et deux ions OH^-, à l'équilibre, $[Cu^{2+}]$ est égale à s et $[OH^-]$, à $2s$:

$$K_{ps} = [Cu^{2+}][OH^-]^2$$
$$= (s)(2s)^2 = 4s^3$$

Selon la valeur de K_{ps} du **TABLEAU 6.2**, on peut résoudre cette dernière équation pour trouver la valeur de s:

$$2,2 \times 10^{-20} = 4s^3$$
$$s^3 = \frac{2,2 \times 10^{-20}}{4} = 5,5 \times 10^{-21}$$
$$s = (5,5 \times 10^{-21})^{1/3} = 1,8 \times 10^{-7}\,\text{mol/L}$$

Sachant que la masse molaire de $Cu(OH)_2$ est de 97,57 g/mol et connaissant sa solubilité molaire, nous pouvons calculer sa solubilité en grammes par litre:

$$\text{solubilité de } Cu(OH)_2 = \frac{1,8 \times 10^{-7}\,\text{mol } Cu(OH)_2}{1\,\text{L soln}} \times \frac{97,57\,\text{g } Cu(OH)_2}{1\,\text{mol } Cu(OH)_2}$$
$$= 1,8 \times 10^{-5}\,\text{g/L}$$

EXERCICE E6.9

Calculez la solubilité du chlorure d'argent (AgCl) en grammes par litre.

Problème semblable ⊕

6.35

Comme le montrent les **EXEMPLES 6.8** (*voir p. 327*) et **6.9**, la solubilité et le produit de solubilité sont reliés. Si l'on connaît l'une de ces grandeurs, on peut calculer l'autre; chacune d'elles fournit toutefois des renseignements différents. Le **TABLEAU 6.3** montre la relation entre solubilité molaire et produit de solubilité pour un certain nombre de composés ioniques.

TABLEAU 6.3 > Relation entre K_{ps} et solubilité molaire (s)

Composé	Expression de K_{ps}	Concentration à l'équilibre (mol/L)		Relation entre K_{ps} et s
		Cation	Anion	
AgCl	$[Ag^+][Cl^-]$	s	s	$K_{ps} = s^2$; $s = (K_{ps})^{1/2}$
$BaSO_4$	$[Ba^{2+}][SO_4^{2-}]$	s	s	$K_{ps} = s^2$; $s = (K_{ps})^{1/2}$
Ag_2CO_3	$[Ag^+]^2[CO_3^{2-}]$	$2s$	s	$K_{ps} = 4s^3$; $s = \left(\dfrac{K_{ps}}{4}\right)^{1/3}$
PbF_2	$[Pb^{2+}][F^-]^2$	s	$2s$	$K_{ps} = 4s^3$; $s = \left(\dfrac{K_{ps}}{4}\right)^{1/3}$
$Al(OH)_3$	$[Al^{3+}][OH^-]^3$	s	$3s$	$K_{ps} = 27s^4$; $s = \left(\dfrac{K_{ps}}{27}\right)^{1/4}$
$Ca_3(PO_4)_2$	$[Ca^{2+}]^3[PO_4^{3-}]^2$	$3s$	$2s$	$K_{ps} = 108s^5$; $s = \left(\dfrac{K_{ps}}{108}\right)^{1/5}$

En calculant la solubilité ou le produit de solubilité, il faut tenir compte des points suivants :

1. La solubilité est la quantité maximale d'une substance qui peut se dissoudre dans une certaine quantité d'eau à une température donnée. Elle est habituellement exprimée en grammes de soluté par litre de solution. La solubilité molaire, elle, est le nombre de moles de soluté par litre de solution.

2. Le produit de solubilité est une constante d'équilibre.

3. La solubilité molaire, la solubilité et le produit de solubilité se rapportent tous à des solutions saturées.

6.6.3 La prédiction des réactions de précipitation

À partir des règles de solubilité (*voir la section 1.2, p. 8*) et des produits de solubilité donnés au **TABLEAU 6.2** (*voir p. 326*), on peut prédire s'il y aura ou non formation d'un précipité quand on mélange deux solutions ou lorsqu'on ajoute un composé soluble dans une solution. Cette possibilité de prédiction offre des avantages pratiques. Au cours de la préparation de produits en laboratoire ou en industrie, il est possible d'ajuster les concentrations ioniques jusqu'à ce que le produit ionique dépasse la valeur de K_{ps} dans le but d'obtenir un composé donné (sous forme de précipité). La prévision de réactions de précipitation est aussi utile en médecine. Par exemple, les calculs rénaux, qui peuvent causer de grandes douleurs, sont principalement constitués d'oxalate de calcium, CaC_2O_4 ($K_{ps} = 2,3 \times 10^{-9}$). La concentration physiologique normale des ions calcium dans le plasma sanguin est environ 5 mmol/L (1 mmol/L = 1×10^{-3} mol/L). L'ion oxalate $C_2O_4^{2-}$ est un dérivé de l'acide oxalique présent dans plusieurs végétaux tels la rhubarbe et les épinards. Les ions oxalate peuvent réagir avec les ions calcium pour former des cristaux insolubles d'oxalate de calcium, lesquels peuvent graduellement s'accumuler dans les reins. Le médecin recommandera alors une diète appropriée au patient pour réduire cette formation de précipité.

EXEMPLE 6.10 La prédiction d'une réaction de précipitation

On ajoute 200 mL de $BaCl_2$ 0,0040 mol/L à exactement 600 mL de K_2SO_4 0,0080 mol/L. **a)** Y aura-t-il formation d'un précipité ? **b)** Calculez la masse de précipité s'il y a lieu. **c)** Calculez la concentration des espèces présentes à l'équilibre.

DÉMARCHE

Quelles sont les conditions requises pour qu'un composé ionique précipite ? Les ions en solution sont Ba^{2+}, Cl^-, K^+ et SO_4^{2-}. Selon les règles de solubilité des composés ioniques énoncées au **TABLEAU 1.2** (*voir p. 9*), le seul précipité qui pourrait se former est $BaSO_4$. Les données du problème nous permettent de calculer $[Ba^{2+}]$ et $[SO_4^{2-}]$, car nous connaissons le nombre de moles d'ions dans les solutions de départ ainsi que le volume total de la solution obtenue à la suite de l'addition des deux volumes. Il faudra ensuite calculer le produit ionique Q ($Q = [Ba^{2+}]_0[SO_4^{2-}]_0$) et le comparer au K_{ps} de $BaSO_4$ pour pouvoir confirmer s'il y aura formation ou non d'un précipité. Il est avantageux de faire une esquisse décrivant les données de ce problème : ▶

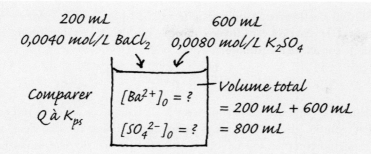

SOLUTION

a) Le nombre de moles de Ba^{2+} présentes dans le volume de 200 mL de la solution de $BaCl_2$ est :

$$200 \text{ mL} \times \frac{0,0040 \text{ mol Ba}^{2+}}{1 \text{ L soln}} \times \frac{1 \text{ L}}{1000 \text{ mL}} = 8,0 \times 10^{-4} \text{ mol Ba}^{2+}$$

Le volume total est de 800 mL après le mélange des deux solutions. La concentration de Ba^{2+} est :

$$[Ba^{2+}] = \frac{8,0 \times 10^{-4} \text{ mol}}{800 \text{ mL}} \times \frac{1000 \text{ mL}}{1 \text{ L soln}}$$

$$= 1,0 \times 10^{-3} \text{ mol/L}$$

Le nombre de moles de SO_4^{2-} dans la solution originale de 600 mL est :

$$600 \text{ mL} \times \frac{0,0080 \text{ mol SO}_4^{2-}}{1 \text{ L soln}} \times \frac{1 \text{ L}}{1000 \text{ mL}} = 4,8 \times 10^{-3} \text{ mol SO}_4^{2-}$$

La concentration de SO_4^{2-} dans cette solution d'un volume total de 800 mL est :

$$[SO_4^{2-}] = \frac{4,8 \times 10^{-3} \text{ mol}}{800 \text{ mL}} \times \frac{1000 \text{ mL}}{1 \text{ L soln}}$$

$$= 6,0 \times 10^{-3} \text{ mol/L}$$

Maintenant, nous pouvons comparer Q avec K_{ps}. Selon le **TABLEAU 6.2** (*voir p. 326*) :

$$BaSO_4(s) \rightleftharpoons Ba^{2+}(aq) + SO_4^{2-}(aq) \qquad K_{ps} = 1,1 \times 10^{-10}$$

La valeur de Q est :

$$Q = [Ba^{2+}]_0 [SO_4^{2-}]_0 = (1,0 \times 10^{-3})(6,0 \times 10^{-3})$$

$$= 6,0 \times 10^{-6}$$

Alors :

$$Q > K_{ps}$$

La solution est sursaturée, car la valeur de Q indique que les concentrations des ions sont trop élevées. Il y aura donc précipitation de $BaSO_4$ jusqu'à ce que :

$$[Ba^{2+}][SO_4^{2-}] = 1,1 \times 10^{-10} = K_{ps}$$

b) La réaction de formation du précipité est $Ba^{2+}(aq) + SO_4^{2-}(aq) \longrightarrow BaSO_4(s)$. Comme cette réaction est l'inverse de celle qui décrit l'expression du K_{ps}, on peut estimer la constante d'équilibre :

$$K = \frac{1}{K_{ps}} = \frac{1}{10^{-10}} = 1 \times 10^{10}$$

La valeur de la constante étant supérieure à 1, on peut considérer la réaction de précipitation comme complète. Cela signifie qu'au moins un des deux réactifs sera consommé au complet. Un tableau réactionnel permet de déterminer facilement la quantité de précipité produite. Puisque le solide intervient, on utilise les nombres de moles plutôt que les concentrations dans le tableau. Les nombres de moles initiaux des ions Ba^{2+} et SO_4^{2-} ont déjà été calculés en a). Le réactif limitant dans ce cas-ci est Ba^{2+} :

	$Ba^{2+}(aq)$	$+$	$SO_4^{2-}(aq)$	$\longrightarrow$	$BaSO_4(s)$
Initial (mol) :	$8,0 \times 10^{-4}$		$4,8 \times 10^{-3}$		0
Variation (mol) :	$-8,0 \times 10^{-4}$		$-8,0 \times 10^{-4}$		$+8,0 \times 10^{-4}$
Final (mol) :	0		$4,0 \times 10^{-3}$		$8,0 \times 10^{-4}$

La masse de précipité formé est :

$$8,0 \times 10^{-4} \text{ mol} \times 233,4 \text{ g/mol} = 0,19 \text{ g}$$

c) À l'équilibre, les concentrations de Cl^- et de K^+ sont les mêmes que les concentrations initiales (après dilution). Cependant, il faut tenir compte du fait que chaque mole de $BaCl_2$ dissociée donne deux moles d'ions Cl^- et que chaque mole de K_2SO_4 dissociée donne deux moles d'ions K^+.

$$[Cl^-] = \frac{0,200 \text{ L } BaCl_2 \times \dfrac{0,0040 \text{ mol } BaCl_2}{\text{L } BaCl_2} \times \dfrac{2 \text{ mol } Cl^-}{1 \text{ mol } BaCl_2}}{0,800 \text{ L soln}}$$

$$= 2,0 \times 10^{-3} \text{ mol/L}$$

$$[K^+] = \frac{0,600 \text{ L } K_2SO_4 \times \dfrac{0,0080 \text{ mol } K_2SO_4}{\text{L } K_2SO_4} \times \dfrac{2 \text{ mol } K}{1 \text{ mol } K_2SO_4}}{0,800 \text{ L soln}}$$

$$= 1,2 \times 10^{-2} \text{ mol/L}$$

La concentration des ions SO_4^{2-} peut être déterminée à partir du nombre de moles calculé dans le tableau réactionnel :

$$[SO_4^{2-}] = \frac{4,0 \times 10^{-3} \text{ mol}}{0,800 \text{ L soln}} = 5,0 \times 10^{-3} \text{ mol/L}$$

Bien que la concentration des ions Ba^{2+} soit négligeable par rapport à celle des autres ions en solution, il en reste tout de même un peu, à cause de la très faible solubilité du précipité dans la solution. En effet, s'il n'y avait aucune trace d'ions Ba^{2+} en solution, il ne pourrait y avoir d'équilibre ! On peut calculer la concentration des ions Ba^{2+} en solution par l'entremise de l'équation d'expression du K_{ps} :

$$K_{ps} = [Ba^{2+}][SO_4^{2-}]$$

$$[Ba^{2-}] = \frac{K_{ps}}{[SO_4^{2-}]} = \frac{1,1 \times 10^{-10}}{5,0 \times 10^{-3}} = 2,2 \times 10^{-8} \text{ mol/L}$$

▶

Problème semblable ⊕

6.38

EXERCICE E6.10

Supposons que l'on verse 2,00 mL de NaOH 0,200 mol/L dans 1,00 L de $CaCl_2$ 0,100 mol/L. **a)** Y aura-t-il précipitation? **b)** Calculez la concentration des espèces présentes à l'équilibre et la masse de précipité formée, s'il y a lieu (considérez que les volumes sont additifs).

QUESTIONS de révision

11. Définissez les termes suivants: solubilité, solubilité molaire et produit de solubilité. Expliquez la différence entre la solubilité et le produit de solubilité d'une substance légèrement soluble comme $BaSO_4$.

12. Pourquoi ne spécifie-t-on généralement pas les valeurs de K_{ps} pour les composés ioniques solubles?

13. Écrivez l'équation équilibrée et l'expression du produit de solubilité pour les équilibres de solubilité des composés suivants: **a)** CuBr; **b)** ZnC_2O_4; **c)** Ag_2CrO_4; **d)** Hg_2Cl_2; **e)** $AuCl_3$; **f)** $Mn_3(PO_4)_2$.

14. Écrivez l'expression du produit de solubilité du composé ionique A_xB_y.

15. Comment peut-on prédire s'il y aura formation ou non d'un précipité quand on mélange deux solutions?

16. La valeur de K_{ps} pour le chlorure d'argent est supérieure à celle de K_{ps} pour le carbonate d'argent (*voir le* **TABLEAU 6.2**, *p. 326*). Cela signifie-t-il que la solubilité molaire du premier est supérieure à celle du second?

6.7 La séparation des ions par précipitation sélective

Pour détecter la présence de certains cations métalliques en solution, les méthodes d'analyse chimique suivent souvent un protocole appelé **précipitation sélective** qui met en évidence la présence d'une seule espèce à la fois en se basant sur la différence de solubilité de composés distincts, par une ou plusieurs réactions de précipitation successives. Par exemple, l'addition d'ions sulfate à une solution contenant à la fois des ions potassium et baryum cause la précipitation de $BaSO_4$, ce qui a pour effet d'enlever presque tous les ions Ba^{2+} de la solution. L'autre possibilité de formation d'un composé était celle de produire du K_2SO_4, mais ce composé est soluble, donc les ions potassium resteront en solution. Le précipité de $BaSO_4$ peut donc être récupéré par filtration, séché et pesé afin de déterminer la quantité d'ions Ba^{2+} dans la solution initiale.

Toutefois, même lorsqu'il y a formation de deux produits insolubles, il est encore possible de les séparer presque complètement par le choix du réactif approprié pour produire la précipitation. Par exemple, soit une solution qui contient des ions Cl^-, Br^- et I^-. Une façon de les séparer consiste à les transformer en halogénures d'argent insolubles. Comme l'indiquent les valeurs de K_{ps} dans le tableau ci-contre, la solubilité des halogénures décroît de AgCl à AgI. Ainsi, si on ajoute lentement une solution d'un composé soluble comme le nitrate d'argent, AgI commence à précipiter le premier, suivi de AgBr et de AgCl.

Composé	K_{ps}
AgCl	$1,6 \times 10^{-10}$
AgBr	$7,7 \times 10^{-13}$
AgI	$8,3 \times 10^{-17}$

L'exemple suivant décrit la séparation de seulement deux ions (Cl^- et Br^-), mais la même procédure peut être appliquée à une solution contenant plus de deux espèces d'ions si les précipités formés ont des solubilités différentes.

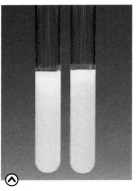

AgCl (à gauche) et AgBr
(à droite)

EXEMPLE 6.11   Le calcul de la concentration d'un réactif nécessaire pour pouvoir amorcer une précipitation sélective

On ajoute lentement du nitrate d'argent ($AgNO_3$) solide à une solution contenant des ions Cl^- 0,020 mol/L et des ions Br^- 0,020 mol/L. Calculez la concentration minimale requise en ions Ag^+ (en moles par litre) pour causer la précipitation la plus complète possible de AgBr sans provoquer celle de AgCl.

DÉMARCHE

En solution aqueuse, $AgNO_3$ se dissocie en ions Ag^+ et NO_3^-. Les ions Ag^+ se combinent ensuite avec les ions Cl^- et Br^- pour former les précipités AgCl et AgBr. Étant moins soluble, AgBr (son K_{ps} est inférieur à celui de AgCl) précipite en premier. Il s'agit donc d'un cas de précipitation sélective. Connaissant les concentrations des ions Cl^- et Br^-, on peut calculer $[Ag^+]$ à partir des valeurs de K_{ps}. Rappelez-vous que les K_{ps} s'appliquent à des solutions saturées. Pour que la précipitation s'amorce, il faut dans chaque cas que le produit ionique Q soit plus grand que la valeur du K_{ps} considéré, c'est-à-dire que $[Ag^+]$ dépasse la concentration dans la solution saturée.

SOLUTION

L'équilibre de solubilité pour AgBr s'écrit ainsi :

$$AgBr(s) \rightleftharpoons Ag^+(aq) + Br^-(aq) \qquad K_{ps} = [Ag^+][Br^-]$$

La concentration de Br^- étant déjà fixée à 0,020 mol/L, la concentration minimale de Ag^+ qui pourrait faire que Q soit égal au K_{ps} est :

$$[Ag^+] = \frac{K_{ps}}{[Br^-]} = \frac{7,7 \times 10^{-13}}{0,020}$$
$$= 3,9 \times 10^{-11} \text{ mol/L}$$

Il faudra donc $[Ag^-] > 3,9 \times 10^{-11}$ mol/L pour amorcer la précipitation de AgBr.

Pour AgCl, l'équilibre de solubilité est :

$$AgCl(s) \rightleftharpoons Ag^+(aq) + Cl^-(aq) \qquad K_{ps} = [Ag^+][Cl^-]$$

et :

$$[Ag^+] = \frac{K_{ps}}{[Cl^-]} = \frac{1,6 \times 10^{-10}}{0,020}$$
$$= 8,0 \times 10^{-9} \text{ mol/L}$$

Il faut donc $[Ag^+] > 8,0 \times 10^{-9}$ mol/L pour amorcer la précipitation de AgCl.

La précipitation de AgBr sans la précipitation des ions Cl^- sera donc possible si $[Ag^+]$ est supérieure à $3,9 \times 10^{-11}$ mol/L et inférieure à $8,0 \times 10^{-9}$ mol/L.

⊕ Problèmes semblables

6.40 et 6.41

EXERCICE E6.11

Les produits de solubilité de AgCl et de Ag_3PO_4 sont respectivement $1,6 \times 10^{-10}$ et $1,8 \times 10^{-18}$. Supposons qu'on ajoute des ions Ag^+ (sans changer le volume) à 1,00 L d'une solution contenant 0,10 mol de Cl^- et 0,10 mol de PO_4^{3-}. Calculez la concentration requise en ions Ag^+ (en moles par litre) pour que la précipitation s'amorce dans chacun des cas suivants : **a)** précipitation de AgCl ; **b)** précipitation de Ag_3PO_4.

À la suite de l'**EXEMPLE 6.11**, la question suivante se pose : quelle est la concentration résiduelle des ions Br^- en solution au moment où AgCl commence à précipiter ? Sachant que $[Ag^+] = 8,0 \times 10^{-9}$ mol/L, on a :

$$[Br^-] = \frac{K_{ps}}{[Ag^+]}$$

$$= \frac{7,7 \times 10^{-13}}{8,0 \times 10^{-9}}$$

$$= 9,6 \times 10^{-5} \text{ mol/L}$$

Le pourcentage de Br^- restant en solution (le Br^- non précipité) à cette concentration critique de Ag^+ est :

$$\% \, Br^- = \frac{[Br^-]_{\text{non précipité}}}{[Br^-]_{\text{initiale}}} \times 100 \%$$

$$= \frac{9,6 \times 10^{-5} \text{ mol/L}}{0,020 \text{ mol/L}} \times 100 \%$$

$$= 0,48 \% \text{ de } Br^- \text{ non précipité}$$

Ainsi, $(100 - 0,48) \%$, ou $99,52 \%$, du Br^- aura précipité sous forme de AgBr juste avant que AgCl ne commence à précipiter. Ce processus permet donc de séparer quantitativement les ions Cl^-.

6.8 L'effet d'ion commun et la solubilité

L'effet de l'ion commun sur l'ionisation des bases et des acides a été décrit à la section 6.2 (*voir p. 297*). Il s'applique tout aussi bien aux équilibres de solubilité. La solubilité d'un composé peut être modifiée par la présence d'un ion commun. Voici comment.

Comme il a déjà été dit, le produit de solubilité est une constante ; la précipitation d'un composé ionique en solution se produit dès que la valeur du produit ionique dépasse la valeur de la constante du produit de solubilité K_{ps} de cette substance. Dans une solution saturée de AgCl, par exemple, le produit ionique $[Ag^+][Cl^-]$ est évidemment égal à K_{ps} et, de plus, on peut déduire par la stœchiométrie que $[Ag^+] = [Cl^-]$. Toutefois, cette égalité ne s'applique pas dans tous les cas.

Soit une solution constituée de deux substances qui ont un ion en commun, par exemple AgCl et $AgNO_3$. En plus de la faible dissociation possible de AgCl qui constitue une première source de Ag^+, il faut aussi tenir compte de la dissociation de $AgNO_3$ comme deuxième source de Ag^+ :

$$AgNO_3(s) \xrightarrow{H_2O} Ag^+(aq) + NO_3^-(aq)$$

L'équilibre de solubilité est :

$$AgCl(s) \rightleftharpoons Ag^+(aq) + Cl^-(aq)$$

Si l'on ajoute du $AgNO_3$ à une solution saturée en AgCl, l'accroissement de $[Ag^+]$ va rendre le produit ionique supérieur au produit de solubilité :

$$Q = [Ag^+]_0[Cl^-]_0 > K_{ps}$$

Un nouvel équilibre va s'établir par la formation d'une certaine quantité d'un précipité de AgCl, en accord avec le principe de Le Chatelier, jusqu'à ce que la valeur du produit ionique soit de nouveau égale à celle de K_{ps}. L'ajout d'un ion déjà présent dans la solution (ion commun) se solde donc par une diminution de la solubilité du composé ionique (AgCl) en solution. Notez que, dans ce cas, $[Ag^+]$ n'est plus égale à $[Cl^-]$ à l'équilibre. On a plutôt la relation $[Ag^+] > [Cl^-]$.

NOTE

À une température constante, pour un composé donné, seule sa solubilité est modifiée (elle diminue) par l'effet d'ion commun. Quant à son produit de solubilité, une constante d'équilibre, il demeure le même en présence ou non d'autres substances en solution.

EXEMPLE 6.12   L'effet d'ion commun sur la solubilité

Calculez la solubilité du chlorure d'argent (en grammes par litre) dans une solution de nitrate d'argent à $6,5 \times 10^{-3}$ mol/L.

DÉMARCHE

Il s'agit d'un cas d'ion commun, car Ag^+ provient de deux sources, AgCl et $AgNO_3$. L'ion commun est Ag^+. Rappelons que, dans un tel problème portant sur l'effet d'ion commun, la présence de l'ion commun Ag^+ modifie la solubilité de AgCl (en grammes par litre), mais n'influe pas sur la valeur du K_{ps} de AgCl puisqu'il s'agit d'une constante d'équilibre.

SOLUTION

Voici les étapes à suivre :

Étape 1 : les espèces importantes en solution qu'il faut considérer ici sont les ions Ag^+ (provenant à la fois de AgCl et de $AgNO_3$) ainsi que les ions Cl^-. Les ions NO_3^- sont des ions spectateurs, c'est-à-dire qu'ils ne participent pas à la réaction.

Étape 2 : puisque $AgNO_3$ est à la fois soluble et un électrolyte fort, il se dissocie complètement :

$$AgNO_3(s) \xrightarrow{H_2O} \underset{6,5 \times 10^{-3} \text{ mol/L}}{Ag^+(aq)} + \underset{6,5 \times 10^{-3} \text{ mol/L}}{NO_3^-(aq)}$$

Soit s la solubilité molaire de AgCl dans une solution de $AgNO_3$. Les variations de concentrations se résument ainsi :

	$AgCl(s) \rightleftharpoons$	$Ag^+(aq)$	$+$	$Cl^-(aq)$
Concentration initiale (mol/L) :		$6,5 \times 10^{-3}$		0
Variation (mol/L) :	$-s$	$+s$		$+s$
Concentration à l'équilibre (mol/L) :		$(6,5 \times 10^{-3} + s)$		s

Étape 3 :

$$K_{ps} = [Ag^+][Cl^-]$$
$$1,6 \times 10^{-10} = (6,5 \times 10^{-3} + s)(s)$$

Puisque AgCl est très peu soluble et que la présence d'ions Ag^+ provenant de $AgNO_3$ en réduit encore plus la solubilité, la valeur de s doit être très petite par rapport à $6,5 \times 10^{-3}$. ▶

C'est pourquoi, avec l'approximation $6,5 \times 10^{-3} + s \approx 6,5 \times 10^{-3}$, nous obtenons :

$$1,6 \times 10^{-10} = 6,5 \times 10^{-3} \, s$$

$$s = 2,5 \times 10^{-8} \text{ mol/L}$$

Étape 4 : à l'équilibre :

$$[\text{Ag}^+] = (6,5 \times 10^{-3} + 2,5 \times 10^{-8}) \text{ mol/L} \approx 6,5 \times 10^{-3} \text{ mol/L}$$

$$[\text{Cl}^-] = 2,5 \times 10^{-8} \text{ mol/L}$$

L'approximation $6,5 \times 10^{-3} + 2,5 \times 10^{-8} \approx 6,5 \times 10^{-3}$ était donc tout à fait justifiée à l'étape 3. Puisque tous les ions Cl^- doivent provenir de AgCl, s est la solubilité molaire du AgCl dissous dans la solution de AgNO_3 et vaut alors $2,5 \times 10^{-8}$ mol/L. En connaissant la masse molaire de AgCl (143,4 g/mol), nous pouvons dès lors calculer sa solubilité :

$$\text{solubilité de AgCl dans une solution de AgNO}_3 = \frac{2,5 \times 10^{-8} \text{ mol AgCl}}{1 \text{ L soln}} \times \frac{143,3 \text{ g AgCl}}{1 \text{ mol AgCl}}$$

$$= 3,6 \times 10^{-6} \text{ g/L}$$

VÉRIFICATION

La solubilité de AgCl dans l'eau pure est de $1,9 \times 10^{-3}$ g/L (*voir l'exercice de l'***EXEMPLE 6.9**, *p. 328*). La plus faible solubilité de AgCl en présence de AgNO_3 est donc plausible. Vous devriez aussi être capable de prédire qualitativement cette plus faible solubilité à l'aide du principe de Le Chatelier. L'addition d'ions Ag^+ cause un déplacement de l'équilibre vers la gauche, ce qui diminue par le fait même la solubilité de AgCl.

EXERCICE E6.12

Calculez la solubilité (en grammes par litre) de AgBr : **a)** dans l'eau pure ; **b)** dans NaBr 0,0010 mol/L.

Problème semblable ⊕

6.44

RÉVISION **DES CONCEPTS**

Pour chacune des paires de solutions suivantes, déterminez la solution dans laquelle PbCl_2 serait le plus soluble : **a)** NaCl(*aq*) ou NaBr(*aq*) ; **b)** $\text{Pb(NO}_3)_2$(*aq*) ou $\text{Ca(NO}_3)_2$(*aq*).

6.9 **Le pH et la solubilité**

Le pH peut faire varier la solubilité d'un grand nombre de composés. Par exemple, voici le cas de l'hydroxyde de magnésium :

$$\text{Mg(OH)}_2(s) \rightleftharpoons \text{Mg}^{2+}(aq) + 2\text{OH}^-(aq)$$

Quand on ajoute des ions OH^-, le pH augmente, et l'équilibre se déplace vers la gauche (c'est encore un effet d'ion commun, en accord avec le principe de Le Chatelier), ce qui rend le Mg(OH)_2 moins soluble. Par contre, quand on ajoute des ions H_3O^+, le pH diminue, et l'équilibre se déplace cette fois vers la droite, ce qui correspond à une augmentation de la solubilité du $Mg(OH)_2$. On peut donc parvenir ainsi à dissoudre des bases ou des acides normalement insolubles en ajustant correctement le pH. Les bases insolubles ont tendance à se dissoudre en milieu acide, et les acides insolubles ont tendance à se dissoudre en milieu basique.

Voici, de manière quantitative, comment le pH influe sur la solubilité du $Mg(OH)_2$. On calcule d'abord le pH d'une solution saturée de $Mg(OH)_2$:

$$K_{ps} \Longleftrightarrow [Mg^{2+}][OH^-]^2 = 1,2 \times 10^{-11}$$

Soit s la solubilité molaire de $Mg(OH)_2$. On procède comme dans l'**EXEMPLE 6.9** (*voir p. 328*) :

$$K_{ps} = (s)(2s)^2 = 4s^3$$
$$4s^3 = 1,2 \times 10^{-11}$$
$$s^3 = 3,0 \times 10^{-12}$$
$$s = 1,4 \times 10^{-4} \text{ mol/L}$$

On a donc, à l'équilibre :

$$[OH^-] = 2 \times 1,4 \times 10^{-4} \text{ mol/L} = 2,8 \times 1,4 \times 10^{-4} \text{ mol/L}$$
$$pOH = -\log(2,8 \times 10^{-4}) = 3,55$$
$$pH = 14,00 - 3,55 = 10,45$$

Le lait de magnésie contient du $Mg(OH)_2$. Il est utilisé comme antiacide.

Dans un milieu où le pH est inférieur à 10,45, la solubilité de $Mg(OH)_2$ augmente. Un pH plus bas veut dire que $[H_3O^+]$ augmente, donc que $[OH^-]$ diminue, comme on peut le prédire d'après $K_{eau} = [H_3O^+][OH^-]$. En conséquence, $[Mg^{2+}]$ augmente pour établir un nouvel état d'équilibre, ce qui correspond à une augmentation de solubilité. On peut résumer ainsi le phénomène de la dissolution en présence d'une augmentation d'ions H_3O^+ :

$$Mg(OH)_2(s) \Longleftrightarrow Mg^{2+}(aq) + 2OH^-(aq)$$
$$\underline{2H_3O^+(aq) + 2OH^-(aq) \Longleftrightarrow 4H_2O(l)}$$

Équation globale : $Mg(OH)_2(s) + 2H_3O^+(aq) \Longleftrightarrow Mg^{2+}(aq) + 4H_2O(l)$

Si le pH du milieu était supérieur à 10,45, $[OH^-]$ serait plus grande, et la solubilité de $Mg(OH)_2$ diminuerait par l'effet de l'ion commun $[OH^-]$.

Le pH influe aussi sur la solubilité de sels constitués d'un anion basique. Par exemple, l'équilibre de solubilité pour BaF_2 est :

$$BaF_2(s) \Longleftrightarrow Ba^{2+}(aq) + 2F^-(aq)$$

et :

$$K_{ps} = [Ba^{2+}][F^-]^2$$

NOTE

Il faut se rappeler que HF est un acide faible. Sa base conjuguée, F^-, a donc une grande affinité pour H^+ fourni par H_3O^+.

En milieu acide, la forte concentration de H_3O^+ va faire en sorte de déplacer l'équilibre suivant de la gauche vers la droite:

$$H_3O^+(aq) + F^-(aq) \rightleftharpoons HF(aq) + H_2O(l)$$

Quand $[F^-]$ diminue, $[Ba^{2+}]$ doit augmenter pour établir un nouvel état d'équilibre, ce qui fait augmenter la quantité de BaF_2 dissoute. On peut résumer ainsi le phénomène de la dissolution et de l'influence du pH sur la solubilité du BaF_2:

$$BaF_2(s) \rightleftharpoons Ba^{2+}(aq) + 2F^-(aq)$$

$$2H_3O^+(aq) + 2F^-(aq) \rightleftharpoons 2HF(aq) + 2H_2O(l)$$

Équation globale: $\quad BaF_2(s) + 2H_3O^+(aq) \rightleftharpoons Ba^{2+}(aq) + 2HF(aq) + 2H_2O(l)$

Le pH n'a pas d'effet sur la solubilité des sels dont les anions ne s'hydrolysent pas. C'est le cas, par exemple, des anions Cl^-, Br^- et I^-.

EXEMPLE 6.13　La prévision qualitative de l'effet du pH sur la solubilité

Pour chacun des composés suivants, prévoyez s'il sera plus soluble en milieu acide que dans l'eau: **a)** CuS; **b)** $AgCl$; **c)** $PbSO_4$.

DÉMARCHE

Dans chaque cas, écrivez l'équation de la dissolution du sel en son cation et son anion. Le cation ne réagira pas avec l'ion H_3O^+, car ils sont tous deux chargés positivement. Quant à l'anion, il agira comme accepteur de proton seulement s'il est la base conjuguée d'un acide faible. Comment le retrait de l'anion influence-t-il la solubilité du sel?

SOLUTION

a) L'équilibre de solubilité est:

$$CuS(s) \rightleftharpoons Cu^{2+}(aq) + S^{2-}(aq)$$

Le CuS sera plus soluble en milieu acide parce que l'anion S^{2-} est la base conjuguée d'un acide faible HS^-. Par conséquent, l'ion S^{2-} réagit ainsi avec l'ion H_3O^+:

$$S^{2-}(aq) + H_3O^+(aq) \rightleftharpoons HS^-(aq) + H_2O(l)$$

Cette réaction fait diminuer la concentration des ions S^{2-} en solution. En accord avec le principe de Le Chatelier, l'équilibre de la dissolution du CuS se déplacera vers la droite pour remplacer partiellement les ions S^{2-}, ce qui correspond à une augmentation de la solubilité de CuS.

b) L'équilibre de solubilité est:

$$AgCl(s) \rightleftharpoons Ag^+(aq) + Cl^-(aq)$$

Du fait que Cl^- est la base conjuguée d'un acide fort (HCl), la solubilité de $AgCl$ n'est pas touchée par le milieu acide.

c) L'équilibre de solubilité est:

$$PbSO_4(s) \rightleftharpoons Pb^{2+}(aq) + SO_4^{2-}(aq)$$

L'ion sulfate est une base faible parce qu'il est la base conjuguée d'un acide faible, HSO_4^-. Par conséquent, SO_4^{2-} réagira ainsi avec l'ion H_3O^+:

$$SO_4^{2-}(aq) + H_3O^+(aq) \rightleftharpoons HSO_4^-(aq) + H_2O(l)$$

Cette réaction cause une diminution d'ions SO_4^{2-} en solution. En accord avec le principe de Le Chatelier, l'équilibre de la dissolution du $PbSO_4$ se déplacera vers la droite pour remplacer quelques ions SO_4^{2-}, ce qui correspond à une augmentation de la solubilité du $PbSO_4$.

Cependant, comme HSO_4^- est un acide dont la constante d'ionisation est assez grande (*voir le* **TABLEAU 5.3**, *p. 255*), l'équilibre ci-dessus n'est que légèrement déplacé vers la droite. La solubilité du $PbSO_4$ ne fait donc qu'augmenter un peu en milieu acide.

⊕ **Problèmes semblables**

6.46 et 6.47

EXERCICE E6.13

Les composés suivants sont-ils plus solubles dans une solution acide que dans l'eau ?

a) $Ca(OH)_2$; **b)** $Mg_3(PO_4)_2$; **c)** $PbBr_2$.

EXEMPLE 6.14   La prévision quantitative de l'effet du pH sur la solubilité

Calculez quelle devrait être la concentration d'une solution aqueuse d'ammoniac nécessaire pour amorcer la précipitation de l'hydroxyde de fer(II) dans une solution de $FeCl_2$ 0,0030 mol/L.

DÉMARCHE

Pour qu'une précipitation d'hydroxyde de fer(II) ait lieu, le produit ionique $[Fe^{2+}][OH^-]^2$ doit être plus grand que la constante de solubilité, K_{ps}. Il faut d'abord calculer $[OH^-]$ à partir de la concentration connue de fer, $[Fe^{2+}]$, et de la valeur de K_{ps} trouvée dans le **TABLEAU 6.2** (*voir p. 326*). Il s'agit de la concentration de OH^- dans une solution saturée de $Fe(OH)_2$. Ensuite, il faut calculer la concentration de NH_3 qui pourra fournir cette concentration d'ions OH^-. Finalement, toute valeur de concentration de NH_3 supérieure à celle calculée va causer la précipitation de $Fe(OH)_2$ parce que la solution sera devenue sursaturée.

SOLUTION

L'ammoniac réagit avec l'eau pour produire des ions OH^-, lesquels réagissent ensuite avec Fe^{2+} pour former $Fe(OH)_2$. Les équilibres en jeu sont les suivants :

$$NH_3(aq) + H_2O(l) \rightleftharpoons NH_4^+(aq) + OH^-(aq)$$

$$Fe^{2+}(aq) + 2OH^-(aq) \rightleftharpoons Fe(OH)_2(s)$$

Calculons d'abord la concentration de OH^- minimale nécessaire à un commencement de formation du précipité $Fe(OH)_2$. Écrivons :

$$K_{ps} = [Fe^{2+}][OH^-]^2 = 1,6 \times 10^{-14}$$

Du fait que $FeCl_2$ est un électrolyte fort, $[Fe^{2+}] = 0,0030$ mol/L et :

$$[OH^-]^2 = \frac{1,6 \times 10^{-14}}{0,0030} = 5,3 \times 10^{-12}$$

$$[OH^-] = 2,3 \times 10^{-6} \text{ mol/L}$$

▶

Ensuite, calculons la concentration de NH_3 qui pourrait fournir $2,3 \times 10^{-6}$ mol/L en ions OH^-. Soit x la concentration initiale de NH_3 en moles par litre. Résumons les changements de concentration provoqués par l'ionisation de NH_3 :

$$NH_3(aq) + H_2O(l) \rightleftharpoons NH_4^+(aq) + OH^-(aq)$$

	NH_3	NH_4^+	OH^-
Concentration initiale (mol/L) :	x	0	0
Variation (mol/L) :	$-2,3 \times 10^{-6}$	$+2,3 \times 10^{-6}$	$+2,3 \times 10^{-6}$
Concentration à l'équilibre (mol/L) :	$(x) - (2,3 \times 10^{-6})$	$2,3 \times 10^{-6}$	$2,3 \times 10^{-6}$

Remplaçons les concentrations dans l'expression de la constante d'équilibre par leurs valeurs à l'équilibre :

$$K_b = \frac{[NH_4^+][OH^-]}{[NH_3]}$$

$$1,8 \times 10^{-5} = \frac{(2,3 \times 10^{-6})(2,3 \times 10^{-6})}{(x) - (2,3 \times 10^{-6})}$$

En isolant x, on obtient :

$$x = 2,6 \times 10^{-6} \text{ mol/L}$$

Il faudra donc une concentration de NH_3 légèrement supérieure à $2,6 \times 10^{-6}$ mol/L pour avoir un début de formation du précipité $Fe(OH)_2$.

EXERCICE E6.14

Déterminez s'il y aura formation d'un précipité lorsqu'on ajoute 2,0 mL de NH_3 0,60 mol/L à 1,0 L de $ZnSO_4$ $1,0 \times 10^{-3}$ mol/L.

Problème semblable ⊕
6.51

QUESTIONS de révision

17. Comment un ion commun influence-t-il la solubilité ? Utilisez le principe de Le Chatelier pour expliquer la diminution de solubilité de $CaCO_3$ dans une solution de Na_2CO_3.

18. Dans une solution de $AgNO_3$ $6,5 \times 10^{-3}$ mol/L, la solubilité molaire de AgCl est de $2,5 \times 10^{-8}$ mol/L. Si l'on calcule la valeur de K_{ps} à partir de ces données, lesquelles des affirmations suivantes sont plausibles ?
    a) La valeur de K_{ps} est la même que celle de la solubilité.
    b) La valeur de K_{ps} pour AgCl est la même dans une solution de $AgNO_3$ $6,5 \times 10^{-3}$ mol/L que dans l'eau pure.
    c) La solubilité de AgCl est indépendante de la concentration de $AgNO_3$.
    d) Dans une solution de $AgNO_3$ $6,5 \times 10^{-3}$ mol/L, $[Ag^+]$ ne change pas de façon importante après l'ajout de AgCl.
    e) La valeur de $[Ag^+]$ en solution après ajout de AgCl à une solution de $AgNO_3$ $6,5 \times 10^{-3}$ mol/L est la même que si l'on ajoutait cette même quantité de AgCl dans un même volume d'eau pure.

CHIMIE EN ACTION

Le pH, la solubilité et la carie dentaire

La carie dentaire a ennuyé les humains durant des siècles. Encore aujourd'hui, même si l'on en connaît bien les causes, on ne peut la prévenir totalement.

Les dents sont protégées par une couche d'émail dur d'une épaisseur d'environ 2 mm; cet émail est composé d'une substance minérale appelée hydroxyapatite [$Ca_5(PO_4)_3OH$]. Quand l'émail se dissout (un processus appelé déminéralisation), les ions se retrouvent en solution dans la salive:

$$Ca_5(PO_4)_3OH(s) \longrightarrow$$
$$5Ca^{2+}(aq) + 3PO_4^{3-}(aq) + OH^-(aq) \qquad (1)$$

Puisque les phosphates de métaux alcalino-terreux (comme le calcium) sont insolubles, cette réaction se produit d'une façon limitée. Le processus inverse, appelé reminéralisation, constitue la défense naturelle de l'organisme contre la carie dentaire:

$$5Ca^{2+}(aq) + 3PO_4^{3-}(aq) + OH^-(aq) \longrightarrow$$
$$Ca_5(PO_4)_3OH(s)$$

Chez les enfants, la minéralisation (fabrication de la couche d'émail) se fait plus rapidement que la déminéralisation; chez les adultes, la déminéralisation et la reminéralisation se font presque à la même vitesse.

Après un repas, les bactéries de la bouche dégradent une certaine quantité de nourriture, ce qui produit des acides organiques comme l'acide acétique (CH_3COOH) et l'acide lactique [$CH_3CH(OH)COOH$]. Cette production d'acide est plus importante quand la nourriture contient beaucoup de sucre, comme c'est le cas pour les friandises, la crème glacée et les boissons sucrées. La diminution du pH qui accompagne ce phénomène provoque le retrait d'ions OH^- en favorisant le déplacement de la réaction (1):

$$H_3O^+(aq) + OH^-(aq) \longrightarrow 2H_2O(l)$$

Les dentifrices commerciaux contiennent des composés fluorés pour combattre la carie dentaire.

La meilleure façon de combattre la carie est de manger peu de nourriture sucrée et de se brosser les dents immédiatement après chaque repas. La plupart des dentifrices contiennent des ions fluorure, comme NaF ou SnF_2, qui aident à prévenir la carie. Les ions F^- de ces composés remplacent certains des ions OH^- durant le processus de reminéralisation:

$$5Ca^{2+}(aq) + 3PO_4^{3-}(aq) + F^-(aq) \longrightarrow Ca_5(PO_4)_3F(s)$$

Puisque F^- est une base plus faible que OH^-, l'émail modifié obtenu, appelé fluorapatite, résiste mieux à l'acide.

6.10 L'équilibre des ions complexes et la solubilité

NOTE

Les acides et les bases de Lewis ont été étudiés à la section 5.11 (*voir p. 276*).

Les réactions acido-basiques de Lewis dans lesquelles un cation métallique (receveur d'un doublet d'électrons) se combine à une base de Lewis (donneur d'un doublet d'électrons) se soldent par la formation d'un ion complexe:

$$\underset{\text{acide}}{Ag^+(aq)} + \underset{\text{base}}{2NH_3(aq)} \rightleftharpoons \underset{\text{ion complexe}}{Ag(NH_3)_2^+(aq)}$$

On peut définir un **ion complexe** comme un ion contenant un cation métallique central lié à un ou à plusieurs ions ou molécules. Ce type d'ion est impliqué dans de nombreux phénomènes chimiques et biologiques. Par exemple, l'hémoglobine des globules rouges du sang et les cytochromes du foie sont des complexes du fer, alors que la chlorophylle est un complexe du magnésium. L'effet de la formation d'ions complexes sur la solubilité sera vu dans la présente section. À titre d'exemple, jusqu'à récemment, les phosphates étaient très utilisés dans les détergents, car ils empêchent de faire précipiter les résidus du lavage sous forme de dépôts de sels de calcium. C'est que l'ion calcium est monopolisé sous forme de complexe soluble par le polyphosphate, et il n'est plus disponible pour former des sels peu solubles (cernes ou dépôts sur les vêtements).

Les métaux de transition ont particulièrement tendance à former des ions complexes. Par exemple, une solution de chlorure de cobalt(II) est rose à cause de la présence d'ions $Co(H_2O)_6^{2+}$ (*voir la* **FIGURE 6.14**). Quand on y ajoute du HCl, la solution devient bleue à cause de la formation de l'ion complexe $CoCl_4^{2-}$:

$$Co^{2+}(aq) + 4Cl^-(aq) \rightleftharpoons CoCl_4^{2-}(aq)$$

Le sulfate de cuivre(II) ($CuSO_4$) se dissout dans l'eau pour former une solution bleue. Ce sont les ions cuivre(II) hydratés qui sont responsables de cette couleur; beaucoup d'autres sulfates (Na_2SO_4, par exemple) sont incolores. L'ajout de quelques gouttes d'une solution d'ammoniac concentrée à une solution de $CuSO_4$ provoque la formation d'un précipité bleu clair d'hydroxyde de cuivre(II) :

$$Cu^{2+}(aq) + 2OH^-(aq) \longrightarrow Cu(OH)_2(s)$$

où les ions OH^- sont fournis par la solution d'ammoniac. S'il y a ajout d'un *excès* de NH_3, le précipité bleu se dissout à nouveau pour former une solution bleu foncé : la couleur est due, cette fois, à la formation de l'ion complexe $Cu(NH_3)_4^{2-}$ (*voir la* **FIGURE 6.15**) :

$$Cu(OH)_2(s) + 4NH_3(aq) \rightleftharpoons Cu(NH_3)_4^{2+}(aq) + 2OH^-(aq)$$

La formation de l'ion complexe $Cu(NH_3)_4^{2+}$ augmente donc la solubilité de $Cu(OH)_2$.

NOTE

$$\left[\begin{matrix} :\ddot{O}: & :\ddot{O}: & :\ddot{O}: \\ \| & \| & \| \\ :\ddot{O} - P - \ddot{O} - P - \ddot{O} - P - \ddot{O}: \\ | & | & | \\ :\ddot{O}: & :\ddot{O}: & :\ddot{O}: \end{matrix} \right]^{5-}$$

Les ions tripolyphosphate sont de moins en moins utilisés dans les détergents, car ils sont en partie responsables du problème des cyanobactéries et de l'eutrophisation des lacs.

Ⓐ   Ⓑ

FIGURE 6.14 ⊗

Formation d'un complexe

Ⓐ Une solution aqueuse de chlorure de cobalt(II). La couleur rose est due à la présence d'ions $Co(H_2O)_6^{2+}$.

Ⓑ Après ajout d'une solution de HCl, la solution devient bleue à cause de la formation des ions complexes $CoCl_4^{2-}$.

Ⓐ   Ⓑ   Ⓒ

FIGURE 6.15 ⊗

Formation de complexes en milieu ammoniacal

Ⓐ Un bécher contenant une solution aqueuse de sulfate de cuivre(II).

Ⓑ Après addition de quelques gouttes d'une solution d'ammoniac concentrée, il y a formation d'un précipité bleu clair de $Cu(OH)_2$.

Ⓒ Quand on ajoute un excès d'une solution d'ammoniac concentrée, le précipité de $Cu(OH)_2$ se dissout pour former les ions complexes $Cu(NH_3)_4^{2+}$, responsables de la couleur bleu foncé.

La **constante de formation** K_f (aussi appelée constante de stabilité ou constante de complexation) exprime la tendance d'un ion métallique à former un ion complexe particulier; cette constante est la constante d'équilibre pour la formation d'un ion complexe. Plus la valeur de K_f est grande, plus l'ion complexe est stable. Le **TABLEAU 6.4** donne les constantes de formation de certains ions complexes.

On peut exprimer la formation de l'ion $Cu(NH_3)_4^{2+}$ de la manière suivante:

$$Cu^{2+}(aq) + 4NH_3(aq) \rightleftharpoons Cu(NH_3)_4^{2+}$$

pour laquelle la constante de formation est:

$$K_f = \frac{[Cu(NH_3)_4^{2+}]}{[Cu^{2+}][NH_3]^4}$$
$$= 5,0 \times 10^{13}$$

Dans ce cas, la très grande valeur de K_f traduit la grande stabilité de l'ion complexe en solution et explique la très faible concentration d'ions cuivre(II).

TABLEAU 6.4 > Constantes de formation de certains ions complexes dans l'eau à 25 °C

Ion complexe	Expression de l'équilibre			Constante de formation (K_f)
$Ag(NH_3)_2^+$	$Ag^+ + 2NH_3$	$\rightleftharpoons$	$Ag(NH_3)_2^+$	$1,5 \times 10^7$
$Ag(CN)_2^-$	$Ag^+ + 2CN^-$	$\rightleftharpoons$	$Ag(CN)_2^-$	$1,0 \times 10^{21}$
$Cu(CN)_4^{2-}$	$Cu^{2+} + 4CN^-$	$\rightleftharpoons$	$Cu(CN)_4^{2-}$	$1,0 \times 10^{25}$
$Cu(NH_3)_4^{2+}$	$Cu^{2+} + 4NH_3$	$\rightleftharpoons$	$Cu(NH_3)_4^{2-}$	$5,0 \times 10^{13}$
$Cd(CN)_4^{2-}$	$Cd^{2+} + 4CN^-$	$\rightleftharpoons$	$Cd(CN)_4^{2-}$	$7,1 \times 10^{16}$
CdI_4^{2-}	$Cd^{2+} + 4I^-$	$\rightleftharpoons$	CdI_4^{2-}	$2,0 \times 10^6$
$HgCl_4^{2-}$	$Hg^{2+} + 4Cl^-$	$\rightleftharpoons$	$HgCl_4^{2-}$	$1,7 \times 10^{16}$
HgI_4^{2-}	$Hg^{2+} + 4I^-$	$\rightleftharpoons$	HgI_4^{2-}	$2,0 \times 10^{30}$
$Hg(CN)_4^{2-}$	$Hg^{2+} + 4CN^-$	$\rightleftharpoons$	$Hg(CN)_4^{2-}$	$2,5 \times 10^{41}$
$Co(NH_3)_6^{3+}$	$Co^{3+} + 6NH_3$	$\rightleftharpoons$	$Co(NH_3)_6^{3+}$	$5,0 \times 10^{31}$
$Zn(NH_3)_4^{2+}$	$Zn^{2+} + 4NH_3$	$\rightleftharpoons$	$Zn(NH_3)_4^{2+}$	$2,9 \times 10^9$

EXEMPLE 6.15 **Le calcul de la concentration à l'équilibre d'un ion à la suite de la formation d'un ion complexe**

On ajoute 0,20 mol de $CuSO_4$ à 1 L de solution NH_3 1,20 mol/L. Quelle est la concentration des ions Cu^{2+} à l'équilibre?

DÉMARCHE

L'addition de $CuSO_4$ à la solution de NH_3 cause la formation d'un ion complexe selon l'équation suivante:

$$Cu^{2+}(aq) + 4NH_3(aq) \rightleftharpoons Cu(NH_3)_4^{2+}(aq)$$

Puisque la valeur de la constante de formation (*voir le* **TABLEAU 6.4**) est très élevée ($5,0 \times 10^{13}$), la réaction vers la droite sera favorisée. À l'équilibre, la concentration de Cu^{2+} sera très petite. On peut donc considérer cette réaction comme étant une réaction complète, c'est-à-dire que tous les ions Cu^{2+} dissous finiront par devenir des ions $Cu(NH_3)_4^{2+}$. Combien de moles de $Cu(NH_3)_4^{2+}$ seront produites? Il restera très peu de Cu^{2+} à l'équilibre. Écrivez l'expression de la constante de formation K_f de ce complexe afin de déterminer cette très faible concentration de Cu^{2+} à l'équilibre.

SOLUTION

Étape 1: puisque la valeur de la constante de formation (*voir le* **TABLEAU 6.4**) est très élevée ($5,0 \times 10^{13}$), considérons d'abord cette réaction comme étant une réaction complète et calculons les concentrations des espèces à la fin de cette réaction. En examinant la stœchiométrie et les quantités en jeu, on constate que l'ion Cu^{2+} est le réactif limitant:

	$Cu^{2+}(aq)$	$+ \; 4NH_3(aq)$	$\longrightarrow$	$Cu(NH_3)_4^{2+}(aq)$
Concentration initiale (mol/L):	0,20	1,20		0
Variation (mol/L):	$-0,20$	$-0,80$		$+0,20$
Concentration finale (mol/L):	0	0,40		0,20

Étape 2: supposons maintenant qu'il y aurait, à la suite de cette réaction considérée en pratique comme complète, une certaine quantité restante de Cu^{2+} en équilibre avec le complexe. Puisque cette quantité est négligeable par rapport à la concentration de NH_3 et du complexe, on peut utiliser 0,20 et 0,40 dans l'expression K_f.

L'expression de la constante d'équilibre avec les valeurs des concentrations à l'équilibre est:

$$K_f = \frac{[Cu(NH_3)_4^{2+}]}{[Cu^{2+}][NH_3]^4}$$

$$5,0 \times 10^{13} = \frac{0,20}{x(0,40)^4}$$

En isolant x, on obtient:

$$x = [Cu^{2+}] = 1,6 \times 10^{-13} \; mol/L$$

EXERCICE E6.15

Si l'on dissout 2,50 g de $CuSO_4$ dans $9,0 \times 10^2$ mL de NH_3 0,30 mol/L, quelles sont les concentrations de Cu^{2+}, de $Cu(NH_3)_4^{2+}$ et de NH_3 à l'équilibre?

Problème semblable ⊕

6.52

En général, la formation d'un complexe cause une augmentation de la solubilité d'une substance, comme le démontre l'exemple suivant.

EXEMPLE 6.16 L'influence de la formation d'un ion complexe sur la solubilité d'une substance

Calculez la solubilité molaire de AgCl dans une solution de NH_3 1,0 mol/L.

DÉMARCHE

AgCl est très peu soluble dans l'eau :

$$AgCl(s) \rightleftharpoons Ag^+(aq) + Cl^-(aq)$$

et les ions Ag^+ forment un complexe avec NH_3 (*voir le* **TABLEAU 6.4**, *p. 344*) selon :

$$Ag^+(aq) + 2NH_3(aq) \rightleftharpoons Ag(NH_3)_2^+(aq)$$

En combinant ces deux équilibres, on obtient la réaction globale du phénomène.

SOLUTION

Étape 1 : au début, les espèces en solution sont les ions Ag^+, Cl^- et NH_3. C'est la réaction entre Ag^+ et NH_3 qui produit l'ion complexe $Ag(NH_3)_2^+$.

Étape 2 : les systèmes à l'équilibre sont les suivants :

$$AgCl(s) \rightleftharpoons Ag^+(aq) + Cl^-(aq) \qquad K_{ps} = [Ag^+][Cl^-] = 1,6 \times 10^{-10}$$

$$Ag^+(aq) + 2NH_3(aq) \rightleftharpoons Ag(NH_3)_2^+(aq) \qquad K_f = \frac{[Ag(NH_3)_2^+]}{[Ag^+][NH_3]^2}$$
$$= 1,5 \times 10^7$$

$$\overline{AgCl(s) + 2NH_3(aq) \rightleftharpoons Ag(NH_3)_2^+(aq) + Cl^-(aq)}$$

Selon la loi des équilibres multiples (*voir p. 192*), la constante d'équilibre K de la réaction globale est le produit des constantes d'équilibre des réactions individuelles :

$$K = K_{ps}K_f = \frac{[Ag(NH_3)_2^+][Cl^-]}{[NH_3]^2}$$
$$= (1,6 \times 10^{-10})(1,5 \times 10^7)$$
$$= 2,4 \times 10^{-3}$$

Soit s la solubilité molaire de AgCl (en moles par litre). Résumons ainsi les changements des concentrations à la suite de la formation de l'ion complexe :

	$AgCl(s)$ +	$2NH_3(aq)$	$\rightleftharpoons$	$Ag(NH_3)_2^+(aq)$	+	$Cl^-(aq)$
Concentration initiale (mol/L) :		1,0		0		0
Variation (mol/L) :	$-s$	$-2s$		$+s$		$+s$
Concentration à l'équilibre (mol/L) :		$(1,0 - 2s)$		s		s

La constante de formation de $Ag(NH_3)_2^+$ est suffisamment grande pour permettre la complexation de la majorité des ions argent. En l'absence d'ammoniac, à l'équilibre, $[Ag^+] = [Cl^-]$, mais en sa présence, nous avons plutôt $[Ag(NH_3)_2^+] = [Cl^-]$. ▶

Étape 3 :

$$K = \frac{(s)(s)}{(1,0 - 2s)^2}$$

$$2,4 \times 10^{-3} = \frac{s^2}{(1,0 - 2s)^2}$$

En extrayant la racine carrée des deux côtés, on obtient :

$$0,049 = \frac{s}{1,0 - 2s}$$

$$s = 0,045 \text{ mol/L}$$

La solubilité de AgCl dans 1 L de NH_3 1,0 mol/L est donc 0,045 mol/L.

VÉRIFICATION

La solubilité molaire de AgCl dans l'eau pure est $1,3 \times 10^{-5}$ mol/L. La formation de l'ion complexe $[Ag(NH_3)_2{}^+]$ fait donc augmenter la solubilité de AgCl (*voir la* **FIGURE 6.16**).

EXERCICE E6.16

Calculez la solubilité molaire de AgBr dans une solution de NH_3 1,0 mol/L.

Problème semblable ⊕

6.55

A   **B**

◁ **FIGURE 6.16**

Augmentation de la solubilité par la formation d'un ion complexe

A Formation d'un précipité de AgCl au cours de l'addition d'une solution de $AgNO_3$ dans une solution de NaCl.

B Ensuite, à l'ajout d'une solution de NH_3, le précipité se dissout en formant les ions $Ag(NH_3)_2{}^+$, un ion complexe soluble.

NOTE

Tous les hydroxydes amphotères sont des composés insolubles.

Finalement, il existe une classe d'hydroxydes appelés « hydroxydes amphotères » qui peuvent réagir avec les acides comme avec les bases. On y trouve $Al(OH)_3$, $Pb(OH)_2$, $Cr(OH)_3$, $Zn(OH)_2$ et $Cd(OH)_2$. Par exemple, l'hydroxyde d'aluminium réagit avec les acides et avec les bases de la manière suivante :

$$Al(OH)_3(s) + 3H_3O^+(aq) \longrightarrow Al^{3+}(aq) + 6H_2O(l)$$

$$Al(OH)_3(s) + OH^-(aq) \rightleftharpoons Al(OH)_4{}^-(aq)$$

Ⓐ **Ⓑ**

 FIGURE 6.17

Augmentation de la solubilité de Al(OH)₃ en milieu basique

Ⓐ Il y a formation d'un précipité de Al(OH)₃ quand on ajoute une solution de NaOH à une solution de Al(NO₃)₃.

Ⓑ On ajoute encore de la solution de NaOH, ce qui provoque la dissolution du précipité Al(OH)₃, à cause de la formation de l'ion complexe [Al(OH)₄⁻].

NOTE

On applique ici le principe de la précipitation sélective déjà vu à la section 6.7 (*voir p. 333*).

L'augmentation de la solubilité de $Al(OH)_3$ en milieu basique est le résultat de la formation de l'ion complexe $Al(OH)_4^-$, dans lequel $Al(OH)_3$ agit comme un acide de Lewis et OH^-, comme une base de Lewis (*voir la* **FIGURE 6.17**). Les autres hydroxydes amphotères agissent de façon semblable.

> **RÉVISION DES CONCEPTS**
>
> Lequel des composés suivants, lorsqu'ajouté à l'eau, aurait comme effet d'augmenter la solubilité de CdS ? **a)** $LiNO_3$; **b)** Na_2SO_4; **c)** KCN; **d)** $NaClO_3$.

QUESTIONS de révision

19. Expliquez la formation des ions complexes du **TABLEAU 6.4** (*voir p. 344*) selon la théorie des acides et des bases de Lewis.

20. Donnez un exemple qui illustre l'effet général qu'a la formation d'un ion complexe sur la solubilité.

6.11 L'application du principe de l'équilibre de solubilité à l'analyse qualitative

Le principe de l'analyse gravimétrique, grâce à laquelle on peut mesurer la quantité d'un ion donné dans un échantillon d'une substance inconnue, a été étudié à la section 1.6 (*voir p. 34*). Il sera ici question de l'**analyse qualitative**, c'est-à-dire une méthode d'identification des ions présents dans une solution, limitée toutefois à l'identification des cations.

On peut facilement analyser 20 cations courants en solution aqueuse. On divise d'abord ces cations en cinq groupes selon les produits de solubilité de leurs sels insolubles (*voir le* **TABLEAU 6.5**). Puisqu'une solution inconnue peut contenir un ou plusieurs de ces 20 ions, il faut effectuer l'analyse de manière systématique en partant du groupe 1 jusqu'au groupe 5. On utilise le procédé général de séparation des ions par l'ajout de réactifs qui vont permettre la formation de précipités.

• Les cations du groupe 1 : quand on ajoute du HCl dilué dans la solution inconnue, seuls les ions Ag^+, Hg_2^{2+} et Pb^{2+} forment des précipités : des chlorures insolubles. Les autres ions, dont les chlorures sont solubles, restent en solution.

• Les cations du groupe 2 : une fois les précipités de chlorure retirés par filtration, on fait réagir du sulfure d'hydrogène avec la solution acide inconnue. En milieu acide, la concentration d'ions S^{2-} en solution est négligeable. Alors, la précipitation des sulfures de métaux s'exprime ainsi :

$$M^{2+}(aq) + H_2S(aq) + 2H_2O(l) \rightleftharpoons MS(s) + 2H_3O^+(aq)$$

L'ajout d'acide à la solution déplace l'équilibre vers la gauche de sorte que seuls les sulfures de métaux les moins solubles (ceux pour lesquels les valeurs de K_{ps} sont les plus petites) précipiteront. Ce sont Bi_2S_3, CdS, CuS et SnS (*voir le* **TABLEAU 6.5**).

- Les cations du groupe 3 : à ce stade, on ajoute de l'hydroxyde de sodium à la solution pour la rendre basique. En solution basique, l'équilibre précédent se déplace vers la droite. Alors, les sulfures plus solubles (CoS, FeS, MnS, NiS et ZnS) précipitent. Il est à noter que les ions Al^{3+} et Cr^{3+} forment des précipités qui sont des hydroxydes [$Al(OH)_3$ et $Cr(OH)_3$] plutôt que des sulfures, car les hydroxydes sont moins solubles. On retire alors les sulfures et les hydroxydes insolubles par filtration.

- Les cations du groupe 4 : une fois tous les cations des groupes 1, 2 et 3 retirés de la solution, on ajoute du carbonate de sodium à la solution basique pour que les ions Ba^{2+}, Ca^{2+} et Sr^{2+} forment les précipités $BaCO_3$, $CaCO_3$ et $SrCO_3$. On retire ces précipités également par filtration.

- Les cations du groupe 5 : à ce stade, les seuls cations qui peuvent rester en solution sont Na^+, K^+ et NH_4^+. On peut déceler la présence d'ions NH_4^+ par l'ajout d'hydroxyde de sodium :

$$NaOH(aq) + NH_4^+(aq) \longrightarrow Na^+(aq) + H_2O(l) + NH_3(g)$$

TABLEAU 6.5 > Séparation des cations en groupes selon leurs réactions de précipitation avec différents réactifs

Groupe	Cation	Réactifs de précipitation	Composé insoluble	K_{ps}
1	Ag^+	HCl	AgCl	$1,6 \times 10^{-10}$
	Hg_2^{2+}	↓	Hg_2Cl_2	$3,5 \times 10^{-18}$
	Pb^{2+}		Pb_2Cl_2	$2,4 \times 10^{-4}$
2	Bi^{3+}	H_2S	Bi_2S_3	$1,6 \times 10^{-72}$
	Cd^{2+}	en solution	CdS	$8,0 \times 10^{-28}$
	Cu^{2+}	acide	CuS	$6,0 \times 10^{-37}$
	Sn^{2+}	↓	SnS	$1,0 \times 10^{-26}$
3	Al^{3+}	H_2S	$Al(OH)_3$	$1,8 \times 10^{-33}$
	Co^{2+}	en solution	CoS	$4,0 \times 10^{-21}$
	Cr^{3+}	basique	$Cr(OH)_3$	$3,0 \times 10^{-29}$
	Fe^{2+}		FeS	$6,0 \times 10^{-19}$
	Mn^{2+}		MnS	$3,0 \times 10^{-14}$
	Ni^{2+}		NiS	$1,4 \times 10^{-24}$
	Zn^{2+}	↓	ZnS	$3,0 \times 10^{-23}$
4	Ba^{2+}	Na_2CO_3	$BaCO_3$	$8,1 \times 10^{-9}$
	Ca^{2+}	↓	$CaCO_3$	$8,7 \times 10^{-9}$
	Sr^{2+}	↓	$SrCO_3$	$1,6 \times 10^{-9}$
5	K^+	Aucun	Aucun	
	Na^+	réactif	Aucun	
	NH_4^+	de précipitation	Aucun	

NOTE

Il ne faut pas confondre les groupes du **TABLEAU 6.5**, qui sont basés sur les valeurs du K_{ps}, avec les groupes du tableau périodique.

On peut déceler l'ammoniac gazeux par son odeur caractéristique ou en plaçant un papier tournesol rouge humide au-dessus de la solution ; en présence d'ammoniac, ce papier devient bleu. Pour confirmer la présence d'ions Na^+ et K^+, on utilise souvent un test d'émission à la flamme : on plonge un fil de platine (choisi parce que le platine est inerte) dans la solution et on le place ensuite dans la flamme d'un bec Bunsen. La flamme change alors de couleur selon le type d'ion métallique présent. Par exemple, la couleur émise par l'ion Na^+ est jaune, celle de l'ion K^+ est violette et celle de l'ion Cu^{2+} est verte (*voir la* **FIGURE 6.18**).

FIGURE 6.18 ⊙

Test d'émission à la flamme

De gauche à droite : lithium, sodium, potassium et cuivre.

La **FIGURE 6.19** résume le protocole de cette méthode de séparation des ions métalliques.

Deux aspects concernant l'analyse qualitative doivent être mentionnés. Premièrement, la séparation des cations en groupes est faite de la manière la plus sélective possible; c'est-à-dire que les anions choisis comme réactifs doivent limiter la formation de précipités au plus petit nombre de types de cations possible. Par exemple, tous les cations du groupe 1 forment des sulfures insolubles. Alors, si dès la première étape, on faisait réagir H_2S avec la solution, sept sulfures différents (les sulfures des groupes 1 et 2) formeraient des précipités, ce qui n'est pas souhaité. Deuxièmement, la séparation des cations doit être effectuée de façon complète à chaque étape. Par exemple, si l'on n'ajoute pas assez de HCl à la solution inconnue pour retirer tous les cations du groupe 1, ceux-ci formeront avec les cations du groupe 2 des sulfures insolubles; ce phénomène pourrait fausser les analyses chimiques ultérieures et mener à des conclusions erronées. Il est à noter qu'il existe des tests permettant de distinguer les cations d'un même groupe.

FIGURE 6.19 ⊘

Schéma opératoire de la séparation des cations dans l'analyse qualitative

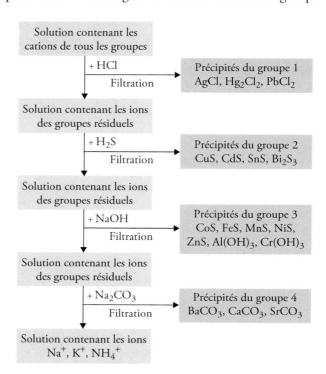

QUESTIONS de révision

21. Résumez le principe général de l'analyse qualitative.

22. Donnez deux exemples d'ions métalliques appartenant à chaque groupe (de 1 à 5) de l'analyse qualitative.

RÉSUMÉ

6.1 L'équilibre des solutions en milieux homogène et hétérogène

Les équilibres qui mettent en jeu des acides faibles ou des bases faibles en solution aqueuse sont des équilibres homogènes :

$$HA(aq) + H_2O(l) \rightleftharpoons H_3O^+(aq) + A^-(aq)$$

Les équilibres de solubilité sont des exemples d'équilibres hétérogènes mettant en jeu un solide ionique en présence de ses ions en solution aqueuse :

$$XY(s) \rightleftharpoons X^+(aq) + Y^-(aq)$$

6.2 L'effet d'ion commun

Un équilibre peut être déplacé par le fait d'ajouter dans une solution un composé ayant un ion en commun avec une substance déjà dissoute et à l'équilibre. L'effet d'ion commun cause la diminution de l'ionisation d'un acide faible ou d'une base faible, ce qui est en accord avec le principe de Le Chatelier. Puisque $pK_a = -\log K_a$, la relation de Henderson-Hasselbalch permet de relier le pH d'une solution au pK_a de l'acide HA qu'elle contient et au rapport des conjugués $[A^-]/[HA]$, peu importe la provenance des ions communs.

$$pH = pK_a + \log \frac{[A^-]}{[HA]}$$

6.3 Les solutions tampons

La composition d'un tampon et le pouvoir tampon

Une solution tampon est une solution qui a la capacité de maintenir son pH presque constant malgré l'ajout de petites quantités d'acide ou de base. Elle est composée d'un acide faible et de sa base conjuguée (sous forme de sel) ou d'une base faible et de son acide conjugué (sous forme de sel). Le pouvoir tampon est la capacité de la solution tampon à neutraliser un apport d'acide ou de base.

Zone tampon : Intervalle de pH pour lequel un tampon est efficace (de +1 à −1 unité de pH de la valeur du pK_a, ou du pK_b) ou $pK_{a-1} < pH < pK_{a+1}$ et $pK_{b-1} < pH < pK_{b+1}$).

Le calcul du pH d'une solution tampon

On utilise l'équation de Henderson-Hasselbalch, qui fait appel aux concentrations initiales d'acide et de base conjugués.

$$pH = pK_a + \log \frac{[A^-]_0}{[HA]_0}$$

Puisque les concentrations initiales d'acide et de base conjugués demeurent sensiblement les mêmes, on peut utiliser les concentrations initiales.

La préparation d'une solution tampon

On obtient une solution tampon en mélangeant un acide faible et sa base conjuguée en quantités approximativement égales ou en mélangeant une base faible et son acide conjugué dans les mêmes conditions (méthode directe), ou encore en neutralisant partiellement un acide faible par une base forte ou l'inverse (méthode indirecte).

Préparation de tampons			Caractéristiques des tampons obtenus		
Substance de départ	Substance de départ à demi neutralisée par...	Sel ajouté à la substance de départ	Rapport des conjugués	pH résultant	Couple de conjugués
Acide faible	Base forte		1	pK_a	
Exemple : CH_3COOH	NaOH		1	4,74	CH_3COOH/CH_3COO^-
Base faible	Acide fort		1	$14 - pK_b$	
Exemple : NH_3	HCl		1	9,3	NH_3/NH_4^+
Sel dont l'anion est une base faible	Acide fort		1	pK_a	
Exemple : CH_3COONa	HCl		1	4,74	CH_3COOH/CH_3COO^-
Sel dont le cation est un acide faible	Base forte		1	$14 - pK_b$	
Exemple : NH_4Cl	NaOH		1	9,3	NH_3/NH_4^+
Acide faible		Sel dont l'anion est la base conjuguée de l'acide faible	1	pK_a	
Exemple : CH_3COOH		Exemple : CH_3COONa	1	4,74	CH_3COOH/CH_3COO^-
Base faible		Sel dont le cation est l'acide conjugué de l'acide faible	1	$14 - pK_b$	
Exemple : NH_3		Exemple : NH_4Cl	1	9,3	NH_3/NH_4^+

6.4 Les titrages acido-basiques

Le pH au point d'équivalence d'un titrage acido-basique dépend de l'hydrolyse du sel formé pendant la neutralisation, c'est-à-dire de la réaction entre le cation ou l'anion obtenu et l'eau à la suite de la neutralisation. Le tableau suivant résume les cas étudiés.

Au point d'équivalence, le nombre de moles d'acide est égal au nombre de moles de base.

Titrages				
Acide	**Base**	**Sel formé**	**pH au point d'équivalence**	**Allure générale de la courbe de titrage**
Fort Exemple : HCl	Forte NaOH	Neutre NaCl	 7,0	
Faible Exemple : CH₃COOH	Forte NaOH	Basique CH₃COONa	 > 7,0	Au point de demi-neutralisation, pH = pK_a
Fort Exemple : HCl	Faible NH₃	Acide NH₄Cl	 < 7,0	Au point de demi-neutralisation, pH = pK_a

6.5 Les indicateurs acido-basiques

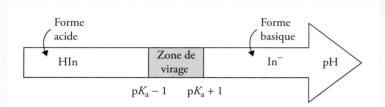

L'indicateur est en général un acide ou une base organique faible dont la couleur varie selon sa forme ionisée ou non ionisée (*voir le* **TABLEAU 6.1**, *p. 323*).

Zone de virage : Zone de pH qui s'étend de pK_{a-1} à pK_{a+1}.

Point de virage : Changement de couleur qui correspond au point d'équivalence.

Comme le changement de pH est habituellement très prononcé autour du point d'équivalence, il suffit de choisir un indicateur dont la zone de virage se situe dans cette zone de grande variation de pH.

6.6 L'équilibre de solubilité

Le produit de solubilité (K_{ps}) exprime l'équilibre entre un solide et ses ions en solution. On distingue la solubilité, exprimée en grammes par litre (g/L), de la solubilité molaire, exprimée en moles par litre (mol/L).

La solubilité est la quantité maximale d'une substance qui peut se dissoudre dans une certaine quantité d'eau à une température donnée.

Il est possible de calculer le K_{ps} du sel AxBy à partir de sa solubilité et inversement en suivant les étapes suivantes :

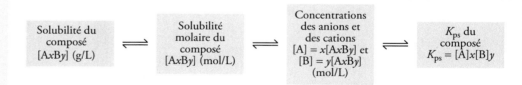

La prédiction des réactions de précipitation

Il y a deux conditions à respecter pour qu'il y ait précipitation :

1. La nature des ions présents doit permettre la formation d'un précipité. On doit vérifier si l'un des sels est peu soluble. Pour ce faire, on se fie :
   - aux règles de solubilité présentes dans le **TABLEAU 1.2** (*voir p. 9*) ;
   - à la présence d'un K_{ps} pour l'un des sels.

2. Les concentrations des ions doivent être suffisamment élevées pour provoquer la précipitation (solution sursaturée).
   - Il faut calculer le produit ionique (Q) et le comparer à K_{ps}.

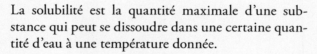

$Q < K_{ps}$	Solution insaturée : aucune précipitation
$Q = K_{ps}$	Solution saturée : aucune précipitation
$Q > K_{ps}$	Solution sursaturée : précipitation

6.7 La séparation des ions par précipitation sélective

La précipitation sélective permet de séparer des substances qui ont un ion en commun en les faisant précipiter successivement par l'addition lente d'un réactif.

• Les substances les moins solubles précipiteront en premier.
• Les K_{ps} des substances à séparer doivent être éloignés les uns des autres.

6.8 L'effet d'ion commun et la solubilité

Les raisonnements pour exécuter correctement les calculs sont analogues à ceux de la présence d'un ion commun dans le cas d'un acide faible qui a pour effet de réduire l'ionisation de l'acide. Ici, la présence d'un ion commun fait diminuer la solubilité d'un sel peu soluble. Par exemple, si l'on ajoute du NaCl dans une solution saturée de $PbCl_2$, l'addition de l'ion commun Cl^- causera une diminution de l'apport de chlorure dû au $PbCl_2$ par une précipitation, donc une diminution de solubilité jusqu'à l'atteinte d'un nouvel état d'équilibre de solubilité.

6.9 Le pH et la solubilité

La solubilité de sels peu solubles constitués d'anions basiques s'accroît en milieu acide. (La solubilité des sels dont les anions proviennent d'acides forts n'est pas modifiée par le pH.) Dans ces cas, contrairement à ce qui est expliqué au paragraphe précédent, l'équilibre de solubilité est déplacé vers la droite, car l'acide, en neutralisant la base OH^-, vient consommer la très faible concentration de OH^- qui provenait du solide ionique. Celui-ci doit se solubiliser davantage pour remplacer partiellement les ions OH^- neutralisés par la base jusqu'à l'obtention d'un nouvel état d'équilibre de solubilité.

6.10 L'équilibre des ions complexes et la solubilité

Les ions complexes sont formés en solution par la combinaison d'un cation métallique et d'une base de Lewis. La constante de formation (K_f) exprime la tendance à la formation d'un ion complexe donné. La formation d'un ion complexe peut faire augmenter énormément la solubilité d'une substance insoluble dans l'eau, car les valeurs des K_f sont habituellement très élevées, ce qui déplace presque complètement les équilibres de solubilité vers la droite. Plusieurs substances d'un grand intérêt biologique, comme l'hémoglobine et la chlorophylle, sont des complexes d'ions métalliques.

6.11 L'application du principe de l'équilibre de solubilité à l'analyse qualitative

L'analyse qualitative est une méthode d'analyse principalement fondée sur les principes de l'équilibre de solubilité et de la précipitation sélective permettant de détecter la présence des cations et des anions dans une solution inconnue.

ÉQUATIONS CLÉS

- $pK_a = -\log K_a$ Définition du pK_a d'un acide   (6.3)

- $pH = pK_a + \log \dfrac{[A^-]}{[HA]}$ Équation de Henderson-Hasselbalch   (6.4)

- $pK_a - 1 < pH < pK_a + 1$ Zone tampon   (6.7)
- $pH = pK_a$ Équation de Henderson-Hasselbalch au point de demi-neutralisation   (6.8)

MOTS CLÉS

Analyse qualitative, p. 348
Constante de formation (K_f), p. 344
Effet d'ion commun, p. 297
Ion complexe, p. 342
Point de virage, p. 321

Pouvoir tampon, p. 302
Précipitation sélective, p. 333
Produit de solubilité (K_{ps}), p. 325
Produit ionique (Q), p. 325
Solubilité, p. 327

Solubilité molaire, p. 326
Solution tampon, p. 302
Zone de virage, p. 321
Zone tampon, p. 306

PROBLÈMES

À moins de mention contraire, on suppose une température de 25 °C pour tous les problèmes.
Niveau de difficulté : ★ facile ; ★ moyen ; ★ élevé

Biologie : 6.8, 6.76, 6.91, 6.93, 6.95 ;
Concepts : 6.11, 6.12, 6.13, 6.46, 6.47, 6.63, 6.75, 6.85, 6.94 ;
Descriptifs : 6.27, 6.57, 6.58, 6.60, 6.61, 6.67, 6.69, 6.76, 6.80 a), 6.83, 6.84, 6.89 ;
Environnement : 6.88, 6.90 ;
Industrie : 6.88 ;
Organique : 6.7, 6.8, 6.65, 6.91, 6.93, 6.95.

PROBLÈMES PAR SECTION

6.2 L'effet d'ion commun

★**6.1** Calculez le pH des solutions suivantes : **a)** solution de CH_3COOH 0,40 mol/L ; **b)** solution contenant à la fois CH_3COOH 0,40 mol/L et CH_3COONa 0,20 mol/L.

★**6.2** Calculez le pH des solutions suivantes : **a)** solution de NH_3 0,20 mol/L ; **b)** solution contenant à la fois NH_3 0,20 mol/L et NH_4Cl 0,30 mol/L.

6.3 Les solutions tampons

★**6.3** Lesquels des systèmes suivants peuvent être qualifiés de tampons : **a)** KCl/HCl ; **b)** $KHSO_4$/H_2SO_4 ; **c)** Na_2HPO_4/NaH_2PO_4 ; **d)** KNO_2/HNO_2 ; **e)** KCN/HCN ; **f)** Na_2SO_4/$NaHSO_4$; **g)** NH_3/NH_4NO_3 ; **h)** NaI/HI.

★**6.4** Le pH d'un système tampon hydrogénocarbonate/acide carbonique est 8,00. Calculez le rapport entre la concentration d'acide carbonique et celle des ions hydrogénocarbonate.

★**6.5** Calculez le pH des deux solutions tampons suivantes :

a) CH_3COONa 2,0 mol/L / CH_3COOH 2,0 mol/L ;

b) CH_3COONa 0,20 mol/L / CH_3COOH 0,20 mol/L.

Laquelle de ces solutions a le meilleur pouvoir tampon ? Pourquoi ?

★**6.6** Calculez le pH des systèmes tampons suivants : **a)** Na_2HPO_4 0,10 mol/L / KH_2PO_4 0,15 mol/L ; **b)** NH_3 0,15 mol/L / NH_4Cl 0,35 mol/L.

★**6.7** Le pH d'un système tampon acétate de sodium/acide acétique est 4,50. Calculez le rapport $[CH_3COO^-]/[CH_3COOH]$.

★**6.8** Le pH du plasma sanguin est 7,40. En considérant que son principal système tampon est HCO_3^-/ H_2CO_3, calculez le rapport $[HCO_3^-]/[H_2CO_3]$. Ce tampon est-il plus efficace contre l'ajout d'un acide ou d'une base ?

★**6.9** Calculez le pH d'une solution tampon préparée par l'addition de 20,5 g de CH_3COOH et de 17,8 g de CH_3COONa à suffisamment d'eau pour former 500 mL de solution.

★**6.10** Calculez le pH de 1,00 L du système tampon CH_3COONa 1,00 mol/L / CH_3COOH 1,00 mol/L avant et après addition : **a)** de 0,080 mol de NaOH ; et **b)** de 0,12 mol de HCl. Considérez qu'il n'y a aucune variation de volume.

★**6.11** Les constantes d'ionisation d'un diacide (H_2A) sont les suivantes : $K_{a_1} = 1,1 \times 10^{-3}$ et $K_{a_2} = 2,5 \times 10^{-6}$. Pour former une solution tampon dont le pH est 5,80, quelle combinaison choisiriez-vous : $NaHA$/ H_2A ou Na_2A/$NaHA$?

★**6.12** Une étudiante veut préparer une solution tampon à pH 8,60. Lequel des acides faibles suivants devrait-elle choisir et pourquoi : HA ($K_a = 2,7 \times 10^{-3}$), HB ($K_a = 4,4 \times 10^{-6}$) ou HC ($K_a = 2,6 \times 10^{-9}$) ?

★**6.13** Les schémas suivants représentent des solutions contenant un acide faible HA (pK_a = 5,00) et son sel de sodium NaA. Considérez que chaque sphère correspond à 0,1 mol. **a)** Calculez le pH des solutions. **b)** Calculez le pH après l'addition de 0,1 mol d'ions H_3O^+ à la solution **A**. **c)** Calculez le pH après l'addition de 0,1 mol d'ions OH^- à la solution **D**.

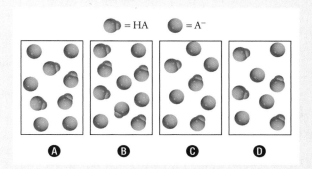

6.4 Les titrages acido-basiques

★**6.14** Un échantillon de 0,2688 g d'un monoacide neutralise 16,4 mL d'une solution de KOH 0,081 33 mol/L. Calculez la masse molaire de l'acide.

★**6.15** On dissout 5,00 g d'un diacide dans assez d'eau pour obtenir une solution de 250 mL. Calculez la masse molaire de l'acide s'il faut 11,1 mL de KOH 1,00 mol/L pour neutraliser 25,0 mL de cette solution. Supposez que les deux protons de l'acide sont titrés.

★**6.16** Au cours d'un titrage, il a fallu 12,5 mL de H_2SO_4 0,500 mol/L pour neutraliser 50,0 mL de NaOH. Quelle était la concentration de la solution de NaOH ?

★**6.17** Au cours d'un titrage, il a fallu 20,4 mL de HCOOH 0,883 mol/L pour neutraliser 19,3 mL de $Ba(OH)_2$. Quelle était la concentration de la solution de $Ba(OH)_2$?

★**6.18** On a dissous 0,1276 g d'un monoacide inconnu dans 25,0 mL d'eau et on l'a titré avec une solution de NaOH 0,0633 mol/L. Il a fallu 18,4 mL de cette base pour atteindre le point d'équivalence. **a)** Calculez la masse molaire de l'acide. **b)** Après avoir ajouté 10,0 mL de la base pendant le titrage, le pH était 5,87. Quelle est la valeur de K_a pour l'acide inconnu ?

★**6.19** On prépare une solution en mélangeant 500 mL de NaOH 0,167 mol/L avec 500 mL de CH_3COOH 0,100 mol/L à 25 °C. Calculez les concentrations à l'équilibre de H_3O^+, CH_3COOH, CH_3COO^-, OH^- et Na^+.

★**6.20** Calculez le pH au point d'équivalence dans le cas du titrage suivant : HCl 0,20 mol/L avec CH_3NH_2 (méthylamine) 0,20 mol/L.

★**6.21** Calculez le pH au point d'équivalence dans le cas du titrage suivant : HCOOH 0,10 mol/L avec NaOH 0,10 mol/L.

★**6.22** Un échantillon de 25,00 mL de CH_3COOH 0,100 mol/L est titré avec une solution de KOH 0,200 mol/L. Calculez le pH obtenu à la suite des additions suivantes de la solution de KOH : **a)** 0,0 mL ; **b)** 5,0 mL ; **c)** 10,0 mL ; **d)** 12,5 mL ; **e)** 15,0 mL.

★**6.23** Un échantillon de 10,00 mL d'une solution de NH_3 0,300 mol/L est titrée par une solution de HCl 0,100 mol/L. Calculez le pH après les additions suivantes de la solution de HCl : **a)** 0,0 mL ; **b)** 10,00 mL ; **c)** 20,0 mL ; **d)** 30,00 mL ; **e)** 40,0 mL.

★**6.24** La courbe suivante a été obtenue lors du titrage de 20,00 mL d'un acide HA de concentration inconnue par une solution de NaOH de concentration égale à 0,100 mol/L. Déterminez la concentration initiale de l'acide et son K_a approximatif.

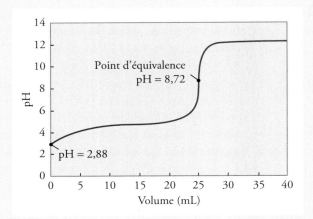

★**6.25** Les diagrammes suivants représentent des solutions à différentes étapes d'un titrage d'un acide faible HA par NaOH. Identifiez les solutions qui correspondent : **a)** à

l'étape initiale, avant l'addition du NaOH ; **b)** au point de demi-neutralisation ; **c)** au point d'équivalence ; **d)** au-delà du point d'équivalence. Au point d'équivalence, le pH est-il inférieur, égal ou supérieur à 7 ? Les molécules d'eau et les ions Na^+ ne sont pas montrés.

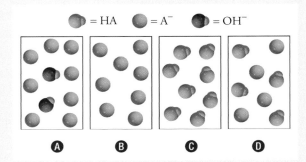

6.5 Les indicateurs acido-basiques

★**6.26** À l'aide du **TABLEAU 6.1** (*voir p. 323*), dites quel(s) indicateur(s) vous utiliseriez pour les titrages suivants : **a)** HCOOH par NaOH ; **b)** HCl par KOH ; **c)** HNO_3 par NH_3.

★**6.27** Un étudiant effectue un titrage acido-basique en ajoutant une solution de NaOH à l'aide d'une burette à une solution de HCl contenue dans un erlenmeyer ; il utilise la phénolphtaléine comme indicateur. Au point d'équivalence, il observe une légère couleur rose-rouge. Cependant, après quelques minutes, la solution devient graduellement incolore. Selon vous, qu'est-il arrivé ?

★**6.28** La valeur de la constante d'ionisation K_a pour HIn est $1,0 \times 10^{-6}$. La forme non ionisée de cet indicateur est rouge, et sa forme ionisée est jaune. Quelle est sa couleur dans une solution dont le pH est 4,00 ?

★**6.29** Le K_a d'un certain indicateur est $2,0 \times 10^{-6}$. La couleur de HIn est verte alors que celle de Ind^- est rouge. On ajoute quelques gouttes de cet indicateur à une solution de HCl qui est ensuite titrée par une solution de NaOH. À quel pH l'indicateur changera-t-il de couleur ?

6.6 L'équilibre de solubilité

★**6.30** Calculez la concentration des ions dans chacune des solutions saturées suivantes : **a)** $[I^-]$ dans une solution de AgI dont $[Ag^+] = 9,1 \times 10^{-9}$ mol/L ; **b)** $[Al^{3+}]$ dans une solution de $Al(OH)_3$ dont $[OH^-] = 2,9 \times 10^{-9}$ mol/L.

★**6.31** À l'aide des solubilités fournies, calculez le produit de solubilité de chacun des composés suivants : **a)** SrF_2, $7,3 \times 10^{-2}$ g/L ; **b)** Ag_3PO_4, $6,7 \times 10^{-3}$ g/L.

★**6.32** Quelle est la valeur de K_{ps} pour $MnCO_3$ si sa solubilité molaire est de $4,2 \times 10^{-6}$ mol/L ?

★**6.33** La solubilité d'un composé ionique MX (masse molaire = 346 g/mol) est de $4,63 \times 10^{-3}$ g/L. Quelle est la valeur de K_{ps} pour ce composé ?

★**6.34** La solubilité d'un composé ionique M_2X_3 (masse molaire = 288 g/mol) est de $3,6 \times 10^{-17}$ g/L. Quelle est la valeur de K_{ps} pour ce composé ?

★**6.35** À l'aide du **TABLEAU 6.2** (*voir p. 326*), calculez la solubilité molaire de CaF_2.

★**6.36** Quel est le pH d'une solution saturée d'hydroxyde de zinc ?

★**6.37** Le pH d'une solution saturée d'un hydroxyde métallique MOH est 9,68 à 25 °C. Calculez la valeur de K_{ps} pour ce composé.

★**6.38** On verse 20,0 mL de $Ba(NO_3)_2$ 0,10 mol/L dans 50,0 mL de Na_2CO_3 0,10 mol/L. **a)** Déterminez le précipité susceptible de se former. **b)** Y aura-t-il formation d'un précipité ? **c)** Calculez la masse de précipité formé, s'il y a lieu. **d)** Déterminez la concentration des espèces présentes à l'équilibre.

★**6.39** On mélange 75 mL de NaF 0,060 mol/L à 25 mL de $Sr(NO_3)_2$ 0,15 mol/L. Calculez les concentrations de NO_3^-, de Na^+, de Sr^{2+} et de F^- dans la solution finale (K_{ps} de $SrF_2 = 2,0 \times 10^{-10}$).

6.7 La séparation des ions par précipitation sélective

★**6.40** On ajoute lentement du NaI solide à une solution qui contient du Cu^+ 0,010 mol/L et du Ag^+ 0,010 mol/L.

    a) Lequel des composés commencera à précipiter en premier?

    b) Quelle est la concentration molaire de l'argent $[Ag^+]$ lorsque CuI commence à peine à précipiter?

    c) Quel est le pourcentage de Ag^+ restant en solution lorsque CuI commence à précipiter?

★**6.41** Une solution contient des ions Fe^{3+} et Zn^{2+}, tous deux à 0,010 mol/L. Quelle est la zone approximative de pH qui permettrait la séparation des ions Fe^{3+} des ions Zn^{2+} par réaction de précipitation du Fe^{3+} produisant du $Fe(OH)_3(s)$?

6.8 L'effet d'ion commun et la solubilité

★**6.42** Combien de grammes de $CaCO_3$ se dissoudront dans 300 mL de $Ca(NO_3)_2$ 0,050 mol/L?

★**6.43** Le produit de solubilité de $PbBr_2$ est $8,9 \times 10^{-6}$. Calculez sa solubilité molaire: **a)** dans l'eau pure; **b)** dans une solution de KBr 0,20 mol/L; **c)** dans une solution de $Pb(NO_3)_2$ 0,20 mol/L.

★**6.44** Calculez la solubilité molaire de AgCl dans 1,00 L de solution contenant 10,0 g de $CaCl_2$.

★**6.45** Calculez la solubilité molaire de $BaSO_4$: **a)** dans l'eau; **b)** dans une solution contenant des ions SO_4^{2-} 1,0 mol/L.

6.9 Le pH et la solubilité

★**6.46** Indiquez si les composés ioniques suivants seront plus solubles dans un milieu acide que dans l'eau. **a)** $BaSO_4$; **b)** $PbCl_2$; **c)** $Fe(OH)_3$; **d)** $CaCO_3$.

★**6.47** Parmi les composés suivants, lesquels seront plus solubles dans un milieu acide que dans l'eau? **a)** CuI; **b)** Ag_2SO_4; **c)** $Zn(OH)_2$; **d)** BaC_2O_4; **e)** $Ca_3(PO_4)_2$.

★**6.48** Comparez la solubilité molaire de $Mg(OH)_2$ dans l'eau à celle qu'il a dans un milieu tampon à pH 9,0 à 25 °C.

★**6.49** Calculez la solubilité molaire de $Fe(OH)_2$ à 25 °C, aux valeurs suivantes de pH: **a)** à pH 8,00; **b)** à pH 10,00.

★**6.50** La valeur du produit de solubilité de $Mg(OH)_2$ est $1,2 \times 10^{-11}$. Quelle concentration minimale en OH^- faudrait-il atteindre (en ajoutant, par exemple, du NaOH) pour que la concentration des ions Mg^{2+} soit inférieure à $1,0 \times 10^{-10}$ mol/L?

★**6.51** Déterminez s'il y aura formation d'un précipité au cours de l'addition de 2,00 mL de NH_3 0,60 mol/L à 1,0 L d'une solution de $FeSO_4$ $1,0 \times 10^{-3}$ mol/L.

6.10 L'équilibre des ions complexes et la solubilité

★**6.52** Si l'on dissout 2,50 g de $CuSO_4$ dans $9,0 \times 10^2$ mL d'une solution de NH_3 0,30 mol/L, quelles sont les concentrations de Cu^{2+}, de $Cu(NH_3)_4^{2+}$ et de NH_3 à l'équilibre?

★**6.53** Calculez les concentrations de Cd^{2+}, de $Cd(CN)_4^{2-}$ et de CN^- à l'équilibre si l'on dissout 0,50 g de $Cd(NO_3)_2$ dans $5,0 \times 10^2$ mL d'une solution de NaCN 0,50 mol/L.

★**6.54** Si l'on ajoute du NaOH à une solution de Al^{3+} 0,010 mol/L, quelle sera l'espèce prédominante à l'équilibre: $Al(OH)_3$ ou $Al(OH)_4^-$? Le pH de la solution est 14,00. $[K_f$ pour $Al(OH)_4^- = 2,0 \times 10^{33}]$

★**6.55** Calculez la solubilité molaire de AgI dans une solution de NH_3 1,0 mol/L.

★**6.56** Les ions Ag^+ et Zn^{2+} forment tous deux des ions complexes avec NH_3. Écrivez les équations équilibrées de ces réactions. Cependant, expliquez pourquoi $Zn(OH)_2$ est soluble dans le NaOH 6 mol/L alors que AgOH ne l'est pas.

★**6.57** Expliquez, avec les équations ioniques équilibrées, pourquoi: **a)** CuI_2 est soluble dans une solution ammoniacale; **b)** AgBr est soluble dans une solution de NaCN; **c)** $HgCl_2$ est soluble dans une solution de KCl.

6.11 L'application du principe de l'équilibre à l'analyse qualitative

★**6.58** Au cours de l'analyse du groupe 1, une étudiante obtient un précipité contenant les composés AgCl et PbCl₂. Suggérez un réactif qui permettrait de séparer AgCl(s) de PbCl₂(s).

★**6.59** Au cours de l'analyse du groupe 1, un étudiant ajoute de l'acide chlorhydrique à la solution inconnue pour que [Cl⁻] atteigne 0,15 mol/L. Un précipité de PbCl₂ se forme. Calculez la concentration de Pb²⁺ restant en solution.

★**6.60** Les composés KCl et NH₄Cl sont tous deux des solides blancs. Suggérez un réactif qui permettrait de les différencier.

★**6.61** Décrivez un test simple qui permettrait de différencier AgNO₃(s) et Cu(NO₃)₂(s).

PROBLÈMES VARIÉS

★**6.62** Le pK_a de l'indicateur orange de méthyle est 3,46. Dans quel intervalle de pH cet indicateur passe-t-il de 90 % de HIn à 90 % de In⁻?

★**6.63** On a ajouté 200 mL d'une solution de NaOH à 400 mL d'une solution de HNO₂ 2,00 mol/L. Le pH de la solution finale est de 1,50 unité plus élevé que celui de la solution acide de départ. Calculez la concentration molaire de la solution de NaOH.

★**6.64** Les deux courbes suivantes représentent le titrage de deux acides faibles de même concentration par une base forte. Déterminez lequel des deux acides est le plus fort.

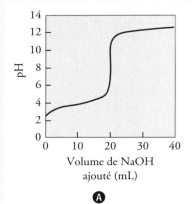

Ⓐ

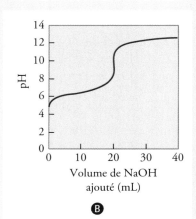

Ⓑ

★**6.65** Le pK_a de l'acide butyrique (HBut) à 25 °C est 4,7. Calculez la valeur de K_b pour l'ion butyrate (But⁻).

★**6.66** On prépare une solution en mélangeant 500 mL de NaOH 0,167 mol/L exactement avec 500 mL de CH₃COOH 0,100 mol/L exactement. Calculez les concentrations à l'équilibre de H₃O⁺, de CH₃COOH, de CH₃COO⁻, de OH⁻ et de Na⁺.

★**6.67** Le composé Cd(OH)₂ est pratiquement insoluble. Il se dissout toutefois dans un excès de NaOH en solution. Écrivez l'équation ionique équilibrée de cette réaction. De quel type de réaction s'agit-il?

★**6.68** Un étudiant mélange 50,0 mL de Ba(OH)₂ 1,00 mol/L avec 86,4 mL de H₂SO₄ 0,494 mol/L. Calculez la masse de BaSO₄ formée et le pH de la solution finale.

★**6.69** Pour laquelle des réactions suivantes la constante d'équilibre est-elle égale au produit de solubilité?
a) $Zn(OH)_2(s) + 2OH^-(aq) \rightleftharpoons Zn(OH)_4^{2-}(aq)$
b) $3Ca^{2+}(aq) + 2PO_4^{3-}(aq) \rightleftharpoons Ca_3(PO_4)_2(s)$
c) $CaCO_3(s) + 2H_3O^+(aq) \rightleftharpoons$
$$Ca^{2+}(aq) + 3H_2O(l) + CO_2(g)$$
d) $PbI_2(s) \rightleftharpoons Pb^{2+}(aq) + 2I^-(aq)$

★**6.70** Une bouilloire de 2,0 L contient un dépôt de 116 g de carbonate de calcium. Combien de fois devra-t-on remplir complètement la bouilloire d'eau distillée pour enlever tout ce dépôt, à 25 °C?

★**6.71** On mélange des volumes égaux de AgNO₃ 0,12 mol/L et de ZnCl₂ 0,14 mol/L. Calculez les concentrations à l'équilibre de Ag⁺, de Cl⁻, de Zn²⁺ et de NO₃⁻.

★**6.72** Calculez la solubilité (en grammes par litre) de Ag₂CO₃.

★**6.73** On titre 25,0 mL de HCl 0,100 mol/L en faisant déverser d'une burette du NH₃ 0,100 mol/L. Calculez les valeurs du pH de la solution: **a)** après addition de 10,0 mL de la solution de NH₃; **b)** après addition de 25,0 mL de la solution de NH_3; **c)** après addition de 35,0 mL de la solution de NH_3.

★**6.74** La solubilité molaire de $Pb(IO_3)_2$ dans une solution de $NaIO_3$ 0,10 mol/L est de $2,4 \times 10^{-11}$ mol/L. Quelle est la valeur de K_{ps} pour $Pb(IO_3)_2$?

★**6.75** Quand on a ajouté une solution de KI à une solution de chlorure de mercure(II), il y a eu formation d'un précipité [iodure de mercure(II)]. Une étudiante a tracé une courbe de la masse du précipité formé en fonction du volume de la solution de KI ajoutée, et elle a obtenu le graphique suivant. Expliquez cette courbe.

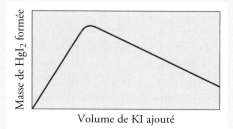

★**6.76** Le baryum est une substance toxique qui peut provoquer une détérioration grave des fonctions cardiaques. Au cours d'un lavement baryté (pour diagnostiquer certaines maladies du tube digestif), un patient boit une suspension aqueuse de 20 g de $BaSO_4$. À l'équilibre, combien de grammes de $BaSO_4$ pourraient être dissous dans les 5,0 L de sang du patient ? Pour une bonne approximation, on peut considérer que la température est de 25 °C. Pourquoi ne choisit-on pas $Ba(NO_3)_2$ pour établir ce diagnostic ?

★**6.77** Le pK_a de la phénolphtaléine est 9,10. Dans quel intervalle de pH cet indicateur passe-t-il de 95 % de HIn à 95 % de In^- ?

★**6.78** On ajoute lentement du NaBr solide à une solution contenant un mélange de Cu^+ 0,010 mol/L et de Ag^+ 0,010 mol/L. **a)** Quel composé commencera à précipiter le premier ? **b)** Calculez $[Ag^+]$ lorsque CuBr commence à précipiter. **c)** Quel pourcentage de Ag^+ reste-t-il en solution à ce moment-là ?

★**6.79** À l'aide des valeurs de K_{ps} pour $BaSO_4$ et $SrSO_4$ données au **TABLEAU 6.2** (*voir p. 326*), calculez les valeurs de $[Ba^{2+}]$, de $[Sr^{2+}]$ et de $[SO_4^{2-}]$ dans une solution saturée de ces deux composés.

★**6.80** Afin de déterminer la masse molaire d'un certain carbonate métallique, MCO_3, on fait d'abord réagir complètement le carbonate avec du HCl en excès, puis on fait un titrage à rebours pour connaître la quantité de HCl qui était en excès. **a)** Écrivez les équations de ces réactions. **b)** Après avoir fait réagir 20,00 mL de HCl 0,0800 mol/L avec un échantillon de 0,1022 g du carbonate métallique inconnu, MCO_3, il a fallu 5,64 mL de NaOH de concentration 0,100 mol/L pour neutraliser l'excès d'acide HCl. Calculez la masse molaire de ce carbonate et déterminez le métal M.

★**6.81** En règle générale, les réactions acido-basiques sont des réactions complètes. Prouvez-le en calculant les constantes d'équilibre dans chacun des cas suivants : **a)** un acide fort réagit avec une base forte ; **b)** un acide fort réagit avec la base faible NH_3 ; **c)** un acide faible, CH_3COOH, réagit avec une base forte ; **d)** un acide faible, CH_3COOH, réagit avec une base faible (NH_3). (**Indice :** Les acides forts existent sous forme d'ions H_3O^+ et les bases fortes, sous forme d'ions OH^-. Il faut penser à mettre en relation K_a, K_b et K_{eau}.)

★**6.82** Calculez x, le nombre de molécules d'eau présentes dans un hydrate d'acide oxalique ayant pour formule $H_2C_2O_4 \cdot xH_2O$, sachant que lorsqu'on en dissout 5,00 g dans exactement 250 mL d'eau, un échantillon de 25,00 mL de cette solution nécessite 15,9 mL d'une solution de NaOH 0,500 mol/L pour être neutralisé.

★**6.83** Décrivez comment vous procéderiez pour préparer 1,0 L d'une solution tampon :

CH_3COONa 0,20 mol/L / CH_3COOH 0,20 mol/L **a)** en mélangeant une solution de CH_3COOH avec une solution de CH_3COONa ; **b)** en faisant réagir une solution de CH_3COOH avec une solution de NaOH ; **c)** en faisant réagir une solution de CH_3COONa avec une solution de HCl.

★**6.84** Quels réactifs faudrait-il utiliser pour séparer les paires d'ions suivantes : **a)** Na^+ et Ba^{2+} ; **b)** K^+ et Pb^{2+} ; **c)** Zn^{2+} et Hg^{2+} ?

★**6.85** $CaSO_4$ a une valeur de K_{ps} ($2,4 \times 10^{-5}$) plus grande que celle de Ag_2SO_4 ($1,4 \times 10^{-5}$). Cela signifie-t-il que $CaSO_4$ a une plus grande solubilité en grammes par litre ?

★**6.86** Combien de millilitres de NaOH 1,0 mol/L doit-on ajouter à 200 mL de NaH_2PO_4 0,10 mol/L pour préparer une solution tampon à pH 7,50 ?

★**6.87** Parmi les solutions suivantes, laquelle a la plus forte concentration en ions H_3O^+ ? **a)** HF 0,10 mol/L ; **b)** HF 0,10 mol/L dans NaF 0,10 mol/L ; **c)** HF 0,10 mol/L avec SbF_5 0,10 mol/L. (**Indice :** SbF_5 réagit avec F^- pour former l'ion complexe SbF_6^-.)

★**6.88** L'« eau dure » est une eau qui contient des ions Ca^{2+} et Mg^{2+} en concentrations élevées, ce qui la rend impropre à certains usages industriels et domestiques. Ces ions réagissent avec le savon, le transformant en sels insolubles, et ils forment aussi des dépôts dans les bouilloires. Il est possible d'adoucir une eau dure en enlevant les ions Ca^{2+} par l'addition de soda à laver ($Na_2CO_3 \cdot 10H_2O$). **a)** La solubilité molaire du $CaCO_3$ vaut $9,3 \times 10^{-5}$ mol/L. Quelle est sa solubilité molaire dans une solution de Na_2CO_3 0,050 mol/L? **b)** Pourquoi cette procédure n'enlève-t-elle pas les ions Mg^{2+}? **c)** Les ions Mg^{2+} sont retirés de l'eau dure par formation du précipité $Mg(OH)_2$, à la suite de l'addition de chaux éteinte, $Ca(OH)_2$, jusqu'à l'obtention d'une solution saturée. Calculez le pH d'une solution saturée en $Ca(OH)_2$. **d)** Quelle est la concentration des ions Mg^{2+} à ce pH? **e)** En général, lequel de ces ions (le Ca^{2+} ou le Mg^{2+}) faut-il enlever en premier? Pourquoi?

★**6.89** Si l'on ajoute quelques gouttes de jus de citron dans du thé, la couleur de celui-ci pâlit. Ce changement dépend en partie de la dilution, mais il est surtout causé par une réaction acido-basique. Quelle est cette réaction? (**Indice:** Le thé contient des « polyphénols » qui sont des acides faibles, alors que le jus de citron contient de l'acide citrique.)

★**6.90** Dans l'eau potable, la concentration maximale permise d'ions Pb^{2+} est de 0,05 ppm (c'est-à-dire 0,05 g de Pb^{2+} par million de grammes d'eau). Cette norme est-elle dépassée dans le cas d'un approvisionnement en eau souterraine qui constitue une solution en équilibre de solubilité avec de l'anglésite, un minéral constitué principalement de $PbSO_4$ ($K_{ps} = 1,6 \times 10^{-8}$)?

★**6.91** Les acides aminés constituent les unités de base des protéines. Ils contiennent au moins un groupement amine (—NH_2) qui est basique et un groupement carboxyle (—COOH) qui est acide. Examinons la structure d'un acide aminé peu complexe, soit celle de la glycine (NH_2CH_2COOH). Selon le pH de la solution, la glycine peut exister sous trois formes possibles:

Cationique (complètement protonée):

$$\overset{+}{N}H_3—CH_2—COOH$$

Ion dipolaire (*zwitterion*):

$$\overset{+}{N}H_3—CH_2—COO^-$$

Anionique (complètement déprotonée):

$$NH_2—CH_2—COO^-$$

Prédisez la forme prédominante de la glycine aux pH de 1,0, de 7,0 et de 12,0, sachant que le pK_a du groupement carboxyle vaut 2,3 et celui du groupement ammonium (—NH_3^+) vaut 9,6.

★**6.92** Vous disposez d'une solution aqueuse de NaF de concentration égale à 0,150 mol/L. Déterminez: **a)** les principales espèces à l'équilibre dans cette solution; **b)** le pH de cette solution; **c)** le pH de la solution obtenue si vous ajoutez 500,0 mL d'une solution de HF de concentration 0,0600 mol/L à 400,0 mL de cette solution. **d)** À 10,0 mL de la solution initiale de NaF, vous ajoutez 50,0 mL d'une solution de $CaCl_2$ de concentration égale à 0,100 mol/L. Déterminez le nombre de moles de précipité formées et la concentration de tous les ions dans la solution finale. **e)** Si vous aviez ajouté du CaF_2 dans la solution initiale de NaF, quelle aurait été sa solubilité?

PROBLÈMES SPÉCIAUX

6.93 La pénicilline G (l'acide de benzylpénicilline) est un des antibiotiques les plus utilisés en médecine. Voici sa structure:

Il s'agit d'un monoacide faible dont on peut représenter l'ionisation ainsi:

$$HP + H_2O(l) \rightleftharpoons H_3O^+ + P^- \qquad K_a = 1,64 \times 10^{-3}$$

HP représente la forme acide et P^- représente sa base conjuguée. La pénicilline G est produite dans un milieu de culture de moisissures (champignons microscopiques) dans des bassins de fermentation maintenus à une température de 25 °C et à un pH pouvant se situer entre 4,5 et 5,0. La forme brute de cet antibiotique s'obtient par extraction du liquide fermenté avec un solvant organique dans lequel l'acide est soluble. **a)** Quel est l'hydrogène qui a des propriétés acides dans la molécule de pénicilline? **b)** Dans l'une des étapes de purification, l'extrait de la pénicilline G brute est traité avec une solution tampon à pH de 6,50. À ce pH, quel est le rapport entre la base conjuguée de la pénicilline et l'acide? Prévoyez-vous que la base conjuguée sera plus soluble dans l'eau que dans l'acide ? **c)** La pénicilline G ne peut pas être administrée par voie orale, mais son sel de sodium, NaP, le peut parce qu'il est soluble dans l'eau. Calculez le pH d'une solution NaP 0,12 mol/L obtenue par la dissolution d'un comprimé de ce sel dans un verre d'eau.

6.94 **a)** En vous référant à la **FIGURE 6.8** (*voir p. 318*), décrivez comment vous feriez pour déterminer le pK_b de la base.

b) Écrivez une équation semblable à celle de Henderson-Hasselbalch, mais reliant cette fois le pK_b d'une base faible B et de son acide conjugué HB^+. Montrez l'allure générale de la courbe de titrage obtenue en indiquant la variation du pOH de la solution contenant la base en fonction du volume d'acide fort ajouté à l'aide d'une burette. Décrivez comment vous pourriez utiliser cette courbe pour déterminer le pK_b.

6.95 L'histidine est l'un des 20 acides aminés constitutifs des protéines. Voici la structure de la forme cationique (complètement protonée) de la molécule d'histidine ; les chiffres indiquent les valeurs de pK_a des différents groupements acides.

a) Montrez les étapes de l'ionisation de l'histidine en solution. (**Indice :** L'ion H^+ proviendra d'abord du groupement acide le plus fort, suivi du suivant plus fort et ainsi de suite.)

b) Un « zwitterion » est un ion dipolaire possédant un nombre égal de charges positives et négatives. Identifiez l'ion dipolaire dans votre réponse en a).

c) La valeur du pH pour laquelle prédomine la forme ionique dipolaire s'appelle « point isoélectrique », pI. Le point isoélectrique correspond à la moyenne des valeurs des pK_a dont résulte la formation de l'ion dipolaire. Calculez le pI de l'histidine.

d) L'histidine joue un rôle important dans le système tampon du sang (*voir la rubrique « Chimie en action – Le contrôle du pH sanguin et les échanges gazeux », p. 310*). À quel couple d'acide-base conjugués attribuez-vous ce pouvoir tampon ?

6.96 On traite 1,0 L d'une solution saturée de carbonate d'argent à 25 °C avec assez d'acide chlorhydrique pour faire réagir complètement le carbonate. Le volume du dioxyde de carbone dégagé est recueilli dans un ballon de 19 mL et exerce une pression de 114 mm Hg à 25 °C. Calculez la valeur de K_{ps} pour Ag_2CO_3 à 25 °C.

La production d'hydrogène gazeux par la lumière est captée sur une photoélectrode. Cette utilisation de l'énergie lumineuse pour produire de l'hydrogène par la décomposition de l'eau pourrait jouer un rôle important comme source d'énergie dans le déploiement de la technologie des piles à combustible.

7

Les réactions d'oxydoréduction et l'électrochimie

L'énergie électrique est une énergie quasiment indispensable. Une journée sans électricité, qu'elle provienne d'Hydro-Québec ou de piles, est presque inimaginable dans notre société technologique.

Le domaine de la chimie qui étudie l'interconversion des énergies électrique et chimique est l'électrochimie.

Les processus électrochimiques sont des réactions d'oxydoréduction (c'est-à-dire impliquant des transferts d'électrons) dans lesquelles l'énergie libérée par une réaction chimique est convertie en électricité, ou encore des réactions chimiques qui utilisent l'électricité pour se produire (réactions d'électrolyse).

Ce chapitre explique les principes fondamentaux des cellules galvaniques et de la thermodynamique, et il présente leurs applications.

OBJECTIFS D'APPRENTISSAGE

> Équilibrer les réactions d'oxydoréduction par la méthode des demi-réactions ;

> Effectuer des calculs relatifs aux titrages redox ;

> Utiliser les diagrammes de cellules pour décrire adéquatement des cellules galvaniques ;

> Calculer la force électromotrice d'une cellule électrochimique ;

> Prédire la spontanéité d'une réaction d'oxydoréduction à l'aide des potentiels standard de réduction ;

> Prédire la spontanéité d'une réaction en fonction des variations d'entropie et d'enthalpie ;

> Effectuer des calculs reliant la constante d'équilibre d'une réaction à son enthalpie libre ;

> Prévoir l'effet de la concentration sur la force électromotrice d'une cellule ;

> Décrire certains types de piles électrochimiques ;

> Connaître certains procédés d'électrolyse et effectuer des calculs simples qui y sont reliés.

 CHIMIE EN LIGNE

Animation
• Les cellules galvaniques (7.2)

Interaction
• La simulation de l'électrochimie (7.6)

Michael Faraday, un grand expérimentateur et un grand scientifique

«Prométhée livra le feu à l'humanité; mais c'est à Faraday que nous devons l'électricité*.»

Michael Faraday est considéré comme l'un des plus grands expérimentateurs du XIXe siècle et l'un des plus grands scientifiques de tous les temps, ce qui est d'autant plus remarquable qu'il dut laisser l'école après le primaire. Né en Angleterre en 1791, il faisait partie d'une famille de 10 enfants dont le père était forgeron. À 14 ans, il devint apprenti chez un relieur. C'est la lecture d'un livre de chimie qui l'amena à s'intéresser aux sciences. Faraday assista à une série de conférences données par le renommé chimiste sir Humphry Davy, durant lesquelles il prit de nombreuses notes. Plus tard, lorsqu'il postula un emploi auprès de Davy à la Royal Institution, il soumit ses notes comme preuve de son sérieux. Davy l'engagea sur-le-champ comme assistant. Durant une série de conférences en Europe, Faraday et Davy utilisèrent une lentille pour concentrer les rayons du soleil sur un diamant afin de le transformer en dioxyde de carbone, prouvant ainsi que le diamant, comme le graphite – plus commun –, était formé d'atomes de carbone.

Pendant sa carrière, Faraday contribua de manière importante à l'avancement des sciences. Il découvrit le benzène et détermina sa composition. Il fut le premier à liquéfier de nombreux gaz et à produire de l'acier inoxydable. Il découvrit la rotation de la lumière polarisée dans un champ magnétique (un phénomène maintenant connu sous le nom d'«effet Faraday») et il démontra l'existence de l'induction électromagnétique en utilisant un aimant mobile pour produire de l'électricité dans un fil. Il énonça également les lois de l'électrolyse et inventa les termes «anion», «cation», «électrode» et «électrolyte».

En 1822, Faraday remplaça Davy au poste de directeur de la Royal Institution. Il fut admis à la Royal Society en 1824. Faraday aurait pu faire fortune avec certaines de ses découvertes, mais il abandonnait tout projet dès que celui-ci prenait une valeur commerciale. Né dans la pauvreté, il mourut dans la pauvreté en 1867. Son travail acharné constituait, pour lui, une gratification suffisante.

* Traduction d'une citation attribuée à sir Lawrence Bragg, physicien britannique.

Michael Faraday, 1791-1867

Michael Faraday dans son laboratoire

7.1 Les réactions d'oxydoréduction

L'**électrochimie** est la branche de la chimie qui étudie l'interconversion entre l'énergie électrique et l'énergie chimique. Les processus électrochimiques sont des réactions d'oxydoréduction au cours desquelles l'énergie libérée par une réaction spontanée est convertie en électricité, ou au cours desquelles l'énergie électrique est utilisée pour déclencher une réaction non spontanée. Les réactions d'oxydoréduction ont été traitées au chapitre 1. Quelques notions de base sont revues en introduction de ce chapitre.

Les réactions d'oxydoréduction impliquent le transfert d'électrons d'une substance à une autre. La réaction entre le magnésium et l'acide chlorhydrique en est un exemple :

$$\overset{0}{Mg}(s) + 2\overset{+1}{H}Cl(aq) \longrightarrow \overset{+2}{Mg}Cl_2(aq) + \overset{0}{H_2}(g)$$

Les chiffres inscrits au-dessus des éléments sont les nombres d'oxydation. La perte d'électrons subie durant l'oxydation se traduit par l'augmentation du nombre d'oxydation de l'élément. Dans la réduction, il y a gain d'électrons, indiqué par une diminution du nombre d'oxydation de l'élément. Dans la réaction présentée ci-dessus, Mg est oxydé, et les ions H^+ sont réduits ; quant aux ions Cl^-, ce sont des ions spectateurs.

7.1.1 L'équilibrage des équations d'oxydoréduction

Les équations d'oxydoréduction présentées ici et au chapitre 1 sont relativement faciles à équilibrer. Cependant, en laboratoire, on observe fréquemment des réactions d'oxydoréduction plus compliquées qui, souvent, mettent en jeu des oxoanions comme les ions chromate (CrO_4^{2-}), dichromate ($Cr_2O_7^{2-}$), permanganate (MnO_4^-), nitrate (NO_3^-) et sulfate (SO_4^{2-}). En principe, on peut équilibrer toute équation d'oxydoréduction grâce à la méthode valable pour tous les types d'équations expliquée à la section 3.4 de *Chimie générale*, mais il existe des techniques spéciales, dans le cas des réactions d'oxydoréduction, qui permettent de suivre le transfert d'électrons. La méthode des demi-réactions, aussi appelée « ions-électrons », est expliquée ici. Dans cette méthode, on divise la réaction globale en deux demi-réactions : une d'oxydation et une de réduction. On équilibre séparément les deux demi-réactions qu'on additionne ensuite pour obtenir l'équation globale équilibrée.

Soit le cas où l'on doit équilibrer l'équation de l'oxydation de Fe^{2+} en Fe^{3+} par l'ion dichromate ($Cr_2O_7^{2-}$) en milieu acide. L'ion $Cr_2O_7^{2-}$ est réduit en ion Cr^{3+}. Voici les étapes qui permettent de résoudre ce problème.

Étape 1 : *écrire l'équation non équilibrée de la réaction sous forme ionique.*

$$Fe^{2+} + Cr_2O_7^{2-} \longrightarrow Fe^{3+} + Cr^{3+}$$

Étape 2 : *séparer l'équation en deux demi-réactions.*

$$\text{Oxydation : } \overset{+2}{Fe}{}^{2+} \longrightarrow \overset{+3}{Fe}{}^{3+}$$
$$\text{Réduction : } \overset{+6}{Cr_2}O_7^{2-} \longrightarrow \overset{+3}{Cr}{}^{3+}$$

NOTE

Une réaction spontanée est une réaction qui se produit par elle-même, sans aucune intervention extérieure et en particulier sans apport d'énergie.

NOTE

Bien que cette méthode n'utilise pas les nombres d'oxydation comme tels, on les indique ici, car ils sont utiles dans bien des cas pour faciliter l'identification des deux demi-réactions.

Étape 3 : *équilibrer le nombre d'atomes autres que O et H dans chacune des demi-réactions.*

La demi-réaction d'oxydation est déjà équilibrée dans le cas des atomes de Fe. Pour ce qui est de la demi-réaction de réduction, il faut multiplier par 2 l'ion Cr^{3+} :

$$Cr_2O_7{}^{2-} \longrightarrow 2Cr^{3+}$$

Étape 4 : *dans le cas des réactions en milieu acide, ajouter H_2O pour équilibrer le nombre d'atomes de O et ajouter H^+ pour équilibrer le nombre d'atomes de H.*

Puisque la réaction a lieu en milieu acide, il faut ajouter sept molécules de H_2O du côté droit de la demi-réaction de réduction pour équilibrer le nombre d'atomes de O :

$$Cr_2O_7{}^{2-} \longrightarrow 2Cr^{3+} + 7H_2O$$

Pour équilibrer le nombre d'atomes de H, il faut 14 ions H^+ du côté gauche :

$$14H^+ + Cr_2O_7{}^{2-} \longrightarrow 2Cr^{3+} + 7H_2O$$

Étape 5 : *ajouter des électrons d'un côté de chaque demi-réaction pour équilibrer les charges. Au besoin, égaliser le nombre d'électrons dans les deux demi-réactions en multipliant une des demi-réactions ou les deux par des coefficients appropriés.*

Pour la demi-réaction d'oxydation, il faut écrire :

$$Fe^{2+} \longrightarrow Fe^{3+} + e^-$$

Un électron doit être ajouté du côté droit pour que la charge soit de 2+ de chaque côté.

Dans la demi-réaction de réduction, il y a 12 charges positives nettes du côté gauche et seulement 6 du côté droit. Il faut donc ajouter six électrons à gauche :

$$14H^+ + Cr_2O_7{}^{2-} + 6e^- \longrightarrow 2Cr^{3+} + 7H_2O$$

Pour égaliser le nombre d'électrons dans les deux demi-réactions, on multiplie par 6 la demi-réaction d'oxydation :

$$6Fe^{2+} \longrightarrow 6Fe^{3+} + 6e^-$$

Étape 6 : *additionner les deux demi-réactions et équilibrer l'équation finale par simplification. Les électrons des deux côtés doivent s'éliminer.*

L'addition des deux demi-réactions donne :

$$14H^+ + Cr_2O_7{}^{2-} + 6Fe^{2+} + \cancel{6e^-} \longrightarrow 2Cr^{3+} + 6Fe^{3+} + 7H_2O + \cancel{6e^-}$$

NOTE

En réalité, le $14H^+$ devrait ici être remplacé par des protons hydratés, soit $14H_3O^+$, ce qui aurait pour effet d'augmenter le nombre de molécules d'eau à 21 à droite. Comme cela ne change rien au reste de l'équation, pour ne pas alourdir inutilement les équations, c'est la notation H^+ qui est utilisée dans ce chapitre.

NOTE

Dans une demi-réaction d'oxydation, les électrons apparaissent comme un produit alors que dans une demi-réaction de réduction, ils apparaissent comme un réactif.

Les électrons éliminés, il reste l'équation ionique nette équilibrée :

$$14H^+ + Cr_2O_7^{2-} + 6Fe^{2+} \longrightarrow 2Cr^{3+} + 6Fe^{3+} + 7H_2O$$

Étape 7 : *vérifier que, de chaque côté de l'équation, il y a le même type et le même nombre d'atomes, ainsi que la même charge nette.*

Cette dernière vérification indique que l'équation finale est équilibrée des points de vue atomique et électrique. Dans le cas d'une réaction en milieu basique, il faut d'abord équilibrer le nombre d'atomes – comme on le fait dans le cas d'un milieu acide (étape 4) –, puis, pour chaque ion H^+, ajouter un ion OH^- des deux côtés de l'équation. Ensuite, si d'un côté de l'équation il y a des H^+ et des OH^- qui apparaissent ensemble, on les combine pour obtenir des H_2O. L'exemple suivant illustre cette méthode.

NOTE

On peut obtenir cette réaction en dissolvant du dichromate de potassium et du sulfate de fer(II) dans une solution diluée d'acide sulfurique.

EXEMPLE 7.1 L'équilibrage d'une équation d'oxydoréduction

Écrivez l'équation ionique équilibrée qui représente l'oxydation de l'ion iodure (I^-) par l'ion permanganate (MnO_4^-), en milieu basique, pour donner de l'iode moléculaire (I_2) et de l'oxyde de manganèse(IV) (MnO_2).

DÉMARCHE

Suivez les étapes déjà décrites pour équilibrer ce type de réaction. Remarquez que la réaction a lieu en milieu basique.

SOLUTION

Étape 1 : l'équation non équilibrée est :

$$MnO_4^- + I^- \longrightarrow MnO_2 + I_2$$

Étape 2 : les deux demi-réactions sont :

$$\text{Oxydation :} \quad \overset{-1}{I^-} \longrightarrow \overset{0}{I_2}$$

$$\text{Réduction :} \quad \overset{+7}{MnO_4^-} \longrightarrow \overset{+4}{MnO_2}$$

Étape 3 : pour équilibrer le nombre d'atomes de I dans la demi-réaction d'oxydation, nous écrivons :

$$2I^- \longrightarrow I_2$$

Étape 4 : dans la demi-réaction de réduction, pour équilibrer le nombre d'atomes de O, il faut ajouter deux molécules de H_2O à droite :

$$MnO_4^- \longrightarrow MnO_2 + 2H_2O$$

Pour équilibrer le nombre d'atomes de H, il faut ajouter quatre ions H^+ à gauche :

$$MnO_4^- + 4H^+ \longrightarrow MnO_2 + 2H_2O$$

Puisque la réaction se produit en milieu basique et qu'il y a quatre ions H^+, il faut ajouter quatre ions OH^- des deux côtés de l'équation :

$$MnO_4^- + 4H^+ + 4OH^- \longrightarrow MnO_2 + 2H_2O + 4OH^-$$

En combinant les ions H^+ et OH^- pour former des molécules de H_2O et en soustrayant $2H_2O$ de chaque côté, nous obtenons :

$$MnO_4^- + 2H_2O \longrightarrow MnO_2 + 4OH^-$$

Étape 5 : il faut équilibrer les charges des deux demi-réactions :

$$2I^- \longrightarrow I_2 + 2e^-$$

$$MnO_4^- + 2H_2O + 3e^- \longrightarrow MnO_2 + 4OH^-$$

Pour égaliser le nombre d'électrons, il faut multiplier par 3 la demi-réaction d'oxydation et par 2 la demi-réaction de réduction :

$$6I^- \longrightarrow 3I_2 + 6e^-$$

$$2MnO_4^- + 4H_2O + 6e^- \longrightarrow 2MnO_2 + 8OH^-$$

Étape 6 : on additionne les deux demi-réactions pour obtenir :

$$6I^- + 2MnO_4^- + 4H_2O + 6e^- \longrightarrow 3I_2 + 2MnO_2 + 8OH^- + 6e^-$$

Après élimination des électrons, nous obtenons :

$$6I^- + 2MnO_4^- + 4H_2O \longrightarrow 3I_2 + 2MnO_2 + 8OH^-$$

Étape 7 : une vérification finale révèle que l'équation est équilibrée autant du point de vue atomique qu'électrique. La charge nette est égale à −8 de chaque côté de la flèche.

EXERCICE E7.1

Équilibrez l'équation suivante en milieu acide par la méthode des demi-réactions.

$$Fe^{2+} + MnO_4^- \longrightarrow Fe^{3+} + Mn^{2+}$$

> **NOTE**
>
> On peut obtenir cette réaction en mélangeant des solutions de KI et de KMnO$_4$ en milieu basique.

> ⊕ **Problèmes semblables**
>
> 7.1 et 7.2

RÉVISION DES CONCEPTS

Pour la réaction suivante en milieu acide, déterminez le coefficient stœchiométrique de NO$_2$ lorsque l'équation est équilibrée :

$$Sn + NO_3^- \longrightarrow SnO_2 + NO_2$$

7.1.2 Les titrages redox

Comme dans le cas d'un acide qui peut être titré par une base, il est possible de titrer un oxydant par un réducteur (ou le contraire) selon une procédure semblable. Par exemple, on peut ajouter lentement une solution contenant un oxydant à une solution contenant un réducteur. Le point d'équivalence est atteint lorsque l'agent réducteur est complètement oxydé par l'agent oxydant.

Comme dans le cas des titrages acido-basiques, les titrages redox peuvent nécessiter l'ajout d'un indicateur. Près du point d'équivalence d'un titrage redox, l'indicateur change de couleur puisqu'il est réduit (ou oxydé) par la solution de titrage.

Le permanganate de potassium (KMnO$_4$) et le dichromate de potassium (K$_2$Cr$_2$O$_7$) sont parmi les agents oxydants les plus couramment utilisés. Comme le montre la **FIGURE 7.1**, les couleurs des anions permanganate et chromate (formes oxydées) sont nettement différentes de celles de leurs formes réduites :

forme oxydée $\longrightarrow$ forme réduite

$$MnO_4^- \longrightarrow Mn^{2+}$$

violet   rose pâle

$$Cr_2O_7^{2-} \longrightarrow Cr^{3+}$$

jaune orange   vert

Colorations d'ions selon les formes oxydées et réduites
De gauche à droite :
solutions contenant des ions MnO_4^-, Mn^{2+}, $Cr_2O_7^{2-}$ et Cr^{3+}.

Dans ces deux cas, les agents oxydants peuvent en même temps servir d'indicateurs internes au cours d'un titrage redox parce qu'ils ont des couleurs différentes sous leurs formes oxydées et réduites.

Les titrages redox nécessitent le même type de calculs (basés sur la méthode des moles) que ceux exécutés lors des réactions de neutralisation acido-basiques. Par contre, les équations et la stœchiométrie sont plus complexes dans le cas des réactions d'oxydoréduction. Voici un exemple de calculs effectués au cours d'un titrage redox.

EXEMPLE 7.2 Le titrage redox d'une solution de sulfate de fer(II)

Il a fallu déverser 16,42 mL d'une solution de $KMnO_4$ 0,1327 mol/L pour oxyder complètement 25,00 mL d'une solution de $FeSO_4$ en milieu acide. Calculez la concentration molaire volumique de la solution de $FeSO_4$. L'équation ionique nette est :

$$5Fe^{2+} + MnO_4^- + 8H^+ \longrightarrow Mn^{2+} + 5Fe^{3+} + 4H_2O$$

DÉMARCHE

Il faut trouver la concentration molaire volumique (C) de la solution de $FeSO_4$. D'après la définition de la concentration molaire volumique, on écrit :

à calculer

$$C_{FeSO_4} = \frac{\text{mol de } FeSO_4}{\text{L soln}}$$

à calculer

connu

Le volume de la solution étant connu, il reste à calculer le nombre de moles de $FeSO_4$ pour ensuite calculer sa concentration. Selon l'équation ionique nette, quelle est l'équivalence stœchiométrique entre les ions Fe^{2+} et MnO_4^- ? Combien de moles de $KMnO_4$ y a-t-il dans 16,42 mL d'une solution de $KMnO_4$ 0,1327 mol/L ? ▶

Pour effectuer un titrage redox, une solution de $KMnO_4$ contenue dans une burette est ajoutée lentement à une solution de $FeSO_4$.

SOLUTION

Le nombre de moles de $KMnO_4$ dans 16,42 mL de solution est:

$$\text{moles de } KMnO_4 = \frac{0,1327 \text{ mol } KMnO_4}{1000 \text{ mL soln}} \times 16,42 \text{ mL}$$

$$= 2,179 \times 10^{-3} \text{ mol } KMnO_4$$

D'après l'équation ionique, on observe que 5 mol Fe^{2+} ≏ 1 mol MnO_4^-. Par conséquent, le nombre de moles de $FeSO_4$ oxydé est:

$$\text{moles de } FeSO_4 = 2,179 \times 10^{-3} \text{ mol } KMnO_4 \times \frac{5 \text{ mol } FeSO_4}{1 \text{ mol } KMnO_4}$$

$$= 1,090 \times 10^{-2} \text{ mol } FeSO_4$$

La concentration de la solution de $FeSO_4$ en moles de $FeSO_4$ par litre de solution est:

$$C_{FeSO_4} = \frac{\text{mol } FeSO_4}{\text{L soln}}$$

$$= \frac{1,090 \times 10^{-2} \text{ mol } FeSO_4}{25,00 \text{ mL soln}} \times \frac{1000 \text{ mL soln}}{1 \text{ L soln}}$$

$$= 0,4360 \text{ mol/L}$$

⊕ Problèmes semblables

7.5 et 7.6

EXERCICE E7.2

Combien de millilitres d'une solution de HI 0,206 mol/L faudrait-il pour réduire complètement 22,5 mL d'une solution de $KMnO_4$ 0,374 mol/L, selon l'équation suivante?

$$10HI + 2KMnO_4 + 3H_2SO_4 \longrightarrow 5I_2 + 2MnSO_4 + K_2SO_4 + 8H_2O$$

QUESTIONS de révision

1. Quelles sont les ressemblances et les différences entre les titrages acido-basiques et les titrages redox?

2. Expliquez pourquoi le permanganate de potassium ($KMnO_4$) et le dichromate de potassium ($K_2Cr_2O_7$) peuvent servir d'indicateurs internes dans les titrages redox.

CHIMIE EN ACTION

L'alcootest

Chaque année au Québec, la conduite avec facultés affaiblies par l'alcool cause près de 200 décès et des blessures graves à près de 500 personnes. Malgré bien des efforts pour éduquer la population quant aux méfaits de l'alcool au volant et en dépit des lois de plus en plus sévères, il reste encore beaucoup de travail à faire pour empêcher les personnes ayant consommé une certaine dose d'alcool de prendre le volant.

C'est en 1954 que Robert Borkenstein, un capitaine de police de l'État de l'Indiana, a mis au point un premier appareil (*breathalyzer*) pour mesurer le taux d'alcool dans le sang à partir de l'alcool prélevé dans un échantillon ▶

d'haleine. Aujourd'hui, il existe plusieurs types d'appareils basés sur différentes technologies pour mesurer la concentration (ou taux) d'alcool chez les conducteurs. En fait, l'alcootest est une marque de commerce déposée pour nommer cet appareil (parfois appelé « éthylomètre »), mais on emploie souvent ce nom pour désigner la procédure générale de mesure de l'alcool dans l'haleine (ou éthylométrie). Le fonctionnement de ces premiers appareils dépend d'une réaction d'oxydoréduction et d'une mesure photométrique. Un échantillon de l'haleine du conducteur est prélevé et introduit dans l'appareil où il est mélangé avec une solution de dichromate de potassium en milieu acide. L'alcool (éthanol) prélevé de l'haleine est alors converti en acide acétique, et le chrome(VI) de l'ion jaune orange du dichromate est réduit en ion vert du chrome(III) selon l'équation suivante :

$$3CH_3CH_2OH \ + \ 2K_2Cr_2O_7 \ + \ 8HSO_4 \longrightarrow$$

éthanol   dichromate   acide
                   de potassium   sulfurique
                   (jaune orange)

$$3CH_3COOH \ + \ 2Cr_2(SO_4)_3 \ + \ 2K_2SO_4 \ + \ 11H_2O$$

acide acétique   sulfate   sulfate
                    de chrome(III)   de potassium
                    (vert)

(*Voir aussi la* **FIGURE 7.1**, *p. 371.*) La concentration de l'alcool dans le sang (alcoolémie) du conducteur est mesurée rapidement par le changement de couleur plus ou moins prononcé obtenu selon la concentration d'alcool mesurée dans son haleine et détectée par une cellule photoélectrique. La lecture est aussitôt affichée sur l'écran de l'instrument préalablement calibré. La limite légale d'alcoolémie au Québec est présentement de 80 mg /100 mL et pourrait être abaissée à 50 mg/100 mL. Elle est de 0 mg pour les conducteurs ayant un permis d'apprenti ou probatoire (source : site Web de la Société de l'assurance automobile du Québec : http://www.saaq.gouv.qc.ca).

Sans parler de la précision ou des sources d'erreurs de ces appareils et des différentes technologies, il est intéressant de se demander sur quels principes scientifiques (physiques et physiologiques) repose l'assertion selon laquelle l'alcool mesuré dans l'haleine est en relation directe avec la concentration de l'alcool sanguin. L'application de la loi de Henry (*voir la section 2.5, p. 70*) montre que dès que l'alcool sanguin, un soluté volatil, est mis en contact avec les alvéoles pulmonaires, il s'établit une répartition de l'alcool entre le sang (solution aqueuse) et l'air des alvéoles ; il en résulte un état d'équilibre entre l'alcool des alvéoles pulmonaires et l'alcool sanguin. Le rapport constant entre les concentrations d'alcool sanguin et d'alcool gazeux (de l'haleine) observé chez la plupart des gens est de 2100:1 à une température constante de 34 °C, soit la température de l'air expiré. Pour différentes raisons physiologiques, ce rapport peut varier de 1300:1 à 3100:1. Les résultats de l'analyse de l'alcootest étant basés sur un rapport de 2100:1, la précision de cette analyse peut s'avérer plutôt faible dans le cas d'un individu donné ; c'est pourquoi une analyse sanguine subséquente plus précise pourrait être nécessaire.

Un conducteur est soumis à l'alcootest avec un appareil portatif muni d'un détecteur électronique constitué d'un capteur (électrode semi-conductrice développant une tension électrique proportionnelle à la concentration de l'alcool).

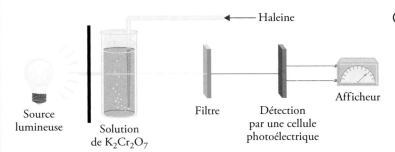

Dans ce schéma de l'alcootest chimique, l'alcool provenant de l'haleine du conducteur réagit avec une solution de dichromate de potassium. Le changement de l'absorption de la lumière occasionné par la formation du sulfate de chrome(III) est mesuré par le détecteur et affiché par l'appareil, lequel indique directement la concentration de l'alcool dans le sang (alcoolémie). Le filtre permet de faire l'analyse à une seule longueur d'onde.

7.2 Les cellules galvaniques

NOTE

Un truc mnémotechnique consiste à retenir que les mots associés «oxydation» et «anode» commencent par des voyelles alors que les mots associés «réduction» et «cathode» commencent par des consonnes.

NOTE

Cet arrangement particulier des électrodes (Zn et Cu) et des solutions ($ZnSO_4$ et $CuSO_4$) est appelé «pile de Daniell».

NOTE

Les demi-cellules ou demi-piles sont similaires aux demi-réactions vues précédemment.

Comme cela a été vu à la section 1.4, si un morceau de zinc est placé dans une solution de $CuSO_4$, l'atome de Zn est oxydé en ion Zn^{2+}, et l'ion Cu^{2+} est réduit en atome de Cu (*voir la* **FIGURE 1.14A**, *p. 27*) :

$$Zn(s) + Cu^{2+}(aq) \longrightarrow Zn^{2+}(aq) + Cu(s)$$

Les électrons passent directement du réducteur (Zn) à l'oxydant (Cu^{2+}) dans la solution. Cependant, si le réducteur et l'oxydant sont physiquement séparés dans deux compartiments, le transfert des électrons peut se faire en empruntant un milieu conducteur extérieur. À mesure que la réaction se produit, il s'établit un courant continu d'électrons; il y a donc génération d'électricité (autrement dit, il y a production de travail électrique).

Le dispositif expérimental permettant de générer de l'électricité est appelé «cellule électrochimique». La **FIGURE 7.2** montre les composantes essentielles d'un type de ces cellules, la **cellule galvanique**, appelée aussi «cellule voltaïque», dans laquelle il y a production d'électricité par réaction d'oxydoréduction spontanée. Cette cellule est constituée d'une tige de zinc plongée dans une solution de $ZnSO_4$ et d'une tige de cuivre plongée dans une solution de $CuSO_4$. La cellule galvanique fonctionne selon le principe que l'oxydation de Zn en Zn^{2+} et la réduction de Cu^{2+} en Cu peuvent se produire simultanément dans des compartiments séparés, le transfert des électrons se faisant par le circuit extérieur. Les tiges de zinc et de cuivre sont appelées «électrodes». Par définition, l'électrode où a lieu l'oxydation s'appelle l'**anode**; l'électrode où se produit la réduction se nomme la **cathode**.

Dans le cas du système illustré à la **FIGURE 7.2**, chaque réaction d'oxydation et de réduction qui se produit aux électrodes, appelée individuellement **réaction de demi-cellule**, est :

$$\text{Électrode de Zn (anode)} : \qquad Zn(s) \longrightarrow Zn^{2+}(aq) + 2e^-$$
$$\text{Électrode de Cu (cathode)} : Cu^{2+}(aq) + 2e^- \longrightarrow Cu(s)$$

À moins que les deux solutions ne soient séparées l'une de l'autre, les ions Cu^{2+} réagissent directement avec la tige de zinc :

$$Cu^{2+}(aq) + Zn(s) \longrightarrow Cu(s) + Zn^{2+}(aq)$$

et, par conséquent, aucun travail électrique utile ne peut être obtenu.

La production d'électricité au cours de cette réaction d'oxydoréduction est rendue possible par la circulation des électrons de l'anode (électrode de Zn) à la cathode (électrode de Cu) en empruntant le fil extérieur et en passant par le voltmètre. Pour que le circuit électrique soit complet, les solutions doivent être reliées par un milieu conducteur dans lequel les anions et les cations peuvent se déplacer. Un pont salin remplit très bien ce rôle; il s'agit, dans sa forme la plus simple, d'un tube en U renversé contenant un électrolyte inerte, comme KCl ou NH_4NO_3, dont les ions ne réagiront ni avec les autres ions en solution ni avec les électrodes (*voir la* **FIGURE 7.2**). En solution, les cations (Zn^{2+}, Cu^{2+} et K^+) se déplacent vers la cathode, tandis que les anions (SO_4^{2-} et Cl^-) vont dans la direction opposée, vers l'anode. En l'absence du pont salin qui relie les deux solutions, l'accumulation des charges positives dans le compartiment de l'anode (causée par la formation des ions Zn^{2+}) et des charges négatives (SO_4^{2-}) dans le compartiment de la cathode (causée par la réduction d'ions Cu^{2+} en Cu) aurait tôt fait d'empêcher le fonctionnement de la cellule, car l'accumulation de ces charges empêche de plus en plus l'arrivée de nouvelles charges de même signe.

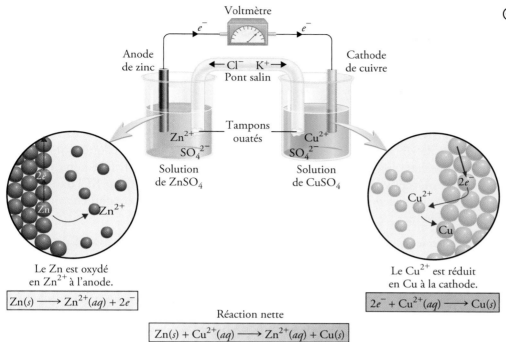

Voltmètre

Anode
de zinc

Cathode
de cuivre

Cl⁻   K⁺
Pont salin

Tampons
ouatés

Zn²⁺
SO₄²⁻

Cu²⁺
SO₄²⁻

Solution
de ZnSO₄

Solution
de CuSO₄

$2e^-$

Zn   Zn²⁺

Cu²⁺

$2e^-$

Cu

Le Zn est oxydé
en Zn²⁺ à l'anode.

Le Cu²⁺ est réduit
en Cu à la cathode.

$$Zn(s) \longrightarrow Zn^{2+}(aq) + 2e^-$$

$$2e^- + Cu^{2+}(aq) \longrightarrow Cu(s)$$

Réaction nette

$$Zn(s) + Cu^{2+}(aq) \longrightarrow Zn^{2+}(aq) + Cu(s)$$

FIGURE 7.2

Cellule galvanique

Le pont salin (un tube en U renversé) contenant une solution de KCl fournit un milieu conducteur entre les deux solutions. Les ouvertures du tube sont partiellement bouchées par des tampons ouatés afin de prévenir l'écoulement de la solution de KCl dans les béchers tout en permettant le passage des anions et des cations. Les électrons empruntent un circuit extérieur pour circuler de l'électrode de Zn (anode) à l'électrode de Cu (cathode).

La migration des électrons d'une électrode à l'autre est due à une différence d'énergie potentielle, appelée aussi « tension électrique », entre les deux électrodes. Cette circulation de courant électrique est analogue à un courant d'eau qui descend d'une chute parce qu'il y a une différence d'énergie potentielle de gravitation ou encore à l'écoulement d'un gaz d'une région à haute pression vers une région à basse pression. Cette différence de potentiel mesurée à très faible courant s'appelle **force électromotrice**, ou **fem** (ϵ), et peut se mesurer grâce à un voltmètre branché aux deux électrodes (*voir la* **FIGURE 7.3**). Habituellement, on exprime la fem d'une cellule galvanique en volts (V). La fem d'une cellule dépend non seulement de la nature des électrodes et des ions, mais aussi de la concentration des ions et de la température de fonctionnement de la cellule.

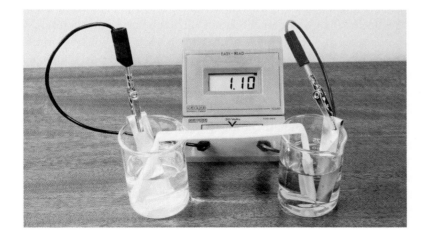

FIGURE 7.3

Montage de la cellule galvanique décrite à la FIGURE 7.2

Un tube en U (le pont salin) relie les deux béchers. Quand les concentrations de ZnSO₄ et de CuSO₄ sont à 1 mol/L, à 25 °C, la tension de la cellule est de 1,10 V.

La représentation d'une cellule galvanique par un diagramme conventionnel s'appelle **diagramme de cellule**. Par exemple, le diagramme de la cellule qui vient d'être décrite (celle dont le pont salin contient du KCl comme électrolyte, en supposant que les concentrations sont exactement de 1 mol/L) est :

$$Zn(s)|Zn^{2+}(aq, 1 \text{ mol/L})|KCl(saturé)|Cu^{2+}(aq, 1 \text{ mol/L})|Cu(s)$$

où les lignes verticales indiquent une démarcation entre deux phases. Par exemple, l'électrode de zinc est solide, et les ions Zn^{2+} (de $ZnSO_4$) sont en solution ; pour indiquer l'interphase, on inscrit un trait vertical entre Zn et Zn^{2+}. Il faut noter qu'il y a également un trait vertical entre la solution de $ZnSO_4$ et la solution de KCl dans le pont salin parce que ces deux solutions n'étant pas mélangées, elles constituent ainsi deux phases différentes.

Plus simplement, la cellule peut être représentée par le diagramme suivant :

$$Zn(s)|Zn^{2+}(1 \text{ mol/L})||Cu^{2+}(1 \text{ mol/L})|Cu(s)$$

Le double trait vertical représente le pont salin. Par convention, l'anode est toujours à gauche, puis les autres composantes suivent dans l'ordre du montage vers la cathode.

RÉVISION **DES CONCEPTS**

Proposez un diagramme de cellule pour la pile suivante, sachant que les concentrations des ions Fe^{2+} et Al^{3+} sont toutes deux égales à 1 mol/L.

$$3Fe^{2+}(aq) + 2Al(s) \longrightarrow 3Fe(s) + 2Al^{3+}(aq)$$

7.3 Les potentiels standard d'électrode

NOTE

Le choix d'une référence arbitraire pour mesurer le potentiel d'une électrode est analogue au choix de la surface des océans comme référence pour l'altitude, en lui attribuant une valeur de zéro mètre, pour ensuite pouvoir mesurer toute autre altitude terrestre comme étant un certain nombre de mètres au-dessus ou en dessous du niveau de la mer.

Quand les concentrations des ions Cu^{2+} et Zn^{2+} sont toutes deux de 1,0 mol/L, on constate que la fem de la cellule illustrée à la **FIGURE 7.2** (*voir p. 375*) est de 1,10 V, à 25 °C (*voir la* **FIGURE 7.3**, *p. 375*). Quelle est la relation entre cette tension et la réaction d'oxydoréduction ? De même qu'il est possible d'imaginer la réaction globale comme la somme de deux demi-réactions, on peut considérer la tension mesurée de la cellule comme la somme des potentiels électriques aux électrodes de Zn et de Cu. Ainsi, connaissant l'un de ces potentiels, on peut obtenir l'autre par soustraction (de 1,10 V). Cependant, il est impossible de mesurer le potentiel d'une seule électrode, mais si l'on définit la valeur du potentiel d'une électrode standard comme étant zéro, on pourra ensuite l'utiliser pour déterminer les potentiels relatifs d'autres électrodes. C'est l'électrode à hydrogène, illustrée à la **FIGURE 7.4**, qui a été choisie comme standard. On fait barboter de l'hydrogène gazeux dans une solution d'acide. L'électrode de platine qui s'y trouve a deux fonctions. La première est de fournir une surface qui permet la dissociation des molécules d'hydrogène :

$$H_2 \longrightarrow 2H^+ + 2e^-$$

La seconde est de servir de conducteur électrique vers le circuit extérieur.

Dans les conditions standard, c'est-à-dire quand la pression de H_2 est de 101,3 kPa et la concentration de la solution de HCl, ou $[H^+]$, est de 1 mol/L, on considère que le potentiel de réduction de H^+, à 25 °C, a la valeur exacte de zéro :

$$2H^+(aq, 1 \text{ mol/L}) + 2e^- \longrightarrow H_2(g, 101,3 \text{ kPa}) \qquad \epsilon° = 0 \text{ V}$$

L'exposant « o » indique qu'il s'agit de conditions standard. La valeur $\epsilon°$ représente le **potentiel standard de réduction**, soit le potentiel associé à une réaction de réduction à une électrode, tous les solutés étant à une concentration de 1 mol/L et tous les gaz, à une pression de 101,3 kPa. Donc, le potentiel standard de réduction d'une électrode à hydrogène est fixé à zéro et cette électrode à hydrogène dans les conditions standard est alors appelée **électrode standard à hydrogène (ESH)**.

On peut utiliser l'ESH pour mesurer les potentiels des autres types d'électrodes. La **FIGURE 7.5A** (*voir p. 378*) montre une cellule galvanique munie d'une électrode de zinc et d'une ESH. L'électrode de zinc est l'anode, et l'ESH est la cathode, car on observe que la masse de l'électrode de zinc diminue durant le fonctionnement de la cellule ; le zinc passe en solution à cause de la réaction d'oxydation :

$$Zn(s) \longrightarrow Zn^{2+}(aq) + 2e^-$$

Le diagramme de cette cellule est le suivant :

$$Zn(s)|Zn^{2+}(1 \text{ mol/L})||H^+(1 \text{ mol/L})|H_2(101,3 \text{ kPa})|Pt(s)$$

Comme mentionné précédemment, l'électrode de platine fournit une surface permettant à la réaction de réduction d'avoir lieu. Quand tous les réactifs sont à l'état standard (H_2 à 101,3 kPa, H^+ et Zn^{2+} à 1 mol/L), la fem de cette cellule est de 0,76 V. On peut exprimer les demi-réactions de la cellule de la manière suivante :

Anode (oxydation) : $\qquad\qquad Zn(s) \longrightarrow Zn^{2+}(aq, 1 \text{ mol/L}) + 2e^-$

Cathode
(réduction) : $\qquad\qquad \underline{2H^+(aq, 1 \text{ mol/L}) + 2e^- \longrightarrow H_2(g, 101,3 \text{ kPa})}$

Globale : $\qquad\qquad Zn(s) + 2H^+(aq, 1 \text{ mol/L}) \longrightarrow Zn^{2+}(aq, 1 \text{ mol/L}) + H_2(g, 101,3 \text{ kPa})$

La **fem standard** de la cellule, $\epsilon°_{cell}$, qui provient de la contribution des demi-réactions à l'anode et à la cathode, est donnée par la différence entre les potentiels standard de réduction à la cathode et à l'anode :

$$\epsilon°_{cell} = \epsilon°_{cathode} - \epsilon°_{anode} \qquad\qquad (7.1)$$

où $\epsilon°_{cathode}$ et $\epsilon°_{anode}$ sont tous deux les potentiels standard de réduction des électrodes.

Appliquée à la cellule galvanique Zn-ESH, cette relation donne :

$$\epsilon°_{cell} = \epsilon°_{H^+/H_2} - \epsilon°_{Zn^{2+}/Zn}$$
$$0,76 \text{ V} = 0 - \epsilon°_{Zn^{2+}/Zn}$$

où H^+/H_2 écrit en indice signifie $2H^+ + 2e^- \longrightarrow H_2$ et où Zn^{2+}/Zn en indice signifie $Zn^{2+} + 2e^- \longrightarrow Zn$. Par conséquent, le potentiel standard de réduction du zinc vaut $-0,76$ V.

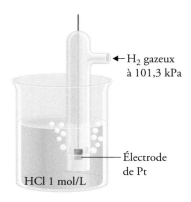

← H_2 gazeux
à 101,3 kPa

— Électrode
de Pt

HCl 1 mol/L

FIGURE 7.4

Électrode à hydrogène fonctionnant dans des conditions standard

L'hydrogène gazeux à 101,3 kPa barbote dans une solution de HCl à 1 mol/L. L'électrode de platine fait partie de l'électrode à hydrogène.

On peut de la même manière obtenir le potentiel standard d'électrode du cuivre en utilisant une cellule galvanique munie d'une électrode de cuivre et d'une ESH (*voir la* **FIGURE 7.5B**). Dans ce cas, l'électrode de cuivre est la cathode, car sa masse augmente durant le fonctionnement de la cellule, résultat en accord avec la réaction de réduction :

$$Cu^{2+}(aq) + 2e^- \longrightarrow Cu(s)$$

Le diagramme de cette cellule est le suivant :

$$Pt(s)|H_2(101,3 \text{ kPa})|H^+(1 \text{ mol/L})||Cu^{2+}(1 \text{ mol/L})|Cu(s)$$

et les demi-réactions sont :

Anode (oxydation) : $\qquad\qquad\qquad H_2(g, 101,3 \text{ kPa}) \longrightarrow 2H^+(aq, 1 \text{ mol/L}) + 2e^-$

Cathode (réduction) : $\qquad\qquad \dfrac{Cu^{2+}(aq, 1 \text{ mol/L}) + 2e^- \longrightarrow Cu(s)}{}$

Globale : $\qquad H_2(g, 101,3 \text{ kPa}) + Cu^{2+}(aq, 1 \text{ mol/L}) \longrightarrow 2H^+(aq, 1 \text{ mol/L}) + Cu(s)$

Dans des conditions standard et à 25 °C, la fem de la cellule est de 0,34 V. On écrit donc :

$$\epsilon^{\circ}_{cell} = \epsilon^{\circ}_{cathode} - \epsilon^{\circ}_{anode}$$
$$0,34 \text{ V} = \epsilon^{\circ}_{Cu^{2+}/Cu} - \epsilon^{\circ}_{H^+/H_2}$$
$$= \epsilon^{\circ}_{Cu^{2+}/Cu} - 0$$

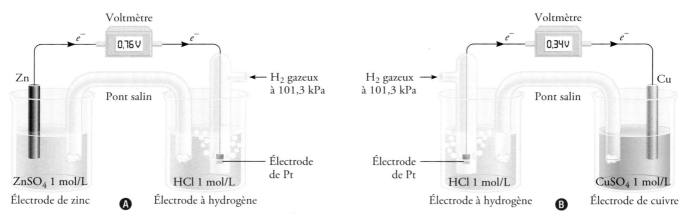

FIGURE 7.5

Détermination de potentiels standard à l'aide de l'électrode standard à hydrogène (ESH)

Ⓐ Cellule constituée d'une électrode de zinc et d'une électrode à hydrogène.

Ⓑ Cellule constituée d'une électrode de cuivre et d'une électrode à hydrogène. Les deux cellules fonctionnent dans des conditions standard.

L'ESH agit comme la cathode en **Ⓐ** et comme l'anode en **Ⓑ**.

Le potentiel standard de réduction du cuivre $\epsilon^{\circ}_{Cu^{2+}/Cu}$ est donc de 0,34 V. Les symboles Cu^{2+}/Cu écrits en indice signifient $Cu^{2+} + 2e^{-} \longrightarrow Cu$.

Dans le cas de la cellule illustrée à la **FIGURE 7.2** (*voir p. 375*), on peut maintenant écrire :

Anode (oxydation) : $\qquad\qquad\qquad\qquad Zn(s) \longrightarrow Zn^{2+}(aq, 1 \text{ mol/L}) + 2e^{-}$

Cathode (réduction) : $\qquad\qquad \underline{Cu^{2+}(aq, 1 \text{ mol/L}) + 2e^{-} \longrightarrow Cu(s)}$

Globale : $\qquad\qquad\qquad Zn(s) + Cu^{2+}(aq, 1 \text{ mol/L}) \longrightarrow Zn^{2+}(aq, 1 \text{ mol/L}) + Cu(s)$

La fem de la cellule est :

$$
\begin{aligned}
\epsilon^{\circ}_{cell} &= \epsilon^{\circ}_{cathode} - \epsilon^{\circ}_{anode} \\
&= \epsilon^{\circ}_{Cu^{2+}/Cu} - \epsilon^{\circ}_{Zn^{2+}/Zn} \\
&= 0,34 \text{ V} - (-0,76 \text{ V}) \\
&= 1,10 \text{ V}
\end{aligned}
$$

Cet exemple illustre comment le signe de la fem de la cellule permet de prédire la spontanéité d'une réaction d'oxydoréduction. Dans des conditions standard pour les réactifs et les produits, une réaction d'oxydoréduction est spontanée dans le sens indiqué si la fem standard de la cellule est positive. Si celle-ci est négative, la réaction est spontanée dans le sens opposé. Il faut mentionner aussi qu'une valeur négative de ϵ°_{cell} ne veut pas dire que la réaction ne se produira pas si les réactifs sont mélangés à une concentration de 1 mol/L. Cela signifie plutôt que l'équilibre de la réaction, une fois atteint, favorisera les réactifs. La prochaine section examinera les relations entre ϵ°_{cell}, K et une autre grandeur appelée ΔG°.

Le **TABLEAU 7.1** (*voir p. 381*) énumère les potentiels standard de réduction de plusieurs demi-réactions. Voici quelques remarques importantes concernant l'utilisation de ces valeurs de potentiels de réduction dans les calculs :

1. Les valeurs de ϵ° s'appliquent aux demi-réactions comme si elles procédaient en sens direct (de la gauche vers la droite).

2. Plus une valeur de ϵ° est grande pour une substance donnée, plus grande est sa tendance à être réduite. Par exemple, la demi-réaction suivante :

$$F_2(101,3 \text{ kPa}) + 2e^{-} \longrightarrow 2F^{-}(1 \text{ mol/L}) \qquad \epsilon^{\circ} = 2,87 \text{ V}$$

a la plus grande valeur positive de ϵ° de toutes les demi-réactions et, par conséquent, F_2 est l'agent oxydant le plus fort parce qu'il a la plus grande tendance à être réduit. À l'autre extrême de cette liste, on a la demi-réaction :

$$Li^{+}(1 \text{ mol/L}) + e^{-} \longrightarrow Li(s) \qquad \epsilon^{\circ} = -3,05 \text{ V}$$

qui a la plus faible valeur (la plus grande négative) de ϵ°. On peut donc dire que Li^{+} est l'agent oxydant le plus faible parce qu'il est la substance la plus difficile à réduire.

NOTE

La série d'activité des métaux déjà vue à la **FIGURE 1.15** (*voir p. 27*) peut être déduite à partir du **TABLEAU 7.1** (*voir p. 381*). La ligne de $\epsilon^{\circ} = 0$ de l'électrode standard à hydrogène (ESH) permet de déduire les réactions possibles des métaux avec l'hydrogène selon leur position (en haut ou en bas) par rapport à l'hydrogène.

On peut également affirmer que F⁻ est l'agent réducteur le plus faible et que le métal Li est l'agent réducteur le plus fort. Dans les conditions standard, les agents oxydants (les substances placées du côté gauche des demi-réactions du **TABLEAU 7.1**) sont de plus en plus forts de bas en haut, et les agents réducteurs (les substances placées du côté droit du tableau) sont de plus en plus forts de haut en bas.

3. Les réactions de demi-pile sont réversibles. Selon les conditions, toute électrode peut agir comme anode ou comme cathode. L'électrode d'hydrogène (ESH) est la cathode (H⁺ est réduit en H₂) lorsque couplée avec le zinc dans une cellule galvanique et elle devient une anode (H₂ est oxydé en H⁺) lorsque couplée avec le cuivre dans une autre cellule galvanique.

4. Dans les conditions standard, toute espèce à la gauche d'une demi-réaction réagira spontanément avec une espèce située plus bas du côté droit d'une autre demi-réaction. On nomme parfois ce principe « règle de la diagonale ». Dans le cas de la pile déjà décrite à la **FIGURE 7.2** (*voir p. 375*), on trouve l'ordre suivant des deux demi-réactions dans le **TABLEAU 7.1** :

$$Cu^{2+}(1 \text{ mol/L}) + 2e^- \longrightarrow Cu(s) \qquad \epsilon° = 0,34 \text{ V}$$
$$Zn^{2+}(1 \text{ mol/L}) + 2e^- \longrightarrow Zn(s) \qquad \epsilon° = -0,76 \text{ V}$$

On constate que la substance de gauche de la réaction de la première demi-pile est le Cu^{2+} et que la substance de droite de la réaction de la deuxième demi-pile est le Zn. On arrive donc ainsi au même résultat déjà connu, à savoir que le Zn réduit spontanément le Cu^{2+} pour former du Zn^{2+} et du Cu.

5. Le fait de changer les coefficients stoechiométriques d'une demi-réaction ne modifie pas sa valeur de $\epsilon°$ parce que le potentiel d'électrode est une propriété intensive, ce qui signifie que la valeur du potentiel n'est pas influencée par la grosseur de l'électrode ni par les quantités de solutions mises en présence. Par exemple, si l'on a :

$$I_2(s) + 2e^- \longrightarrow 2I^-(1 \text{ mol/L}) \qquad \epsilon° = 0,53 \text{ V}$$

la valeur de $\epsilon°$ ne change pas si l'on multiplie la demi-réaction par 2 :

$$2I_2(s) + 4e^- \longrightarrow 4I^-(1 \text{ mol/L}) \qquad \epsilon° = 0,53 \text{ V}$$

6. Comme dans le cas de ΔH, seul le signe de $\epsilon°$ change lorsqu'on considère la réaction inverse.

NOTE

Les listes de potentiels de réduction et d'électronégativité ne sont pas exactement les mêmes, car les électronégativités sont déterminées pour des atomes à l'état gazeux alors que les potentiels de réduction sont mesurés dans des solutions aqueuses.

On constate une relation générale entre l'électronégativité (*voir le chapitre 6 de* Chimie générale) et le pouvoir réducteur ou oxydant. On observe par exemple que le lithium et le fluor se situent tous deux aux extrêmes des listes de potentiels de réduction et d'électronégativité.

Comme le démontrent les deux exemples suivants, le **TABLEAU 7.1** permet de prédire la spontanéité des réactions d'oxydoréduction dans les conditions standard, peu importe qu'elles aient lieu dans une cellule galvanique, où les agents réducteur et oxydant sont physiquement séparés l'un de l'autre, ou dans un bécher, où les réactifs sont tous mélangés ensemble.

TABLEAU 7.1 > Potentiels standard de réduction à 25 °C*

Demi-réaction	$\epsilon°$ (V)
$F_2(g) + 2e^- \longrightarrow 2F^-(aq)$	+2,87
$O_3(g) + 2H^+(aq) + 2e^- \longrightarrow O_2(g) + H_2O(l)$	+2,07
$Co^{3+}(aq) + e^- \longrightarrow Co^{2+}(aq)$	+1,82
$H_2O_2(aq) + 2H^+(aq) + 2e^- \longrightarrow 2H_2O(l)$	+1,77
$PbO_2(s) + 4H^+(aq) + SO_4^{2-}(aq) + 2e^- \longrightarrow PbSO_4(s) + 2H_2O(l)$	+1,70
$Ce^{4+}(aq) + e^- \longrightarrow Ce^{3+}(aq)$	+1,61
$MnO_4^-(aq) + 8H^+(aq) + 5e^- \longrightarrow Mn^{2+}(aq) + 4H_2O(l)$	+1,51
$Au^{3+}(aq) + 3e^- \longrightarrow Au(s)$	+1,50
$Cl_2(g) + 2e^- \longrightarrow 2Cl^-(aq)$	+1,36
$Cr_2O_7^{2-}(aq) + 14H^+(aq) + 6e^- \longrightarrow 2Cr^{3+}(aq) + 7H_2O(l)$	+1,33
$O_2(g) + 4H^+(aq) + 4e^- \longrightarrow 2H_2O(l)$	+1,23
$MnO_2(s) + 4H^+(aq) + 2e^- \longrightarrow Mn^{2+}(aq) + 2H_2O(l)$	+1,22
$Br_2(l) + 2e^- \longrightarrow 2Br^-(aq)$	+1,07
$NO_3^-(aq) + 4H^+(aq) + 3e^- \longrightarrow NO(g) + 2H_2O(l)$	+0,96
$2Hg^{2+}(aq) + 2e^- \longrightarrow Hg_2^{2+}(aq)$	+0,92
$Hg_2^{2+}(aq) + 2e^- \longrightarrow 2Hg(l)$	+0,85
$Ag^+(aq) + e^- \longrightarrow Ag(s)$	+0,80
$Fe^{3+}(aq) + e^- \longrightarrow Fe^{2+}(aq)$	+0,77
$O_2(g) + 2H^+(aq) + 2e^- \longrightarrow H_2O_2(aq)$	+0,68
$MnO_4^-(aq) + 2H_2O(l) + 3e^- \longrightarrow MnO_2(s) + 4OH^-(aq)$	+0,59
$I_2(s) + 2e^- \longrightarrow 2I^-(aq)$	+0,53
$O_2(g) + 2H_2O(l) + 4e^- \longrightarrow 4OH^-(aq)$	+0,40
$Cu^{2+}(aq) + 2e^- \longrightarrow Cu(s)$	+0,34
$AgCl(s) + e^- \longrightarrow Ag(s) + Cl^-(aq)$	+0,22
$SO_4^{2-}(aq) + 4H^+(aq) + 2e^- \longrightarrow SO_2(g) + 2H_2O(l)$	+0,20
$Cu^{2+}(aq) + e^- \longrightarrow Cu^+(aq)$	+0,15
$Sn^{4+}(aq) + 2e^- \longrightarrow Sn^{2+}(aq)$	+0,15
$2H^+(aq) + 2e^- \longrightarrow H_2(g)$	0,00
$Pb^{2+}(aq) + 2e^- \longrightarrow Pb(s)$	−0,13
$Sn^{2+}(aq) + 2e^- \longrightarrow Sn(s)$	−0,14
$Ni^{2+}(aq) + 2e^- \longrightarrow Ni(s)$	−0,25
$Co^{2+}(aq) + 2e^- \longrightarrow Co(s)$	−0,28
$PbSO_4(s) + 2e^- \longrightarrow Pb(s) + SO_4^{2-}(aq)$	−0,31
$Cd^{2+}(aq) + 2e^- \longrightarrow Cd(s)$	−0,40
$Fe^{2+}(aq) + 2e^- \longrightarrow Fe(s)$	−0,44
$Cr^{3+}(aq) + 3e^- \longrightarrow Cr(s)$	−0,74
$Zn^{2+}(aq) + 2e^- \longrightarrow Zn(s)$	−0,76
$2H_2O + 2e^- \longrightarrow H_2(g) + 2OH^-(aq)$	−0,83
$Mn^{2+}(aq) + 2e^- \longrightarrow Mn(s)$	−1,18
$Al^{3+}(aq) + 3e^- \longrightarrow Al(s)$	−1,66
$Be^{2+}(aq) + 2e^- \longrightarrow Be(s)$	−1,85
$Mg^{2+}(aq) + 2e^- \longrightarrow Mg(s)$	−2,37
$Na^+(aq) + e^- \longrightarrow Na(s)$	−2,71
$Ca^{2+}(aq) + 2e^- \longrightarrow Ca(s)$	−2,87
$Sr^{2+}(aq) + 2e^- \longrightarrow Sr(s)$	−2,89
$Ba^{2+}(aq) + 2e^- \longrightarrow Ba(s)$	−2,90
$K^+(aq) + e^- \longrightarrow K(s)$	−2,93
$Li^+(aq) + e^- \longrightarrow Li(s)$	−3,05

Augmentation du pouvoir oxydant (↑)

Augmentation du pouvoir réducteur (↓)

NOTE

L'annexe 5 (*voir p. 446*) offre une liste plus complète des potentiels standard de réduction.

* Dans chaque demi-réaction, la concentration des espèces dissoutes est de 1 mol/L, et la pression des gaz est de 101,3 kPa. Ce sont les valeurs dans les conditions standard.

EXEMPLE 7.3 **La prédiction des réactions à l'aide des potentiels standard de réduction**

Quelle réaction serait susceptible de se produire si l'on ajoutait du dibrome (Br_2) à une solution contenant du NaCl et du NaI à 25 °C ? On suppose que toutes les substances sont à l'état standard.

DÉMARCHE

La prédiction des réactions possibles d'oxydoréduction se fait en comparant les potentiels standard de réduction de Cl_2, de Br_2 et de I_2 et en appliquant la règle de la diagonale.

SOLUTION

Le **TABLEAU 7.1** (*voir p. 381*) nous donne les potentiels standard de réduction dans l'ordre suivant :

$$Cl_2(101,3 \text{ kPa}) + 2e^- \longrightarrow 2Cl^-(1 \text{ mol/L}) \qquad \epsilon° = 1,36 \text{ V}$$
$$Br_2(l) + 2e^- \longrightarrow 2Br^-(1 \text{ mol/L}) \qquad \epsilon° = 1,07 \text{ V}$$
$$I_2(s) + 2e^- \longrightarrow 2I^-(1 \text{ mol/L}) \qquad \epsilon° = 0,53 \text{ V}$$

En appliquant la règle de la diagonale, on constate que Br_2 va oxyder I^-, mais pas Cl^-. Écrivons l'équation de la seule réaction d'oxydoréduction qui pourrait se produire de manière appréciable dans les conditions standard :

Oxydation :	$2I^-(1 \text{ mol/L}) \longrightarrow I_2(s) + 2e^-$
Réduction :	$Br_2(l) + 2e^- \longrightarrow 2Br^-(1 \text{ mol/L})$
Réaction globale :	$2I^-(1 \text{ mol/L}) + Br_2(l) \longrightarrow I_2(s) + 2Br^-(1 \text{ mol/L})$

VÉRIFICATION

La réponse peut être confirmée par le calcul du $\epsilon°$ de la réaction globale. Notons que les ions Na^+ ne réagissent pas ici et sont considérés comme étant inertes.

⊕ **Problèmes semblables**

7.9 et 7.10

EXERCICE E7.3

Sn peut-il réduire $Zn^{2+}(aq)$ dans les conditions standard ? Prouvez votre réponse.

EXEMPLE 7.4 **Le calcul de $\epsilon°$ d'une cellule galvanique**

Une pile galvanique est constituée d'une électrode de Mg plongée dans une solution de $Mg(NO_3)_2$ 1,0 mol/L et d'une électrode de Ag dans une solution de $AgNO_3$ 1,0 mol/L. Calculez la fem standard de cette cellule électrochimique, à 25 °C.

DÉMARCHE

À première vue, il n'est pas évident de déterminer l'anode et la cathode de cette cellule galvanique. Il faut d'abord écrire les réactions de potentiel standard de réduction pour Ag et Mg selon leur position dans le **TABLEAU 7.1** (*voir p. 381*) et appliquer ensuite la règle de la diagonale pour déterminer quel métal est l'anode et lequel est la cathode.

SOLUTION

NOTE

Le **TABLEAU 7.1** (*voir p. 381*) peut servir à équilibrer des équations s'il est possible d'y trouver les deux demi-piles en jeu. De fait, c'est comme si l'on passait directement à l'étape 5 de la méthode expliquée à la page 367.

Le **TABLEAU 7.1** donne les potentiels standard de réduction des deux électrodes :

$$Ag^+(aq, 1,0 \text{ mol/L}) + e^- \longrightarrow Ag(s) \qquad \epsilon° = 0,80 \text{ V}$$
$$Mg^{2+}(aq, 1,0 \text{ mol/L}) + 2e^- \longrightarrow Mg(s) \qquad \epsilon° = -2,37 \text{ V} \quad \blacktriangleright$$

En appliquant la règle de la diagonale, on constate que Ag^+ peut oxyder Mg selon les demi-réactions suivantes :

Anode (oxydation) :
$$Mg(s) \longrightarrow Mg^{2+}(aq,\ 1\ mol/L) + 2e^-$$

Cathode (réduction) :
$$2Ag^+(aq,\ 1\ mol/L) + 2e^- \longrightarrow 2Ag(s)$$

Globale :
$$Mg(s) + 2Ag^+(aq,\ 1{,}0\ mol/L) \longrightarrow Mg^{2+}(aq,\ 1{,}0\ mol/L) + 2Ag(s)$$

Notez que, pour équilibrer l'équation globale, nous avons multiplié par 2 l'équation de la réduction de Ag^+. On vient de voir que $\epsilon°$ est une propriété intensive qui n'est pas influencée par cette multiplication. On trouve la fem de la cellule grâce à l'équation 7.1 et au **TABLEAU 7.1** (*voir p. 381*) :

$$\epsilon°_{cell} = \epsilon°_{cathode} - \epsilon°_{anode}$$
$$= \epsilon°_{Ag^+/Ag} - \epsilon°_{Mg^{2+}/Mg}$$
$$= 0{,}80\ V - (-2{,}37\ V)$$
$$= 3{,}17\ V$$

| COMMENTAIRE |

La valeur positive de la réponse indique que cette réaction aura lieu.

| EXERCICE E7.4 |

Quelle est la fem standard d'une cellule galvanique constituée d'une électrode de Cd dans une solution de $Cd(NO_3)_2$ 1,0 mol/L et d'une électrode de Cr dans une solution de $Cr(NO_3)_3$ 1,0 mol/L à 25 °C ?

Problèmes semblables ⊕
7.7 et 7.8

RÉVISION DES CONCEPTS

Lesquels des métaux suivants sont susceptibles d'être oxydés par HNO_3, mais pas par HCl ? Cu, Zn, Ag.

QUESTIONS de révision

3. Définissez les termes suivants : anode, cathode, fem, potentiel standard d'oxydation, potentiel standard de réduction.

4. Décrivez les composantes de base d'une cellule galvanique. Pourquoi les deux composantes sont-elles séparées l'une de l'autre ? Quelle est la fonction du pont salin ?

5. Quelle sorte d'électrolyte faut-il utiliser dans un pont salin ?

6. Qu'est-ce qu'un diagramme de cellule ? Écrivez le diagramme de cellule d'une cellule galvanique constituée d'une électrode d'aluminium placée dans une solution de $Al(NO_3)_3$ 1 mol/L et d'une électrode d'argent placée dans une solution de $AgNO_3$ 1 mol/L.

7. Quelle est la différence entre les demi-réactions qui caractérisent les réactions d'oxydoréduction décrites à la section 1.4 (*voir p. 19*) et les réactions des demi-cellules abordées à la section 7.2 (*voir p. 374*) ?

8. Après quelques minutes de fonctionnement d'une cellule galvanique semblable à celle illustrée à la **FIGURE 7.2** (*voir p. 375*), un étudiant constate que la fem de la cellule commence à diminuer. Pourquoi ?

7.4 La spontanéité des réactions en général

Pour mieux comprendre la spontanéité des réactions d'oxydoréduction, il faut aborder les critères de spontanéité des réactions. Dans plusieurs chapitres étudiés précédemment, il a été très souvent question de systèmes à l'équilibre ; il est donc normal de se demander pourquoi certaines réactions sont complètes alors que d'autres sont soit incomplètes, soit tout simplement impossibles à réaliser dans certaines conditions. Les réponses à ces questions sont données par une science physique appelée « thermodynamique ». Cette discipline fait appel à des concepts assez abstraits et nécessite l'utilisation d'outils mathématiques comme le calcul des probabilités (statistique) et le calcul intégral. Ici, l'exposé se limitera à décrire les résultats de la thermodynamique pour les appliquer et à en déterminer les conséquences en chimie, principalement en ce qui concerne l'équilibre, la spontanéité des réactions et la force électromotrice en oxydoréduction.

7.4.1 La variation d'enthalpie, ΔH

Une quantité thermodynamique a été rencontrée précédemment, la **variation d'enthalpie**, ΔH. Il s'agit de la différence entre l'enthalpie finale et l'enthalpie initiale, ou chaleur de réaction, le nom utilisé lors de l'étude de la thermochimie. Par exemple, dans l'étude des forces de liaison et des changements de phase, la notation $\Delta H°$ a été utilisée, où le « o » en exposant indique qu'il s'agit d'une mesure faite dans des conditions standard (à 25 °C et 101,3 kPa). Il faut aussi rappeler que, comme dans le cas des autres quantités thermodynamiques qui seront vues plus loin, le ΔH est exprimé par mole pour rappeler qu'il s'agit d'une grandeur macroscopique rattachée à des quantités de matière exprimées en moles (en kilojoules par mole). La valeur du ΔH est nécessairement liée à la nature des réactifs et des produits, à l'équation équilibrée (en moles), et elle dépend aussi des différents états physiques [(s), (l) et (g)]. La « standardisation » des définitions permet de rendre compatibles les différents calculs thermodynamiques. Ainsi, $\Delta H°$ concerne obligatoirement une réaction à une pression de 101,3 kPa et à une température de 25 °C. Voici un exemple :

$$N_2(g) + 3H_2(g) \rightleftharpoons 2NH_3(g) \qquad \Delta H° = -92 \text{ kJ/mol}$$

Comme il a été vu plus haut, la valeur négative du ΔH signifie que l'enthalpie des produits est inférieure à celle des réactifs, $\Delta H = H_f - H_i$, et que c'est le cas d'une réaction exothermique. Il faut aussi supposer ici que le ΔH est donné pour 2 mol de NH_3, même s'il s'agit d'une réaction incomplète. L'annexe 4 (*voir p. 443*) présente une table des données thermodynamiques. Toutes ces données sont des **fonctions d'état**, c'est-à-dire qu'elles dépendent seulement de l'état initial et de l'état final et non pas du « chemin suivi » par lequel se produit le phénomène. Ainsi, pour $NH_3(g)$, on peut lire $\Delta H_f° = -46,3$ kJ/mol, ce qui est en accord avec l'équation ci-dessus, écrite pour 2 mol de NH_3.

Comment pourrait-on calculer la variation d'enthalpie dans le cas d'une réaction plus complexe comme celle de la combustion du méthane (CH_4) ?

$$CH_4(g) + 2O_2(g) \longrightarrow CO_2(g) + 2H_2O(l) \qquad \Delta H° = ?$$

Il faut simplement repérer les chaleurs de formation des produits (à partir des éléments) dans les tables et en faire la somme qui, elle, sera soustraite de la somme des chaleurs de formation des réactifs (application de la loi de Hess) :

$$\Delta H^{\circ}_{\text{réaction}} = [2 \times \Delta H^{\circ}_{f}H_2O(l) + \Delta H^{\circ}_{f}CO_2(g)] - [\Delta H^{\circ}_{f}CH_4(g) + 2 \times \Delta H^{\circ}_{f}O_2(g)]$$
$$= [2 \times (-285,8) + (-395,5)] - [-74,85 + 2 \times 0]$$
$$= -967,1 - (-74,85)$$
$$= -892,3 \text{ kJ/mol}$$

NOTE

Le fait qu'une réaction soit spontanée ne révèle que sa direction. Elle ne donne aucune information sur sa vitesse.

Le ΔH°_{f} du CH_4 apparaît dans les tables des composés organiques. Le ΔH°_{f} de O_2 est égal à zéro, comme c'est le cas pour tout élément dans sa forme la plus stable.

Il faut remarquer qu'en règle générale, les réactions qui produisent beaucoup de chaleur sont des réactions complètes et irréversibles, donc sans possibilité d'obtenir un système à l'équilibre ou de revenir en arrière. La valeur du ΔH_r est donc l'une des caractéristiques thermodynamiques très importantes à considérer. C'est un des critères importants quand on veut savoir si une **réaction** est **spontanée**, c'est-à-dire si elle peut avoir lieu par elle-même sans aucune intervention extérieure et sans apport d'énergie. Cela s'explique par une loi de la thermodynamique qui revient à dire que **tous les systèmes tendent vers un minimum d'énergie**. Par analogie, on peut penser à une bille placée en haut d'un plan incliné. Si rien ne la retient, elle va spontanément descendre la pente et atteindre le plus bas niveau d'énergie possible, niveau comparé ici à sa position finale par rapport à son point de départ. Il en est de même lorsqu'on compare les contenus énergétiques (enthalpies) des produits et des réactifs. Le plus ou moins grand déplacement de la réaction vers les produits dépendra des possibilités d'atteinte d'un plus bas niveau d'énergie pour l'ensemble du système. Dans le cas d'une dénivellation très grande, le retour en arrière est impossible. En effet, la réaction est complète, sinon il faudrait admettre que la bille peut remonter par elle-même la pente, comme dans un film visionné en marche arrière. Le ΔH°_{r} semble donc, pour le moment, constituer un bon critère de prévision de la spontanéité d'une réaction.

Un phénomène non spontané dans un cas et spontané dans l'autre

7.4.2 La variation d'entropie, ΔS

Cependant, la nature n'est pas aussi simple ! Il existe bien des phénomènes qui ont lieu spontanément tout en ayant une valeur de $\Delta H > 0$. C'est par exemple le cas de certains sels qui, lorsqu'ils sont dissous dans l'eau, causent un refroidissement, ou encore le cas de l'eau qui bout spontanément à 100 °C malgré un $\Delta H > 0$. Il faudrait donc un deuxième critère au moins pour pouvoir prédire correctement la spontanéité des réactions. Les chimistes thermodynamiciens l'ont trouvé au XIXe siècle. Il s'agit du ΔS, ou **variation d'entropie**, une mesure de la variation du désordre entre un état final et un état initial, qui peut être rapportée elle aussi dans l'état standard (à 101,3 kPa et 25 °C) et qui s'évalue pour une réaction donnée de la même manière que pour les ΔH°_{r} à l'aide des valeurs des tables données à l'annexe 4 (*voir p. 443*). Les valeurs de ΔS° sont données en joules par mole.

Par exemple, évaluons le $\Delta S°$ de la réaction de la synthèse de l'ammoniac (NH_3) :

$$N_2(g) + 3H_2(g) \rightleftharpoons 2NH_3(g) \qquad \Delta S° = ? \text{ J/K} \cdot \text{mol}$$

$$\Delta S° = (2 \times 193,0) - [(191,5) + (3 \times 131,0)]$$

$$= 386,0 - 584,5$$

$$= -198,5 \text{ J/mol} \cdot \text{K}$$

La réponse indique que le désordre a diminué (l'ordre a augmenté). Il faut noter aussi que les unités comportent des joules plutôt que des kilojoules, car les valeurs des ΔS sont petites comparativement à celles des ΔH. De plus, les éléments ont des valeurs d'entropie différentes de zéro dans ce cas-ci. Quelle est la signification de cette grandeur thermo-dynamique et comment peut-on concevoir cette notion d'entropie ou de désordre ? La réponse est donnée en bonne partie par un autre grand principe de la thermodynamique qui précise que **tous les systèmes tendent vers le maximum de désordre**. Donc, comme on prétend que ΔS est la différence entre l'état du désordre contenu dans les produits par rapport à celui des réactifs, selon ce deuxième critère de spontanéité, les réactions dont le ΔS est positif auraient tendance à se produire spontanément.

Il est maintenant possible d'expliquer les deux exemples de phénomènes endothermiques mentionnés précédemment. Certains sels se dissolvent dans l'eau parce qu'il y a une grande augmentation du désordre, si l'on compare le mélange obtenu à l'état cristallin du solide avant la dissolution. De plus, l'eau bout à 100 °C grâce au facteur entropique. Comment peut-on expliquer cette idée d'entropie ? On peut encore procéder par analo-gie ou intuitivement comme cela a été fait dans le cas du ΔH. Soit, par exemple, un gaz confiné dans un ballon séparé d'un autre ballon par une valve fermée (*voir la* **FIGURE 7.6**). Si l'on ouvre la valve, les molécules vont spontanément traverser dans l'autre ballon, et l'état le plus probable obtenu à la fin sera celui qui correspond au maximum de désordre, c'est-à-dire que les concentrations gazeuses seront égales dans les deux ballons.

Serait-il ici encore possible de faire marche arrière ? Les molécules pourraient-elles reve-nir spontanément dans un seul ballon ? Plusieurs réactions chimiques ressemblent à cette situation où les produits sont dans un état qui correspond à un désordre beaucoup plus grand que celui de l'état initial. C'est le cas notamment des réactions comprenant des solides ou des liquides qui produisent des gaz ou encore des réactifs gazeux qui pro-duisent d'autres gaz en nombre de molécules beaucoup plus grand qu'initialement. Il est logique de penser qu'il y a plus de désordre dans des molécules à l'état gazeux.

Ces deux tendances, tendance vers l'énergie minimale ($\Delta H < 0$) et tendance vers le maximum de désordre ($\Delta S > 0$), peuvent agir en sens contraire ou dans le même sens. C'est ce qui explique que certaines réactions sont complètes, car les deux critères de spontanéité étant favorables, la réaction sera totale. Par contre, si $\Delta S < 0$ et $\Delta H > 0$, les deux critères de spontanéité étant défavorables, l'opposition est totale, et la réaction est impossible. Il y a aussi toutes les situations où les deux tendances s'opposent, soit $\Delta H < 0$ et $\Delta S < 0$ ou $\Delta H > 0$ et $\Delta S > 0$, l'un des critères de spontanéité étant favorable alors que l'autre ne l'est pas. La réaction devrait alors se produire dans le sens correspondant à la résultante des deux tendances opposées, de la même manière que se composent vecto-riellement tous les systèmes de forces. La réaction se fera dans le sens qui l'emporte, mais elle sera incomplète, c'est-à-dire qu'elle évoluera de manière à obtenir un système à l'équilibre. Il y a enfin le cas où, dès le moment de la mise en contact des réactifs, les deux tendances s'opposent également. Le système n'évoluera ni dans un sens ni dans l'autre, car il était déjà initialement en état d'équilibre. Bien que l'équilibre soit un phénomène dynamique (*voir la section 4.1, p. 181*), il n'y a pas de tendance nette pour que la réaction se produise plus dans un sens que dans l'autre.

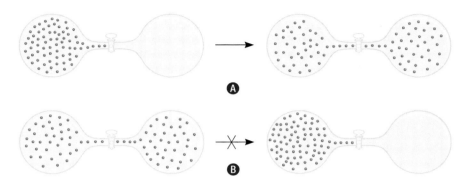

⊘ **FIGURE 7.6**

Variation d'entropie comme critère de spontanéité

Ⓐ La détente d'un gaz dans le vide est spontanée, le désordre augmente.

Ⓑ La contraction d'un gaz dans une enceinte est non spontanée, le désordre diminue.

RÉVISION DES CONCEPTS

Considérez la réaction en phase gazeuse de A_2 (en bleu) qui réagit avec B_2 (en orange) pour former le composé AB_3. **a)** Écrivez l'équation équilibrée de la réaction. **b)** Déterminez le signe de ΔS pour cette réaction.

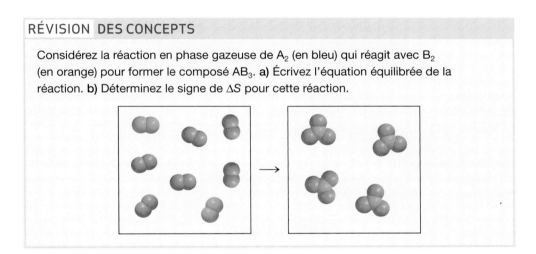

7.4.3 La variation d'enthalpie libre, ΔG (ou fonction de Gibbs)

Comme il vient d'être vu, la spontanéité d'une réaction dépend de la résultante d'une combinaison de tendances plus ou moins favorables. En thermodynamique, cette réalité s'exprime par une relation (ou équation) appelée **fonction de Gibbs** ou enthalpie libre ou énergie libre, fonction exprimant la différence entre l'enthalpie et le produit de l'entropie par la température Kelvin, TS, et qui équivaut à une mesure de l'énergie disponible qui pourrait servir à effectuer un travail. Cette fonction s'écrit ainsi :

$$G = H - TS \tag{7.2}$$

et qui, réécrite sous forme de variation d'enthalpie libre, devient :

$$\Delta G = \Delta H - T\Delta S \tag{7.3}$$

où T est la température (en kelvins). Ce qui rend possible une réaction, c'est sa capacité à produire de l'énergie (= énergie libre) qui peut éventuellement faire un travail sur le monde extérieur (environnement). Cette énergie disponible dépend du jeu des deux grandes tendances.

Josiah Willard Gibbs, physicien américain (1839-1903)

L'examen minutieux de cette fonction permet d'apporter une nuance importante aux affirmations précédentes. On voit que le facteur entropique de cette fonction inclut le facteur température. Il est en effet facile de concevoir, par exemple, que le désordre dans un échantillon de gaz augmente avec la température si l'on se souvient que celle-ci est une mesure de l'énergie cinétique moyenne des molécules. Une élévation de la température augmente l'agitation des molécules et la dispersion de leurs vitesses (ou de leurs énergies), et les molécules se retrouvent dans un plus grand désordre. Le facteur température peut être déterminant, car le produit $T\Delta S$ peut devenir prédominant si la température est élevée. Une réaction non spontanée à une température donnée peut le devenir à une température plus élevée.

Les deux critères de spontanéité basés sur les deux grandes tendances, énergie minimale et désordre maximal, se ramènent à un seul véritable critère de spontanéité, celui qui est donné par le signe algébrique de la valeur de ΔG:

$\Delta G < 0$: réaction spontanée dans le sens indiqué

$\Delta G > 0$: réaction non spontanée ; la réaction est spontanée dans le sens opposé

$\Delta G = 0$: système en équilibre ; il n'a tendance à évoluer ni dans un sens ni dans l'autre, car $\Delta H = T\Delta S$

Pour prédire le signe de ΔG, il faut connaître les valeurs de ΔH et de ΔS. Par exemple, un ΔH négatif (une réaction exothermique) et un ΔS positif rendent le ΔG négatif. Le **TABLEAU 7.2** résume les facteurs affectant le signe de ΔG.

Comme dans les cas de ΔH et de ΔS, la fonction de Gibbs peut s'écrire en termes d'énergie standard. La **variation d'enthalpie libre standard** ($\Delta G°$) est la variation d'enthalpie libre lorsque les réactifs et les produits sont à l'état standard :

$$\Delta G° = \Delta H° - T\Delta S° \tag{7.4}$$

et les valeurs de $\Delta G°$ sont elles aussi données dans les tables de l'annexe 4 (*voir p. 443*). Un exemple de calcul de $\Delta G°$ est donné plus loin.

TABLEAU 7.2 > Les facteurs qui affectent le signe de ΔG dans l'équation $\Delta G = \Delta H - T\Delta S$

ΔH	ΔS	ΔH
+	+	À haute température, la réaction est spontanée. À basse température, la réaction inverse est spontanée.
+	−	ΔG est toujours positif. La réaction inverse est spontanée, peu importe la température.
−	+	ΔG est toujours négatif. La réaction est spontanée, peu importe la température.
−	−	À basse température, la réaction est spontanée. À haute température, la réaction inverse est spontanée.

RÉVISION DES CONCEPTS

a) Dans quelles circonstances une réaction endothermique procède-t-elle spontanément ?

b) Expliquez pourquoi, dans plusieurs réactions dans lesquelles le réactif et le produit sont en solution, le ΔH donne souvent une idée de la spontanéité de la réaction à 25 °C.

7.4.4 L'enthalpie libre et l'équilibre chimique

Supposons le démarrage d'une réaction en solution avec tous les réactifs à leur état standard (c'est-à-dire qu'ils sont tous à une concentration de 1 mol/L). Dès que la réaction s'amorce, on ne peut plus parler d'état standard : les réactifs et les produits ne sont plus à une concentration de 1 mol/L. Quand les conditions ne sont pas standard, il faut utiliser ΔG plutôt que $\Delta G°$ pour prédire le sens de la réaction. La relation entre ΔG et $\Delta G°$ est :

$$\Delta G = \Delta G° + RT \ln Q \qquad (7.5)$$

où R est la constante des gaz ($8,314 \; J \cdot mol^{-1} \cdot K^{-1}$) ; T, la température absolue ; ln, le logarithme naturel (*voir l'annexe 2, p. 439*) ; et Q, le quotient réactionnel, défini à la page 187. On constate que ΔG dépend de deux valeurs : $\Delta G°$ et $RT \ln Q$. À une température T, pour une réaction donnée, la valeur de $\Delta G°$ ne varie pas, ce qui n'est pas le cas pour $RT \ln Q$, car Q varie selon la composition du mélange en réaction. Voici deux cas particuliers.

NOTE

Pour ne pas alourdir les équations, Q est mis à la place de Q_c et K au lieu de K_c.

Cas 1 Si la valeur de $\Delta G°$ est grande négative, ΔG aura aussi tendance à être négative. La réaction nette procédera donc de la gauche vers la droite jusqu'à ce que la quantité de produit formé soit assez grande de manière à rendre le terme $RT \ln Q$ assez grand positif pour l'emporter sur la valeur négative de l'autre terme, $\Delta G°$.

Cas 2 Si la valeur de $\Delta G°$ est grande positive, ΔG aura aussi tendance à être positive. La réaction nette procédera donc de la droite vers la gauche jusqu'à ce que la quantité de réactifs formés soit assez grande de manière à rendre le terme $RT \ln Q$ assez grand négatif pour l'emporter sur la valeur positive de l'autre terme, $\Delta G°$.

À l'équilibre, $\Delta G = 0$ et $Q = K$, où K est la constante d'équilibre. Donc, en remplaçant ΔG par 0 et Q par K dans l'équation 7.5, on obtient :

$$0 = \Delta G° + RT \ln K$$

ou :

$$\Delta G° = -RT \ln K \qquad (7.6)$$

Dans cette équation, on utilise K_P pour les réactions en phase gazeuse et K_c pour les réactifs en solution. Plus la valeur de K est élevée, plus celle de $\Delta G°$ est grande négative.

Pour le chimiste, l'équation 7.6 est l'une des équations les plus importantes en thermodynamique, car elle met en relation la constante d'équilibre d'une réaction et la variation de l'enthalpie libre standard. Donc, à partir de la valeur de K, on peut calculer celle de $\Delta G°$ et vice versa. La **FIGURE 7.7** (*voir p. 390*) montre les variations d'enthalpie libre de deux systèmes en réaction (deux types de réactions) en fonction de leur composition : cela correspond à la progression de la réaction. Comme on peut le constater, si $\Delta G° < 0$, les produits sont favorisés à l'équilibre. Inversement, si $\Delta G° > 0$, les réactifs sont favorisés à l'équilibre. Le **TABLEAU 7.3** résume les trois relations possibles entre $\Delta G°$ et K que décrit l'équation 7.6.

TABLEAU 7.3 > Relations entre $\Delta G°$ et K selon l'équation $\Delta G° = -RT \ln K$

K	ln K	$\Delta G°$	Commentaires
> 1	Positif	Négative	À l'équilibre, les produits seront favorisés.
= 1	0	0	À l'équilibre, les produits et les réactifs seront également favorisés.
< 1	Négatif	Positive	À l'équilibre, les réactifs seront favorisés.

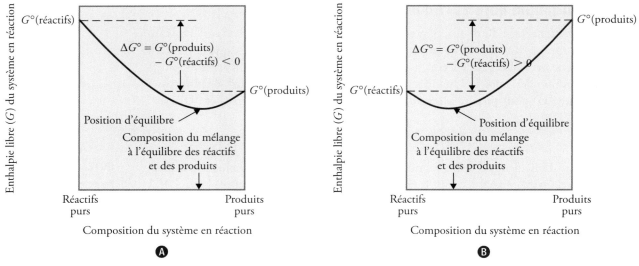

FIGURE 7.7

Variation de l'enthalpie libre en fonction de la composition de deux systèmes en réaction

A $G°_{produits} < G°_{réactifs}$, donc $\Delta G° < 0$. À l'équilibre, il y a une transformation importante de réactifs en produits.

B $G°_{produits} > G°_{réactifs}$, donc $\Delta G° > 0$. À l'équilibre, les réactifs sont favorisés par rapport aux produits.

À l'une ou l'autre extrémité des courbes, les concentrations sont de 1 mol/L. À l'équilibre, la pente $\Delta G = 0$ correspond au creux des courbes. Par analogie, on peut comparer cette tendance à atteindre l'équilibre à une bille qui, en tombant le long de cette courbe, finirait par rester stable dans le creux.

7.4.5   L'utilisation de $\Delta G°$ pour calculer la constante d'équilibre

À l'aide des données de l'annexe 4 (*voir p. 443*), voici le calcul de la valeur de $\Delta G°$ pour la réaction suivante :

$$2H_2O(l) \rightleftharpoons 2H_2(g) + O_2(g)$$

$$\Delta G°_{réaction} = [2\Delta G°_f(H_2)(g) + \Delta G°_f(O_2)(g)] - [2\Delta G°_f(H_2O)(l)]$$

$$= [(2\ mol)(0\ kJ/mol) + (1\ mol)(0\ kJ/mol)] - [(2\ mol)(-237{,}2\ kJ/mol)]$$

$$= 474{,}4\ kJ/mol$$

En utilisant l'équation 7.6, on obtient :

$$\Delta G°_{réaction} = -RT \ln K_P$$

$$474{,}4\ kJ/mol \times \frac{1000\ J}{1\ kJ} = -(8{,}314\ J \cdot mol^{-1} \cdot K^{-1})(298\ K) \ln K_P$$

$$\ln K_P = -191{,}5$$

$$K_P = e^{-191{,}5}$$

$$= 7 \times 10^{-84}$$

Avec ce dernier calcul, on constate que les valeurs de $\Delta G°$ ont permis de trouver la valeur d'une constante d'équilibre très petite, ce qui serait impossible ici par simple analyse directe des concentrations molaires. Avant de présenter un deuxième exemple de l'utilisation de $\Delta G°$, il faut rappeler que dans l'équation 7.5, le quotient réactionnel (Q) a la même forme que la constante d'équilibre (K), mais que les concentrations dans Q ne sont pas celles qui sont observées à l'équilibre (*voir p. 197*). Le deuxième exemple montre comment le calcul de ΔG permet de prédire le sens de l'évolution d'une réaction.

7.4.6 L'utilisation de $\Delta G°$ pour prédire le sens de l'évolution d'une réaction

La variation d'enthalpie libre standard de la réaction:

$$N_2(g) + 3H_2(g) \rightleftharpoons 2NH_3(g)$$

est de $-33,2$ kJ/mol à 25 °C. Au cours d'une expérience, les pressions initiales sont $P_{H_2} = 25,3$ kPa, $P_{N_2} = 81,1$ kPa et $P_{NH_3} = 1307$ kPa. Calculer la valeur de ΔG de cette réaction à ces pressions permet de prédire le sens de la réaction.

L'équation 7.5 s'écrit ainsi:

$$\Delta G = \Delta G° + RT \ln Q_P$$
$$= \Delta G° + RT \ln \frac{P_{NH_3}^2}{P_{H_2}^3 P_{N_2}}$$
$$\Delta G = \left(-33,2 \text{ kJ/mol} \times \frac{1000 \text{ J}}{1 \text{kJ}}\right) + (8,314 \text{ J} \cdot \text{mol}^{-1} \cdot \text{K}^{-1})(298 \text{ K}) \times \ln \frac{(1307)^2}{(25,3)^3(81)}$$
$$= -33,2 \times 10^3 \text{ J/mol} + 649 \text{ J/mol}$$
$$= -33 \text{ kJ/mol}$$

Puisque ΔG est négatif, la réaction nette se produira vers la droite.

RÉVISION DES CONCEPTS

Une réaction a un $\Delta H°$ positif et un $\Delta S°$ négatif. La valeur de la constante d'équilibre de cette réaction est-elle supérieure, inférieure ou égale à 1?

QUESTIONS de révision

9. Expliquez la différence entre ΔG et $\Delta G°$.

10. Expliquez pourquoi l'équation 7.6 a une si grande importance en chimie.

La thermodynamique d'un élastique

Tous connaissent l'utilité de ces petites bandes de caoutchouc que sont les élastiques. Mais il est intéressant de découvrir que certaines propriétés thermodynamiques de l'élastique sont attribuables à la structure du caoutchouc.

Si on étire rapidement un élastique propre d'une largeur d'au moins 0,5 cm et qu'on le place sur ses lèvres, on ressent un léger réchauffement. On peut aussi inverser le processus. L'élastique, maintenu étiré quelques secondes puis relâché, fait ressentir un léger refroidissement. Une analyse thermodynamique de ces deux expériences aide à comprendre la structure du caoutchouc: À partir de $\Delta G = \Delta H - T\Delta S$, on peut écrire $T\Delta S = \Delta H - \Delta G$. Le réchauffement (processus exothermique) causé par l'étirement signifie que $\Delta H < 0$; et puisque l'étirement n'est pas spontané (c'est-à-dire que $\Delta G > 0$ et $-\Delta G < 0$), la valeur de $T\Delta S$ doit être négative. Puisque T (température absolue) est toujours positive, on conclut que la valeur de ΔS observée au moment de l'étirement est négative. Cette observation révèle que le caoutchouc est plus désordonné à l'état naturel que sous tension.

Quand la tension est supprimée, l'élastique reprend spontanément sa forme initiale; cela veut dire que la valeur de ΔG est négative et que celle de $-\Delta G$ est positive. Le refroidissement signifie qu'il s'agit d'un processus endothermique ($\Delta H > 0$) et que la valeur de $T\Delta S$ est positive. Donc, l'entropie de l'élastique augmente quand celui-ci passe de sa forme étirée à sa forme naturelle.

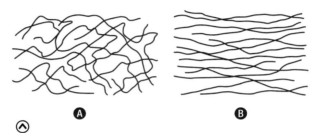

Ⓐ Les molécules de caoutchouc dans leur état normal témoignent du degré élevé de désordre (entropie élevée).

Ⓑ Sous tension, les molécules s'alignent, et leur arrangement devient beaucoup plus ordonné (faible entropie).

7.5 La spontanéité des réactions d'oxydoréduction

Le **TABLEAU 7.1** (*voir p. 381*) permet de prédire les réactions d'oxydoréduction dans des conditions standard, qu'elles aient lieu soit dans une cellule électrochimique, où le réducteur et l'oxydant sont dans deux compartiments distincts, soit dans un bécher, où les réactifs sont mélangés, donc en contact les uns avec les autres. Voici maintenant la relation entre $\epsilon^{\circ}_{\text{cell}}$ et des grandeurs thermodynamiques comme ΔG° et K.

La variation d'enthalpie libre (diminution) au cours d'un processus spontané correspond à l'énergie utilisable pour faire un travail (*voir la section 7.4.6, p. 391*). En fait, si un processus a lieu à température et à pression constantes, on aura:

$$\Delta G = w_{\text{max}}$$

où w_{max} est la quantité maximale de travail pouvant être produite.

Dans une cellule galvanique, l'énergie chimique est convertie en énergie électrique. Dans ce cas, l'énergie électrique est le produit de la fem de la cellule et de la charge électrique totale (en coulombs) qui passe dans la cellule:

$$\text{énergie électrique} = \text{coulombs} \times \text{volts}$$
$$= \text{joules}$$

La charge totale est déterminée par le nombre de moles d'électrons (n) transférés du réducteur à l'oxydant dans l'équation globale d'oxydoréduction. Par définition :

$$\text{charge totale} = nF$$

où F correspond à **un faraday**, c'est-à-dire la charge électrique transportée par une mole d'électrons. La valeur d'un faraday a été établie expérimentalement à 96 487 coulombs (C), ou $9{,}65 \times 10^4$ coulombs, arrondi à trois chiffres significatifs. Donc :

$$1\ F = 9{,}65 \times 10^4\ \text{C/mol}\ e^-$$

Puisque :

$$1\ \text{J} = 1\ \text{C} \times 1\ \text{V}$$

les unités du faraday peuvent également s'exprimer ainsi :

$$1\ F = 9{,}65 \times 10^4\ \text{J/V} \cdot \text{mol}\ e^-$$

Pour mesurer la fem d'une cellule, on utilise couramment un potentiomètre, un appareil qui peut mesurer la tension exacte de la cellule tout en drainant très peu de courant. La valeur de fem ainsi obtenue correspond à la tension maximale que la cellule peut atteindre. On utilise cette valeur pour calculer la quantité maximale d'énergie électrique pouvant être obtenue d'une réaction chimique. Cette énergie sert à faire un travail électrique ($w_{él}$), alors :

$$w_{max} = w_{él}$$
$$= -nF\epsilon_{cell}$$

Le signe négatif du côté droit de l'équation indique que le travail électrique est effectué par le système sur le milieu extérieur. Maintenant, puisque :

$$\Delta G = w_{max}$$

on obtient :

$$\Delta G = -nF\epsilon_{cell} \tag{7.7}$$

Les valeurs de n et de F sont toujours toutes deux positives, et dans le cas d'un processus spontané, ΔG est négative ; donc ϵ_{cell} doit alors être positive. Si les réactifs et les produits sont à l'état standard, l'équation 7.7 devient :

$$\Delta G° = -nF\epsilon°_{cell} \tag{7.8}$$

Ici encore, la valeur de $\epsilon°_{cell}$ est positive pour un processus spontané.

Il faut rappeler la relation entre la variation d'enthalpie libre standard ($\Delta G°$) et la constante d'équilibre d'une réaction selon l'équation 7.6 :

$$\Delta G° = -RT \ln K$$

On obtient donc, à partir des équations 7.8 et 7.6 :

$$-nF\epsilon^{\circ}_{\text{cell}} = -RT \ln K$$

La valeur de $\epsilon^{\circ}_{\text{cell}}$ devient donc :

$$\epsilon^{\circ}_{\text{cell}} = \frac{RT}{nF} \ln K \qquad (7.9)$$

Quand $T = 298$ K, on peut simplifier l'équation 7.9 en remplaçant R et F par leurs valeurs :

$$\epsilon^{\circ}_{\text{cell}} = \frac{(8{,}314 \text{ J/K} \cdot \text{mol})(298 \text{ K})}{n(9{,}6500 \times 10^{4} \text{ J/V} \cdot \text{mol})} \ln K \qquad (7.10)$$

$$\epsilon^{\circ}_{\text{cell}} = \frac{0{,}0257}{n} \ln K$$

> **NOTE**
>
> Dans les calculs qui impliquent F, on omet parfois le symbole e^{-}

De plus, on peut réécrire l'équation 7.10 en utilisant le logarithme en base 10 de K :

$$\epsilon^{\circ}_{\text{cell}} = \frac{0{,}0592}{n} \log K \qquad (7.11)$$

Alors, si l'on connaît l'une des trois grandeurs ΔG°, K ou $\epsilon^{\circ}_{\text{cell}}$, on peut calculer les deux autres grâce aux équations 7.6, 7.8 ou 7.9 (*voir la* **FIGURE 7.8**). Le **TABLEAU 7.4** résume les relations entre ΔG°, K et $\epsilon^{\circ}_{\text{cell}}$ et indique si la réaction est spontanée.

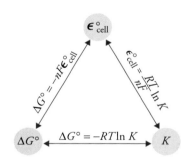

FIGURE 7.8

Relations entre $\epsilon^{\circ}_{\text{cell}}$, K et ΔG°

TABLEAU 7.4 > Relations entre ΔG°, K et $\epsilon^{\circ}_{\text{cell}}$

ΔG°	K	$\epsilon^{\circ}_{\text{cell}}$	Réaction dans les conditions standard
Négative	> 1	Positive	Spontanée
0	$= 1$	0	À l'équilibre
Positive	< 1	Négative	Non spontanée. La réaction est spontanée dans le sens opposé.

EXEMPLE 7.5 Le calcul d'une constante d'équilibre à partir de $\epsilon^{\circ}_{\text{cell}}$

Calculez la constante d'équilibre de la réaction suivante à 25 °C :

$$\text{Sn}(s) + 2\text{Cu}^{2+}(aq) \rightleftharpoons \text{Sn}^{2+}(aq) + 2\text{Cu}^{+}(aq)$$

DÉMARCHE

L'équation 7.10 décrit la relation entre la constante d'équilibre K et la force électromotrice standard (fem) : $\epsilon^{\circ}_{\text{cell}} = (0{,}0257/n)\ln K$. Ainsi, en calculant la fem standard, $\epsilon^{\circ}_{\text{cell}}$, il sera ensuite possible de calculer la constante d'équilibre. On peut calculer le $\epsilon^{\circ}_{\text{cell}}$ d'une cellule galvanique constituée de deux couples (Sn^{2+}/Sn et Cu^{2+}/Cu) d'après la liste des potentiels standard de réduction du **TABLEAU 7.1** (*voir p. 381*). ▶

SOLUTION

Les demi-réactions sont:

$$\text{Anode (oxydation):} \qquad \text{Sn}(s) \longrightarrow \text{Sn}^{2+}(aq) + 2e^-$$

$$\text{Cathode (réduction):} \ 2\text{Cu}^{2+}(aq) + 2e^- \longrightarrow 2\text{Cu}^+(aq)$$

$$\epsilon^{\circ}_{\text{cell}} = \epsilon^{\circ}_{\text{cathode}} - \epsilon^{\circ}_{\text{anode}}$$

$$= \epsilon^{\circ}_{\text{Cu}^{2+}/\text{Cu}^+} - \epsilon^{\circ}_{\text{Sn}^{2+}/\text{Sn}}$$

$$= 0,15 \text{ V} - (-0,14 \text{ V})$$

$$= 0,29 \text{ V}$$

L'équation 7.10 peut se réécrire ainsi:

$$\ln K = \frac{n\epsilon^{\circ}}{0,0257}$$

Comme, dans la réaction globale, $n = 2$, alors:

$$\ln K = \frac{(2)(0,29)}{0,0257} = 22,6$$

$$K = e^{22,6} = 7 \times 10^9$$

EXERCICE E7.5

Calculez la constante d'équilibre de la réaction suivante à 25 °C:

$$\text{Fe}^{2+}(aq) + 2\text{Ag}(s) \Longrightarrow \text{Fe}(s) + 2\text{Ag}^+(aq)$$

Problèmes semblables ⊕

7.15 et 7.16

EXEMPLE 7.6   Le calcul de ΔG° à partir de $\epsilon^{\circ}_{\text{cell}}$

Calculez la variation d'enthalpie libre standard de la réaction suivante, à 25 °C:

$$2\text{Au}(s) + 3\text{Ca}^{2+}(aq, 1,0 \text{ mol/L}) \longrightarrow 2\text{Au}^{3+}(aq, 1,0 \text{ mol/L}) + 3\text{Ca}(s)$$

DÉMARCHE

La relation entre la variation d'enthalpie libre et la fem standard de la cellule est donnée par l'équation 7.8: $\Delta G^{\circ} = -nF\epsilon^{\circ}_{\text{cell}}$. Donc, si l'on peut calculer $\epsilon^{\circ}_{\text{cell}}$, on pourra ensuite calculer ΔG°. Il est possible de calculer le $\epsilon^{\circ}_{\text{cell}}$ d'une cellule galvanique hypothétique constituée de deux couples (Au^{3+}/Au et Ca^{2+}/Ca) d'après la liste des potentiels standard de réduction du **TABLEAU 7.1** (*voir p. 381*).

SOLUTION

Les demi-réactions qui correspondent aux demi-piles sont:

Anode (oxydation): $\qquad 2\text{Au}(s) \longrightarrow 2\text{Au}^{3+}(aq, 1,0 \text{ mol/L}) + 6e^-$

Cathode (réduction): $\quad 3\text{Ca}^{2+}(aq, 1,0 \text{ mol/L}) + 6e^- \longrightarrow 3\text{Ca}(s)$

$$\epsilon^{\circ}_{\text{cell}} = \epsilon^{\circ}_{\text{cathode}} - \epsilon^{\circ}_{\text{anode}}$$

$$= \epsilon^{\circ}_{\text{Ca}^{2+}/\text{Ca}^+} - \epsilon^{\circ}_{\text{Au}^{3+}/\text{Au}}$$

$$= -2,87 \text{ V} - 1,50 \text{ V}$$

$$= -4,37 \text{ V}$$

D'après l'équation 7.8:

$$\Delta G^{\circ} = -nF\epsilon^{\circ}_{\text{cell}}$$

▶

NOTE

Les mesures électrochimiques fournissent les évaluations les plus directes des $\Delta G°$ et, par conséquent, des valeurs de K.

Le nombre de moles d'électrons échangés n vaut 6, donc :

$$\Delta G° = -(6)(96\ 500\ \text{J/V} \cdot \text{mol})(-4,37\ \text{V})$$
$$= 2,53 \times 10^6\ \text{J/mol}$$
$$= 2,53 \times 10^3\ \text{kJ/mol}$$

VÉRIFICATION

La grande valeur positive du $\Delta G°$ obtenu signifie que les réactifs seront favorisés à l'équilibre, ce qui est en accord avec la valeur négative du $\epsilon°$ de la cellule galvanique.

⊕ Problème semblable

7.18

EXERCICE E7.6

Calculez $\Delta G°$ pour la réaction suivante, à 25 °C :

$$2Al^{3+}(aq) + 3Mg(s) \rightleftharpoons 2Al(s) + 3Mg^{2+}(aq)$$

RÉVISION DES CONCEPTS

Est-il plus facile de mesurer la constante d'équilibre d'une réaction d'oxydoréduction par des moyens électrochimiques ou par des moyens chimiques ?

QUESTION de révision

11. Écrivez les équations qui mettent en relation $\Delta G°$ et K avec la fem standard d'une pile. Définissez tous les termes.

CHIMIE EN ACTION

La thermodynamique chez les vivants

Il existe de nombreuses réactions biochimiques non spontanées (c'est-à-dire où la valeur de $\Delta G°$ est positive) qui sont pourtant essentielles au maintien de la vie. Ces réactions deviennent possibles si elles sont couplées à une autre réaction énergétiquement favorable dont la valeur de $\Delta G°$ est négative. Le principe de réactions couplées est basé sur un concept simple, même si le dispositif nécessaire pour produire ces réactions dans le corps humain a pris des milliards d'années à se développer.

Durant le catabolisme, les molécules de nourriture, par exemple le glucose ($C_6H_{12}O_6$), sont transformées en dioxyde de carbone et en eau ; cette transformation s'accompagne d'une importante variation négative d'enthalpie libre :

$$C_6H_{12}O_6(s) + 6O_2(g) \longrightarrow 6CO_2(g) + 6H_2O(l)$$
$$\Delta G° = -2880\ \text{kJ/mol}$$

Dans une cellule vivante, cette réaction ne se produit pas en une seule étape (contrairement à la combustion du

◁ Le fonctionnement d'une poulie constitue une bonne analogie d'une réaction couplée. Avec une poulie, il est possible de faire monter un poids (un phénomène non spontané) par couplage avec un poids plus lourd en chute libre (phénomène spontané).

glucose dans une flamme) ; la dégradation du glucose, en présence d'enzymes, s'y produit plutôt en de nombreuses étapes pour donner les produits finaux. La plus grande partie de l'énergie produite durant ce processus est utilisée (stockée) pour la synthèse de l'adénosine triphosphate (ATP) à partir de l'adénosine diphosphate (ADP) et de l'acide phosphorique (*voir la figure ci-contre*) :

$$ADP + H_3PO_4 \longrightarrow ATP + H_2O \qquad \Delta G° = +31\ \text{kJ/mol} \quad \blacktriangleright$$

Adénosine triphosphate
(ATP)

Adénosine diphosphate
(ADP)

Les structures des formes ionisées de l'ATP et de l'ADP. Le groupe adénine est en bleu, le groupe ribose est en noir et le groupe phosphate est en rouge. L'ADP a un groupe phosphate de moins que l'ATP.

Dans des conditions adéquates, l'ATP s'hydrolyse pour redonner de l'ADP et de l'acide phosphorique ; cette réaction produit 31 kJ/mol d'enthalpie libre qui peuvent être utilisés pour fournir de l'énergie à des réactions qui ne se produiraient pas sans cet apport d'énergie. C'est le cas, par exemple, d'une réaction de synthèse (anabolisme), la synthèse de l'alanylglycine, un dipeptide :

$$\text{alanine} + \text{glycine} \longrightarrow \text{alanylglycine} \quad \Delta G° = +29 \text{ kJ/mol}$$

Ce processus non spontané constitue la première étape de la formation d'une chaîne polypeptidique (protéine). Avec l'aide d'une enzyme, la réaction est couplée à l'hydrolyse de l'ATP :

$$\text{ATP} + H_2O + \text{alanine} + \text{glycine} \longrightarrow$$
$$\text{ADP} + H_3PO_4 + \text{alanylglycine}$$

La variation d'enthalpie libre globale est donnée par $\Delta G° = -31$ kJ/mol $+ 29$ kJ/mol $= -2$ kJ/mol, ce qui signifie que la réaction couplée est spontanée. En réalité, il faudrait tenir compte ici des conditions de températures et de concentrations qui diffèrent des conditions standard. La figure ci-dessous illustre les interconversions ATP-ADP qui permettent le stockage d'énergie puis son relâchement par l'hydrolyse de l'ATP, ce qui rend possibles les réactions de synthèse (anabolisme) essentielles à la vie. L'ensemble des réactions de catabolisme et d'anabolisme constitue le métabolisme.

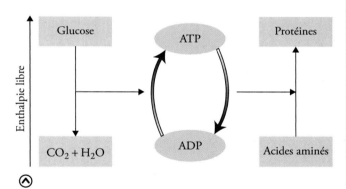

Ce schéma illustre des réactions ATP-ADP couplées à des réactions biochimiques. La conversion du glucose en dioxyde de carbone et en eau libère de l'énergie, qui est utilisée pour convertir l'ADP en ATP. Les molécules d'ATP sont ensuite utilisées comme source d'énergie pour produire des réactions non spontanées, comme la synthèse des protéines à partir des acides aminés.

7.6 L'effet de la concentration sur la fem d'une cellule

Dans les réactions d'oxydoréduction vues jusqu'ici, les réactifs et les produits étaient à l'état standard, c'est-à-dire des gaz à 101,3 kPa et des solutés à 1 mol/L. Mais il est souvent difficile, voire impossible, de maintenir les conditions de l'état standard, car ces conditions correspondent rarement à l'état d'équilibre qui devra être atteint tôt ou tard dans le cas des réactions réversibles.

i+ **CHIMIE EN LIGNE**

Interaction
• La simulation de l'électrochimie

7.6.1 L'équation de Nernst

Cependant, dans le cas d'une réaction d'oxydoréduction du type :

$$a\text{A} + b\text{B} \longrightarrow c\text{C} + d\text{D}$$

on peut obtenir la relation entre la fem de la cellule et les concentrations des réactifs et des produits dans des conditions non standard : à partir de l'équation 7.5 :

$$\Delta G = \Delta G° + RT \ln Q$$

où Q est le quotient réactionnel. Puisque $\Delta G = -nF\epsilon$ et $\Delta G° = -nF\epsilon°$, on peut écrire l'équation 7.5 différemment :

$$-nF\epsilon = -nF\epsilon° + RT \ln Q$$

En divisant l'équation par $-nF$, on obtient :

$$\epsilon = \epsilon° - \frac{RT}{nF} \ln Q \qquad (7.12)$$

L'équation 7.12 est appelée **équation de Nernst**, une relation entre la fem d'une cellule et les concentrations des réactifs et des produits, d'après le nom du chimiste allemand Walter Hermann Nernst, qui fut le premier à l'obtenir et qui travailla beaucoup en thermodynamique et en électrochimie. Quand $T = 298$ K, l'équation 7.12 devient :

$$\epsilon = \epsilon° - \frac{0,0257}{n} \ln Q \qquad (7.13)$$

et, en convertissant le logarithme naturel en logarithme de base 10, on obtient :

$$\epsilon = \epsilon° - \frac{0,0592}{n} \log Q \qquad (7.14)$$

Durant le fonctionnement de la cellule galvanique, les électrons circulent de l'anode vers la cathode ; il en résulte la formation de produits et une diminution de la concentration des réactifs. Ainsi, Q augmente, ce qui veut dire que ϵ diminue, et la cellule finira par atteindre l'équilibre. À l'équilibre, il n'y a pas de transfert net d'électrons, donc $\epsilon = 0$ et $Q = K$, où K est la constante d'équilibre de la réaction d'oxydoréduction. L'équation de Nernst permet de calculer ϵ en fonction des concentrations des réactifs et des produits d'une réaction d'oxydoréduction. En se rapportant à la cellule galvanique de la **FIGURE 7.2** (*voir p. 375*), on a :

$$\text{Zn}(s) + \text{Cu}^{2+}(aq) \longrightarrow \text{Zn}^{2+}(aq) + \text{Cu}(s)$$

L'équation de Nernst correspondant à cette cellule à 25 °C est :

$$\epsilon = 1,10 \text{ V} - \frac{0,0257}{2} \ln \frac{[\text{Zn}^{2+}]}{[\text{Cu}^{2+}]}$$

Si le rapport $[Zn^{2+}]/[Cu^{2+}]$ est inférieur à 1, la valeur de $\ln [Zn^{2+}]/[Cu^{2+}]$ est négative ; le second terme du côté droit de l'équation ci-dessus est alors positif. Dans ce cas, la valeur de ϵ est supérieure à celle de la fem standard ($\epsilon°$). Par contre, si ce rapport est supérieur à 1, la valeur de ϵ est inférieure à celle de $\epsilon°$.

EXEMPLE 7.7   L'utilisation de l'équation de Nernst pour prédire la spontanéité d'une réaction d'oxydoréduction

Prédisez si la réaction suivante se produira spontanément dans le sens indiqué, à 298 K :

$$Co(s) + Fe^{2+}(aq) \longrightarrow Co^{2+}(aq) + Fe(s)$$

sachant que $[Co^{2+}] = 0{,}15$ mol/L et $[Fe^{2+}] = 0{,}68$ mol/L.

DÉMARCHE

Cette réaction n'ayant pas lieu dans les conditions standard (les concentrations ne sont pas 1 mol/L), il faudra appliquer l'équation de Nernst (équation 7.12) pour calculer la force électromotrice (ϵ) d'une cellule galvanique hypothétique et déterminer la spontanéité de la réaction. La fem standard ($\epsilon°$) se calcule en utilisant la liste des potentiels standard de réduction du **TABLEAU 7.1** (*voir p. 381*). Rappelons-nous que les solides n'apparaissent pas dans le terme du quotient réactionnel (Q) de l'équation de Nernst. Notons aussi que deux moles d'électrons étant transférés au cours de la réaction, on a donc $n = 2$.

SOLUTION

Les réactions de demi-piles sont :

$$\text{Anode (oxydation):} \qquad Co(s) \longrightarrow Co^{2+}(aq) + 2e^-$$
$$\text{Cathode (réduction):} \quad Fe^{2+}(aq) + 2e^- \longrightarrow Fe(s)$$

Au **TABLEAU 7.1**, nous voyons que $\epsilon°_{Co^{2+}/Co} = -0{,}28$ V et $\epsilon°_{Fe^{2+}/Fe} = -0{,}44$ V. Alors, la fem standard est :

$$\begin{aligned}
\epsilon° &= \epsilon°_{\text{cathode}} - \epsilon°_{\text{anode}} \\
&= \epsilon°_{Fe^{2+}/Fe} - \epsilon°_{Co^{2+}/Co} \\
&= -0{,}44 \text{ V} - (-0{,}28 \text{ V}) \\
&= -0{,}16 \text{ V}
\end{aligned}$$

Selon l'équation 7.13 :

$$\begin{aligned}
\epsilon &= \epsilon° - \frac{0{,}0257}{n} \ln Q \\
\epsilon &= \epsilon° - \frac{0{,}0257}{n} \ln \frac{[Co^{2+}]}{[Fe^{2+}]} \\
&= -0{,}16 \text{ V} - \frac{0{,}0257}{2} \ln \frac{0{,}15}{0{,}68} \\
&= -0{,}16 \text{ V} + 0{,}019 \text{ V} \\
&= -0{,}14 \text{ V}
\end{aligned}$$

Puisque la valeur de ϵ est négative (ce qui correspond à une valeur positive de ΔG), la réaction n'est pas spontanée dans le sens indiqué. ▶

🟢 **Problèmes semblables**

7.21 et 7.22

EXERCICE E7.7

La réaction suivante se produira-t-elle spontanément à 25 °C si $[Fe^{2+}] = 0{,}60$ mol/L et $[Cd^{2+}] = 0{,}010$ mol/L?

$$Cd(s) + Fe^{2+}(aq) \longrightarrow Cd^{2+}(aq) + Fe(s)$$

Il serait intéressant de déterminer à partir de quel rapport $[Co^{2+}]/[Fe^{2+}]$ la réaction de l'**EXEMPLE 7.7** (*voir p. 399*) devient spontanée. Pour ce faire, il faut d'abord utiliser l'équation de Nernst pour une température de 298 K (équation 7.13) :

$$\epsilon = \epsilon° - \frac{0{,}0257}{n}\ln Q$$

On donne à $\epsilon°$ la valeur zéro, ce qui correspond à l'état d'équilibre :

$$0 = -0{,}16 \text{ V} - \frac{0{,}0257}{2}\ln\frac{[Co^{2+}]}{[Fe^{2+}]}$$

$$\ln\frac{[Co^{2+}]}{[Fe^{2+}]} = -12{,}5$$

En calculant l'antilogarithme de chaque membre de l'équation, on obtient :

$$\frac{[Co^{2+}]}{[Fe^{2+}]} = e^{-12,5} = 4 \times 10^{-6} = K$$

NOTE

Lorsque $\epsilon = 0$, $Q = K$.

Donc, pour que la réaction soit spontanée, le rapport $[Co^{2+}]/[Fe^{2+}]$ doit être inférieur à 4×10^{-6}, de manière que ϵ devienne positive.

EXEMPLE 7.8 **L'utilisation de l'équation de Nernst pour calculer une concentration**

Soit la cellule galvanique illustrée à la **FIGURE 7.5A** (*voir p. 378*). Dans une expérience effectuée à 25 °C, on constate que la fem (ϵ) de la cellule est de 0,54 V. Supposons que $[Zn^{2+}] = 1{,}0$ mol/L et $P_{H_2} = 101{,}3$ kPa. Calculez la concentration molaire de H^+.

DÉMARCHE

L'équation de Nernst relie la fem standard et la fem non standard. La réaction globale de la cellule est la suivante :

$$Zn(s) + 2H^+(aq, ? \text{ mol/L}) \longrightarrow Zn^{2+}(aq, 1{,}0 \text{ mol/L}) + H_2(g, 101{,}3 \text{ kPa}) \quad \blacktriangleright$$

SOLUTION

Comme nous l'avons déjà vu à la **FIGURE 7.5A** (*voir p. 378*), la fem standard de la cellule est de 0,76 V. D'après l'équation de Nernst :

$$\epsilon = \epsilon° - \frac{0,0257}{n} \ln Q$$

$$\epsilon = \epsilon° - \frac{0,0257}{n} \ln \frac{[Zn^{2+}]P_{H_2}}{[H^+]^2}$$

$$0,54 \text{ V} = 0,76 \text{ V} - \frac{0,0257}{2} \ln \frac{(1,0)(1,0)}{[H^+]^2} \text{ (voir la note ci-contre)}$$

$$-0,22 \text{ V} = -\frac{0,0257}{2} \ln \frac{1}{[H^+]^2}$$

$$17,1 = \ln \frac{1}{[H^+]^2}$$

$$e^{17,1} = \frac{1}{[H^+]^2}$$

$$[H^+] = \sqrt{\frac{1}{3 \times 10^7}} = 2 \times 10^{-4} \text{ mol/L}$$

VÉRIFICATION

Le fait que la fem soit différente de la fem standard nous amène à conclure que $[H^+]$ n'est pas dans la condition standard 1 mol/L, car les autres réactifs, les ions Zn^{2+} et le gaz H_2, le sont.

EXERCICE E7.8

Quelle est la fem d'une cellule galvanique constituée d'une demi-cellule Cd^{2+}/Cd et d'une demi-cellule $Pt/H^+/H_2$ si $[Cd^{2+}]$ = 0,20 mol/L, $[H^+]$ = 0,16 mol/L et P_{H_2} = 81 kPa ?

> **NOTE**
>
> L'équation de Nernst s'applique aussi aux demi-réactions. Dans le cas de l'électrode à hydrogène (ESH), on a :
>
> $$2H^+ + 2e^- \longrightarrow H_2(g)$$
>
> $$\epsilon = 0 \text{ V} - \frac{0,0257}{2} \ln \frac{P_{H_2}}{[H^+]^2}$$
>
> Pour obtenir ϵ = 0,00 V avec $[H^+]$ = 1 mol/L, il faut que P_{H_2} = 1. Les unités de la pression dans la convention de l'ESH doivent donc être exprimées en atmosphères (atm). La pression donnée dans l'énoncé est de 101,3 kPa, ce qui donne exactement 1 atm.

Problème semblable

7.52

L'**EXEMPLE 7.8** démontre qu'une cellule galvanique dont la réaction met en jeu des ions H^+ peut servir à mesurer $[H^+]$ ou le pH. Le pH-mètre décrit à la section 5.3 (*voir p. 237*) est basé sur ce principe. Cependant, l'électrode à hydrogène (*voir la* **FIGURE 7.4**, *p. 377*) est très peu utilisée dans les laboratoires, car son montage et son maniement demeurent difficiles. Donc, pour des raisons pratiques, les électrodes utilisées dans un pH-mètre sont très différentes de l'ESH et de l'électrode de zinc de la pile galvanique. On utilise plutôt une électrode de verre (*voir la* **FIGURE 7.9**) constituée d'une très mince paroi de verre qui est perméable aux ions H^+. À l'intérieur, un fil d'argent recouvert de chlorure d'argent $[AgCl(s)]$ est immergé dans une solution diluée d'acide chlorhydrique $[HCl(aq)]$.

Lorsque cette électrode est placée dans une solution dont le pH diffère de celui de la solution interne de l'électrode, une différence de potentiel électrique se développe alors de part et d'autre de la membrane de verre. Cette différence de potentiel se mesure à l'aide d'une électrode de référence. La fem produite par la cellule galvanique formée par l'électrode de verre et l'électrode de référence se mesure avec un voltmètre calibré en unités de pH. L'ensemble de ces piles est offert en une seule sonde pratique appelée « électrode combinée » (*voir la* **FIGURE 7.10**, *p. 402*).

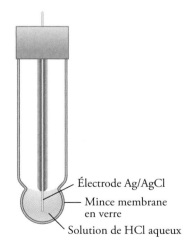

Électrode Ag/AgCl

Mince membrane en verre

Solution de HCl aqueux

FIGURE 7.9

Électrode de verre

Le pH-mètre utilise une électrode de verre couplée à une autre électrode à potentiel constant appelée « électrode de référence ».

FIGURE 7.10 ⊘

Électrode combinée

Il s'agit d'une sonde constituée d'une électrode de verre couplée avec une électrode de référence. L'électrode combinée est utilisée avec les pH-mètres.

RÉVISION DES CONCEPTS

Considérez la cellule suivante:

$$Mg(s)|MgSO_4(0{,}40 \text{ mol/L})\|NiSO_4(0{,}60 \text{ mol/L})|Ni(s)$$

Calculez la force électromotrice de la cellule à 25 °C. Comment cette force change-t-elle lorsque: **a)** $[Mg^{2+}]$ est diminuée d'un facteur de 4; **b)** $[Ni^{2+}]$ est diminuée d'un facteur de 3?

7.6.2 Les piles à concentration

Du fait que le potentiel d'une électrode dépend des concentrations ioniques, il est possible de construire une cellule à partir de deux demi-piles composées des mêmes substances, mais en concentrations ioniques différentes. Une telle pile s'appelle **pile à concentration**.

Soit une situation où des électrodes de zinc sont placées dans des solutions de sulfate de zinc de concentrations différentes, l'une à 0,10 mol/L et l'autre à 1,0 mol/L. Les deux solutions sont mises en contact par un pont salin, et les électrodes sont reliées par un fil conducteur selon un montage semblable à celui décrit à la **FIGURE 7.2** (*voir p. 375*). En accord avec le principe de Le Chatelier, la tendance de la réaction de réduction:

$$Zn^{2+}(aq) + 2e^- \longrightarrow Zn(s)$$

s'accroît avec l'augmentation de la concentration des ions Zn^{2+}. La réduction devrait donc se produire dans le compartiment le plus concentré, et l'oxydation, dans le plus dilué. Le diagramme de la pile s'écrit ainsi:

$$Zn(s)|Zn^{2+}(0{,}10 \text{ mol/L})\|Zn^{2+}(1{,}0 \text{ mol/L})|Zn(s)$$

et les demi-réactions sont:

Oxydation: $\qquad\qquad\qquad Zn(s) \longrightarrow Zn^{2+}(0{,}10 \text{ mol/L}) + 2e^-$

Réduction: $\qquad\quad \underline{Zn^{2+}(1{,}0 \text{ mol/L}) + 2e^- \longrightarrow Zn(s)}$

Réaction globale: $\qquad\quad Zn^{2+}(1{,}0 \text{ mol/L}) \longrightarrow Zn^{2+}(0{,}10 \text{ mol/L})$

La force électromotrice de la pile est:

$$\epsilon = \epsilon° - \frac{0{,}0257}{2} \ln \frac{[Zn^{2+}]_{dil}}{[Zn^{2+}]_{conc}}$$

où les indices «dil» et «conc» font respectivement référence aux concentrations 0,10 mol/L et 1,0 mol/L.

Le $\epsilon°$ de cette cellule étant zéro (présence des mêmes électrodes et des mêmes ions en concentrations égales), on a:

$$\epsilon = 0 - \frac{0{,}0257}{2} \ln \frac{0{,}10}{1{,}0}$$
$$= 0{,}0296 \text{ V}$$

En règle générale, la fem des piles à concentration est faible et diminue continuellement à mesure que les concentrations se rapprochent l'une de l'autre dans les deux compartiments. Lorsqu'elles sont les mêmes, ϵ est alors égale à zéro, et il ne s'y produit plus aucun changement.

Une cellule vivante peut être considérée comme une pile à concentration, ce qui permet l'évaluation du potentiel membranaire, aussi appelé «potentiel de repos». Le potentiel de repos est la différence de potentiel électrique qui existe de part et d'autre des membranes cellulaires d'une grande variété de cellules, dont les cellules musculaires et les cellules nerveuses. On dit alors que les membranes sont polarisées, car elles ont une plus grande concentration de charges positives d'un côté que de l'autre. C'est précisément de cette différence de potentiel que dépendent l'influx nerveux (propagation des impulsions nerveuses) et les battements de cœur (contractions musculaires). Une différence de potentiel se produit dès qu'il y a rétablissement de concentrations inégales d'une même espèce d'ions de part et d'autre de la membrane. Par exemple, les concentrations des ions K^+ sont de 400 mmol/L à l'intérieur d'une cellule nerveuse et de 15 mmol/L à l'extérieur. En considérant cette situation comme une pile à concentration où s'applique l'équation de Nernst, on peut écrire :

$$\epsilon = \epsilon° - \frac{0,0257}{1} \ln \frac{[K^+]_{ext}}{[K^+]_{int}}$$
$$= 0 - 0,0257 \ln \frac{15}{400}$$
$$= 0,084 \text{ V ou } 84 \text{ mV}$$

où «ext» signifie extérieur et «int», intérieur. Il y a donc un potentiel de repos de 84 mV dû à la différence de concentration des ions K^+ de part et d'autre des membranes cellulaires.

On peut se demander comment ce potentiel de repos peut se renouveler pour permettre des influx nerveux successifs. Pour ce faire, les cellules doivent avoir un système de transport actif qui nécessite des structures (l'équivalent de pompes sélectives) alimentées par une source d'énergie externe. Les biochimistes appellent couplage un tel système (*voir la rubrique «Chimie en action – La thermodynamique chez les vivants», p. 396*).

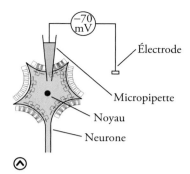

Potentiel membranaire d'un neurone au repos mesuré par une micropipette et une électrode

NOTE
1 mmol/L = 1×10^{-3} mol/L

QUESTIONS de révision

12. Écrivez l'équation de Nernst et expliquez tous ses termes.

13. Écrivez l'équation de Nernst pour les processus suivants à une certaine température T:
    a) $Mg(s) + Sn^{2+}(aq) \longrightarrow Mg^{2+}(aq) + Sn(s)$
    b) $2Cr(s) + 3Pb^{2+}(aq) \longrightarrow 2Cr^{3+}(aq) + 3Pb(s)$

7.7 Les piles et les accumulateurs

Les **piles** et les **accumulateurs** sont des cellules électrochimiques pouvant servir de source de courant électrique continu à tension constante. Bien qu'en principe le fonctionnement d'une pile ou d'un accumulateur soit semblable à celui des cellules galvaniques décrites à la section 7.2 (*voir p. 374*), ces appareils ont l'avantage d'être confinés dans des boîtiers et ne nécessitent pas de composantes auxiliaires comme un pont salin. Voici quelques types de piles et d'accumulateurs largement utilisés.

- Papier séparateur
- Pâte humide de $ZnCl_2$ et NH_4Cl
- Couche de MnO_2
- Cathode de graphite
- Anode de zinc

FIGURE 7.11 ⊙

Pile sèche

Vue en coupe d'une pile sèche. En fait, la pile n'est pas complètement sèche, car elle contient des électrolytes en pâte humide.

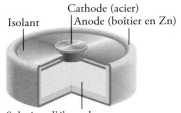

Cathode (acier)
Anode (boîtier en Zn)

Isolant

Solution d'électrolyte contenant du KOH et une pâte de $Zn(OH)_2$ et de HgO

FIGURE 7.12 ⊙

Section d'une pile au mercure

7.7.1 La pile sèche

La pile sèche est une pile sans composante liquide ; la plus courante est la pile Leclanché, qu'on utilise dans les lampes de poche. Son anode est constituée d'un boîtier de zinc en contact avec du dioxyde de manganèse (MnO_2) et un électrolyte. Ce dernier se compose de chlorure d'ammonium et de chlorure de zinc dans de l'eau, à laquelle on a ajouté de l'amidon pour former une pâte moins susceptible de fuir qu'une solution liquide (*voir la* **FIGURE 7.11**). La cathode est formée d'une tige de carbone plongée dans l'électrolyte au centre de la pile. Les réactions dans cette pile sont les suivantes :

Anode : $$Zn(s) \longrightarrow Zn^{2+}(aq) + 2e^-$$

Cathode : $$2NH_4^+(aq) + 2MnO_2(s) + 2e^- \longrightarrow Mn_2O_3(s) + 2NH_3(aq) + H_2O(l)$$

Globale : $$Zn(s) + 2NH_4^+(aq) + 2MnO_2(s) \longrightarrow Zn^{2+}(aq) + 2NH_3(aq) + H_2O(l) + Mn_2O_3(s)$$

En fait, les réactions qui se produisent dans la pile sont beaucoup plus complexes que le font voir les équations. La tension produite par une pile sèche est d'environ 1,5 V.

7.7.2 La pile au mercure

On utilise fréquemment la pile au mercure, plus chère que la pile sèche, en médecine et en électronique. Contenue dans un cylindre en acier inoxydable, la pile au mercure est constituée d'une anode de zinc (amalgamé à du mercure) en contact avec un électrolyte très basique contenant de l'oxyde de zinc et de l'oxyde de mercure(II) (*voir la* **FIGURE 7.12**). Les réactions dans cette pile sont les suivantes :

Anode : $$Zn(Hg) + 2OH^-(aq) \longrightarrow ZnO(s) + H_2O(l) + 2e^-$$

Cathode : $$HgO(s) + H_2O(l) + 2e^- \longrightarrow Hg(l) + 2OH^-(aq)$$

Globale : $$Zn(Hg) + HgO(s) \longrightarrow ZnO(s) + Hg(l)$$

Puisque la composition de l'électrolyte ne change pas durant le fonctionnement de la pile (la réaction globale de la pile ne met en jeu que des substances solides et liquides), la pile au mercure fournit une tension plus constante (1,35 V) que la pile Leclanché ; elle a également une puissance plus élevée et une durée de vie plus longue. Ces qualités en font le type de pile idéal pour les régulateurs cardiaques, les prothèses auditives, les montres électriques et les posemètres.

7.7.3 L'accumulateur au plomb

Une **batterie** est constituée d'un assemblage de plusieurs piles raccordées en série. La batterie couramment utilisée dans les automobiles comporte six piles au plomb identiques raccordées en série. Chacune d'elles a une anode de plomb et une cathode métallique imprégnée de dioxyde de plomb (PbO_2) (*voir la* **FIGURE 7.13**). L'anode et la cathode trempent toutes deux dans une solution aqueuse d'acide sulfurique qui sert d'électrolyte. Les réactions dans la batterie sont les suivantes :

Anode : $$Pb(s) + SO_4^{2-}(aq) \longrightarrow PbSO_4(s) + 2e^-$$

Cathode : $$PbO_2(s) + 4H^+(aq) + SO_4^{2-}(aq) + 2e^- \longrightarrow PbSO_4(s) + 2H_2O(l)$$

Globale : $$Pb(s) + PbO_2(s) + 4H^+(aq) + 2SO_4^{2-}(aq) \longrightarrow 2PbSO_4(s) + 2H_2O(l)$$

Normalement, chaque cellule produit 2 V ; au total, les six cellules fournissent 12 V pour alimenter le circuit de démarrage et le système électrique de la voiture. Ce type de

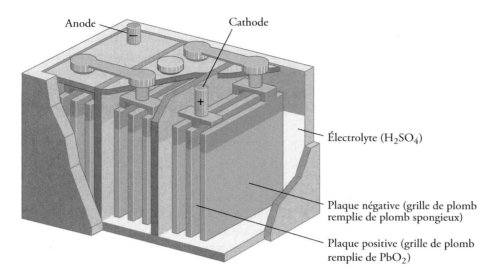

Anode

Cathode

Électrolyte (H_2SO_4)

Plaque négative (grille de plomb remplie de plomb spongieux)

Plaque positive (grille de plomb remplie de PbO_2)

FIGURE 7.13

Écorché d'une batterie d'accumulateurs au plomb

Dans des conditions normales, la concentration de la solution d'acide sulfurique est d'environ 38 % en pourcentage massique.

batterie est capable de fournir beaucoup de courant sur une courte période, ce qui suffit normalement pour faire démarrer un moteur.

Contrairement à la pile Leclanché et à la pile au mercure, l'accumulateur au plomb est rechargeable. Pour le recharger, on inverse la réaction électrochimique normale en appliquant une tension extérieure à l'anode et à la cathode : on appelle ce procédé « électrolyse » (*voir p. 413*). Les réactions qui restaurent les espèces initiales sont les suivantes :

Anode : $\quad\quad PbSO_4(s) + 2e^- \longrightarrow Pb(s) + SO_4^{2-}(aq)$

Cathode : $\quad PbSO_4(s) + 2H_2O(l) \longrightarrow PbO_2(s) + 4H^+(aq) + SO_4^{2-}(aq) + 2e^-$

Globale : $\quad 2PbSO_4(s) + 2H_2O(l) \longrightarrow Pb(s) + PbO_2(s) + 4H^+(aq) + 2SO_4^{2-}(aq)$

La réaction globale est exactement l'inverse de la réaction normale de l'accumulateur quand il débite du courant.

Deux aspects du fonctionnement de l'accumulateur au plomb sont particulièrement intéressants. Premièrement, puisque la réaction électrochimique consomme de l'acide sulfurique, on peut vérifier l'état de charge d'une batterie en mesurant la masse volumique de l'électrolyte à l'aide d'un hydromètre, comme on le fait couramment dans les stations-service. La masse volumique du liquide dans une batterie en ordre et totalement chargée devrait être égale ou supérieure à 1,2 g/mL. Deuxièmement, les gens qui vivent dans les climats froids ont quelquefois de la difficulté à faire démarrer leur voiture : la batterie est « à plat ». Des calculs thermodynamiques révèlent que la tension de nombreux accumulateurs électrochimiques diminue quand la température baisse. Cependant, dans le cas d'une batterie de voiture, le coefficient de température est d'environ $1,5 \times 10^{-4}$ V/°C ; autrement dit, la tension de la batterie diminue de $1,5 \times 10^{-4}$ V chaque fois que la température baisse de un degré. Donc, même si l'on suppose une baisse de 40 °C, la diminution de la tension ne serait que de 6×10^{-3} V, soit environ :

$$\frac{6 \times 10^{-3}\,V}{12\,V} \times 100\ \% = 0,05\ \%$$

NOTE

Avec les batteries sans entretien, l'état de charge et la puissance de la batterie s'évaluent maintenant plutôt avec des instruments de mesure électriques.

de la tension de fonctionnement, donc une diminution non significative. Ce type de panne de batterie est plutôt dû à l'augmentation de la viscosité de l'électrolyte causée par une baisse de température. Pour que la batterie fonctionne adéquatement, il faut que l'électrolyte soit le meilleur conducteur possible. Or, dans un liquide visqueux, les ions se déplacent très lentement, car la résistance du liquide est grande, d'où une perte de puissance de la batterie. Donc, si une batterie «à plat» est réchauffée, elle devrait retrouver sa puissance normale. Sinon, elle doit être rechargée et, si cela s'avère impossible, c'est qu'elle a définitivement rendu l'âme!

7.7.4 La pile lithium-ion

Il existe plusieurs types de piles au lithium. Certaines ont des anodes en lithium métallique et s'appellent «piles au lithium»; d'autres ont des anodes en graphène (anneaux en C_6 formant une seule couche de graphite), dont les pores permettent l'immobilisation autant des atomes de Li que des ions Li^+, d'où leur nom de «piles lithium-ion». Leur cathode est constituée d'un oxyde métallique MO_2, par exemple le CoO_2, lequel peut lui aussi retenir les ions Li^+. Le lithium étant un métal très réactif dans l'eau, il faut utiliser un électrolyte non aqueux (un solvant organique polaire dans lequel est dissous un sel de lithium). La **FIGURE 7.14** montre un schéma d'une pile lithium-ion. Les réactions des demi-piles durant la décharge de cette pile sont:

NOTE
La demi-réaction à l'anode est simplifiée ici. Le Li(*s*) remplace le composé d'intercalation du lithium dans le graphite. Ce type de pile n'a pas une électrode en lithium métallique.

Anode (oxydation): $\qquad\qquad Li(s) \longrightarrow Li^+ + e^-$

Cathode (réduction): $\quad \underline{Li^+ + CoO_2 + e^- \longrightarrow LiCoO_2(s)}$

Réaction globale: $\qquad\qquad Li(s) + CoO_2 \longrightarrow LiCoO_2(s) \qquad \epsilon_{cell} = 3,4\ V$

FIGURE 7.14 ⊗

Schéma d'une pile lithium-ion
Les atomes de lithium, représentés par des sphères vertes, sont immobilisés entre des couches de graphène qui constituent l'anode alors que le CoO_2, représenté par des sphères grises et rouges, constitue ici la cathode d'oxyde métallique. Quand la pile débite du courant, les ions Li^+ migrent dans l'électrolyte non aqueux de l'anode vers la cathode, alors que les électrons circulent par l'extérieur, de l'anode à la cathode, ce qui complète le circuit. Lors de la recharge, ces réactions sont inversées.

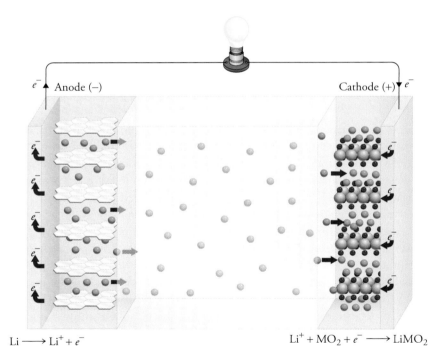

$Li \longrightarrow Li^+ + e^-$ $\qquad\qquad\qquad Li^+ + MO_2 + e^- \longrightarrow LiMO_2$

L'avantage de cette pile provient du fait que le lithium possède le potentiel standard de réduction le plus négatif qui soit (*voir le* **TABLEAU 7.1**, *p. 381*); il est donc le plus puissant réducteur. En outre, le lithium est le métal le plus léger; seulement 6,94 g de Li (sa masse molaire) peuvent produire une mole d'électrons. De plus, une pile lithium-ion peut être rechargée des centaines de fois sans aucune diminution de performance. Toutes ces propriétés avantageuses en font une pile idéale pour les appareils électroniques comme les téléphones cellulaires, les appareils photo numériques et les micro-ordinateurs portables. On les utilise aussi de plus en plus dans les outils électriques à piles rechargeables ainsi que pour actionner les moteurs électriques des automobiles hybrides ou entièrement électriques. Récemment, en incorporant une couche de silicium entre deux couches de graphène perforées, des chercheurs ont réussi à fabriquer des piles à la fois plus puissantes, plus durables et qui se rechargent dix fois plus vite.

7.7.5 Les piles à combustible

Les combustibles fossiles constituent une importante source d'énergie, mais leur conversion en énergie électrique a un rendement très faible. Voici la combustion du méthane :

$$CH_4(g) + 2O_2(g) \longrightarrow CO_2(g) + 2H_2O(l) + \text{énergie}$$

Pour générer de l'électricité, on utilise d'abord la chaleur produite par cette réaction pour convertir l'eau en vapeur qui fait tourner une turbine qui, à son tour, entraîne une génératrice. À chaque étape, une grande quantité de l'énergie libérée sous forme de chaleur se perd dans l'environnement; la centrale thermique la plus efficace actuellement ne transforme que 40 % de l'énergie chimique initiale en électricité. Puisque les combustions sont des réactions d'oxydoréduction, il est préférable de les faire directement par des moyens électrochimiques, ce qui augmente beaucoup le rendement. Il est possible d'y arriver grâce à des appareils appelés **piles à combustible** : des cellules électrochimiques qui nécessitent un apport continuel de réactifs pour pouvoir fonctionner.

Dans sa forme la plus simple, une pile à combustible hydrogène/oxygène est constituée d'une solution d'électrolyte (par exemple une solution d'hydroxyde de potassium) et de deux électrodes inertes. On fait barboter l'hydrogène et l'oxygène gazeux à travers les compartiments de l'anode et de la cathode (*voir la* **FIGURE 7.15**, *p. 408*), où les réactions suivantes ont lieu :

$$\text{Anode :} \quad 2H_2(g) + 4OH^-(aq) \longrightarrow 4H_2O(l) + 4e^-$$
$$\underline{\text{Cathode :} \quad O_2(g) + 2H_2O(l) + 4e^- \longrightarrow 4OH^-(aq)}$$
$$\text{Globale :} \quad 2H_2(g) + O_2(g) \longrightarrow 2H_2O(l)$$

Une pile à combustible hydrogène/oxygène produit l'énergie électrique qui alimente le moteur électrique de cette voiture.

On peut calculer la fem standard de la pile de la manière suivante, à partir des données du **TABLEAU 7.1** (*voir p. 381*) :

$$\epsilon^\circ_{cell} = \epsilon^\circ_{cathode} - \epsilon^\circ_{anode}$$
$$= 0,40 \text{ V} - (-0,83 \text{ V})$$
$$= 1,23 \text{ V}$$

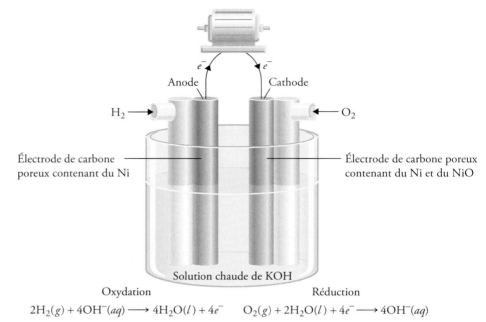

FIGURE 7.15 ⊘

**Pile à combustible
hydrogène/oxygène**

Les électrodes de carbone sont
imprégnées de Ni et de NiO ; ce
sont des électrocatalyseurs.

Oxydation

$$2H_2(g) + 4OH^-(aq) \longrightarrow 4H_2O(l) + 4e^-$$

Réduction

$$O_2(g) + 2H_2O(l) + 4e^- \longrightarrow 4OH^-(aq)$$

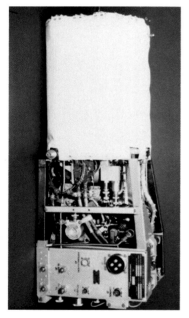

FIGURE 7.16 ⊘

**Pile à combustible hydrogène/
oxygène utilisée dans les véhicules
spatiaux**

Les astronautes boivent l'eau pure
produite par cette pile.

La réaction de la pile est donc spontanée dans les conditions standard. La réaction est identique à la combustion de l'hydrogène, mais l'oxydation et la réduction se produisent ici séparément à l'anode et à la cathode. Comme le platine dans l'électrode à hydrogène standard, ces électrodes ont deux fonctions : elles servent de conducteurs électriques et elles fournissent les surfaces nécessaires à la décomposition initiale des molécules en espèces atomiques, une condition préalable aux transferts d'électrons. Ce sont des électrocatalyseurs. Les métaux comme le platine, le nickel et le rhodium sont de bons électrocatalyseurs.

En plus du système H_2/O_2, on a développé un certain nombre d'autres piles à combustible, notamment la pile à combustible propane/oxygène, dont les demi-réactions sont les suivantes :

Anode : $\quad C_3H_8(g) + 6H_2O(l) \longrightarrow 3CO_2(g) + 20H^+(aq) + 20e^-$

Cathode : $\quad 5O_2(g) + 20H^+(aq) + 20e^- \longrightarrow 10H_2O(l)$

Globale : $\quad C_3H_8(g) + 5O_2(g) \longrightarrow 3CO_2(g) + 4H_2O(l)$

La réaction globale est identique à celle de la combustion du propane dans l'oxygène.

Contrairement aux autres piles et aux accumulateurs, les piles à combustible n'emmagasinent pas l'énergie chimique. Il doit y avoir un apport constant de réactifs et un retrait constant des produits. De ce point de vue, une pile à combustible ressemble plus à un moteur qu'à une pile. Une pile à combustible bien conçue peut avoir un rendement de 70 %, environ deux fois celui d'un moteur à combustion interne, car elle ne fonctionne pas comme un moteur thermique et n'est donc pas sujette aux mêmes contraintes thermodynamiques au cours des conversions d'énergie. De plus, ce type de générateur ne produit pas de bruit, de vibration, de transfert de chaleur, de pollution thermique ni d'autres problèmes normalement associés aux centrales thermiques traditionnelles. Un véhicule à pile à combustible ne prend que trois minutes pour faire le plein d'hydrogène pour une autonomie de plus de 500 km sans aucune émission de gaz carbonique. Néanmoins, les piles à combustible sont peu répandues. Un des obstacles majeurs à leur utilisation est la rareté d'électrocatalyseurs à la fois peu coûteux et capables de fonctionner longtemps et efficacement en évitant toute contamination. Jusqu'à maintenant, c'est dans les véhicules spatiaux qu'on en a fait l'utilisation la plus intéressante (*voir la* **FIGURE 7.16**).

14. Expliquez clairement la différence entre une pile primaire (qui n'est pas rechargeable) et une pile secondaire, par exemple, un accumulateur au plomb (qui est rechargeable).

15. Donnez les avantages et les inconvénients des piles à combustible par rapport aux centrales thermiques pour ce qui est de la production d'électricité.

CHIMIE EN ACTION

Les bactéries, une source d'énergie électrique

De l'électricité produite par des bactéries? C'est possible. En 1987, les scientifiques de l'Université du Massachusetts, à Amherst, ont découvert qu'une espèce de bactérie appelée *Geobacter* peut faire exactement cela. Ces bactéries vivent normalement au fond des rivières ou des lacs. Elles obtiennent leur énergie en oxydant les matières organiques en décomposition pour produire du dioxyde de carbone. Ces bactéries possèdent des tentacules qui mesurent 10 fois la longueur de leur corps pour atteindre les récepteurs d'électrons [surtout de l'oxyde de fer(III)] dans un processus global d'une réaction d'oxydoréduction anaérobique, c'est-à-dire ne nécessitant pas la présence d'oxygène.

Les scientifiques du Massachusetts ont construit une pile à combustible en utilisant ces bactéries et des électrodes de graphite. La bactérie *Geobacter* croît naturellement à la surface de l'électrode, formant un « biofilm » stable. Dans ce cas, le phénomène est aérobie, car l'oxygène de l'air remplace l'oxyde de fer(III). La réaction globale est :

$$CH_3COO^- + 2O_2 + H^+ \longrightarrow 2CO_2 + 2H_2O$$

où les ions acétate représentent d'une manière générale la matière organique et la biomasse à décomposer. Les électrons sont transférés directement de la bactérie à l'anode de graphite du biofilm et de là extérieurement vers la cathode de graphite où le receveur d'électrons est l'oxygène.

Pour le moment, le courant généré par une telle pile à combustible (sorte de cellule électrolytique) est faible. Cependant, suivant certains progrès techniques, ces piles pourraient être utilisées afin de produire de l'électricité pour l'éclairage et le fonctionnement des électroménagers, comme les cuisinières, et des micro-ordinateurs ou encore pour des appareils de communication sans fil. Il serait alors possible de recevoir des signaux de différentes espèces de sondes placées à des endroits isolés et éloignés, de manière à obtenir des renseignements concernant l'environnement. Il s'agit aussi d'une avenue intéressante pour préserver le traitement des eaux usées, car tout en

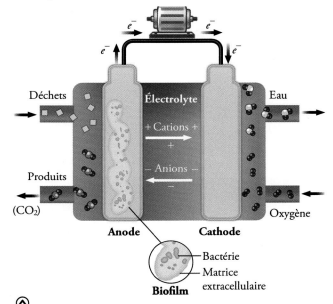

Schéma d'une pile à bactéries

nettoyant l'eau, les bactéries fourniraient l'électricité pour le fonctionnement des pompes et du système d'aération. Bien que le produit final dans ce processus d'oxydoréduction soit le dioxyde de carbone, un gaz à effet de serre (GES), ce produit serait quand même formé dans le processus normal de décomposition des déchets organiques.

L'action d'oxydation de cette bactérie offre un autre effet bénéfique dans le traitement des sols contaminés. Des tests ont démontré que les sels d'uranium peuvent remplacer l'oxyde de fer(III) comme receveur d'électrons. Ainsi, en ajoutant des ions acétate et la bactérie à l'eau de sols contaminés par l'uranium, il est possible de réduire les sels d'uranium(VI) solubles en sels d'uranium(IV) insolubles, lesquels peuvent alors être retirés avant que l'eau n'arrive dans les maisons ou ne se répande dans les terres agricoles. Lors de catastrophes comme celle de Lac-Mégantic en 2013, il serait possible de traiter sur place des sols contaminés par des hydrocarbures.

7.8 La corrosion

Le terme **corrosion** désigne la détérioration d'un métal par un processus électrochimique (oxydation). La vie quotidienne offre beaucoup d'exemples : la rouille, la ternissure de l'argent et la couche de patine verte qui se forme sur le cuivre ou le bronze (*voir la* **FIGURE 7.17**). La corrosion cause d'importants dommages aux édifices, aux ponts, aux bateaux et aux autos. Elle entraîne des dépenses annuelles de 100 milliards de dollars aux États-Unis seulement. Cette section présente certains des processus fondamentaux responsables de la corrosion et les méthodes utilisées pour la prévenir.

La formation de rouille sur le fer est de loin l'exemple de corrosion le plus courant. Pour que le fer rouille, il faut la présence d'oxygène et d'eau. Bien que l'on ne comprenne pas tout à fait les réactions complexes responsables de la formation de la rouille, on croit que les étapes principales sont les suivantes. Une région de la surface métallique sert d'anode, où l'oxydation se produit :

$$Fe(s) \longrightarrow Fe^{2+}(aq) + 2e^-$$

FIGURE 7.17 ⊘

Exemples de corrosion

Ⓐ Un navire rouillé.
Ⓑ Un plat en argent à moitié terni.
Ⓒ La statue de la Liberté couverte de patine avant sa restauration en 1986.

Ⓐ   Ⓑ   Ⓒ

Les électrons libérés par le fer réduisent l'oxygène atmosphérique en eau à la cathode, qui se situe dans une autre région de la même surface métallique :

$$O_2(g) + 4H^+(aq) + 4e^- \longrightarrow 2H_2O(l)$$

La réaction d'oxydoréduction globale est :

$$2Fe(s) + O_2(g) + 4H^+(aq) \longrightarrow 2Fe^{2+}(aq) + 2H_2O(l)$$

À l'aide des données du **TABLEAU 7.1** (*voir p. 381*), on trouve la fem standard de cette réaction :

$$\epsilon^\circ_{cell} = \epsilon^\circ_{cathode} - \epsilon^\circ_{anode}$$
$$= 1{,}23 \text{ V} - (-0{,}44 \text{ V})$$
$$= 1{,}67 \text{ V}$$

Cette valeur positive de la fem indique que la rouille se forme spontanément.

Il faut noter que cette réaction a lieu en milieu acide ; les ions H^+ sont en partie fournis par H_2CO_3, qui est produit par la réaction entre le dioxyde de carbone atmosphérique et l'eau.

Les ions Fe^{2+} formés à l'anode sont à leur tour oxydés par l'oxygène :

$$4Fe^{2+}(aq) + O_2(g) + (4 + 2x)H_2O(l) \longrightarrow 2Fe_2O_3 \cdot xH_2O(s) + 8H^+(aq)$$

Cette forme hydratée d'oxyde de fer(III) est appelée « rouille ». La quantité d'eau associée à l'oxyde de fer varie, c'est pourquoi on utilise la formule $Fe_2O_3 \cdot xH_2O$.

La **FIGURE 7.18** illustre le mécanisme de la formation de la rouille. Le circuit électrique est complété par la migration des électrons et des ions ; c'est pourquoi la rouille se forme plus rapidement dans l'eau salée. Dans les pays froids, les sels (NaCl ou $CaCl_2$) utilisés pour faire fondre la glace sur les routes sont une cause importante de la formation de rouille sur les automobiles.

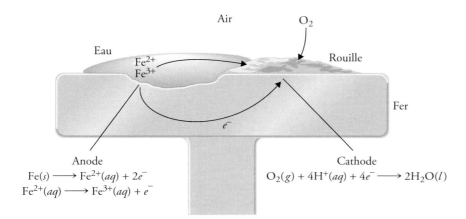

◀ **FIGURE 7.18**

Processus électrochimique responsable de la formation de la rouille

Les ions H^+ sont fournis par le H_2CO_3 formé au cours de la dissolution du CO_2 dans l'eau.

La corrosion métallique ne se limite pas au fer. L'aluminium se corrode également ; ce métal entre dans la composition de nombreux objets, dont les avions et les cannettes de boissons gazeuses. Il a plus tendance à s'oxyder que le fer ; au **TABLEAU 7.1** *(voir p. 381)*, on constate que le potentiel standard de réduction de Al est plus négatif que celui de Fe. En ne se basant que sur ce fait, on pourrait s'attendre à voir les avions se détériorer lentement, et les cannettes de boissons gazeuses former des amas d'aluminium corrodé. Ce n'est pourtant pas le cas, car la couche d'oxyde d'aluminium (Al_2O_3) insoluble qui se forme à la surface du métal exposé à l'air protège l'aluminium sous-jacent de la corrosion ultérieure (passivation). La rouille à la surface du fer, elle, est trop poreuse pour jouer un tel rôle.

La monnaie en métal (en cuivre ou en argent) se corrode aussi, mais beaucoup plus lentement :

$$Cu(s) \longrightarrow Cu^{2+}(aq) + 2e^-$$
$$Ag(s) \longrightarrow Ag^+(aq) + e^-$$

Exposé normalement à l'air, le cuivre forme une couche de carbonate de cuivre ($CuCO_3$), une substance verte également appelée « patine », qui le protège de la corrosion ultérieure. De même, les services en argent qui sont en contact avec la nourriture forment une couche de sulfure d'argent (Ag_2S).

On a développé un certain nombre de méthodes pour protéger les métaux de la corrosion ; la plupart visent à prévenir la formation de la rouille. La méthode la plus simple est de couvrir le métal d'une couche de peinture. Cependant, si la peinture est rayée, trouée ou soulevée de sorte qu'une surface métallique, même très petite, est exposée à l'air, il y aura formation de rouille sous la couche de peinture. Une autre méthode consiste à rendre la surface du fer inactive par un procédé appelé « passivation » ; on traite alors le métal avec un oxydant fort, comme l'acide nitrique concentré, pour produire une mince couche d'oxyde. De plus, pour prévenir la formation de rouille dans les systèmes de refroidissement et les radiateurs, on y ajoute souvent une solution de chromate de sodium.

La tendance du fer à s'oxyder est grandement réduite quand il forme un alliage avec certains autres métaux. Par exemple, l'acier inoxydable, un alliage de fer, de chrome et de nickel, est protégé de la corrosion par une couche superficielle d'oxyde de chrome(III).

On peut couvrir un contenant en fer d'une couche d'un autre métal comme de l'étain ou du zinc. Par exemple, un contenant en fer-blanc est fabriqué par application d'une mince couche d'étain sur du fer. Tant que cette couche d'étain (étamage) restera intacte, il n'y aura aucune formation de rouille. Cependant, si la surface est rayée, la rouille apparaît rapidement. En effet, si l'on examine les potentiels standard de réduction, on constate que le fer agit comme l'anode et que l'étain agit comme la cathode dans le processus de corrosion :

$$Sn^{2+}(aq) + 2e^- \longrightarrow Sn(s) \qquad\qquad \epsilon° = -0,14\ V$$
$$Fe^{2+}(aq) + 2e^- \longrightarrow Fe(s) \qquad\qquad \epsilon° = -0,44\ V$$

Le processus de protection est différent dans le cas du fer plaqué zinc, ou galvanisé. Le zinc s'oxyde plus facilement que le fer (*voir le* **TABLEAU 7.1**, *p. 381*) :

$$Zn^{2+}(aq) + 2e^- \longrightarrow Zn(s) \qquad\qquad \epsilon° = -0,76\ V$$

Donc, même si une rayure expose le fer, la corrosion continue d'attaquer le zinc. Dans ce cas, le zinc sert d'anode et le fer, de cathode.

La **protection cathodique** est un procédé dans lequel le métal à protéger de la corrosion fait office de cathode, comme dans une cellule galvanique. La **FIGURE 7.19** montre comment on peut protéger un clou de fer en le mettant en contact avec un morceau de zinc. Sans une telle protection, un clou de fer rouille rapidement dans l'eau. On peut, de ce fait, prévenir ou réduire grandement la formation de rouille sur les poteaux de fer ou les réservoirs de fer enfouis en les raccordant à des métaux (comme le zinc ou le magnésium) qui s'oxydent plus facilement que le fer et qui servent d'anodes sacrificielles (*voir la* **FIGURE 7.20**).

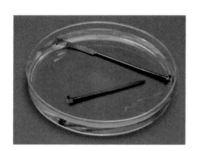

FIGURE 7.19 ⊙
Protection d'un clou
Un clou de fer en contact avec un ruban de zinc (protection cathodique) ne rouille pas dans l'eau ; un clou non protégé rouille facilement.

FIGURE 7.20 ⊙
Protection cathodique
Un réservoir en fer (cathode) est protégé par un métal plus électropositif, le magnésium (anode). Puisque seul le magnésium est dégradé dans ce processus, on l'appelle quelquefois « anode sacrificielle ».

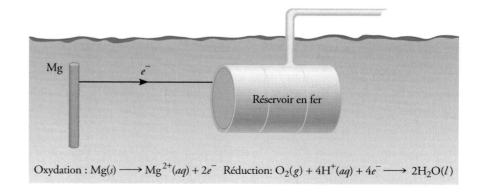

Oxydation : $Mg(s) \longrightarrow Mg^{2+}(aq) + 2e^-$ Réduction: $O_2(g) + 4H^+(aq) + 4e^- \longrightarrow 2H_2O(l)$

QUESTIONS de révision

16. Les objets de quincaillerie en acier, comme les vis et les écrous, sont souvent plaqués d'une mince couche de cadmium. Expliquez le rôle de cette couche.

17. Quel effet a le pH d'une solution sur la formation de la rouille?

7.9 L'électrolyse

Contrairement aux réactions d'oxydoréduction spontanées, au cours desquelles il y a conversion de l'énergie chimique en énergie électrique, l'**électrolyse** est un processus dans lequel on utilise l'énergie électrique pour provoquer une réaction chimique non spontanée. Une **cellule électrolytique** est un dispositif servant à produire une électrolyse. Ce sont les mêmes principes qui gouvernent l'électrolyse et ce qui se produit dans une cellule galvanique. Cette section présente trois exemples d'électrolyse basés sur ces principes. Les aspects quantitatifs de l'électrolyse seront étudiés par la suite.

7.9.1 L'électrolyse du chlorure de sodium fondu

À l'état liquide, le chlorure de sodium, un composé ionique, peut subir une électrolyse pour former du sodium et du chlore. La **FIGURE 7.21A** (*voir p. 414*) représente une cellule de Downs utilisée pour l'électrolyse à grande échelle du NaCl. Dans le NaCl fondu, les cations et les anions sont respectivement les ions Na^+ et Cl^-. La **FIGURE 7.21B** (*voir p. 414*) est un schéma simplifié illustrant les réactions qui se produisent aux électrodes. La cellule électrolytique est constituée d'une paire d'électrodes connectées à une pile. Celle-ci sert de «pompe à électrons», retirant les électrons de l'anode, où l'oxydation se produit, et les poussant vers la cathode, où la réduction se produit. Les réactions aux électrodes sont les suivantes:

$$\text{Anode (oxydation):} \qquad 2Cl^-(l) \longrightarrow Cl_2(g) + 2e^-$$
$$\text{Cathode (réduction):} \qquad \underline{2Na^+(l) + 2e^- \longrightarrow 2Na(l)}$$
$$\text{Globale:} \qquad 2Na^+(l) + 2Cl^-(l) \longrightarrow 2Na(l) + Cl_2(g)$$

Ce procédé comble une bonne partie de la demande en sodium pur et en chlore de l'industrie.

Le calcul de la fem de cette réaction globale donne environ -4 V, ce qui signifie que cette réaction n'est pas spontanée. Cependant, il est possible d'effectuer cette réaction à l'aide d'une batterie qui donne minimalement 4 V. En pratique, il faut fournir une tension plus grande, ce qui sera brièvement expliqué à l'occasion de l'étude du cas de l'électrolyse du chlorure de sodium aqueux.

FIGURE 7.21 ⊘

Électrolyse du chlorure de sodium fondu

Ⓐ Installation, appelée «cellule de Downs», servant à l'électrolyse du NaCl fondu (point de fusion : 801 °C). Le sodium formé aux cathodes est liquide. Puisque le sodium liquide est plus léger que le NaCl fondu, il monte à la surface où il est recueilli. Le chlore gazeux, formé à l'anode, est recueilli par le haut.

Ⓑ Schéma simplifié des réactions aux électrodes durant l'électrolyse du NaCl fondu. La batterie est nécessaire, car ce sont des réactions non spontanées.

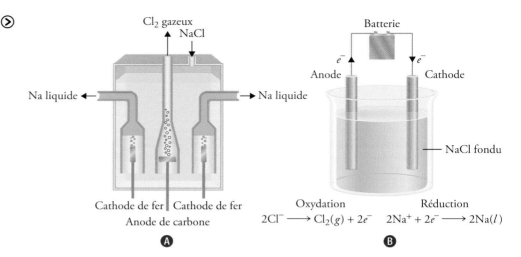

Cl$_2$ gazeux

NaCl

Na liquide ← → Na liquide

Cathode de fer | Cathode de fer

Anode de carbone

Ⓐ

Batterie

e^- ← → e^-

Anode   Cathode

NaCl fondu

Oxydation   Réduction

$2Cl^- \longrightarrow Cl_2(g) + 2e^-$ $2Na^+ + 2e^- \longrightarrow 2Na(l)$

Ⓑ

7.9.2 L'électrolyse de l'eau

Dans des conditions atmosphériques (101,3 kPa et 25 °C), l'eau contenue dans un bécher ne se décomposera pas spontanément en hydrogène et en oxygène, car la variation d'enthalpie libre standard de la réaction est une valeur positive très grande :

$$2H_2O(l) \longrightarrow 2H_2(g) + O_2(g) \qquad \Delta G° = 474,4 \text{ kJ}$$

Cependant, on peut provoquer cette réaction par électrolyse dans une cellule semblable à celle illustrée à la **FIGURE 7.22**. Cette cellule électrolytique appelée «eudiomètre» est constituée d'une paire d'électrodes formées d'un métal non réactif, comme le platine, immergées dans l'eau. Quand on branche les électrodes à cette pile, il ne se passe rien, car il n'y a pas assez d'ions dans l'eau pure pour former un courant électrique. (Dans l'eau pure à 25 °C, $[H^+] = 1 \times 10^{-7}$ mol/L et $[OH^-] = 1 \times 10^{-7}$ mol/L.)

Par ailleurs, la réaction se produit facilement dans une solution de H$_2$SO$_4$ 0,1 mol/L parce qu'il y a alors assez d'ions pour permettre au courant de passer. Il se forme immédiatement des bulles de gaz aux deux électrodes. Ce processus est illustré à la **FIGURE 7.23**. La réaction à l'anode est la suivante :

$$2H_2O(l) \longrightarrow O_2(g) + 4H^+(aq) + 4e^-$$

À la cathode :

$$H^+(aq) + e^- \longrightarrow \tfrac{1}{2}H_2(g)$$

La réaction globale est donnée par :

Anode (oxydation) :	$2H_2O(l) \longrightarrow O_2(g) + 4H^+(aq) + 4e^-$
Cathode (réduction) :	$4[H^+(aq) + e^- \longrightarrow \tfrac{1}{2}H_2(g)]$
Globale :	$2H_2O(l) \longrightarrow 2H_2(g) + O_2(g)$

Il faut noter qu'il n'y a pas de consommation nette de H$_2$SO$_4$ au cours de cette réaction.

H$_2$ O$_2$

FIGURE 7.22 ⌃

Électrolyse de l'eau

Cet appareil sert à l'électrolyse de petites quantités d'eau et permet de recueillir les gaz produits aux électrodes. Le volume d'hydrogène gazeux formé (tube de gauche) est deux fois plus important que celui de l'oxygène gazeux (tube de droite).

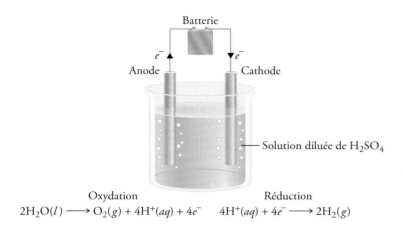

Schéma illustrant les réactions aux électrodes durant l'électrolyse de l'eau

7.9.3 L'électrolyse d'une solution aqueuse de chlorure de sodium

Des trois exemples d'électrolyse abordés ici, celui-ci est le plus complexe, car une solution aqueuse de chlorure de sodium contient plusieurs espèces pouvant être oxydées ou réduites. Les réactions d'oxydation pouvant se produire à l'anode sont :

$$1) \quad 2Cl^-(aq) \longrightarrow Cl_2(g) + 2e^-$$
$$2) \quad 2H_2O(l) \longrightarrow O_2(g) + 4H^+(aq) + 4e^-$$

Au **TABLEAU 7.1** (*voir p. 381*), on trouve :

$$Cl_2(g) + 2e^- \longrightarrow 2Cl^-(aq) \qquad \epsilon^\circ = 1{,}36 \text{ V}$$
$$O_2(g) + 4H^+(aq) + 4e^- \longrightarrow 2H_2O(l) \qquad \epsilon^\circ = 1{,}23 \text{ V}$$

Les potentiels standard de réduction des demi-réactions 1 et 2 ne sont pas très différents, mais leurs valeurs suggèrent que c'est H_2O qui devrait s'oxyder à l'anode. Cependant, l'expérience révèle que c'est Cl_2 et non pas O_2 qui est libéré à l'anode. En étudiant les processus électrolytiques, on découvre quelquefois que la tension requise pour une réaction est beaucoup plus élevée que celle indiquée par les valeurs standard. La tension supplémentaire requise pour provoquer l'électrolyse est appelée **surtension**. La surtension dépend pour une bonne part des interactions entre les gaz dégagés et la surface des électrodes. Celle requise pour la formation de O_2 est élevée. C'est pourquoi, dans des conditions normales de fonctionnement, c'est Cl_2 qui est formé à l'anode plutôt que O_2.

Les réductions pouvant se produire à la cathode sont les suivantes :

$$3) \quad 2H^+(aq) + 2e^- \longrightarrow H_2(g) \qquad \epsilon^\circ = 0{,}00 \text{ V}$$
$$4) \quad 2H_2O(l) + 2e^- \longrightarrow H_2(g) + 2OH^-(aq) \qquad \epsilon^\circ = -0{,}83 \text{ V}$$
$$5) \quad Na^+(aq) + e^- \longrightarrow Na(s) \qquad \epsilon^\circ = -2{,}71 \text{ V}$$

La réaction 5 est éliminée à cause de son potentiel standard de réduction très négatif. La réaction 3 est favorisée par rapport à la réaction 4 dans des conditions standard. Cependant, à un pH de 7 (comme dans le cas d'une solution de NaCl), elles sont toutes deux également probables. On utilise généralement la réaction 4 pour décrire la réaction à la cathode parce que la concentration d'ions H^+ est trop faible (environ 1×10^{-7} mol/L) pour que la réaction 3 soit un choix raisonnable.

Ainsi, les réactions qui se produisent dans l'électrolyse du chlorure de sodium aqueux sont :

Anode (oxydation) :	$2Cl^-(aq) \longrightarrow Cl_2(g) + 2e^-$
Cathode (réduction) :	$2H_2O(l) + 2e^- \longrightarrow H_2(g) + 2OH^-(aq)$
Globale :	$2H_2O(l) + 2Cl^-(aq) \longrightarrow H_2(g) + Cl_2(g) + 2OH^-(aq)$

Comme l'indique la réaction globale, la concentration des ions Cl^- diminue durant l'électrolyse, et celle des ions OH^- augmente. On peut alors, en plus de H_2 et de Cl_2, obtenir, comme sous-produit utile, du NaOH par évaporation de l'eau après l'électrolyse. En pratique, cette cellule est plus complexe, car elle nécessite la présence d'un diaphragme (*voir la* **FIGURE 7.24**).

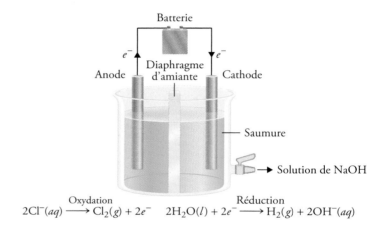

FIGURE 7.24 ⊘

Cellule à diaphragme pour l'électrolyse du NaCl aqueux (procédé chlore–alkali)

Le diaphragme d'amiante est perméable aux ions, mais pas à l'hydrogène et au chlore gazeux, ce qui les empêche de se mélanger. On exerce aussi une pression du côté de l'anode afin d'empêcher les ions OH^- d'y revenir, sinon on obtient de l'eau de Javel [solution contenant de l'hypochlorite de sodium (NaOCl)].

$$\underset{\text{Oxydation}}{2Cl^-(aq) \longrightarrow Cl_2(g) + 2e^-} \qquad \underset{\text{Réduction}}{2H_2O(l) + 2e^- \longrightarrow H_2(g) + 2OH^-(aq)}$$

Une application récente de l'électrolyse du chlorure de sodium consiste à générer automatiquement, par électrolyse contrôlée, le chlore dans l'eau des piscines domestiques. Une fois l'appareil installé, il suffit de rendre l'eau de la piscine légèrement salée au chlorure de sodium et de brancher l'appareil (*voir la* **FIGURE 7.25**). L'action désinfectante du chlore est surtout due à sa transformation en ion hypochlorite (ClO^-), selon les réactions suivantes :

Formation d'acide hypochloreux (HClO) :

$$Cl_2(g) + H_2O(l) \rightleftharpoons HClO(aq) + HCl(aq)$$

Formation d'hypochlorite (ClO^-) :

$$HClO(aq) \rightleftharpoons H^+(aq) + ClO^-(aq)$$

FIGURE 7.25 ⊘

Générateur de chlore au sel pour les piscines

La pompe fait circuler l'eau de la piscine légèrement salée au chlorure de sodium dans la cellule électrolytique (en avant-plan), qui génère automatiquement la quantité de chlore requise. En arrière-plan, on voit le bloc d'alimentation et de contrôle électrique.

La solution obtenue à la suite de cette électrolyse est l'équivalent d'une solution désinfectante d'eau de Javel, soit une solution aqueuse d'hypochlorite de sodium [NaOCl(*aq*)].

Cette étude de l'électrolyse met en lumière les faits suivants : en général, les cations sont réduits à la cathode, et les anions oxydés à l'anode ; dans les solutions aqueuses, l'eau peut elle-même être oxydée ou réduite selon la présence d'autres espèces.

L'électrolyse a beaucoup d'applications importantes dans l'industrie, notamment dans celle de l'extraction et de l'affinage des métaux. La section 7.10 (*voir p. 421*) en présentera quelques-unes.

EXEMPLE 7.9   La prédiction des réactions aux électrodes lors d'une électrolyse

Au moyen de l'appareil illustré à la **FIGURE 7.22** (*voir p. 414*), on fait subir une électrolyse à une solution aqueuse de sulfate de sodium [$Na_2SO_4(aq)$]. Si les produits formés à l'anode et à la cathode sont respectivement l'oxygène et l'hydrogène, décrivez les réactions qui ont lieu aux électrodes.

DÉMARCHE

Avant d'aborder les réactions à la cathode, il faudrait tenir compte des faits suivants : 1) puisque Na_2SO_4 ne s'hydrolyse pas dans l'eau, le pH de la solution est près de 7 ; 2) les ions Na^+ ne sont pas réduits à la cathode, et les ions SO_4^{2-} ne sont pas oxydés à l'anode. Ces conclusions sont celles déjà obtenues à partir de l'électrolyse de l'eau en présence d'acide sulfurique et de l'électrolyse d'une solution aqueuse de chlorure de sodium, comme discuté antérieurement. Par conséquent, les deux réactions aux électrodes, l'oxydation et la réduction, impliquent toutes les deux des molécules d'eau.

> **NOTE**
>
> L'ion SO_4^{2-} est la base conjuguée de l'acide faible HSO_4^- ($K_a = 1,3 \times 10^{-2}$). Cependant, on peut considérer l'hydrolyse de SO_4^{2-} comme négligeable. De plus, l'ion SO_4^{2-} n'est pas oxydé à l'anode.

SOLUTION

Les réactions aux électrodes sont les suivantes :

$$\text{Anode :} \quad 2H_2O(l) \longrightarrow O_2(g) + 4H^+(aq) + 4e^-$$

$$\text{Cathode :} \quad 2H_2O(l) + 2e^- \longrightarrow H_2(g) + 2OH^-(aq)$$

La réaction globale, que l'on obtient en doublant les coefficients de la réaction à la cathode et en additionnant le résultat à la réaction à l'anode, est la suivante :

$$6H_2O(l) \longrightarrow 2H_2(g) + O_2(g) + 4H^+(aq) + 4OH^-(aq)$$

Si les ions H^+ et OH^- peuvent venir en contact (se mélanger), alors :

$$4H^+(aq) + 4OH^-(aq) \longrightarrow 4H_2O(l)$$

et la réaction globale devient :

$$2H_2O(l) \longrightarrow 2H_2(g) + O_2(g)$$

EXERCICE E7.9

On fait l'électrolyse d'une solution aqueuse de $Mg(NO_3)_2$. Quels sont les produits gazeux à l'anode et à la cathode ?

Problème semblable ⊕

7.32

RÉVISION DES CONCEPTS

Complétez la cellule électrolytique suivante en identifiant les électrodes et en montrant les réactions de demi-cellules. Expliquez pourquoi les signes de l'anode et de la cathode sont contraires à ceux d'une cellule galvanique.

Batterie

$MgCl_2$ fondu

7.9.4 Les aspects quantitatifs de l'électrolyse

L'approche quantitative de l'électrolyse fut d'abord élaborée par Faraday (*voir « Capsule d'information », p. 366*). Celui-ci observa que la masse de produit formé (ou de réactif consommé) à une électrode est proportionnelle à la quantité d'électricité transférée à l'électrode et à la masse molaire de la substance en question. Par exemple, dans l'électrolyse de NaCl fondu, la réaction à la cathode indique qu'il y a production d'un atome de Na quand un ion Na^+ reçoit un électron de l'électrode. Donc, pour réduire une mole d'ions Na^+, il faut fournir le nombre d'Avogadro ($6,02 \times 10^{23}$) d'électrons à la cathode. Par contre, la stœchiométrie de la réaction à l'anode indique que l'oxydation de deux ions Cl^- forme une molécule de chlore. Donc, la formation d'une mole de Cl_2 exige le transfert de deux moles d'électrons des ions Cl^- à l'anode. De même, il faut deux moles d'électrons pour réduire une mole d'ions Mg^{2+}, et trois moles d'électrons pour réduire une mole d'ions Al^{3+} :

$$Mg^{2+} + 2e^- \longrightarrow Mg$$
$$Al^{3+} + 3e^- \longrightarrow Al$$

Donc :

$$2\ F \mathrel{\hat{=}} 1 \text{ mol } Mg^{2+}$$
$$3\ F \mathrel{\hat{=}} 1 \text{ mol } Al^{3+}$$

où F est le faraday déjà défini à la page 393 ($1\ F = 9,65 \times 10^4$ C = 1 mol e^-).

Au cours d'une électrolyse, on mesure généralement le courant (en ampères, A) qui passe dans une cellule durant un certain temps. La relation entre la charge (en coulombs, C) et le courant est :

$$\text{charge (C)} = \text{courant (A)} \times \text{temps (s)}$$
$$1 \text{ C} = 1 \text{ A} \times 1 \text{ s}$$

Autrement dit, un coulomb correspond à la charge électrique qui passe en un point donné du circuit en une seconde quand le courant est de un ampère.

La **FIGURE 7.26** indique les étapes du calcul des quantités de substances produites pendant une électrolyse. L'exemple de l'électrolyse du chlorure de calcium ($CaCl_2$) fondu dans une cellule électrolytique illustrera ces étapes.

Si un courant de 0,452 A passe durant 1,50 heure dans la cellule, combien de produits (en grammes) sont formés à l'anode et à la cathode ? Pour résoudre ce genre de problèmes concernant l'électrolyse, il faut d'abord déterminer les substances pouvant être oxydées à l'anode et celles qui peuvent être réduites à la cathode. Ici, le choix est facile, car le sel fondu donne seulement des ions Ca^{2+} et Cl^-. Les réactions sont les suivantes :

Anode (oxydation) : $\qquad 2Cl^-(l) \longrightarrow Cl_2(g) + 2e^-$

Cathode (réduction) : $\qquad \dfrac{Ca^{2+}(l) + 2e^- \longrightarrow Ca(l)}{}$

Globale : $\qquad Ca^{2+}(l) + 2Cl^-(l) \longrightarrow Ca(l) + Cl_2(g)$

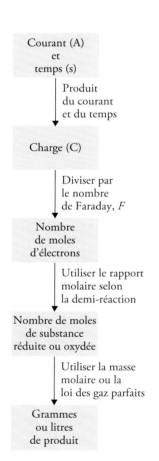

FIGURE 7.26

Étapes du calcul des quantités de substances réduites ou oxydées durant une électrolyse

Les quantités de Ca métallique et de Cl_2 gazeux formées dépendent du nombre d'électrons qui passent dans la cellule; ce nombre dépend, à son tour, du courant et du temps écoulé, ou de la charge:

$$? \, C = 0{,}452 \, \cancel{A} \times 1{,}50 \, \cancel{h} \times \frac{3600 \, \cancel{s}}{1 \, \cancel{h}} \times \frac{1 \, C}{1 \, \cancel{A} \cdot \cancel{s}} = 2{,}44 \times 10^3 \, C$$

Puisque $9{,}65 \times 10^4$ C = 1 mol d'électrons, et qu'il faut 2 mol d'électrons pour réduire 1 mol d'ions Ca^{2+}, la masse de Ca formée à la cathode se calcule de la façon suivante:

$$? \, g \, Ca = 2{,}44 \times 10^3 \, \cancel{C} \times \frac{1 \, \cancel{mol \, e^-}}{9{,}65 \times 10^4 \, \cancel{C}} \times \frac{1 \, \cancel{mol \, Ca}}{2 \, \cancel{mol \, e^-}} \times \frac{40{,}08 \, g \, Ca}{1 \, \cancel{mol \, Ca}} = 0{,}507 \, g \, Ca$$

La réaction à l'anode indique que 1 mole de chlore est produite par 2 mol e^- en électricité. Alors, la masse de chlore formée est la suivante:

$$? \, g \, Cl_2 = 2{,}44 \times 10^3 \, \cancel{C} \times \frac{1 \, \cancel{mol \, e^-}}{9{,}65 \times 10^4 \, \cancel{C}} \times \frac{1 \, \cancel{mol \, Cl_2}}{2 \, \cancel{mol \, e^-}} \times \frac{70{,}90 \, g \, Cl_2}{1 \, \cancel{mol \, Cl_2}} = 0{,}896 \, g \, Cl_2$$

EXEMPLE 7.10   **Le calcul d'une quantité de produit au cours d'une électrolyse**

Un courant constant de 1,26 A circule durant 7,44 h dans une cellule électrolytique contenant une solution diluée d'acide sulfurique. Écrivez les réactions des demi-piles se déroulant à chacune des électrodes et calculez le volume des gaz générés à TPN.

DÉMARCHE

Nous avons déjà vu ces demi-réactions à la page 414:

Anode (oxydation):	$2H_2O(l) \longrightarrow O_2(g) + 4H^+(aq) + 4e^-$
Cathode (réduction):	$4[H^+(aq) + e^- \longrightarrow H_2(g)]$
Globale:	$2H_2O(l) \longrightarrow 2H_2(g) + O_2(g)$

Selon la **FIGURE 7.26**, il faudra suivre les étapes de conversion suivantes afin de calculer la quantité de O_2 produite en moles:

$$\text{courant} \times \text{temps} \longrightarrow \text{coulombs} \longrightarrow \text{moles de } e^- \longrightarrow \text{moles de } O_2$$

Finalement, en utilisant l'équation des gaz parfaits, il sera possible de calculer le volume de O_2 en litres à TPN. Une procédure analogue permet de faire le calcul dans le cas de H_2.

SOLUTION

Calculons d'abord la quantité d'électricité, la charge en coulombs, qui est passée dans le circuit de la cellule:

$$? \, C = 1{,}26 \, \cancel{A} \times 7{,}44 \, \cancel{h} \times \frac{3600 \, \cancel{s}}{1 \, \cancel{h}} \times \frac{1 \, C}{1 \, \cancel{A} \cdot \cancel{s}} = 3{,}37 \times 10^4 \, C$$

▶

Ensuite, convertissons le nombre de coulombs en nombre de moles d'électrons :

$$3,37 \times 10^4 \; \cancel{C} \times \frac{1 \; mol \; e^-}{96\,500 \; \cancel{C}} = 0,349 \; mol \; e^-$$

D'après la demi-réaction d'oxydation, 1 mol $O_2 \backsimeq 4$ mol e^-. Le nombre de moles de O_2 généré est donc :

$$0,349 \; \cancel{mol \; e^-} \times \frac{1 \; mol \; O_2}{4 \; \cancel{mol \; e^-}} = 0,0873 \; mol \; O_2$$

Trouvons le volume correspondant à 0,0873 mol O_2 à TPN à l'aide de l'équation des gaz parfaits :

$$
\begin{aligned}
V &= \frac{nRT}{P} \\
&= \frac{(0,0873 \; mol)\,(8,314 \; kPa \cdot L \cdot mol^{-1} \cdot K^{-1})\,(273 \; K)}{101,3 \; kPa} \\
&= 1,96 \; L
\end{aligned}
$$

Recommençons cette procédure de calcul pour trouver le volume d'hydrogène, mais cette fois nous combinerons les deux premières étapes afin de simplifier les calculs :

$$3,37 \times 10^4 \; \cancel{C} \times \frac{1 \; \cancel{mol \; e^-}}{96\,500 \; \cancel{C}} \times \frac{1 \; mol \; H_2}{2 \; \cancel{mol \; e^-}} = 0,175 \; mol \; H_2$$

Le volume de 0,175 mol H_2 à TPN est :

$$
\begin{aligned}
V &= \frac{nRT}{P} \\
&= \frac{(0,0175 \; mol)\,(8,314 \; kPa \cdot L \cdot mol^{-1} \cdot K^{-1})\,(273 \; K)}{101,3 \; kPa} \\
&= 3,92 \; L
\end{aligned}
$$

VÉRIFICATION

On constate que le volume de H_2 est le double de celui de O_2 (*voir la* **FIGURE 7.22**, *p. 414*), en conformité avec la loi d'Avogadro (à la même température et à la même pression, le volume est directement proportionnel au nombre de moles de gaz).

⊕ **Problème semblable**

7.35

EXERCICE E7.10

Un courant constant passe pendant 18 heures dans une cellule électrolytique contenant du $MgCl_2$ fondu. Si l'on obtient $4,8 \times 10^5$ g de Cl_2, quel est le courant en ampères ?

QUESTIONS de révision

18. Quelle est la différence entre une cellule galvanique et une cellule électrolytique ?
19. Quelle fut la contribution de Faraday à l'étude quantitative de l'électrolyse ?

7.10 L'électrométallurgie

Différentes méthodes d'électrolyse permettent d'obtenir un métal pur à partir d'un minerai ou encore d'affiner (purifier davantage) un métal. On peut aussi vouloir plaquer un objet d'un métal précieux ou le recouvrir d'un métal protecteur. L'ensemble de ces procédés constitue l'électrométallurgie. Au Québec, on produit une dizaine de métaux par électrolyse. La section précédente a montré comment un métal actif, par exemple le sodium, peut être obtenu par réduction électrolytique de son cation contenu dans le NaCl fondu (*voir p. 413*). Voici deux autres applications.

7.10.1 La production de l'aluminium

On extrait habituellement l'aluminium de la bauxite ($Al_2O_3 \cdot 2H_2O$). On retire d'abord les impuretés du minerai, puis on chauffe celui-ci pour obtenir du Al_2O_3 anhydre. Cet oxyde est ensuite dissous dans de la cryolithe (Na_3AlF_6) fondue dans une cellule électrolytique de Hall-Héroult (*voir la* **FIGURE 7.27**). Cette cellule est une cuve contenant une série d'anodes de carbone ; la cathode est également en carbone et forme le recouvrement intérieur de la cuve. On procède à l'électrolyse et l'on obtient de l'aluminium et de l'oxygène :

$$\text{Anode :} \qquad 3[2O^{2-} \longrightarrow O_2(g) + 4e^-]$$
$$\text{Cathode :} \quad \underline{4[Al^{3+} + 3e^- \longrightarrow Al(l)]}$$
$$\text{Globale :} \qquad 2Al_2O_3 \longrightarrow 4Al(l) + 3O_2(g)$$

L'oxygène réagit avec les anodes de carbone à 1000 °C (point de fusion de la cryolithe) pour former du dioxyde de carbone, qui s'échappe sous forme gazeuse. L'aluminium liquide (point de fusion : 660 °C) coule au fond du récipient, d'où il est drainé.

Charles Hall (1863-1914). Encore étudiant à Oberlin College, Hall cherchait un moyen économique d'extraire de l'aluminium. Peu après l'obtention de son diplôme, à 22 ans, installé dans un hangar, il réussit à produire de l'aluminium à partir d'oxyde d'aluminium.

NOTE

Les anodes se consomment et il faut les remplacer au bout d'un certain temps.

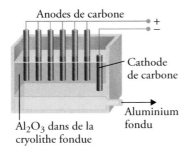

Anodes de carbone
Cathode de carbone
Al_2O_3 dans de la cryolithe fondue
Aluminium fondu

FIGURE 7.27

Production électrolytique d'aluminium basée sur le procédé Hall-Héroult

Le recyclage des cannettes d'aluminium

Les cannettes d'aluminium pour les boissons gazeuses et la bière ont fait leur apparition sur le marché au début des années 1960. Elles ont vite supplanté les cannettes d'acier: déjà, en 1977, la moitié des cannettes étaient en aluminium, puis en 1994, cette proportion est passée à plus de 96%. En 2012, plus de 115 milliards de cannettes ont été produites en Amérique du Nord, soit environ 300 cannettes par personne. Cette popularité de l'aluminium dans l'industrie de l'embouteillage s'explique facilement. D'abord, ce contenant est non toxique, sans odeur et ne modifie pas le goût des liquides. Il constitue aussi une excellente barrière contre la lumière, l'oxygène et l'humidité. Il est un très bon conducteur de chaleur, ce qui présente un avantage pour un refroidissement rapide, tout en étant un mauvais conducteur de chaleur par radiation, car l'aluminium est réfléchissant; le contenu reste donc froid plus longtemps au soleil. Quant aux procédés techniques de fabrication des cannettes, ils ne nécessitent pas de soudures et sont très efficaces: plus de 2000 cannettes peuvent être fabriquées à la minute. Le produit ainsi obtenu est à la fois très mince, très résistant et surtout très léger. Cette légèreté permet des économies d'énergie en ce qui concerne le transport, et elle facilite la manutention et l'entreposage. Avec toutes ces qualités, la cannette d'aluminium frôle la perfection, sauf en ce qui a trait à deux aspects très importants: l'aspect énergétique et l'aspect environnemental.

Comme de nombreuses grandes vedettes, l'aluminium est devenu en quelque sorte victime de sa popularité. Les cannettes se sont vite retrouvées dans la nature et les sites d'enfouissement, ce qui est déjà un gros problème. Il fallait aussi s'interroger sur la disponibilité des minerais d'aluminium (bauxites), les coûts énergétiques des procédés d'extraction et de purification et, finalement, les coûts environnementaux de toutes ces opérations. La réponse à ce grand défi est le recyclage. Le recyclage des cannettes d'aluminium est devenu une pratique courante, qu'une consigne soit exigée ou non à l'achat. Selon l'organisme Recyc-Québec, il s'est vendu en 2012 près de 1,25 milliard de cannettes avec un taux de récupération (consignation et collecte sélective combinées) de 74%.

En fait, ce qui était un problème pour la cannette d'aluminium est devenu sa plus grande qualité: elle est recyclable. Voici pourquoi et comment.

Pour comprendre les avantages économiques du recyclage de l'aluminium, il faut comparer les besoins énergétiques de sa production à partir de la bauxite à ceux de son recyclage. La réaction globale du procédé électrolytique (*voir la* **FIGURE 7.27**, *p. 421*), appelé «procédé Hall-Héroult», est:

$$2Al_2O_3 \text{ (dans de la cryolithe fondue)} + 3C(s) \longrightarrow$$
$$2Al(l) + 3CO_2(g)$$
$$\Delta H° = 1340 \text{ kJ/mol et } \Delta S° = 586 \text{ J/mol} \cdot \text{K}$$

À 1000 °C, température d'opération du procédé, l'enthalpie libre standard de la réaction est donnée par:

$$\Delta G° = \Delta H° - T\Delta S°$$
$$= 1340 \text{ kJ/mol} - \left[(1273 \text{ K})\left(\frac{586 \text{ J}}{\text{K} \cdot \text{mol}}\right)\left(\frac{1 \text{ kJ}}{1000 \text{ J}}\right)\right]$$
$$= 594 \text{ kJ/mol}$$

Selon l'équation 7.8, $\Delta G° = -nF\epsilon°_{cell}$; la quantité d'énergie électrique nécessaire pour produire l'aluminium à partir de la bauxite est donc de 594 kJ/2 mol ou 297 kJ/mol. Dans le cas du recyclage de l'aluminium, il suffit de fournir l'énergie nécessaire pour atteindre son point de fusion (660 °C) et ensuite celle qui est nécessaire pour le faire fondre (chaleur de fusion = 10,7 kJ/mol). L'énergie à fournir pour 1 mol d'aluminium chauffée de 25 °C à 660 °C est:

$$Q = m \cdot c \cdot \Delta T$$
$$= (27,0 \text{ g})(0,900 \text{ J/g} \cdot °C)(660 - 25) °C$$
$$= 15,4 \text{ kJ}$$

L'énergie totale pour recycler 1 mol d'aluminium est donc:

$$Q_t = 15,4 \text{ kJ} + 10,7 \text{ kJ}$$
$$= 26,1 \text{ kJ}$$

Pour comparer les besoins énergétiques des deux procédés, il faut calculer le rapport suivant:

$$\frac{\text{énergie requise pour recycler 1 mol Al}}{\text{énergie requise pour produire 1 mol Al}} \times 100\%$$

$$= \frac{26,1\,\text{kJ}}{297\,\text{kJ}} \times 100\% = 8,8\%$$

Donc, en recyclant les cannettes d'aluminium, on peut épargner environ 91% de l'énergie requise pour les produire une première fois à partir de la bauxite, ce qui représente près de 1% de tous les kilowattheures de l'électricité produite annuellement aux États-Unis. Si on tient compte des autres coûts associés au transport et au traitement du minerai, on arrive à une épargne de 95%. Un autre avantage est que le recyclage évite les émissions de GES lors du traitement de la bauxite. Au Québec, en 2010, plus de 11 000 tonnes d'aluminium ont été récupérées. Une cannette d'aluminium est facilement recyclable et peut l'être indéfiniment. En moins de 60 jours à partir de sa récupération, on la retrouve sous forme d'une nouvelle cannette sur les tablettes des épiceries. L'aluminium récupéré peut aussi être à nouveau purifié par un autre procédé d'électrolyse (aluminium de deuxième fusion) beaucoup moins coûteux que celui du minerai (aluminium de première

fusion) pour ensuite être revendu aux usines de fabrication de moteurs d'automobile situées près des usines d'électrolyse. On peut donc fabriquer à moindre coût des moteurs plus légers que ceux en fonte ou en acier et moins énergivores. Finalement, la récupération des cannettes pour leur recyclage constitue un bon moyen de contribuer à la protection de l'environnement.

Ⓐ Collecte de cannettes pour le recyclage
Ⓑ Fusion et purification de l'aluminium recyclé

7.10.2 L'affinage du cuivre

Le cuivre obtenu de son minerai contient habituellement beaucoup d'impuretés comme du zinc, du fer, de l'argent et de l'or. Les métaux les plus électropositifs sont retirés par électrolyse; durant ce processus, le cuivre impur agit comme une anode, et le cuivre pur agit comme une cathode, le tout dans une solution d'acide sulfurique contenant des ions Cu^{2+} (*voir la* **FIGURE 7.28**). Les réactions sont les suivantes:

Anode: $Cu(s) \longrightarrow Cu^{2+}(aq) + 2e^-$
Cathode: $Cu^{2+}(aq) + 2e^- \longrightarrow Cu(s)$

Les métaux réactifs contenus dans l'anode de cuivre, comme le fer et le zinc, sont oxydés et entrent en solution sous forme d'ions Fe^{2+} et Zn^{2+}. Cependant, ils ne sont pas réduits à la cathode. Les métaux moins électropositifs, comme l'or et l'argent, ne sont pas oxydés à l'anode. Ils finissent par tomber au fond de la cellule à mesure que l'anode de cuivre se dissout. Le résultat net de cette électrolyse est le transfert du cuivre de l'anode à la cathode (*voir la* **FIGURE 7.29**, *p. 424*).

Le cuivre ainsi préparé est pur à au moins 99,5%. Il est intéressant de noter que les impuretés métalliques (surtout de l'argent et de l'or) provenant de l'anode de cuivre sont des sous-produits ayant une valeur commerciale; leur vente sert souvent à payer l'électricité utilisée pour l'électrolyse.

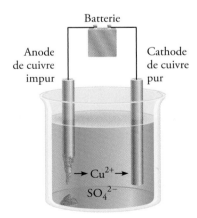

FIGURE 7.28

Schéma d'une cellule d'affinage électrolytique du cuivre

La cathode de cuivre pur est très mince en début d'électrolyse. Pendant que l'anode de cuivre impur se dissout, les impuretés tombent au fond de la cellule.

FIGURE 7.29 ⊘

Procédé industriel de l'affinage électrolytique du cuivre

Il s'agit d'un montage où toutes les cathodes sont connectées en série, de même que les anodes.

RÉSUMÉ

7.1 Les réactions d'oxydoréduction

Les réactions d'oxydoréduction se caractérisent par un transfert d'électrons d'une substance à une autre. La perte d'électrons subie durant l'oxydation se traduit par l'augmentation du nombre d'oxydation de l'élément impliqué. Dans la réduction, il y a gain d'électrons, indiqué par une diminution du nombre d'oxydation de l'élément.

L'équilibrage des réactions d'oxydoréduction

Ces équations s'équilibrent en général par la méthode des demi-réactions, qui consiste à diviser la réaction globale en deux demi-réactions : une d'oxydation et une de réduction. On équilibre séparément les deux demi-réactions qu'on additionne ensuite pour obtenir l'équation globale équilibrée. Il faut prendre en compte le fait que la réaction a lieu en milieu acide ou basique. Les différentes étapes sont expliquées à la page 367. À la fin, il faut bien vérifier qu'il y a conservation des atomes et des charges.

Les titrages redox

Il est possible de doser une substance en milieu aqueux si elle peut se comporter comme un oxydant ou comme un réducteur dans une réaction d'oxydoréduction (ou redox).

Le point d'équivalence est atteint lorsque l'agent réducteur est complètement oxydé par l'agent oxydant (ou l'inverse). À ce point, le nombre de moles de la substance réduite est égal au nombre de moles de la substance oxydée, en tenant compte de la stœchiométrie de la réaction.

Le rôle de l'indicateur est souvent joué par l'un ou l'autre des réactifs qui change de couleur lors de son oxydation ou de sa réduction.

7.2 Les cellules galvaniques

Dans une cellule galvanique, l'électricité est produite par une réaction chimique spontanée.

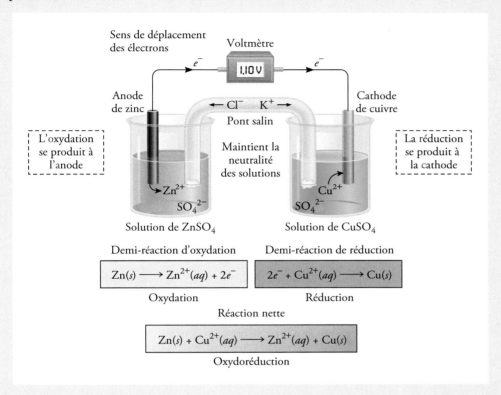

Cette cellule peut être représentée par le diagramme de cellule suivant.

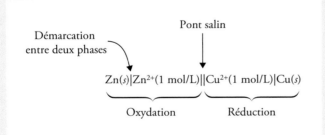

Par convention, l'anode (oxydation) est du côté gauche et la cathode (réduction) est du côté droit.

7.3 Les potentiels standard d'électrode

Les potentiels standard de réduction (*voir le* **TABLEAU 7.1**, *p. 381*) indiquent les tendances relatives des réactions des demi-cellules à se produire et peuvent servir à prédire les produits, le sens et la spontanéité des réactions d'oxydoréduction. Le potentiel de l'électrode standard à hydrogène (ESH) est fixé à exactement 0 V et sert de mesure relative pour les potentiels des autres demi-réactions.

Dans les conditions standard, les solutés doivent être à 1 mol/L et les gaz à 101,3 kPa. La fem standard, $\epsilon^\circ_{\text{cell}}$, est la somme algébrique des potentiels standard de réduction et d'oxydation, ce qui revient à $\epsilon^\circ_{\text{cathode}} - \epsilon^\circ_{\text{anode}}$. Dans les conditions standard, toute espèce à la gauche d'une demi-réaction de la liste des potentiels standard de réduction réagira spontanément avec toute espèce située plus bas du côté droit d'une autre demi-réaction (règle de la diagonale), car c'est la seule manière d'obtenir une valeur de ϵ°_{cell} positive. Par exemple, la cellule galvanique Zn/Cu^{2+} décrite précédemment donnera le potentiel standard suivant :

$$\epsilon^{\circ}_{cell} = \epsilon^{\circ}_{cathode} - \epsilon^{\circ}_{anode} = \epsilon^{\circ}_{Cu^{2+}/Cu} - \epsilon^{\circ}_{Zn^{2+}/Zn} = 0,34 \text{ V} - (-0,76 \text{ V}) = 1,01 \text{ V}$$

7.4 La spontanéité des réactions en général

La variation d'enthalpie, ΔH

La variation d'enthalpie, ΔH, mesurée au cours d'une réaction est la différence entre l'enthalpie finale des produits et l'enthalpie initiale des réactifs. Elle correspond à la chaleur de réaction. Dans les conditions standard (101,3 kPa et 25 °C), on mesure le ΔH°. Tous les systèmes ayant une tendance à atteindre un état d'énergie minimale, il s'agit de l'un des critères importants pour déterminer la spontanéité d'une réaction. Si la valeur du ΔH d'une réaction est inférieure à zéro, ce premier critère est favorable pour avoir une réaction spontanée.

La variation d'entropie, ΔS

La variation d'entropie, ΔS, mesurée au cours d'une réaction est la différence entre l'entropie finale des produits et l'entropie initiale des réactifs. Elle correspond à la mesure de la variation du désordre entre un état final et un état initial. La variation d'entropie standard d'une réaction, $\Delta S^{\circ}_{réaction}$, peut être calculée à partir des entropies standard des réactifs et des produits. Tous les systèmes ayant une tendance à atteindre un état de désordre maximum, il s'agit donc d'un second critère de prédiction de la spontanéité d'une réaction.

La variation de l'enthalpie libre, ΔG (ou fonction de Gibbs)

Les deux grandes tendances mesurées par le ΔH et le ΔS peuvent s'opposer ou se combiner de manière à donner une résultante appelée « enthalpie libre », ΔG, qui sera le critère définitif de la spontanéité d'une réaction. Il s'agit d'une relation entre ΔH, ΔS et la température :

$$\Delta G = \Delta H + T\Delta S$$

Dans le cas des conditions standard, on a :

$$\Delta G^{\circ} = \Delta H^{\circ} - T\Delta S^{\circ}$$

Lorsque $\Delta G < 0$, la réaction est spontanée.

Les facteurs qui affectent le signe de ΔG dans l'équation $\Delta G = \Delta H - T\Delta S$

ΔH	ΔS	ΔG
+	+	À haute température, la réaction est spontanée. À basse température, la réaction inverse est spontanée.
+	−	ΔG est toujours positif. La réaction inverse est spontanée, peu importe la température.
−	+	ΔG est toujours négatif. La réaction est spontanée, peu importe la température.
−	−	À basse température, la réaction est spontanée. À haute température, la réaction inverse est spontanée.

L'enthalpie libre et l'équilibre chimique

D'une manière générale, on a :

$$\Delta G = \Delta G^\circ + RT \ln Q \text{ (où } Q \text{ est le quotient réactionnel)}$$

et, comme à l'équilibre $\Delta G = 0$, l'équation précédente devient :

$$\Delta G^\circ = -RT \ln K$$

ce qui décrit la relation entre la constante d'équilibre K et ΔG°.

On peut ainsi connaître l'une de ces valeurs si l'on connaît l'autre, de même que l'on peut prédire le sens de l'évolution d'une réaction par son ΔG°.

Les relations entre ΔG° et K selon l'équation $\Delta G^\circ = -RT \ln K$

K	$\ln K$	ΔG°	Commentaires
> 1	Positif	Négative	À l'équilibre, les produits seront favorisés.
$= 1$	0		À l'équilibre, les produits et les réactifs seront également favorisés.
< 1	Négatif	Positive	À l'équilibre, les réactifs seront favorisés.

7.5 La spontanéité des réactions d'oxydoréduction

La quantité d'électricité transportée par 1 mol d'électrons équivaut à un faraday.

$$1 \, F = 9{,}65 \times 10^4 \text{ coulombs}$$

La diminution d'enthalpie libre, ΔG, d'une réaction d'oxydoréduction spontanée est égale au travail électrique effectué par le système sur le milieu extérieur donné par la relation :

$$\Delta G = -nF\epsilon_{\text{cell}}$$

qui, dans les conditions standard, s'écrit :

$$\Delta G^\circ = -nF\epsilon^\circ_{\text{cell}}$$

Ainsi, la mesure du potentiel (fem) d'une cellule galvanique peut servir de critère de spontanéité. Comme n et F sont toujours des valeurs positives, il y a une relation inverse entre les signes de ΔG° et de $\epsilon^\circ_{\text{cell}}$.

Les relations entre ΔG°, K et $\epsilon^\circ_{\text{cell}}$

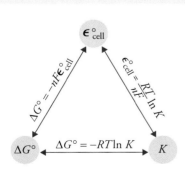

ΔG°	K	$\epsilon^\circ_{\text{cell}}$	Réaction dans les conditions standard
Négative	> 1	Positive	Réaction spontanée À l'équilibre, les produits seront favorisés.
0	$= 1$	0	À l'équilibre, les produits et les réactifs seront également favorisés.
Positive	< 1	Négative	Réaction non spontanée À l'équilibre, les réactifs seront favorisés.

7.6 L'effet de la concentration sur la fem d'une cellule

L'équation de Nernst permet de calculer la fem dans des conditions non standard à 298 K :

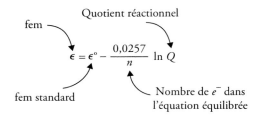

$$\epsilon = \epsilon° - \frac{0{,}0257}{n} \ln Q$$

fem ← ε
Quotient réactionnel → Q
fem standard → ε°
Nombre de e^- dans l'équation équilibrée → n

Elle sert à prédire si une réaction aura lieu selon les concentrations initiales des réactifs et des produits.

7.7 Les piles et les accumulateurs

Les piles et les accumulateurs, souvent connectés en série (on parle alors de batteries), sont largement utilisés comme sources de courant autonomes. Les plus connus sont la pile sèche (comme la pile Leclanché), la pile au mercure, la pile lithium-ion et l'accumulateur au plomb utilisé dans les automobiles. Les piles à combustible sont des cellules galvaniques qui produisent de l'énergie électrique à cause d'un apport continu de réactifs.

7.8 La corrosion

La corrosion des métaux, dont le produit le plus connu est la rouille, est une détérioration qui procède par réaction électrochimique.

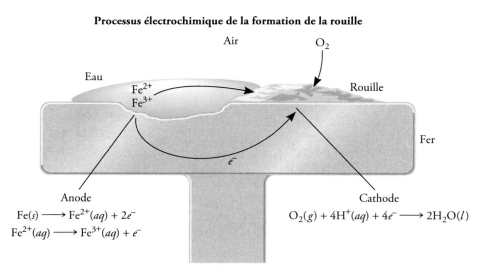

Processus électrochimique de la formation de la rouille

Air

O_2

Eau

Fe^{2+}
Fe^{3+}

Rouille

Fer

e^-

Anode
$Fe(s) \longrightarrow Fe^{2+}(aq) + 2e^-$
$Fe^{2+}(aq) \longrightarrow Fe^{3+}(aq) + e^-$

Cathode
$O_2(g) + 4H^+(aq) + 4e^- \longrightarrow 2H_2O(l)$

Nécessité de la présence d'oxygène, d'un milieu acide et d'eau

Certains métaux comme l'aluminium devraient subir facilement une corrosion, mais dès qu'ils forment une couche superficielle non poreuse d'oxyde, le métal est ensuite protégé. On peut aussi éviter la corrosion ou en réduire la vitesse par une protection cathodique où le métal joue le rôle d'une cathode (*voir les* **FIGURES 7.19** *et* **7.20**, *p. 412*).

7.9   L'électrolyse

Dans une électrolyse, on utilise un courant électrique d'une source extérieure pour provoquer une réaction chimique non spontanée.

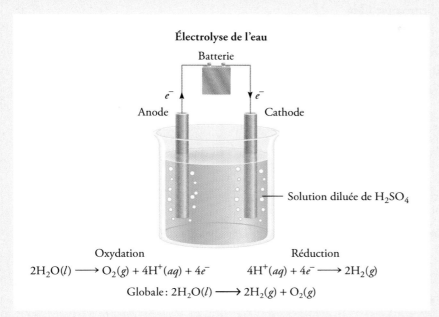

Électrolyse de l'eau

Oxydation
$$2H_2O(l) \longrightarrow O_2(g) + 4H^+(aq) + 4e^-$$

Réduction
$$4H^+(aq) + 4e^- \longrightarrow 2H_2(g)$$

Globale : $2H_2O(l) \longrightarrow 2H_2(g) + O_2(g)$

Les aspects quantitatifs de l'électrolyse

Il est possible de calculer les quantités de substances réduite et oxydée durant l'électrolyse.

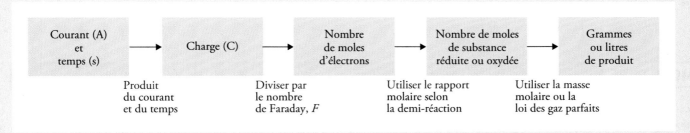

Courant (A) et temps (s)		Charge (C)		Nombre de moles d'électrons		Nombre de moles de substance réduite ou oxydée		Grammes ou litres de produit
	Produit du courant et du temps		Diviser par le nombre de Faraday, F		Utiliser le rapport molaire selon la demi-réaction		Utiliser la masse molaire ou la loi des gaz parfaits	

7.10   L'électrométallurgie

L'électrolyse joue un rôle important dans l'extraction et l'affinage des métaux. On a vu l'exemple de l'électrolyse de l'aluminium à partir de son minerai et de l'affinage du cuivre, c'est-à-dire la purification du cuivre par électrolyse. L'ensemble de ces procédés constitue l'électrométallurgie.

ÉQUATIONS CLÉS

- $\epsilon^{\circ}_{\text{cell}} = \epsilon^{\circ}_{\text{cathode}} - \epsilon^{\circ}_{\text{anode}}$ Relation permettant de calculer la fem standard d'une cellule électrochimique   (7.1)

- $\Delta G = \Delta H - T\Delta S$ Variation de l'enthalpie libre   (7.3)

- $\Delta G^{\circ} = \Delta H^{\circ} - T\Delta S^{\circ}$ Variation de l'enthalpie libre standard   (7.4)

- $\Delta G = \Delta G^{\circ} + RT\ln Q$ Relation entre la variation de l'enthalpie libre, la variation d'enthalpie libre standard et le quotient réactionnel   (7.5)

- $\Delta G^{\circ} = -RT\ln K$ Relation entre la variation de l'enthalpie libre standard et la constante d'équilibre   (7.6)

- $\Delta G = -nF\epsilon_{\text{cell}}$ Relation entre la variation d'enthalpie libre d'une cellule et sa fem   (7.7)

- $\Delta G^{\circ} = -nF\epsilon^{\circ}_{\text{cell}}$ Relation entre la variation d'enthalpie libre standard d'une cellule et sa fem standard   (7.8)

- $\epsilon^{\circ}_{\text{cell}} = \dfrac{RT}{nF}\ln K$ Relation entre la fem standard de la cellule et la constante d'équilibre   (7.9)

- $\epsilon^{\circ}_{\text{cell}} = \dfrac{0,0257}{n}\ln K$ Relation entre la fem standard de la cellule et la constante d'équilibre à 298 K   (7.10)

- $\epsilon^{\circ}_{\text{cell}} = \dfrac{0,0592}{n}\log K$ Relation entre la fem standard de la cellule et la constante d'équilibre à 298 K   (7.11)

- $\epsilon = \epsilon^{\circ} - \dfrac{RT}{nF}\ln Q$ Équation de Nernst permettant de calculer la fem d'une cellule dans des conditions non standard   (7.12)

- $\epsilon = \epsilon^{\circ} - \dfrac{0,0257}{n}\ln Q$ Équation de Nernst permettant de calculer la fem d'une cellule dans des conditions non standard à 298 K   (7.13)

- $\epsilon = \epsilon^{\circ} - \dfrac{0,0592}{n}\log Q$ Équation de Nernst permettant de calculer la fem d'une cellule dans des conditions non standard à 298 K   (7.14)

MOTS CLÉS

Accumulateur, p. 403
Anode, p. 374
Batterie, p. 404
Cathode, p. 374
Cellule électrolytique, p. 413
Cellule galvanique, p. 374
Corrosion, p. 410
Diagramme de cellule, p. 376
Électrochimie, p. 367
Électrode standard à hydrogène (ESH), p. 377

Électrolyse, p. 413
Équation de Nernst, p. 398
Faraday (F), p. 393
fem standard ($\epsilon^{\circ}_{\text{cell}}$), p. 377
Fonction d'état, p. 384
Fonction de Gibbs, p. 387
Force électromotrice ou fem (ϵ), p. 375
Pile, p. 403
Pile à combustible, p. 407
Pile à concentration, p. 402

Potentiel standard de réduction (ϵ°), p. 377
Protection cathodique, p. 412
Réaction de demi-cellule, p. 374
Réaction spontanée, p. 385
Surtension, p. 415
Variation d'enthalpie (ΔH), p. 384
Variation d'enthalpie libre standard (ΔG°), p. 388
Variation d'entropie (ΔS), p. 385

PROBLÈMES

À moins de mention contraire, on suppose une température de 25 °C pour tous les problèmes.
Niveau de difficulté : ★ facile ; ★ moyen ; ★ élevé

Biologie : 7.48, 7.50 ;
Concepts : 7.49, 7.61, 7.67, 7.76, 7.81 ;
Descriptifs : 7.9, 7.10, 7.13, 7.14, 7.32 a), 7.38 a),
7.47, 7.59, 7.69 a) et b), 7.75, 7.81, 7.90 ;
Environnement : 7.3 ;
Industrie : 7.34, 7.42, 7.71, 7.88, 7.89 ;
Organique : 7.28.

PROBLÈMES PAR SECTION

7.1 Les réactions d'oxydoréduction

★**7.1** Équilibrez les équations d'oxydoréduction suivantes à l'aide de la méthode des demi-réactions :

a) $H_2O_2 + Fe^{2+} \longrightarrow Fe^{3+} + H_2O$ (en solution acide)

b) $Cu + HNO_3 \longrightarrow Cu^{2+} + NO + H_2O$
(en solution acide)

c) $CN^- + MnO_4^- \longrightarrow CNO^- + MnO_2$
(en solution basique)

d) $Br_2 \longrightarrow BrO_3^- + Br^-$ (en solution basique)

e) $S_2O_3^{2-} + I_2 \longrightarrow I^- + S_4O_6^{2-}$ (en solution acide)

★**7.2** Équilibrez les équations d'oxydoréduction suivantes à l'aide de la méthode des demi-réactions :

a) $Mn^{2+} + H_2O_2 \longrightarrow MnO_2 + H_2O$
(en solution basique)

b) $Bi(OH)_3 + SnO_2^{2-} \longrightarrow SnO_3^{2-} + Bi$
(en solution basique)

c) $Cr_2O_7^{2-} + C_2O_4^{2-} \longrightarrow Cr^{3+} + CO_2$
(en solution acide)

d) $ClO_3^- + Cl^- \longrightarrow Cl_2 + ClO_2$ (en solution acide)

★**7.3** Les pluies acides résultent surtout de la présence de SO_2 dans l'air. On peut établir la concentration du SO_2 de l'air par titrage avec une solution standard de permanganate :

$$5SO_2 + 2MnO_4^- + 2H_2O \longrightarrow$$
$$5SO_4^{2-} + 2Mn^{2+} + 4H^+$$

Calculez le nombre de grammes de SO_2 contenus dans un échantillon d'air si le titrage a nécessité 7,37 mL d'une solution de $KMnO_4$ 0,008 00 mol/L.

★**7.4** L'oxydation de 25,0 mL d'une solution contenant du Fe^{2+} nécessite 26,0 mL de $K_2Cr_2O_7$ 0,0250 mol/L en solution acide. Équilibrez l'équation suivante et calculez la concentration molaire de Fe^{2+} :

$$Cr_2O_7^{2-} + Fe^{2+} + H^+ \longrightarrow Cr^{3+} + Fe^{3+}$$

★**7.5** On dissout 0,2792 g d'un minerai de fer dans une solution d'un acide dilué ; tout le Fe(II) est alors converti en ions Fe(III) par un titrage nécessitant 23,30 mL de $KMnO_4$ 0,0194 mol/L. Calculez le pourcentage massique du fer dans le minerai.

★**7.6** On peut facilement déterminer la concentration d'une solution de peroxyde d'hydrogène par titrage avec une solution standard de permanganate de potassium en milieu acide. Ce titrage répond à l'équation non équilibrée suivante :

$$MnO_4^- + H_2O_2 \longrightarrow O_2 + Mn^{2+}$$

a) Équilibrez cette équation. **b)** S'il faut 36,44 mL d'une solution de $KMnO_4$ 0,016 52 mol/L pour oxyder complètement 25,00 mL d'une solution de H_2O_2, calculez la concentration molaire volumique de cette dernière.

7.2 Les cellules galvaniques

★**7.7** Calculez la fem standard d'une cellule qui utilise les réactions des demi-cellules Ag/Ag^+ et Al/Al^{3+}. Écrivez l'équation de la réaction de la cellule qui se produit dans les conditions standard.

★**7.8** Calculez la fem standard d'une cellule qui utilise les réactions des demi-cellules Mg/Mg^{2+} et Cu/Cu^{2+}, à 25 °C. Écrivez l'équation de la réaction de la cellule qui se produit dans les conditions standard.

7.3 Les potentiels standard d'électrode

★**7.9** Dites si Fe^{3+} peut oxyder I^- en I_2 dans les conditions standard.

★**7.10** Lesquels des réactifs suivants peuvent oxyder H_2O en $O_2(g)$ dans les conditions standard? $H^+(aq)$, $Cl^-(aq)$, $Cl_2(g)$, $Cu^{2+}(aq)$, $Pb^{2+}(aq)$, $MnO_4^-(aq)$ (en milieu acide).

★**7.11** Soit les demi-réactions suivantes:

$$MnO_4^-(aq) + 8H^+(aq) + 5e^- \longrightarrow$$
$$Mn^{2+}(aq) + 4H_2O(l)$$

$$NO_3^-(aq) + 4H^+(aq) + 3e^- \longrightarrow$$
$$NO(g) + 2H_2O(l)$$

Dites si les ions NO_3^- oxyderont Mn^{2+} en MnO_4^- dans les conditions standard.

★**7.12** Dites si les réactions suivantes se produiront spontanément en solution aqueuse, à 25 °C. Supposez que toutes les concentrations initiales des espèces dissoutes sont de 1 mol/L.

a) $Ca(s) + Cd^{2+}(aq) \longrightarrow Ca^{2+}(aq) + Cd(s)$

b) $2Br^-(aq) + Sn^{2+}(aq) \longrightarrow Br_2(l) + Sn(s)$

c) $2Ag(s) + Ni^{2+}(aq) \longrightarrow 2Ag^+(aq) + Ni(s)$

d) $Cu^+(aq) + Fe^{3+}(aq) \longrightarrow Cu^{2+}(aq) + Fe^{2+}(aq)$

★**7.13** Dans chacune des paires suivantes, quelle espèce est le meilleur oxydant dans les conditions standard? **a)** Br_2 et Au^{3+}; **b)** H_2 et Ag^+; **c)** Cd^{2+} et Cr^{3+}; **d)** O_2 en milieu acide et O_2 en milieu basique.

★**7.14** Dans chacune des paires suivantes, quelle espèce est le meilleur réducteur dans les conditions standard? **a)** Na et Li; **b)** H_2 et I_2; **c)** Fe^{2+} et Ag; **d)** Br^- et Co^{2+}.

7.4 7.5 La spontanéité des réactions en général

★**7.15** Quelle est la constante d'équilibre de la réaction suivante, à 25 °C?

$$Mg(s) + Zn^{2+}(aq) \rightleftharpoons Mg^{2+}(aq) + Zn(s)$$

★**7.16** La constante d'équilibre de la réaction suivante:

$$Sr(s) + Mg^{2+}(aq) \rightleftharpoons Sr^{2+}(aq) + Mg(s)$$

est $2,69 \times 10^{12}$, à 25 °C. Calculez la valeur de $\epsilon°$ pour une cellule faite des deux demi-cellules Sr/Sr^{2+} et Mg/Mg^{2+}.

★**7.17** À l'aide des potentiels standard de réduction, trouvez la constante d'équilibre de chacune des réactions suivantes, à 25 °C:

a) $Br_2(l) + 2I^-(aq) \rightleftharpoons 2Br^-(aq) + I_2(s)$

b) $2Ce^{4+}(aq) + 2Cl^-(aq) \rightleftharpoons Cl_2(g) + 2Ce^{3+}(aq)$

c) $5Fe^{2+}(aq) + MnO_4^-(aq) + 8H^+(aq) \rightleftharpoons$
$$Mn^{2+}(aq) + 4H_2O(l) + 5Fe^{3+}(aq)$$

★**7.18** Calculez les valeurs de $\Delta G°$ et de K_c pour les réactions suivantes, à 25 °C:

a) $Mg(s) + Pb^{2+}(aq) \rightleftharpoons Mg^{2+}(aq) + Pb(s)$

b) $Br_2(l) + 2I^-(aq) \rightleftharpoons 2Br^-(aq) + I_2(s)$

c) $O_2(g) + 4H^+(aq) + 4Fe^{2+}(aq) \rightleftharpoons$
$$2H_2O(l) + 4Fe^{3+}(aq)$$

d) $2Al(s) + 3I_2(s) \rightleftharpoons 2Al^{3+}(aq) + 6I^-(aq)$

★**7.19** Quelle réaction spontanée se produira dans des conditions standard si une solution aqueuse contient les ions Ce^{4+}, Ce^{3+}, Fe^{3+} et Fe^{2+}? Calculez les valeurs de $\Delta G°$ et de K_c pour cette réaction.

★**7.20** Sachant que $\epsilon° = 0,52$ V pour la réduction $Cu^+(aq) + e^- \longrightarrow Cu(s)$, calculez les valeurs de $\epsilon°$, de $\Delta G°$ et de K pour la réaction suivante, à 25 °C:

$$2Cu^+(aq) \longrightarrow Cu^{2+}(aq) + Cu(s)$$

7.6 L'effet de la concentration sur la fem d'une cellule

★**7.21** Quelle est la fem d'une cellule faite des demi-cellules Zn/Zn^{2+} et Cu/Cu^{2+}, à 25 °C, si $[Zn^{2+}] = 0,25$ mol/L et $[Cu^{2+}] = 0,15$ mol/L?

★**7.22** Calculez les valeurs de $\epsilon°$, de ϵ et de ΔG pour les réactions des cellules suivantes:

a) $Mg(s) + Sn^{2+}(aq) \longrightarrow Mg^{2+}(aq) + Sn(s)$
$[Mg^{2+}] = 0,045$ mol/L; $[Sn^{2+}] = 0,035$ mol/L

b) $3Zn(s) + 2Cr^{3+}(aq) \longrightarrow 3Zn^{2+}(aq) + 2Cr(s)$
$[Cr^{3+}] = 0,010$ mol/L; $[Zn^{2+}] = 0,0085$ mol/L

★**7.23** Calculez la fem standard d'une cellule constituée de la demi-cellule Zn/Zn^{2+} et de l'ESH. Quelle sera la fem de la cellule si $[Zn^{2+}] = 0,45$ mol/L, $P_{H_2} = 202$ kPa et $[H^+] = 1,8$ mol/L?

★**7.24** Quelle est la fem d'une cellule constituée des demi-cellules Pb/Pb^{2+} et $Pt/H_2/H^+$ si $[Pb^{2+}] = 0,10$ mol/L, $[H^+] = 0,050$ mol/L et $P_{H_2} = 101,3$ kPa?

★**7.25** En vous référant à la **FIGURE 7.2** (*voir p. 375*), calculez pour quel rapport $[Cu^{2+}]/[Zn^{2+}]$ la réaction suivante devient spontanée, à 25 °C:

$$Cu(s) + Zn^{2+}(aq) \longrightarrow Cu^{2+}(aq) + Zn(s)$$

★**7.26** Calculez la fem de la cellule suivante, appelée «pile à concentration» (*voir p. 402*):

$$Mg(s)|Mg^{2+}(0,24 \text{ mol/L})||Mg^{2+}(0,53 \text{ mol/L})|Mg(s)$$

7.7 Les piles et les accumulateurs

★**7.27** La pile à combustible hydrogène/oxygène est décrite à la section 7.7 (*voir p. 407*). **a)** Quel volume de $H_2(g)$, stocké à 25 °C et à une pression de $1,57 \times 10^4$ kPa, serait nécessaire pour qu'un moteur utilisant un courant de 8,5 A fonctionne pendant 3,0 heures? **b)** Quel volume (en litres) d'air, à 25 °C et à 101,3 kPa, devrait passer dans la pile par minute pour que le moteur tourne? Supposez que l'air contient 20 % de O_2 par volume et que le O_2 est consommé par la pile. Les autres composantes de l'air n'influencent pas les réactions de la pile à combustible. Supposez aussi que les gaz ont un comportement idéal.

★**7.28** Calculez la fem standard, à 25 °C, de la pile à combustible propane/oxygène décrite à la page 408, sachant que la valeur de ΔG_f° pour le propane est $-23,5$ kJ/mol.

7.8 La corrosion

★**7.29** Le «fer galvanisé» est une feuille d'acier recouverte de zinc; les contenants en fer-blanc sont faits d'une feuille d'acier recouverte d'étain. Expliquez la fonction de ces recouvrements et, d'un point de vue électrochimique, les réactions de corrosion qui se produisent si un électrolyte entre en contact avec la surface rayée d'une feuille de fer galvanisé ou d'un contenant en fer-blanc.

★**7.30** L'argent terni contient du Ag_2S. On peut redonner son éclat original à l'argent en le plaçant dans un récipient en aluminium contenant une solution d'électrolyte inerte, comme le NaCl. Expliquez le principe électrochimique de ce procédé. [Le potentiel standard de réduction de la réaction de la demi-cellule $Ag_2S(s) + 2e^- \longrightarrow 2Ag(s) + S^{2-}(aq)$ est de $-0,71$ V.]

7.9 L'électrolyse

★**7.31** La demi-réaction qui se produit à une électrode est la suivante:

$$Mg^{2+}(\text{fondu}) + 2e^- \longrightarrow Mg(s)$$

Calculez le nombre de grammes de magnésium pouvant être produits si l'on fait passer 1,00 F dans l'électrode.

★**7.32** Soit l'électrolyse du chlorure de baryum fondu, $BaCl_2$. **a)** Écrivez les réactions qui se produisent aux électrodes. **b)** Combien de grammes de baryum métallique peut-on produire en y faisant passer un courant de 0,50 A durant 30 minutes?

★**7.33** En ne tenant compte que du coût de l'électricité, est-il moins économique de produire une tonne de sodium qu'une tonne d'aluminium par électrolyse?

★**7.34** Si le coût de l'électricité nécessaire à la production du magnésium par l'électrolyse du chlorure de magnésium fondu est de 155 $ par tonne de métal, quel est le coût (en dollars) de l'électricité nécessaire pour produire: **a)** 10,0 tonnes d'aluminium; **b)** 30,0 tonnes de sodium; **c)** 50,0 tonnes de calcium?

★**7.35** Dans l'électrolyse de l'eau, l'une des demi-réactions est:

$$2H_2O(l) \longrightarrow O_2(g) + 4H^+(aq) + 4e^-$$

On recueille 0,076 L de O_2 à 25 °C et à 755 mm Hg: combien de faradays sont passés dans la solution?

★**7.36** Quelle quantité d'électricité, en faradays, est nécessaire pour produire: **a)** 0,84 L de O_2, à 101,3 kPa et à 25 °C, à partir d'une solution aqueuse de H_2SO_4; **b)** 1,50 L de Cl_2, à 750 mm Hg et à 25 °C, à partir de NaCl fondu; **c)** 6,0 g de Sn à partir de $SnCl_2$ fondu?

★**7.37** Calculez les quantités de Cu et de Br_2 produites aux électrodes inertes si l'on fait passer un courant de 4,50 A dans une solution de $CuBr_2$ durant 1,0 heure.

★**7.38** Au cours de l'électrolyse d'une solution aqueuse de $AgNO_3$, après un certain temps, il y a un dépôt de 0,67 g de Ag. **a)** Écrivez la demi-réaction de la réduction de Ag^+. **b)** Quelle est la demi-réaction d'oxydation probable? **c)** Calculez la quantité d'électricité utilisée (en coulombs).

★**7.39** On a fait passer un courant constant dans du $CoSO_4$ fondu jusqu'à ce qu'il y ait 2,35 g de cobalt produits. Calculez la quantité d'électricité utilisée (en coulombs).

★**7.40** Un courant électrique constant passe durant 3,75 heures dans deux cellules électrolytiques connectées en série. L'une des cellules contient une solution de $AgNO_3$; l'autre, une solution de $CuCl_2$. Durant ce temps, 2,00 g d'argent se sont déposés dans la première cellule. **a)** Combien de grammes de cuivre se seront déposés dans la seconde cellule? **b)** Quel est le courant, en ampères?

★**7.41** Quelle est la production horaire de chlore (en kilogrammes) dans une cellule électrolytique utilisant une solution aqueuse de NaCl comme électrolyte et dans laquelle circule un courant de $1,500 \times 10^3$ A? Le rendement de l'oxydation de Cl^- à l'anode est de 93,0%.

★**7.42** On plaque du chrome par électrolyse sur des objets en les immergeant dans une solution de dichromate où se produit la demi-réaction (non équilibrée) suivante:

$$Cr_2O_7^{2-}(aq) + e^- + H^+(aq) \longrightarrow Cr(s) + H_2O(l)$$

Combien de temps (en heures) faut-il pour appliquer une couche de chrome de $1,0 \times 10^{-2}$ mm sur un pare-chocs d'automobile antique dont la surface est de $0,25$ m^2 dans une cellule électrolytique où circule un courant de 25,0 A? (La masse volumique du chrome est de 7,19 g/cm^3.)

★**7.43** Le passage d'un courant de 0,750 A durant 25,0 minutes provoque le dépôt de 0,369 g de cuivre dans une solution de $CuSO_4$. À partir de cette donnée, calculez la masse molaire du cuivre.

★**7.44** Le passage d'un courant de 3,00 A durant 304 secondes provoque le dépôt de 0,300 g de cuivre dans une solution de $CuSO_4$. Calculez la valeur du nombre de Faraday.

★**7.45** Dans une expérience d'électrolyse, 1,44 g de Ag se dépose dans une cellule (contenant une solution aqueuse de $AgNO_3$), alors que 0,120 g d'un métal inconnu X se dépose dans une autre cellule (contenant une solution aqueuse de XCl_3); les deux cellules sont branchées en série. Calculez la masse molaire de X.

★**7.46** Dans l'électrolyse de l'eau, une des demi-réactions est la suivante:

$$2H^+(aq) + 2e^- \longrightarrow H_2(g)$$

Supposez que l'on produise 0,845 L de H_2, à 25 °C et à 782 mm Hg. Combien de faradays ont été nécessaires?

PROBLÈMES VARIÉS

★**7.47** Pour chacune des réactions d'oxydoréduction suivantes: I) écrivez les demi-réactions; II) écrivez l'équation équilibrée de la réaction globale; III) dites dans quel sens la réaction sera spontanée dans des conditions standard.

a) $H_2(g) + Ni^{2+}(aq) \longrightarrow H^+(aq) + Ni(s)$

b) $MnO_4^-(aq) + Cl^-(aq) \longrightarrow Mn^{2+}(aq) + Cl_2(g)$
(en solution acide)

c) $Cr(s) + Zn^{2+}(aq) \longrightarrow Cr^{3+}(aq) + Zn(s)$

★**7.48** On trouve l'acide oxalique ($H_2C_2O_4$) dans de nombreux végétaux. **a)** Équilibrez la réaction suivante qui se produit en milieu acide:

$$MnO_4^- + C_2O_4^{2-} \longrightarrow Mn^{2+} + CO_2$$

b) S'il faut 24,0 mL d'une solution de $KMnO_4$ 0,0100 mol/L pour que 1,00 g de $H_2C_2O_4$ atteigne le point d'équivalence, quel est le pourcentage massique de $H_2C_2O_4$ dans l'échantillon?

★**7.49** Complétez le tableau suivant.

ϵ	ΔG	Spontanéité
> 0		
	> 0	
= 0		

★**7.50** L'oxalate de calcium (CaC_2O_4) est insoluble dans l'eau. On utilise cette propriété pour déterminer la quantité d'ions Ca^{2+} dans des liquides, comme le sang. L'oxalate de calcium extrait du sang est dissous dans de l'acide et titré avec une solution standard de $KMnO_4$ comme celle décrite au problème 7.48. Au cours d'une analyse, le titrage de l'oxalate de calcium provenant d'un échantillon de 10,0 mL de sang nécessite 24,2 mL de $KMnO_4$ $9,56 \times 10^{-4}$ mol/L. Calculez le nombre de milligrammes de calcium par millilitre de sang.

★**7.51** D'après les données suivantes, calculez le produit de solubilité de AgBr.

$$Ag^+(aq) + e^- \longrightarrow Ag(s) \qquad \epsilon° = 0,80 \text{ V}$$
$$AgBr(s) + e^- \longrightarrow Ag(s) + Br^-(aq) \qquad \epsilon° = 0,07 \text{ V}$$

★**7.52** Soit une cellule constituée d'une ESH et d'une demi-cellule utilisant la réaction suivante :

$$Ag^+(aq) + e^- \longrightarrow Ag(s)$$

a) Calculez le potentiel standard de la cellule. **b)** Quelle est la réaction spontanée de la cellule dans des conditions standard ? **c)** Calculez le potentiel de la cellule quand [H$^+$] dans l'électrode à hydrogène devient I) $1,0 \times 10^{-2}$ mol/L et II) $1,0 \times 10^{-5}$ mol/L, tous les autres réactifs étant maintenus dans des conditions standard. **d)** En vous inspirant de cette cellule, suggérez une façon de construire un pH-mètre.

★**7.53** Une cellule galvanique est constituée d'une électrode d'argent en contact avec 346 mL d'une solution de AgNO$_3$ 0,100 mol/L, et d'une électrode de magnésium en contact avec 288 mL d'une solution de Mg(NO$_3$)$_2$ 0,100 mol/L. **a)** Calculez la valeur de ϵ pour la cellule, à 25 °C. **b)** On tire un courant électrique de la cellule jusqu'à ce qu'il y ait un dépôt de 1,20 g d'argent à l'électrode d'argent. Calculez la valeur de ϵ pour cette cellule à ce stade d'utilisation.

★**7.54** Dites pourquoi on peut préparer du chlore gazeux grâce à l'électrolyse d'une solution aqueuse de NaCl alors qu'on ne peut préparer du fluor gazeux par électrolyse d'une solution aqueuse de NaF.

★**7.55** Calculez la fem à 25 °C de cette pile à concentration :

$$Cu(s)|Cu^{2+}(0,080 \text{ mol/L})||Cu^{2+}(1,2 \text{ mol/L})|Cu(s)$$

★**7.56** Dans une pile Leclanché, la réaction à la cathode est la suivante :

$$2MnO_2(s) + Zn^{2+}(aq) + 2e^- \longrightarrow ZnMn_2O_4(s)$$

Si une pile Leclanché produit un courant de 0,0050 A, calculez le nombre d'heures que durera ce courant s'il y a initialement 4,0 g de MnO$_2$ dans la pile. Supposez qu'il y a un excès d'ions Zn^{2+}.

★**7.57** On vous demande de vérifier expérimentalement les réactions qui se produisent aux électrodes décrites à l'**EXEMPLE 7.9** (*voir p. 417*). En plus de l'appareil et de la solution, on vous donne deux papiers tournesol, l'un bleu, l'autre rouge. Décrivez les étapes de votre expérience.

★**7.58** Durant de nombreuses années, on ne savait pas très bien si les ions mercure(I) en solution existaient sous la forme Hg$^+$ ou Hg$_2^{2+}$. Pour déterminer laquelle de ces deux possibilités est la bonne, on pourrait faire le montage suivant :

$$Hg(l)|\text{solution A}||\text{solution B}|Hg(l)$$

où la solution A contient 0,263 g de nitrate de mercure(I) par litre de solution, et où la solution B contient 2,63 g de nitrate de mercure(I) par litre de solution. Si la fem d'une telle cellule est 0,0289 V à 18 °C, que peut-on déduire concernant la nature des ions mercure ?

★**7.59** Une solution aqueuse de KI, à laquelle on a ajouté quelques gouttes de phénolphtaléine, subit une électrolyse ; le montage utilisé est semblable à celui de la photo. Décrivez ce que l'on peut observer à l'anode et à la cathode. (**Indice :** L'iode moléculaire n'est que légèrement soluble dans l'eau, mais en présence d'ions I$^-$ il forme des ions I$_3^-$ ayant une couleur brune caractéristique, selon l'équation I$^-$ + I$_2 \longrightarrow$ I$_3^-$.)

★**7.60** On place un morceau de magnésium pesant 1,56 g dans 100,0 mL d'une solution de AgNO$_3$ 0,100 mol/L, à 25 °C. Calculez [Mg^{2+}] et [Ag$^+$] en solution à l'équilibre. Quelle est la masse du magnésium résiduel ? Le volume reste constant.

★**7.61** Décrivez une expérience qui permettrait de distinguer l'anode et la cathode dans une cellule galvanique utilisant des électrodes de cuivre et de zinc.

★**7.62** On a fait l'électrolyse, à l'aide d'électrodes de cuivre, d'une solution aqueuse acidifiée. Après le passage d'un courant constant de 1,18 A durant $1,52 \times 10^3$ s, on constate que l'anode a perdu 0,584 g. **a)** Quel gaz est produit à la cathode et quel est son volume à TPN ? **b)** Calculez le nombre d'Avogadro, sachant que la charge d'un électron est de $1,6022 \times 10^{-19}$ C. Supposez que le cuivre s'oxyde en ions Cu^{2+}.

★**7.63** Au cours d'une expérience d'électrolyse mettant en jeu des ions Al^{3+}, on récupère 60,2 g de Al après le passage d'un courant de 0,352 A. Combien de minutes l'électrolyse a-t-elle duré ?

★**7.64** Soit l'oxydation de l'ammoniac :

$$4NH_3(g) + 3O_2(g) \longrightarrow 2N_2(g) + 6H_2O(l)$$

a) Calculez la valeur de $\Delta G°$ pour la réaction. b) Si cette réaction avait été utilisée dans une pile à combustible, quelle aurait été la fem standard de la pile?

★**7.65** On fabrique une cellule galvanique en plongeant une tige de cuivre dans 25,0 mL d'une solution de $CuSO_4$ 0,20 mol/L et une tige de zinc dans 25,0 mL d'une solution de $ZnSO_4$ 0,20 mol/L. a) Calculez la fem de la cellule, à 25 °C, et prédisez ce qui se produirait si l'on ajoutait une petite quantité de solution de NH_3 concentrée I) à la solution de $CuSO_4$ et II) à la solution de $ZnSO_4$. Supposez que le volume dans chaque compartiment est constant à 25,00 mL. b) Dans une autre expérience, on ajoute 25,0 mL de NH_3 3,00 mol/L à la solution de $CuSO_4$. Si la fem de la pile est 0,68 V, calculez la constante de formation (K_f) pour $Cu(NH_3)_4^{2+}$.

★**7.66** Au cours d'une expérience d'électrolyse, une étudiante fait passer la même quantité d'électricité dans deux cellules électrolytiques contenant respectivement des sels d'argent et d'or. Après un certain temps, elle constate que 2,64 g de Ag et 1,61 g de Au se sont déposés aux cathodes. Quel est le degré d'oxydation de l'or dans le sel d'or?

★**7.67** En hiver, partout où il neige, il serait préférable de ne pas laisser sa voiture dans un garage chauffé. Sur quel principe électrochimique cette recommandation se base-t-elle?

★**7.68** Soit:
$$2Hg^{2+}(aq) + 2e^- \longrightarrow Hg_2^{2+}(aq) \qquad \epsilon° = 0,92 \text{ V}$$
$$Hg_2^{2+}(aq) + 2e^- \longrightarrow 2Hg(l) \qquad \epsilon° = 0,85 \text{ V}$$
Calculez les valeurs de $\Delta G°$ et de K pour le processus suivant, à 25 °C:
$$Hg_2^{2+}(aq) \longrightarrow Hg^{2+}(aq) + Hg(l)$$
(Cette réaction est un exemple de réaction de dismutation, dans laquelle un élément à un certain degré d'oxydation est à la fois oxydé et réduit.)

★**7.69** On obtient le fluor (F_2) grâce à l'électrolyse du fluorure d'hydrogène liquide (HF) contenant du fluorure de potassium (KF). a) Écrivez les réactions des demi-cellules et la réaction globale du processus. b) Quel est le rôle de KF? c) Calculez le volume (en litres) de F_2 recueilli à 24,0 °C et à 122 kPa après électrolyse de la solution durant 15 heures avec un courant de 502 A.

★**7.70** On a fait subir une électrolyse de 6,00 minutes à 300 mL d'une solution de NaCl. Si le pH de la solution finale est 12,24, calculez le courant moyen utilisé.

★**7.71** Dans l'industrie, on affine le cuivre par électrolyse. Le cuivre impur constitue l'anode; la cathode est faite de cuivre pur. Les électrodes sont plongées dans une solution de $CuSO_4$. Durant l'électrolyse, le cuivre à l'anode se dissout sous forme de Cu^{2+}, tandis que les ions Cu^{2+} sont réduits à la cathode. a) Écrivez les réactions des demi-cellules et la réaction globale de ce processus électrolytique. b) Supposons que l'anode est contaminée par Zn et Ag. Dites ce qui arrive à ces impuretés durant l'électrolyse. c) Combien de temps (en heures) faudra-t-il pour obtenir 1,00 kg de Cu avec un courant de 18,9 A?

★**7.72** On effectue l'électrolyse d'une solution aqueuse d'un sel de platine en y faisant passer un courant de 2,50 A durant 2,00 heures. Il se forme alors 9,09 g de Pt à la cathode. Calculez la charge des ions Pt dans cette solution.

★**7.73** Soit une cellule galvanique constituée d'une électrode de magnésium en contact avec une solution de $Mg(NO_3)_2$ 1 mol/L, et d'une électrode de cadmium en contact avec une solution de $Cd(NO_3)_2$ 1 mol/L. Calculez la valeur de $\epsilon°$ pour la cellule et faites un schéma illustrant la cathode et l'anode, et indiquant le sens du courant.

★**7.74** On fait passer durant 3,40 heures un courant de 6,00 A dans une cellule électrolytique contenant de l'acide sulfurique dilué. Si le volume de O_2 gazeux produit à l'anode est de 4,26 L (à TPN), calculez la charge (en coulombs) de un électron.

★**7.75** a) L'or ne se dissout ni dans l'acide nitrique concentré ni dans l'acide chlorhydrique concentré. Cependant, il se dissout dans un mélange de ces deux acides (mélange constitué d'un volume de HNO_3 pour trois volumes de HCl), appelé «eau régale». Écrivez l'équation équilibrée de cette réaction. (**Indice:** Parmi les produits, on trouve $HAuCl_4$ et NO_2.) b) Quel est le rôle de HCl dans cette réaction?

★**7.76** Expliquez pourquoi la plupart des cellules galvaniques donnent des tensions électriques comprises entre 1,5 V et un maximum de 2,5 V. Quelles sont les possibilités de développement de cellules galvaniques de 5 V et plus?

★**7.77** Une tige d'argent et une électrode ESH baignent dans une solution d'oxalate d'argent, $Ag_2C_2O_4$, à 25 °C. La différence de potentiel mesurée entre la tige et l'ESH est 0,589 V, la tige étant positive. Calculez la constante du produit de solubilité de l'oxalate d'argent.

★**7.78** Le zinc est un métal amphotère, c'est-à-dire qu'il réagit à la fois avec les acides et les bases. Le potentiel standard de réduction est −1,36 V pour la demi-réaction suivante:

$$Zn(OH)_4^{2-}(aq) + 2e^- \longrightarrow Zn(s) + 4OH^-(aq)$$

Calculez la constante de formation (K_f) pour la réaction :

$$Zn^{2+}(aq) + 4OH^-(aq) \rightleftharpoons Zn(OH)_4^{2-}(aq)$$

★**7.79** Utilisez les données du **TABLEAU 7.1** (*voir p. 381*) pour déterminer si le peroxyde d'hydrogène en milieu acide réagira selon la réaction de disproportion suivante :

$$2H_2O_2 \longrightarrow 2H_2O + O_2$$

★**7.80** Les valeurs absolues (et non pas les signes) de potentiel standard de deux métaux X et Y sont :

$$Y^{2+} + 2e^- \longrightarrow Y \qquad |\epsilon°| = 0,34 \text{ V}$$
$$X^{2+} + 2e^- \longrightarrow X \qquad |\epsilon°| = 0,25 \text{ V}$$

Lorsque ces demi-cellules sont raccordées, les électrons circulent de X vers Y. Lorsque X est raccordée à une ESH, les électrons vont de X vers ESH. **a)** Déterminez la valeur des signes pour chacune des demi-réactions. **b)** Quelle est la fem standard d'une cellule constituée de X et de Y ?

★**7.81** Selon le potentiel standard de réduction de Au^{3+} donné au **TABLEAU 7.1** (*voir p. 381*) et d'après la demi-cellule :

$$Au^+(aq) + e^- \longrightarrow Au(s) \qquad \epsilon° = 1,69 \text{ V}$$

répondez aux questions suivantes.

a) Pourquoi l'or ne ternit-il pas dans l'air ?

b) La réaction suivante de disproportion se produit-elle spontanément ?

$$3Au^+(aq) \longrightarrow Au^{3+}(aq) + 2Au(s)$$

c) Écrivez l'équation de la réaction entre l'or et le fluor gazeux.

★**7.82** Lorsque 25,00 mL d'une solution contenant un mélange d'ions Fe^{2+} et Fe^{3+} sont titrés avec 23,0 mL de $KMnO_4$ (dans de l'acide sulfurique dilué), tout le Fe^{2+} est oxydé en Fe^{3+}. La solution est ensuite traitée avec du Zn métallique de manière à convertir complètement le Fe^{3+} en Fe^{2+}. Finalement, on ajoute 40,0 mL de la même solution de $KMnO_4$ pour oxyder le Fe^{2+} en Fe^{3+}. Calculez les concentrations initiales de Fe^{2+} et de Fe^{3+} dans la solution de départ.

★**7.83** Examinez la cellule décrite à la **FIGURE 7.2** (*voir p. 375*). Lorsque vue de l'extérieur, l'anode apparaît négative et la cathode semble positive (les électrons circulent de l'anode vers la cathode). Mais les anions en solution migrent vers l'anode, ce qui fait penser qu'elle est positive pour les anions. Il est impossible que l'anode soit à la fois négative et positive. Expliquez cette contradiction apparente.

★**7.84** La capacité d'un accumulateur au plomb est donnée en ampères-heures, c'est-à-dire le nombre d'ampères qu'il peut fournir durant une heure. **a)** Démontrez que $1 \text{ A} \cdot \text{h} = 3600 \text{ C}$. **b)** Si les anodes de plomb d'un accumulateur au plomb ont une masse totale de 406 g, calculez la capacité théorique maximale de l'accumulateur en ampères-heures. Expliquez pourquoi, en pratique, il est impossible d'extraire complètement toute cette énergie de l'accumulateur. (**Indice :** Supposez que tout le plomb serait consommé au cours de la réaction électrochimique et utilisez les demi-réactions aux électrodes données à la page 404). **c)** Calculez les valeurs de $\epsilon°_{cell}$ et de $\Delta G°$ pour cet accumulateur.

★**7.85** Selon les potentiels standard de réduction suivants, calculez le produit ionique de l'eau, K_{eau}, pour l'eau à 25 °C.

$$2H^+(aq) + 2e^- \longrightarrow H_2(g) \qquad \epsilon° = 0,00 \text{ V}$$
$$2H_2O(l) + 2e^- \longrightarrow H_2(g) + 2OH^-(aq)$$
$$\epsilon° = -0,83 \text{ V}$$

PROBLÈMES SPÉCIAUX

7.86 Dessinez un schéma d'une pile à concentration dans laquelle chaque compartiment consiste en une électrode de cobalt dans une solution de $Co(NO_3)_2$. Les concentrations dans les compartiments sont égales à 2,0 mol/L et 0,10 mol/L. Étiquetez l'anode et la cathode et montrez la direction du flux d'électrons. **a)** Calculez la force électromotrice de la cellule à 25 °C. **b)** Déterminez les concentrations dans chacun des compartiments lorsque la force électromotrice de la pile baisse à 0,020 V. (Considérez que les volumes demeurent constants à 1,00 L dans chaque compartiment.)

7.87 Un morceau de ruban de magnésium et un fil de cuivre sont partiellement immergés dans une solution de HCl 0,1 mol/L dans un bécher. Lorsque ces métaux sont reliés extérieurement par un fil conducteur, on peut observer un dégagement de bulles de gaz à la surface des deux métaux, Mg et Cu.

a) Écrivez les équations représentant les réactions des deux métaux.

b) Quelle observation visuelle vous permettrait de démontrer que le Cu n'est pas oxydé en Cu^{2+} ?

c) Après un certain temps, on ajoute une solution de NaOH pour neutraliser le HCl. Puis, après en avoir ajouté encore plus, il y a formation d'un précipité blanc. Quel est ce précipité?

7.88 La batterie zinc-air semble avoir un avenir prometteur comme source d'énergie pour les automobiles électriques, car elle est à la fois puissante, légère et rechargeable. En plus, l'oxygène de l'air est abondant et disponible partout, et le zinc est un métal beaucoup plus répandu et moins cher que le lithium des piles lithium-ion. La réaction globale est:

$$Zn(s) + \tfrac{1}{2}O_2(g) \longrightarrow ZnO(s)$$

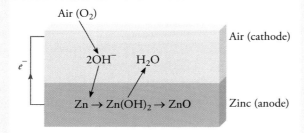

a) Écrivez les demi-réactions aux électrodes et calculez la fem standard de cette batterie à 25 °C.

b) Calculez la fem dans les conditions habituelles de fonctionnement, lorsque la pression partielle de l'oxygène est de 21,3 kPa.

c) Quelle est la densité énergétique (énergie en kilojoules) qui peut être obtenue à partir de 1 kg de zinc?

d) Si l'on veut obtenir de cette batterie air-zinc un courant de $2,1 \times 10^5$ A, quel volume d'air par seconde cette batterie consommera-t-elle? Supposez que la température est de 25 °C et que la pression partielle de l'oxygène est de 21,3 kPa.

7.89 Un entrepreneur doit enfouir sous terre un long tuyau de drainage en fer (un long tube cylindrique) d'une longueur de 40,0 m et d'un rayon de 0,900 m. Pour prévenir la corrosion, le tuyau doit être galvanisé. Ce procédé consiste à plonger une plaque de fer de dimension appropriée dans une cellule électrolytique contenant des ions Zn^{2+} en utilisant du graphite comme anode et la plaque de fer comme cathode. Si la tension électrique est de 3,26 V, quel est le coût de l'électricité servant à déposer une couche d'une épaisseur de 0,200 mm si l'efficacité du procédé est de 95%? Le tarif pour l'électricité est de 12 ¢/kilowattheure (kWh) et 1 W = 1 J/s. Le zinc a une masse volumique de 7,14 g/cm³.

7.90 Pour enlever le ternissement (Ag_2S) formé sur une cuillère en argent, une étudiante procède ainsi: d'abord, elle submerge complètement la cuillère dans un grand plat rempli d'eau; ensuite, elle ajoute dans l'eau quelques cuillerées à soupe de soda à pâte (hydrogénocarbonate de sodium) qui se dissout rapidement; finalement, elle place une feuille de papier d'aluminium au fond du plat en contact avec la cuillère et elle fait chauffer la solution à environ 80 °C. Après quelques minutes, la cuillère est retirée et rincée à l'eau froide. Le ternissement a disparu, et l'ustensile a retrouvé son éclat normal.

a) Décrivez par des équations la base électrochimique de cette procédure.

b) Si l'on ajoute du NaCl à la place du $NaHCO_3$, cela fonctionne aussi bien, car ces deux composés sont des électrolytes forts. Quel avantage supplémentaire y a-t-il à utiliser le $NaHCO_3$? (**Indice**: Pensez au pH de la solution.)

c) Pourquoi faut-il chauffer la solution?

d) Quelques produits commerciaux pour nettoyer l'argenterie contiennent un liquide (ou une pâte) constitué d'une solution diluée de HCl. On pourrait aussi bien enlever le ternissement en frottant la cuillère avec l'un de ces produits. Donnez deux inconvénients de la dernière procédure par rapport à la première.

7.91 Le schéma suivant montre une cellule électrolytique qui consiste en une électrode de cobalt immergée dans une solution de $Co(NO_3)_2$ de concentration égale à 2,0 mol/L et une électrode de magnésium immergée dans une solution de $Mg(NO_3)_2$ de concentration égale à 2,0 mol/L. a) Identifiez l'anode et la cathode, montrez les deux demi-réactions et placez les signes + et − sur la batterie. b) Quel est le voltage minimal requis pour que l'électrolyse ait lieu? c) Après le passage de 10,0 A pendant 2,00 heures, la batterie est remplacée par un voltmètre. La cellule électrolytique devient alors une cellule galvanique. Calculez sa force électromotrice. (Considérez que les volumes demeurent constants à 1,00 L dans chaque compartiment.)

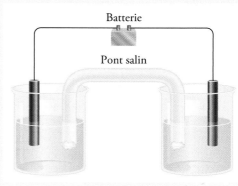

ANNEXE 1

Tableau récapitulatif des types de forces d'attraction*

Interactions**	Autre nom	Espèces impliquées	Particularité	Phénomène observé	Représentation
Dipôle-dipôle	Forces de Keesom	Deux molécules polaires	Attraction entre deux dipôles permanents	Le δ^+ de la première molécule s'aligne avec le δ^- de la seconde.	Lien covalent (fort), Attraction intermoléculaire (faible). $\delta^- \delta^+ \quad \delta^- \delta^+$. Exemple : HI
Dipôle-dipôle induit	Forces de Debye	Une molécule non polaire et une molécule polaire	Le dipôle permanent (ou la charge de l'ion) force un déplacement des électrons dans la molécule non polaire (apparition d'un dipôle instantané).	La déformation du nuage électronique (polarisabilité) augmente avec la taille de la molécule et le nombre d'électrons.	Dipôle, Dipôle induit. Exemple : H_2O et CH_4 (dans un hydrate)
Forces de dispersion (dipôle instantané-dipôle induit)	Forces de London	Deux molécules non polaires	L'apparition d'un dipôle instantané sur une première molécule induit un dipôle sur la seconde.	L'intensité des forces de dispersion augmente avec la taille de la molécule et le nombre d'électrons.	Exemple : azote (N_2)
Liaison hydrogène	Pont hydrogène	Molécule portant un atome de H lié à un atome très électronégatif (N, O ou F) et une molécule portant un atome très électronégatif porteur de doublets libres (N, O ou F)	Interactions plus fortes que celles de Van der Waals.	Les liaisons hydrogène sont responsables de la structure tridimensionnelle de la glace.	$\bullet = O$, $\circ = H$. Exemple : H_2O

* Ce tableau a déjà été présenté dans le résumé du chapitre 9 de *Chimie générale*.
** Les interactions dipôle-dipôle, dipôle-dipôle induit et les forces de dispersion sont des forces de Van der Waals.

Il convient de noter la grande importance des forces de dispersion. Dans la plupart des molécules, les forces de dispersion sont les plus importantes des forces intermoléculaires.

ANNEXE 2

Quelques opérations mathématiques

Les logarithmes de base 10

La notion de logarithme est une extension de celle d'exposant (*voir le chapitre 1 de Chimie générale*). Le logarithme de base 10 d'un nombre correspond à la puissance à laquelle le nombre 10 doit être élevé pour égaler ce nombre. Les exemples ci-contre illustrent cette relation.

Dans chacun de ces cas, on peut obtenir le logarithme du nombre par tâtonnement.

Puisque les logarithmes des nombres sont des exposants, ils en ont les mêmes propriétés.

Logarithme	Exposant
$\log 1 = 0$	$10^0 = 1$
$\log 10 = 1$	$10^1 = 10$
$\log 100 = 2$	$10^2 = 100$
$\log 10^{-1} = -1$	$10^{-1} = 0,1$
$\log 10^{-2} = -2$	$10^{-2} = 0,01$

Ainsi :

Logarithme	Exposant
$\log AB = \log A + \log B$	$10^A \times 10^B = 10^{A+B}$
$\log \dfrac{A}{B} = \log A - \log B$	$\dfrac{10^A}{10^B} = 10^{A-B}$

De plus, $\log A^n = n \log A$.

Par exemple, pour trouver le logarithme de base 10 de $6,7 \times 10^{-4}$, sur la plupart des calculettes, on entre d'abord le nombre, puis on appuie sur la touche « log ». Cette opération donne :

$$\log 6,7 \times 10^{-4} = -3,17$$

On peut noter qu'il y a autant de chiffres après la virgule qu'il y a de chiffres significatifs dans le nombre original. Le nombre original a deux chiffres significatifs ; le nombre 17 dans $-3,17$ indique que le logarithme a deux chiffres significatifs. Voici d'autres exemples ci-contre.

Nombre	Logarithme de base 10
62	1,79
0,872	−0,0595
$1,0 \times 10^{-7}$	−7,00

Parfois (comme dans le cas du calcul du pH), il faut trouver le nombre correspondant au logarithme connu. On extrait alors l'antilogarithme ; il s'agit simplement de l'opération inverse de l'extraction du logarithme. Si, dans un calcul donné, on a pH = 1,46 et que l'on doit calculer la valeur de $[H_3O^+]$, selon la définition du pH (pH $= -\log [H_3O^+]$), on peut écrire :

$$[H_3O^+] = 10^{-1,46}$$

Beaucoup de calculettes ont une touche « $\log^{-1}$ » ou « INV log », qui permet d'obtenir l'antilogarithme. D'autres ont la touche « 10^x » ou « y^x » (où x correspond à $-1,46$ dans le présent exemple, et y est 10, car il s'agit d'un logarithme de base 10). On trouve donc $[H_3O^+] = 0,035$ mol/L.

Les logarithmes naturels

Les logarithmes extraits de la base e au lieu de la base 10 sont dits logarithmes naturels (l'abréviation est ln ou $\log_e$) ; e est égal à 2,7183. La relation entre les logarithmes de base 10 et les logarithmes naturels est la suivante :

$$\begin{array}{ll} \log 10 = 1 & 10^1 = 10 \\ \ln 10 = 2,303 & e^{2,303} = 10 \end{array}$$

Donc, $\ln x = 2,303 \log x$.

Par exemple, pour trouver le logarithme naturel de 2,27, il faut entrer le nombre dans la calculette et appuyer sur la touche « ln », ce qui donne :

$$\ln 2,27 = 0,820$$

Si la calculette ne comporte pas la touche appropriée, on peut effectuer l'opération de la façon suivante :

$$2,303 \log 2,27 = 2,303 \times 0,356$$
$$= 0,820$$

Parfois, on connaît le logarithme naturel, et il faut trouver le nombre correspondant. Par exemple, ln x = 59,7.

Sur de nombreuses calculettes, on ne fait qu'entrer le nombre et appuyer sur la touche « e » :

$$e^{59,7} = 8,46 \times 10^{25}$$

L'équation quadratique

L'équation quadratique prend la forme $ax^2 + bx + c = 0$.

Si l'on connaît les coefficients a, b et c, la valeur de x est donnée par :

$$x = \frac{-b \pm \sqrt{b^2 - 4ac}}{2a}$$

Soit, par exemple, l'équation quadratique $2x^2 + 5x - 12 = 0$.

Si l'on résout l'équation :

$$x = \frac{-5 \pm \sqrt{(5)^2 - 4(2)(-12)}}{2(2)} = \frac{-5 \pm \sqrt{25 + 96}}{4}$$

Donc : $x = \dfrac{-5 + 11}{4} = \dfrac{3}{2}$ et : $x = \dfrac{-5 - 11}{4} = -4$

ANNEXE 3

Constantes d'acidité et de basicité à 25 °C

Acide	Équation *	K_a
acétique	$CH_3COOH + H_2O \rightleftharpoons CH_3COO^- + H_3O^+$	$1,8 \times 10^{-5}$
arsénieux	$H_3AsO_3 + H_2O \rightleftharpoons H_2AsO_3^- + H_3O^+$	$K_{a_1} = 6,0 \times 10^{-10}$
	$H_2AsO_3^- + H_2O \rightleftharpoons HAsO_3^{2-} + H_3O^+$	$K_{a_2} = 3,0 \times 10^{-14}$
arsénique	$H_3AsO_4 + H_2O \rightleftharpoons H_2AsO_4^- + H_3O^+$	$K_{a_1} = 2,5 \times 10^{-4}$
	$H_2AsO_4^- + H_2O \rightleftharpoons HAsO_4^{2-} + H_3O^+$	$K_{a_2} = 5,6 \times 10^{-8}$
	$HAsO_4^{2-} + H_2O \rightleftharpoons AsO_4^{3-} + H_3O^+$	$K_{a_3} = 3,0 \times 10^{-13}$
benzoïque	$C_6H_5COOH + H_2O \rightleftharpoons C_6H_5COO^- + H_3O^+$	$6,5 \times 10^{-5}$
borique	$H_3BO_3 + H_2O \rightleftharpoons H_2BO_3^- + H_3O^+$	$K_{a_1} = 7,3 \times 10^{-10}$
	$H_2BO_3^- + H_2O \rightleftharpoons HBO_3^{2-} + H_3O^+$	$K_{a_2} = 1,8 \times 10^{-13}$
	$HBO_3^{2-} + H_2O \rightleftharpoons BO_3^{3-} + H_3O^+$	$K_{a_3} = 1,6 \times 10^{-14}$
carbonique	$H_2CO_3 + H_2O \rightleftharpoons HCO_3^- + H_3O^+$	$K_{a_1} = 4,2 \times 10^{-7}$
	$HCO_3^- + H_2O \rightleftharpoons CO_3^{2-} + H_3O^+$	$K_{a_2} = 4,8 \times 10^{-11}$
citrique	$H_3C_6H_5O_7 + H_2O \rightleftharpoons H_2C_6H_5O_7^- + H_3O^+$	$K_{a_1} = 7,4 \times 10^{-3}$
	$H_2C_6H_5O_7^- + H_2O \rightleftharpoons HC_6H_5O_7^{2-} + H_3O^+$	$K_{a_2} = 1,7 \times 10^{-5}$
	$HC_6H_5O_7^{2-} + H_2O \rightleftharpoons C_6H_5O_7^{3-} + H_3O^+$	$K_{a_3} = 4,0 \times 10^{-7}$
cyanhydrique	$HCN + H_2O \rightleftharpoons CN^- + H_3O^+$	$4,9 \times 10^{-10}$
cyanique	$HOCN + H_2O \rightleftharpoons OCN^- + H_3O^+$	$3,5 \times 10^{-4}$

Acide	Équation *	K_a
fluorhydrique	$HF + H_2O \rightleftharpoons F^- + H_3O^+$	$7,1 \times 10^{-4}$
formique	$HCOOH + H_2O \rightleftharpoons HCOO^- + H_3O^+$	$1,7 \times 10^{-4}$
hydrazoïque	$HN_3 + H_2O \rightleftharpoons N_3^- + H_3O^+$	$1,9 \times 10^{-5}$
hypobromeux	$HBrO + H_2O \rightleftharpoons BrO^- + H_3O^+$	$2,5 \times 10^{-9}$
hypochloreux	$HClO + H_2O \rightleftharpoons ClO^- + H_3O^+$	$3,5 \times 10^{-8}$
nitreux	$HNO_2 + H_2O \rightleftharpoons NO_2^- + H_3O^+$	$4,5 \times 10^{-4}$
oxalique	$H_2C_2O_4 + H_2O \rightleftharpoons HC_2O_4^- + H_3O^+$	$K_{a_1} = 6,5 \times 10^{-2}$
	$HC_2O_4^- + H_2O \rightleftharpoons C_2O_4^{2-} + H_3O^+$	$K_{a_2} = 6,1 \times 10^{-5}$
peroxyde d'hydrogène	$H_2O_2 + H_2O \rightleftharpoons HO_2^- + H_3O^+$	$2,4 \times 10^{-12}$
phénol	$C_6H_5OH + H_2O \rightleftharpoons C_6H_5O^- + H_3O^+$	$1,3 \times 10^{-10}$
phosphoreux	$H_3PO_3 + H_2O \rightleftharpoons H_2PO_3^- + H_3O^+$	$K_{a_1} = 1,6 \times 10^{-2}$
	$H_2PO_3^- + H_2O \rightleftharpoons HPO_3^{2-} + H_3O^+$	$K_{a_2} = 7,0 \times 10^{-7}$
phosphorique	$H_3PO_4 + H_2O \rightleftharpoons H_2PO_4^- + H_3O^+$	$K_{a_1} = 7,5 \times 10^{-3}$
	$H_2PO_4^- + H_2O \rightleftharpoons HPO_4^{2-} + H_3O^+$	$K_{a_2} = 6,2 \times 10^{-8}$
	$HPO_4^{2-} + H_2O \rightleftharpoons PO_4^{3-} + H_3O^+$	$K_{a_3} = 4,8 \times 10^{-13}$
sélénieux	$H_2SeO_3 + H_2O \rightleftharpoons HSeO_3^- + H_3O^+$	$K_{a_1} = 2,7 \times 10^{-3}$
	$HSeO_3^- + H_2O \rightleftharpoons SeO_3^{2-} + H_3O^+$	$K_{a_2} = 2,5 \times 10^{-7}$
sélénique	$H_2SeO_4 + H_2O \rightleftharpoons HSeO_4^- + H_3O^+$	K_{a_1} = très grande
	$HSeO_4^- + H_2O \rightleftharpoons SeO_4^{2-} + H_3O^+$	$K_{a_2} = 1,2 \times 10^{-2}$
sulfhydrique	$H_2S + H_2O \rightleftharpoons HS^- + H_3O^+$	$K_{a_1} = 9,5 \times 10^{-8}$
	$HS^- + H_2O \rightleftharpoons S^{2-} + H_3O^+$	$K_{a_2} = 1 \times 10^{-19}$
sulfureux	$H_2SO_3 + H_2O \rightleftharpoons HSO_3^- + H_3O^+$	$K_{a_1} = 1,3 \times 10^{-4}$
	$HSO_3^- + H_2O \rightleftharpoons SO_3^{2-} + H_3O^+$	$K_{a_2} = 6,3 \times 10^{-8}$
sulfurique	$H_2SO_4 + H_2O \rightleftharpoons HSO_4^- + H_3O^+$	K_{a_1} = très grande
	$HSO_4^- + H_2O \rightleftharpoons SO_4^{2-} + H_3O^+$	$K_{a_2} = 1,3 \times 10^{-2}$
tellureux	$H_2TeO_3 + H_2O \rightleftharpoons HTeO_3^- + H_3O^+$	$K_{a_1} = 2 \times 10^{-3}$
	$HTeO_3^- + H_2O \rightleftharpoons TeO_3^{2-} + H_3O^+$	$K_{a_2} = 1 \times 10^{-8}$

Base	Équation*	K_b
ammoniac	$NH_3 + H_2O \rightleftharpoons NH_4^+ + OH^-$	$1,8 \times 10^{-5}$
aniline	$C_6H_5NH_2 + H_2O \rightleftharpoons C_6H_5NH_3^+ + OH^-$	$3,8 \times 10^{-10}$
diméthylamine	$(CH_3)_2NH + H_2O \rightleftharpoons (CH_3)_2NH_2^+ + OH^-$	$7,4 \times 10^{-4}$
éthylamine	$C_2H_5NH_2 + H_2O \rightleftharpoons C_2H_5NH_3^+ + OH^-$	$5,6 \times 10^{-4}$
éthylènediamine	$H_2N(CH_2)_2NH_2 + H_2O \rightleftharpoons H_2N(CH_2)_2NH_3^+ + OH^-$	$K_{b_1} = 8,5 \times 10^{-5}$
	$H_2N(CH_2)_2NH_3^+ + H_2O \rightleftharpoons H_3N(CH_2)_2NH_3^{2+} + OH^-$	$K_{b_2} = 2,7 \times 10^{-8}$
hydrazine	$N_2H_4 + H_2O \rightleftharpoons N_2H_5^+ + OH^-$	$K_{b_1} = 8,5 \times 10^{-7}$
	$N_2H_5^+ + H_2O \rightleftharpoons N_2H_6^{2+} + OH^-$	$K_{b_2} = 8,9 \times 10^{-16}$
hydroxylamine	$NH_2OH + H_2O \rightleftharpoons NH_3OH^+ + OH^-$	$6,6 \times 10^{-9}$
méthylamine	$CH_3NH_2 + H_2O \rightleftharpoons CH_3NH_3^+ + OH^-$	$4,4 \times 10^{-4}$
pyridine	$C_5H_5N + H_2O \rightleftharpoons C_5H_5NH^+ + OH^-$	$1,7 \times 10^{-9}$
triméthylamine	$(CH_3)_3N + H_2O \rightleftharpoons (CH_3)_3NH^+ + OH^-$	$7,4 \times 10^{-5}$
urée	$NH_2CONH_2 + H_2O \rightleftharpoons NH_2CONH_3^+ + OH^-$	$5,3 \times 10^{-14}$

* Afin d'alléger l'écriture, on a omis l'état dans lequel se trouvent les espèces : (aq) pour l'acide ou la base et les ions, (l) pour l'eau.
Source : Tiré de Kotz, J. C. et P. M. Treichel Jr. (2005). Chimie des solutions, trad. et adapt. de l'anglais par M. Deneux, Montréal, Beauchemin, p. 321-322.

ANNEXE 4

Quelques données thermodynamiques à 101,325 kPa et à 25 °C*

Substances inorganiques

Substance	ΔH_f° (kJ/mol)	ΔG_f° (kJ/mol)	S° (J/K · mol)
$Ag(s)$	0	0	42,7
$Ag^+(aq)$	105,9	77,1	73,9
$AgCl(s)$	−127,0	−109,7	96,1
$AgBr(s)$	−99,5	−95,9	107,1
$AgI(s)$	−62,4	−66,3	114,2
$AgNO_3(s)$	−123,1	−32,2	140,9
$Al(s)$	0	0	28,3
$Al^{3+}(aq)$	−524,7	−481,2	−313,38
$Al_2O_3(s)$	−1669,8	−1576,4	50,99
$As(s)$	0	0	35,15
$AsO_4^{3-}(aq)$	−870,3	−635,97	−144,77
$AsH_3(g)$	171,5		
$H_3AsO_4(s)$	−900,4		
$Au(s)$	0	0	47,7
$Au_2O_3(s)$	80,8	163,2	125,5
$AuCl(s)$	−35,2		
$AuCl_3(s)$	−118,4		
$B(s)$	0	0	6,5
$B_2O_3(s)$	−1263,6	−1184,1	54,0
$H_3BO_3(s)$	−1087,9	−963,16	89,58
$H_3BO_3(aq)$	−1067,8	−963,3	159,8
$Ba(s)$	0	0	66,9
$Ba^{2+}(aq)$	−538,4	−560,66	12,55
$BaO(s)$	−558,2	−528,4	70,3
$BaCl_2(s)$	−860,1	−810,86	125,5
$BaSO_4(s)$	−1464,4	−1353,1	132,2
$BaCO_3(s)$	−1218,8	−1138,9	112,1
$Be(s)$	0	0	9,5
$BeO(s)$	−610,9	−581,58	14,1
$Br_2(l)$	0	0	152,3
$Br^-(aq)$	−120,9	−102,8	80,7
$HBr(g)$	−36,2	−53,2	198,48

Substance	ΔH_f° (kJ/mol)	ΔG_f° (kJ/mol)	S° (J/K · mol)
C(graphite)	0	0	5,69
C(diamant)	1,90	2,87	2,4
$CO(g)$	−110,5	−137,3	197,9
$CO_2(g)$	−393,5	−394,4	213,6
$CO_2(aq)$	−412,9	−386,2	121,3
$CO_3^{2-}(aq)$	−676,3	−528,1	−53,1
$HCO_3^-(aq)$	−691,1	−587,1	94,98
$H_2CO_3(aq)$	−699,7	−623,2	187,4
$CS_2(g)$	115,3	65,1	237,8
$CS_2(l)$	87,9	63,6	151,0
$HCN(aq)$	105,4	112,1	128,9
$CN^-(aq)$	151,0	165,69	117,99
$(NH_2)_2CO(s)$	−333,19	−197,15	104,6
$(NH_2)_2CO(aq)$	−319,2	−203,84	173,85
$Ca(s)$	0	0	41,6
$Ca^{2+}(aq)$	−542,96	−553,0	−55,2
$CaO(s)$	−635,6	−604,2	39,8
$Ca(OH)_2(s)$	−986,6	−896,8	76,2
$CaF_2(s)$	−1214,6	−1161,9	68,87
$CaCl_2(s)$	−794,96	−750,19	113,8
$CaSO_4(s)$	−1432,69	−1320,3	106,69
$CaCO_3(s)$	−1206,9	−1128,8	92,9
$Cd(s)$	0	0	51,46
$Cd^{2+}(aq)$	−72,38	−77,7	−61,09
$CdO(s)$	−254,6	−225,06	54,8
$CdCl_2(s)$	−389,1	−342,59	118,4
$CdSO_4(s)$	−926,17	−820,2	137,2
$Cl_2(g)$	0	0	223,0
$Cl^-(aq)$	−167,2	−131,2	56,5
$HCl(g)$	−92,3	−95,27	187,0
$Co(s)$	0	0	28,45
$Co^{2+}(aq)$	−67,36	−51,46	155,2
$CoO(s)$	−239,3	−213,38	43,9

▶

* Dans le cas des ions, les données thermodynamiques sont relatives aux états de référence suivants :
$\Delta H_f^\circ [H_3O^+(aq)] = 0$; $\Delta G_f^\circ [H_3O^+(aq)] = 0$; $S^\circ [H_3O^+(aq)] = 0$.

Substances inorganiques (*suite*)

Substance	ΔH_f° (kJ/mol)	ΔG_f° (kJ/mol)	S° (J/K · mol)
Cr(*s*)	0	0	23,77
Cr^{2+}(*aq*)	−138,9		
Cr_2O_3(*s*)	−1128,4	−1046,8	81,17
CrO_4^{2-}(*aq*)	−863,16	−706,26	38,49
CrO_7^{2-}(*aq*)	−1460,6	−1257,29	213,8
Cs(*s*)	0	0	82,8
Cs^+(*aq*)	−247,69	−282,0	133,05
Cu(*s*)	0	0	33,3
Cu^+(*aq*)	51,88	50,2	−26,36
Cu^{2+}(*aq*)	64,39	64,98	98,7
CuO(*s*)	−155,2	−127,2	43,5
Cu_2O(*s*)	−166,69	−146,36	100,8
CuCl(*s*)	−134,7	−118,8	91,6
$CuCl_2$(*s*)	−205,85		
CuS(*s*)	−48,5	−49,0	66,5
$CuSO_4$(*s*)	−769,86	−661,9	113,39
F_2(*g*)	0	0	203,34
F^-(*aq*)	−329,1	−276,48	−9,6
HF(*g*)	−271,6	−270,7	173,5
Fe(*s*)	0	0	27,2
Fe^{2+}(*aq*)	−87,86	−84,9	−113,39
Fe^{3+}(*aq*)	−47,7	−10,5	−293,3
Fe_2O_3(*s*)	−822,2	−741,0	90,0
$Fe(OH)_2$(*s*)	−568,19	−483,55	79,5
$Fe(OH)_3$(*s*)	−824,25		
H(*g*)	218,2	203,2	114,6
H_2(*g*)	0	0	131,0
H_3O^+(*aq*)	0	0	0
OH^-(*aq*)	−229,94	−157,30	−10,5
H_2O(*g*)	−241,8	−228,6	188,7
H_2O(*l*)	−285,8	−237,2	69,9
H_2O_2(*l*)	−187,6	−118,1	109,6
Hg(*l*)	0	0	77,4
Hg^{2+}(*aq*)		−164,38	
HgO(*s*)	−90,7	−58,5	72,0
$HgCl_2$(*s*)	−230,1		
Hg_2Cl_2(*s*)	−264,9	−210,66	196,2
HgS(*s*)	−58,16	−48,8	77,8
$HgSO_4$(*s*)	−704,17		
Hg_2SO_4(*s*)	−741,99	−623,92	200,75

Substance	ΔH_f° (kJ/mol)	ΔG_f° (kJ/mol)	S° (J/K · mol)
I_2(*s*)	0	0	116,7
I^-(*aq*)	55,9	51,67	109,37
HI(*g*)	25,9	1,30	206,3
K(*s*)	0	0	63,6
K^+(*aq*)	−251,2	−282,28	102,5
KOH(*s*)	−425,85		
KCl(*s*)	−435,87	−408,3	82,68
$KClO_3$(*s*)	−391,20	−289,9	142,97
$KClO_4$(*s*)	−433,46	−304,18	151,0
KBr(*s*)	−392,17	−379,2	96,4
KI(*s*)	−327,65	−322,29	104,35
KNO_3(*s*)	−492,7	−393,1	132,9
Li(*s*)	0	0	28,0
Li^+(*aq*)	−278,46	−293,8	14,2
Li_2O(*s*)	−595,8	?	?
LiOH(*s*)	−487,2	−443,9	50,2
Mg(*s*)	0	0	32,5
Mg^{2+}(*aq*)	−461,96	−456,0	−117,99
MgO(*s*)	−601,8	−569,6	26,78
$Mg(OH)_2$(*s*)	−924,66	−833,75	63,1
$MgCl_2$(*s*)	−641,8	−592,3	89,5
$MgSO_4$(*s*)	−1278,2	−1173,6	91,6
$MgCO_3$(*s*)	−1112,9	−1029,3	65,69
Mn(*s*)	0	0	31,76
Mn^{2+}(*aq*)	−218,8	−223,4	−83,68
MnO_2(*s*)	−520,9	−466,1	53,1
N_2(*g*)	0	0	191,5
N_3^-(*aq*)	245,18	?	?
NH_3(*g*)	−46,3	−16,6	193,0
NH_4^+(*aq*)	−132,80	−79,5	112,8
NH_4Cl(*s*)	−315,39	−203,89	94,56
NH_3(*aq*)	−366,1	−263,76	181,17
N_2H_4(*l*)	50,4		
NO(*g*)	90,4	86,7	210,6
NO_2(*g*)	33,85	51,8	240,46
N_2O_4(*g*)	9,66	98,29	304,3
N_2O(*g*)	81,56	103,6	219,99
HNO_2(*aq*)	−118,8	−53,6	
HNO_3(*l*)	−173,2	−79,9	155,6
NO_3^-(*aq*)	−206,57	−110,5	146,4

▶

Substances inorganiques (*suite*)

Substance	ΔH_f° (kJ/mol)	ΔG_f° (kJ/mol)	S° (J/K · mol)
Na(s)	0	0	51,05
Na$^+$(aq)	−239,66	−261,87	60,25
Na$_2$O(s)	−415,89	−376,56	72,8
NaCl(s)	−411,0	−384,0	72,38
NaI(s)	−288,0		
Na$_2$SO$_4$(s)	−1384,49	−1266,8	149,49
NaNO$_3$(s)	−466,68	−365,89	116,3
Na$_2$CO$_3$(s)	−1130,9	−1047,67	135,98
NaHCO$_3$(s)	−947,68	−851,86	102,09
Ni(s)	0	0	30,1
Ni^{2+}(aq)	−64,0	−46,4	159,4
NiO(s)	−244,35	−216,3	38,58
Ni(OH)$_2$(s)	−538,06	−453,1	79,5
O(g)	249,4	230,1	160,95
O$_2$(g)	0	0	205,0
O$_3$(aq)	−12,09	16,3	110,88
O$_3$(g)	142,2	163,4	237,6
P(blanc)	0	0	44,0
P(rouge)	−18,4	13,8	29,3
PO$_4^{3-}$(aq)	−1284,07	−1025,59	−217,57
P$_4$O$_{10}$(s)	−3012,48		
PH$_3$(g)	9,25	18,2	210,0
HPO$_4^{2-}$(aq)	−1298,7	−1094,1	−35,98
H$_2$PO$_4^-$(aq)	−1302,48	−1135,1	89,1
Pb(s)	0	0	64,89
Pb^{2+}(aq)	1,6	24,3	21,3
PbO(s)	−217,86	−188,49	69,45
PbO$_2$(s)	−276,65	−218,99	76,57
PbCl$_2$(s)	−359,2	−313,97	136,4
PbS(s)	−94,3	−92,68	91,2
PbSO$_4$(s)	−918,4	−811,2	147,28
Pt(s)	0	0	41,84
PtCl$_4^{2-}$(aq)	−516,3	−384,5	175,7

Substance	ΔH_f° (kJ/mol)	ΔG_f° (kJ/mol)	S° (J/K · mol)
Rb(s)	0	0	69,45
Rb$^+$(aq)	−246,4	−282,2	124,27
S(orthorhombique)	0	0	31,88
S(monoclinique)	0,30	0,10	32,55
SO$_2$(g)	−296,1	−300,4	248,5
SO$_3$(g)	−395,2	−370,4	256,2
SO$_3^{2-}$(aq)	−624,25	−497,06	43,5
SO$_4^{2-}$(aq)	−907,5	−741,99	17,15
H$_2$S(g)	−20,15	−33,0	205,64
HSO$_3^-$(aq)	−627,98	−527,3	132,38
HSO$_4^-$(aq)	−885,75	−752,87	126,86
H$_2$SO$_4$(l)	−811,3	?	?
SF$_6$(g)	−1096,2	?	?
Se(s)	0	0	42,44
SeO$_2$(s)	−225,35		
H$_2$Se(g)	29,7	15,90	218,9
Si(s)	0	0	18,70
SiO$_2$(s)	−859,3	−805,0	41,84
Sr(s)	0	0	54,39
Sr^{2+}(aq)	−545,5	−557,3	39,33
SrCl$_2$(s)	−828,4	−781,15	117,15
SrSO$_4$(s)	−1444,74	−1 334,28	121,75
SrCO$_3$(s)	−1218,38	−1 137,6	97,07
W(s)	0	0	33,47
WO$_3$(s)	−840,3	−763,45	83,26
WO$_4^-$(aq)	−1115,45		
Zn(s)	0	0	41,6
Zn^{2+}(aq)	−152,4	−147,2	106,48
ZnO(s)	−348,0	−318,2	43,9
ZnCl$_2$(s)	−415,89	−369,26	108,37
ZnS(s)	−202,9	−198,3	57,7
ZnSO$_4$(s)	−978,6	−871,6	124,7

Substances organiques

Substance	Formule	ΔH_f° (kJ/mol)	ΔG_f° (kJ/mol)	S° (J/K · mol)
Acétaldéhyde(g)	CH_3CHO	−166,35	−139,08	264,2
Acétone(l)	CH_3COCH_3	−246,8	−153,55	198,74
Acétylène(g)	C_2H_2	226,6	209,2	200,8
Acide acétique(l)	CH_3COOH	−484,2	−389,45	159,83
Acide formique(l)	$HCOOH$	−409,2	−346,0	128,95
Benzène(l)	C_6H_6	49,04	124,5	124,5
Éthane(g)	C_2H_6	−84,7	−32,89	229,49

Substance	Formule	ΔH_f° (kJ/mol)	ΔG_f° (kJ/mol)	S° (J/K · mol)
Éthanol(l)	C_2H_5OH	−276,98	−174,18	161,04
Éthylène(g)	C_2H_4	52,3	68,1	219,45
Glucose(s)	$C_6H_{12}O_6$	−1274,5	−910,56	212,1
Méthane(g)	CH_4	−74,85	−50,8	186,19
Méthanol(l)	CH_3OH	−238,7	−166,3	126,78
Saccharose(s)	$C_{12}H_{22}O_{11}$	−2221,7	−1544,3	360,24

ANNEXE 5

Table des potentiels standard de réduction à 25 °C

Réaction	ϵ° (V)
$Ac^{3+} + 3e^- \rightleftharpoons Ac$	−2,20
$Ag^+ + e^- \rightleftharpoons Ag$	0,7996
$Ag^{2+} + e^- \rightleftharpoons Ag^+$	1,980
$Ag(ac) + e^- \rightleftharpoons Ag + (ac)^-$	0,643
$AgBr + e^- \rightleftharpoons Ag + Br^-$	0,071 33
$AgBrO_3 + e^- \rightleftharpoons Ag + BrO_3^-$	0,546
$Ag_2C_2O_4 + 2e^- \rightleftharpoons 2Ag + C_2O_4^{2-}$	0,4647
$AgCl + e^- \rightleftharpoons Ag + Cl^-$	0,222 33
$AgCN + e^- \rightleftharpoons Ag + CN^-$	−0,017
$Ag_2CO_3 + 2e^- \rightleftharpoons 2Ag + CO_3^{2-}$	0,47
$Ag_2CrO_4 + 2e^- \rightleftharpoons 2Ag + CrO_4^{2-}$	0,4470
$AgF + e^- \rightleftharpoons Ag + F^-$	0,779
$Ag_4[Fe(CN)_6] + 4e^- \rightleftharpoons 4Ag + [Fe(CN)_6]^{4-}$	0,1478
$AgI + e^- \rightleftharpoons Ag + I^-$	−0,152 24
$AgIO_3 + e^- \rightleftharpoons Ag + IO_3^-$	0,354
$Ag_2MoO_4 + 2e^- \rightleftharpoons 2Ag + MoO_4^{2-}$	0,4573
$AgNO_2 + e^- \rightleftharpoons Ag + 2NO_2^-$	0,564
$Ag_2O + H_2O + 2e^- \rightleftharpoons 2Ag + 2OH^-$	0,342
$Ag_2O_3 + H_2O + 2e^- \rightleftharpoons 2AgO + 2OH^-$	0,739
$Ag^{3+} + 2e^- \rightleftharpoons Ag^+$	1,9
$Ag^{3+} + e^- \rightleftharpoons Ag^{2+}$	1,8
$Ag_2O_2 + 4H^+ + e^- \rightleftharpoons 2Ag + 2H_2O$	1,802
$2AgO + H_2O + 2e^- \rightleftharpoons Ag_2O + 2OH^-$	0,607
$AgOCN + e^- \rightleftharpoons Ag + OCN^-$	0,41
$Ag_2S + 2e^- \rightleftharpoons 2Ag + S^{2-}$	−0,691
$Ag_2S + 2H^+ + 2e^- \rightleftharpoons 2Ag + H_2S$	−0,0366
$AgSCN + e^- \rightleftharpoons Ag + SCN^-$	0,089 51

Réaction	ϵ° (V)
$Ag_2SeO_3 + 2e^- \rightleftharpoons 2Ag + SeO_4^{2-}$	0,3629
$Ag_2SO_4 + 2e^- \rightleftharpoons 2Ag + SO_4^{2-}$	0,654
$Ag_2WO_4 + 2e^- \rightleftharpoons 2Ag + WO_4^{2-}$	0,4660
$Al^{3+} + 3e^- \rightleftharpoons Al$	−1,662
$Al(OH)_3 + 3e^- \rightleftharpoons Al + 3OH^-$	−2,31
$Al(OH)_4^- + 3e^- \rightleftharpoons Al + 4OH^-$	−2,328
$H_2AlO_3^- + H_2O + 3e^- \rightleftharpoons Al + 4OH^-$	−2,33
$AlF_6^{3-} + 3e^- \rightleftharpoons Al + 6F^-$	−2,069
$Am^{4+} + e^- \rightleftharpoons Am^{3+}$	2,60
$Am^{2+} + 2e^- \rightleftharpoons Am$	−1,9
$Am^{3+} + 3e^- \rightleftharpoons Am$	−2,048
$Am^{3+} + e^- \rightleftharpoons Am^{2+}$	−2,3
$As + 3H^+ + 3e^- \rightleftharpoons AsH_3$	−0,608
$As_2O_3 + 6H^+ + 6e^- \rightleftharpoons 2As + 3H_2O$	0,234
$HAsO_2 + 3H^+ + 3e^- \rightleftharpoons As + 2H_2O$	0,248
$AsO_2^- + 2H_2O + 3e^- \rightleftharpoons As + 4OH^-$	−0,68
$H_3AsO_4 + 2H^+ + 2e^- \rightleftharpoons HAsO_2 + 2H_2O$	0,560
$AsO_4^{3-} + 2H_2O + 2e^- \rightleftharpoons AsO_2^- + 4OH^-$	−0,71
$At_2 + 2e^- \rightleftharpoons 2At^-$	0,3
$Au^+ + e^- \rightleftharpoons Au$	1,692
$Au^{3+} + 2e^- \rightleftharpoons Au^+$	1,401
$Au^{3+} + 3e^- \rightleftharpoons Au$	1,498
$Au^{2+} + e^- \rightleftharpoons Au^+$	1,8
$AuOH^{2+} + H^+ + 2e^- \rightleftharpoons Au^+ + H_2O$	1,32
$AuBr_2^- + e^- \rightleftharpoons Au + 2Br^-$	0,959
$AuBr_4^- + 3e^- \rightleftharpoons Au + 4Br^-$	0,854
$AuCl_4^- + 3e^- \rightleftharpoons Au + 4Cl^-$	1,002

Réaction	$\epsilon°$ (V)
$Au(OH)_3 + 3H^+ + 3e^- \rightleftharpoons Au + 3H_2O$	1,45
$H_2BO_3^- + 5H_2O + 8e^- \rightleftharpoons BH_4^- + 8OH^-$	−1,24
$H_2BO_3^- + H_2O + 3e^- \rightleftharpoons B + 4OH^-$	−1,79
$H_3BO_3 + 3H^+ + 3e^- \rightleftharpoons B + 3H_2O$	−0,8698
$B(OH)_3 + 7H^+ + 8e^- \rightleftharpoons BH_4^- + 3H_2O$	−0,481
$Ba^{2+} + 2e^- \rightleftharpoons Ba$	−2,912
$Ba^{2+} + 2e^- \rightleftharpoons Ba(Hg)$	−1,570
$Ba(OH)_2 + 2e^- \rightleftharpoons Ba + 2OH^-$	−2,99
$Be^{2+} + 2e^- \rightleftharpoons Be$	−1,847
$Be_2O_3^{2-} + 3H_2O + 4e^- \rightleftharpoons 2Be + 6OH^-$	−2,63
p-benzoquinone + $2H^+ + 2e^- \rightleftharpoons$ hydroquinone	0,6992
$Bi^+ + e^- \rightleftharpoons Bi$	0,5
$Bi^{3+} + 3e^- \rightleftharpoons Bi$	0,308
$Bi^{3+} + 2e^- \rightleftharpoons Bi^+$	0,2
$Bi + 3H^+ + 3e^- \rightleftharpoons BiH_3$	−0,8
$BiCl_4^- + 3e^- \rightleftharpoons Bi + 4Cl^-$	0,16
$Bi_2O_3 + 3H_2O + 6e^- \rightleftharpoons 2Bi + 6OH^-$	−0,46
$Bi_2O_4 + 4H^+ + 2e^- \rightleftharpoons 2BiO^+ + 2H_2O$	1,593
$BiO^+ + 2H^+ + 3e^- \rightleftharpoons Bi + H_2O$	0,320
$BiOCl + 2H^+ + 3e^- \rightleftharpoons Bi + Cl^- + H_2O$	0,1583
$Bk^{4+} + e^- \rightleftharpoons Bk^{3+}$	1,67
$Bk^{2+} + 2e^- \rightleftharpoons Bk$	−1,6
$Bk^{3+} + e^- \rightleftharpoons Bk^{2+}$	−2,8
$Br_2(aq) + 2e^- \rightleftharpoons 2Br^-$	1,0873
$Br_2(l) + 2e^- \rightleftharpoons 2Br^-$	1,066
$HBrO + H^+ + 2e^- \rightleftharpoons Br^- + H_2O$	1,331
$HBrO + H^+ + e^- \rightleftharpoons 1/2Br_2(aq) + H_2O$	1,574
$HBrO + H^+ + e^- \rightleftharpoons 1/2Br_2(l) + H_2O$	1,596
$BrO^- + H_2O + 2e^- \rightleftharpoons Br^- + 2OH^-$	0,761
$BrO_3^- + 6H^+ + 5e^- \rightleftharpoons 1/2Br_2 + 3H_2O$	1,482
$BrO_3^- + 6H^+ + 6e^- \rightleftharpoons Br^- + 3H_2O$	1,423
$BrO_3^- + 3H_2O + 6e^- \rightleftharpoons Br^- + 6OH^-$	0,61
$(CN)_2 + 2H^+ + 2e^- \rightleftharpoons 2HCN$	0,373
$2HCNO + 2H^+ + 2e^- \rightleftharpoons (CN)_2 + 2H_2O$	0,330
$(CNS)_2 + 2e^- \rightleftharpoons 2CNS^-$	0,77
$CO_2 + 2H^+ + 2e^- \rightleftharpoons HCOOH$	−0,199
$Ca^+ + e^- \rightleftharpoons Ca$	−3,80
$Ca^{2+} + 2e^- \rightleftharpoons Ca$	−2,868
$Ca(OH)_2 + 2e^- \rightleftharpoons Ca + 2OH^-$	−3,02
Électrode au calomel, KCl 1 mol/L	0,2800
Électrode au calomel, KCl 1 mol/L (ECN)	0,2801
Électrode au calomel, KCl 0,1 mol/L	0,3337
Électrode au calomel, saturée en KCl (ECS)	0,2412
Électrode au calomel, saturée en NaCl (ECSS)	0,2360

Réaction	$\epsilon°$ (V)
$Cd^{2+} + 2e^- \rightleftharpoons Cd$	−0,4030
$Cd^{2+} + 2e^- \rightleftharpoons Cd(Hg)$	−0,3521
$Cd(OH)_2 + 2e^- \rightleftharpoons Cd(Hg) + 2OH^-$	−0,809
$CdSO_4 + 2e^- \rightleftharpoons Cd + SO_4^{2-}$	−0,246
$Cd(OH)_4^{2-} + 2e^- \rightleftharpoons Cd + 4OH^-$	−0,658
$CdO + H_2O + 2e^- \rightleftharpoons Cd + 2OH^-$	−0,783
$Ce^{3+} + 3e^- \rightleftharpoons Ce$	−2,336
$Ce^{3+} + 3e^- \rightleftharpoons Ce(Hg)$	−1,4373
$Ce^{4+} + e^- \rightleftharpoons Ce^{3+}$	1,61
$CeOH^{3+} + H^+ + e^- \rightleftharpoons Ce^{3+} + H_2O$	1,715
$Cf^{4+} + e^- \rightleftharpoons Cf^{3+}$	3,3
$Cf^{3+} + e^- \rightleftharpoons Cf^{2+}$	−1,6
$Cf^{3+} + 3e^- \rightleftharpoons Cf$	−1,94
$Cf^{2+} + 2e^- \rightleftharpoons Cf$	−2,12
$Cl_2(g) + 2e^- \rightleftharpoons 2Cl^-$	1,358 27
$HClO + H^+ + e^- \rightleftharpoons 1/2Cl_2 + H_2O$	1,611
$HClO + H^+ + 2e^- \rightleftharpoons Cl^- + H_2O$	1,482
$ClO^- + H_2O + 2e^- \rightleftharpoons Cl^- + 2OH^-$	0,81
$ClO_2 + H^+ + e^- \rightleftharpoons HClO_2$	1,277
$HClO_2 + 2H^+ + 2e^- \rightleftharpoons HClO + H_2O$	1,645
$HClO_2 + 3H^+ + 3e^- \rightleftharpoons 1/2Cl_2 + 2H_2O$	1,628
$HClO_2 + 3H^+ + 4e^- \rightleftharpoons Cl^- + 2H_2O$	1,570
$ClO_2^- + H_2O + 2e^- \rightleftharpoons ClO^- + 2OH^-$	0,66
$ClO_2^- + 2H_2O + 4e^- \rightleftharpoons Cl^- + 4OH^-$	0,76
$ClO_2(aq) + e^- \rightleftharpoons ClO_2^-$	0,954
$ClO_3^- + 2H^+ + e^- \rightleftharpoons ClO_2 + H_2O$	1,152
$ClO_3^- + 3H^+ + 2e^- \rightleftharpoons HClO_2 + H_2O$	1,214
$ClO_3^- + 6H^+ + 5e^- \rightleftharpoons 1/2Cl_2 + 3H_2O$	1,47
$ClO_3^- + 6H^+ + 6e^- \rightleftharpoons Cl^- + 3H_2O$	1,451
$ClO_3^- + H_2O + 2e^- \rightleftharpoons ClO_2^- + 2OH^-$	0,33
$ClO_3^- + 3H_2O + 6e^- \rightleftharpoons Cl^- + 6OH^-$	0,62
$ClO_4^- + 2H^+ + 2e^- \rightleftharpoons ClO_3^- + H_2O$	1,189
$ClO_4^- + 8H^+ + 7e^- \rightleftharpoons 1/2Cl_2 + 4H_2O$	1,39
$ClO_4^- + 8H^+ + 8e^- \rightleftharpoons Cl^- + 4H_2O$	1,389
$ClO_4^- + H_2O + 2e^- \rightleftharpoons ClO_3^- + 2OH^-$	0,36
$Cm^{4+} + e^- \rightleftharpoons Cm^{3+}$	3,0
$Cm^{3+} + 3e^- \rightleftharpoons Cm$	−2,04
$Co^{2+} + 2e^- \rightleftharpoons Co$	−0,28
$Co^{3+} + e^- \rightleftharpoons Co^{2+}$	1,82
$[Co(NH_3)_6]^{3+} + e^- \rightleftharpoons [Co(NH_3)_6]^{2+}$	0,108
$Co(OH)_2 + 2e^- \rightleftharpoons Co + 2OH^-$	−0,73
$Co(OH)_3 + e^- \rightleftharpoons Co(OH)_2 + OH^-$	0,17
$Cr^{2+} + 2e^- \rightleftharpoons Cr$	−0,913
$Cr^{3+} + e^- \rightleftharpoons Cr^{2+}$	−0,407

Réaction	$\epsilon°$ (V)
$Cr^{3+} + 3e^- \rightleftharpoons Cr$	−0,744
$Cr_2O_7^{2-} + 14H^+ + 6e^- \rightleftharpoons 2Cr^{3+} + 7H_2O$	1,232
$CrO_2^- + 2H_2O + 3e^- \rightleftharpoons Cr + 4OH^-$	−1,2
$HCrO_4^- + 7H^+ + 3e^- \rightleftharpoons Cr^{3+} + 4H_2O$	1,350
$CrO_2 + 4H^+ + e^- \rightleftharpoons Cr^{3+} + 2H_2O$	1,48
$Cr(V) + e^- \rightleftharpoons Cr(IV)$	1,34
$CrO_4^{2-} + 4H_2O + 3e^- \rightleftharpoons Cr(OH)_3 + 5OH^-$	−0,13
$Cr(OH)_3 + 3e^- \rightleftharpoons Cr + 3OH^-$	−1,48
$Cs^+ + e^- \rightleftharpoons Cs$	−3,026
$Cu^+ + e^- \rightleftharpoons Cu$	0,521
$Cu^{2+} + e^- \rightleftharpoons Cu^+$	0,153
$Cu^{2+} + 2e^- \rightleftharpoons Cu$	0,3419
$Cu^{2+} + 2e^- \rightleftharpoons Cu(Hg)$	0,345
$Cu^{3+} + e^- \rightleftharpoons Cu^{2+}$	2,4
$Cu_2O_3 + 6H^+ + 2e^- \rightleftharpoons 2Cu^{2+} + 3H_2O$	2,0
$Cu^{2+} + 2CN^- + e^- \rightleftharpoons [Cu(CN)_2]^-$	1,103
$CuI_2^- + e^- \rightleftharpoons Cu + 2I^-$	0,00
$Cu_2O + H_2O + 2e^- \rightleftharpoons 2Cu + 2OH^-$	−0,360
$Cu(OH)_2 + 2e^- \rightleftharpoons Cu + 2OH^-$	−0,222
$2Cu(OH)_2 + 2e^- \rightleftharpoons Cu_2O + 2OH^- + H_2O$	−0,080
$2D^+ + 2e^- \rightleftharpoons D_2$	−0,013
$Dy^{2+} + 2e^- \rightleftharpoons Dy$	−2,2
$Dy^{3+} + 3e^- \rightleftharpoons Dy$	−2,295
$Dy^{3+} + e^- \rightleftharpoons Dy^{2+}$	−2,6
$Er^{2+} + 2e^- \rightleftharpoons Er$	−2,0
$Er^{3+} + 3e^- \rightleftharpoons Er$	−2,331
$Er^{3+} + e^- \rightleftharpoons Er^{2+}$	−3,0
$Es^{3+} + e^- \rightleftharpoons Es^{2+}$	−1,3
$Es^{3+} + 3e^- \rightleftharpoons Es$	−1,91
$Es^{2+} + 2e^- \rightleftharpoons Es$	−2,23
$Eu^{2+} + 2e^- \rightleftharpoons Eu$	−2,812
$Eu^{3+} + 3e^- \rightleftharpoons Eu$	−1,991
$Eu^{3+} + e^- \rightleftharpoons Eu^{2+}$	−0,36
$F_2 + 2H^+ + 2e^- \rightleftharpoons 2HF$	3,053
$F_2 + 2e^- \rightleftharpoons 2F^-$	2,866
$F_2O + 2H^+ + 4e^- \rightleftharpoons H_2O + 2F^-$	2,153
$Fe^{2+} + 2e^- \rightleftharpoons Fe$	−0,447
$Fe^{3+} + 3e^- \rightleftharpoons Fe$	−0,037
$Fe^{3+} + e^- \rightleftharpoons Fe^{2+}$	0,771
$2HFeO_4^- + 8H^+ + 6e^- \rightleftharpoons Fe_2O_3 + 5H_2O$	2,09
$HFeO_4^- + 4H^+ + 3e^- \rightleftharpoons FeOOH + 2H_2O$	2,08
$HFeO_4^- + 7H^+ + 3e^- \rightleftharpoons Fe^{3+} + 4H_2O$	2,07
$Fe_2O_3 + 4H^+ + 2e^- \rightleftharpoons 2FeOH^+ + H_2O$	0,16
$[Fe(CN)_6]^{3-} + e^- \rightleftharpoons [Fe(CN)_6]^{4-}$	0,358

Réaction	$\epsilon°$ (V)
$FeO_4^{2-} + 8H^+ + 3e^- \rightleftharpoons Fe^{3+} + 4H_2O$	2,20
$[Fe(bipy)_2]^{3+} + e^- \rightleftharpoons [Fe(bipy)_2]^{2+}$	0,78
$[Fe(bipy)_3]^{3+} + e^- \rightleftharpoons [Fe(bipy)_3]^{2+}$	1,03
$Fe(OH)_3 + e^- \rightleftharpoons Fe(OH)_2 + OH^-$	−0,56
$[Fe(phen)_3]^{3+} + e^- \rightleftharpoons [Fe(phen)_3]^{2+}$	1,147
$[Fe(phen)_3]^{3+} + e^- \rightleftharpoons [Fe(phen)_3]^{2+}$ (H_2SO_4 1 mol/L)	1,06
$[Ferricinium]^+ + e^- \rightleftharpoons$ ferrocène	0,400
$Fm^{3+} + e^- \rightleftharpoons Fm^{2+}$	−1,1
$Fm^{3+} + 3e^- \rightleftharpoons Fm$	−1,89
$Fm^{2+} + 2e^- \rightleftharpoons Fm$	−2,30
$Fr^+ + e^- \rightleftharpoons Fr$	−2,9
$Ga^{3+} + 3e^- \rightleftharpoons Ga$	−0,549
$Ga^+ + e^- \rightleftharpoons Ga$	−0,2
$GaOH^{2+} + H^+ + 3e^- \rightleftharpoons Ga + H_2O$	−0,498
$H_2GaO_3^- + H_2O + 3e^- \rightleftharpoons Ga + 4OH^-$	−1,219
$Gd^{3+} + 3e^- \rightleftharpoons Gd$	−2,279
$Ge^{2+} + 2e^- \rightleftharpoons Ge$	0,24
$Ge^{4+} + 4e^- \rightleftharpoons Ge$	0,124
$Ge^{4+} + 2e^- \rightleftharpoons Ge^{2+}$	0,00
$GeO_2 + 2H^+ + 2e^- \rightleftharpoons GeO + H_2O$	−0,118
$H_2GeO_3 + 4H^+ + 4e^- \rightleftharpoons Ge + 3H_2O$	−0,182
$2H^+ + 2e^- \rightleftharpoons H_2$	0,000 00
$H_2 + 2e^- \rightleftharpoons 2H^-$	−2,23
$HO_2 + H^+ + e^- \rightleftharpoons H_2O_2$	1,495
$2H_2O + 2e^- \rightleftharpoons H_2 + 2OH^-$	−0,8277
$H_2O_2 + 2H^+ + 2e^- \rightleftharpoons 2H_2O$	1,776
$Hf^{4+} + 4e^- \rightleftharpoons Hf$	−1,55
$HfO^{2+} + 2H^+ + 4e^- \rightleftharpoons Hf + H_2O$	−1,724
$HfO_2 + 4H^+ + 4e^- \rightleftharpoons Hf + 2H_2O$	−1,505
$HfO(OH)_2 + H_2O + 4e^- \rightleftharpoons Hf + 4OH^-$	−2,50
$Hg^{2+} + 2e^- \rightleftharpoons Hg$	0,851
$2Hg^{2+} + 2e^- \rightleftharpoons Hg_2^{2+}$	0,920
$Hg_2^{2+} + 2e^- \rightleftharpoons 2Hg$	0,7973
$Hg_2(ac)_2 + 2e^- \rightleftharpoons 2Hg + 2(ac)^-$	0,51163
$Hg_2Br_2 + 2e^- \rightleftharpoons 2Hg + 2Br^-$	0,13923
$Hg_2Cl_2 + 2e^- \rightleftharpoons 2Hg + 2Cl^-$	0,26808
$Hg_2HPO_4 + 2e^- \rightleftharpoons 2Hg + HPO_4^{2-}$	0,6359
$Hg_2I_2 + 2e^- \rightleftharpoons 2Hg + 2I^-$	−0,0405
$Hg_2O + H_2O + 2e^- \rightleftharpoons 2Hg + 2OH^-$	0,123
$HgO + H_2O + 2e^- \rightleftharpoons Hg + 2OH^-$	0,0977
$Hg(OH)_2 + 2H^+ + 2e^- \rightleftharpoons Hg + 2H_2O$	1,034
$Hg_2SO_4 + 2e^- \rightleftharpoons 2Hg + SO_4^{2-}$	0,6125
$Ho^{2+} + 2e^- \rightleftharpoons Ho$	−2,1
$Ho^{3+} + 3e^- \rightleftharpoons Ho$	−2,33

Réaction	$\epsilon°$ (V)
$Ho^{3+} + e^- \rightleftharpoons Ho^{2+}$	−2,8
$I_2 + 2e^- \rightleftharpoons 2I^-$	0,5355
$I_3^- + 2e^- \rightleftharpoons 3I^-$	0,536
$H_3IO_6^{2-} + 2e^- \rightleftharpoons IO_3^- + 3OH^-$	0,7
$H_5IO_6 + H^+ + 2e^- \rightleftharpoons IO_3^- + 3H_2O$	1,601
$2HIO + 2H^+ + 2e^- \rightleftharpoons I_2 + 2H_2O$	1,439
$HIO + H^+ + 2e^- \rightleftharpoons I^- + H_2O$	0,987
$IO^- + H_2O + 2e^- \rightleftharpoons I^- + 2OH^-$	0,485
$2IO_3^- + 12H^+ + 10e^- \rightleftharpoons I_2 + 6H_2O$	1,195
$IO_3^- + 6H^+ + 6e^- \rightleftharpoons I^- + 3H_2O$	1,085
$IO_3^- + 2H_2O + 4e^- \rightleftharpoons IO^- + 4OH^-$	0,15
$IO_3^- + 3H_2O + 6e^- \rightleftharpoons IO^- + 6OH^-$	0,26
$In^+ + e^- \rightleftharpoons In$	−0,14
$In^{2+} + e^- \rightleftharpoons In^+$	−0,40
$In^{3+} + e^- \rightleftharpoons In^{2+}$	−0,49
$In^{3+} + 2e^- \rightleftharpoons In^+$	−0,443
$In^{3+} + 3e^- \rightleftharpoons In$	−0,3382
$In(OH)_3 + 3e^- \rightleftharpoons In + 3OH^-$	−0,99
$In(OH)_4^- + 3e^- \rightleftharpoons In + 4OH^-$	−1,007
$In_2O_3 + 3H_2O + 6e^- \rightleftharpoons 2In + 6OH^-$	−1,034
$Ir^{3+} + 3e^- \rightleftharpoons Ir$	1,156
$[IrCl_6]^{2-} + e^- \rightleftharpoons [IrCl_6]^{3-}$	0,8665
$[IrCl_6]^{3-} + 3e^- \rightleftharpoons Ir + 6Cl^-$	0,77
$Ir_2O_3 + 3H_2O + 6e^- \rightleftharpoons 2Ir + 6OH^-$	0,098
$K^+ + e^- \rightleftharpoons K$	−2,931
$La^{3+} + 3e^- \rightleftharpoons La$	−2,379
$La(OH)_3 + 3e^- \rightleftharpoons La + 3OH^-$	−2,90
$Li^+ + e^- \rightleftharpoons Li$	−3,0401
$Lr^{3+} + 3e^- \rightleftharpoons Lr$	−1,96
$Lu^{3+} + 3e^- \rightleftharpoons Lu$	−2,28
$Md^{3+} + e^- \rightleftharpoons Md^{2+}$	−0,1
$Md^{3+} + 3e^- \rightleftharpoons Md$	−1,65
$Md^{2+} + 2e^- \rightleftharpoons Md$	−2,40
$Mg^+ + e^- \rightleftharpoons Mg$	−2,70
$Mg^{2+} + 2e^- \rightleftharpoons Mg$	−2,372
$Mg(OH)_2 + 2e^- \rightleftharpoons Mg + 2OH^-$	−2,690
$Mn^{2+} + 2e^- \rightleftharpoons Mn$	−1,185
$Mn^{3+} + e^- \rightleftharpoons Mn^{2+}$	1,5415
$MnO_2 + 4H^+ + 2e^- \rightleftharpoons Mn^{2+} + 2H_2O$	1,224
$MnO_4^- + e^- \rightleftharpoons MnO_4^{2-}$	0,558
$MnO_4^- + 4H^+ + 3e^- \rightleftharpoons MnO_2 + 2H_2O$	1,679
$MnO_4^- + 8H^+ + 5e^- \rightleftharpoons Mn^{2+} + 4H_2O$	1,507
$MnO_4^- + 2H_2O + 3e^- \rightleftharpoons MnO_2 + 4OH^-$	0,595
$MnO_4^{2-} + 2H_2O + 2e^- \rightleftharpoons MnO_2 + 4OH^-$	0,60

Réaction	$\epsilon°$ (V)
$Mn(OH)_2 + 2e^- \rightleftharpoons Mn + 2OH^-$	−1,56
$Mn(OH)_3 + e^- \rightleftharpoons Mn(OH)_2 + OH^-$	0,15
$Mn_2O_3 + 6H^+ + 2e^- \rightleftharpoons 2Mn^{2+} + 3H_2O$	1,485
$Mo^{3+} + 3e^- \rightleftharpoons Mo$	−0,200
$MoO_2 + 4H^+ + 4e^- \rightleftharpoons Mo + 4H_2O$	−0,152
$H_3Mo_7O_{24}^{3-} + 45H^+ + 42e^- \rightleftharpoons 7Mo + 24H_2O$	0,082
$MoO_3 + 6H^+ + 6e^- \rightleftharpoons Mo + 3H_2O$	0,075
$N_2 + 2H_2O + 6H^+ + 6e^- \rightleftharpoons 2NH_4OH$	0,092
$3N_2 + 2H^+ + 2e^- \rightleftharpoons 2HN_3$	−3,09
$N_2O + 2H^+ + 2e^- \rightleftharpoons N_2 + H_2O$	1,766
$H_2N_2O_2 + 2H^+ + 2e^- \rightleftharpoons N_2 + 2H_2O$	2,65
$N_2O_4 + 2e^- \rightleftharpoons 2NO_2^-$	0,867
$N_2O_4 + 2H^+ + 2e^- \rightleftharpoons 2NHO_2$	1,065
$N_2O_4 + 4H^+ + 4e^- \rightleftharpoons 2NO + 2H_2O$	1,035
$2NH_3OH^+ + H^+ + 2e^- \rightleftharpoons N_2H_5^+ + 2H_2O$	1,42
$2NO + 2H^+ + 2e^- \rightleftharpoons N_2O + H_2O$	1,591
$2NO + H_2O + 2e^- \rightleftharpoons N_2O + 2OH^-$	0,76
$HNO_2 + H^+ + e^- \rightleftharpoons NO + H_2O$	0,983
$2HNO_2 + 4H^+ + 4e^- \rightleftharpoons H_2N_2O_2 + 2H_2O$	0,86
$2HNO_2 + 4H^+ + 4e^- \rightleftharpoons N_2O + 3H_2O$	1,297
$NO_2^- + H_2O + e^- \rightleftharpoons NO + 2OH^-$	−0,46
$2NO_2^- + 2H_2O + 4e^- \rightleftharpoons N_2O_2^{2-} + 4OH^-$	−0,18
$2NO_2^- + 3H_2O + 4e^- \rightleftharpoons N_2O + 6OH^-$	0,15
$NO_3^- + 3H^+ + 2e^- \rightleftharpoons HNO_2 + H_2O$	0,934
$NO_3^- + 4H^+ + 3e^- \rightleftharpoons NO + 2H_2O$	0,957
$2NO_3^- + 4H^+ + 2e^- \rightleftharpoons N_2O_4 + 2H_2O$	0,803
$NO_3^- + H_2O + 2e^- \rightleftharpoons NO_2^- + 2OH^-$	0,01
$2NO_3^- + 2H_2O + 2e^- \rightleftharpoons N_2O_4 + 4OH^-$	−0,85
$Na^+ + e^- \rightleftharpoons Na$	−2,71
$Nb^{3+} + 3e^- \rightleftharpoons Nb$	−1,099
$NbO_2 + 2H^+ + 2e^- \rightleftharpoons NbO + H_2O$	−0,646
$NbO_2 + 4H^+ + 4e^- \rightleftharpoons Nb + 2H_2O$	−0,690
$NbO + 2H^+ + 2e^- \rightleftharpoons Nb + H_2O$	−0,733
$Nb_2O_5 + 10H^+ + 10e^- \rightleftharpoons 2Nb + 5H_2O$	−0,644
$Nd^{3+} + 3e^- \rightleftharpoons Nd$	−2,323
$Nd^{2+} + 2e^- \rightleftharpoons Nd$	−2,1
$Nd^{3+} + e^- \rightleftharpoons Nd^{2+}$	−2,7
$Ni^{2+} + 2e^- \rightleftharpoons Ni$	−0,257
$Ni(OH)_2 + 2e^- \rightleftharpoons Ni + 2OH^-$	−0,72
$NiO_2 + 4H^+ + 2e^- \rightleftharpoons Ni^{2+} + 2H_2O$	1,678
$NiO_2 + 2H_2O + 2e^- \rightleftharpoons Ni(OH)_2 + 2OH^-$	−0,490
$No^{3+} + e^- \rightleftharpoons No^{2+}$	1,4
$No^{3+} + 3e^- \rightleftharpoons No$	−1,20
$No^{2+} + 2e^- \rightleftharpoons No$	−2,50

Réaction	$\epsilon°$ (V)
$Np^{3+} + 3e^- \rightleftharpoons Np$	$-1,856$
$Np^{4+} + e^- \rightleftharpoons Np^{3+}$	$0,147$
$NpO_2 + H_2O + H^+ + e^- \rightleftharpoons Np(OH)_3$	$-0,962$
$O_2 + 2H^+ + 2e^- \rightleftharpoons H_2O_2$	$0,695$
$O_2 + 4H^+ + 4e^- \rightleftharpoons 2H_2O$	$1,229$
$O_2 + H_2O + 2e^- \rightleftharpoons HO_2^- + OH^-$	$-0,076$
$O_2 + 2H_2O + 2e^- \rightleftharpoons H_2O_2 + 2OH^-$	$-0,146$
$O_2 + 2H_2O + 4e^- \rightleftharpoons 4OH^-$	$0,401$
$O_3 + 2H^+ + 2e^- \rightleftharpoons O_2 + H_2O$	$2,076$
$O_3 + H_2O + 2e^- \rightleftharpoons O_2 + 2OH^-$	$1,24$
$O(g) + 2H^+ + 2e^- \rightleftharpoons H_2O$	$2,421$
$OH + e^- \rightleftharpoons OH^-$	$2,02$
$HO_2^- + H_2O + 2e^- \rightleftharpoons 3OH^-$	$0,878$
$OsO_4 + 8H^+ + 8e^- \rightleftharpoons Os + 4H_2O$	$0,838$
$OsO_4 + 4H^+ + 4e^- \rightleftharpoons OsO_2 + 2H_2O$	$1,02$
$[Os(bipy)_2]^{3+} + e^- \rightleftharpoons [Os(bipy)_2]^{2+}$	$0,81$
$[Os(bipy)_3]^{3+} + e^- \rightleftharpoons [Os(bipy)_3]^{2+}$	$0,80$
$P(rouge) + 3H^+ + 3e^- \rightleftharpoons PH_3(g)$	$-0,111$
$P(blanc) + 3H^+ + 3e^- \rightleftharpoons PH_3(g)$	$-0,063$
$P + 3H_2O + 3e^- \rightleftharpoons PH_3(g) + 3OH^-$	$-0,87$
$H_2P_2^- + e^- \rightleftharpoons P + 2OH^-$	$-1,82$
$H_3PO_2 + H^+ + e^- \rightleftharpoons P + 2H_2O$	$-0,508$
$H_3PO_3 + 2H^+ + 2e^- \rightleftharpoons H_3PO_2 + H_2O$	$-0,499$
$H_3PO_3 + 3H^+ + 3e^- \rightleftharpoons P + 3H_2O$	$-0,454$
$HPO_3^{2-} + 2H_2O + 2e^- \rightleftharpoons H_2PO_2^- + 3OH^-$	$-1,65$
$HPO_3^{2-} + 2H_2O + 3e^- \rightleftharpoons P + 5OH^-$	$-1,71$
$H_3PO_4 + 2H^+ + 2e^- \rightleftharpoons H_3PO_3 + H_2O$	$-0,276$
$PO_4^{3-} + 2H_2O + 2e^- \rightleftharpoons HPO_3^{2-} + 3OH^-$	$-1,05$
$Pa^{3+} + 3e^- \rightleftharpoons Pa$	$-1,34$
$Pa^{4+} + 4e^- \rightleftharpoons Pa$	$-1,49$
$Pa^{4+} + e^- \rightleftharpoons Pa^{3+}$	$-1,9$
$Pb^{2+} + 2e^- \rightleftharpoons Pb$	$-0,1262$
$Pb^{2+} + 2e^- \rightleftharpoons Pb(Hg)$	$-0,1205$
$PbBr_2 + 2e^- \rightleftharpoons Pb + 2Br^-$	$-0,284$
$PbCl_2 + 2e^- \rightleftharpoons Pb + 2Cl^-$	$-0,2675$
$PbF_2 + 2e^- \rightleftharpoons Pb + 2F^-$	$-0,3444$
$PbHPO_4 + 2e^- \rightleftharpoons Pb + HPO_4^{2-}$	$-0,465$
$PbI_2 + 2e^- \rightleftharpoons Pb + 2I^-$	$-0,365$
$PbO + H_2O + 2e^- \rightleftharpoons Pb + 2OH^-$	$-0,580$
$PbO_2 + 4H^+ + 2e^- \rightleftharpoons Pb^{2+} + 2H_2O$	$1,455$
$HPbO_2^- + H_2O + 2e^- \rightleftharpoons Pb + 3OH^-$	$-0,537$
$PbO_2 + H_2O + 2e^- \rightleftharpoons PbO + 2OH^-$	$0,247$
$PbO_2 + SO_4^{2-} + 4H^+ + 2e^- \rightleftharpoons PbSO_4 + 2H_2O$	$1,6913$
$PbSO_4 + 2e^- \rightleftharpoons Pb + SO_4^{2-}$	$-0,3588$

Réaction	$\epsilon°$ (V)
$PbSO_4 + 2e^- \rightleftharpoons Pb(Hg) + SO_4^{2-}$	$-0,3505$
$Pd^{2+} + 2e^- \rightleftharpoons Pd$	$0,951$
$[PdCl_4]^{2-} + 2e^- \rightleftharpoons Pd + 4Cl^-$	$0,591$
$[PdCl_6]^{2-} + 2e^- \rightleftharpoons [PdCl_4]^{2-} + 2Cl^-$	$1,288$
$Pd(OH)_2 + 2e^- \rightleftharpoons Pd + 2OH^-$	$0,07$
$Pm^{2+} + 2e^- \rightleftharpoons Pm$	$-2,2$
$Pm^{3+} + 3e^- \rightleftharpoons Pm$	$-2,30$
$Pm^{3+} + e^- \rightleftharpoons Pm^{2+}$	$-2,6$
$Po^{4+} + 2e^- \rightleftharpoons Po^{2+}$	$0,9$
$Po^{4+} + 4e^- \rightleftharpoons Po$	$0,76$
$Pr^{4+} + e^- \rightleftharpoons Pr^{3+}$	$3,2$
$Pr^{2+} + 2e^- \rightleftharpoons Pr$	$-2,0$
$Pr^{3+} + 3e^- \rightleftharpoons Pr$	$-2,353$
$Pr^{3+} + e^- \rightleftharpoons Pr^{2+}$	$-3,1$
$Pt^{2+} + 2e^- \rightleftharpoons Pt$	$1,18$
$[PtCl_4]^{2-} + 2e^- \rightleftharpoons Pt + 4Cl^-$	$0,755$
$[PtCl_6]^{2-} + 2e^- \rightleftharpoons [PtCl_4]^{2-} + 2Cl^-$	$0,68$
$Pt(OH)_2 + 2e^- \rightleftharpoons Pt + 2OH^-$	$0,14$
$PtO_3 + 2H^+ + 2e^- \rightleftharpoons PtO_2 + H_2O$	$1,7$
$PtO_3 + 4H^+ + 2e^- \rightleftharpoons Pt(OH)_2^{2+} + H_2O$	$1,5$
$PtOH^+ + H^+ + 2e^- \rightleftharpoons Pt + H_2O$	$1,2$
$PtO_2 + 2H^+ + 2e^- \rightleftharpoons PtO + H_2O$	$1,01$
$PtO_2 + 4H^+ + 4e^- \rightleftharpoons Pt + 2H_2O$	$1,00$
$Pu^{3+} + 3e^- \rightleftharpoons Pu$	$-2,031$
$Pu^{4+} + e^- \rightleftharpoons Pu^{3+}$	$1,006$
$Pu^{5+} + e^- \rightleftharpoons Pu^{4+}$	$1,099$
$PuO_2(OH)_2 + 2H^+ + 2e^- \rightleftharpoons Pu(OH)_4$	$1,325$
$PuO_2(OH)_2 + H^+ + e^- \rightleftharpoons PuO_2OH + H_2O$	$1,062$
$Ra^{2+} + 2e^- \rightleftharpoons Ra$	$-2,8$
$Rb^+ + e^- \rightleftharpoons Rb$	$-2,98$
$Re^{3+} + 3e^- \rightleftharpoons Re$	$0,300$
$ReO_4^- + 4H^+ + 3e^- \rightleftharpoons ReO_2 + 2H_2O$	$0,510$
$ReO_2 + 4H^+ + 4e^- \rightleftharpoons Re + 2H_2O$	$0,2513$
$ReO_4^- + 2H^+ + e^- \rightleftharpoons ReO_3 + H_2O$	$0,768$
$ReO_4^- + 4H_2O + 7e^- \rightleftharpoons Re + 8OH^-$	$-0,584$
$ReO_4^- + 8H^+ + 7e^- \rightleftharpoons Re + 4H_2O$	$0,368$
$Rh^+ + e^- \rightleftharpoons Rh$	$0,600$
$Rh^{2+} + 2e^- \rightleftharpoons Rh$	$0,600$
$Rh^{3+} + 3e^- \rightleftharpoons Rh$	$0,758$
$[RhCl_6]^{3-} + 3e^- \rightleftharpoons Rh + 6Cl^-$	$0,431$
$RhOH^{2+} + H^+ + 3e^- \rightleftharpoons Rh + H_2O$	$0,83$
$Ru^{2+} + 2e^- \rightleftharpoons Ru$	$0,455$
$Ru^{3+} + e^- \rightleftharpoons Ru^{2+}$	$0,2487$
$RuO_2 + 4H^+ + 2e^- \rightleftharpoons Ru^{2+} + 2H_2O$	$1,120$

Réaction	$\epsilon°$ (V)
$RuO_4^- + e^- \rightleftharpoons RuO_4^{2-}$	0,59
$RuO_4 + e^- \rightleftharpoons RuO_4^-$	1,00
$RuO_4 + 6H^+ + 4e^- \rightleftharpoons Ru(OH)_2^{2+} + 2H_2O$	1,40
$RuO_4 + 8H^+ + 8e^- \rightleftharpoons Ru + 4H_2O$	1,038
$[Ru(bipy)_3]^{3+} + e^- \rightleftharpoons [Ru(bipy)_3]^{2+}$	1,24
$[Ru(H_2O)_6]^{3+} + e^- \rightleftharpoons [Ru(H_2O)_6]^{2+}$	0,23
$[Ru(NH_3)_6]^{3+} + e^- \rightleftharpoons [Ru(NH_3)_6]^{2+}$	0,10
$[Ru(en)_3]^{3+} + e^- \rightleftharpoons [Ru(en)_3]^{2+}$	0,210
$[Ru(CN)_6]^{3-} + e^- \rightleftharpoons [Ru(CN)_6]^{4-}$	0,86
$S + 2e^- \rightleftharpoons S^{2-}$	−0,476 27
$S + 2H^+ + 2e^- \rightleftharpoons H_2S(aq)$	0,142
$S + H_2O + 2e^- \rightleftharpoons SH^- + OH^-$	−0,478
$2S + 2e^- \rightleftharpoons S_2^{2-}$	−0,428 36
$S_2O_6^{2-} + 4H^+ + 2e^- \rightleftharpoons 2H_2SO_3$	0,564
$S_2O_8^{2-} + 2e^- \rightleftharpoons 2SO_4^{2-}$	2,010
$S_2O_8^{2-} + 2H^+ + 2e^- \rightleftharpoons 2HSO_4^-$	2,123
$S_4O_6^{2-} + 2e^- \rightleftharpoons 2S_2O_3^{2-}$	0,08
$2H_2SO_3 + H^+ + 2e^- \rightleftharpoons HS_2O_4^- + 2H_2O$	−0,056
$H_2SO_3 + 4H^+ + 4e^- \rightleftharpoons S + 3H_2O$	0,449
$2SO_3^{2-} + 2H_2O + 2e^- \rightleftharpoons S_2O_4^{2-} + 4OH^-$	−1,12
$2SO_3^{2-} + 3H_2O + 4e^- \rightleftharpoons S_2O_3^{2-} + 6OH^-$	−0,571
$SO_4^{2-} + 4H^+ + 2e^- \rightleftharpoons H_2SO_3 + H_2O$	0,172
$2SO_4^{2-} + 4H^+ + 2e^- \rightleftharpoons S_2O_6^{2-} + H_2O$	−0,22
$SO_4^{2-} + H_2O + 2e^- \rightleftharpoons SO_3^{2-} + 2OH^-$	−0,93
$Sb + 3H^+ + 3e^- \rightleftharpoons SbH_3$	−0,510
$Sb_2O_3 + 6H^+ + 6e^- \rightleftharpoons 2Sb + 3H_2O$	0,152
$Sb_2O_5 \text{ (senarmontite)} + 4H^+ + 4e^- \rightleftharpoons Sb_2O_3 + 2H_2O$	0,671
$Sb_2O_5 \text{ (valentinite)} + 4H^+ + 4e^- \rightleftharpoons Sb_2O_3 + 2H_2O$	0,649
$Sb_2O_5 + 6H^+ + 4e^- \rightleftharpoons 2SbO^+ + 3H_2O$	0,581
$SbO^+ + 2H^+ + 3e^- \rightleftharpoons Sb + 2H_2O$	0,212
$SbO_2^- + 2H_2O + 3e^- \rightleftharpoons Sb + 4OH^-$	−0,66
$SbO_3^- + H_2O + 2e^- \rightleftharpoons SbO_2^- + 2OH^-$	−0,59
$Sc^{3+} + 3e^- \rightleftharpoons Sc$	−2,077
$Se + 2e^- \rightleftharpoons Se^{2-}$	−0,924
$Se + 2H^+ + 2e^- \rightleftharpoons H_2Se(aq)$	−0,399
$H_2SeO_3 + 4H^+ + 4e^- \rightleftharpoons Se + 3H_2O$	0,74
$Se + 2H^+ + 2e^- \rightleftharpoons H_2Se$	−0,082
$SeO_3^{2-} + 3H_2O + 4e^- \rightleftharpoons Se + 6OH^-$	−0,366
$SeO_4^{2-} + 4H^+ + 2e^- \rightleftharpoons H_2SeO_3 + H_2O$	1,151
$SeO_4^{2-} + H_2O + 2e^- \rightleftharpoons SeO_3^{2-} + 2OH^-$	0,05
$SiF_6^{2-} + 4e^- \rightleftharpoons Si + 6F^-$	−1,24
$SiO + 2H^+ + 2e^- \rightleftharpoons Si + H_2O$	−0,8
$SiO_2 \text{ (quartz)} + 4H^+ + 4e^- \rightleftharpoons Si + 2H_2O$	0,857
$SiO_3^{2-} + 3H_2O + 4e^- \rightleftharpoons Si + 6OH^-$	−1,697

Réaction	$\epsilon°$ (V)
$Sm^{3+} + e^- \rightleftharpoons Sm^{2+}$	−1,55
$Sm^{3+} + 3e^- \rightleftharpoons Sm$	−2,304
$Sm^{2+} + 2e^- \rightleftharpoons Sm$	−2,68
$Sn^{2+} + 2e^- \rightleftharpoons Sn$	−0,1375
$Sn^{4+} + 2e^- \rightleftharpoons Sn^{2+}$	0,151
$Sn(OH)_3^+ + 3H^+ + 2e^- \rightleftharpoons Sn^{2+} + 3H_2O$	0,142
$SnO_2 + 4H^+ + 2e^- \rightleftharpoons Sn^{2+} + 2H_2O$	−0,094
$SnO_2 + 4H^+ + 4e^- \rightleftharpoons Sn + 2H_2O$	−0,117
$SnO_2 + 3H^+ + 2e^- \rightleftharpoons SnOH^+ + H_2O$	−0,194
$SnO_2 + 2H_2O + 4e^- \rightleftharpoons Sn + 4OH^-$	−0,945
$HSnO_2^- + H_2O + 2e^- \rightleftharpoons Sn + 3OH^-$	−0,909
$Sn(OH)_6^{2-} + 2e^- \rightleftharpoons HSnO_2^- + 3OH^- + H_2O$	−0,93
$Sr^+ + e^- \rightleftharpoons Sr$	−4,10
$Sr^{2+} + 2e^- \rightleftharpoons Sr$	−2,899
$Sr^{2+} + 2e^- \rightleftharpoons Sr(Hg)$	−1,793
$Sr(OH)_2 + 2e^- \rightleftharpoons Sr + 2OH^-$	−2,88
$Ta_2O_5 + 10H^+ + 10e^- \rightleftharpoons 2Ta + 5H_2O$	−0,750
$Ta^{3+} + 3e^- \rightleftharpoons Ta$	−0,6
$Tc^{2+} + 2e^- \rightleftharpoons Tc$	0,400
$TcO_4^- + 4H^+ + 3e^- \rightleftharpoons TcO_2 + 2H_2O$	0,782
$Tc^{3+} + e^- \rightleftharpoons Tc^{2+}$	0,3
$TcO_4^- + 8H^+ + 7e^- \rightleftharpoons Tc + 4H_2O$	0,472
$Tb^{4+} + e^- \rightleftharpoons Tb^{3+}$	3,1
$Tb^{3+} + 3e^- \rightleftharpoons Tb$	−2,28
$Te + 2e^- \rightleftharpoons Te^{2-}$	−1,143
$Te + 2H^+ + 2e^- \rightleftharpoons H_2Te$	−0,793
$Te^{4+} + 4e^- \rightleftharpoons Te$	0,568
$TeO_2 + 4H^+ + 4e^- \rightleftharpoons Te + 2H_2O$	0,593
$TeO_3^{2-} + 3H_2O + 4e^- \rightleftharpoons Te + 6OH^-$	−0,57
$TeO_4^- + 8H^+ + 7e^- \rightleftharpoons Te + 4H_2O$	0,472
$H_6TeO_6 + 2H^+ + 2e^- \rightleftharpoons TeO_2 + 4H_2O$	1,02
$Th^{4+} + 4e^- \rightleftharpoons Th$	−1,899
$ThO_2 + 4H^+ + 4e^- \rightleftharpoons Th + 2H_2O$	−1,789
$Th(OH)_4 + 4e^- \rightleftharpoons Th + 4OH^-$	−2,48
$Ti^{2+} + 2e^- \rightleftharpoons Ti$	−1,630
$Ti^{3+} + e^- \rightleftharpoons Ti^{2+}$	−0,9
$TiO_2 + 4H^+ + 2e^- \rightleftharpoons Ti^{2+} + 2H_2O$	−0,502
$Ti^{3+} + 3e^- \rightleftharpoons Ti$	−1,37
$TiOH^{3+} + H^+ + e^- \rightleftharpoons Ti^{3+} + H_2O$	−0,055
$Tl^+ + e^- \rightleftharpoons Tl$	−0,336
$Tl^+ + e^- \rightleftharpoons Tl(Hg)$	−0,3338
$Tl^{3+} + 2e^- \rightleftharpoons Tl^+$	1,252
$Tl^{3+} + 3e^- \rightleftharpoons Tl$	0,741
$TlBr + e^- \rightleftharpoons Tl + Br^-$	−0,658

Réaction	$\epsilon°$ (V)
$TlCl + e^- \rightleftharpoons Tl + Cl^-$	−0,5568
$TlI + e^- \rightleftharpoons Tl + I^-$	−0,752
$Tl_2O_3 + 3H_2O + 4e^- \rightleftharpoons 2Tl^+ + 6OH^-$	0,02
$TlOH + e^- \rightleftharpoons Tl + OH^-$	−0,34
$Tl(OH)_3 + 2e^- \rightleftharpoons TlOH + 2OH^-$	−0,05
$Tl_2SO_4 + 2e^- \rightleftharpoons Tl + SO_4^{2-}$	−0,4360
$Tm^{3+} + e^- \rightleftharpoons Tm^{2+}$	−2,2
$Tm^{3+} + 3e^- \rightleftharpoons Tm$	−2,319
$Tm^{2+} + 2e^- \rightleftharpoons Tm$	−2,4
$U^{3+} + 3e^- \rightleftharpoons U$	−1,798
$U^{4+} + e^- \rightleftharpoons U^{3+}$	−0,607
$UO_2^+ + 4H^+ + e^- \rightleftharpoons U^{4+} + 2H_2O$	0,612
$UO_2^{2+} + e^- \rightleftharpoons UO_2^+$	0,062
$UO_2^{2+} + 4H^+ + 2e^- \rightleftharpoons U^{4+} + 2H_2O$	0,327
$UO_2^{2+} + 4H^+ + 6e^- \rightleftharpoons U + 2H_2O$	−1,444
$V^{2+} + 2e^- \rightleftharpoons V$	−1,175
$V^{3+} + e^- \rightleftharpoons V^{2+}$	−0,255
$VO^{2+} + 2H^+ + e^- \rightleftharpoons V^{3+} + H_2O$	0,337
$VO_2^+ + 2H^+ + e^- \rightleftharpoons VO^{2+} + H_2O$	0,991
$V_2O_5 + 6H^+ + 2e^- \rightleftharpoons 2VO^{2+} + 3H_2O$	0,957
$V_2O_5 + 10H^+ + 10e^- \rightleftharpoons 2V + 5H_2O$	−0,242
$V(OH)_4^+ + 2H^+ + e^- \rightleftharpoons VO^{2+} + 3H_2O$	1,00
$V(OH)_4^+ + 4H^+ + 5e^- \rightleftharpoons V + 4H_2O$	−0,254
$[V(phen)_3]^{3+} + e^- \rightleftharpoons [V(phen)_3]^{2+}$	0,14
$W^{3+} + 3e^- \rightleftharpoons W$	0,1

Réaction	$\epsilon°$ (V)
$W_2O_5 + 2H^+ + 2e^- \rightleftharpoons 2WO_2 + H_2O$	−0,031
$WO_2 + 4H^+ + 4e^- \rightleftharpoons W + 2H_2O$	−0,119
$WO_3 + 6H^+ + 6e^- \rightleftharpoons W + 3H_2O$	−0,090
$WO_3 + 2H^+ + 2e^- \rightleftharpoons WO_2 + H_2O$	0,036
$2WO_3 + 2H^+ + 2e^- \rightleftharpoons W_2O_5 + H_2O$	−0,029
$H_4XeO_6 + 2H^+ + 2e^- \rightleftharpoons XeO_3 + 3H_2O$	2,42
$XeO_3 + 6H^+ + 6e^- \rightleftharpoons Xe + 3H_2O$	2,10
$XeF + e^- \rightleftharpoons Xe + F^-$	3,4
$Y^{3+} + 3e^- \rightleftharpoons Y$	−2,372
$Yb^{3+} + e^- \rightleftharpoons Yb^{2+}$	−1,05
$Yb^{3+} + 3e^- \rightleftharpoons Yb$	−2,19
$Yb^{2+} + 2e^- \rightleftharpoons Yb$	−2,76
$Zn^{2+} + 2e^- \rightleftharpoons Zn$	−0,7618
$Zn^{2+} + 2e^- \rightleftharpoons Zn(Hg)$	−0,7628
$ZnO_2^{2-} + 2H_2O + 2e^- \rightleftharpoons Zn + 4OH^-$	−1,215
$ZnSO_4 + 7H_2O + 2e^- \rightleftharpoons$ $Zn(Hg) + SO_4^{2-} + 7H_2O$ ($ZnSO_4$ saturé)	−0,7993
$ZnOH^+ + H^+ + 2e^- \rightleftharpoons Zn + H_2O$	−0,497
$Zn(OH)_4^{2-} + 2e^- \rightleftharpoons Zn + 4OH^{-\omega}$	−1,199
$Zn(OH)_2 + 2e^- \rightleftharpoons Zn + 2OH^-$	−1,249
$ZnO + H_2O + 2e^- \rightleftharpoons Zn + 2OH^-$	−1,260
$ZrO_2 + 4H^+ + 4e^- \rightleftharpoons Zr + 2H_2O$	−1,553
$ZrO(OH)_2 + H_2O + 4e^- \rightleftharpoons Zr + 4OH^-$	−2,36
$Zr^{4+} + 4e^- \rightleftharpoons Zr$	−1,45

Source : Tiré de Lide, D. R. (2004). *CRC Handbook of Chemistry and Physics : A Ready-reference Book of Chemical and Physical Data*, Boca Raton, Floride, CRC Press, p. 8-23 à 8-28.

ANNEXE 6

Nomenclature

Nomenclature traditionnelle	Formule	Nomenclature systématique
Acide carbonique	H_2CO_3	Trioxocarbonate de dihydrogène
Acide chloreux	$HClO_2$	Dioxochlorate d'hydrogène
Acide chlorique	$HClO_3$	Trioxochlorate d'hydrogène
Acide hypochloreux	$HClO$	Oxochlorate d'hydrogène
Acide nitreux	HNO_2	Dioxonitrate d'hydrogène
Acide nitrique	HNO_3	Trioxonitrate d'hydrogène
Acide perchlorique	$HClO_4$	Tétraoxochlorate d'hydrogène
Acide phosphoreux	H_3PO_3	Trioxophosphate de trihydrogène
Acide phosphorique	H_3PO_4	Tétraoxophosphate de trihydrogène
Acide sulfureux	H_2SO_3	Trioxosulfate de dihydrogène
Acide sulfurique	H_2SO_4	Tétraoxosulfate de dihydrogène
Azote	N_2	Diazote

Nomenclature traditionnelle	Formule	Nomenclature systématique
Brome	Br_2	Dibrome
Ion carbonate	CO_3^{2-}	Ion trioxocarbonate(IV)
Carbonate de calcium	$CaCO_3$	Trioxocarbonate de calcium
Carbonate de magnésium	$MgCO_3$	Trioxocarbonate de magnésium
Carbonate de sodium	Na_2CO_3	Trioxocarbonate de disodium
Ion chlorate	ClO_3^-	Ion trioxochlorate(V)
Chlore	Cl_2	Dichlore
Ion chlorite	ClO_2^-	Ion dioxochlorate(III)
Chlorure de calcium	$CaCl_2$	Dichlorure de calcium
Ion chromate	CrO_4^{2-}	Ion tétraoxochromate(VI)
Chromate de plomb(II)	$PbCrO_4$	Tétraoxochromate de plomb(II)
Chromate de potassium	K_2CrO_4	Tétraoxochromate de dipotassium
Ion dichromate	$Cr_2O_7^{2-}$	Ion heptaoxodichromate(VI)
Ion dihydrogénophosphate	$H_2PO_4^-$	Ion dihydrogénotétraoxophosphate(V)
Fluor	F_2	Difluor
Fluorure de calcium	CaF_2	Difluorure de calcium
Hydrogène	H_2	Dihydrogène
Ion hydrogénocarbonate	HCO_3^-	Ion hydrogénotrioxocarbonate(IV)
Ion hydrogénophosphate	HPO_4^{2-}	Ion hydrogénotétraoxophosphate(V)
Ion hydrogénosulfate	HSO_4^-	Ion hydrogénotétraoxosulfate(VI)
Hydroxyde d'aluminium	$Al(OH)_3$	Trihydroxyde d'aluminium
Hydroxyde de calcium	$Ca(OH)_2$	Dihydroxyde de calcium
Ion hypobromite	BrO^-	Ion oxobromate(I)
Ion hypochlorite	ClO^-	Ion oxochlorate(I)
Ion hypoiodite	IO^-	Ion oxoiodate(I)
Ion iodate	IO_3^-	Ion trioxoiodate(V)
Iode	I_2	Diiode
Ion nitrate	NO_3^-	Ion trioxonitrate(V)
Nitrate d'ammonium	NH_4NO_3	Trioxonitrate d'ammonium
Nitrate d'argent	$AgNO_3$	Trioxonitrate d'argent(I)
Nitrate de calcium	$Ca(NO_3)_2$	Bis(trioxonitrate) de calcium
Nitrate de sodium	$NaNO_3$	Trioxonitrate de sodium
Ion nitrite	NO_2^-	Ion dioxonitrate(III)
Oxygène	O_2	Dioxygène
Ozone	O_3	Trioxygène
Ion perchlorate	ClO_4^-	Ion tétraoxochlorate(VII)
Ion periodate	IO_4^-	Ion tétraoxoiodate(VII)
Ion permanganate	MnO_4^-	Ion tétraoxomanganate(VII)
Ion persulfate	$S_2O_8^{2-}$	Ion octaoxodisulfate(VI)
Ion phosphate	PO_4^{3-}	Ion tétraoxophosphate(V)
Phosphate de calcium	$Ca_3(PO_4)_2$	Bis(tétraoxophosphate) de tricalcium
Ion sulfate	SO_4^{2-}	Ion tétraoxosulfate(VI)
Sulfate de sodium	Na_2SO_4	Tétraoxosulfate de disodium
Ion sulfite	SO_3^{2-}	Ion trioxosulfate(IV)

Source : Tiré de Kotz, J. C., et P. M. Treichel Jr. (2005). *Chimie des solutions*, trad. et adapt. de l'anglais par M. Deneux, Montréal, Beauchemin, p. 319-320.

Glossaire

Abaissement du point de congélation (ΔT_{cong}) Différence entre le point de congélation du solvant pur (T°_{cong}) et le point de congélation de la solution (T_{cong}).

Accumulateur Cellule électrochimique rechargeable (pile secondaire) pouvant servir de source de courant électrique continu à tension constante.

Acide de Brønsted-Lowry Substance susceptible de libérer un proton dans une réaction (donneur de protons).

Acide de Lewis Substance qui peut recevoir un doublet d'électrons.

Acide faible Acide qui ne s'ionise que partiellement dans l'eau.

Acide fort Acide qui s'ionise complètement ou presque dans l'eau.

Analyse gravimétrique Méthode analytique basée sur des mesures de masses et utilisée pour déterminer la nature ou la quantité d'une substance.

Analyse qualitative Méthode d'identification des ions présents dans une solution.

Anode Électrode où se produit l'oxydation.

Base de Brønsted-Lowry Substance susceptible d'accepter un proton dans une réaction (accepteur de protons).

Base de Lewis Substance qui peut donner un doublet d'électrons.

Base faible Base qui ne s'ionise que partiellement dans l'eau.

Base forte Base qui s'ionise complètement dans l'eau.

Batterie Assemblage de plusieurs piles raccordées en série.

Catalyseur Substance qui augmente la vitesse d'une réaction chimique sans y être consommée.

Cathode Électrode où se produit la réduction.

Cellule électrolytique Dispositif servant à produire une électrolyse.

Cellule galvanique (ou cellule voltaïque) Cellule électrochimique, aussi appelée «cellule voltaïque», dans laquelle il y a production

d'électricité par réaction d'oxydoréduction spontanée.

Cinétique chimique Branche de la chimie qui s'intéresse à la vitesse à laquelle s'effectuent les réactions chimiques et aux mécanismes réactionnels.

Colloïde Dispersion des particules d'une substance (phase dispersée) dans un milieu de dispersion (phase dispersante) constitué d'une autre substance.

Complexe activé Espèce instable temporairement formée à la suite de la collision des molécules des réactifs, juste avant que ne se forme le produit.

Concentration d'une solution Grandeur indiquant la quantité de soluté présente dans une quantité de solution donnée.

Concentration molaire volumique (C) Nombre de moles de soluté contenu par unité de volume de solution en litres.

Constante d'équilibre (K) Grandeur qui exprime un rapport constant entre les concentrations à l'équilibre des produits et les concentrations à l'équilibre des réactifs, chacune de ces concentrations étant élevée à une puissance égale au coefficient stœchiométrique de la substance.

Constante d'ionisation d'un acide (K_a) Constante d'équilibre relative à l'ionisation de cet acide.

Constante d'ionisation d'une base (K_b) Constante d'équilibre relative à l'ionisation de cette base.

Constante de formation (K_f) Constante d'équilibre pour la formation d'un ion complexe.

Constante de vitesse (k) Constante de proportionnalité qui relie la vitesse d'une réaction et les concentrations des réactifs.

Constante du produit ionique de l'eau (K_{eau}) Produit des concentrations molaires des ions H_3O^+ et OH^- à une température donnée.

Corrosion Détérioration d'un métal par un processus électrochimique.

Couple acide-base conjugués Couple constitué d'un acide et de sa base conjuguée ou d'une base et de son acide conjugué.

Cristallisation Processus par lequel un soluté se sépare d'une solution sursaturée pour former des cristaux.

Cristallisation fractionnée Technique de séparation basée sur les différences de

solubilité qui permet de séparer les constituants d'un mélange en des substances pures.

Demi-réaction L'une ou l'autre des étapes de l'oxydation ou de la réduction qui indique explicitement les électrons en jeu dans une réaction d'oxydoréduction.

Demi-vie ($t_{\frac{1}{2}}$) Temps requis pour que la concentration initiale d'un réactif diminue de moitié au cours d'une réaction.

Diacide (ou acide diprotique) Acide pouvant céder deux ions H^+ par unité.

Diagramme de cellule Représentation d'une cellule galvanique par un diagramme conventionnel.

Dilution Procédé consistant à diminuer la concentration d'une solution. Le plus souvent, une dilution se fait par ajout de solvant.

Distillation fractionnée Technique de séparation des constituants liquides d'une solution fondée sur les différences de point d'ébullition.

Effet d'ion commun Déplacement d'un équilibre, causé par l'addition d'un composé ayant un ion en commun avec une substance dissoute.

Électrochimie Branche de la chimie qui étudie l'interconversion entre l'énergie électrique et l'énergie chimique.

Électrode standard à hydrogène (ESH) Électrode de platine en présence d'hydrogène gazeux à 101,3 kPa et de HCl 1 mol/L à 25 °C dont le potentiel est fixé conventionnellement à zéro volt.

Électrolyse Processus dans lequel on utilise l'énergie électrique pour provoquer une réaction chimique non spontanée.

Électrolyte Substance qui, une fois dissoute dans l'eau, forme une solution conductrice d'électricité.

Élévation du point d'ébulliton ($\Delta T_{éb}$) Différence entre le point d'ébullition d'une solution ($T_{éb}$) et le point d'ébullition du solvant ($T^\circ_{éb}$) pur.

Énergie d'activation (E_a) Énergie minimale requise pour déclencher une réaction chimique.

Énergie libre *Voir* Fonction de Gibbs.

Enthalpie libre *Voir* Fonction de Gibbs.

Enzyme Catalyseur biologique.

Équation d'Arrhenius Relation exprimant la façon dont la constante de vitesse dépend de la température.

Équation de Nernst Relation entre la fem d'une cellule et les concentrations des réactifs et des produits.

Équation de vitesse *Voir* Loi de vitesse.

Équation ionique complète Équation qui représente les composés ioniques sous forme d'ions libres.

Équation ionique nette Équation qui n'indique que les espèces ioniques participant directement à la réaction.

Équation moléculaire Équation dans laquelle les formules des composés en jeu représentent toutes les espèces présentes sous forme de molécules, ou d'unités formulaires dans le cas des composés ioniques.

Équilibre chimique État chimique d'un système dans lequel aucune transformation nette n'est observée, bien qu'il y ait une activité continue au niveau moléculaire. À l'équilibre, les vitesses des réactions directe et inverse sont égales, et les concentrations des réactifs et des produits ne changent plus dans le temps.

Équilibre hétérogène État d'équilibre dans lequel les réactifs et les produits sont dans des phases différentes.

Équilibre homogène État d'équilibre dans lequel toutes les espèces en jeu sont dans la même phase.

Équilibre physique Équilibre qui n'implique qu'une seule substance, dans deux phases différentes : il s'agit d'une transformation physique.

Équilibres multiples *Voir* Loi des équilibres multiples.

Étape élémentaire *Voir* Réaction élémentaire.

Étape limitante (ou étape déterminante) Étape qui est la plus lente parmi toutes les étapes menant à la formation des produits.

Facteur de Van't Hoff (*i*) (ou facteur effectif) Rapport entre le nombre réel de particules en solution après la dissociation et le nombre d'unités initialement dissoutes.

Faraday (*F*) Charge électrique transportée par une mole d'électrons et qui équivaut à 96 487 coulombs.

fem standard (ϵ°_{cell}) Différence entre les potentiels standard de réduction à la cathode et à l'anode.

Fonction de Gibbs Fonction d'état, aussi appelée « enthalpie libre » ou « énergie libre », exprimant la différence entre l'enthalpie et le produit de l'entropie par la température Kelvin, *TS*, et qui équivaut à une mesure de l'énergie disponible qui pourrait servir à effectuer un travail.

Fonctions d'état Propriétés qui dépendent seulement de l'état initial et de l'état final d'un système.

Force électromotrice (ou fem) (ϵ) Différence de potentiel (tension) mesurée à très faible courant entre les électrodes d'une cellule.

Fraction molaire (χ) Grandeur sans dimension qui exprime le rapport entre le nombre de moles d'un constituant donné d'un mélange et le nombre total de moles (n_T) présentes dans ce mélange.

Hydratation Processus par lequel des molécules d'eau s'associent à un soluté en s'orientant autour d'un ion ou d'une molécule. *Voir aussi* Solvatation.

Hydrolyse d'un sel Réaction entre un anion ou un cation (ou les deux) d'un sel et l'eau.

Hydrophile Qui a une affinité pour l'eau.

Hydrophobe Qui n'a pas d'affinité pour l'eau.

Indicateur acido-basique Dans un titrage acido-basique, substance qui présente des couleurs différentes dans un milieu acide et dans un milieu basique.

Intermédiaire Espèce qui apparaît dans le mécanisme réactionnel (dans les réactions élémentaires), mais non dans l'équation globale équilibrée.

Ion commun (effet d') *Voir* Effet d'ion commun.

Ion complexe Ion contenant un cation métallique central lié à un ou à plusieurs ions ou molécules. C'est une combinaison d'une base de Lewis et d'un acide de Lewis.

Ion hydronium Proton hydraté, H_3O^+.

Ion spectateur Ion qui ne participe pas à une réaction.

Loi de Henry Loi qui affirme que la solubilité d'un gaz dans un liquide est directement proportionnelle à la pression qu'exerce le gaz sur la solution.

Loi de Raoult Loi qui affirme que la pression de vapeur partielle exercée par la vapeur du solvant au-dessus d'une solution P_1 est donnée par la pression de vapeur du solvant pur, P°_1, multipliée par la fraction molaire du solvant dans la solution, χ_1.

Loi des équilibres multiples Loi spécifiant que si une réaction peut être exprimée comme étant la somme de plusieurs réactions, la constante d'équilibre de la réaction globale est égale au produit des constantes d'équilibre de chacune des réactions individuelles.

Loi de Van't Hoff (ou équation de Van't Hoff) Relation décrivant la dépendance de la constante d'équilibre en fonction de la température Kelvin.

Loi de vitesse Expression qui relie la vitesse d'une réaction à la constante de vitesse et aux concentrations des réactifs.

Loi de vitesse intégrée Équation obtenue à partir de la loi de vitesse, qui relie la concentration d'un réactif ou d'un produit au temps de réaction.

Mécanisme réactionnel Séquence des réactions élémentaires qui conduit à la formation des produits à partir des réactifs.

Membrane semi-perméable Membrane qui permet le passage des molécules du solvant, mais pas celui des molécules du soluté.

Miscible Deux liquides complètement solubles l'un dans l'autre, dans toutes les proportions.

Molalité (*b*) Nombre de moles de soluté dissous par unité de masse de solvant en kilogrammes.

Molécularité Nombre de molécules de réactifs réagissant dans une réaction élémentaire.

Monoacide (ou acide monoprotique) Acide qui ne peut libérer qu'un seul ion hydrogène par unité d'acide.

Neutralisation *Voir* Réaction de neutralisation.

Nombre d'oxydation d'un atome Nombre de charges qu'aurait un atome dans une molécule (ou dans un composé ionique) si les électrons lui étaient complètement transférés.

Non-électrolyte Substance qui forme dans l'eau une solution qui n'est pas conductrice d'électricité.

Non volatil Se dit d'une substance qui n'a pas de pression de vapeur mesurable.

O

Ordre de réaction (ou ordre partiel de réaction) Exposant qui affecte la concentration d'un réactif dans la loi de vitesse.

Ordre global (ou total) de réaction Somme des exposants qui affectent toutes les concentrations en jeu dans l'expression de la loi de vitesse.

Osmose Mouvement net des molécules d'un solvant pur ou des molécules de solvant d'une solution diluée, à travers une membrane semi-perméable, vers une solution plus concentrée.

Oxydant Substance susceptible de recevoir des électrons d'une autre substance ou d'en augmenter le nombre d'oxydation.

Oxydation *Voir* Réaction d'oxydation.

Oxydoréduction *Voir* Réaction d'oxydoréduction.

 P

Paire d'ions Association en solution d'un cation et d'un anion maintenus ensemble par des forces électrostatiques.

Partie par million (ou ppm) Mode d'expression de la concentration d'une solution correspondant au nombre de parties de soluté par million de parties de solution.

pH Grandeur exprimée par le logarithme négatif de la concentration d'ions hydronium (en moles par litre) dans une solution aqueuse.

Pile Cellule électrochimique souvent non rechargeable (pile primaire) pouvant servir de source de courant électrique continu à tension constante.

Pile à combustible Cellule électrochimique qui nécessite un apport continuel de réactif pour pouvoir fonctionner.

Pile à concentration Pile dont les deux demi-piles sont composées des mêmes substances, mais en concentrations ioniques différentes.

Point d'équivalence Dans un titrage, moment où l'acide a complètement réagi avec la base ou, autrement dit, moment où il a été complètement neutralisé.

Point de virage Dans un titrage, changement de couleur qui correspond au point d'équivalence.

Pollution thermique Réchauffement de l'environnement à des températures trop élevées, nuisibles pour la faune.

Potentiel standard de réduction ($\epsilon°$) Tension mesurée par rapport à l'ESH quand une réaction de réduction se produit à une électrode

et que tous les solutés sont exactement à une concentration de 1 mol/L et tous les gaz à une pression de 101,3 kPa.

Pourcentage d'ionisation Grandeur qui indique la force d'un acide. Rapport entre la concentration d'acide ionisé à l'équilibre et la concentration initiale d'acide, multiplié par 100 %.

Pourcentage masse/volume (% m/V) Rapport entre la masse d'un soluté et le volume d'une solution, multiplié par 100 %.

Pourcentage massique (% m/m) Rapport entre la masse d'un soluté et celle de la solution, multiplié par 100 %.

Pourcentage volumique (% V/V) Rapport entre le volume d'un soluté et le volume de la solution (exprimés dans les mêmes termes), multiplié par 100 %.

Pouvoir tampon Capacité d'une solution tampon de neutraliser de l'acide ou de la base.

Précipitation *Voir* Réaction de précipitation.

Précipitation sélective Méthode d'analyse chimique qui met en évidence la présence d'une seule espèce à la fois en se basant sur la différence de solubilité de composés distincts par une ou plusieurs réactions de précipitations successives.

Précipité Solide insoluble qui se sépare d'une solution.

Pression osmotique (π) Pression nécessaire pour arrêter l'osmose.

Principe de Le Chatelier Principe qui affirme que, si une contrainte (facteur extérieur) agit sur un système à l'équilibre, le système réagit de manière à s'opposer partiellement à cette contrainte.

Produit de solubilité (K_{ps}) Constante d'équilibre égale au produit des concentrations molaires des ions en solution en équilibre avec leur solide ionique, chacune de ces concentrations étant élevée à l'exposant équivalent à son coefficient stœchiométrique dans l'équation équilibrée.

Produit ionique (Q) Produit des concentrations molaires des ions ayant la même forme que celle du produit de solubilité, chacune de ces concentrations étant élevée à la puissance équivalant à son coefficient stœchiométrique dans l'équation équilibrée.

Propriétés colligatives Propriétés importantes des solutions qui dépendent du nombre de particules de soluté présentes, et non de leur nature.

Protection cathodique Procédé dans lequel le métal à protéger de la corrosion fait office de cathode, comme dans une cellule galvanique.

 Q

Quotient réactionnel (Q_c) Grandeur obtenue quand on utilise les concentrations initiales dans l'expression de la constante d'équilibre.

 R

Réaction bimoléculaire Réaction élémentaire qui met en jeu deux molécules.

Réaction d'ordre deux Réaction dont la vitesse dépend soit de la concentration d'un réactif élevée à la puissance deux, soit des concentrations de deux réactifs différents, chacune étant élevée à la puissance un.

Réaction d'ordre un Réaction dont la vitesse dépend de la concentration du réactif élevée à la puissance un.

Réaction d'ordre zéro Réaction dont la vitesse est constante, c'est-à-dire indépendante de la concentration du réactif.

Réaction d'oxydation Demi-réaction qui traduit la perte d'électrons dans une réaction d'oxydoréduction.

Réaction d'oxydoréduction Réaction qui implique un transfert d'électrons, qui se traduit par une modification des nombres d'oxydation des substances qui participent à la réaction ; appelée aussi « réaction redox ».

Réaction de combinaison (ou de synthèse) Réaction au cours de laquelle deux ou plusieurs substances se combinent pour former un seul produit.

Réaction de combustion Réaction d'oxydoréduction au cours de laquelle une substance réagit avec de l'oxygène en produisant habituellement de la chaleur et de la lumière sous la forme d'une flamme.

Réaction de décomposition Réaction au cours de laquelle un composé se brise en deux ou plusieurs fragments.

Réaction de demi-cellule Réaction d'oxydation ou de réduction qui se produit aux électrodes.

Réaction de déplacement Réaction au cours de laquelle un ion (ou un atome) dans un composé est remplacé par un atome d'un autre élément.

Réaction de double substitution (ou réaction de métathèse) Réaction au cours de laquelle il y a un échange d'atomes ou de groupes d'atomes entre deux composés.

Réaction de neutralisation Réaction entre un acide et une base utilisée soit pour modifier l'acidité d'un milieu, soit pour doser un acide à l'aide d'une base ou l'inverse.

Réaction de précipitation Réaction caractérisée par la formation d'un produit insoluble appelé « précipité ».

Réaction de réduction Demi-réaction qui traduit le gain d'électrons dans une réaction d'oxydoréduction.

Réaction de synthèse *Voir* Réaction de combinaison.

Réaction (ou étape) élémentaire Réaction simple (étape) qui participe au déroulement de la réaction globale au niveau moléculaire.

Réaction réversible Réaction qui peut s'effectuer dans le sens direct et dans le sens inverse.

Réaction spontanée Réaction qui se produit par elle-même sans aucune intervention extérieure et sans apport d'énergie.

Réaction trimoléculaire Réaction qui met en jeu trois molécules au cours d'une même étape élémentaire.

Réaction unimoléculaire Réaction élémentaire qui met en jeu une seule molécule.

Réducteur Substance susceptible de donner des électrons à une autre substance ou d'en réduire le nombre d'oxydation.

Réduction *Voir* Réaction de réduction.

Sel Composé ionique habituellement produit à la suite d'une réaction entre un acide et une base, et formé d'un cation autre que H^+ et d'un anion autre que OH^- ou O^{2-}.

Série d'activité (ou série électrochimique) Liste ordonnée facile à consulter qui permet de prévoir les résultats possibles d'un grand nombre de réactions de substitution.

Solubilité Quantité maximale d'un soluté (g/mL) qui se dissout dans une certaine quantité de solvant à une température donnée.

Solubilité molaire (mol/L) Nombre maximum de moles de soluté qui peut être dissous par litre de solution (mol/L).

Soluté Substance présente en moins grande quantité dans une solution.

Solution Mélange homogène de deux substances ou plus.

Solution aqueuse Solution dont le solvant est l'eau.

Solution de titrage (ou solution standard) Solution étalon, c'est-à-dire dont la concentration est connue avec une très grande précision et qui sert au dosage.

Solution idéale Solution qui obéit à la loi de Raoult.

Solution insaturée Solution qui contient moins de soluté qu'elle peut en dissoudre.

Solution saturée Solution qui contient la quantité maximale de soluté dans une quantité donnée d'un solvant à une température donnée.

Solution standard *Voir* Solution de titrage.

Solution sursaturée Solution instable qui contient plus de soluté que la solution saturée.

Solution tampon Solution constituée d'un acide faible (ou d'une base faible) et de sa base conjuguée (ou de son acide conjugué), et ayant la capacité de maintenir son pH presque constant, malgré l'ajout de petites quantités d'acide ou de base.

Solvant Substance présente en plus grande quantité dans une solution.

Solvatation Processus par lequel un ion ou une molécule en solution est entouré de molécules de solvant disposées d'une manière spécifique. Quand le solvant est l'eau, la solvatation s'appelle « hydratation ».

Surtension Tension supplémentaire requise pour provoquer une électrolyse.

Tampon *Voir* Solution tampon.

Titrage Opération dans laquelle une solution d'une concentration précise, appelée « solution de titrage », est graduellement ajoutée à une solution de concentration inconnue, jusqu'à ce que la réaction chimique entre les deux solutions soit complétée.

Triacide (ou acide triprotique) Acide qui libère trois ions H^+ par unité.

Variation d'enthalpie (ΔH) Différence entre l'enthalpie finale et l'enthalpie initiale, ou chaleur de réaction.

Variation d'enthalpie libre standard ($\Delta G°$) Variation d'enthalpie libre lorsque les réactifs à l'état standard sont transformés en produits à l'état standard.

Variation d'entropie (ΔS) Mesure de la variation du désordre entre un état final et un état initial.

Vitesse de réaction Variation de la concentration d'un réactif ou d'un produit dans le temps au cours d'une réaction et dont les unités de la vitesse sont en mol · $L^{-1} \cdot s^{-1}$.

Vitesse instantanée Vitesse à un moment donné.

Vitesse moyenne Moyenne de vitesses obtenues à partir de données prises durant un certain intervalle de temps t.

Volatil Se dit d'une substance qui a une pression de vapeur mesurable.

Zone de virage Zone de pH qui s'étend de $pK_a - 1$ à $pK_a + 1$ et qui correspond en général au changement de couleur de l'indicateur.

Zone tampon Intervalle de pH pour lequel un tampon est efficace, autour de $pH = pK_a \pm 1$.

Réponses aux exercices, aux problèmes et aux révisions des concepts

CHAPITRE 1

EXERCICES

E1.1 a) Insoluble   b) Insoluble c) Soluble

E1.2 $Al(OH)_3(s)$, $Al^{3+}(aq) + 3OH^-(aq)$
$$\longrightarrow Al(OH)_3(s)$$

E1.3 a) Base de Brønsted-Lowry
b) Acide de Brønsted-Lowry
c) Acide de Brønsted-Lowry et base de Brønsted-Lowry

E1.4 a) $P: +3$, $F: -1$ b) $Mn: +7$, $O: -2$

E1.5 a) Réaction de déplacement de H_2
b) Réaction de combinaison
c) Réaction de déplacement d'un métal

E1.6 $0{,}452$ mol/L

E1.7 494 mL

E1.8 En diluant $34{,}2$ mL de la solution mère jusqu'à 200 mL.

E1.9 $92{,}02$ %

E1.10 $0{,}3822$ g

E1.11 $10{,}1$ mL

PROBLÈMES

1.1 Ⓐ Électrolyte fort
Ⓑ Non-électrolyte
Ⓒ Électrolyte faible

1.2 Ⓒ

1.3 a) Électrolyte très faible
b) Électrolyte fort
c) Électrolyte fort
d) Électrolyte faible
e) Non-électrolyte

1.4 a) Électrolyte fort
b) Non-électrolyte
c) Électrolyte faible
d) Électrolyte fort

1.5 d)

1.6 b) et c). Il n'y a pas de mobilité des ions dans le solide ionique.

1.7 Dans l'eau, HCl est ionisé en H_3O^+ et en Cl^-; dans le benzène, il reste sous forme moléculaire.

1.8 Ⓒ

1.9 Ⓑ

1.10 a) Insoluble   b) Insoluble
c) Soluble   d) Soluble

1.11 a) Insoluble   b) Soluble
c) Soluble   d) Insoluble
e) Soluble

1.12 a) Ionique: $2Ag^+(aq) + 2NO_3^-(aq) + 2Na^+(aq) + SO_4^{2-}(aq) \longrightarrow$
$Ag_2SO_4(s) + 2Na^+(aq) + 2NO_3^-(aq)$;
ionique nette: $2Ag^+(aq) + SO_4^{2-}(aq)$
$$\longrightarrow Ag_2SO_4(s)$$

b) Ionique: $Ba^{2+}(aq) + 2Cl^-(aq) + Zn^{2+}(aq) + SO_4^{2-}(aq) \longrightarrow$
$BaSO_4(s) + Zn^{2+}(aq) + 2Cl^-(aq)$;
ionique nette: $Ba^{2+}(aq) + SO_4^{2-}(aq)$
$$\longrightarrow BaSO_4(s)$$

c) Ionique: $2NH_4^+(aq) + CO_3^{2-}(aq) + Ca^{2+}(aq) + 2Cl^-(aq) \longrightarrow$
$CaCO_3(s) + 2NH_4^+(aq) + 2Cl^-(aq)$;
ionique nette: $Ca^{2+}(aq) + CO_3^{2-}(aq)$
$$\longrightarrow CaCO_3(s)$$

1.13 a) Ionique: $2Na^+(aq) + S^{2-}(aq) + Zn^{2+}(aq) + 2Cl^-(aq) \longrightarrow$
$ZnS(s) + 2Na^+(aq) + 2Cl^-(aq)$;
ionique nette: $Zn^{2+}(aq) + S^{2-}(aq)$
$$\longrightarrow ZnS(s)$$

b) Ionique: $6K^+(aq) + 2PO_4^{3-}(aq) + 3Sr^{2+}(aq) + 6NO_3^-(aq) \longrightarrow$
$Sr_3(PO_4)_2(s) + 6K^+(aq) + 6NO_3^-(aq)$;
ionique nette: $3Sr^{2+}(aq) + 2PO_4^{3-}(aq)$
$$\longrightarrow Sr_3(PO_4)_2(s)$$

c) Ionique: $Mg^{2+}(aq) + 2NO_3^-(aq) + 2Na^+(aq) + 2OH^-(aq) \longrightarrow$
$Mg(OH)_2(s) + 2Na^+(aq) + 2NO_3^-(aq)$;
ionique nette: $Mg^{2+}(aq) + 2OH^-(aq)$
$$\longrightarrow Mg(OH)_2(s)$$

1.14 b) Il se forme un précipité. L'équation ionique nette est:
$Ba^{2+}(aq) + SO_4^{2-}(aq) \longrightarrow BaSO_4(s)$

1.15 a) L'ajout d'ions chlorure. KCl est soluble, et AgCl ne l'est pas.
b) L'ajout d'ions hydroxyde. $Ba(OH)_2$ est soluble mais $Pb(OH)_2$ est insoluble.
c) L'ajout d'ions carbonate. $(NH_4)_2CO_3$ est soluble, et $CaCO_3$ est insoluble.
d) L'ajout d'ions sulfate. $CuSO_4$ est soluble, et $BaSO_4$ est insoluble.

1.16 a) Un acide de Brønsted-Lowry
b) Une base de Brønsted-Lowry
c) Une base et un acide de Brønsted-Lowry
d) Une base et un acide de Brønsted-Lowry

1.17 a) Une base de Brønsted-Lowry
b) Une base de Brønsted-Lowry
c) Un acide de Brønsted-Lowry
d) Un acide et une base de Brønsted-Lowry

1.18 Les équations sont les suivantes:
a) Ionique: $H_3O^+(aq) + Br^-(aq) + NH_3(aq) \longrightarrow$
$NH_4^+(aq) + Br^-(aq) + H_2O(l)$;
ionique nette: $H_3O^+(aq) + NH_3(aq)$
$$\longrightarrow NH_4^+(aq) + H_2O(l)$$

b) Ionique: $3Ba^{2+}(aq) + 6OH^-(aq) + 2H_3PO_4(aq) \longrightarrow$
$Ba_3(PO_4)_2(s) + 6H_2O(l)$;
ionique nette: $3Ba^{2+}(aq) + 6OH^-(aq) + 2H_3PO_4(aq) \longrightarrow$
$Ba_3(PO_4)_2(s) + 6H_2O(l)$

c) Ionique: $2H_3O^+(aq) + 2ClO_4^-(aq) + Mg^{2+}(aq) + 2OH^-(aq) \longrightarrow$
$Mg^{2+}(aq) + 2ClO_4^-(aq) + 4H_2O(l)$;
ionique nette: $H_3O^+(aq) + OH^-(aq) \longrightarrow H_2O(l)$

1.19 a) Ionique: $CH_3COOH(aq) + K^+(aq) + OH^-(aq) \longrightarrow CH_3COO^-(aq) + K^+(aq) + H_2O(l)$;
ionique nette: $CH_3COOH(aq) + OH^-(aq) \longrightarrow CH_3COO^-(aq) + H_2O(l)$

b) Ionique: $H_2CO_3(aq) + 2Na^+(aq) + 2OH^-(aq) \longrightarrow$
$2Na^+(aq) + CO_3^{2-}(aq) + 2H_2O(l)$;
ionique nette: $H_2CO_3(aq) + 2OH^-(aq) \longrightarrow CO_3^{2-}(aq) + 2H_2O(l)$

c) Ionique: $2H_3O^+(aq) + 2NO_3^-(aq) + Ba^{2+}(aq) + 2OH^-(aq) \longrightarrow$
$Ba^{2+}(aq) + 2NO_3^-(aq) + 4H_2O(l)$;
ionique nette: $H_3O^+(aq) + OH^-(aq) \longrightarrow H_2O(l)$

1.20 H_2S (-2), S^{2-} (-2), HS^- $(-2) < S_8$ $(0) < SO_2$ $(+4) < SO_3$ $(+6)$, H_2SO_4 $(+6)$
Les chiffres entre parenthèses indiquent le nombre d'oxydation du soufre.

1.21 a) $+5$ b) $+1$
c) $+3$ d) $+5$
e) $+5$ f) $+5$

1.22 a) $+1$ b) $+7$
c) -4 d) -1
e) -2 f) $+6$
g) $+6$ h) $+7$
i) $+4$ j) 0
k) $+5$ l) $+1$
m) $+5$ n) $+3$

1.23 a) $+1$ b) -1
c) $+3$ d) $+3$
e) $+4$ f) $+6$
g) $+2$ h) $+4$
i) $+2$ j) $+3$
k) $+5$

1.24 Tous zéro

1.25 a) -3 b) $-\frac{1}{2}$
c) -1 d) $+4$
e) $+3$ f) -2
g) $+3$ h) $+6$

1.26 b), d), e)

1.27

	I)	II)	III)
Demi-réactions		Oxydant	Réducteur
a) $Sr \longrightarrow Sr^{2+} + 2e^-$ $O_2 + 4e^- \longrightarrow 2O^{2-}$		O_2	Sr
b) $Li \longrightarrow Li^+ + e^-$ $H_2 + 2e^- \longrightarrow 2H^-$		H_2	Li
c) $Cs \longrightarrow Cs^+ + e^-$ $Br_2 + 2e^- \longrightarrow 2Br^-$		Br_2	Cs
d) $Mg \longrightarrow Mg^{2+} + 2e^-$ $N_2 + 6e^- \longrightarrow 2N^{3-}$		N_2	Mg

1.28

	I)	II)	III)
Demi-réactions		Oxydant	Réducteur
a) $Fe \longrightarrow Fe^{3+} + 3e^-$ $O_2 + 4e^- \longrightarrow 2O^{2-}$		O_2	Fe
b) $2Br^- \longrightarrow Br_2 + 2e^-$ $Cl_2 + 2e^- \longrightarrow 2Cl^-$		Cl_2	Br^-
c) $Si \longrightarrow Si^{4+} + 4e^-$ $F_2 + 2e^- \longrightarrow 2F^-$		F_2	Si
d) $H_2 \longrightarrow 2H^+ + 2e^-$ $Cl_2 + 2e^- \longrightarrow 2Cl^-$		Cl_2	H_2

1.29 N_2O_5

1.30 SO_3 (S est à son degré d'oxydation maximal : +6)

1.31
a) Aucune réaction
b) Aucune réaction
c) $Mg(s) + CuSO_4(aq) \longrightarrow MgSO_4(aq) + Cu(s)$
Équation ionique nette : $Mg(s) + Cu^{2+}(aq) \longrightarrow Mg^{2+}(aq) + Cu(s)$
d) $Cl_2(g) + 2KBr(aq) \longrightarrow Br_2(l) + 2KCl(aq)$
Équation ionique nette : $Cl_2(g) + 2Br^-(aq) \longrightarrow 2Cl^-(aq) + Br_2(l)$

1.32 b) et d)

1.33 56,0 g

1.34 0,131 mol/L

1.35 $6,00 \times 10^{-3}$ mol $MgCl_2$

1.36 10,8 g

1.37 **a)** 1,16 mol/L **b)** 0,608 mol/L
c) 1,78 mol/L

1.38 **a)** 1,37 mol/L **b)** 0,426 mol/L
c) 0,716 mol/L

1.39 **a)** 136 mL **b)** 62,2 mL
c) 47 mL

1.40 **a)** 6,50 g **b)** 2,45 g
c) 2,65 g **d)** 7,36 g
e) 3,95 g

1.41 Diluer 0,323 L (323 mL) de la solution de HCl à 2,00 mol/L jusqu'à un volume final de 1,00 L.

1.42 0,0433 mol/L

1.43 Diluer 3,00 mL de la solution de HNO_3 jusqu'à un volume final de 60,0 mL.

1.44 126 mL

1.45 1,41 mol/L
1.46 1,09 mol/L
1.47 0,215 g
1.48 35,72 %
1.49 $Ag^+(aq) + Cl^-(aq) \longrightarrow AgCl(s)$
0,165 g NaCl
1.50 $Cu^{2+}(aq) + S^{2-}(aq) \longrightarrow CuS(s)$
$2,31 \times 10^{-4}$ mol/L
1.51 0,1106 mol/L
1.52 0,217 mol/L
1.53 **a)** 42,78 mL
b) 158,5 mL soln
c) 79,23 mL soln
1.54 **a)** 6,00 mL **b)** 8,00 mL
1.55 **a)** Oxydoréduction
b) Précipitation **c)** Acido-basique
d) Aucune catégorie précise ; on peut la considérer comme une réaction d'addition (combinaison).
e) Oxydoréduction
f) Oxydoréduction
g) Précipitation **h)** Oxydoréduction
i) Oxydoréduction
j) Oxydoréduction
1.56 Les ions Ba^{2+} se combinent aux ions SO_4^{2-} pour former un précipité de $BaSO_4$.
1.57 On recourt à l'électrolyse pour s'assurer qu'il y a production d'hydrogène et d'oxygène, à la réaction avec un métal alcalin pour voir s'il y a production d'une base et d'hydrogène, à la dissolution d'un oxyde métallique pour voir s'il y a production d'une base (ou à la dissolution d'un oxyde non métallique pour voir s'il y a production d'un acide).
1.58 Test physique : seule la solution de NaCl conduira l'électricité. Test chimique : ajout d'une solution de $AgNO_3$; seule la solution de NaCl donnera un précipité de AgCl.
1.59 $Cl_2 + SO_2 + 6H_2O \longrightarrow 2Cl^- + SO_4^{2-} + 4H_3O^+$
1.60 Mg, Na, Ca, Ba, K ou Li
1.61 Test de combustion. Si l'on fait barboter du dioxyde de carbone dans une solution d'hydroxyde de calcium, un précipité de carbonate blanc se formera. Aucune réaction ne se produira avec l'oxygène.
1.62 Les nombres d'oxydation de C sont +2 dans CO et +4 (maximum) dans CO_2.
1.63 d) $Mg(NO_3)_2$. Il est un électrolyte fort, il a la plus forte concentration en ions, et son cation a la charge la plus élevée.
1.64 1,26 mol/L
1.65 0,773 L
1.66 0,171 mol/L

1.67 1145 g/mol
1.68 0,115 mol/L
1.69 **a)** $MCO_3(s) + 2HCl(aq) \longrightarrow MCl_2(aq) + H_2O(l) + CO_2(g)$
$HCl(aq) + NaOH(aq) \longrightarrow NaCl(aq) + H_2O(l)$
b) Masse molaire de MCO_3 = 197 g/mol ; le métal est Ba
1.70 **a)** 46,7 g $BaSO_4$
b) $[Cl^-]$ = 1,00 mol/L ;
$[SO_4^{2-}]$ = 0,500 mol/L ;
$[Na^+]$ = 2,00 mol/L
1.71 43,4 g $BaSO_4$
1.72 0,80 L
1.73 24,0 g/mol, Mg
1.74 1,73 mol/L
1.75 **a)** Sel soluble dans l'eau et électrolyte fort. L'addition de $AgNO_3$ devrait donner le précipité AgCl.
b) Sucre soluble dans l'eau et non-électrolyte.
c) Est un électrolyte faible et montre toutes les propriétés des acides.
d) Soluble dans l'eau et électrolyte fort, en réagissant avec un acide, il dégage du $CO_2(g)$; avec l'addition de $Ca(OH)_2$, il donne le précipité $CaCO_3$.
e) Soluble dans l'eau et électrolyte fort ; dégagement de CO_2 en présence d'acide. L'addition d'un sel soluble d'un métal alcalino-terreux donne un précipité qui est le carbonate de l'alcalino-terreux.
f) Électrolyte faible et acide faible.
g) Soluble dans l'eau et électrolyte fort. L'addition de $Ba(NO_3)_2$ donne le précipité $BaSO_4$, et l'addition d'un hydroxyde donne le précipité $Mg(OH)_2$.
h) Électrolyte fort et base forte. L'addition de $Ca(NO_3)_2$ donne le précipité $Ca(OH)_2$.
i) Dégage une odeur caractéristique lorsque dissous dans l'eau, électrolyte faible et base faible. L'ammoniac gazeux réagit avec HCl en formant du $NH_4Cl(s)$.
j) Insoluble, base forte et réagit avec les acides.
k) Sel insoluble, réagit avec les acides en donnant du CO_2.
1.76 Procédé du *four électrique* : $P_4(s) + 5O_2(g) \longrightarrow P_4O_{10}(s)$, oxydoréduction, et $P_4O_{10}(s) + 6H_2O(l) \longrightarrow 4H_3PO_4(aq)$, acido-basique.
Procédé *humide* : $Ca_5(PO_4)_3F(s) + 5H_2SO_4(aq) \longrightarrow 3H_3PO_4(aq) + HF(aq) + 5CaSO_4(s)$, précipitation et acido-basique.

1.77 **a)** Le précipité $CaSO_4$ déposé sur le Ca empêche celui-ci de réagir avec l'acide sulfurique.

    b) L'aluminium est protégé par une couche tenace d'oxyde (Al_2O_3).

    c) Ces métaux réagissent plus facilement dans l'eau.

    d) Le métal devrait être placé au-dessous de Fe et au-dessus de H.

1.78 Seuls les métaux dont les ions ont plus que un état d'oxydation participent aux réactions biochimiques: Mn, Fe, Co et Cu.

1.79 **a)** $CaF_2(s) + H_2SO_4(aq) \longrightarrow$
                             $2HF(g) + CaSO_4(s)$
        $2NaCl(s) + H_2SO_4(aq) \longrightarrow$
                           $2HCl(aq) + Na_2SO_4(s)$

    b) HBr et HI ne peuvent pas être préparés de manière similaire, parce que Br^- et I^- seraient oxydés pour donner Br_2 et I_2.
        $2NaBr(s) + 2H_2SO_4(aq) \longrightarrow$
        $Br_2(l) + SO_2(g) + Na_2SO_4(aq) +$
                             $2H_2O(l)$

    c) $PBr_3(s) + 2H_2O(l) \longrightarrow$
                           $3HBr(g) + H_3PO_3(aq)$

1.80 Le bicarbonate de sodium sous forme solide est le meilleur choix.

1.81 **a)** $Cu^{2+}(aq) + SO_4^{2-}(aq) + Ba^{2+}(aq) + 2OH^-(aq) \longrightarrow Cu(OH)_2(s) + BaSO_4(s)$

    b) 14,6 g $Cu(OH)_2$; 35,0 g $BaSO_4$ La concentration de chacun des ions dans la solution finale est: $[Cu^{2+}] = [SO_4^{2-}] = 0,417$ mol/L

1.82 **a)** Réaction de précipitation: $Mg^{2+}(aq) + 2OH^-(aq) \longrightarrow Mg(OH)_2(s)$
    Réaction acido-basique:
    $Mg(OH)_2(s) + 2HCl(aq) \longrightarrow$
                      $MgCl_2(aq) + 2H_2O(l)$
    Réaction d'oxydoréduction:
    $Mg^{2+} + 2e^- \longrightarrow Mg(s)$
    $2Cl^- \longrightarrow Cl_2(g) + 2e^-$

    b) Le NaOH coûte beaucoup plus cher.

    c) La dolomite constitue en même temps une source additionnelle de magnésium.

    d) Est moins coûteux et moins dommageable pour l'environnement.

1.83 $FeCl_2 \cdot 4H_2O$

1.84 **Ⓐ** Réaction 2) et 4); **Ⓑ** Réaction 5); **Ⓒ** Réaction 3); **Ⓓ** Réaction 1)

RÉVISION DES CONCEPTS

p. 8: Électrolyte le plus fort: AC_2 **Ⓑ**;
       Électrolyte le plus faible: AD_2 **Ⓒ**

p. 12: Ⓐ

p. 16: Acide fort: **Ⓐ**; Acide faible: **Ⓑ**; Acide très faible: **Ⓒ**

p. 29: c)

p. 34: 0,2 mol/L

p. 40: Ⓑ H_3PO_4; **Ⓒ** HCl; **Ⓓ** H_2SO_4

CHAPITRE 2

EXERCICES

E2.1 Dans le disulfure de carbone
E2.2 7,44 %
E2.3 0,638 mol/kg
E2.4 1,22 mol/L
E2.5 8,92 mol/kg
E2.6 13,8 mol/kg
E2.7 $7,7 \times 10^{-5}$ mol/L
E2.8 41,7 mm Hg; 0,48 mm Hg
E2.9 $y_{benzène}$: 0,511; $y_{toluène}$: 0,489
E2.10 101,23 °C et −4,48 °C
E2.11 $2,12 \times 10^3$ kPa
E2.12 0,066 mol/kg et $1,3 \times 10^2$ g/mol
E2.13 $2,60 \times 10^4$ g/mol
E2.14 1,21

PROBLÈMES

2.1 CsF est un composé ionique; les attractions ion-ion y sont trop fortes pour être rompues au cours du processus de dissolution dans le benzène; l'interaction ion-dipôle induit y est trop faible pour stabiliser les ions. Par contre, les molécules non polaires de naphtalène forment un solide moléculaire où les seules forces intermoléculaires en jeu sont les faibles forces de dispersion. Ce sont les mêmes forces qui s'exercent dans le benzène liquide, de sorte que le naphtalène s'y dissout relativement facilement.

2.2 Le cyclohexane ne peut former de liaisons hydrogène avec l'éthanol.

2.3 $O_2 < Br_2 < LiCl < CH_3OH$

2.4 Plus la chaîne est longue, moins elle devient polaire. Le groupe —OH peut former des liaisons hydrogène avec l'eau, mais non le reste de la molécule.

2.5 **a)** 7,03 %   **b)** 16,9 %
    c) 13 %

2.6 **a)** 25,9 g   **b)** $1,72 \times 10^3$ g

2.7 **a)** 0,0618 mol/kg **b)** 2,03 mol/kg

2.8 **a)** 2,68 mol/kg **b)** 7,82 mol/kg

2.9 **a)** 1,74 mol/kg **b)** 0,87 mol/kg
    c) 6,99 mol/kg

2.10 0,010 mol/kg

2.11 $3,0 \times 10^2$ g

2.12 **a)** $5,0 \times 10^2$ mol/kg **b)** 18,3 mol/L

2.13 17,3 mol/L; 25,2 mol/L

2.14 **a)** 2,41 mol/kg **b)** 2,13 mol/L
    c) 58,7 mL

2.15 35,2 g/100 g H_2O

2.16 45,9 g

2.17 Non. Dans l'eau chauffée à 30 °C, il y a formation de bulles d'air, car l'air est moins soluble dans l'eau chaude.

À 100 °C, il y a formation de bulles de vapeur d'eau.

2.18 La solubilité de l'air dans l'eau décroît avec l'augmentation de la température. Après l'ébullition, il ne restait plus d'air et une fois l'eau refroidie, l'air ambiant n'a pas eu le temps d'établir un nouvel équilibre en se dissolvant à nouveau dans l'eau. Le poisson a manqué d'air (oxygène).

2.19 Quand l'air environnant est remplacé par de l'hélium, la vitesse de sortie des molécules d'air est supérieure à la vitesse d'entrée. Avec le temps, la concentration d'air dissous devient nulle ou presque, et la concentration d'hélium dissous atteint son maximum.

2.20 Comme la pression du dioxyde de carbone est plus élevée au fond de la mine qu'à la surface, le gaz ne s'échappe pas de la solution contenue dans la bouteille. Quand le mineur remonte à la surface, la pression diminue; le dioxyde de carbone peut donc s'échapper de la solution... qui est maintenant dans son estomac.

2.21 $1,4 \times 10^{-5}$ mol/L
2.22 0,28 L
2.23 30,8 mm Hg
2.24 $1,3 \times 10^3$ g
2.25 88,6 mm Hg
2.26 Éthanol: 30,0 mm Hg
    propan-1-ol: 26,3 mm Hg

2.27 **a)** $\chi_{méthanol} = 0,364$
          $\chi_{éthanol} = 0,636$
    b) $P_{méthanol} = 11,6$ kPa;
          $P_{éthanol} = 10,1$ kPa
    c) $P_T = 21,7$ kPa
    d) $y_{méthanol} = 0,535$; $y_{éthanol} = 0,465$

2.28 $\chi_{benzène} = 0,400$; $\chi_{toluène} = 0,600$;
    $y_{toluène} = 0,374$; $y_{benzène} = 0,626$

2.29 **a)** $P_{méthanol} = 46$ mm Hg;
          $P_{éthanol} = 22$ mm Hg
    b) $y_{méthanol} = 0,68$;
          $y_{éthanol} = 0,32$

2.30 128 g

2.31 Point d'ébullition = 86,4 °C;
    point de congélation = −7,1 °C

2.32 0,59 mol/kg

2.33 $C_{19}H_{38}O$, 286 g/mol

2.34 120 g/mol; $C_4H_8O_4$

2.35 3,93 L; 105,5 °C

2.36 −8,6 °C

2.37 Les molécules d'acide benzoïque forment des paires en solution. On les appelle « dimères ».

2.38 $4,3 \times 10^2$ g/mol; $C_{24}H_{20}P_4$

2.39 $3,33 \times 10^3$ kPa

2.40 $1,75 \times 10^4$ g/mol

2.41 $C_{15}H_{20}O_{10}N_5$

2.42 342 g/mol

2.43 **a)** $CaCl_2$ **b)** Urée **c)** $CaCl_2$

2.44 L'élévation du point d'ébullition, la diminution de la pression de vapeur et la pression osmotique

2.45 d) > e) > a) > c) > b)

2.46 Glucose à 0,50 mol/kg > acide acétique à 0,50 mol/kg > HCl à 0,50 mol/kg

2.47 **a)** Le point d'ébullition est de 102,75 °C; le point de congélation est de −10,0 °C.
 b) Le point d'ébullition est de 101,97 °C; le point de congélation est de −7,15 °C.

2.48 0,95 mol/kg

2.49 Deux électrolytes forts qui libéreront plus de particules par mole de solide dissous

2.50 $7,7 \times 10^2$ kPa

2.51 2,47

2.52 $1,6 \times 10^2$ kPa

2.53 Ⓒ

2.54 $\Delta P = 2,05 \times 10^{-5}$ mm Hg; $\Delta T_{cong} = 8,90 \times 10^{-5}$ °C; $\Delta T_{éb} = 2,45 \times 10^{-5}$ °C; $\pi = 0,890$ mm Hg

2.55 127 kPa

2.56 $3,55 \times 10^2$ kPa

2.57 L'eau que contient le concombre sort à travers la paroi semi-perméable que constitue sa pelure pour se retrouver dans la solution.

2.58 **a)** 104 mm Hg   **b)** 116 mm Hg

2.59 3,8

2.60 $2,95 \times 10^3$ g/mol

2.61 X: eau; Y: NaCl; Z: urée.

2.62 Non. On considère que le composé est pur et qu'il s'agit d'un non-électrolyte sous forme de monomère.

2.63 Le comprimé est dans un milieu hypotonique. Par conséquent, l'eau y pénètre, par osmose, à travers la membrane semi-perméable. L'augmentation de la pression pousse la membrane élastique vers la droite, ce qui fait sortir le médicament par de petits trous à une vitesse constante.

2.64 12,3 mol/L

2.65 $4,50 \times 10^4$ g/mol

2.66 124 g/mol et 248 g/mol. Les molécules ont formé des dimères.

2.67 33,3 mL et 66,7 mL

2.68 17,3 mol/L; 25,1 mol/kg; 0,312

2.69 C_6H_{12}: 36 %; $C_{10}H_8$: 65 %

2.70 0,82

2.71 L'éthanol et l'eau ont une interaction moléculaire causant une contraction du volume.

2.72 3 %

2.73 $1,2 \times 10^2$ g/mol, ce qui est le double de la masse molaire de l'acide acétique. Il y a formation d'un dimère.

2.74 Voici le tableau rempli:

Forces d'attraction	Déviation à la loi de Raoult	ΔH_{dis}
A ⟷ A, B ⟷ B > A ⟷ B	Positive	> 0
A ⟷ A, B ⟷ B < A ⟷ B	Négative	< 0
A ⟷ A, B ⟷ B = A ⟷ B	Aucune	0

2.75 **a)** *Voir la figure 2.15B.* Dans le compartiment de droite, il faudra appliquer une pression supérieure à la pression osmotique pour que le solvant pur (eau) soit forcé à se déplacer vers le compartiment de gauche.
 b) Plus économique que la distillation et difficultés techniques moindres que la congélation; l'osmose inverse se fait *sans* changement de phase.
 c) Plus de $3,3 \times 10^3$ kPa

2.76 **a)** 1,1 mol/kg, cette concentration physiologique est impossible.
 b) La protéine empêche la formation des cristaux de glace.

2.77 **a)** $\chi_A = 0,524$; $\chi_B = 0,476$
 b) $P_A = 50$ mm Hg; $P_B = 20$ mm Hg
 c) $\chi_A = 0,71$; $P_A = 67$ mm Hg; $P_B = 12$ mm Hg

2.78 $P_A^\circ = 1,9 \times 10^2$ mm Hg; $P_B^\circ = 4,0 \times 10^2$ mm Hg

2.79 −0,735 °C

2.80 1 mol/kg

RÉVISION DES CONCEPTS

p. 60: C_4H_{10} et P_4

p. 68: Seule la concentration sera affectée, car elle diminue en raison du fait que le volume de la solution augmente lors du chauffage.

p. 69: $KCl < KNO_3 < KBr$

p. 72: HCl. L'acide est plus soluble puisqu'il s'ionise complètement dans l'eau.

p. 83:

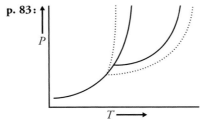

Oui, l'abaissement du point de congélation et l'augmentation de la température d'ébullition auraient lieu.

p. 86: Lorsque l'eau de mer est placée dans un appareil tel que celui montré à la figure 2.17, elle exerce une pression de $2,53 \times 10^3$ kPa.

p. 93: a) Na_2SO_4 **b)** $MgSO_4$ **c)** LiBr

CHAPITRE 3

EXERCICES

E3.1 $v = -\dfrac{\Delta[CH_4]}{\Delta t} = -\dfrac{1}{2}\dfrac{\Delta[O_2]}{\Delta t} = \dfrac{\Delta[CO_2]}{\Delta t}$
$= \dfrac{1}{2}\dfrac{\Delta[H_2O]}{\Delta t}$

E3.2 **a)** $0,013$ mol $\cdot$ L^{-1} $\cdot$ s^{-1}
 b) $-0,052$ mol $\cdot$ L^{-1} $\cdot$ s^{-1}

E3.3 $v = k[S_2O_8^{2-}][I^-]$, $k = 8,1 \times 10^{-2}$ L $\cdot$ mol^{-1} $\cdot$ s^{-1}

E3.4 66 s

E3.5 Ordre un, $1,4 \times 10^{-2}$ min^{-1}

E3.6 $1,2 \times 10^3$ s

E3.7 **a)** 3,2 min   **b)** 2,1 min

E3.8 240 kJ/mol

E3.9 $3,13 \times 10^{-9}$ s^{-1}

E3.10 a) $NO_2 + CO \longrightarrow NO + CO_2$
 b) NO_3
 c) La première réaction est cinétiquement limitante.

PROBLÈMES

3.1 **a)** Vitesse $= -\dfrac{\Delta[H_2]}{\Delta t} = -\dfrac{\Delta[I_2]}{\Delta t}$
$= \dfrac{1}{2}\dfrac{\Delta[HI]}{\Delta t}$
 b) Vitesse $= -\dfrac{1}{2}\dfrac{\Delta[H_2]}{\Delta t} = -\dfrac{\Delta[O_2]}{\Delta t}$
$= \dfrac{1}{2}\dfrac{\Delta[H_2O]}{\Delta t}$
 c) Vitesse $= -\dfrac{1}{5}\dfrac{\Delta[Br^-]}{\Delta t} = -\dfrac{\Delta[BrO_3^-]}{\Delta t}$
$= -\dfrac{1}{6}\dfrac{\Delta[H_3O^+]}{\Delta t} = \dfrac{1}{3}\dfrac{\Delta[Br_2]}{\Delta t}$

3.2 **a)** $0,049$ mol $\cdot$ L^{-1} $\cdot$ s^{-1}
 b) $0,025$ mol $\cdot$ L^{-1} $\cdot$ s^{-1}

3.3 Vitesse $= k[NH_4^+][NO_2^-]$
$= 6,2 \times 10^{-6}$ mol $\cdot$ L^{-1} $\cdot$ s^{-1}

3.4 **a)** Vitesse $= k[F_2][ClO_2]$
 b) $1,2$ L $\cdot$ mol^{-1} $\cdot$ s^{-1}
 c) $2,4 \times 10^{-4}$ mol $\cdot$ L^{-1} $\cdot$ s^{-1}

3.5 En comparant les premier et deuxième ensembles de données, on constate qu'une variation de [B] n'influence pas la vitesse de la réaction. Donc, la réaction est d'ordre zéro en B. En comparant les premier et troisième ensembles de données, on constate que si [A] double, la vitesse double également. Cela indique que la réaction est d'ordre un en A.
$v = k[A]$
D'après le premier ensemble de données: $3,20 \times 10^{-1}$ mol $\cdot$ L^{-1} $\cdot$ s^{-1} $= k(1,50$ mol/L$)$; donc $k = 0,213$ s^{-1}

3.6 **a)** 5   **b)** $0,69$ mol $\cdot$ L^{-1} $\cdot$ s^{-1}

3.7 **a)** 2   **b)** 0
 c) 1,5   **d)** 3

3.8 **a)** $0,046$ s^{-1} **b)** $0,13$ (L $\cdot$ mol^{-1} $\cdot$ s^{-1})

3.9 Seul le graphe de ln *P* en fonction du temps donne une droite, donc la réaction est d'ordre un. La constante $k = 1,19 \times 10^{-4}\ s^{-1}$.

3.10 Ici, comme les données sont en pression totale, il faut les convertir en pressions partielles pour le réactif en tenant compte de la stœchiométrie. On obtient les coordonnées (pression partielle, temp*s*) suivantes : (0, 15,76), (181, 12,64), (513, 8,73), (1 164, 4,44). Ensuite, il faut voir quelle mise en graphe va donner une droite. Seul le graphe de ln $P_{ClCO_2CCl_3}$ en fonction du temps donne une droite. Cette réaction est donc d'ordre un. $k = 1,08 \times 10^{-3}\ s^{-1}$

3.11 $t_{\frac{1}{2}} = 30$ min

3.12 **a)** $0,0198\ s^{-1}$ **b)** = 151 s

3.13 **a)** 0,034 mol/L **b)** 17 s ; 23 s

3.14 3,6 s

3.15 La pente de la droite est de $-1,25 \times 10^{4}$ K, qui équivaut à $-E_a/R$. L'énergie d'activation est $-E_a = $ pente $\times R = (-1,25 \times 10^{4}$ K$) \times$ (8,314 J/K · mol). $E_a = 104$ kJ/mol

3.16 135 kJ/mol

3.17 $3,0 \times 10^{3}\ s^{-1}$

3.18 371 °C

3.19 **a)** $E_a = 51,8$ kJ/mol **b)** Oui

3.20 51,0 kJ/mol

3.21 **a)** Deux
b) Cette loi de vitesse implique que l'étape déterminante met en jeu une molécule de NO avec une molécule de Cl_2. La première réaction décrite doit être la réaction limitante.

3.22 **a)** $v = k[X_2][Y]$
b) L'atome Z n'apparaît pas dans la loi de vitesse.
c) $X_2 + Y \longrightarrow XY + X$ (lente) ; $X + Z \longrightarrow XZ$ (rapide)

3.23 La première étape est plus rapide. Vitesse $= k[O_3]^2/[O_2]$. Cette loi prédit que si $[O_2]$ augmente, la vitesse diminue. C'est à cause de la réaction inverse (indirecte) de la première étape.

3.24 Les mécanismes II et III sont possibles, car pour le II, $v = k[H_2][NO]^2$ et pour le III : $v = k[H_2][NO]^2$.

3.25 Les températures élevées peuvent altérer la structure tridimensionnelle de l'enzyme, réduisant ainsi partiellement ou totalement son pouvoir catalytique.

3.26 $v = (k_1 k_2/k_{-1})[E][S]$

3.27 Dans chaque cas, la pression gazeuse augmentera ou diminuera. On peut

la relier au déroulement de la réaction grâce à l'équation équilibrée.

3.28 $0,035\ s^{-1}$

3.29 La température, l'énergie d'activation, la concentration des réactifs, un catalyseur.

3.30 On devrait toujours donner la température quand on indique la vitesse ou la constante de vitesse d'une réaction.

3.31 Surface de la grosse sphère : 22,6 cm^2 ; surface des huit petites sphères : 44,9 cm^2. Les petites sphères offrent la plus grande surface de contact et correspondent au catalyseur le plus efficace.

3.32 Puisque le méthanol ne contient pas d'oxygène 18, l'atome d'oxygène doit provenir du groupement phosphate et non de l'eau. Le mécanisme doit mettre en jeu une rupture de liaison comme celle-ci :

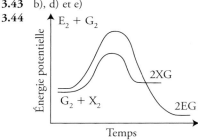

3.33 On peut considérer $[H_2O]$ comme une constante.

3.34 Ils ont plusieurs degrés d'oxydation stables. Cela permet aux métaux de transition d'agir comme sources ou comme récepteurs d'électrons dans un large éventail de réactions.

3.35 **a)** $v = k[H_3O^+][CH_3COCH_3]$
b) $3,8 \times 10^{-3}\ L \cdot mol^{-1} \cdot s^{-1}$

3.36 $k = 10,7\ L \cdot mol^{-1} \cdot s^{-1}$

3.37 266 kPa

3.38 L'ion Fe^{3+} subit un cycle d'oxydo-réduction.

$$Fe^{3+} \longrightarrow Fe^{2+} \longrightarrow Fe^{3+}$$
$$2Fe^{3+} + 2I^{-} \longrightarrow 2Fe^{2+} + I_2$$
$$\underline{2Fe^{2+} + S_2O_8^{2-} \longrightarrow 2Fe^{3+} + 2SO_4^{2-}}$$
$$2I^{-} + S_2O_8^{2-} \longrightarrow I_2 + 2SO_4^{2-}$$

La réaction non catalysée est lente parce que I^- et $S_2O_8^{2-}$ sont tous deux négatifs, ce qui rend leur rapprochement difficile.

3.39 Les unités pour la loi de vitesse sont mol $\cdot$ L$^{-1} \cdot$ s$^{-1} = k$(mol/L)^3, et, en isolant k, on obtient : $k = L^2 \cdot mol^{-2} \cdot s^{-1}$.

3.40 **a)** La loi de vitesse devrait être $v = k[A]^0 = k$.

b) La variation de concentration de A par unité de temps est égale à la constante de vitesse (k).

$$-\frac{\Delta[A]}{\Delta t} = k \qquad \Delta[A] = -\Delta t k$$

3.41 56,4 min

3.42 On est en présence de trois gaz et l'on ne peut mesurer que la pression totale des gaz. Pour mesurer la pression partielle de l'azométhane à un moment précis, il faut retirer un échantillon du mélange, l'analyser et déterminer les fractions molaires. Alors, $P_{azométhane} = P_T \chi_{azométhane}$.

3.43 b), d) et e)

3.44

3.45 0,098 %

3.46 **a)** Un catalyseur change le mécanisme réactionnel en abaissant l'énergie d'activation.
b) Un catalyseur modifie le mécanisme réactionnel.
c) Un catalyseur ne modifie pas l'enthalpie d'une réaction.
d) Un catalyseur augmente la vitesse de la réaction directe.
e) Un catalyseur augmente la vitesse de la réaction inverse.

3.47 **a)** Elle augmente. **b)** Elle diminue.
c) Elle diminue. **d)** Elle augmente.

3.48 **a)** La loi de vitesse globale est $v = k[H_2][NO]^2$, ordre global = 3.
b) $k = 0,38\ L^2 \cdot mol^{-2} \cdot s^{-1}$
c) $H_2 + 2NO \longrightarrow N_2 + H_2O + O$ réaction lente
$\underline{O + H_2 \longrightarrow H_2O}$ réaction rapide
$2H_2 + 2NO \longrightarrow N_2 + 2H_2O$

3.49 **a)** Rouge **b)** Mauve

3.50 **a)** Rouge **b)** Mauve

3.51 $0,0896\ min^{-1}$

3.52

$v = k[N_2O_5]$; $k = 1,0 \times 10^{-5}\ s^{-1}$

3.53 $1,12 \times 10^3$ min

3.54 En absorbant les photons de la lumière bleue, la vapeur rouge du brome moléculaire se dissocie pour former des atomes de brome:
$Br_2 \longrightarrow 2Br\cdot$
Les atomes de brome heurtent les molécules de méthane et se lient aux atomes d'hydrogène:
$Br\cdot + CH_4 \longrightarrow HBr + \cdot CH_3$
Le radical méthyle réagit alors avec Br_2, donnant le produit observé et régénérant un atome de brome qui redémarre le processus:
$\cdot CH_3 + Br_2 \longrightarrow CH_3Br + Br\cdot$
$Br\cdot + CH_4 \longrightarrow HBr + \cdot CH_3$
et ainsi de suite.

3.55 **a)** $v = k[X][Y]^2$
b) $k = 1,9 \times 10^{-2}$ L$^2 \cdot$ mol$^{-2} \cdot$ s^{-1}

3.56 Aucun des réactifs n'est un électrolyte; au départ, la solution sera donc un conducteur faible. Durant la réaction, il y aura apparition d'ions hydrogène et iodure (HI est un électrolyte fort), de sorte que la conductivité augmentera. On peut faire une relation entre la variation de conductivité et le fait que deux moles d'ions se forment par mole de C_2H_5I consommée, et ainsi suivre le déroulement de la réaction.

3.57 3,1

3.58 **a)** $O + O_3 \longrightarrow 2O_2$
b) Cl est un catalyseur; ClO$\cdot$ est un intermédiaire.
c) La liaison C—F est plus forte que la liaison C—Cl.
d) L'éthane retirera les atomes Cl$\cdot$:
$Cl\cdot + C_2H_6 \longrightarrow HCl + \cdot C_2H_5$

3.59 Durant les 10 premières minutes, le moteur est relativement froid; les réactions seront donc lentes.

3.60

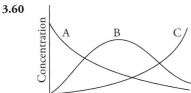

3.61 $v = \dfrac{k_1 k_2}{k_{-1}}$ [CH$_3$COCH$_3$][H$_3$O$^+$], ce qui est la même loi que celle déjà trouvée à la réponse a) du problème 3.35.

3.62 **a)** 0,0247 année^{-1}
b) $9,8 \times 10^{-4}$
c) 186 années

3.63 $NO_2 + NO_2 \longrightarrow NO_3 + NO$ lente
$NO_3 + CO \longrightarrow NO_2 + CO_2$ rapide
$\overline{CO + NO_2 \longrightarrow CO_2 + NO}$

3.64 $v = k[A][B]^2$

3.65 $5,7 \times 10^5$ ans

3.66 À une grande pression de PH$_3$, tous les sites du W sont occupés, la vitesse est donc indépendante de [PH$_3$].

3.67 **a)** Le catalyseur: Mn^{2+}; les intermédiaires: Mn^{3+} et Mn^{4+}. La première étape est déterminante.
b) La réaction impliquerait la collision simultanée de trois cations, elle serait donc très lente.
c) Homogène

3.68 **a)** $\ln \dfrac{P_0}{P_t} = kt$
b) $k = 2,55 \times 10^{-3}$ s^{-1}
c) $k = 2,52 \times 10^{-3}$ s^{-1}

3.69 Ordre 1; $k = 1,08 \times 10^{-3}$ s^{-1}.

3.70 **a)** ⓑ < ⓒ < ⓐ
b) ⓐ: −40 kJ/mol; ⓑ: 20 kJ/mol; ⓒ: −20 kJ/mol; ⓐ et ⓒ sont exothermiques; ⓑ est endothermique.

3.71 **a)** Il y a trois étapes élémentaires:
A $\longrightarrow$ B, B $\longrightarrow$ C et C $\longrightarrow$ D.
b) Il y a deux intermédiaires: B et C.
c) La troisième
d) Exothermique

3.72 $T_2 = 1,8 \times 10^3$ K

3.73
Étape 1: $H_2(g) + ICl(g) \longrightarrow HCl(g) + HI(g)$ (lente)
Étape 2: $HI(g) + ICl(g) \longrightarrow HCl(g) + I_2(g)$ (rapide)
$\overline{H_2(g) + 2ICl(g) \longrightarrow 2HCl(g) + I_2(g)}$

3.74 **a)** $k = 0,0350$ min^{-1}
b) $E_a = 110$ kJ/mol
c) Initiation: $v = k_i[R_2]$;
propagation: $v = k_p[M][M_1\cdot]$;
terminaison: $v = k_t[M'\cdot][M''\cdot]$;
réactif: monomère (éthylène);
produit: polyéthylène;
intermédiaires: M'$\cdot$, M''$\cdot$ et R$\cdot$
d) Une faible concentration de R$_2$, l'initiateur

3.75 **a)** Tous les sites de l'enzyme sont occupés, et l'excès d'alcool cause les dommages.
b) Les deux alcools vont compétitionner pour le site de l'enzyme. Un excès d'éthanol va favoriser le remplacement du méthanol sur le site actif, ce qui permet entre-temps de l'éliminer par les systèmes excréteurs du corps.

3.76 **a)** $2,5 \times 10^{-5}$ mol $\cdot$ L$^{-1} \cdot$ s^{-1}
b) Même réponse qu'en a)
c) $8,3 \times 10^{-6}$ mol/L

3.77 **a)** $1,13 \times 10^{-3}$ mol/L $\cdot$ min
b) $v = 8,8 \times 10^{-3}$ mol/L

3.78 $0,42$ L/mol $\cdot$ min

3.79 60 %

3.80 Dans la section oblique du graphique, $v = k[NH_3]$, donc d'ordre 1. Toute la surface du catalyseur n'étant pas occupée, la vitesse dépend de la concentration de NH$_3$. Dans la section horizontale, la vitesse est constante, $v = c$, donc d'ordre 0. Toute la surface du catalyseur étant utilisée, l'augmentation de la concentration du NH$_3$ n'a aucun effet.

3.81 d)

3.82 $2,5 \times 10^{-4}$ mol/L $\cdot$ s

3.83 Durant un arrêt cardiaque, le taux d'oxygénation du cerveau diminue. Lorsque la température est abaissée, la vitesse de la réaction diminue. Diminuer la température du corps humain réduira la quantité d'oxygène nécessaire au cerveau, minimisant ainsi les dommages cellulaires.

3.84 404 kJ/mol

3.85 Autour de 37 °C

RÉVISION DES CONCEPTS

p. 119: $SO_2(g) + 3CO(g) \longrightarrow 2CO_2(g) + COS(g)$
p. 124: $vitesse = k[A][B]^2$
p. 132: **a)** $t_{\frac{1}{2}} = 10$ s, $k = 0,069$ s^{-1}
b) À $t = 20$ s: 2 molécules de A et 6 molécules de B. À $t = 30$ s: une molécule de A et 7 molécules de B.
p. 147: **a)** La réaction a une grande E_a.
b) La réaction a une faible E_a et le facteur d'orientation est approximativement égal à 1.
p. 162: b)

CHAPITRE 4

EXERCICES

E4.1 $K_c = \dfrac{[NO_2]^4[O_2]}{[N_2O_5]}$, $K_P = \dfrac{P_{NO_2}^4 P_{O_2}}{P_{N_2O_5}^2}$

E4.2 $3,50 \times 10^4$ kPa

E4.3 1,2

E4.4 $K_P = 7,02 \times 10^{-2}$, $K_c = 1,20 \times 10^{-4}$

E4.5 De droite à gauche

E4.6 [HI] = 0,031 mol/L, [H$_2$] = $4,3 \times 10^{-3}$ mol/L, [I$_2$] = $4,3 \times 10^{-3}$ mol/L

E4.7 [Br$_2$] = 0,065 mol/L, [Br] = $8,4 \times 10^{-3}$ mol/L

E4.8 $Q_P = 4,0 \times 10^3$, et la réaction nette ira de droite à gauche.

E4.9 De gauche à droite

E4.10 52,9 kJ/mol

E4.11 L'équilibre se déplacera: **a)** de gauche à droite; **b)** de gauche à droite; **c)** de droite à gauche; **d)** un catalyseur n'a aucun effet sur l'équilibre.

PROBLÈMES

4.1 **a)** $K_c = \dfrac{[CO]^2[O_2]}{[CO_2]^2}$ $K_p = \dfrac{P_{CO}^2 \cdot P_{O_2}}{P_{CO_2}^2}$
b) $K_c = \dfrac{[O_3]^2}{[O_2]^3}$ $K_p = \dfrac{P_{O_3}^2}{P_{O_2}^3}$

c) $K_c = \dfrac{[COCl_2]}{[CO][Cl_2]}$ $K_p = \dfrac{P_{COCl_2}}{P_{CO} \cdot P_{Cl_2}}$

d) $K_c = \dfrac{[CO][H_2]}{[H_2O]}$ $K_p = \dfrac{P_{CO}P_{H_2}}{P_{H_2O}}$

e) $K_c = \dfrac{[H_3O^+][HCOO^-]}{[HCOOH]}$

f) $K_c = [O_2]$ $K_p = P_{O_2}$

4.2 **a)** $K_p = P_{CO_2}P_{H_2O}$

b) $K_p = P^2_{SO_2}P_{O_2}$

4.3 **a)** $K_c = \dfrac{[NH_3]^2}{[NO_2]^2[H_2]^7}$ $K_p = \dfrac{P^2_{NH_3}}{P^2_{NO_2}P^7_{H_2}}$

b) $K_c = \dfrac{[SO_2]^2}{[O_2]^3}$ $K_p = \dfrac{P^2_{SO_2}}{P^3_{O_2}}$

c) $K_c = \dfrac{[CO]^2}{[CO_2]}$ $K_p = \dfrac{P^2_{CO}}{P_{CO_2}}$

d) $K_c = \dfrac{[C_6H_5COO^-][H_3O^+]}{[C_6H_5COOH]}$

4.4 **a)** **Ⓐ**

b) **Ⓓ**. Le rapport molaire vaut 1, de sorte que le volume s'élimine par simplification dans l'expression de Kc.

4.5 **a)** $A + C \rightleftharpoons AC$

b) $A + D \rightleftharpoons AD$

4.6 $2,40 \times 10^{33}$

4.7 $1,08 \times 10^7$

4.8 $1,74 \times 10^{18}$

4.9 $1,0 \times 10^{-5}$

4.10 $0,051$

4.11 **a)** $0,082$ **b)** $0,29$

4.12 $K'_c = 2,6 \times 10^4$; $K_p = 3,1$

4.13 $10,6$; $2,05 \times 10^{-3}$

4.14 Les pressions de PCl_3 et de Cl_2 doivent augmenter, et la pression de PCl_5 doit diminuer. La valeur de Q_p est plus petite que celle de K_p.

4.15 $7,44 \times 10^3$

4.16 $6,3 \times 10^{-4}$

4.17 $3,3 \times 10^{-2}$

4.18 $K_p = 1,0$; $K_c = 4,0 \times 10^{-4}$

4.19 $3,56 \times 10^{-2}$

4.20 $9,5 \times 10^{-27}$

4.21 $4,0 \times 10^{-6}$

4.22 $4,7 \times 10^9$

4.23 $5,6 \times 10^{23}$

4.24 **a)** $K = \dfrac{k_d}{k_i} = \dfrac{k_1}{k_{-1}} = 3,3 \times 10^{-18}$

b) $[H_3O^+][OH^-] = (3,32 \times 10^{-18}) \times (55,5)^2 = 1,0 \times 10^{-14}$;
$[H_3O^+] = [OH^-] = (1,0 \times 10^{-14})^{\frac{1}{2}}$
$= 1,0 \times 10^{-7}$ mol/L

4.25 $k_1 = 0,64$ $L^2 \cdot mol^{-2} \cdot s^{-1}$

4.26 Inférieure

4.27 Pour atteindre l'équilibre, la réaction nette doit se produire de droite à gauche. Ainsi, à l'équilibre, $[NH_3]$ aura diminué; $[N_2]$ et $[H_2]$ augmenteront.

4.28 $0,173$ mol

4.29 $2,01$ kPa

4.30 $[H_2] = [Br_2] = 1,80 \times 10^{-4}$ mol/L; $[HBr] = 0,267$ mol/L

4.31 $[I] = 8,58 \times 10^{-4}$ mol/L; $[I_2] = 0,0194$ mol/L

4.32 $P_{COCl_2} = 41,4$ kPa; $P_{CO} = 35,6$ kPa; $P_{Cl_2} = 35,6$ kPa

4.33 **a)** $K_c = 0,52$

b) $[CO_2] = 0,48$ mol/L; $[H_2] = 0,020$ mol/L; $[CO] = 0,075$ mol/L; $[H_2O] = 0,065$ mol/L

4.34 $P_{CO} = 202$ kPa; $P_{CO_2} = 254$ kPa

4.35 $[H_2] = [CO_2] = 0,05$ mol/L; $[H_2O] = [CO] = 0,11$ mol/L

4.36 **a)** Vers la droite   **b)** Vers la droite
c) Vers la gauche

4.37 **a)** Vers la droite   **b)** Aucun effet
c) Aucun effet

4.38 **a)** Augmente   **b)** Diminue
c) Aucun effet

4.39 **a)** Aucun effet   **b)** Aucun effet
c) Déplacement vers la gauche
d) Aucun changement
e) Déplacement vers la gauche

4.40 **a)** Vers la droite   **b)** Vers la gauche
c) Vers la droite

4.41 **a)** Vers la droite   **b)** Vers la gauche
c) Vers la droite   **d)** Vers la gauche
e) Aucun effet

4.42 **a)** SO_2 et O_2 augmenteraient, SO_3 diminuerait.
b) SO_3 augmenterait, SO_2 et O_2 diminueraient.
c) Augmentation de SO_3, diminution de O_2
d) Aucun effet   **e)** Aucun effet

4.43 Aucun effet

4.44 **a)** Vers la gauche
b) Aucun changement

4.45 **a)** Vers la droite   **b)** Aucun effet
c) Aucun effet   **d)** Vers la gauche
e) Vers la droite   **f)** Vers la gauche
g) Vers la droite

4.46 Faire le graphe de $\ln K_p$ en fonction de $1/T$. Pente $= 1,38 \times 10^4$ K $= -\Delta H°/8,314$ J $\cdot$ mol$^{-1} \cdot$ K^{-1};
$\Delta H° = -1,15 \times 10^5$ J/mol $= -115$ kJ/mol

4.47 $43,4$ kJ/mol

4.48 $[A_2] = [B_2] = 0,040$ mol/L; $[AB] = 0,020$ mol/L

4.49 **I)** Température
II) Constante d'équilibre: K_p ou K_c?
III) Équation équilibrée non fournie

4.50 **a)** NO: 24 kPa; Cl_2: 12 kPa
b) $1,6$

4.51 La formation de NO est favorisée par une augmentation de température. La réaction est endothermique.

4.52 **a)** Non   **b)** Oui

4.53 Exothermique

t (°C)	K_c	K_p
200	56,9	$2,23 \times 10^5$
300	3,41	$1,62 \times 10^4$
400	2,10	$1,17 \times 10^4$

4.54 **a)** 8×10^{-44}
b) La réaction a besoin d'un apport d'énergie pour s'amorcer.

4.55 Basse température et pression élevée

4.56 **a)** $1,7 \times 10^{-2}$
b) $P_A = 69$ kPa; $P_B = 81$ kPa

4.57 **a)** $1,29 \times 10^3$ **b)** $48,3$ %
c) Il restera $0,0041$ mol.

4.58 $1,4 \times 10^3$

4.59 $4,95 \times 10^3$

4.60 $P_{H_2} = 29$ kPa; $P_{Cl_2} = 5,0$ kPa; $P_{HCl} = 170$ kPa

4.61 **a)** $\dfrac{4\alpha^2}{1 - \alpha^2}P_T$
b) Quand P augmente, α doit diminuer.

4.62 $5,05 \times 10^3$ kPa

4.63 **Ⓐ** Représente le système à l'équilibre.
Ⓑ La réaction vers la droite sera favorisée afin.
Ⓒ La réaction vers la gauche sera favorisée.

4.64 $P_C = 8,4$ kPa; $P_A = 154$ kPa; $P_B = 37$ kPa

4.65 $2,34 \times 10^{-3}$ mol/L

4.66 $3,84 \times 10^{-2}$

4.67 $3,28 \times 10^4$ kPa

4.68 $3,18$

4.69 Le fait de haleter cause une diminution de la concentration de CO_2, car celui-ci est évacué durant l'expiration. Il y a deux solutions possibles: rafraîchir l'environnement des poules ou leur donner de l'eau gazeuse carbonatée.

4.70 $P_{N_2} = 87,1$ kPa; $P_{H_2} = 37,1$ kPa; $P_{NH_3} = 0,446$ kPa

4.71 **a)** $\chi_{CO} = 0,56$ et $\chi_{CO_2} = 0,44$
b) $7,8 \times 10^2$

4.72 **a)** $1,16$ **b)** $53,7$ %

4.73 Si vous utilisez de l'iode radioactif en phase solide, vous devriez en trouver en phase vapeur à l'équilibre. L'inverse est aussi vrai; si vous utilisez de l'iode radioactif en phase vapeur, vous devriez en trouver en phase solide à l'équilibre. Ces deux observations indiquent qu'il existe un équilibre dynamique entre les phases solide et vapeur.

4.74 **a)** 50 kPa   **b)** 0,23
c) 0,037   **d)** 0,037 mol

4.75 1,7

4.76 $[H_2] = 0,070$ mol/L;
$[I_2] = 0,182$ mol/L;
$[HI] = 0,825$ mol/L

4.77 $1,3P_T$

4.78 **c)**

4.79 **a)** $2,2 \times 10^{-8}$ **b)** 1,5 **c)** 0,81
d) $4,3 \times 10^{7}$; $1,5 \times 10^{-4}$

4.80 **a)** S'accentue   **b)** Augmente
c) Diminue   **d)** Augmente
e) Reste constante

4.81 2,34; $9,60 \times 10^{-4}$

4.82 Le potassium est plus volatil que le sodium, son retrait déplace l'équilibre vers la droite.

4.83 $P_{NO_2} = 79,2$ kPa; $P_{N_2O_4} = 53$ kPa;
$K_p = 1,2 \times 10^2$

4.84 **a)** Déplacement vers la droite
b) Déplacement vers la droite
c) Aucun changement
d) Aucun changement
e) Aucun changement
f) Déplacement vers la gauche
g) Déplacement vers la droite

4.85 $1,2 \times 10^4$

4.86 **a)** Faire réagir Ni avec CO au-dessus de 50 °C.
b) La décomposition est endothermique. Chauffer le $Ni(CO)_4$ au-dessus de 200 °C.

4.87 **a)** 104 kPa   **b)** 40 kPa
c) 168 kPa   **d)** 0,619

4.88 **a)** $K_p = 2,7 \times 10^{-4}$ kPa
$K_c = 1,1 \times 10^{-7}$
b) 2,2 g; 22 mg/m^3, dépasse le seuil.

4.89 **a)** Les deux vitesses augmentent.
b) Pas de changement
c) La première réaction étant exothermique, K diminuera. La deuxième étant endothermique, K augmentera.
d) Avec le catalyseur, les deux énergies d'activation diminuent de la même valeur. Le même état d'équilibre étant atteint sans catalyseur, mais plus lentement, la constante d'équilibre reste la même.

4.90 Diminution du nombre de molécules de gaz; la pression gazeuse diminue. Quand le couvercle ferme la boîte, le catalyseur ne peut plus favoriser la réaction directe. Pour rétablir l'équilibre,

il faut que l'étape B $\longrightarrow$ 2A domine. La pression gazeuse augmente alors, soulevant le piston, et ainsi de suite. Conclusion: un tel catalyseur créerait un mouvement perpétuel. Il ne peut exister.

4.91 $[N_2O_4] = 0,996$ mol/L;
$[NO_2] = 0,0678$ mol/L
La coloration va s'intensifier.

4.92 $k_1 = 6,4 \times 10^8$ s^{-1}

4.93 4,0

4.94 **a)** 0,071   **b)** $5,6 \times 10^{-3}$ **c)** 0,039

4.95 $[I_2] = 0,0315$ mol/L;
$[I] = 0,009\,03$ mol/L

RÉVISION DES CONCEPTS

p. 191: c)
p. 194: $2NO_2(g) + 7H_2(g) \rightleftharpoons$
$\qquad\qquad 2NH_3(g) + 4H_2O(g)$
Non, $K_c \neq K_p$.
p. 196: a) $K_c > 1$
p. 198: **B** À l'équilibre. **A** Réaction directe.
C Réaction inverse.
p. 208: La concentration de A augmentera, alors que celle de A$_2$ diminuera.
p. 211: La réaction est exothermique.

CHAPITRE 5

EXERCICES

E5.1 H_2O (acide) et OH$^-$ (base), HCN (acide) et CN$^-$ (base)

E5.2 $7,7 \times 10^{-15}$ mol/L

E5.3 0,12

E5.4 $4,7 \times 10^{-4}$ mol/L

E5.5 7,40

E5.6 12,48

E5.7 Inférieure à 1

E5.8 2,09

E5.9 $2,2 \times 10^{-6}$

E5.10 $[H_2C_2O_4] = 0,11$ mol/L;
$[HC_2O_4^-] = 0,086$ mol/L;
$[C_2O_4^{2-}] = 6,1 \times 10^{-5}$ mol/L;
$[H_3O^+] = 0,086$ mol/L

E5.11 12,03

E5.12 $HClO_2$

E5.13 8,58

E5.14 3,09

E5.15 **a)** $LiClO_4$: $\simeq 7$ **b)** Na_3PO_4: >7
c) $Bi(NO_3)_2$: <7 **d)** NH_4CN: >7

E5.16 Acide de Lewis: Co^{3+}; base de Lewis: NH_3

PROBLÈMES

5.1 **a)** Les deux   **b)** Base
c) Acide   **d)** Base
e) Acide   **f)** Base
g) Base   **h)** Base
i) Acide   **j)** Acide

5.2 **a)** Ion nitrite: NO_2^-
b) Ion hydrogénosulfate: HSO_4^-
c) Ion hydrogénosulfure: HS^-

d) Ion cyanure: CN^-
e) Ion formate: $HCOO^-$

5.3 **a)** 1) HCN (acide) et CN^- (base)
2) CH_3COO^- (base) et CH_3COOH (acide)
b) 1) $H_2PO_4^-$ (acide) et HPO_4^{2-} (base)
2) NH_3 (base) et NH_4^+ (acide)
c) 1) HClO (acide) et ClO^- (base)
2) CH_3NH_2 (base) et $CH_3NH_3^+$ (acide)
d) 1) H_2O (acide) et OH$^-$ (base)
2) CO_3^{2-} (base) et HCO_3^- (acide)
e) 1) H_2O (acide) et OH$^-$ (base)
2) CH_3COO^- (base) et CH_3COOH (acide)

5.4 **a)** H_2S **b)** H_2CO_3
c) HCO_3^- **d)** H_3PO_4
e) $H_2PO_4^-$ **f)** HPO_4^{2-}
g) H_2SO_4 **h)** HSO_4^-
i) H_2SO_3 **j)** HSO_3^-

5.5 **a)** CH_2ClCOO^- **b)** IO_4^-
c) $H_2PO_4^-$ **d)** HPO_4^{2-}
e) PO_4^{3-} **f)** HSO_4^-
g) SO_4^{2-} **h)** $HCOO^-$
i) SO_3^{2-} **j)** NH_3
k) HS^- **l)** S^{2-}
m) OCl^-

5.6 **a)**

$$
\underset{\text{O}\;\;\;\;\;\text{O}}{\overset{\parallel\;\;\;\;\;\parallel}{-O-C-C-O-H}} \quad \text{et} \quad \underset{\text{O}\;\;\;\;\;\text{O}}{\overset{\parallel\;\;\;\;\;\parallel}{-O-C-C-O-}}
$$

b) Acides: H_3O^+ et $C_2H_2O_4$; base: $C_2O_4^{2-}$; acide et base: $C_2HO_4^-$

5.7 $[H_3O^+] = 1,4 \times 10^{-3}$ mol/L et
$[OH^-] = 7,1 \times 10^{-12}$ mol/L

5.8 $[OH^-] = 0,62$ mol/L et
$[H_3O^+] = 1,6 \times 10^{-14}$ mol/L

5.9 **a)** $3,8 \times 10^{-3}$ mol/L
b) $6,2 \times 10^{-12}$ mol/L
c) $1,1 \times 10^{-7}$ mol/L
d) $1,0 \times 10^{-15}$ mol/L

5.10 **a)** $6,3 \times 10^{-6}$ mol/L
b) $1,0 \times 10^{-16}$ mol/L
c) $2,7 \times 10^{-6}$ mol/L

5.11 **a)** 3,00   **b)** 13,89
c) 10,74   **d)** 3,28

5.12 6,72

5.13

pH	$[H_3O^+]$	La solution est
<7	$>1,0 \times 10^{-7}$ mol/L	acide
>7	$<1,0 \times 10^{-7}$ mol/L	basique
=7	$=1,0 \times 10^{-7}$ mol/L	neutre

5.14 **a)** Acide   **b)** Neutre
c) Basique

5.15 $2,5 \times 10^{-5}$ mol/L

5.16 $1,98 \times 10^{-3}$ mol KOH; 0,437

5.17 0,118

5.18 $2,2 \times 10^{-3}$ g NaOH

5.19 **a)** **B**   **b)** **C**   **c)** **D**

5.20 **a)** **C**   **b)** **B** et **D**

5.21 **a)** Acide fort   **b)** Acide faible
c) Acide fort (première étape d'ionisation)
d) Acide faible   **e)** Acide faible
f) Acide faible   **g)** Acide fort
h) Acide faible   **i)** Acide faible

5.22 **a)** Base forte   **b)** Base faible
c) Base faible   **d)** Base faible
e) Base forte

5.23 **a)** Non, le pH est supérieur à 1,00.
b) Non, elles sont égales.
c) Oui   **d)** Non

5.24 **a)** Non   **b)** Oui
c) Oui   **d)** Non

5.25 La réaction devrait se faire dans le sens qui favorise la formation de $F^-(aq)$ et de $H_2O(l)$. L'ion hydroxyde est une base plus forte que l'ion fluorure; l'acide fluorhydrique est un acide plus fort que l'eau.

5.26 La réaction s'effectue plutôt de droite à gauche.

5.27 $[H_3O^+] = [C_6H_5COO^-] = 2,5 \times 10^{-3}$ mol/L
$[C_6H_5COOH] = 0,10$ mol/L
$[OH^-] = 4,0 \times 10^{-12}$ mol/L

5.28 $[H_3O^+] = [CH_3COO^-] = 5,8 \times 10^{-4}$ mol/L;
$[CH_3COOH] = 0,0181$ mol/L

5.29 $K_a = 4,0 \times 10^{-11}$

5.30 $2,3 \times 10^{-3}$ mol/L

5.31 2,21

5.32 **a)** 3,5 %   **b)** 9,0 %
c) 33 %   **d)** 79 %
Le degré d'ionisation s'accroît avec la dilution.

5.33 $K_a = 9,2 \times 10^{-4}$

5.34 **a)** 3,9 %
b) I) 0,30 %; II) La forte acidité gastrique favoriserait la vitesse d'absorption des molécules d'aspirine non ionisées dans la paroi stomacale, d'où des possibilités d'irritation et de saignements.

5.35 $[H_3O^+] = [SO_4^{2-}] = 0,045$ mol/L et $[HSO_4^-] = 0,16$ mol/L

5.36 $[H_3O^+] = [HCO_3^-] = 1,0 \times 10^{-4}$ mol/L et $[CO_3^{2-}] = 4,8 \times 10^{-11}$ mol/L

5.37 **a)** pH = 11,11   **b)** pH = 8,96

5.38 $7,1 \times 10^{-7}$

5.39 0,15 mol/L

5.40 1,5 %

5.41 $H_2Se > H_2S > H_2O$

5.42 **a)** $H_2SO_4 > H_2SeO_4$
b) $H_3PO_4 > H_3AsO_4$

5.43 $CH_2ClCOOH$ est un acide plus fort que CH_3COOH. Le chlore est plus électronégatif que l'hydrogène; il attire donc les électrons vers lui, augmentant la polarité de la liaison O—H. L'atome d'hydrogène dans

le groupe COOH s'ionise alors plus facilement.

5.44 Seul l'anion du phénol peut être stabilisé par résonance.

5.45 **a)** ≈7   **b)** <7
c) ≈7   **d)** <7

5.46 Il y a deux possibilités: 1) MX est un sel dérivé d'un acide fort et d'une base forte, alors ni le cation ni l'anion ne réagissent avec l'eau pour modifier le pH; 2) MX est un sel dérivé d'un acide faible et d'une base faible, et la valeur de K_a pour l'acide est égale à celle de K_b pour la base. L'hydrolyse de l'un serait exactement compensée par l'hydrolyse de l'autre.

5.47 HZ < HY < HX

5.48 pH = 9,15

5.49 4,82

5.50 En comparant les deux valeurs de K, on s'aperçoit que l'ion hydrogénophosphate est plus un receveur (base) qu'un donneur (acide) de proton. La solution sera basique.

5.51 >7

5.52 **a)** Acide de Lewis
b) Base de Lewis
c) Base de Lewis
d) Acide de Lewis
e) Base de Lewis
f) Base de Lewis
g) Acide de Lewis
h) Acide de Lewis

5.53 $AlCl_3$ est un acide de Lewis; Cl^- est une base de Lewis.

5.54 **a)** Les deux molécules ont le même atome récepteur (bore), et elles ont toutes deux exactement la même structure trigonale plane. Le fluor est plus électronégatif que le chlore; on pourrait donc prédire, en se basant sur l'électronégativité, que BF_3 a une plus grande affinité que BCl_3 pour les doublets d'électrons libres; il est donc le plus fort.
b) Puisque sa charge positive est plus élevée, le fer(III) est un acide de Lewis plus fort que le fer(II).

5.55 CO_2 et BF_3

5.56 **a)** Acide   **b)** Basique
c) Basique   **d)** Acide
e) Neutre   **f)** Neutre
g) Amphotère   **h)** Acide
i) Amphotère   **j)** Basique

5.57 0,106 L

5.58 **C** < **A** < **B**

5.59 c) Parce que le pH de KOH à 0,70 mol/L est plus élevé que celui de NaOH à 0,60 mol/L.

5.60 Non, car si cet acide s'ionisait complètement, le pH serait 1,19.

5.61 **a)** Pour la réaction directe, NH_4^+ et NH_3 sont respectivement l'acide conjugué et la base.
Pour la réaction inverse, NH_3 et NH_2^- sont respectivement l'acide conjugué et la base.
b) NH_4^+ correspond à H_3O^+; NH_2^- correspond à OH^-. Pour que la solution soit neutre, $[NH_4^+] = [NH_2^-]$.

5.62 Non, la réaction est complète dans les deux cas.

5.63 pH = −0,20

5.64 CrO est ionique et basique; CrO_3 est covalent et acide.

5.65 **a)** $H^- + H_2O \longrightarrow OH^- + H_2$
base₁ acide₂   base₂ acide₁
b) H^- est le réducteur et H_2O est l'oxydant.

5.66 $4,0 \times 10^{-2}$

5.67 7,00

5.68 0,068

5.69 $[Na^+] = 0,200$ mol/L;
$[HCO_3^-] = 4,6 \times 10^{-3}$ mol/L;
$[H_2CO_3] = 2,4 \times 10^{-8}$ mol/L;
$[OH^-] = 4,6 \times 10^{-3}$ mol/L;
$[H_3O^+] = 2,2 \times 10^{-12}$ mol/L;
$[CO_3^{2-}] = 0,10$ mol/L

5.70 pH = 4,26

5.71 Lorsque NaCN réagit avec HCl, il se transforme ainsi:
NaCN + HCl $\longrightarrow$ NaCl + HCN
HCN est un acide très faible qui s'ionise très peu en solution.
$HCN(aq) + H_2O(l) \rightleftharpoons H_3O^+(aq) + CN^-(aq)$
HCN est la principale espèce en solution et elle a tendance à s'échapper en phase gazeuse.
$HCN(aq) \rightleftharpoons HCN(g)$
Puisque le $HCN(g)$ est un poison mortel, il est très dangereux de faire réagir NaCN avec des acides si la ventilation n'est pas adéquate.

5.72 0,25 g

5.73 pH = 1,000

5.74 1,18

5.75 $K_a = 2 \times 10^{-4}$

5.76 **a)** Augmente   **b)** Diminue
c) Pas d'effet   **d)** Augmente

5.77 **a)** $NH_2^- + H_2O \longrightarrow NH_3 + OH^-$
$N^{3-} + 3H_2O \quad NH_3 + 3OH^-$
NH_2^- et N^{3-} sont des bases de Brønsted-Lowry, et l'eau est un acide de Brønsted-Lowry.
b) N^{3-} est la base la plus forte puisque chaque ion produit trois ions OH^-.

5.78 pH = 4,41

5.79 Quand la personne inhale les sels, une petite quantité se dissout dans la solution basique de la muqueuse nasale. Les ions ammonium réagissent avec les ions hydroxyde selon :
$$NH_4^+(aq) + OH^-(aq) \longrightarrow NH_3(aq) + H_2O$$
C'est l'odeur piquante de l'ammoniac qui prévient l'évanouissement.

5.80 NH_3

5.81 NH_3

5.82 21 mL

5.83 L'acide citrique du citron réagit avec les amines basiques en formant des sels (composés ioniques) beaucoup moins volatils que les amines (composés covalents).

5.84
a) $HY < HZ < HX$
b) $X^- < Z^- < Y^-$
c) $HX : 75\% ; HY : 25\% ; HZ : 50\%$
d) NaX

5.85 HX

5.86
a) L'équation globale est
$$Fe_2O_3(s) + 6HCl(aq) \longrightarrow 2FeCl_3(aq) + 3H_2O(l)$$
et l'équation ionique nette est
$$Fe_2O_3(s) + 6H_3O^+(aq) \longrightarrow 2Fe^{3+}(aq) + 9H_2O(l)$$
Puisque c'est HCl qui donne l'ion H^+, il est l'acide de Brønsted-Lowry. Chaque unité de Fe_2O_3 accepte six protons H^+ ; Fe_2O_3 est donc la base de Brønsted-Lowry.
b) La première étape est
$$CaCO_3(s) + HCl(aq) \longrightarrow Ca^{2+}(aq) + HCO_3^-(aq) + Cl^-(aq)$$
et la seconde étape est
$$HCl(aq) + HCO_3^-(aq) \longrightarrow CO_2(g) + Cl^-(aq) + H_2O(l)$$
L'équation globale est
$$CaCO_3(s) + 2HCl(aq) \longrightarrow CaCl_2(aq) + H_2O(l) + CO_2(g)$$
c) $pH = -0,64$

5.87
a) HbO_2
b) HbH^+
c) Vers la droite : la diminution de CO_2 fait diminuer H^+ (sous forme d'acide carbonique), faisant ainsi déplacer l'équilibre vers la droite. Il se formera plus de HbO_2. La respiration dans un sac en papier fait accroître la concentration de CO_2 (en inhalant à nouveau le CO_2 expiré) causant ainsi un plus grand relâchement d'oxygène.

5.88 Ces dentifrices sont des sources d'ions F^-, une base plus faible que OH^-. Au cours de la reminéralisation, les ions F^- remplacent les ions OH^-. La fluoropatite est plus résistante aux attaques des acides. (*Voir aussi «Chimie en action – Le pH, la solubilité et la carie dentaire».*)

5.89 6,02

5.90 $\% ClO^- = 66\% ; \% HClO = 34\%$

RÉVISION DES CONCEPTS

p. 235 : b)

p. 237 : La concentration des ions OH^- augmentera, alors que celle des ions H_3O^+ diminuera.

p. 241 : Le pH de cette solution est 2,4 et celui de l'autre est 2,6.

p. 245 : a) i) $H_2O > H_3O^+ \approx NO_3^- > OH^-$
  ii) $H_2O > HF > H_3O^+ \approx F^- > OH^-$
b) i) $H_2O > NH_3 > NH_4^+ \approx OH^- > H_3O^+$
  ii) $H_2O > K^+ \approx OH^- > H_3O^+$

p. 254 : $H_2O(l) \rightleftharpoons H_3O^+(aq) + OH^-(aq)$.
À 25 °C, $[H_3O^+] = [OH^-] = 1,0 \times 10^{-7}$ mol/L.
$$\% \text{ d'ion.} = \frac{1,0 \times 10^{-7} \text{ mol/L}}{55,55 \text{ mol/L}} \times 100\% = 1,8 \times 10^{-7}\%$$

p. 258 : Ⓒ

p. 262 : méthylamine > aniline > caféine

p. 263 : CN^-

p. 266 : $H_2SO_3 > H_2SeO_3 > H_2TeO_3$

p. 274 : a) C^- b) $B^- < A^- < C^-$

p. 276 : $Al_2O_3 < BaO < K_2O$

p. 279 : c) et e)

CHAPITRE 6

EXERCICES

E6.1 4,01 ; 2,15

E6.2 a) et c)

E6.3 9,17 ; 9,20

E6.4 Peser Na_2CO_3 et le $NaHCO_3$ dans un rapport de moles de 0,60 pour 1,0 et dissoudre dans assez d'eau pour obtenir 1 L de solution.

E6.5 a) 2,19   b) 3,95   c) 8,02   d) 11,39

E6.6 5,92

E6.7
a) Bleu de bromophénol, orange de méthyle, rouge de méthyle et bleu de chlorophénol
b) Tous ceux inscrits sous l'orange de méthyle excepté l'alizarine
c) Rouge de crésol et phénolphtaléine

E6.8 $2,0 \times 10^{-14}$

E6.9 $1,9 \times 10^{-3}$ g/L

E6.10 a) Non
b) $[Na^+] = [OH^-] = 4,00 \times 10^{-4}$ mol/L ; $[Ca^{2+}] = 0,100$ mol/L ; $[Cl^-] = 0,200$ mol/L

E6.11 a) $>1,6 \times 10^{-9}$ mol/L
b) $>2,6 \times 10^{-6}$ mol/L

E6.12 a) $1,7 \times 10^{-4}$ g/L
b) $1,4 \times 10^{-7}$ g/L

E6.13
a) Plus soluble en milieu acide
b) Plus soluble en milieu acide
c) Pas de différence

E6.14 Il y aura formation du précipité $Zn(OH)_2(s)$.

E6.15 $[Cu^{2+}] = 1,2 \times 10^{-13}$ mol/L, $[Cu(NH_3)_4^{2+}] = 0,017$ mol/L, $[NH_3] = 0,23$ mol/L

E6.16 $3,5 \times 10^{-3}$ mol/L

PROBLÈMES

6.1 a) 2,57   b) 4,44

6.2 a) 11,28   b) 9,08

6.3 c), d), e), f) et g)

6.4 0,024

6.5 a) 4,74   b) 4,74
Le tampon en a) est plus efficace.

6.6 a) 7,03   b) 8,88

6.7 0,58

6.8 10 ; le tampon devrait être plus efficace contre l'ajout d'un acide, car il contient plus de base.

6.9 4,54

6.10 a) 4,81   b) 4,64

6.11 $Na_2A/NaHA$, car sa valeur de pK_a est la plus rapprochée du pH désiré.

6.12 HC, car sa valeur de pK_a est la plus rapprochée du pH désiré.

6.13 a) Ⓐ 5,10 ; Ⓑ 4,82 ; Ⓒ 5,22 ; Ⓓ 5,00
b) 4,90   c) 5,22

6.14 202 g/mol

6.15 90,1 g/mol

6.16 0,25 mol/L

6.17 0,466 mol/L

6.18 a) 110 g/mol   b) $K_a = 1,6 \times 10^{-6}$

6.19 $[H_3O^+] = 3,0 \times 10^{-13}$ mol/L ; $[CH_3COOH] = 8,4 \times 10^{-10}$ mol/L ≈ 0 ; $[CH_3COO^-] = 0,0500$ mol/L ; $[OH^-] = 0,0335$ mol/L ; $[Na^+] = 0,0835$ mol/L

6.20 5,82

6.21 8,23

6.22 a) 2,87   b) 4,57   c) 5,34   d) 8,79   e) 12,10

6.23 a) 11,   b) 9,55   c) 8,95   d) 5,19   e) 1,70

6.24 0,13 mol/L ; $K_a = 1 \times 10^{-5}$

6.25 a) Ⓒ ; b) Ⓓ ; c) Ⓑ ; d) Ⓐ.
Le pH au point d'équivalence est supérieur à 7.

6.26
a) Rouge de crésol et phénolphtaléine
b) Tous ceux du tableau sauf le bleu de thymol, le bleu de bromophénol et l'orange de méthyle
c) Le bleu de bromophénol, l'orange de méthyle, le vert de bromocrésol,

le rouge de méthyle et le bleu de chlorophénol

6.27 Du CO_2 de l'air se dissout dans l'eau en formant du H_2CO_3 qui neutralise NaOH.

6.28 Couleur de la forme non ionisée, rouge

6.29 5,70

6.30 **a)** $[I^-] = 9,1 \times 10^{-9}$ mol/L
b) $[Al^{3+}] = 7,4 \times 10^{-8}$ mol/L

6.31 **a)** $7,8 \times 10^{-10}$ **b)** $1,8 \times 10^{-18}$

6.32 $1,8 \times 10^{-11}$

6.33 $1,8 \times 10^{-10}$

6.34 $K_{ps} = 108,5^5 = 4,0 \times 10^{-93}$

6.35 $2,2 \times 10^{-4}$ mol/L

6.36 9,53

6.37 $K_{ps} = 2,3 \times 10^{-9}$

6.38 **a)** $BaCO_3$ pourrait précipiter.
b) Puisque $2,1 \times 10^{-3} > 8,1 \times 10^{-9}$ ou $Q > K_{ps}$, il y aura précipitation de $BaCO_3$.
c) 0,39 g
d) $[NO_3^-] = 5,7 \times 10^{-2}$ mol/L;
$[Na^+] = 0,14$ mol/L;
$[CO_3^{2-}] = 4,3 \times 10^{-2}$ mol/L;
$[Ba^{2+}] = 1,9 \times 10^{-7}$

6.39 $[Na^+] = 0,045$ mol/L, $[NO_3^-] = 0,076$ mol/L, $[Sr^{2+}] = 1,6 \times 10^{-2}$ mol/L et $[F^-] = 1,1 \times 10^{-4}$ mol/L

6.40 **a)** AgI **b)** $[Ag^+] = 1,6 \times 10^{-7}$ mol/L
c) $1,6 \times 10^{-3}$ %

6.41 $2,68 < pH < 8,11$

6.42 $5,1 \times 10^{-6}$ g $CaCO_3$

6.43 **a)** 0,013 mol/L
b) $[Pb^{2+}] = s = 2,2 \times 10^{-4}$ mol/L
c) $s = 3,3 \times 10^{-3}$ mol/L

6.44 $8,9 \times 10^{-10}$ mol/L

6.45 **a)** $1,0 \times 10^{-5}$ mol/L
b) $1,1 \times 10^{-10}$ mol/L

6.46 a), c) et d)

6.47 b), c), d) et e)

6.48 Dans l'eau, $s = 1,4 \times 10^{-4}$ mol/L et à $pH = 9,0$ $s = 0,12$ mol/L

6.49 **a)** 0,016 mol/L **b)** $1,6 \times 10^{-6}$ mol/L

6.50 0,35 mol/L

6.51 Il y aura formation d'un précipité, car $Q > K_{ps}$ ($Q = 2,0 \times 10^{-11}$ et $K_{ps} = 1,6 \times 10^{-14}$).

6.52 $[Cu^{2+}] = 1,2 \times 10^{-13}$ mol/L, $[Cu(NH_3)_4^{+2}] = 0,0174$ mol/L et $[NH_3] = 0,23$ mol/L

6.53 $[Cd(CN)_4^{2-}] = 4,2 \times 10^{-3}$ mol/L;
$[CN^-] = 0,48$ mol/L;
$[Cd^{2+}] = 1,1 \times 10^{-18}$ mol/L

6.54 L'ion complexe est l'espèce prédominante.

6.55 $3,5 \times 10^{-5}$ mol/L

6.56 $Ag^+(aq) + 2NH_3(aq) \rightleftharpoons$
$Ag(NH_3)_2^+(aq)$
$Zn^{2+}(aq) + 4NH_3(aq) \rightleftharpoons$
$Zn(NH_3)_4^{2+}(aq)$

L'hydroxyde de zinc forme un ion complexe en présence d'un excès de OH^-, mais l'hydroxyde d'argent n'en forme pas; l'hydroxyde de zinc est donc soluble dans le NaOH 6 mol/L.

6.57 **a)** $Cu^{2+}(aq) + 4NH_3(aq) \rightleftharpoons$
$Cu(NH_3)_4^{2+}(aq)$
b) $Ag^+(aq) + 2CN^-(aq) \rightleftharpoons$
$Ag(CN)_2^-(aq)$
c) $Hg^{2+}(aq) + 4Cl^-(aq) \rightleftharpoons$
$HgCl_4^{2-}(aq)$

6.58 Ammoniac

6.59 0,011 mol/L

6.60 Ajouter une base forte comme NaOH qui fera dégager du NH_3, odeur caractéristique.

6.61 L'ion chlorure n'entraînera que la précipitation de Ag^+. On peut aussi utiliser le test d'émission à la flamme pour Cu^{2+}.

6.62 2,51 à 4,41

6.63 1,27 mol/L

6.64 **Ⓐ**

6.65 $K_b = 5 \times 10^{-10}$

6.66 $[Na^+] = 0,0835$ mol/L;
$[OH^-] = 0,0335$ mol/L;
$[H_3O^+] = 3,0 \times 10^{-13}$ mol/L;
$[CH_3COO^-] = 0,0500$ mol/L;
$[CH_3COOH] = 8,3 \times 10^{-10}$ mol/L

6.67 Formation d'un ion complexe;
$Cd(OH)_2(s) + 2OH^-(aq) \rightleftharpoons$
$Cd(OH)_4^{2-}(aq)$
Réaction acido-basique de Lewis

6.68 9,97 g; 13,03

6.69 d)

6.70 $6,0 \times 10^3$ remplissages et donner chaque fois le temps de devenir saturé.

6.71 $[Ag^+] = 2,0 \times 10^{-9}$ mol/L;
$[Cl^-] = 0,080$ mol/L;
$[Zn^{+2}] = 0,070$ mol/L;
$[NO_3^-] = 0,060$ mol/L

6.72 0,036 g/L

6.73 **a)** 1,37 **b)** 5,28 **c)** 8,85

6.74 $2,4 \times 10^{-13}$

6.75 Avec un excès de I^-, il s'est formé le complexe soluble $HgI_4^{2-}(aq)$.

6.76 0,012 g $BaSO_4$; le $Ba(NO_3)_2$ est trop soluble.

6.77 7,82 à 10,38

6.78 **a)** AgBr **b)** $1,8 \times 10^{-7}$
c) $1,8 \times 10^{-3}$ %

6.79 $[Sr^{2+}] = [SO_4^{2-}] = 6,2 \times 10^{-4}$ mol/L et $[Ba^{2+}] = 1,8 \times 10^{-7}$ mol/L

6.80 **a)** $MCO_3 + 2HCl \longrightarrow$
$MCl_2 + H_2O + CO_2$
$HCl + NaOH \longrightarrow NaCl + H_2O$
b) 197 g/mol, Ba

6.81 **a)** $K = 1,0 \times 10^{14}$ **b)** $K = 1,8 \times 10^9$
c) $K = 1,8 \times 10^9$ **d)** $K = 3,2 \times 10^4$

6.82 $x = 2$

6.83 **a)** En mélangeant 500 mL de chacune des solutions.
b) En mélangeant 500 mL de CH_3COOH 0,80 mol/L avec 500 mL de NaOH 0,40 mol/L.
c) En mélangeant 500 mL de CH_3COONa 0,80 mol/L avec 500 mL de HCl 0,400 mol/L.

6.84 **a)** Ajouter des ions sulfate.
b) Ajouter des ions sulfure.
c) Ajouter des ions iodure.

6.85 Pour $CaSO_4$, $s = 0,67$ g/L; pour Ag_2SO_4, $s = 4,7$ g/L, il a la plus grande solubilité.

6.86 13 mL

6.87 c)

6.88 **a)** $s = 1,7 \times 10^{-7}$ mol/L
b) Parce que $MgCO_3$ est assez soluble.
c) $pH = 12,40$
d) $[Mg^{2+}] = 1,9 \times 10^{-8}$ mol/L
e) Le Ca^{2+} parce qu'il est plus abondant.

6.89 Les polyphénols ionisés partiellement donnent une teinte foncée. La présence des ions hydronium provenant du jus de citron réprime l'ionisation et fait déplacer l'équilibre des phénols en faveur de la forme non ionisée et peu colorée. C'est un effet d'ion commun.

6.90 Solubilité $= 2,7 \times 10^{-2}$ g/mL; oui, car cette concentration dépasse le seuil de sécurité.

6.91 À pH 1,0, on a la forme cationique; à pH 7,0, la forme ion dipolaire; à pH 12,0, la forme anionique.

6.92 **a)** Na^+ et F^- **b)** 8,18
c) 3,45 **d)** $0,750 \times 10^{-3}$ mol;
$[Ca^{2+}] = 0,0708$ mol/L;
$[Na^+] = 0,0250$ mol/L;
$[Cl^-] = 0,167$ mol/L;
$[F^-] = 2,4 \times 10^{-5}$ mol/L
e) $1,8 \times 10^{-9}$ mol/L

6.93 **a)** Celui du groupement carboxylique
$$-\overset{\displaystyle}{\underset{\displaystyle OH}{C}}=O$$
b) $5,1 \times 10^3$; oui, plus soluble, car sous sa forme ionisée, il est porteur d'une charge, alors que la pénicilline G est non polaire, donc peu soluble dans l'eau.
c) $pH = 7,93$

6.94 **a)** Au point de demi-équivalence, $pH = pK_a$. Ensuite, on applique la relation $pK_a + pK_b = 14,00$ pour trouver K_b.
b) Soit B pour représenter la base et BH^+ pour son acide conjugué. On a:

$$B(aq) + H_2O(l) \rightleftharpoons$$
$$BH^+(aq) + OH^-(aq)$$

Ensuite, écrire l'expression de la constante K_b pour trouver $pOH = pK_b + \log [BH^+]/[B]$. La courbe de titrage aura l'allure de celle de la figure 6.7 excepté que sur l'axe des y, on aura le pOH et sur l'axe des x, le volume de l'acide fort ajouté. À la demi-équivalence, on aura $pOH = pK_b$.

6.95 a)

$$\underset{\substack{\\ \text{CH}_2}}{\overset{\substack{O \\ \|}}{H_3\overset{+}{N}-CH-C-OH}} \quad pK_{a_1} = 1,82$$

HN⁺=／NH

Ⓐ

$$\underset{\substack{\\ \text{CH}_2}}{\overset{\substack{O \\ \|}}{H_3\overset{+}{N}-CH-C-O^-}} \quad pK_{a_2} = 6,00$$

HN⁺=／NH

Ⓑ

$$\underset{\substack{\\ \text{CH}_2}}{\overset{\substack{O \\ \|}}{H_3\overset{+}{N}-CH-C-O^-}} \quad pK_{a_3} = 9,17$$

N=／NH

Ⓒ

$$\underset{\substack{\\ \text{CH}_2}}{\overset{\substack{O \\ \|}}{H_2N-CH-C-O^-}}$$

N=／NH

Ⓓ

b) L'espèce C correspond à un ion dipolaire.
c) Moyenne entre pK_{a_2} et $pK_{a_3} = 7,59$
d) Comme le pH du sang est près de 7, B et C, car le pK_{a_2} a la valeur la plus rapprochée de 7.

6.96　$6,2 \times 10^{-12}$

RÉVISION DES CONCEPTS

p. 308:　Ⓐ et Ⓒ peuvent agir comme tampons. Ⓒ a le plus grand pouvoir tampon.

p. 319:　a), c) et d)

p. 324:　Le point de virage correspond au point d'équivalence lorsque la zone de virage de l'indicateur se situe dans la portion quasi verticale de la courbe de titrage.

p. 326:　Ⓑ sursaturée, Ⓒ insaturée, Ⓓ saturée.

p. 337:　a) $NaBr(aq)$　b) $Ca(NO_3)_2(aq)$

p. 348:　c) KCN

CHAPITRE 7

EXERCICES

E7.1　$5Fe^{2+} + MnO_4^- + 8H^+ \longrightarrow$
$$5Fe^{3+} + Mn^{2+} + 4H_2O$$

E7.2　204 mL

E7.3　Non, selon la règle de la diagonale

E7.4　0,34 V

E7.5　1×10^{-42}

E7.6　$\Delta G^\circ = -4,1 \times 10^2$ kJ/mol

E7.7　Oui

E7.8　0,38 V

E7.9　Anode: O_2, cathode: H_2

E7.10　$2,0 \times 10^4$ A

PROBLÈMES

7.1　a)　$H_2O_2 + 2Fe^{2+} + 2H^+ \longrightarrow$
$$2Fe^{3+} + 2H_2O$$
b)　$3Cu + 2HNO_3 + 6H^+ \longrightarrow$
$$3Cu^{2+} + 2NO + 4H_2O$$
c)　$3CN^- + 2MnO_4^- + H_2O \longrightarrow$
$$3CNO^- + 2MnO_2 + 2OH^-$$
d)　$3Br_2 + 6OH^- \longrightarrow$
$$BrO_3^- + 5Br^- + 3H_2O$$
e)　$2S_2O_3^{2-} + I_2 \longrightarrow S_4O_6^{2-} + 2I^-$

7.2　a)　$Mn^{2+} + H_2O_2 + 2OH^- \longrightarrow$
$$MnO_2 + 2H_2O$$
b)　$2Bi(OH)_3 + 3SnO_2^{2-} \longrightarrow$
$$2Bi + 3H_2O + 3SnO_3^{2-}$$
c)　$Cr_2O_7^{2-} + 14H^+ + 3C_2O_4^{2-} \longrightarrow$
$$2Cr^{3+} + 6CO_2 + 7H_2O$$
d)　$2Cl^- + 2ClO_3^- + 4H^+ \longrightarrow$
$$Cl_2 + 2ClO_2 + 2H_2O$$

7.3　$9,44 \times 10^{-3}$ g de SO_2

7.4　Équation ionique nette:
$$Cr_2O_7^{2-} + 6Fe^{2+} + 14\,H^+ \longrightarrow$$
$$2Cr^{3+} + 6Fe^{3+} + 7H_2O$$
$[Fe^{2+}] = 0,156$ mol/L

7.5　0,151 g de Fe^{2+}; 54,1 %

7.6　a)　$5H_2O_2 + 2MnO_4^- + 6H^+ \longrightarrow$
$$2Mn^{2+} + 5O_2 + 8H_2O$$
b)　0,060 20 mol/L

7.7　2,46 V; $3Ag^+(aq) + Al(s) \longrightarrow$
$$3Ag(s) + Al^{3+}(aq)$$

7.8　2,71 V; $Mg(s) + Cu^{2+}(aq) \longrightarrow$
$$Mg^{2+}(aq) + Cu(s)$$

7.9　D'après le tableau 7.1, le Fe^{3+} est placé à gauche au-dessus de I^- placé plus bas à droite; la fem sera donc certainement positive, Fe^{3+} peut oxyder I^-.

7.10　$Cl_2(g)$ et $MnO_4^-(aq)$

7.11　$\epsilon^\circ_{cell} = -0,55$ V. La réaction n'est pas spontanée, pas d'oxydation.

7.12　a) Spontanée　　b) Non spontanée
　　c) Non spontanée　d) Spontanée

7.13　a)　Au^{3+}　b)　Ag^+　c)　Cd^{2+}
　　d)　O_2 en milieu acide

7.14　a)　Li　　　　　b)　H_2
　　c)　Fe^{2+}　　　d)　Br^-

7.15　$K = 3 \times 10^{54}$

7.16　0,368 V

7.17　a)　$K = 2 \times 10^{18}$;　b)　$K = 3 \times 10^8$
　　c)　$K = 4 \times 10^{62}$

7.18　a)　-432 kJ/mol; 5×10^{75}
　　b)　$-1,0 \times 10^2$ kJ/mol; 2×10^{18}
　　c)　$-1,8 \times 10^2$ kJ/mol; 1×10^{31}
　　d)　$-1,27 \times 10^3$ kJ/mol; 1×10^{222}

7.19　Ce^{4+} oxydera Fe^{2+} en Fe^{3+},
　　$\epsilon^\circ_{cell} = 0,84$ V, $\Delta G^\circ = -81$ kJ/mol,
　　$K_c = 2 \times 10^{14}$

7.20　0,37 V; -36 kJ/mol; 2×10^6

7.21　1,09 V

7.22　a)　2,23 V; 2,23 V; -430 kJ/mol
　　b)　0,02 V; 0,04 V; -2×10^1 kJ/mol

7.23　$\epsilon^\circ = 0,76$ V; $\epsilon = 0,78$ V

7.24　$\epsilon^\circ = 0,13$ V; $\epsilon = 0,083$ V

7.25　$[Cu^{2+}]/[Zn^{2+}] < 7 \times 10^{-38}$

7.26　0,010 V

7.27　a)　0,076 L　　b)　0,16 L air/min

7.28　1,09 V

7.29　Certains métaux de revêtement sont plus facilement oxydés par rapport au métal sous-jacent. Considérez le fer galvanisé: le zinc est plus facilement oxydé que le fer (voir le tableau 7.1).
$$Zn^{2+}(aq) + 2e^- \longrightarrow$$
$$Zn(s), E^\circ = -0,76 \text{ V}$$
Donc, même si une égratignure expose le fer, le zinc est encore attaqué. Dans ce cas, le zinc métallique sert d'anode et le fer, de cathode. Dans un contenant en fer blanc, cependant, le fer est plus facilement oxydé que l'étain. Par conséquent, si la surface de l'étain est rayée jusqu'au fer sous-jacent, le fer corrode rapidement. Dans ce cas, le fer sert d'anode et l'étain, de cathode.

7.30　L'aluminium est oxydé et les ions d'argent dans la ternissure sont réduits en argent métallique. Le potentiel standard de cette cellule est +0,95 V. Consultez le potentiel de réduction standard pour Al^{3+} au tableau 7.1.

7.31　12,2 g Mg

7.32　a)　À l'anode: $2Cl^-(aq) \longrightarrow$
$$Cl_2(g) + 2e^-$$
À la cathode: $Ba^{2+}(aq) + 2e^- \longrightarrow$
$$Ba(s)$$
b)　0,64 g Ba

7.33　Le rapport tonne Na/tonne Al est le même que le rapport g Na/g Al = 0,043 mol e^-/0,11 mol e^-. La préparation de 1 t de Na est plus économique.

7.34 **a)** $2{,}09 \times 10^3$ \$ **b)** $2{,}46 \times 10^3$ \$
c) $4{,}76 \times 10^3$ \$

7.35 $0{,}012$ F

7.36 **a)** $0{,}14$ F **b)** $0{,}121$ F
c) $0{,}10$ F

7.37 $5{,}33$ g Cu et $13{,}4$ g Br_2

7.38 **a)** $Ag^+(aq) + 1e^- \longrightarrow Ag(s)$
b) $2H_2O(l) \longrightarrow O_2(g) + 4H^+(aq) + 4e^-$
c) $6{,}0 \times 10^2$ C

7.39 $7{,}70 \times 10^3$ C

7.40 **a)** $0{,}589$ g Cu **b)** $0{,}133$ A

7.41 $1{,}84$ kg Cl_2/h

7.42 $2{,}2$ h

7.43 $63{,}1$ g/mol

7.44 $9{,}66 \times 10^4$ C

7.45 $27{,}1$ g/mol

7.46 $0{,}0710$ F

7.47 **a)** $H_2(g) \longrightarrow 2H^+(aq) + 2e^-$
$Ni^{2+}(aq) + 2e^- \longrightarrow Ni(s)$
—————————————————
$Ni^{2+}(aq) + H_2(g) \longrightarrow$
$\qquad\qquad\qquad Ni(s) + 2H^+(aq)$
L'inverse de cette réaction est une
réaction spontanée, car d'après
le tableau 7.1, le Ni(s) est situé
au-dessous de H^+ et du côté droit
du tableau.
b) $MnO_4^-(aq) + 8H^+(aq) + 5e^- \longrightarrow$
$\qquad\qquad\qquad Mn^{2+}(aq) + 4H_2O$
$2Cl^-(aq) \longrightarrow Cl_2(g) + 2e^-$
—————————————————
$2MnO_4^-(aq) + 16H^+(aq) + 10Cl^-(aq)$
$\longrightarrow 2Mn^{2+}(aq) + 8H_2O + 5Cl_2(g)$
Réaction spontanée
c) $Cr(s) \longrightarrow Cr^{3+}(aq) + 3e^-$
$Zn^{2+}(aq) + 2e^- \longrightarrow Zn(s)$
—————————————————
$2Cr(s) + 3Zn^{2+}(aq) \longrightarrow$
$\qquad\qquad\qquad 2Cr^{3+}(aq) + 3Zn(s)$
La réaction inverse est spontanée.

7.48 **a)** $2MnO_4^-(aq) + 16H^+(aq) +$
$5C_2O_4^{2-}(aq) \longrightarrow$
$2Mn^{2+}(aq) + 10CO_2(g) + 8H_2O(l)$
b) $5{,}40$ %

7.49

ϵ	ΔG	Spontanéité
>0	<0	Spontanée
<0	>0	Non spontanée
=0	=0	À l'équilibre

7.50 $0{,}231$ mg/mL de sang

7.51 $K_{ps} = 5 \times 10^{-13}$

7.52 **a)** $0{,}80$ V
b) $2Ag^+(aq) + H_2(g) \longrightarrow$
$\qquad\qquad\qquad 2Ag(s) + 2H^+(aq)$
c) ɪ) $0{,}92$ V ɪɪ) $1{,}10$ V
d) La cellule fonctionne comme un
pH-mètre; son potentiel varie
sensiblement avec la concentration
d'ions hydronium.

7.53 **a)** $3{,}14$ V **b)** $3{,}13$ V

7.54 L'eau s'oxyderait avant l'ion F^-.

7.55 $0{,}035$ V

7.56 $2{,}5 \times 10^2$ h

7.57 Il y a deux fois plus d'hydrogène
formé que d'oxygène. La solution
deviendra acide à l'anode et basique à
la cathode, ce qui se vérifiera avec du
papier tournesol.

7.58 Les ions obtenus à partir de Hg(l)
existent sous la forme Hg_2^{2+}.

7.59 La solution entourant l'anode deviendra brune à cause de la formation
de I_3^-. À la cathode, c'est comme
pour l'électrolyse de NaCl où OH^- est
un produit. La solution entourant la
cathode est basique, ce qui fait virer
la phénolphtaléine au rouge.

7.60 $[Mg^{2+}] = 0{,}0500$ mol/L;
$[Ag^+] = 7 \times 10^{-55}$ mol/L; $1{,}44$ g Mg

7.61 Peser les électrodes avant et après le
fonctionnement de la cellule. L'anode
(Zn) devrait perdre de sa masse, et la
cathode (Cu) devrait en gagner.

7.62 **a)** H_2; $0{,}206$ L
b) $6{,}09 \times 10^{23}$ e^-/mol e^-

7.63 $3{,}06 \times 10^4$ min

7.64 **a)** $-1356{,}8$ kJ **b)** $1{,}17$ V

7.65 **a)** $1{,}10$ V
ɪ) $[Cu^{2+}]$ diminue et ϵ diminue.
ɪɪ) $[Zn^{2+}]$ diminue et ϵ augmente.
b) $K_f = 5{,}3 \times 10^{13}$

7.66 $+3$

7.67 La neige salée fond sur la voiture, et
le sel dissous cause la corrosion; la
vitesse de corrosion est plus grande
dans un garage chauffé.

7.68 7 kJ/mol; $0{,}06$

7.69 **a)** Anode: $2F^- \longrightarrow F_2(g) + 2e^-$
Cathode: $2H^+ + 2e^- \longrightarrow H_2(g)$
—————————————————
Globale: $2H^+ + 2F^- \longrightarrow H_2(g) + F_2(g)$
b) KF fait augmenter la conductivité
électrique. L'ion K^+ n'est pas
réduit.
c) $2{,}8 \times 10^3$ L

7.70 $1{,}40$ A

7.71 **a)** Anode: $Cu(s) \longrightarrow Cu^{2+}(aq) + 2e^-$
Cathode: $Cu^{2+}(aq) + 2e^- \longrightarrow Cu(s)$
—————————————————
Globale: $Cu(s) \longrightarrow Cu(s)$
Cu est transféré de l'anode à la
cathode.
b) Zn s'oxydera, mais Zn^{2+} ne sera
pas réduit à la cathode.
c) $44{,}4$ h

7.72 $+4$

7.73 $\epsilon_{ox}^° = 1{,}97$ V

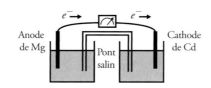
$e^- \rightarrow$ $e^- \rightarrow$
Anode
de Mg
Cathode
de Cd
Pont
salin

7.74 $1{,}60 \times 10^{-19}$ C/e^-

7.75 **a)** $Au(s) + 3HNO_3(aq) + 4HCl(aq) \longrightarrow$
$HAuCl_4(aq) + 3H_2O(l) + 3NO_2(g)$
b) H^+ accroît l'acidité et déplace
l'équilibre vers la droite tout en
formant le complexe $AuCl_4^-$.

7.76 On obtient $5{,}92$ V avec Li^+/Li et
F_2/F^-. Ces réactifs sont difficiles à
manipuler.

7.77 $9{,}8 \times 10^{-12}$

7.78 2×10^{20}

7.79 Les demi-réactions sont:
$H_2O_2(aq) \longrightarrow O_2(g) + 2H^+(aq) + 2e^-$
$\qquad\qquad \epsilon_{anode}^° = 0{,}68$ V
$H_2O_2(aq) + 2H^+(aq) + 2e^- \longrightarrow 2H_2O(l)$
$\qquad\qquad \epsilon_{cathode}^° = 1{,}77$ V
—————————————————
$2H_2O_2(aq) \longrightarrow 2H_2O(l) + O_2(g)$
$\epsilon_{cell}^° = \epsilon_{cathode}^° - \epsilon_{anode}^° = 1{,}77$ V $- 0{,}68$ V
$\qquad\qquad = 1{,}09$ V
Les produits sont donc favorisés à
l'équilibre. H_2O_2 n'est pas stable,
il y a disproportion du peroxyde.

7.80 **a)** $\epsilon^°$ doit être négatif pour X et positif
pour Y, car les électrons circulent
de X vers ESH.
b) $X + Y^{2+} \longrightarrow X^{2+} + Y$
$\qquad\qquad \epsilon_{cell}^° = 0{,}59$ V

7.81 **a)** Le potentiel de réduction de O_2 est
insuffisant pour oxyder l'or.
b) $\Delta G^° = -55{,}0$ kJ/mol, oui
c) $2Au + 3F_2 \longrightarrow 2AuF_3$

7.82 $[Fe^{2+}] = 0{,}0920$ mol/L;
$[Fe^{3+}] = 0{,}0680$ mol/L

7.83 Vue de l'extérieur, l'anode est négative
par la circulation des électrons (de
$Zn \longrightarrow Zn^{2+} + 2e^-$) vers la cathode.
En solution, les anions vont vers
l'anode parce qu'ils sont attirés par
les ions Zn^{2+} qui entourent l'anode.

7.84 **a)** 1 A $\times 3600$ s $= 3600$ C
b) 105 A · h. La concentration de
H_2SO_4 diminue durant la réaction.
c) $2{,}01$ V; $-3{,}88 \times 10^5$ J

7.85 1×10^{-14}

7.86 **a)** $0{,}038$ V
b) Anode: $0{,}36$ mol/L; cathode:
$1{,}74$ mol/L

7.87 **a)** À l'anode (Mg): $Mg \longrightarrow Mg^{2+} + 2e^-$
et $Mg + 2HCl \longrightarrow MgCl_2 + H_2(g)$
À la cathode (Cu): $2H^+ + 2e^- \longrightarrow$
$\qquad\qquad\qquad H_2(g)$
b) La solution ne devient pas bleue.
c) $Mg(OH)_2(s)$

7.88 **a)** Anode: $Zn \longrightarrow Zn^{2+} + 2e^-$
Cathode: $\frac{1}{2}O_2 + 2e^- \longrightarrow O^{2-}$
—————————————————
Globale: $Zn + \frac{1}{2}O_2 \longrightarrow ZnO$
À l'aide de l'annexe 4,
$\Delta G^° = -318{,}2$ kJ/mol
$\epsilon^° = 1{,}65$ V

b) À l'aide de l'équation de Nernst, 1,63 V

c) $4,87 \times 10^3$ kJ/kg Zn

d) 62 L d'air

7.89 217 $

7.90 a) Selon le tableau 7.1, Al peut réduire Ag^+ (règle de la diagonale):
$Al \longrightarrow Al^{3+} + 3e^-$;
$Ag^+ + e^- \longrightarrow Ag$;
$Al + 3Ag^+ \longrightarrow Al^{3+} + 3Ag$

b) La solution de $NaHCO_3$ est basique. Les ions OH^- forment le précipité $Al(OH)_3(s)$ avec les ions Al^{3+}. Sinon, les ions Al^{3+} formeraient une couche de Al_2O_3, ce qui augmenterait l'épaisseur de la couche tenace d'oxyde sur l'argent et empêcherait toute réaction électrochimique subséquente.

c) Le chauffage de la solution accélère la réaction et a pour effet de chasser l'air (oxygène) de la solution, ce qui diminue la formation de l'oxyde Al_2O_3.

d) HCl réagit avec Ag_2S.
$2HCl + Ag_2S \longrightarrow H_2S + 2AgCl$
Le H_2S sent mauvais et est toxique. De plus, cette méthode enlève de l'argent de la cuillère sous forme de AgCl. La méthode décrite en a) ne présente pas ces inconvénients.

7.91 a) Anode: $Co(s) \longrightarrow Co^{2+}(aq) + 2e^-$
Cathode: $Mg^{2+}(aq) + 2e^- \longrightarrow Mg(s)$

b) +2,09 V

c) 2,10 V

RÉVISION DES CONCEPTS

p. 370: L'équation équilibrée est
$Sn + 4NO_3^- + 4H^+ \longrightarrow SnO_2 + 4NO_2 + 2H_2O$
Le coefficient de NO_2 est donc 4.

p. 376: $Al(s)|Al^{3+}(1 \text{ mol/L})||Fe^{2+}(1 \text{ mol/L})|Fe(s)$

p. 383: Cu, Ag

p. 387: a) $A_2 + 3B_2 \longrightarrow 2AB_3$

b) $\Delta S < 0$

p. 388: a) ΔS doit être positif et $|T\Delta S| > |\Delta H|$

b) Puisque ΔS est habituellement petit, la valeur du terme $T\Delta S$ est habituellement petite (à la température de la pièce) comparativement à celle de ΔH. Le ΔH est donc le facteur prédominant pour déterminer le signe de ΔG.

p. 391: Inférieure à 1

p. 396: Il est plus facile de déterminer la constante d'équilibre par des moyens électrochimiques. Il ne s'agit que de mesurer la force électromotrice de la cellule et d'utiliser l'équation 7.9 pour calculer K. Il faudrait sinon trouver les concentrations molaires des espèces à l'équilibre par des analyses chimiques et des calculs stœchiométriques basés sur l'équation équilibrée de la réaction.

p. 402: 2,12 V   **a)** 2,14 V   **b)** 2,11 V

p. 413: Sr

p. 417:

La réaction d'électrolyse étant le contraire de celle se déroulant dans la cellule galvanique, les électrodes ont des signes inversés.

p. 421: 1,9 g

Sources iconographiques

CHAPITRE 1

p. 2: National Oceanic and Atmospheric Administration/Department of Commerce; **4**: The Yorck Project:/Wikipedia Commons; **5**: The McGraw-Hill Companies, Inc./Photo de Ken Karp; **9 (h)**: The McGraw-Hill Companies, Inc./Photo de Charles Winter; **9 (b)**: The McGraw-Hill Companies, Inc./Photo de Ken Karp; **11**: The McGraw-Hill Companies, Inc./Photo de Charles Winter; **12**: The McGraw-Hill Companies, Inc./Photo de Ken Karp; **13**: Gracieuseté de Betz Corp; **14 (h)**: The McGraw-Hill Companies, Inc./Photo de Ken Karp; **14 (b)**: Science Photo Library; **15 (h)**: Edgar Fahs Smith Collection at the University of Pennsylvania; **15 (b)**, **17**, **20**, **24 (m)**: The McGraw-Hill Companies, Inc./Photo de Ken Karp; **24 (b)**: 1994 Richard Megna, Fundamental Photographs, NYC; **25 (h)**: The McGraw-Hill Companies, Inc./Photo de Charles Winter; **25 (m et b)**: The McGraw-Hill Companies, Inc./Photo de Ken Karp; **26**: The McGraw-Hill Companies, Inc./Photo de Stephen Frisch; **27**: The McGraw-Hill Companies, Inc./Photo de Ken Karp; **28**: Srulik Haramaty/Phototake; **31**, **33**, **35**, **37**, **41**: The McGraw-Hill Companies, Inc./Photo de Ken Karp; **53**: Joe Miller Dow Chemical Company.

CHAPITRE 2

p. 54: 1986 Richard Megna, Fundamental Photographs, NYC; **56**: Time & Life Pictures/Getty Images; **57**: The McGraw-Hill Companies, Inc./Photo de Ken Karp; **62 (b)**: francisblack/iStockphoto; **63**: Julie Saindon; **69**, **71**: The McGraw-Hill Companies, Inc./Photo de Ken Karp; **72**, **73**: Wikipedia Commons; **79**: Marc Tellier; **81**, **82**: The McGraw-Hill Companies, Inc./Photo de Ken Karp; **85**: David M. Phillips/Science Source; **86**: Wikipedia Commons; **91 (h)**: Luc Papillon; **91 (b)**: Katadyn Products Inc.; **94**: Luc Papillon; **95**: lostbear/iStockphoto.

CHAPITRE 3

p. 108: U.S. Marine Corps photo by Lance Cpl. Ronald Stauffer; **112**, **115**, **128**: The McGraw-Hill Companies, Inc./Photo de Ken Karp; **137**: I. Pilon/Shutterstock.com; **141**: Marc Tellier; **142**: Gracieuseté de CO₂ Solutions; **151**, **156**: The McGraw-Hill Companies, Inc./Photo de Ken Karp; **158**: Gracieuseté de Johnson Matthey; **159**: Gracieuseté de GM.

CHAPITRE 4

p. 178: VLADJ55/Shutterstock.com; **180**: Science Museum/Science & Society Picture Library n° 10301779; **181**: The McGraw-Hill Companies, Inc./Photo by Ken Karp; **189**: Oreena/Shutterstock.com; **203**: Roger Viollet/Getty Images; **204**, **209**: The McGraw-Hill Companies, Inc./Photo by Ken Karp; **215**: Dominik Michalek/Shutterstock.com.

CHAPITRE 5

p. 230: Sophie Jama; **232**: The McGraw-Hill Companies, Inc./Photo de Jill Braaten; **236**: Luc Papillon; **238 (h)**: photong/Shutterstock.com; **238 (b)**: adapté de Kotz, J. C., et P. M. Treichel Jr. (2005). *Chimie des solutions*, trad. et adapt. de l'anglais par M. Deneux, Montréal, Beauchemin, p. 143; **241**: The McGraw-Hill Companies, Inc./Photo de Stephen Frisch; **275**: Ludwig Werle/Getty Images; **276**, **277**, **281**: The McGraw-Hill Companies, Inc./Photo de Ken Karp; **283**: adapté de Kotz, J. C., et P. M. Treichel Jr. (2005). *Chimie des solutions*, trad. et adapt. de l'anglais par M. Deneux, Montréal, Beauchemin, p. 143.

CHAPITRE 6

p. 294: Frank 7& Joyce/Burek/Getty Images RF; **296 (g)**: Terepka, A. R., « Structure and Calcification in Avian Egg Shell », *Experimental Cell Research*, 30, p. 171-182, 1963; **296 (d)**: Susan Law Cain/Dreamstime.com; **302**, **303**: The McGraw-Hill Companies, Inc./Photo de Ken Karp; **310**: Prof. P. M. Motta et S. Correr/Science Photo Library; **312**: 1994 Richard Megna, Fundamental Photographs, NYC; **321**, **323**: The McGraw-Hill Companies, Inc./Photo de Ken Karp; **324**: Alain Pol, ISM/Science Photo Library; **327**, **328**, **334**: The McGraw-Hill Companies, Inc./Photo de Ken Karp; **338**: David R. Frazier/Photo Researchers, Inc.; **342**: Luc Papillon; **343**, **347**, **348**: The McGraw-Hill Companies, Inc./Photo de Ken Karp; **349**: The McGraw-Hill Companies, Inc./Photo de Stephen Frisch.

CHAPITRE 7

p. 364: Nathan S. Lewis, California Institute of Technology; **366**: Wikipedia Commons; **371**, **372**: The McGraw-Hill Companies, Inc./Photo de Ken Karp; **373**: SashaFoxWalters/iStockphoto; **375**: Andrew Lambert Photography/Science Photo Library; **387**: *The Scientific Papers of J. Willard Gibbs*, in two volumes, eds. H. A. Bumstead and R. G. Van Name (London and New York: Longmans, Green, and Co., 1906)/Wikipedia Commons; **402**: The McGraw-Hill Companies, Inc./Photo de Ken Karp; **407**: Arctic-Images/Corbis; **408**: NASA; **409**: Marc Tellier; **410 (g)**: DigiClicks/iStockphoto; **410 (m)**: The McGraw-Hill Companies, Inc./Photo de Ken Karp; **410 (d)**: Michael S. Yamashita/Corbis; **412**: The McGraw-Hill Companies, Inc./Photo de Ken Karp; **414**: The McGraw-Hill Companies, Inc./Photo de Stephen Frisch; **416**: Gracieuseté de Hayward Pool Products Canada Inc.; **421**: Edgar Fahs Smith Collection at the University of Pennsylvania; **423 (g)**: Gracieuseté de Aluminium Company of America; **423 (d)**: Gracieuseté de Aluminium Company of America; **424 (h)**: Archive of KGHM Polska Miedź S.A., Electrorefining Section in Legnica Copper Smelter and Refinery; **424 (b)**, **435**: The McGraw-Hill Companies, Inc./Photo de Ken Karp.

Index